자기주도 학습으로 완성하는

기계관련 제품 형상설계

PART1 형상설계 이해편

홍준희 지음

GS인터비전

머리말

기존 기술의 융복합을 통해 새로운 변화를 추구해가는 4차 산업혁명 시대에 우리에게 중요한 것은 유연하고 비판적인 사고, 창의적 발상을 통해 복합적 문제를 해결하는 능력일 것이다.

공학에서는 창의적 발상을 통해 복합적 문제를 해결하는 능력을 발휘할 수 있는 교과목으로 설계 교과목을 들 수 있다. 이러한 설계는 대학의 공학 지식과 현장의 실무 지식이 융합되어야 그 가치가 충분히 발휘되고 산업 현장에서 직무를 수행하는데 그 기본 자질을 갖출 수 있다. 공학교육인증에서는 이러한 시대적 흐름을 따라 창의적 인력 양성을 위한 설계 기초과목과 종합설계를 비롯한 설계 교과목을 반드시 수료하도록 하고 있다.

그러나 이러한 설계 교과목이 산업 현장에서 필요로 하는 직무와 연결되지 않으면 그 효과를 충분히 발휘할 수 없다. 따라서 4년제 대학을 졸업하는 기계공학 기술자가 갖추어야 할 직무를 분석하고 작업을 분류하여 DACUM (Developing A Curriculum) 차트를 만들었으며, 그 가운데 기계관련 제품 설계/해석의 직무를 수행하기 위해 기계관련 제품 설계에서 필요한 작업을 간추려 이 책의 주요 내용으로 꾸며 보았다.

이 책의 구성은 크게 2부로 꾸며져 형상설계 이해편과 형상설계 실전편으로 이루어졌다. 1부는 형상설계를 위한 기초적인 기능과 도구들을 이해하는데 목표를 두고, 형상모델링의 이해, 투상도의 이해, 단면도의 이해, 공차의 이해 및 형상설계의 이해로 구성하였다. 2부는 기계 또는 장치를 설계하는데 목표를 두고, 바이스, 리밍 지그, 동력장치 및 편심 왕복장치 등의 실제적인 기계관련 제품의 형상설계로 구성하였다.

보통 학생들은 형상모델링을 할 때 어떤 대상에 대해 그저 기술적인 실습에만 몰입하여 어떤 원리로 형상모델링이 이루어졌는지 이해하지 못하는 경우가 많다. 그리고 도면 작성도 경제성과 가공기계에 관한 산업 현장의 상황을 고려하지 않고 그저 치수만 부여하여 가공하면 부품이 조립되는 것으로만 알고 있는 경우가 많다. 따라서 저자는 이 책에 형상모델링과 도면작성의 기술적 수행에 앞서 먼저 생각해 볼 수 있는 지식과 상황에 적합한 방법의 내용을 담았다. 또한 앞서 한 학습 활동을 통해 충분히 이해한 후에 스스로 진단평가하여 부족한 부분들을 채워 나갈 수 있는 자기 주도적 능력 향상에 대한 태도를 강조하였다.

저자는 이 책에 많은 내용을 담고자 노력하였으나 부족한 부분이 많을 것으로 생각된다. 이런 부분들을 채워줄 다른 많은 책들이 출판되길 기대하여, 끝으로 이 책의 출판에 많은 도움을 주신 출판사 관계자 여러분께 진심으로 감사드린다.

2019년 새해에

저자 홍 준 희

차례

소개글

이 책의 구성은 크게 2부로 꾸며져 형상설계 이해편과 형상설계 실전편으로 이루어졌다. 여기서는 1부의 이해편에 대해서만 다룬다. 이해편은 형상설계를 위한 기초적인 기능과 도구들을 이해하는데 목표를 두고 기계부품 형상모델링의 이해, 기계부품 투상도 작성의 이해, 기계부품 단면도 작성의 이해, 기계부품 공차 작성의 이해 및 장치 형상설계의 이해로 구성하였다.

저자는 이 책에 형상모델링과 도면작성의 기술적 수행에 앞서 먼저 생각해 볼 수 있는 지식과 상황에 적합한 방법의 내용을 담았다. 또한 앞서 한 학습 활동을 통해 충분히 이해한 후에 스스로 진단 평가하여 부족한 부분들을 채워 나갈 수 있는 자기 주도적 능력 향상에 대한 태도를 강조하였다.

CHAPTER 1

이해편 1

기계부품 형상모델링의 이해

1. 일반형상 부품 형상모델링의 이해
2. 패턴형상 부품 형상모델링의 이해
3. 특수형상 부품 형상모델링의 이해

학습 개요

기계부품 가운데 각종 기계부품 형상들이 어떻게 솔리드 모델링 되는지를 알아보는 과정이다. 여기서는 일반형상 부품, 패턴형상 부품 및 특수형상 부품들이 어떻게 솔리드 모델링 되는지를 이해하고 각종 형상모델링 과정을 익히도록 한다.

학습 목표

본 학습을 마친 학습자는 기계관련 제품 설계에서

- 일반형상 부품 형상모델링 방법을 이해하고 형상모델링 과정을 설명할 수 있다.
- 패턴형상 부품 형상모델링 방법을 이해하고 형상모델링 과정을 설명할 수 있다.
- 특수형상 부품 형상모델링 방법을 이해하고 형상모델링 과정을 설명할 수 있다.

학습 성과와 수행 준거

(1) 기계 형상을 설계하기 위해 CAD 도구를 활용할 수 있는 능력

✓ 각형 및 원형의 일반형상 형상모델링 방법을 이해하고 모델링 과정에 스케치 도구 및 피처 도구를 활용할 수 있다.

✓ 선형 및 원형 패턴형상 형상모델링 방법을 이해하고 모델링 과정에 스케치 도구 및 피처 도구를 활용할 수 있다.

✓ 스윕, 로프트 및 바운더리 특수형상 형상모델링 방법을 이해하고 모델링 과정에 스케치 도구 및 피처 도구를 활용할 수 있다.

(2) 다양한 CAD 도구 이해에 의한 형상 설계 과정을 설명할 수 있는 능력

✓ 일반형상, 패턴형상 및 특수형상의 형상모델링에 대해 도구 사용방법을 이해하고 도구 사용에 의한 형상모델링 과정을 설명할 수 있다.

(3) 자기계발의 필요성을 인식하고 지속적이며 자기 주도적으로 학습할 수 있는 능력

✓ 자기 주도적으로 학습한 것을 바탕으로 자율 평가문제를 스스로 평가하고 판단하여 자신의 부족한 점을 파악하고 보충함으로써 자기 스스로 발전성을 추구할 수 있다.

1 일반형상 부품 형상모델링의 이해

1-1 학습준비

1-1-1 학습 대상

보통 기계부품 등의 형상들은 단순 형상이 합쳐지거나 빼져서 복잡 형상으로 이루어진 경우가 대부분이다. 이러한 기계 부품들을 형상모델링하기에 앞서 복합형상의 형상모델이 어떻게 생성되는지를 알아볼 필요가 있다. 즉, 그림 1-1-1 (a) 및 (b)와 같은 최종 솔리드 모델은 한 번에 생성할 수는 없기 때문에 그림 1-1-2 (a) 및 (b)와 같이 기본 형상을 합(불연산 합집합)하거나 빼서(불연산 차집합) 생성하는 순서를 거쳐 완성된다. 항상 최종 솔리드 모델을 완성하려면 어떠한 과정을 거쳐야 완성이 될지를 생각하고 형상 모델링에 임하는 자세를 가져야 한다. 아울러 형상모델링 과정에서 사용하는 스케치 도구 및 피처 도구를 다양하게 다루어 봄으로써 형상모델링에 대한 이해를 더욱 쉽게 할 수 있다. 따라서 일반형상 가운데 각형 기반 복합형상과 원형 기반 복합형상을 대상으로 선정한다. 대상으로 하는 각형 및 원형 부품은 그림 1-1-1과 같은 치수로 이루어져 있다고 가정한다.

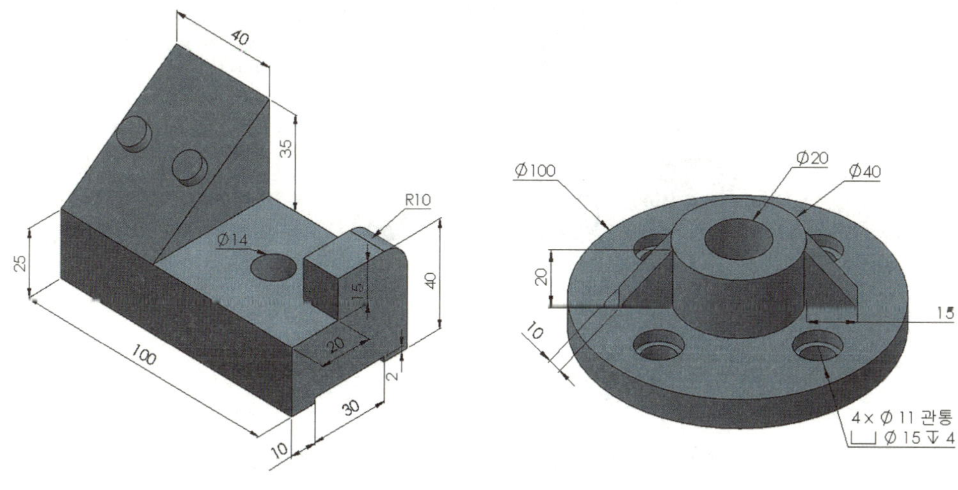

(a) 각형 대상 부품 (b) 원형 대상 부품

그림 1-1-1 대상 형상 모습 및 치수

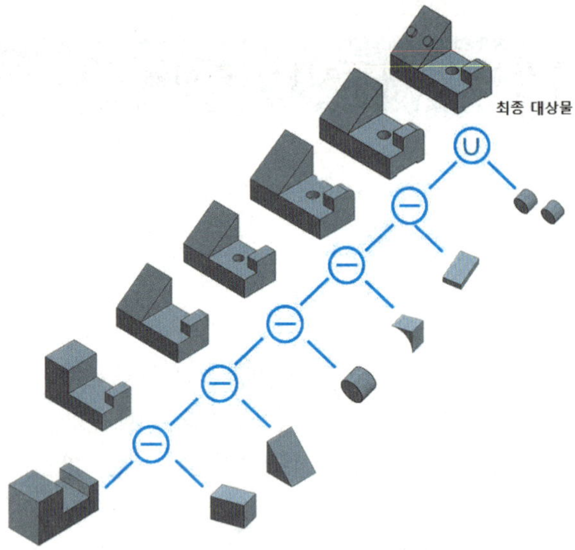

(a) 각형 복합형상의 형상모델링 과정

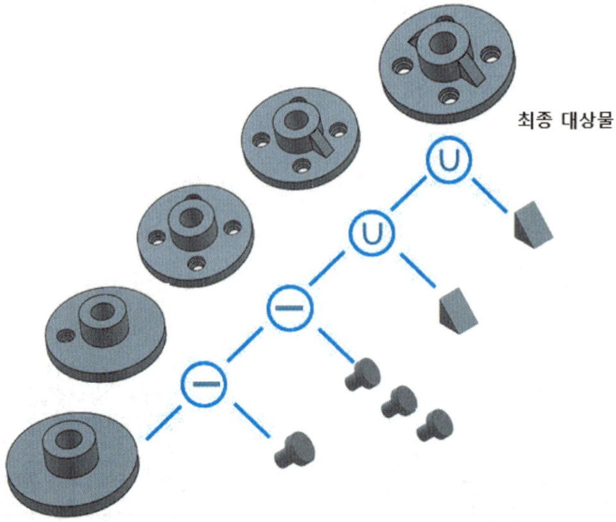

(b) 원형 복합형상의 형상모델링 과정

그림 1-1-2 일반적인 복합형상의 형상모델링 과정

1-1-2 관련 지식

1-1-2-1 솔리드 모델링의 표현

대표적인 솔리드 모델의 생성 방법에는 CSG(Construction Solid Geometry), 경계표현법(Boundary Representation ; B-REP), 스위핑(Sweeping) 등이 있다.

CSG는 이해하기 쉬운 방법이고 사용자와의 인터페이스와 유효성 검사가 쉽기 때문에 솔리드 모델링을 위해 가장 보편적으로 사용되는 표현방식 중의 하나이다.

이러한 CSG 모델은 특정 규칙에 의해서 기본적인 형상들을 조합함으로써 실제 물체를 생성하는 방법이다. 즉, CSG 모델은 특정 규칙에 의해 기본적인 형상들을 조합함으로써 실제 물체를 생성할 수 있다는 가정을 하고 있다. 이 기본적인 형상들은 일반적으로 기본형상(primitives)이라고 한다. 솔리드 모델링 시스템에서는 매우 여러 가지의 기본형상이 사용되지만 가장 보편적인 것은 블록, 원통, 원추, 그리고 구이다.

이차곡면은 CSG에서 보편적으로 사용되는데 그 이유는 이차곡면이 밀링, 선삭, 압연(rolling) 등의 표준작업에 의해서 생성되는 기계 설계 시 가장 일반적으로 사용되는 곡면을 표현하기 때문이다. 예를 들어 평면은 압연과 밀링작업에 의해 생성되고 원통면은 선삭에 의해서 구면은 볼엔드 절삭공구(ball-end cutting tool)에 의해서 생성된다.

CSG 표현을 위한 데이터 구조는 이진 트리구조에 기반을 두고 있다. CSG 트리는 그림 1-1-3에서처럼 종 노드(leaf node)가 기본형상이고 내부 노드가 불연산인 이진트리이다.

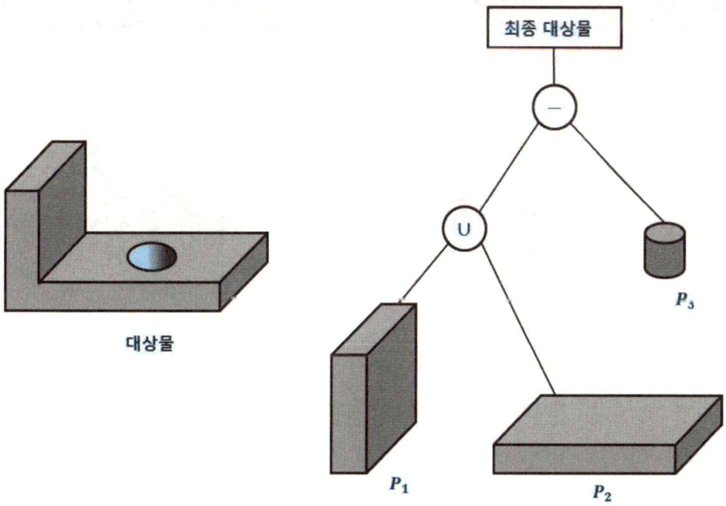

그림 1-1-3 CSG 트리

1-1-2-2 불연산에 의한 솔리드 모델링

그림 1-1-4와 같이 두 가지 형상이 존재한다고 하자. 불연산의 합집합, 차집합, 교집합을 사용하여 솔리드 모델링하면 그림 1-1-3과 같이 된다. 특히 불연산의 차집합에서 알 수 있듯이 어느 부분에서 어느 것을 차집합 할 것인지에 따라 형상이 전혀 다르게 나타난다. 따라서 솔리드 모델링할 때 기준 대상을 잘 잡아야 원하는 형상을 만들 수 있다는 것을 알 수 있다.

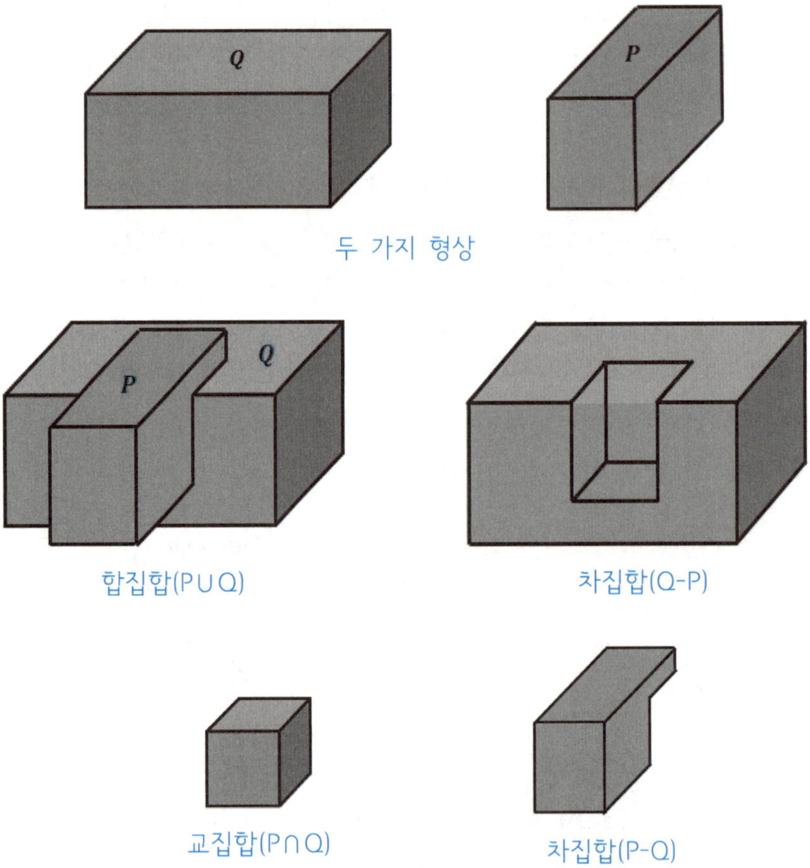

그림 1-1-4 불연산을 이용한 솔리드 모델의 형성

1-1-3 CAD 관련 사항 검토하기

1-1-3-1 SolidWorks의 형상 종류에 대해

(1) 적용(Pick-and-Place) 형상 방식

구멍, 필렛, 모따기 등의 메뉴 작업 방식이며 이는 단면(section)의 생성 유무에 따른다. 따라서 대화상자에서 단면 항목이 나오지 않는다. 작업 역시 간단하다는 장점이 있다. 예를 들어 구멍의 경우 단면의 원형으로부터 구속되어 원의 직경을 입력할 뿐 원을 그리는 과정이 생략된다. 또한 이것은 작업 현장에서 행하는 드릴 작업과 동일한 특성을 가지고 있다는 것을 알 수 있다.

(2) 스케치 기반 형상 방식

스케치 기반 형상은 돌출, 컷 돌출, 회전체 등의 메뉴 작업 방식인데 각 작업 과정에서 단면을 요구한다. 따라서 스케치를 통해 단면을 그리는 과정이 포함된다.

1-1-3-2 참조 형상

(1) 기준면

기준면을 설명하기 전에 우선 x, y축으로 이루어진 2차원 좌표계를 생각해 보자. 여기서 점의 위치는 x-y 평면 위에서 정의될 것이다. x축과 y축 이외에 또 하나의 축(z축)을 고려하여 3차원 좌표계를 생각하자. z축은 x-y 평면에서 수직한 방향으로 진행한다. SolidWorks는 이와 같은 3개의 축으로 이루어진 직각 좌표계를 사용한다.

직각 좌표계에서 x, y, z는 3개의 서로 직교하는 축에 의해 표현되며 만일 어떤 한 점을 좌표계에 표시한다면 그 값은 x, y, z축에서 떨어진 거리 값으로 표현될 것이다. 또한 3개의 축을 이용하여 3개의 평면을 나타낼 수 있다. x-y축을 포함하는 평면을 **정면**, z-x축을 포함하는 평면을 **윗면** 그리고 y-z축을 포함하는 평면을 **우측면**으로 한다면 x, y, z축으로 이루어진 좌표계는 다시 서로 수직하는 3평면 즉, 정면, 윗면, 우측면으로 이루어지도록 만들 수 있다(그림 1-1-5 참조).

기준면은 그 크기가 무한하지만 현재 설정한 모델의 크기만큼 그 크기가 경계선으로 표시되므로 설계자가 시각적으로 구별할 수 있다. 설계자는 이와 같은 기준면을 사용하여 형상모델링에 스케치면 또는 참조면으로 사용한다. 기하 형상 중에서 스케치 형상 생성시 사용되는 스케치 작업에서는 단면을 그릴 스케치면으로 기준면이 사용되며 스케치형상과 Pick-and-Place 형상 생성에서 스케치면 또는 형상 등의 방위 지정을 위한 참조면으로 사용된다. 다시 말해 기준면과 다른 형상들과의 위치 연관성을 부여할 수 있다. 참조면으로써 사용되어지면서 또는 스케치면에서 형상 단면의 형성과 진행 방향을 지정함으로써 기준면과 다른 형상 사이에 위치에 관한 정보를 보유하게 된다.

(2) 기준축

부분이기는 하지만 기준축도 또한 피처 생성에 참조로 사용된다. 예를 들어 기준면을 생성할 때 같은 중심축을 가지는 피처를 위치시킬 때 그리고 원형 패턴을 할 때 등등 여러 가지 목적에 축이 필요하다. 피처를 생성할 때 SolidWorks가 자동적으로 축을 생성시키는 경우가 있는가 하면 설계자가 기준축 옵션을 사용하여 기준축을 생성하는 경우도 있다.

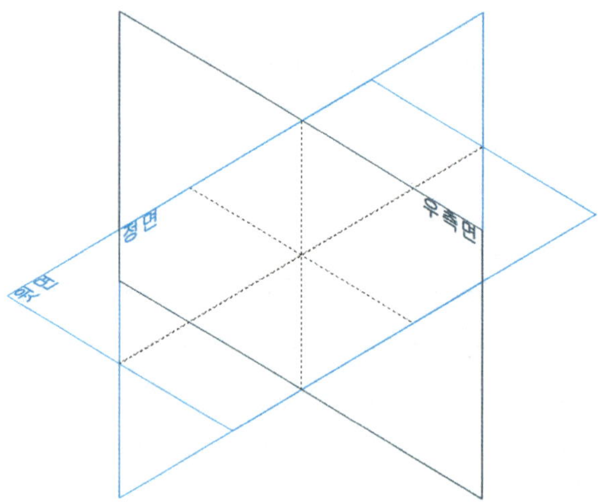

그림 1-1-5 기준면의 모습

1-1-3-3 초기화면의 구성에 대해

(1) 실행 초기 화면

SolidWorks 초기 화면은 그림 1-1-6과 같으며 이 화면으로부터 모든 모델링은 시작되는 것이다. 그림 1-1-6의 화면을 보면 Windows 기능(인쇄, 열기, 저장 등)과 유사하다는 것을 알 수 있다.

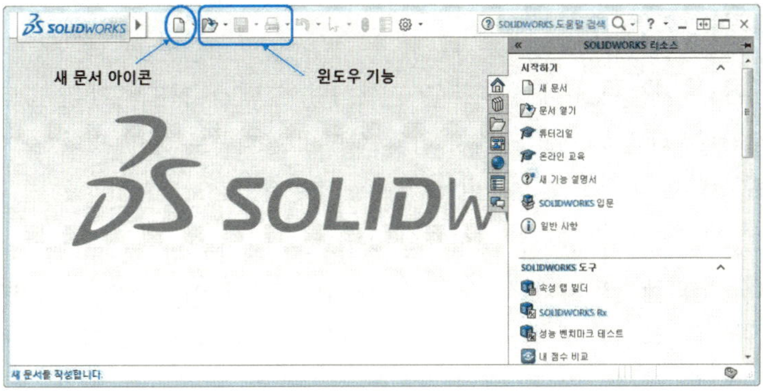

그림 1-1-6 SolidWorks 초기 화면

(2) 새 문서 초기 화면

형상모델링의 시작을 위해서는 그림 1-1-6의 초기 화면에서 툴바의 가장 왼쪽의 🗋(새 문서 아이콘) 또는 풀다운 메뉴에서 🗋(새 문서 아이콘)을 선택함으로써 시작된다. 그림 1-1-7과 같은 기본 모듈이 나타난다.

기본 모듈의 내용은 다음과 같다.

파　트	:	형상으로 구성된 3차원적 모델의 생성(기계에 있어서 하나의 요소에 해당하는 일종의 부품)
어셈블리	:	생성된 여려 파트들을 서로 조립할 수 있는 3차원적 모델의 생성
도　면	:	적절한 치수기입이 된 3차원의 파트나 어셈블리의 2차원적 모델의 생성

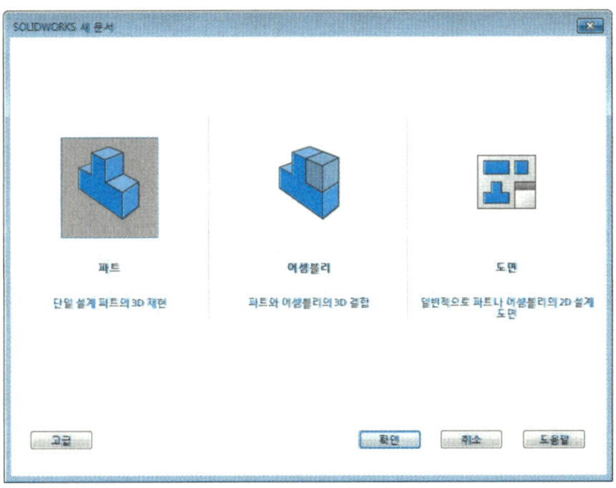

그림 1-1-7 SolidWorks의 기본 모듈

1-1-3-4 파트 작업화면 구성

SolidWorks의 기본 모듈에서 파트를 선택하면 그림 1-1-8과 같은 파트 모델링 초기 화면이 나타난다. 화면을 보면 스케치 작업 화면으로 디폴트 되어 있다. 이것은 스케치 형상이 SolidWorks의 기본으로 설정되어 있다는 것이다.

스케치 작업화면의 구성은 주 작업창을 중심으로 맨 위에 풀다운 메뉴가 있으며 그 옆에 표준 도구바(인쇄, 열기, 저장 도구 등)가 있고 그 밑에 스케치 도구바가 있다. 또한 가장 좌측에는 피처 탭이 있고 좌측에 FeatureManager 디자인 트리가 있으며 기운데 작업창으로 구성되어 있다.

(1) 표준 도구바

창의 상단에 있는 풀다운 표준 도구바는 형상 또는 스케치 및 조립형상 파일의 인쇄, 열기, 저장 등의 기능을 할 때 쓰이는 도구이다. 시스템의 모든 모드에서 사용 가능한 도구들이다. 즉, 파트모델링을 하든지 어셈블리, 도면 등 많은 모드들을 사용 시 통상적으로 사용하는 도구들을 모아둔 곳이다.

(2) 스케치 도구바

스케치 기반 형상은 스케치를 하고 나서 그 스케치 단면을 피처 도구를 이용하여 형상으로 표현한다. 따라서 스케치는 3D 모델의 기초가 된다. 스케치를 시작으로 모델을 만든다. 스케치에서 피처를 생성할 수 있으며 하나 이상의 피처를 결합해 파트를 만들 수 있다. 이러한 스케치에 사용되는 도구들을 모아 놓은 곳이다. 도구의 사용방법에 대해서는 형상모델링을 참조하기 바란다.

(3) 피처 매니저 디자인 트리

피처 매니저 디자인 트리는 피처 단위의 생성 순서에 따른 모델의 구조를 나타낸다. 즉, 이 피처 매니저 디자인 트리를 보면 부품이 어떻게 생성되었는지 부품의 생성 이력을 알 수 있다. 이 피처 매니저 디자인 트리를 이용하면 피처를 선택하여 수정, 삭제 등의 여러 작업을 할 수 있으며 다양한 형태의 정보를 나타내기 위해 그 포맷을 변경시킬 수도 있다.

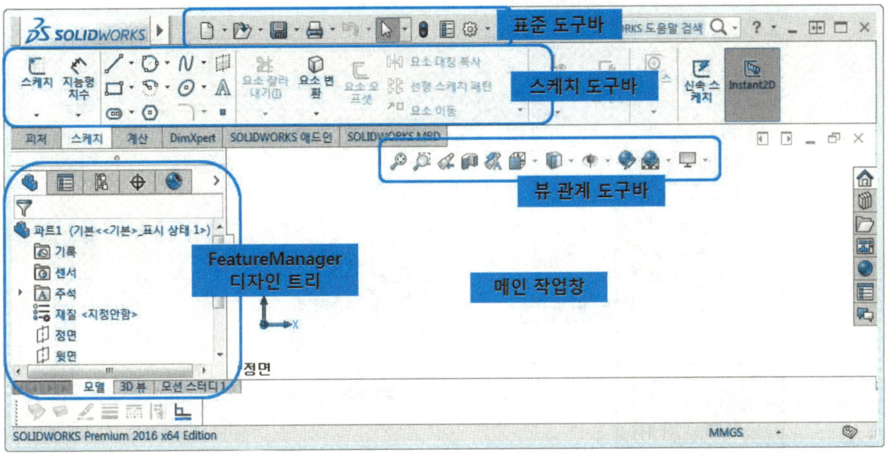

그림 1-1-8 파트모델링 초기 화면

(4) 뷰 관계 도구바

뷰와 관련하여 부품이나 어셈블리 형상을 확대 및 절단, 뷰 방향 및 뷰 표시형태 등을 작업 상황에 맞춰 일시적으로 바꾸고자할 때 사용하는 도구바이다. 이것을 유효적절하게 사용하면 부품형상이나 어셈블리 형상의 작업이 매우 수월하게 이루어진다. 도면의 경우는 약간 도구바가 다르므로 도면 작성과 관련된 부분에서 다시 언급하기로 한다. 피처 매니저 디자인 트리 내의 그림 1-1-9와 같이 파트모델의 피처 옆에는 아이템의 유형 및 현재의 상태를 표시해 주는 아이콘이 나타난다. 즉, 피처 도구에 의해 생성된 형상모델링 과정을 알 수 있는 것이다.

(5) 피처 도구바

앞에서 형상 모델링에는 대표적으로 Pick-and-Place 형상 방식과 스케치 기반 형상방식이 있다고 하였다. 즉, 구멍, 필렛, 모따기 등은 Pick-and-Place 형상 방식에 의해 형상모델링 하며 돌출, 컷 돌출, 회전체 등은 스케치 기반 형상방식에 의해 형상모델링 된다. 따라서 구멍, 필렛, 모따기 및 돌출, 컷 돌출, 회전체 등을 나타내기 위한 도구가 그림 1-1-9의 피처 도구인 것이다.

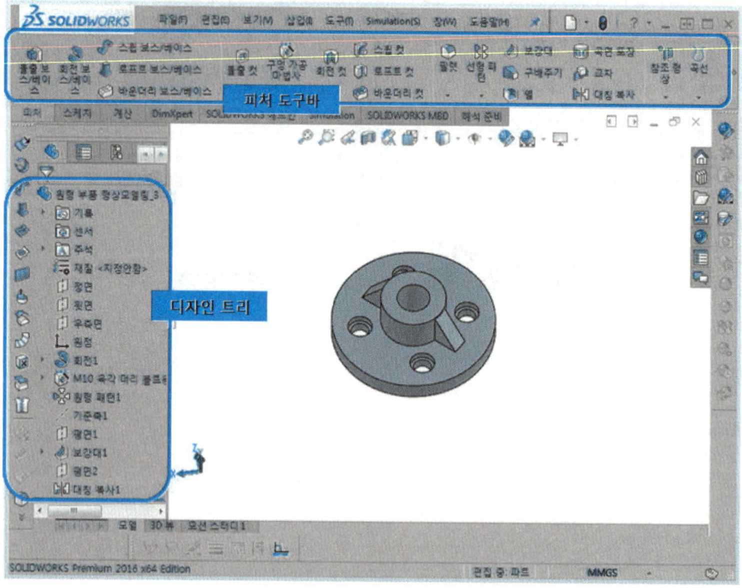

그림 1-1-9 디자인 트리와 피처 도구바

1-1-3-5 마우스 버튼과 저장 파일 형태

(1) 마우스 버튼

형상 모델링할 때 마우스를 이용하는데 그림 1-1-10에 마우스 버튼의 구성과 그의 역할에 대해 나타내었다. 그 외에도 마우스 버튼은 표 1-1-1과 같은 기능도 가지고 있다.

표 1-1-1 마우스 버튼의 기능

버튼	기능
왼쪽(L) 버튼 :	메뉴 항목, 그래픽 영역의 요소, FeatureManager 디자인 트리에서의 개체를 선택한다.
오른쪽(R) 버튼 :	상황에 맞는 바로 가기 메뉴를 표시한다.
가운데 버튼 :	파트나 어셈블리를 회전, 화면 이동, 확대/축소하고 도면에서는 화면 이동한다.

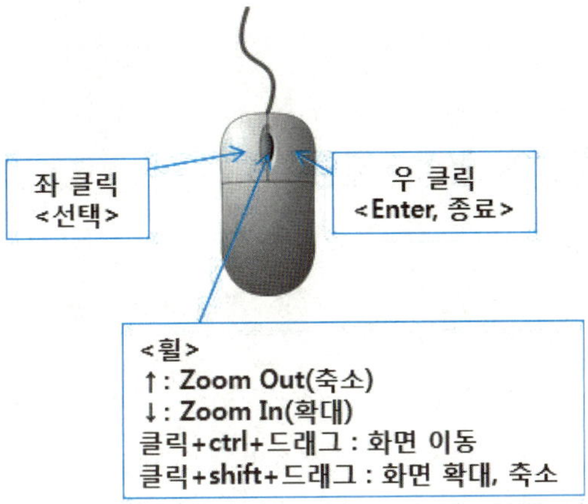

그림 1-1-10 마우스 버튼 구성과 역할

(2) 파트 문서의 저장 파일

SolidWorks에서 사용되는 문서 파일은 3가지 형태의 문서파일 즉, 파트, 어셈블리, 도면 파일이다. 이 파일의 확장자는(*.SLDPRT, *.SLDASM, *.SLDDRW) 표 1-1-2와 같은 각각의 모드에서 생성되는 파일의 확장자이며 파일의 이름은 모델의 특징을 잘 표현할 수 있는 것으로 하는 것이 나중의 파일 관리에 도움이 된다. 파트 파일(Part files)의 경우는 *.SLDPRT의 형태로 저장된다.

표 1-1-2 파일에서 확장자에 따른 종류

확 장 자	설 명
*.SLDPRT	파트 파일(Part files)
*.SLDASM	어셈블리 모드에서 만들어진 어셈블리 파일
*.SLDDRW	도면 모드에서 만들어진 도면파일

1-2 학습 활동

1-2-1 각형기반 복합형상의 형상모델링

1-2-1-1 기초형상 모델링

생각하기 : 기초형상이란 무엇인지?

기계 부품들은 복합형상으로 이루어져 있다. 따라서 처음에 나타내는 형상을 기초형상이라 하며, 이 기초형상을 바탕으로 복합형상이 완성되는 것이다. 즉, 그림 1-1-11과 같이 처음에 한 번에 나타낼 수 있는 형상을 기초형상이라 생각하면 된다.

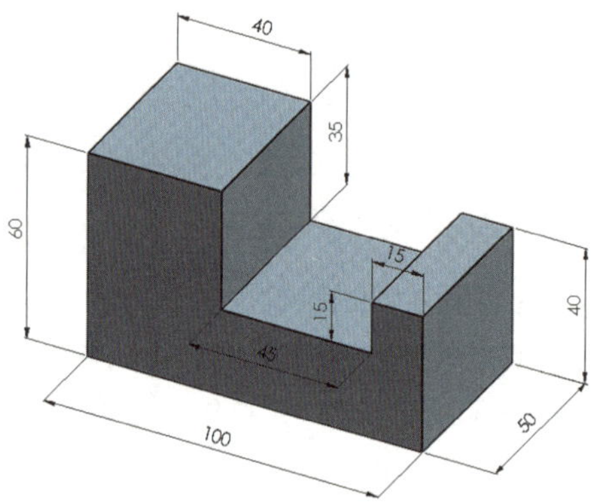

그림 1-1-11 기초형상 모델 및 치수

(1) 작업 준비하기

수행 : 스케치 화면 설정하기

① 초기 화면의 풀다운 메뉴에서 (새 문서 아이콘)을 선택한다.

② 기본 모듈 가운데 파트를 선택한다.

③ 스케치 탭을 클릭하고 기준 평면을 정면으로 한다.

④ 스케치( ) 실행을 클릭하여 스케치 화면을 설정한다.

(2) 스케치하기

생각하기 : 단면은 어떤 도구를 사용하여 스케치하면 좋을까?

그림 1-1-11의 기초형상은 높이가 다른 비대칭 각형 단면으로 스케치할 수 있는 방법은 대략 2가지 방법이다. 한 가지는 선 도구를 사용하여 각형 형상의 외곽 형상을 스케치하는 방법과 다른 한 가지는 사각형 도구를 사용하여 3개의 사각형을 스케치하고 필요 없는 선을 제거하여 높이가 다른 비대칭 각형 형상을 스케치하는 것이다. 어떤 것이 좋다고 할 수 없으므로 여러분이 쓰기 편리한 도구를 사용하여 스케치하면 된다.

수행 : 코너 사각형 도구에 의한 비대칭 각형 단면 모양 스케치하기

① 코너 사각형 도구(□)를 클릭한다.

② 3개의 직사각형을 높이가 다르게 대략적으로 스케치한다(그림 1-1-12 (a)).

수행 : 요소 잘라내기 도구에 의한 불필요한 선 제거하기

① 요소 잘라내기 도구(✂)를 클릭한다.

② 지능형으로 하고 불필요한 부분을 드래그 하여 지나가도록 한다(그림 1-1-12 (b)).

수행 : 지능형 치수 도구에 의한 단면 치수 수정하기

① 지능형 치수 도구(↖)를 클릭한다.

② 치수 기입 해당 변을 커서를 갖고 가서 클릭하면 치수 수정 창이 나타나며 여기서 40을 입력한다.

③ 모든 변의 치수를 ②의 방법대로 입력하여 치수 기입을 한다.

④ 스케치 완료를 클릭하여 스케치를 완성한다(그림 1-1-12 (c)).

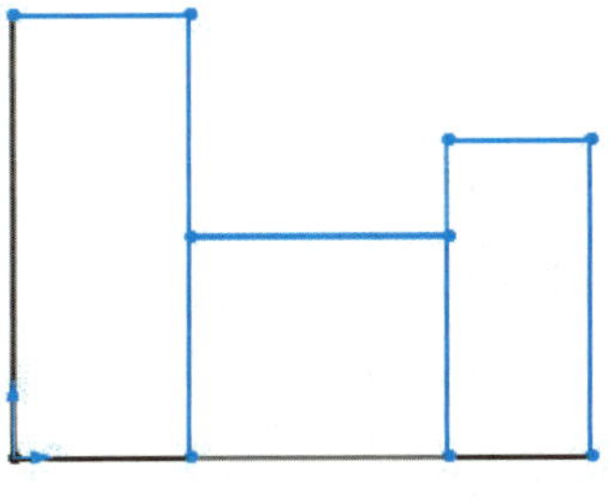

(a) 사각형에 의한 스케치

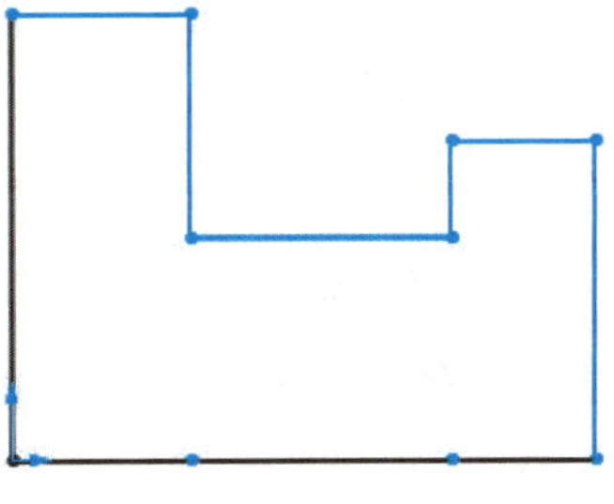

(b) 불필요한 선 제거

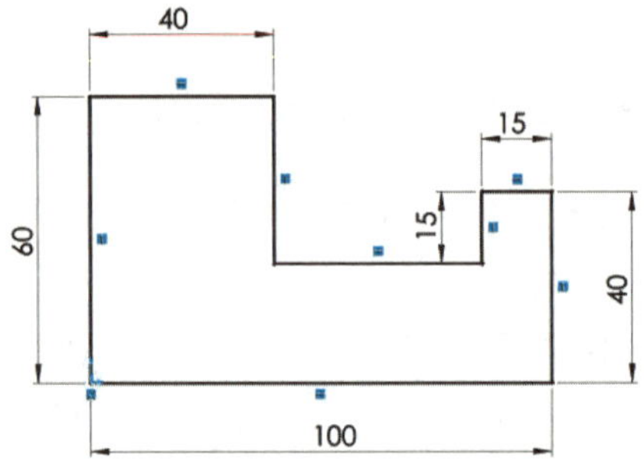

(c) 치수 기입

그림 1-1-12 스케치 단면 치수 기입 완료 모습

(3) 돌출 보스/베이스 도구에 의한 돌출하기

생각하기 : 스케치 단면을 어떤 도구를 사용하여 어떻게 돌출하면 좋을까?

그림 1-1-12의 스케치 단면을 돌출하기 위해서는 피처 도구의 돌출 보스/베이스 도구를 사용하면 된다. 중요한 것은 스케치 단면을 어떤 식으로 돌출 시킬 것인지를 선택하는 것이다. 여러 가지를 고려해야 하지만 가장 기본적인 것은 블라인드 형태로 돌출하는 것이다. 이것은 스케치 기준면의 단면을 그대로 수직으로 방향을 설정하여 돌출하는 방법이다. 이 돌출 방법 외에도 중간평면을 중심으로 양쪽으로 돌출시키는 방법이 있다. 그 외에도 여러 방법이 있지만 이것이 가장 기본적인 방법이므로 여기서는 두 가지에 대해서만 생각하기로 한다.

수행 : 블라인드 형태에 의한 단면 돌출하기

① 피처 탭을 클릭한다.

② 피처 도구 가운데 돌출 보스/베이스 아이콘을 선택한다.

③ 돌출 보스/베이스 창에서 방향1을 **블라인드 형태**로 한다.

④ 돌출 보스/베이스 창에서 돌출 깊이는 50으로 한다.

⑤ 완료✔를 클릭하여 형상을 완성한다(그림 1-1-13).

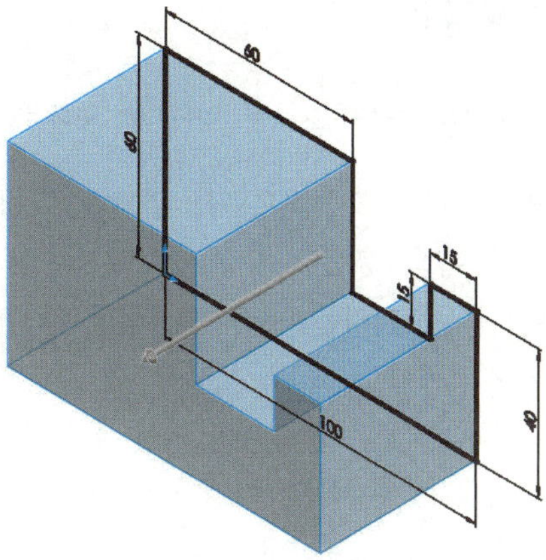

그림 1-1-13 블라인드형태에 의한 단면 돌출

수행 : 중간 평면에 의한 단면 돌출로 전환하기

① 디자인 트리의 보스-돌출1에 커서를 놓고 마우스 오른쪽 버튼을 누른다.

② 그림 1-1-14 (a)와 같은 보조 메뉴 창에서 피처 편집을 클릭하여 속성 창을 띄운다.

③ 속성 창에서 방향1을 **중간평면**으로 한다.

④ 돌출 보스/베이스 창에서 돌출 깊이는 50으로 한다(그림 1-1-14 (b)).

⑤ 완료✔를 클릭하여 형상을 완성한다

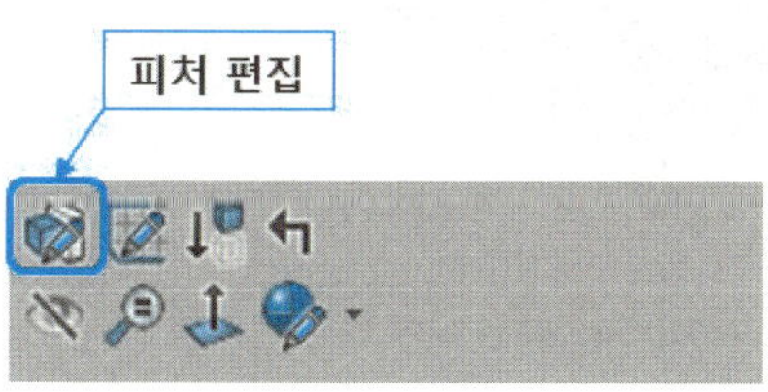

(a) 보조 메뉴 창

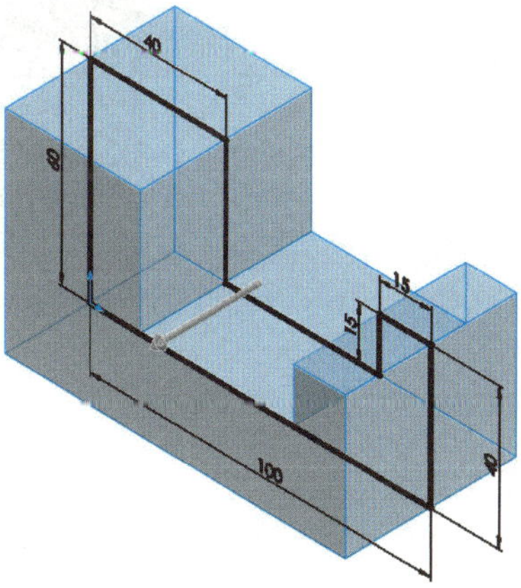

(b) 중간 평면 돌출 모습

그림 1-1-14 중간 평면으로의 단면 돌출 전환 과정

1-2-1-2 직육면체 컷 형상 모델링

생각하기 : 이것을 위해서는 어떤 도구를 어떻게 사용하여 모델링하면 좋을까?

그림 1-1-11의 첫 번째 컷 형상 모델링으로서 결과는 그림 1-1-15와 같이 된다고 가정한다. 이 컷 형상 모델링은 앞의 그림 1-1-14에서 만든 형상모델링에 일부분을 잘라낸 모습이다. 이렇게 잘라내는 형상모델링은 어떻게 생성할 수 있을까? 우리가 앞의 관련지식에서 언급한 집합이론의 차집합에 의해 생성될 수 있다는 것이다. 그 다음은 어떻게 차집합을 사용할 수 있을까 인데 그것은 불연산에 의한 솔리드 모델의 형성에 근거한다. 다시 말하면 해당 면을 지정하고 직육면체로 차집합을 사용하여 형상을 잘라내면 된다. 이 기능을 할 수 있는 도구가 돌출 컷 도구이며 돌출 컷하기 위해서는 직사각형 단면 스케치가 필요하다는 것을 알 수 있을 것이다. 이와 같이 해당 컷 부분을 스케치하고 돌출 컷 도구를 사용하여 그림 1-1-15와 같은 컷 형상을 만들 수 있는 것이다. 이 모델링 과정을 나타낸 것이 그림 1-1-16이다.

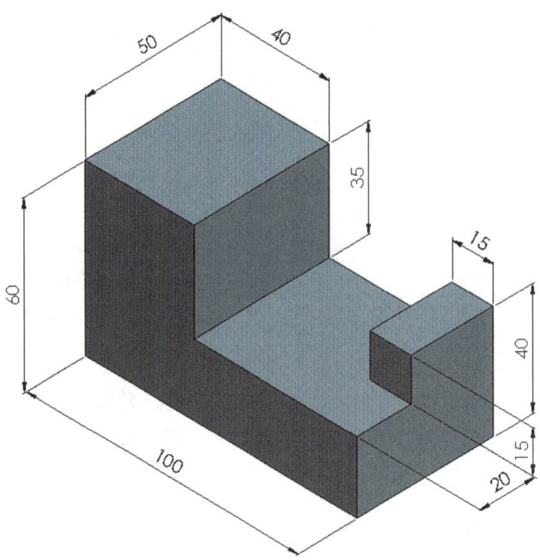

그림 1-1-15 직육면체 컷 형상

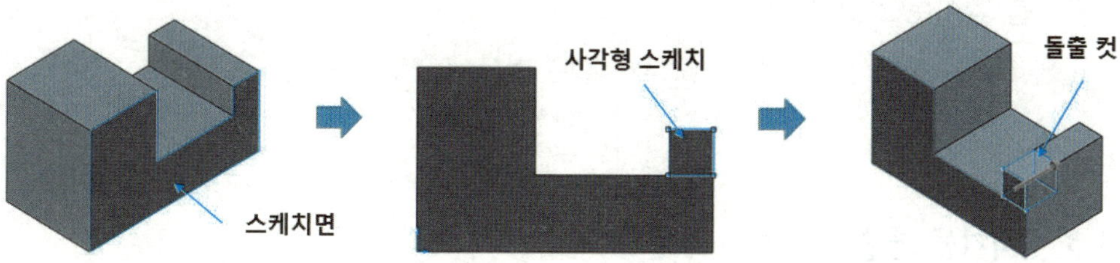

그림 1-1-16 직육면체 컷 형상 모델링과정

(1) 직사각형 단면 스케치하기

생각하기 : 직사각형 단면을 어떤 도구를 사용하여 어떻게 돌출하면 좋을까?

그림 1-1-15의 컷 형상은 그림 1-1-14의 기초형상을 바탕으로 그림 1-1-16의 모델링 과정을 거쳐야 생성되는 형상이므로 먼저 돌출 컷할 스케치 면을 어떻게 설정할 것인지가 중요하다. 즉, 컷할 단면을 스케치할 기준면으로 설정하고 그 기준면에 대해 사각형을 스케치하고 사각형 단면을 돌출 컷하면 그림 1-1-15와 같은 형상을 생성할 수 있다.

수행 : 코너 사각형 도구에 의한 직사각형 단면 스케치

① 돌출 컷할 스케치 면을 기초형상의 돌출 스케치 단면으로 설정한다.

② 스케치 도구의 코너 사각형 도구를 선택하고 그림 1-1-16의 중앙 그림과 같이 양쪽 꼭지점이 일치하도록 사각형을 스케치한다.

③ 스케치를 완료한다.

(2) 스케치 단면 돌출 컷하기

생각하기 : 스케치 단면을 어떤 도구를 사용하여 어떻게 돌출하면 좋을까?

돌출 컷 단면에 대한 스케치가 완료되면 어떻게 돌출시켜 잘라낼 것인지를 생각해야 한다. 그림 1-1-16에서 보면 스케치 면에 대해 안쪽 수직 방향으로 잡아 돌출 컷을 해야 하므로 블라인드 형태로 돌출 컷을 하면 된다는 것을 알 수 있다.

수행 : 돌출 컷 도구에 의한 단면 컷 돌출하기

① 피처 탭을 클릭하고 돌출 컷 도구를 선택한다.

② 속성 창에서 방향1을 블라인드 형태로 한다. 다만 방향을 체크해야 한다.

③ 돌출 깊이는 20으로 한다.

④ 완료✔를 클릭하면 그림 1-1-14와 같은 형상이 완성된다.

1-2-1-3 삼각기둥 돌출 컷 형상 모델링

생각하기 : 삼각기둥 컷 형상모델링을 추가하기 위해서는 어떻게 하면 좋을까?

이번에는 그림 1-1-15의 형상에 그림 1-1-17과 같이 경사면을 갖는 형상을 추가하려면 어떻게 하면 좋을까를 생각하기로 한다. 이것은 앞의 직육면체 돌출 컷과 원리는 같은데 다만 단면의 스케치 도형이 다를 뿐이다. 또한 컷할 면이 다르다는 것뿐이다. 그렇다면 컷할 스케치 면을 어느 면으로 할 것인지와 어느 도형으로 스케치할 것이지를 정하면 된다. 즉, 스케치 면은 형상의 정면에 대해 가장 왼쪽 면이 좋으며 스케치 도형은 경사지게 하려면 삼각형이 되어야 한다고 생각한다. 이 모델링 과정을 나타낸 것이 그림 1-1-18이다.

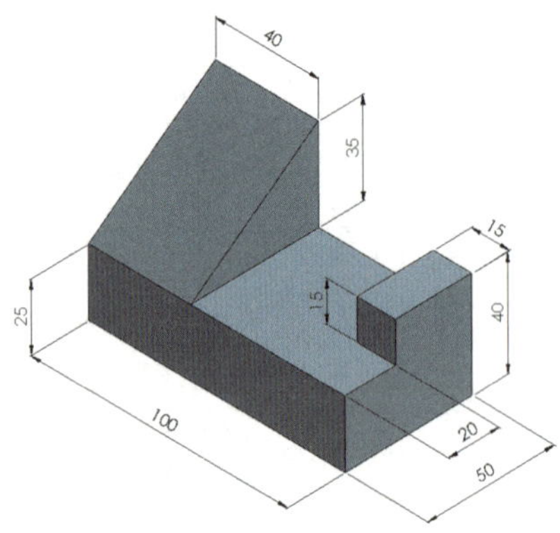

그림 1-1-17 삼각기둥 컷 형상

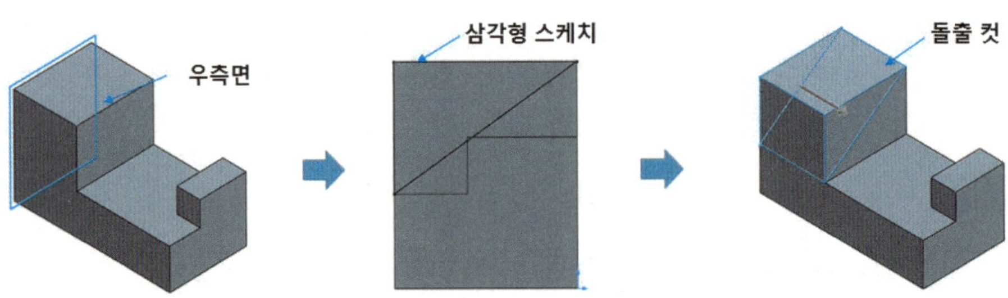

그림 1-1-18 삼각기둥 돌출 컷 형상모델링 과정

(1) 삼각형 단면 스케치하기

생각하기 : 삼각형 단면을 어떤 도구를 사용하여 어떻게 돌출 컷하면 좋을까?

그림 1-1-17과 같이 그림 1-1-14에 대해 경사 돌출 컷하기 위해서는 컷할 스케치 면을 형상의 가장 왼쪽 면을 잡아야 하는 것은 맞는데 그림 1-1-18과 같이 우측면과 일치할 경우는 우측면을 잡는 것도 상관없다. 우측면을 스케치 면으로 설정하고 수직으로 스케치 면을 설정하면 스케치할 면이 수직으로 배치되게 된다. 여기서 삼각형을 그림 1-1-18의 중간과 같이 삼각형을 폐쇄 곡선으로 스케치하면 완료되는 것이다. 이와 같이 특징형상의 형상모델링은 어느 면에 스케치할 것인지를 분명히 해야 원하는 형상을 생성할 수 있다.

수행 : 선 도구에 의한 삼각형 단면 스케치

① 돌출 컷할 스케치 면을 우측면으로 설정한다.

② 스케치 탭에서 선 도구를 선택하고 그림 1-1-18 중간과 같이 경사면이 잘 일치하도록 직각 삼각형으로 스케치한다.

③ 스케치를 완료한다.

(2) 스케치 단면 돌출 컷하기

생각하기 : 왼쪽 면을 스케치 단면으로 할 경우 어떻게 돌출 컷하면 좋을까?

돌출 컷 단면에 대한 스케치가 완료되면 우측면에 대해 반대쪽 수직으로 방향을 잡아 돌출 컷을 해야 함을 알 수 있다. 그런데 블라인드 형태로 하여 돌출 깊이를 주는 방법도 있지만 그러면 돌출 컷 깊이를 잘 알고 있어야 한다. 잘 알고 있으면 이 방법을 써도 상관없지만 관통으로 하고 싶다면 주의할 것은 원하지 않는 부분까지 컷될 가능성이 많다는 것이다. 따라서 부분 컷이 다른 형상에 영향을 미치지 않고 컷하고 싶다면 블라인드 형태로 하지 않고 곡면까지 또는 다음까지를 선택하여 하면 된다. 두 가지의 차이점은 곡면까지의 경우는 원하는 면까지 컷하겠다는 것이고, 다음까지는 하나의 형상이 완료되는 면까지 컷을 하겠다는 것이다. 어느 선택을 하여도 좋다. 다만 자기 취향에 따라 선택하도록 하면 된다. 여기서는 왼쪽 돌출 부분의 우측면을 스케치 면으로 했기 때문에 아무 신경쓰지 않고 관통으로 하면 된다.

(1) 단면 스케치에 의한 구멍 형상모델링

생각하기 : 구멍 형상을 어떻게 만든다는 것일까?

원 단면 스케치에 의한 구멍 형상에는 완전히 관통하는 구멍과 일정 깊이까지 형성되는 구멍이 있다. 우선 구멍을 생성하는데 관통할 것인지 일정 깊이까지 뚫을 것인지를 판단해야 한다. 이것이 결정되면 피처 탭에서 돌출 컷 도구를 이용하여 관통 또는 일정 깊이 구멍에 대한 파라미터(관통, 블라인드 형태 등) 등을 선택하고 설정하여 구멍을 생성할 수 있는 것이다.

수행 : 원 도구에 의한 원 단면 스케치

① 돌출 컷할 스케치 면을 그림 1-1-20과 같이 평면 형상의 윗면으로 설정한다.

② 스케치 탭에서 원 도구를 선택하고 스케치한다.

③ 원의 지름을 14 mm로 설정한다.

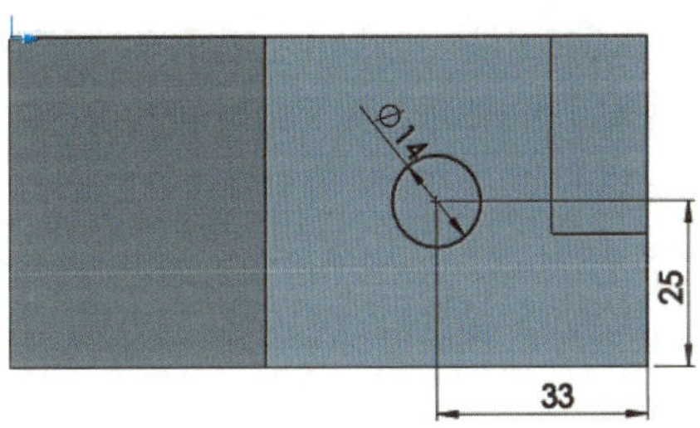

그림 1-1-20 구멍을 위한 원 스케치

④ 원의 중심이 양쪽 모서리에서 각각 25와 33 mm가 되도록 위치를 설정한다.

⑤ 스케치를 완료한다.

수행 : 돌출 컷 도구에 의한 관통 구멍형상 만들기

① 피처 탭을 클릭하고 돌출 컷 도구를 선택한다.

② 방향1에서 **관통**을 선택한다.

③ 피처를 완료하면 그림 1-1-21과 같은 관통 구멍이 완성된다.

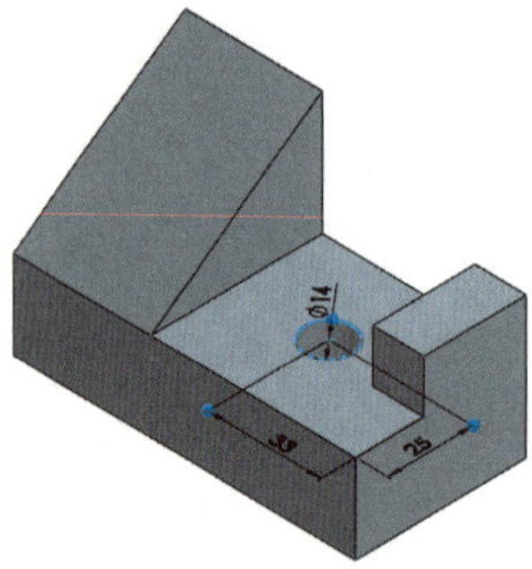

그림 1-1-21 관통 구멍 완성 모습

(2) 구멍가공마법사에 의한 구멍 형상으로 전환하기

생각하기 : 구멍가공마법사 도구란 무엇일까?

카운터 보어, 탭 구멍이나 드릴 구멍과 같이 가공에 연관되어 구멍을 생성할 때 사용하는 도구가 구멍가공마법사 도구( )이다. 여기서는 KS규격(한국 표준 공업규격)이나 ISO(국제 표준 공업규격)규격 등이 탑재되어 있어 적절하게 선택하여 구멍을 완성하는 방법이다.

수행 : 스케치에 의한 구멍 삭제하고 구멍 가공마법사 도구 선택하기

① 디자인 트리에서 컷 돌출3을 삭제한다.

② 스케치도 함께 삭제한다.

③ 피처 탭을 클릭한다.

④ 구멍가공마법사 도구를 클릭한다.

수행 : 구멍 유형 정하기

① 구멍 스펙에서 구멍 유형은 구멍을 선택한다.

② 표준규격은 KS, 유형은 드릴 크기로 설정한다.

③ 구멍 스펙은 크기는 14 ㎜로 하고 마침조건은 **관통**으로 한다.

수행 : 구멍 위치 정하기

① 구멍 스펙에서 위치 탭을 클릭한다.

② 구멍 위치는 드릴로 뚫고자 하는 면을 선택한다.

③ 연필 모양의 원이 나타나며 여기서 구멍 배치를 적당히 하고 Esc버튼을 누른다.

④ 구멍을 배치하기 위해 스케치의 구속조건 표시/삭제 도구를 사용하여 정면과 일치가 되도록 그림 1-1-22 (a)와 같이 구속조건을 준다.

⑤ 스케치의 지능형 치수 도구를 클릭하고 그림 1-1-22 (b)와 같이 각형 부품의 측면에서 33 mm가 되도록 치수를 수정한다.

⑥ 구멍가공 마법사를 완료한다.

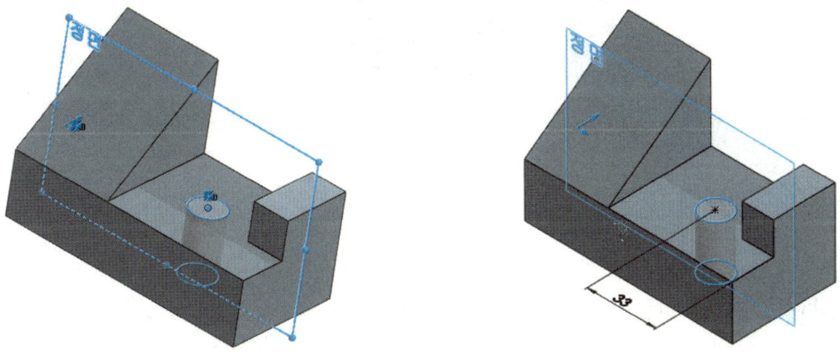

(a) 정면과 구멍 중심의 일치 (b) 구멍 중심의 측면에서 거리

그림 1-1-22 구멍의 위치 설정

1-2-1-5 모서리 둥글기 형상모델링

생각하기 : 모서리를 둥글게 하기 위해서는 어떻게 하면 좋을까?

그림 1-1-23과 같이 모서리를 둥글게 하는 형상모델링을 가정한다. 둥글기는 라운딩의 의미로 KS 규격에서 사용하는 용어이므로 앞으로 둥글기라는 용어로 통일한다. 이 둥글기 형상모델링은 앞의 그림 1-1-21 또는 1-1-22에서 만든 형상모델링의 모서리를 둥글게 컷(라운딩)한 모습이다. 그러면 둥글기 형상모델링은 어떻게 생성할 수 있을까? 이것은 구멍가공마법사와 마찬가지로 스케치를 하지 않고 피처 도구의 필렛 도구를 사용하여 컷 하는 방법이다. 즉, 스케치하지 않고 설정 조건만 주고 특징형상(필렛 형상)을 만들 수 있는 것이다. 이것을 적용 형상(pick-and-place feature)라 한다. 필렛은 각진 모서리 안 쪽 및 바깥 부분에 대해 둥글기를 하는 것을 말한다. 따라서 필렛 도구를 사용하여 둥글기 할 때는 모서리 부분을 지정하고 둥글기 반지름을 얼마로 할 것이지를 결정하면 간단히 둥글기 형상모델링이 된다.

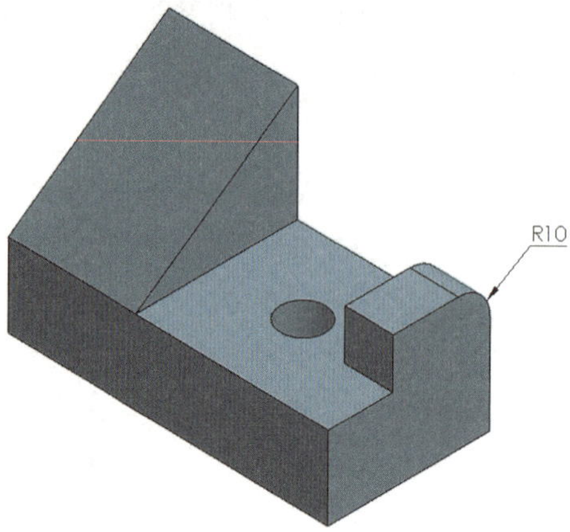

그림 1-1-23 모서리의 둥글기

생각하기 : 모서리 둥글기의 치수는 어떻게 나타내는가?

그림 1-1-23을 보면 R10이라는 기호가 나타나 있는 것을 알 수 있을 것이다. 이것은 필렛의 반지름을 뜻하며 반지름이 10이라는 기호이다.

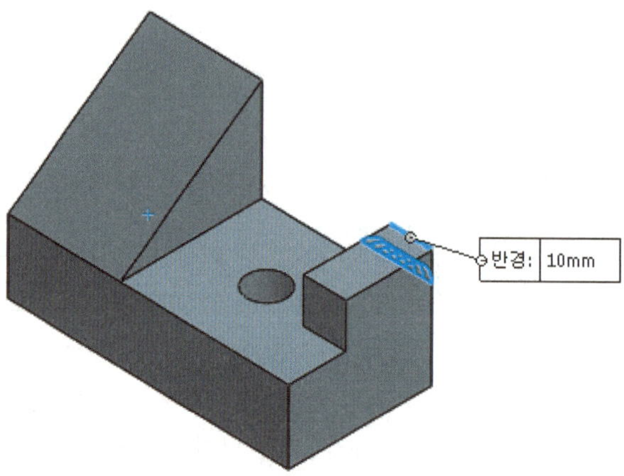

그림 1-1-24 필렛 지정 모서리

수행 : 필렛 도구에 의한 둥글기 형상 생성

① 피처 탭에서 필렛 도구를 선택한다.

② 필렛 창에서 필렛의 스펙을 설정한다.

③ 둥글기 생성 모서리를 그림 1-1-24와 같이 설정한다.

④ 완료✔를 클릭하여 형상을 완성한다.

1-2-1-6 사각기둥 관통 형상 모델링

생각하기 : 이것을 위해서는 어떤 도구를 어떻게 사용하여 모델링하면 좋을까?

그림 1-1-25의 사각기둥 컷 형상 모델링은 앞의 그림 1-1-24에서 만든 형상모델링의 밑 부분 중앙을 사각기둥으로 잘라낸 모습이다. 사용하는 도구가 돌출 컷 도구이며 돌출 컷하기 위해서는 중심사각형 도구로 중심사각형의 중심이 원점에 있도록 단면을 스케치하고 돌출 컷 도구를 사용하여 단면을 관통 컷하면 된다.

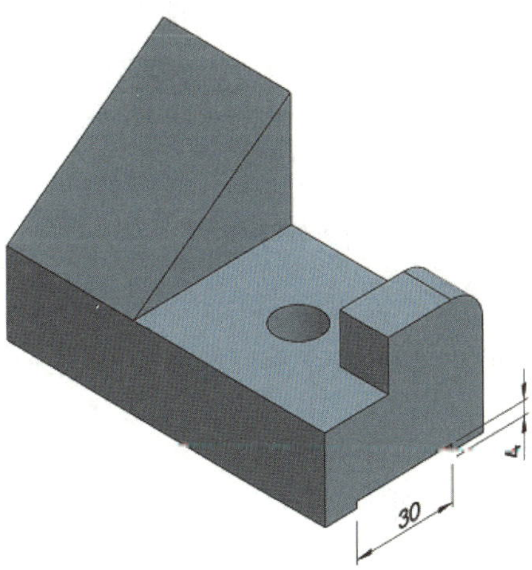

그림 1-1-25 사각기둥 관통 형상 및 치수

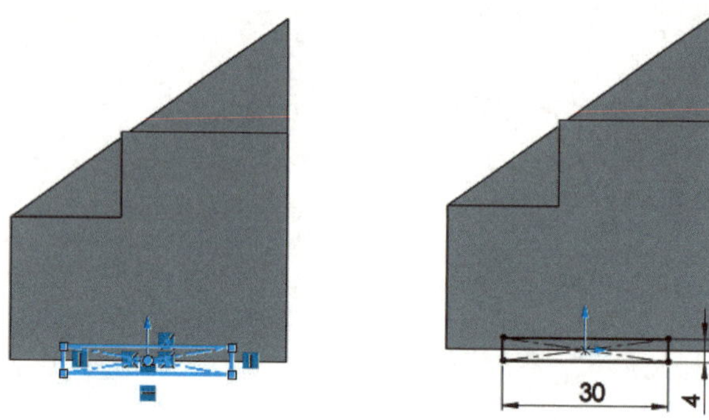

(a) 대략적 스케치 (b) 치수 수정

그림 1-1-26 중심 사각형 스케치

수행 : 중심 사각형 도구에 의한 사각형 단면 스케치

① 각형의 측면을 스케치 기준면으로 한다.

② 스케치 도구의 중심 사각형 도구를 클릭하고 그림 1-1-26 (a)와 같이 원점에 사각형의 중심이 오도록 대략적인 사각형을 스케치한다.

③ 사각형의 치수를 그림 1-1-26 (b)와 같이 각각 30 mm와 4 mm가 되도록 수정한다.

④ 스케치를 완료한다.

수행 : 돌출 컷 도구에 의한 관통 사각기둥 컷 형상 만들기

① 피처 도구의 돌출 컷 도구를 선택한다.

② 방향1에서 **관통**을 선택한다.

③ 피처를 완료하면 각형 부품의 바닥면에 관통 사각기둥이 완성된다.

1-2-1-7 원기둥 돌출 형상 모델링

생각하기 : 경사면에 원기둥을 생성하기 위해서는 어떻게 모델링하면 좋을까?

그림 1-1-27은 앞에서 만든 형상모델링의 경사면 부분의 중심에 대해 좌우 대칭으로 원기둥으로 돌출한 모습이다. 사용하는 도구가 돌출 도구이며 돌출하기 위해서는 원 도구로 단면을 스케치하여 요소 대칭 복사도구로 원을 좌우 대칭시켜 스케치 완료하고 돌출 도구를 사용하여 단면을 블라인드 형태로 돌출하면 된다.

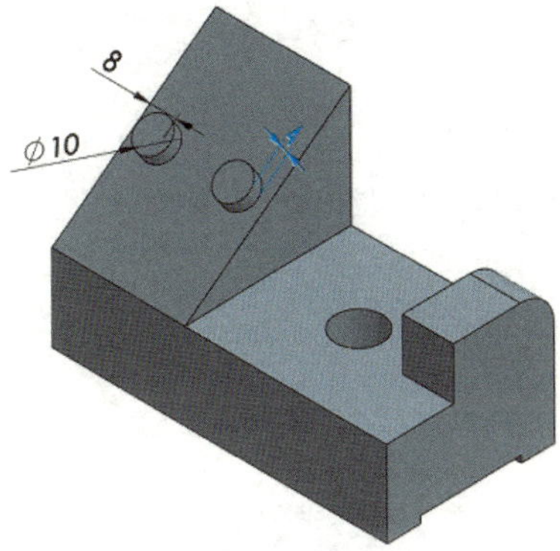

그림 1-1-27 경사면 원기둥 돌출 모습 및 치수

수행 : 선 도구 및 원 도구에 의한 돌출 단면 스케치

① 각형의 경사면을 스케치 기준면으로 한다.

② 스케치 도구의 중심선 도구를 선택하고 그림 1-1-28과 같이 경사면의 중심에 중심선을 스케치한다.

③ 스케치 도구의 중심원 도구를 클릭하고 그림 1-1-28과 같이 경사면 중심에 원형의 중심이 오도록 원을 스케치한다.

④ 원의 치수를 그림 1-1-28과 같이 지름 10, 거리 8 mm가 되도록 수정한다.

수행 : 요소 대칭 복사 도구에 의한 원 단면 대칭 복사하기

① 스케치 도구의 요소 대칭 복사 도구를 클릭한다.

② 그림 1-1-28과 같이 원과 중심선을 선택하여 대칭 복사한다.

③ 스케치를 완료한다.

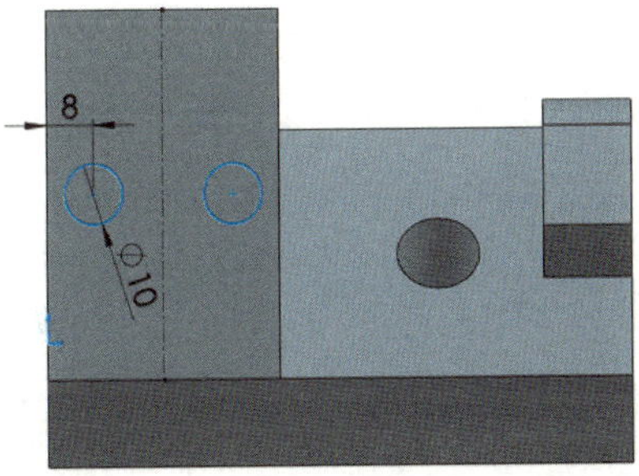

그림 1-1-28 요소 대칭 복사 모습

수행 : 돌출 보스/베이스 도구에 의한 원기둥 형상 만들기

① 피처 탭에서 돌출 보스/베이스 도구를 클릭한다.

② 방향1에서 **블라인드 형태**를 선택한다.

③ 깊이를 4 ㎜로 한다.

④ 피처를 완료한다(그림 1-1-29).

그림 1-1-29 원기둥 돌출 완성

1-2-1-8 저장하기

생각하기 : 3D 형상을 언제 저장하면 좋을까?

3D CAD에서 형상은 언제라도 저장 가능하므로 수시로 저장하는 습관을 기르도록 하는 것이 좋다. 간단한 것은 바로 그려서 형상을 완성하면 되지만 복잡한 형상을 그릴 때는 중간에 잘못되어 형상이 완성되기도 전에 파일이 없어질 때도 있다. 이러한 잘못에 대한 부담을 조금이라도 덜기 위해서는 수시로 저장하는 습관을 기르는 것이 좋다.

수행 : 최종 형상 저장하기

① 저장 도구(💾)에서 다른 이름으로 저장하기를 클릭한다.

② 저장할 디렉토리를 정하고 파일이름을 "각형 부품 형상"으로 한다.

③ 저장 버튼을 클릭한다.

1-2-2 원형 기반 복합형상의 형상모델링

1-2-2-1 기초형상 모델링

생각하기 : 원형 기반 복합형상의 기초형상이란 무엇일까?

원형 기반이란 회전체 원통 기반이라는 뜻으로 생각하기 바란다. 그렇다면 기초형상이란 회전체 원통 형상을 의미하며 처음에 그림 1-1-30과 같이 360° 는 회전시킨 회전체 원통 형상을 기초형상이라 한다.

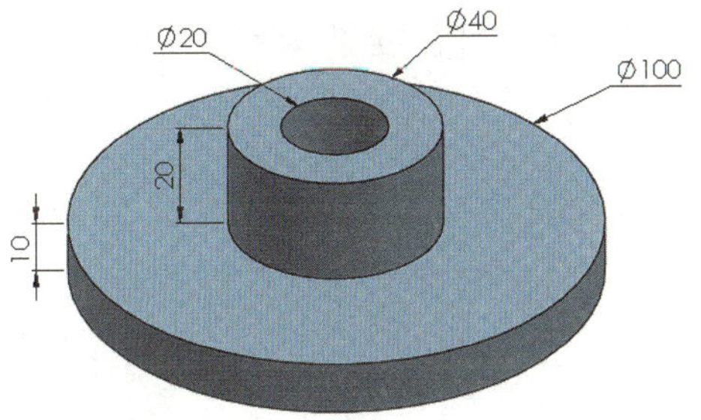

그림 1-1-30 기초형상 모델 및 치수

(1) 스케치 준비하기

수행 : 스케치 화면 설정하기

① 초기 화면의 풀다운 메뉴에서 (새 문서 아이콘)을 선택한다.

② 기본 모듈 가운데 파트를 선택한다.

③ 스케치 탭을 클릭하고 기준 평면을 정면으로 한다.

④ 스케치( ) 실행을 클릭하여 스케치 화면을 설정한다.

(2) 회전체 형상 모델링

생각하기 : 회전체 원통 형상 모델은 어떤 과정을 거쳐 완성될까?

회전체 원통 형상은 회전시킬 회전 단면을 생성하고 이 회전체 단면을 회전축을 중심으로 360도 회전하여 만드는 형상이며 이러한 회전체 형상 모델링을 위해서는 반드시 회전축이 도시되고 회전체 단면이 도시되어야 한다. 그림 1-1-30에서 2단 원통 부분의 반 단면도가 그림 1-1-31과 같으며 이 반 단면의 모습이 회전단면의 스케치 모습이다.

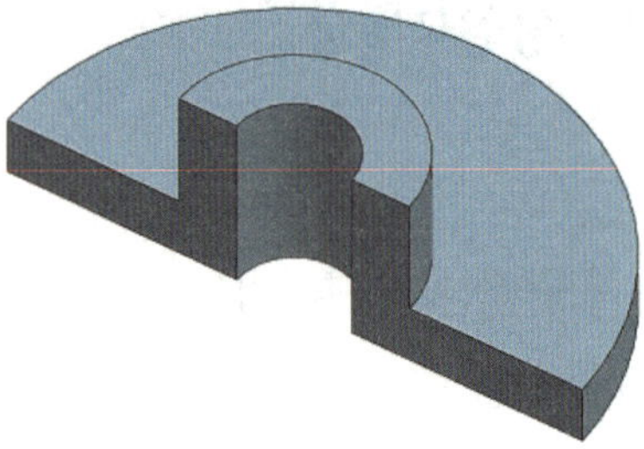

그림 1-1-31 회전체 반쪽 단면 형상

수행 : 선 도구에 의한 대략 단면 모양 스케치하기

① 스케치 도구의 선 도구에서 중심선 도구를 클릭한다.

② 중심선을 이용하여 그림 1-1-32와 같이 중심선을 스케치한다.

③ 다시 선 도구에서 선 도구를 클릭한다.

④ 선을 이용하여 그림 1-1-32와 같이 단면 모양을 대략 스케치한다.

수행 : 구속조건 표시/삭제 도구에 의한 단면 스케치 구속하기

① 스케치 탭의 구속조건 표시/삭제에서 구속조건 부가를 선택한다.

② 원점과 다각형 밑면을 일치 시킨다. 이것은 치수 변경을 할 때 원점과 평행한 상태를 유지하기 위해서이다.

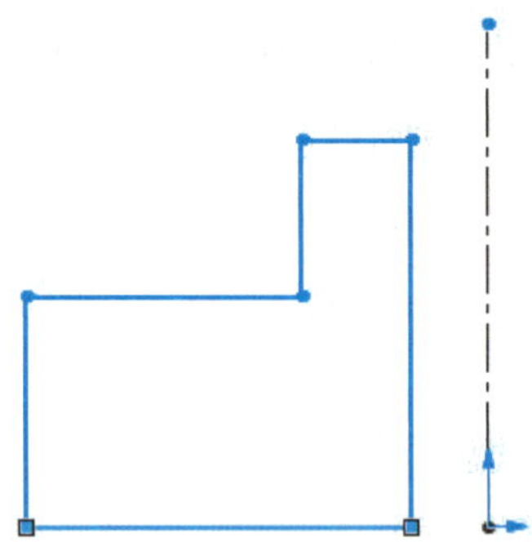

그림 1-1-32 직선에 의한 대략 단면 스케치

수행 : 지능형 치수에 의한 단면 치수 정하기

① 지능형 치수 도구를 클릭한다.

② 치수 기입 해당 변을 커서를 갖고 가서 클릭하면 치수 수정 창이 나타나며 여기서 치수를 입력한다.

③ 모든 변의 치수를 ②의 방법대로 입력하여 그림 1-1-33과 같이 치수 기입을 한다.

④ 스케치 완료를 클릭하여 스케치를 완성한다.

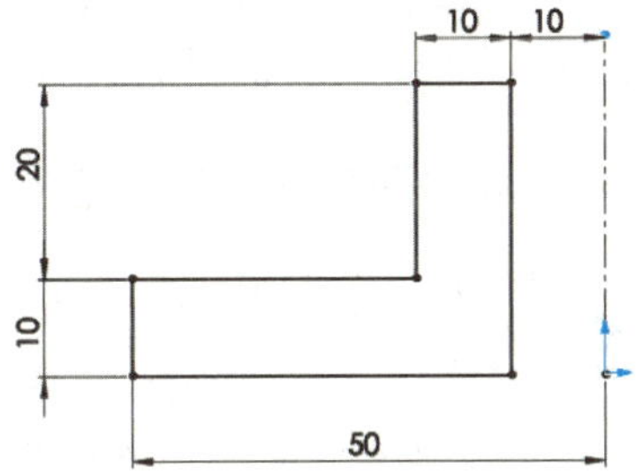

그림 1-1-33 치수 기입

수행 : 회전 보스/베이스 도구에 의한 회전체 만들기

① 피처 탭에서 회전 보스/베이스 도구()를 선택한다.

② 속성 창에서 회전할 축을 선택한다.

③ 방향1을 블라인드 형태로 하고 회전 각도를 360도로 한다.

④ 완료✔를 클릭하여 그림 1-1-34와 같이 형상을 완성한다.

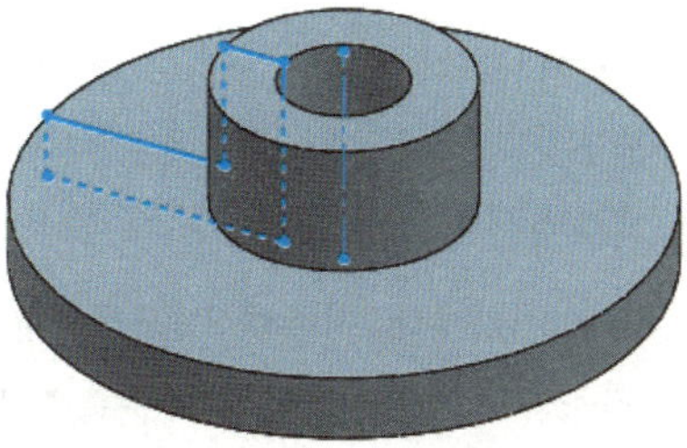

그림 1-1-34 블라인드 형태로 360도 회전한 형상 모델

1-2-2-2 원형 패턴 기초 카운터 보어 형상모델링

생각하기 : 카운터 보어 형상모델링은 어떻게 하는 것일까?

그림 1-1-35을 보면 4×⌀11관통 ⊔Ø15↧4기호가 있는데 이것은 SolidWorks에서 구멍 가공마법사에 의해 컷 형상(가공)된 카운터 보어 형상을 나타내는 약속 기호라 생각하면 된다. 즉, 4×⌀11관통은 4개의 지름 11 mm(M10)인 구멍이 관통하고, ⊔Ø15↧4는 볼트 머리 자리 앉기 파기 지름이 15 mm이고 4 mm 깊이까지 컷하라는 기호이다. 구멍가공마법사에서 어려워하는 부분은 구멍의 위치 및 배치에 관련한 설정이다. 구멍의 위치는 구멍이 위치할 면 선택이 되며 배치는 구멍이 배치될 면에서의 정확한 위치를 말한다. 그리고 정확한 위치는 스케치와 마찬가지로 지능형 치수를 이용하여 치수를 부여할 수 있다.

생각하기 : 카운터 보어의 중심 위치는 어디로 하면 좋을까?

그림 1-1-1을 보면 보강대(리브)와 카운터 보어의 관계는 45° 어긋나 있는 모습이다. 따라서 보강대 생성을 원래 기준면을 이용하여 생성하기로 한다면 카운터 보어는 45° 어긋난 위치에 생성해야 하므로 원래 기준면에 대해 45° 어긋난 위치에 새로운 기준면이 있어야 한다. 따라서 카운터 보어 중심이 새로운 기준면에 일치하도록 생성하면 된다.

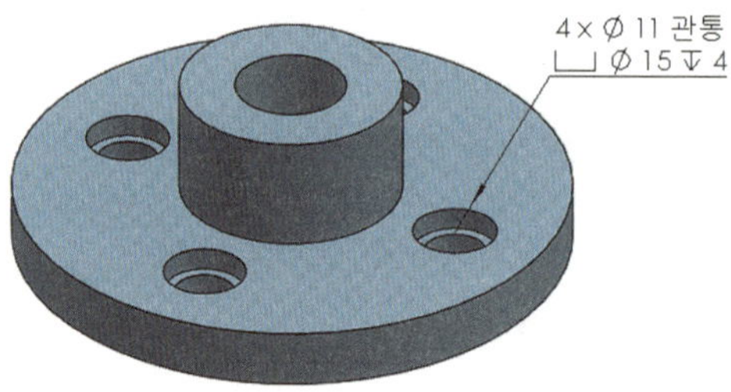

그림 1-1-35 SolidWorks에서 카운터 보어 기호

수행 : 참조형상 도구에 의한 새로운 기준면 생성하기

① 먼저 새로운 기준면을 생성하기에 앞서 기준면을 회전 시킬 회전축을 생성해야 한다. 즉, 형상 탭에서 참조 형상 가운데 기준축을 선택하고 정면과 우측면을 선택하여 두 면을 교차하는 기준축을 생성한다.

② 다시 형상 탭에서 참조 형상 가운데 기준면을 선택하고 그림 1-1-36과 같이 제1참조를 정면으로 하고 제2 참조를 앞에서 생성한 기준축으로 하여 각도를 45도로 한다.

③ 완료✔를 클릭하면 형상이 완성된다

수행 : 구멍가공마법사 도구에 의한 원형 패턴의 기초 카운터 보어 생성하기

① 피처 도구의 구멍가공마법사 도구를 선택한다.

② 속성 창에서 그림 1-1-37 (a)와 같이 구멍의 유형을 설정한다. 즉, 여러 가지가 있지만 여기서는 카운터 보어를 선택하였다.

③ 구멍 스펙은 KS 규격을 따르고 그림 1-1-37 (b)와 같이 지름이 11인 M10을 선택하며 사용자 크기를 선택하여 볼트 머리 지름이 15 mm, 깊이는 4 mm를 설정한다.

④ 그림 1-1-37 (c)와 같은 구멍가공마법사 구멍 위치 창에서 그림 1-1-37 (d)와 같이 구멍을 위치시킬 면을 설정한다.

⑤ 그림 1-1-37 (e)와 같은 구멍가공마법사 구멍 위치 창에서 지능형 치수를 사용하여 구멍의 중심위치가 평면1과 일치하도록 그림 1-1-37 (f)와 같이 0을 주고, 중심축에서 카운터 보어 중심까지의 거리가 33 mm가 되도록 치수 설정한다.

⑥ 완료✔를 클릭하여 형상을 완성한다.

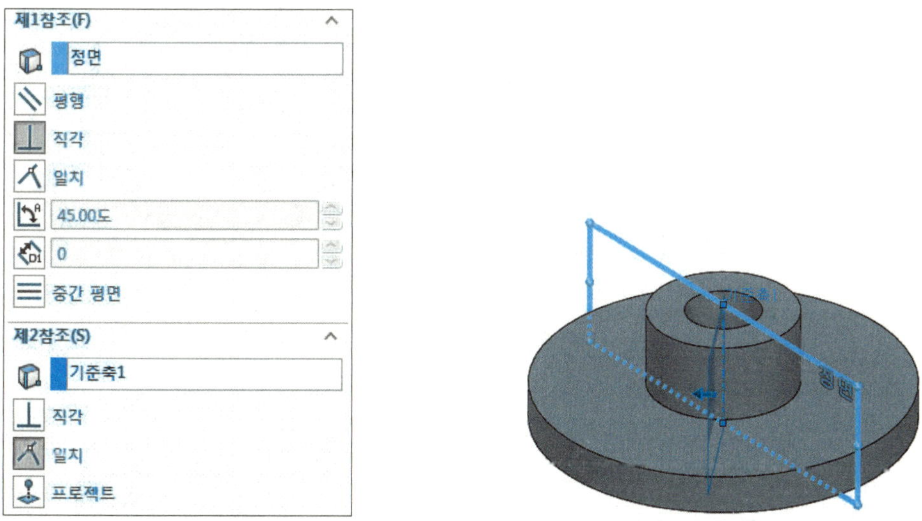

(a) 속성 설정 (b) 평면 생성 모습

그림 1-1-36 새로운 기준면 생성 과정

(a) 구멍 유형 설정

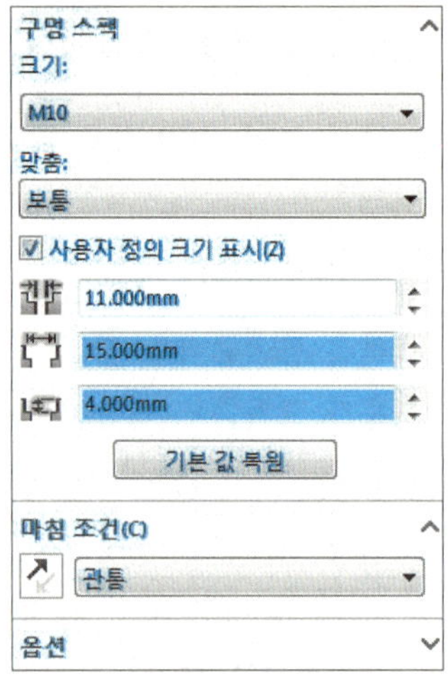

(b) 구멍스펙 설정

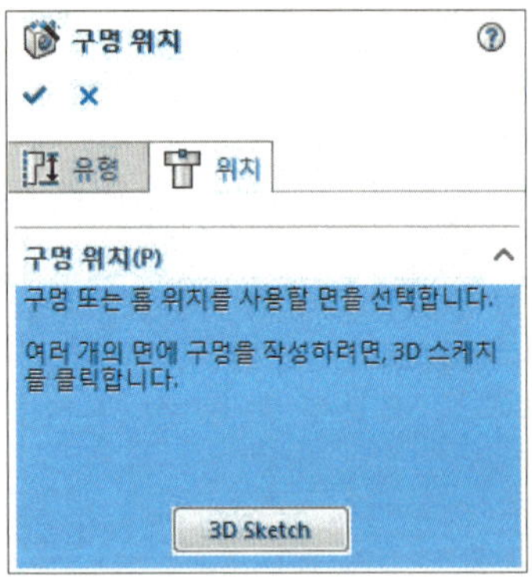

(c) 구멍 선택 면 설정

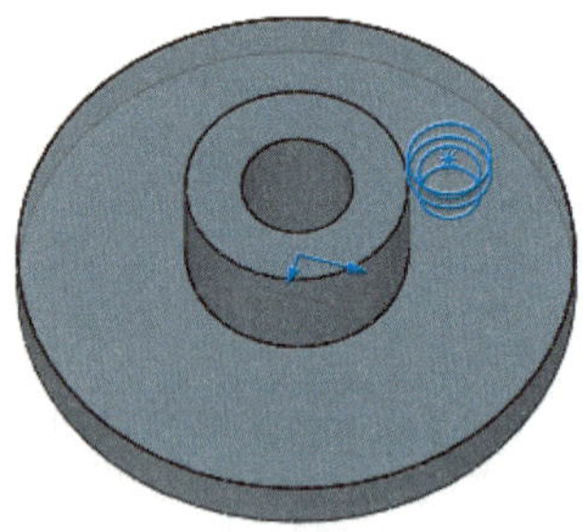

(d) 선택 면 설정 모습

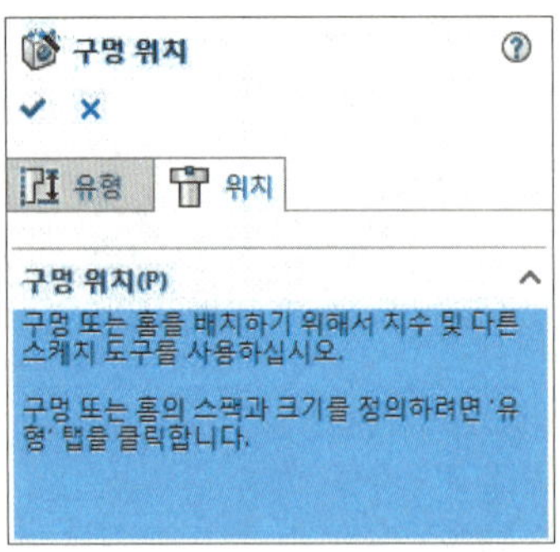

(e) 위치속성 설정

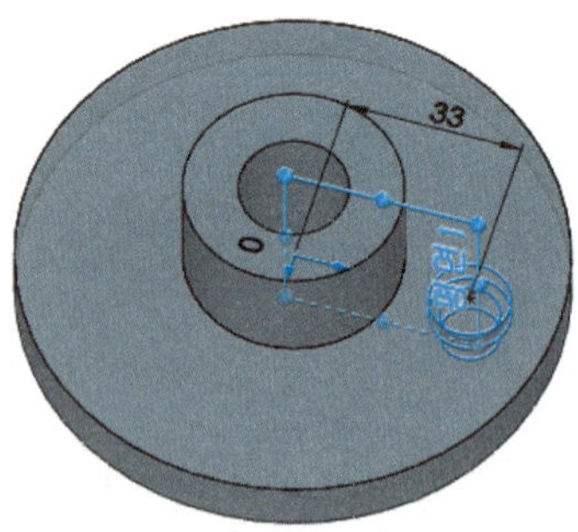

(f) 치수 수정

그림 1-1-37 구멍마법사에 의한 구멍 생성과정

1-2-2-3 4개의 카운터 보어 원형 패턴 형상모델링

생각하기 : 4개의 카운터 보어 패턴 형상은 어떻게 생성하는 것일까?

형상 도구의 선형 패턴 도구 가운데 원형 패턴 도구( )를 사용하여 원형 구멍 패턴을 만들 수 있다. 4개의 동일 각도로 하고자 하면 원형 패턴 속성 창에서 동등의 체크를 없애고 숫자를 4, 간격(각도)를 90도로 하고 확인을 누르면 된다. 또는 동등 체크를 하고 숫자를 4, 각도는 360으로 하면 자동적으로 90도씩 동등한 각도로 계산되어 원형 패턴이 생성된다. 보통 동등 체크를 하고 숫자와 각도를 설정하는 것이 편리하다.

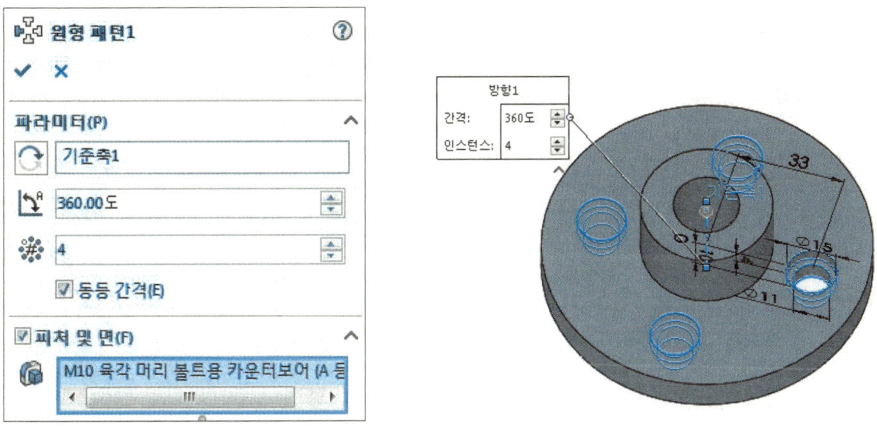

(a) 속성 설정 (b) 생성 모습

그림 1-1-38 원형 패턴 설정 및 설정 모습

수행 : 원형 패턴 도구에 의한 4개의 동일 각도 카운터 보어 생성하기

① 형상 탭에서 선형 패턴 도구 가운데 원형 패턴을 선택한다.

② 그림 1-1-38 (a)와 같은 속성 창에서 패턴 축은 해당 중심축(또는 원통 면)을 선택한다. 이것은 원통 면의 중심과 패턴 중심이 동심이기 때문이다.

③ 또한 각도 360도, 인스턴스 수 4를 입력하고 동등 간격으로 한다.

④ 피처는 M10 육각머리 볼트용 카운터 보어로 선택하면 그림 1-1-38 (b)와 같이 4개의 카운터 보어 패턴 형상이 나타난다.

⑤ 완료✔를 클릭하면 그림 1-1-39와 같은 형상이 완성된다.

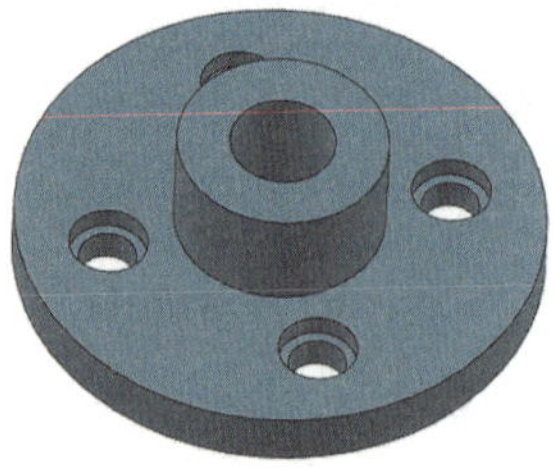

그림 1-1-39 원형 패턴 완성 모습

1-2-2-4 리브 형상모델링

생각하기 : 리브란 무엇이며 어떻게 생성하는 것이 효율적일까?

리브란 판상 또는 두께가 얇은 부분을 보강하기 위하여 덧붙이는 뼈대를 지칭하는 용어이며 약하여 휘어지거나 하면 구조물이 취약해지므로 구조물을 튼튼하게 하기 위해 보강하는 것이라고 생각하면 된다. 사실 그림 1-1-40의 경우는 높이가 낮아 보강이 필요 없겠지만 보강한다는 가정 하에 그림 1-1-40과 같이 리브를 생성하는 것으로 한다.

하나의 리브가 생성되었으면 대칭 복사하는 것이 효율적이다. 하나의 보강대를 복사하는 방법은 대칭 기준면에 대해 대칭 복사 기능을 이용하여 복사하면 된다. 따라서 대칭 기준면이 있어야 하는데 이 대칭면은 기존의 기준면(정면, 윗면, 우측면)이 될 수도 있고 새로운 기준면을 생성해야 할 경우도 있다.

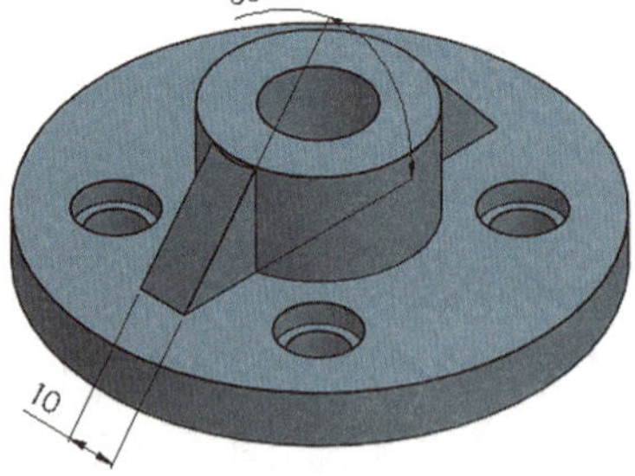

그림 1-1-40 리브 형상모델

(1) 대칭의 기초 리브 형상모델링

수행 : 선 도구에 의한 리브 외곽선 스케치

① 우측면을 스케치 평면으로 선택한다.

② 스케치 탭에서 선 도구를 선택한다.

③ 그림 1-1-41과 같이 리브 외곽선을 스케치 한다. 이것은 폐쇄 곡선이 아니라 직선이면 된다. 그러나 직선이 반드시 리브가 시작되어 마무리되는 지점에 접하여야 한다.

수행 : 보강대 도구에 의한 리브 만들기

① 피처 탭에서 보강대를 선택한다.

② 그림 1-1-42 (a)와 같이 리브 두께를 10 mm로 한다.

③ 완료✔를 클릭하면 리브 형상이 완성된다(그림 1-1-42 (b)).

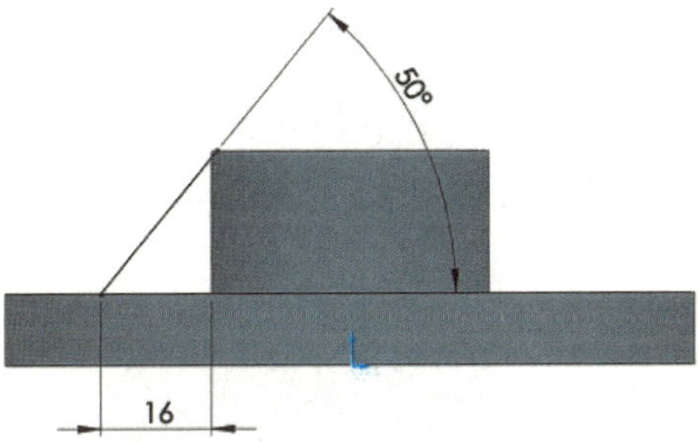

그림 1-1-41 리브 외각선 스케치

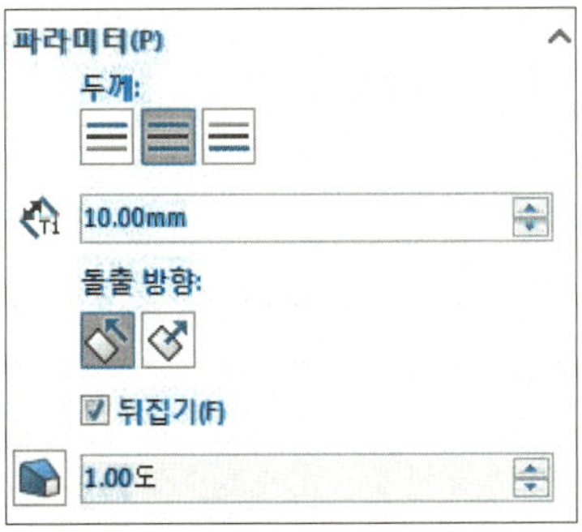

(a) 속성 설정

(b) 리브 생성방향

그림 1-1-42 리브 형상모델링

(2) 대칭 리브 형상모델링

생각하기 : 대칭 리브는 한 번에 가능하지 않을까?

리브 구조는 대칭 구조라도 한 번에 하나씩 밖에 할 수 없다. 왜냐하면 선 스케치(프로파일)하고 선에 대해 리브 방향을 선택해야 하는데 양쪽에 선 스케치가 있으면 컴퓨터상에서 어느 것을 선택해야 할지 모르기 때문이다. 즉, 오직 한 개의 열린 선 스케치(프로파일)만 있어야 한다. 따라서 보통 대칭 리브의 경우는 앞에서도 언급했지만 하나의 리브를 생성하고 그 리브를 대칭 복사하는 것이 일반적이다. 그런데 대칭 복사에는 일반적인 대칭 복사 도구가 있고 선형패턴 도구 내에 대칭복사 도구가 있으므로 상황에 따라 편리한 것을 사용하면 된다.

수행 : 대칭 복사 도구에 의한 반대쪽 리브 형상 만들기

① 피처 탭에서 대칭 복사()를 선택한다.

② 면/평면 대칭복사에서 우측면과 직각인 정면을 선택한다.

③ 대칭복사 피처는 생성된 보강대1을 선택한다.

④ 완료✔를 클릭하면 그림 1-1-43과 같이 대칭 리브 형상이 완성된다.

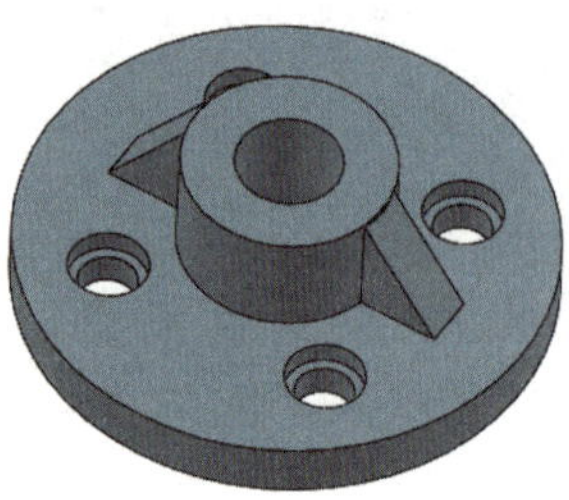

그림 1-1-43 대칭 복사된 리브 형상 완성 모습

1-2-2-5 저장하기

수행 : 최종형상 저장하기

① 저장 도구()에서 다른 이름으로 저장하기를 클릭한다.

② 저장할 디렉토리를 정하고 파일이름을 “원형 부품 형상”으로 한다.

③ 저장 버튼을 클릭한다.

1-3 학습 정리

1-3-1 각형 기반 복합형상 형상모델링 종합정리

① 학습 대상 각형기반 부품을 완성하기 위해 그림 1-1-44와 같은 형상모델링 과정을 거쳤다.

② 학습 대상 각형기반 부품을 완성하기 위해 스케치 도구와 피처 도구는 표 1-1-3과 같이 활용하였다.

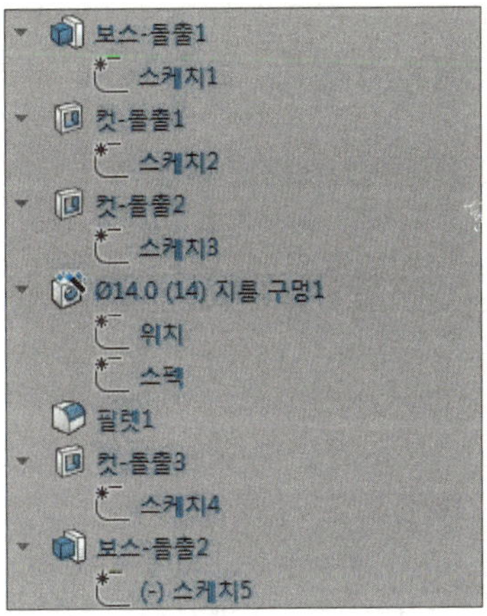

그림 1-1-44 디자인 트리 모습

표 1-1-3 사용한 스케치 도구와 피처 도구

사용도구 / 번호	스케치 도구	피처 도구
1	선 도구(2번)	돌출 보스/베이스 도구(블라인드형태; 2번)
2	코너 사각형 도구(2번)	돌출 보스/베이스 도구(중간평면; 1번)
3	요소 잘라내기 도구(1번)	돌출 컷 도구(블라인드형태; 1번)
4	지능형 치수 도구(2번)	돌출 컷 도구(다음까지; 1번)
5	요소대칭복사 도구(1번)	돌출 컷 도구(관통; 1번)
6	중심사각형 도구(1번)	필렛 도구(1번)
7	원 도구(2번)	구멍가공마법사도구(1번)
8	중심선 도구(1번)	
9	구속조건 부가(1번)	

③ 각형 부품의 솔리드 모델링에 대해 학습했다. 즉, 각형 형상을 기초형상으로 하여 최종 원하는 대상물(부품)을 생성해 가는 과정을 알 수 있었다.

④ 스케치 도구는 기초형상 모델링에서 충분히 익혔지만 피처 도구는 특징형상을 만드는 과정에 새로운 도구가 사용되었음을 알 수 있다.

⑤ 돌출 컷 도구에는 3가지 돌출 형태를 학습하였다.

⑥ 형상에서의 필렛 도구 사용을 알 수 있었다.

1-3-2 원형 기반 복합형상 형상모델링 종합정리

① 학습 대상 원형기반 부품을 완성하기 위해 그림 1-1-45와 같은 형상모델링 과정을 거쳤다.

② 학습 대상 원형기반 부품을 완성하기 위해 스케치 도구와 피처 도구는 표 1-1-4와 같이 활용하였다.

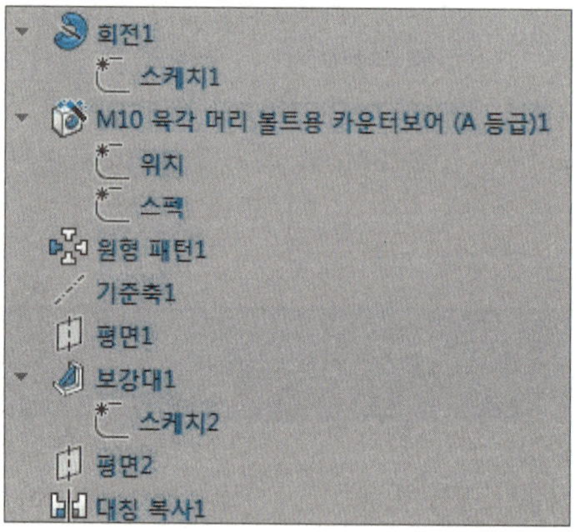

그림 1-1-45 디자인 트리 모습

표 1-1-4 사용한 스케치 도구와 피처 도구

사용도구 / 번호	스케치 도구	피처 도구
1	선 도구(2번)	회전 보스/베이스 도구(1번)
2	구속조건 부가(1번)	구멍가공마법사 도구(1번)
3	지능형 치수 도구(2번)	보강대 도구(1번)
4		원형 패턴 도구(1번)
5		기준면 생성(2번)
6		대칭 복사 도구(1번)

③ 원형 부품에 대해 원형 형상을 기초형상으로 하여 최종 원하는 대상물(부품)을 생성해 가는 과정을 이해하고 그 과정을 설명할 수 있다.

④ 원형 패턴 구멍형상에 대해 충분히 이해하고 그에 대해 설명할 수 있다.

⑤ 리브라는 새로운 용어와 함께 새로운 기준면을 생성하는 방법과 리브를 생성하는 방법에 대해 이해하고 설명할 수 있다.

⑥ 형상을 대칭 복사할 수 있는 기능에 대해 이해하고 그에 대해 설명할 수 있다.

1-4 자율 평가

지시 사항 :

이 자율평가의 목적은 앞에서 익힌 각형 및 원형 부품의 형상모델링에 사용한 도구를 잘 이해하여 주어진 부품의 형상모델링 과정을 설명할 수 있는지를 확인하기 위함이다. 다음 쪽의 자율평가 답안을 비교하여 자율학습 결과 점검표를 작성하되 100% 이해하고 설명할 수 있을 때까지 반복하여 작성하기 바란다.

1-4-1 자율평가 문제

[문제 1]

자율평가 그림1에 대해 20분 안에 다음 작업을 실시하라.

1. 형상모델링 작업
- 치수는 자율평가 그림1의 크기로 한다.
- 도구 사용 및 조건은 자율평가 표 1에 한정한다.

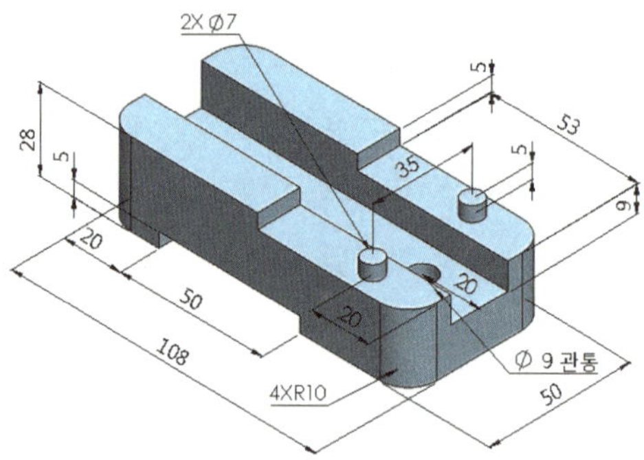

자율평가 그림1 입체 형상과 치수

자율평가 표 1

사용 도구 / 모델링 과정	피처 도구	스케치 도구
1	• 돌출 보스/베이스 도구 (중간평면)	• 코너 사각형 도구 • 요소 잘라내기 도구 • 지능형 치수 도구
2	• 돌출 컷 도구 (관통)	• 중심선 도구 • 중심 사각형 도구 • 지능형 치수 도구
3	• 돌출 보스/베이스 도구 (블라인드 형태)	• 중심선 도구 • 중심원 도구 • 구속조건 부가 도구(대칭) • 지능형 도구
4	• 구멍가공 마법사 도구 (드릴 크기)	• 중심선 도구 • 구속조건 부가 도구(일치) • 지능형 치수 도구
5	• 필렛 도구	

[문제 2]

자율평가 그림2에 대해 20분 안에 다음 작업을 실시하라.

1. 형상모델링 작업

- 치수는 자율평가 그림2의 크기로 한다.
- 도구 사용 및 조건은 자율평가 표2에 한정한다.

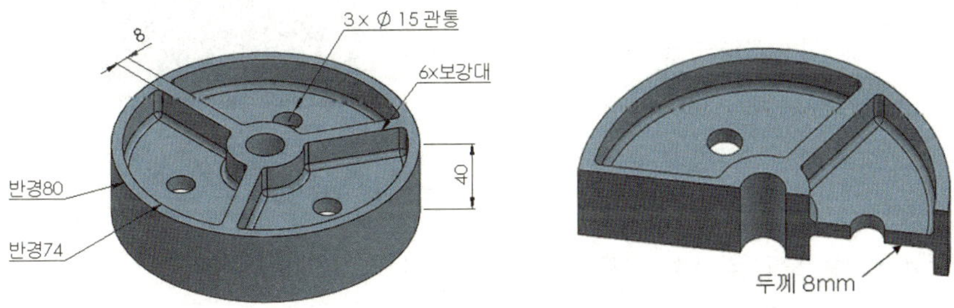

(a) 전체 외형 (b) 반 단면 형상

자율평가 그림 2 형상과 치수

자율평가 표 2

사용 도구 / 모델링 과정	피처 도구	스케치 도구
1	• 회전 보스/베이스 도구	• 중심선 도구 • 코너 사각형 도구 • 요소 잘라내기 도구 • 구속조건 부가 도구(대칭, 동일선상) • 지능형 치수 도구
2	• 구멍 가공 마법사 도구	• 구속조건 부가 도구(수직 또는 수평) • 지능형 치수 도구
3	• 보강대 도구	• 선 도구 - 스케치 스냅(일치)
4	• 대칭 복사 도구(보강대)	
5	• 원형 패턴 도구	
6	• 필렛 도구(윗면 및 아랫면)	

1-4-2 자율평가 문제 답안

[문제 1 답안]

(1) 기초 형상모델링

- 선 도구 및 지능형 치수에 의해 그림(a)와 같이 스케치함.
- 피처 탭에서 돌출 보스/베이스 도구에 의해 돌출 깊이 50으로 함.

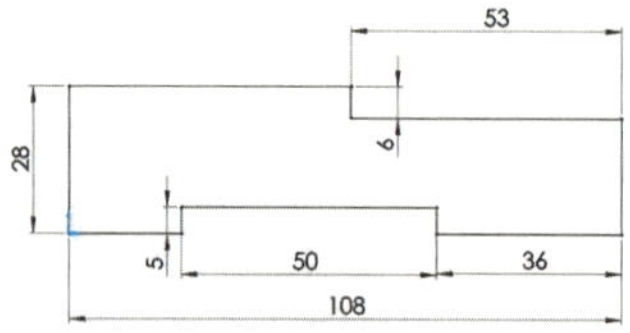

그림 (a)

그림 (b)

(2) 가운데 부분 컷 돌출 형상모델링

- 코너 사각형 도구 및 지능형 치수에 의해 그림 (b)와 같이 스케치함.
- 피처 탭에서 돌출 컷 도구에 의해 돌출 컷 깊이 15함.

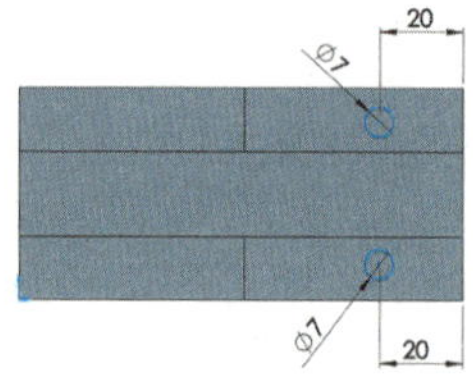

그림 (c)

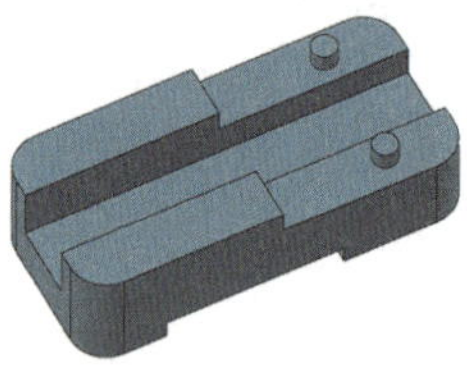

그림 (d)

(3) 원기둥 돌출 형상모델링

- 원 도구 및 지능형 치수에 의해 그림 (c)과 같이 스케치함.
- 피처 탭에서 돌출 보스/베이스 도구에 의해 돌출 깊이 15함.

(4) 모서리 둥글기 형상모델링

- 피처 탭에서 필렛 도구에 의해 반경 10 ㎜로 그림 (d)과 같이 라운딩 함.

(5) 원 구멍 컷 돌출 형상모델링

- 원 도구 및 지능형 치수에 의해 그림 (e)과 같이 스케치함.
- 피처 탭에서 돌출 컷 도구에 의해 그림 (f)과 같이 관통으로 함.

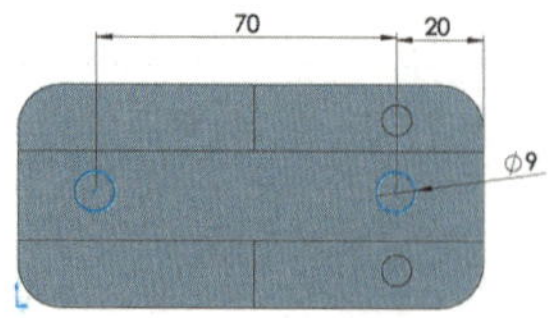

그림 (e)

그림 (f)

[문제 2 답안]

(1) 기초 형상모델링

- 정면에 대해 중심선 도구로 원점에 대해 수직과 수평으로 중심선 스케치함.
- 코너 사각형 도구로 대강의 모양 스케치 및 겹치는 부분 요소 잘라내기 함.
- 수평 중심선에 대해 상하 모서리를 대칭 구속함.
- 왼쪽 사각형 윗부분과 오른쪽 사각형 윗부분을 동일선상으로 구속함.
- 다음 그림과 같이 치수 수정함.

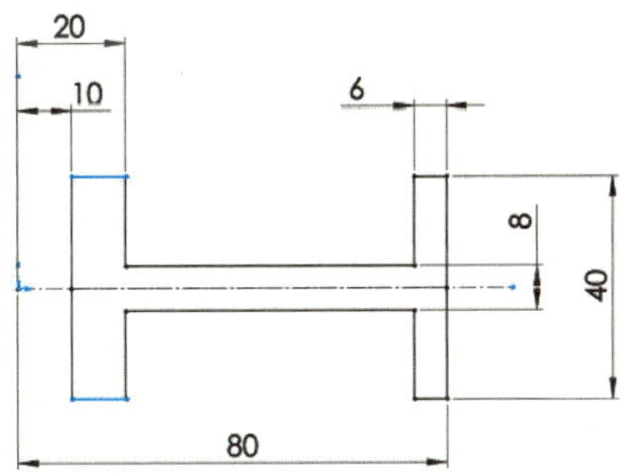

- 360° 회전으로 단면 스케치를 회전체로 만듦.

(2) 구멍 가공마법사에 의한 구멍 형상모델링

- 구멍가공 마법사에서 구멍 유형을 구멍으로 하고 유형은 드릴 크기로 함.
- 드릴 직경은 Ø15㎜로 하고 관통시킴.
- 배치는 안쪽 원통 윗면을 하고 먼저 원 중심을 정면에 대해 일치 구속함.
- 원통 중심으로부터 원 중심이 45㎜ 되도록 수정함.

(3) 보강대 기초 형상모델링

- 정면에서 내외 원통에 대해 선을 스케치함
- 피처 도구의 보강대 도구로 폭이 8㎜되도록 보강대 모델링 함.

(4) 대칭 리브의 대칭 복사

- 피처 도구의 대칭 복사 도구를 사용하여 원통 밑면에 리브를 대칭 복사함.

(5) 원형 패턴에 의한 3개의 원형패턴 리브 형상모델링

- 피처 도구의 원형 패턴 도구를 사용하여 위 아래 리브를 120° 씩 모두 3개의 원형 패턴으로 함.

(6) 필렛 도구에 의한 모서리 둥글기 형상모델링

- 원통 내면의 윗면과 아랫면 모서리 부분에 대해 3㎜ 반지름의 라운딩을 줌.

자율평가 결과 점검표

학습자 성명 :	평가 날짜 :
평가 제목 : 일반 형상모델링의 이해	

		성취 수준			
		이해하지 못했음	일부만 이해했음	완전히 이해했음	이해 반복수
자율 평가 문제 1	기초형상모델링				
	가운데 컷 돌출 형상모델링				
	원기둥 돌출 형상모델링				
	모서리 둥글기 형상모델링				
	원 구멍 컷 돌출 형상모델링				
자율 평가 문제 2	기초 형상모델링				
	구멍 가공마법사에 의한 구멍 형상모델링				
	보강대 기초 형상모델링				
	대칭 리브의 대칭 복사				
	원형 패턴에 의한 3개의 원형패턴 리브 형상모델링				
	필렛 도구에 의한 모서리 둥글기 형상모델링				

[성취수준]
위의 모든 항목에 대해 “완전히 이해했음”, 즉 이해도 100%로 답하여야 합니다. 만일 “이해하지 못했음” 또는 “일부만 이해했음”에 답을 했다면 앞에서 학습한 내용을 다시 한 번 확인 하시고 몇 번 만에 이해하였는지를 체크하십시오.

2 패턴형상 부품 형상모델링의 이해

2-1 학습 준비

2-1-1 학습 대상

기계부품에는 패턴 형상으로 이루어진 경우도 있는데 주로 선형패턴 및 원형패턴이 대부분이다. 그러나 곡선형태 및 불규칙하게 이루어진 패턴도 있으므로 이러한 것들이 어떻게 생성되는지를 알아볼 필요가 있다. 그림 1-2-1 (a)의 기초형상에 그림 1-2-1 (b)와 같은 선형 패턴 원 돌출 형상모델링하고 그림 1-2-1 (c)와 같은 선형 패턴 원 구멍 형상모델링에 관한 것, 그림 1-2-2 (a)의 기초형상에 그림 1-2-2 (b)와 같은 원형 패턴의 돌출 형상모델링과 그림 1-2-2 (c)와 같은 원형 패턴의 구멍 형상모델링에 관한 것도 있을 수 있다. 또한 그림 1-2-3 (a)의 기초형상에 그림 1-2-3 (b)와 같은 곡선에 의한 간격 일정 패턴의 구멍 형상모델링에 관한 것과 그림 1-2-4 (a)와 같은 기초형상에 그림 1-2-4 (b)와 같은 스케치의 임의 점 위치에 의한 돌출 패턴형상모델링에 관한 것도 있다.

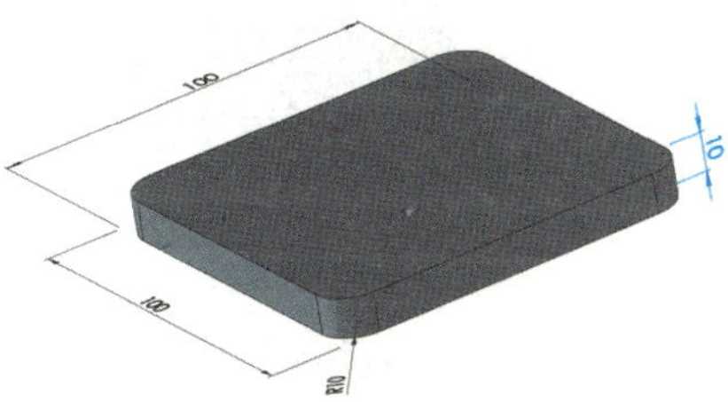

(a) 기초 형상

(b) 선형 패턴 돌출 형상

(c) 선형 패턴 구멍 형상

그림 1-2-1 선형 패턴 형상 모델링

(a) 기초 형상

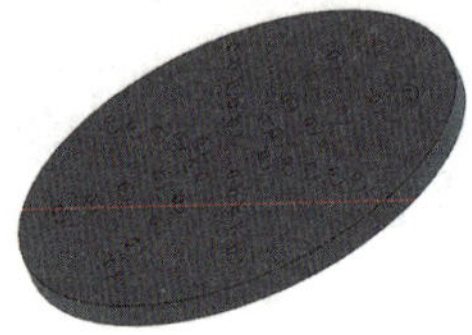

(b) 원형 패턴 돌출 형상

(c) 원형 패턴 구멍 형상

그림 1-2-2 원형 패턴 형상 모델링

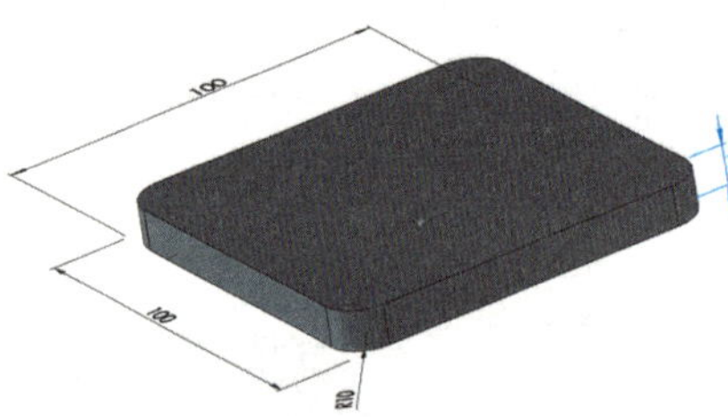

(a) 기초 형상

(b) 곡선 패턴 형상

그림 1-2-3 곡선 이용 패턴 형상 모델링

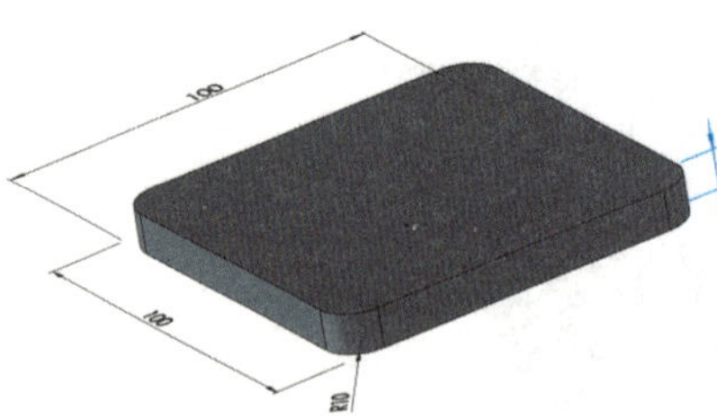

(a) 기초 형상

(b) 임의 위치 패턴 형상

그림 1-2-4 스케치 이용 패턴 형상 모델링

2-1-2 관련 지식

기계 부품 가운데 같은 종류의 리벳 구멍, 볼트 구멍, 관의 구멍, 지주(stay)의 구멍, 관의 받침봉, 지주의 받침봉, 사다리의 받침봉 등과 같은 모양을 연속적으로 늘어놓은 형상을 **패턴 형상**이라 한다.

2-1-3 CAD 관련 사항 검토하기

2-1-3-1 패턴 도구

패턴 형상을 나타낼 수 있는 패턴 도구는 그림 1-2-5와 같이 2가지 방법이 있다. 한 가지 방법은 그림 1-2-5 (a)와 같이 스케치 도구에서 선형 스케치 패턴 도구 및 원형 스케치 패턴 도구를 사용하는 방법이고 나머지 방법은 그림 1-2-5 (b)와 같이 피처 패턴 도구의 선형 패턴 도구와 원형 패턴 도구를 사용하는 방법이다.

선형 스케치 패턴은 x축이나 y축에 대해 선형적으로 여러 개의 같은 스케치 도형을 나타낼 때 사용하는 것이다. 원형 스케치 패턴은 회전 중심축에 대해 원형으로 여러 개의 같은 스케치 도형을 나타낼 때 사용하는 것이다.

(a) 스케치 패턴 도구

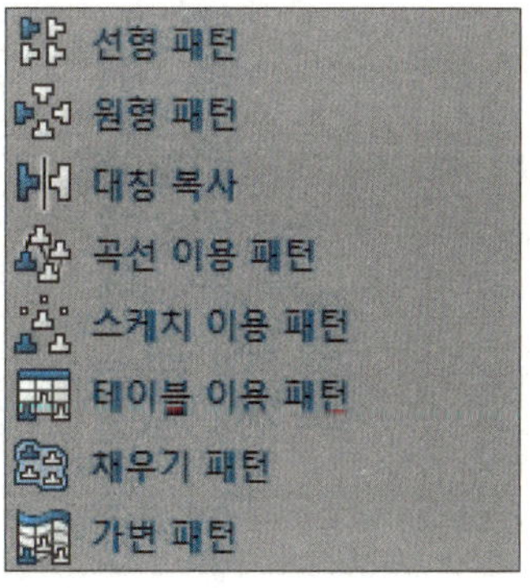

(b) 피처 패턴 도구

그림 1-2-5 패턴 도구

2-1-3-2 패턴 설정 창

선형 스케치 패턴 설정 창은 그림 1-2-6 (a)와 같이 x축과 y축에 대해 패턴 간격과 패턴 수를 입력 하도록 구성되어 있다. 원형 스케치 패턴 설정 창은 그림 1-2-6 (b)와 같이 원의 중심이 x축과 y축에 대해 어느 정도의 간격으로 할 것인지와 패턴 수를 입력 하도록 구성되어 있다. 보통은 360도에 대해 동등 간격으로 행한다. 피처 패턴 도구의 선형 패턴 설정 창은 그림 1-2-6 (c)와 같이 방향1(x축 패턴 방향)과 방향2(y축 패턴 방향)을 설정하고 패턴 수를 입력하도록 구성되었다. 피처 패턴 도구의 원형 패턴 설정 창은 그림 1-2-6 (d)와 같이 패턴 축을 설정하고 패턴 수를 입력하도록 구성되었다.

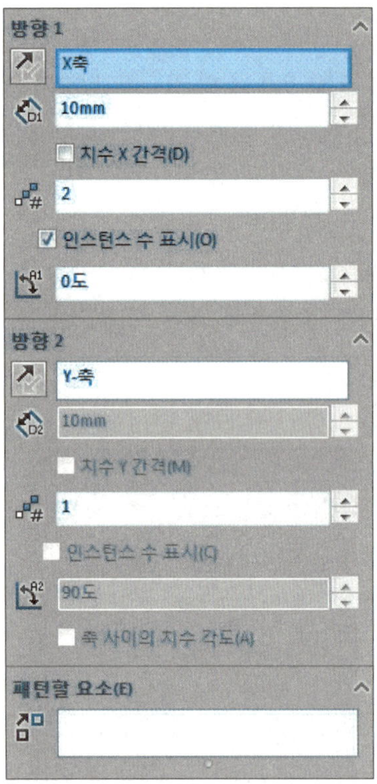

(a) 스케치 선형 패턴 창

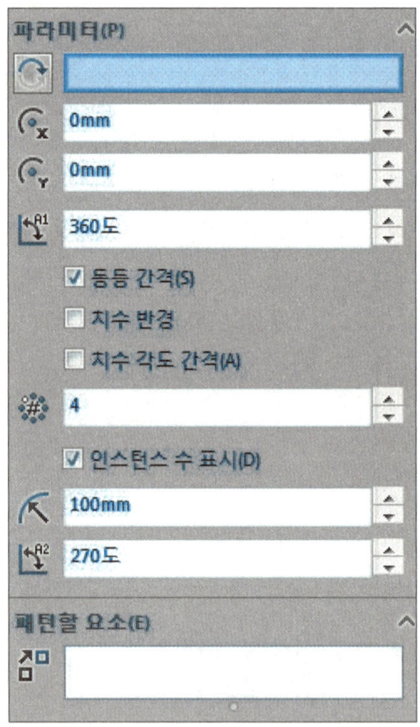

(b) 스케치 원형 패턴 창

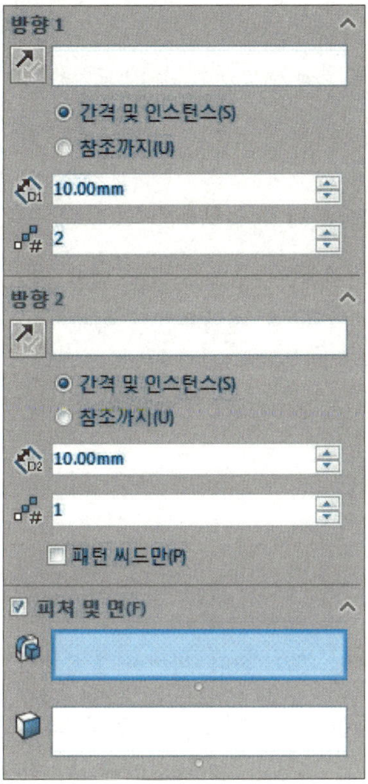

(c) 피처 선형 패턴 팡

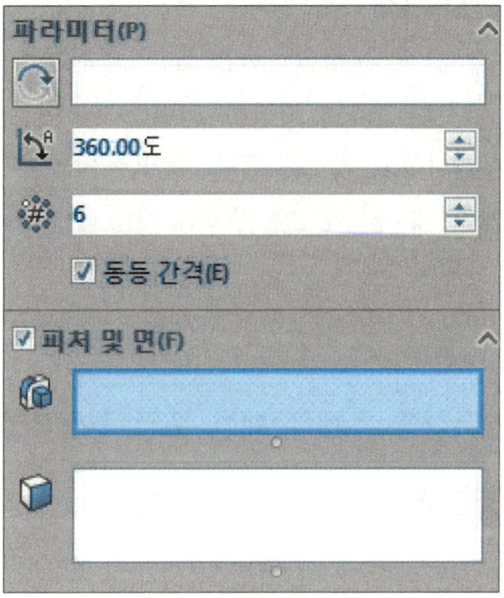

(d) 피처 원형 패턴 창

그림 1-2-6 패턴 설정 창의 모습

2-2 학습 활동

2-2-1 선형패턴 형상모델링

생각하기 : 선형패턴 형상모델링은 어떤 방법에 의해 형성될까?

SolidWorks에서 패턴도구는 스케치패턴도구와 피처패턴도구가 있다는 것을 알았다. 따라서 크게 2가지 방법이 존재할 수 있다. 즉, 스케치할 때 선형패턴을 이용하여 스케치 선형패턴하고 이것을 돌출 시키는 방법과 스케치에 의한 돌출 컷 구멍 또는 구멍가공마법사에 의해 구멍형상을 만들고 이것을 피처 선형패턴 도구에 의해 선형패턴 형상모델링 하는 방법이 있다.

2-2-1-1 선형 스케치 패턴 구멍 형상모델링

생각하기 : 선형 스케치 패턴 구멍 형상모델링의 경우 어떤 방법이 효율적일까?

이 경우 두 가지 방법을 생각할 수 있다. 첫 번째는 처음부터 스케치할 때 외형단면 스케치와 함께 스케치 선형패턴 형상을 만들어 한 번에 돌출시키는 방법이다. 두 번째 방법은 외형 단면 스케치만 하여 돌출 시킨 후에 돌출 형상 한 면에 하나의 컷 돌출 구멍을 만들고 이것을 바탕으로 피처 선형패턴에 의해 선형패턴 형상을 만드는 방법이다. 첫 번째 방법은 형상이 평면의 구멍일 때 매우 효율적인 방법이지만 곡면 등 불규칙한 면에 대한 패턴형상 또는 돌출 패턴형상에 대해서는 부적합한 방법이다. 두 번째 방법은 첫 번째 방법에 비해 형상모델링 과정이 더 필요하지만 불규칙한 면에 대한 패턴형상 또는 돌출 패턴형상에 대해서도 가능하며 수정이 편리하고 기계가공 측면에서 보면 두 번째 방법이 더욱 효율적이라고 생각한다.

(1) 작업 준비하기

수행 : 스케치 화면 설정하기

① 풀다운 메뉴에서 새 문서 아이콘을 선택한다.
② 기본 모듈 가운데 파트를 선택한다.
③ 스케치를 클릭하고 기준 평면을 정면으로 한다.
④ 스케치 실행을 클릭한다.

(2) 사각형 스케치하기

수행 : 중심 사각형 도구에 의한 돌출 단면 사각형 그리기

① 사각형 도구에서 중심 사각형 도구를 클릭한다.

② 사각형의 중심이 원점과 일치되게 사각형을 대강 스케치한다.

(3) 치수 수정하기

수행 : 지능형 치수 도구에 의한 단면 치수 수정하기

① 지능형 치수 도구를 클릭한다.

② 그림 1-2-7과 같이 사각형 높이 100과 폭 100을 수정한다.

③ 스케치 완료를 클릭하여 스케치를 완료한다.

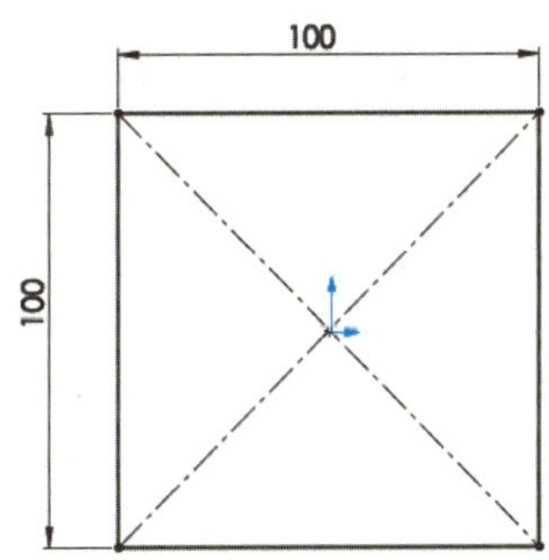

그림 1-2-7 중심 사각형 스케치

(4) 둥글기 스케치

검토하기 : 스케치 필렛 도구에는 어떤 것이 준비되어 있는지?

스케치 도구에서 필렛 관련 도구는 그림 1-2-8과 같은 것이 있다. 필렛은 각진 부분을 부드럽게 라운딩(둥글기)하거나 모따기를 하는 데 이용된다.

그림 1-2-8 스케치 필렛 도구

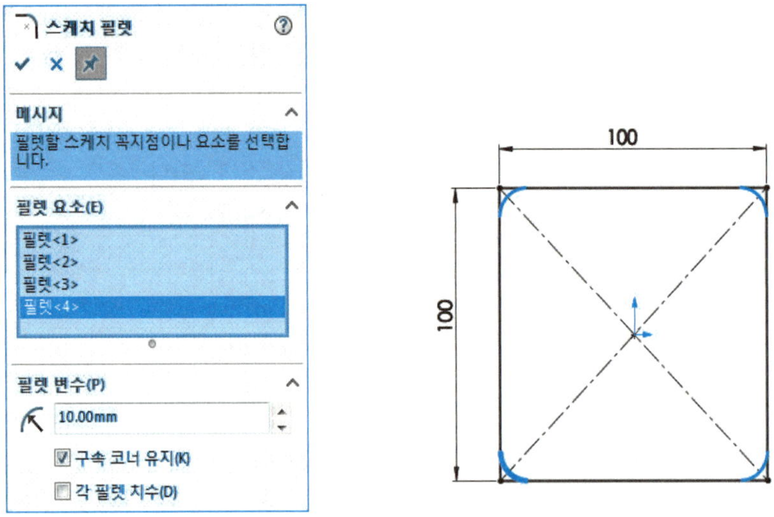

(a) 스케치 필렛 설정 창　　　(b) 필렛 설정 모습

그림 1-2-9 스케치 필렛 설정 과정 및 결과

수행 : 스케치 필렛 도구에 의한 둥글기 스케치

① 스케치 필렛( ) 도구를 클릭한다.

② 그림 1-2-9 (a)와 같이 필렛 반지름을 10으로 한다.

③ 그림 1-2-9 (b)와 같이 모서리 4군데를 둥글기 지정한다.

④ 확인을 클릭한다.

(5) 원 스케치

수행 : 원 도구에 의한 단면 원 스케치

① 원 도구를 클릭한다.

② 원의 중심이 필렛의 중심과 일치하게 한다.

③ 그림 1-2-10과 같이 원을 스케치 하고 원의 지름을 5로 수정한다.

④ 원 스케치를 완료한다.

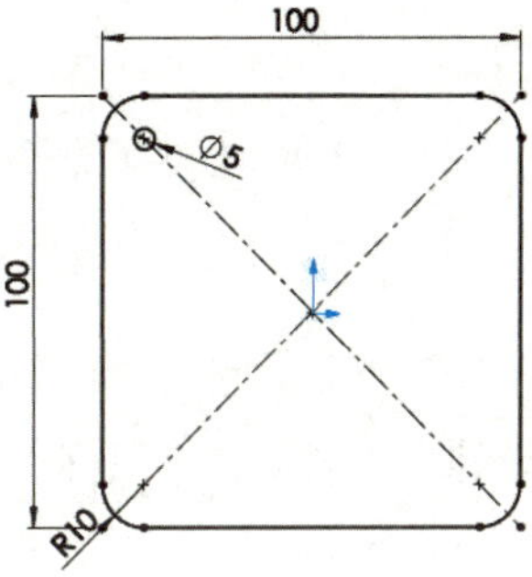

그림 1-2-10 원의 스케치 및 지름 치수 수정한 결과

(6) 스케치 선형 패턴하기

수행 : 선형 스케치 패턴 도구에 의한 선형 패턴하기

① 선형 스케치 패턴 도구( )를 클릭한다.

② 그림 1-2-11 (a)와 같이 가로 방향(x방향)과 세로 방향(y방향)에 대해 각각 그림과 같이 입력한다.

③ 패턴 완료를 클릭한다(그림 1-2-11 (b)).

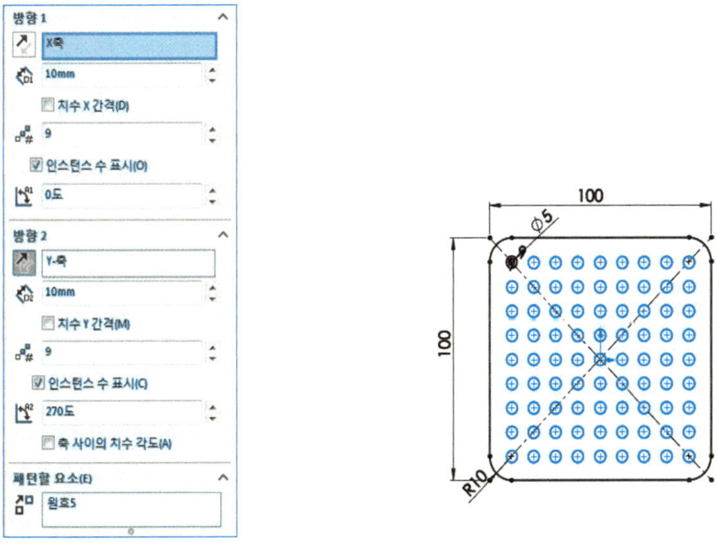

(a) 선형 패턴 설정 모습 (b) 선형 패턴 결과

그림 1-2-11 선형 패턴 설정과 결과

(7) 스케치 돌출형상

수행 : 돌출 보스/베이스 도구에 의한 스케치 돌출하기

① 피처 탭을 클릭한다.

② 피처 도구 가운데 돌출 보스/베이스 도구를 선택한다.

③ 속성 창에서 방향1을 블라인드 형태로 하고 돌출 깊이는 4로 한다.

④ 완료✔를 클릭하여 형상을 완성한다(그림 1-2-12).

그림 1-2-12 패턴 돌출 형상

(8) 스케치 컷 돌출 형상으로 전환하기

수행 : 보스-돌출 형상 삭제하기

① 디자인 트리의 앞에서 수행했던 보스-돌출2를 삭제한다.

② 스케치만 남긴다.

수행 : 돌출 컷 도구에 의한 스케치 단면 컷 돌출하기

① 피처 탭을 클릭한다.

② 피처 도구 가운데 돌출 컷 도구를 선택한다.

③ 속성 창에서 방향1을 관통으로 한다.

④ 완료✔를 클릭하여 형상을 완성한다(그림 1-2-13).

그림 1-2-13 패턴 구멍 형상

(9) 저장하기

수행 : 최종 형상 모델 저장하기

① 풀다운 메뉴의 저장 도구( )에서 다른 이름으로 저장하기를 클릭한다.

② 저장할 디렉토리를 정하고 파일이름을 "스케치 구멍 선형패턴 형상"으로 한다.

③ 저장 버튼을 클릭한다.

2-2-1-2 피처 선형패턴 구멍 형상모델링

생각하기 : 피처 선형패턴 구멍 형상모델링의 경우 어떤 방법이 효율적일까?

이 경우 두 가지 방법을 생각할 수 있다. 첫 번째는 외형 형상에 구멍 스케치를 하고 컷 돌출 구멍 형상을 만든 후에 피처 선형패턴 도구로 선형 패턴 형상을 만드는 방법이다. 두 번째 방법은 구멍가공마법사도구에 의해 구멍을 만들고 이 구멍을 바탕으로 피처 선형패턴 도구에 의해 선형패턴 형상을 민드는 방법이다. 첫 번째 방법은 원 또는 다각형 형상의 단순 구멍만이 가능한 형상 위주의 구멍 패턴 생성 방법이다. 두 번째 방법은 첫 번째 방법에 비해 가공의 형태에 따라 여러 형태의 패턴 구멍을 KS 규격에 따라 표현할 수 있으므로 기계를 다루는 사람의 입장에서는 두 번째 방법이 더욱 효율적이라고 생각한다.

(1) 작업 준비하기

수행 : 스케치 화면 설정하기

① 풀다운 메뉴에서 새 문서 아이콘을 선택한다.
② 기본 모듈 가운데 파트를 선택한다.
③ 스케치를 클릭하고 기준 평면을 정면으로 한다.
④ 스케치 실행을 클릭한다.

(2) 사각형 스케치하기

수행 : 중심 사각형 도구에 의한 돌출 단면 사각형 그리기

① 사각형 도구에서 중심 사각형 도구를 클릭한다.
② 사각형의 중심이 원점에 오게 하고 사각형을 대강 스케치한다.

(3) 치수 수정하기

수행 : 지능형 치수 도구에 의한 단면 치수 수정하기

① 지능형 치수 도구를 클릭한다.
② 그림 1-2-14와 같이 사각형 높이 100과 폭 100을 수정한다.
③ 스케치 완료를 클릭하여 스케치를 완료한다.

(4) 둥글기 스케치

수행 : 스케치 필렛 도구에 의한 둥글기 스케치

① 스케치 필렛( ) 도구를 클릭한다.
② 그림 1-2-15 (a)와 같이 필렛 반지름을 10으로 한다.
③ 그림 1-2-15 (b)와 같이 모서리 4군데를 필렛 지정한다.
④ 확인을 클릭한다.

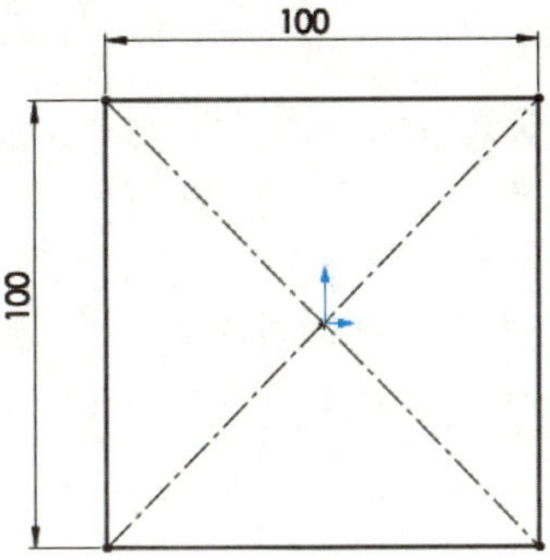

그림 1-2-14 중심 사각형 스케치

(5) 스케치 돌출하기

수행 : 돌출 보스/베이스 도구에 의한 스케치 돌출하기

① 피처 탭에서 돌출 보스/베이스 도구를 클릭한다.

② 속성 창에서 방향1은 "블라인드 형태"로 돌출 깊이는 10으로 한다.

③ 피처를 완료한다(그림 1-2-15).

그림 1-2-15 기초 형상

(6) 원 스케치

수행 : 원 도구에 의한 단면 원 스케치

① 기초 형상의 윗면을 스케치 면으로 하고 스케치 작업에 들어간다.

② 원 도구를 클릭한다.

③ 원의 중심이 필렛의 중심과 일치하게 한다.

④ 그림 1-2-16과 같이 원을 스케치 하고 원의 지름을 5로 수정한다.

⑤ 원 스케치를 완료한다.

(7) 컷 돌출 원통 형상

수행 : 돌출 컷 도구에 의한 원 스케치 컷 돌출하기

① 피처 탭을 클릭한다.

② 피처 도구 가운데 돌출 컷 도구를 선택한다.

③ 속성 창에서 방향1을 관통으로 한다.

④ 완료✔를 클릭하여 형상을 완성한다(그림 1-2-17).

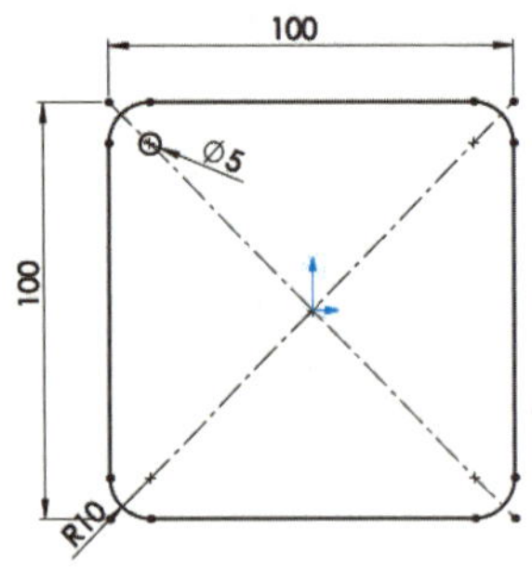

그림 1-2-16 패턴 기초형상

그림 1-2-17 원의 스케치 결과

(8) 구멍 마법사 도구에 의한 구멍으로 전환하기

수행 : 보스-돌출 형상 삭제하기

① 디자인 트리의 컷-돌출1을 삭제한다.

② 컷 돌출 형상 단면 스케치도 삭제한다.

수행 : 유형 정하기

① 피처 탭을 클릭한다.

② 피처 도구 가운데 구멍 가공마법사 도구를 선택한다.

③ 속성 창에서 구멍 유형을 "구멍"으로 한다.

④ 표준 규격은 "KS", 유형은 "드릴 크기"로 한다.

⑤ 구멍 스펙에서 크기는 ∅5.0 ㎜로 한다.

⑥ 마침 조건은 "관통"으로 한다(그림 1-2-18(a)).

수행 : 위치 정하기

① 구멍 스펙의 위치 탭을 클릭한다.

② 구멍의 위치를 사용할 면을 선택한다.

③ 구멍을 배치하기 위해 치수를 정해야 하는데 여기서는 필렛 반경과 일치하게 하므로 따로 치수는 필요 없으며 필렛 반경의 중심과 구멍의 중심 위치와 일치시킨다.

④ 완료✔를 클릭하여 형상을 완성한다(그림 1-2-18(b)).

(a) 구멍 유형 (b) 구멍 위치

그림 1-2-18 구멍의 스펙

(9) 선형 패턴하기

수행 선형 패턴도구에 의한 관통 원 구멍 선형 패턴하기

① 피처 탭을 클릭하고 선형 패턴 도구( )를 클릭한다.

② 그림 1-2-19(a)와 같이 가로 방향(방향1; 직육면체 왼쪽 옆면)과 세로 방향(방향2; 직육면체 윗쪽 옆면)에 대해 각각 그림과 같이 입력한다. 방향이 반대이면 방향을 바꿔준다.

③ 패턴 완료를 클릭한다(그림 1-2-19 (b)).

(a) 속성 설정 (b) 선형 패턴 결과

그림 1-2-19 선형 패턴 형상

(10) 저장하기

수행 : 최종 형상 모델 저장하기

① 풀다운 메뉴의 저장 도구(💾)에서 다른 이름으로 저장하기를 클릭한다.
② 저장할 디렉토리를 정하고 파일이름을 "구멍가공마법사 구멍 선형패턴형상"으로 한다.
③ 저장 버튼을 클릭한다.

2-2-2 원형패턴 형상모델링

2-2-2-1 원형패턴 돌출 형상모델링

(1) 작업 준비하기

수행 : 스케치 화면 설정하기

① 풀다운 메뉴에서 새 문서 아이콘을 선택한다.
② 기본 모듈 가운데 파트를 선택한다.
③ 스케치를 클릭하고 기준 평면을 정면으로 한다.
④ 스케치 실행을 클릭한다.

(2) 원형 스케치하기

수행 : 원 도구에 의한 단면 원형 그리기

① 원 도구에서 원 도구를 클릭한다.
② 원의 중심이 원점에 오게 하고 원을 대강 스케치한다.

(3) 치수 기입하기

수행 : 지능형 치수 도구에 의한 단면 치수 수정하기

① 지능형 치수 도구를 클릭한다.
② 그림 1-2-20과 같이 원 지름을 200으로 수정한다.
③ 스케치 완료를 클릭하여 스케치를 완료한다.

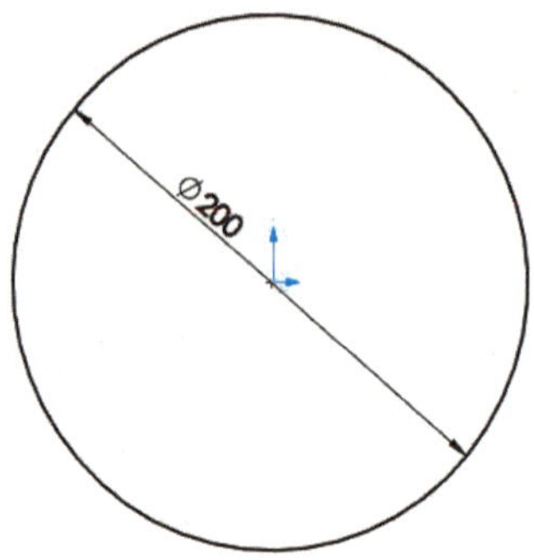

그림 1-2-20 외형 기초원 스케치

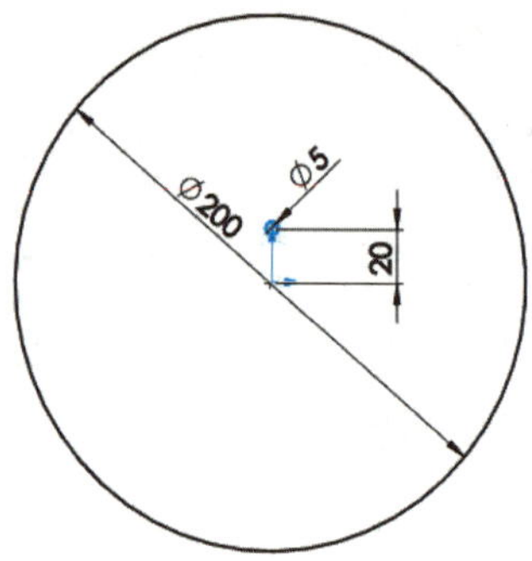

그림 1-2-21 패턴 기초원의 스케치

(4) 원 스케치

수행 : 원 도구에 의한 단면 원 스케치

① 지능형 치수 도구를 클릭한다.

② 원의 중심이 원점에 대해 수직하게 원을 대강 스케치 한다.

③ 그림 1-2-21과 같이 원의 지름을 5로 수정한다.

④ 원 스케치를 완료한다.

(5) 선형 스케치 패턴하기

수행 선형 스케치 패턴 나타내기

① 선형 스케치 패턴 도구( )를 클릭한다.

② 그림 1-2-22 (a)와 같이 방향2, 즉 세로 방향(y방향)에 대해 5개의 구멍 패턴으로 간격은 15 mm로 입력한다.

③ 패턴 완료를 클릭한다(그림 1-2-22 (b)).

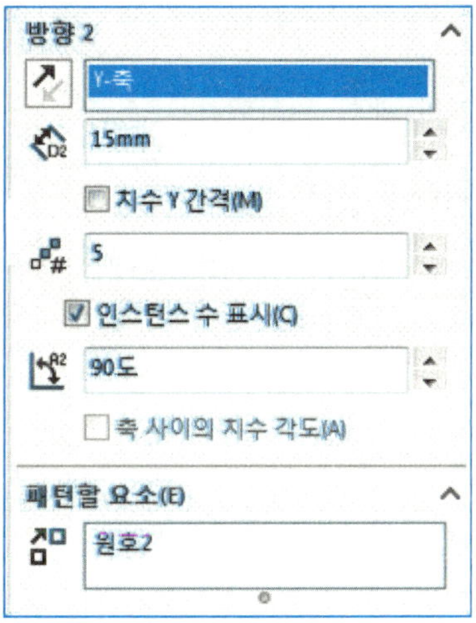

(a) 선형 스케치 패턴 설정 창

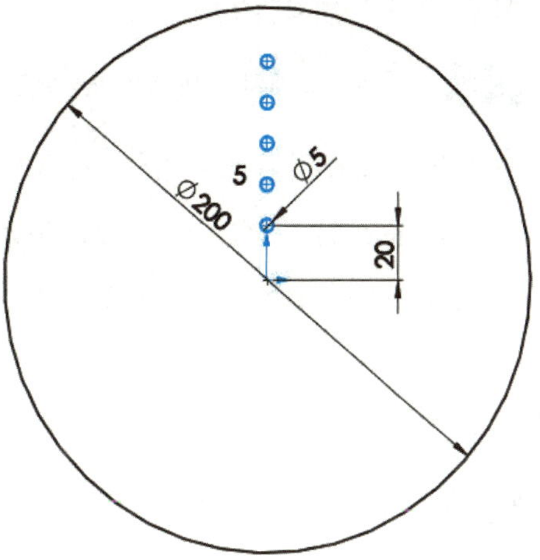

(b) 선형 패턴 결과

그림 1-2-22 선형 패턴 설정과 결과

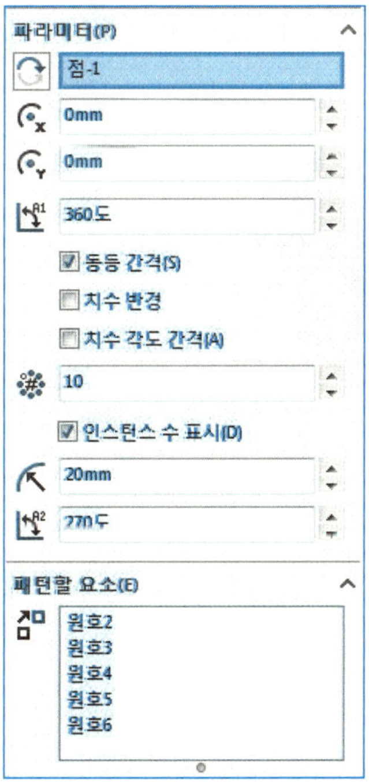

(a) 원형 패턴 설정 창

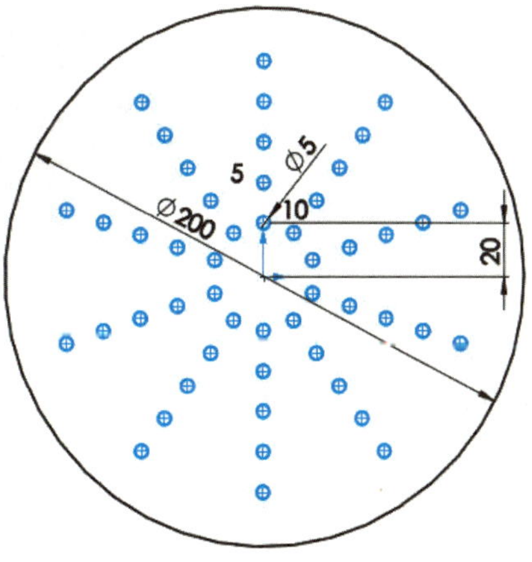

(b) 원형 패턴 결과

그림 1-2-23 원형 패턴 설정과 결과

(6) 원형 스케치 패턴하기

수행 : 원형 스케치 패턴도구에 의한 원형 스케치 패턴 나타내기

① 선형 스케치 패턴 도구()에서 원형 스케치 패턴을 클릭한다.

② 그림 1-2-23 (a)와 같이 360도 동등 간격으로 인스턴스 수를 10으로 입력한다.

③ 패턴 완료를 클릭한다(그림 1-2-23 (b)).

(7) 돌출 형상

수행 : 돌출 보스/베이스 도구에 의한 스케치 돌출하기

① 피처 탭을 클릭한다.

② 피처 도구 가운데 돌출 보스/베이스 도구를 선택한다.

③ 속성 창에서 방향1을 "블라인드 형태"로 한다.

④ 속성 창에서 돌출 깊이는 10으로 한다.

⑤ 완료를 클릭하여 형상을 완성한다.

그림 1-2-24 원형 패턴 돌출형상

(8) 저장하기

수행 : 최종 형상 모델 저장하기

① 풀다운 메뉴의 저장 도구()에서 다른 이름으로 저장하기를 클릭한다.

② 저장할 디렉토리를 정하고 파일이름을 "원형패턴 돌출 형상"로 한다.

③ 저장 버튼을 클릭한다.

2-2-2-2 원형 패턴 구멍 형상모델링

(1) 작업 준비하기

수행 : 스케치 화면 설정하기

① 풀다운 메뉴에서 새 문서 아이콘을 선택한다.

② 기본 모듈 가운데 파트를 선택한다.

③ 스케치를 클릭하고 기준 평면을 정면으로 한다.

④ 스케치 실행을 클릭한다.

(2) 원형 스케치하기

수행 : 원 도구에 의한 단면 원형 그리기

① 원 도구에서 원 도구를 클릭한다.

② 원의 중심이 원점에 오게 하고 원을 대강 스케치한다.

(3) 치수 설정하기

수행 : 지능형 치수 도구에 의한 단면 치수 수정하기

① 지능형 치수 도구를 클릭한다.

② 그림 1-2-25와 같이 원 지름을 200으로 수정한다.

③ 스케치 완료를 클릭하여 스케치를 완료한다.

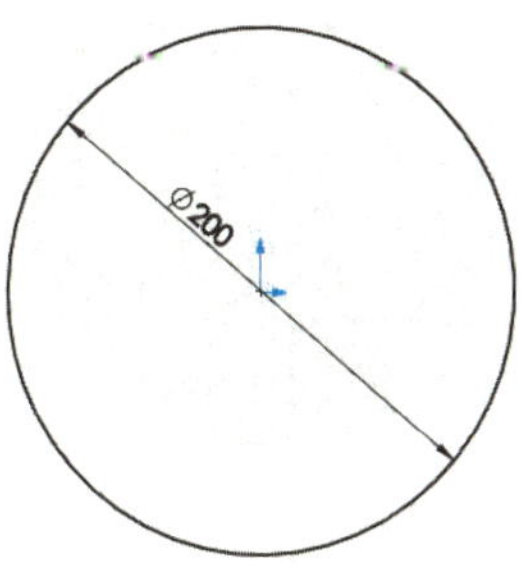

그림 1-2-25 외형 기초원 스케치

그림 1-2-26 기초 형상

(4) 돌출 형상

수행 : 돌출 보스/베이스 도구에 의한 스케치 돌출하기

① 피처 탭에서 돌출 보스/베이스 도구를 클릭한다.

② 속성 창에서 방향1은 “블라인드 형태”로 돌출 깊이는 10으로 한다.

③ 피처를 완료한다(그림 1-2-26).

(5) 구멍 마법사 도구에 의한 구멍 형상모델링

수행 : 구멍 마법사 도구에서 유형 정하기

① 피처 탭을 클릭한다.

② 피처 도구 가운데 구멍 가공마법사 도구를 선택한다.

③ 속성 창에서 구멍 유형을 “구멍”으로 한다.

④ 표준 규격은 “KS”, 유형은 “드릴 크기”로 한다.

⑤ 구멍 스펙에서 크기는 ∅5.0㎜로 한다.

⑥ 마침 조건은 “관통”으로 한다(그림 1-2-27 (a)).

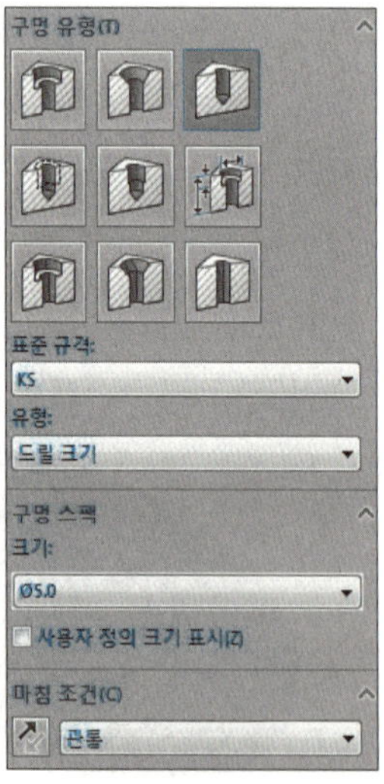

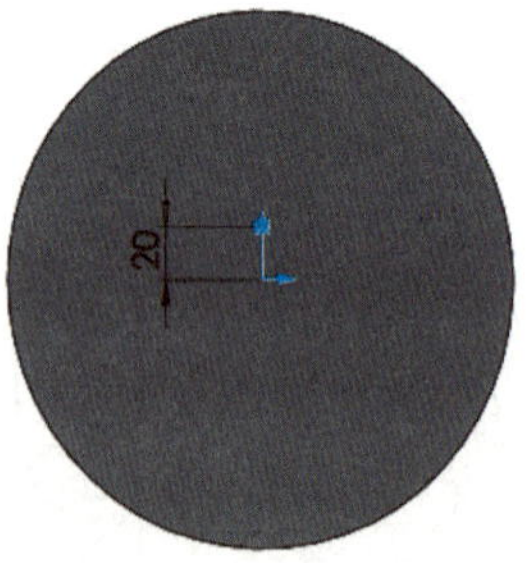

그림 1-2-26 기초 형상 그림 1-2-26 기초 형상

그림 1-2-27 구멍의 스펙

수행 : 구멍 마법사 도구에서 위치 정하기

① 구멍 스펙의 위치 탭을 클릭한다.

② 구멍의 위치를 사용할 면을 선택한다.

③ 구멍을 배치하기 위해 치수를 정해야 하는데 여기서는 필렛 반경과 일치하게 하므로 따로 치수는 필요 없으며 필렛 반경의 중심과 구멍의 중심 위치와 일치시킨다.

④ 완료✔를 클릭하여 형상을 완성한다(그림 1-2-27 (b)).

(6) 선형 패턴하기

수행 : 선형 패턴도구에 의한 관통 원 구멍 선형 패턴하기

① 피처 탭을 클릭하고 선형 패턴 도구( )를 클릭한다.

② 속성 창에서 그림 1-2-28 (a)와 같이 방향1을 윗면(y방향)으로 한다.

③ 패턴 간의 거리는 15 ㎜로 하고 패턴 수는 5로 한다.

④ 패턴 할 피처는 구멍가공마법사에 의해 만들어진 구멍을 선택한다.

⑤ 패턴 완료를 클릭한다(그림 1-2-28 (b)).

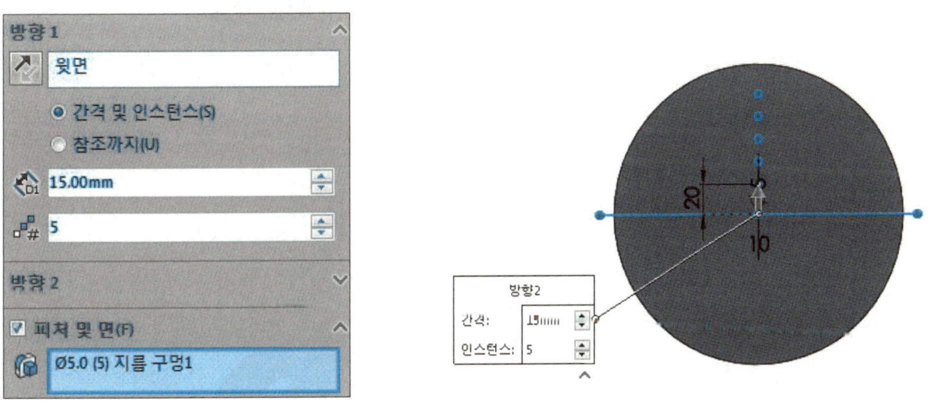

(a) 속성 창 (b) 선형패턴 모습

그림 1-2-28 선형 패턴 설정

(7) 원형 패턴하기

수행 : 원형 패턴도구에 의한 선형패턴 구멍의 원형 패턴하기

① 피처 탭을 클릭하고 원형 패턴 도구()를 클릭한다.

② 속성 창에서 그림 1-2-29 (a)와 같이 파라미터의 패턴 축을 기초 형상의 옆면으로 한다.

③ 각도는 360° 이며 패턴 수는 10으로 하고 동등 간격으로 한다.

④ 패턴 할 피처는 선형패턴에 의해 만들어진 선형패턴1을 선택한다.

⑤ 패턴 완료를 클릭한다(그림 1-2-29 (b)).

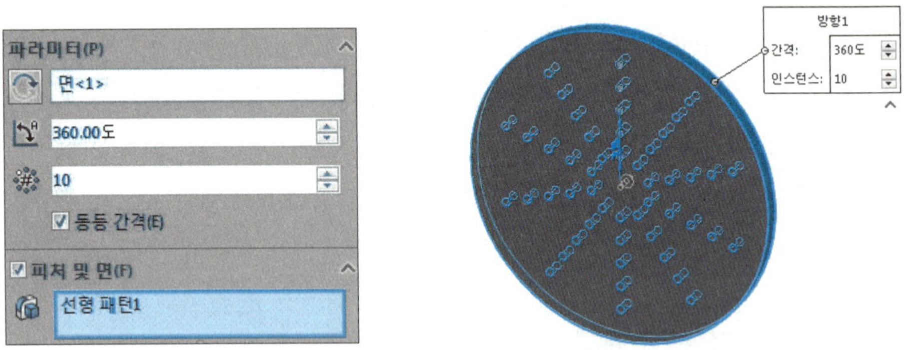

(a) 속성 창 (b) 원형패턴 모습

그림 1-2-29 원형 패턴 설정

(8) 저장하기

수행 : 최종 형상 모델 저장하기

① 풀다운 메뉴의 저장 도구()에서 다른 이름으로 저장하기를 클릭한다.

② 저장할 디렉토리를 정하고 파일이름을 "원형패턴 구멍 형상"로 한다.

③ 저장 버튼을 클릭한다.

2-2-3 곡선 이용 패턴 형상모델링

2-2-3-1 기초 형상모델링

(1) 작업 준비하기

수행 : 스케치 화면 설정하기

① 풀다운 메뉴에서 새 문서 아이콘을 선택한다.

② 기본 모듈 가운데 파트를 선택한다.

③ 스케치를 클릭하고 기준 평면을 정면으로 한다.

④ 스케치 실행을 클릭한다.

(2) 사각형 스케치하기

수행 : 중심 사각형 도구에 의한 사각형 그리기

① 사각형 도구에서 중심 사각형 도구를 클릭한다.

② 시각형의 중심이 원점에 오게 하고 사각형을 대강 스케치한다.

(3) 치수 수정하기

수행 : 단면 치수 수정하기

① 지능형 치수 도구를 클릭한다.

② 그림 1-2-30과 같이 사각형 높이 100과 폭 100을 수정한다.

③ 스케치 완료를 클릭하여 스케치를 완료한다.

(4) 둥글기 스케치

수행 : 스케치 필렛 도구에 의한 둥글기 스케치

① 스케치 필렛() 도구를 클릭한다.

② 그림 1-2-31 (a)와 같이 필렛 반지름을 10으로 한다.

③ 그림 1-2-31 (b)와 같이 모서리 4군데를 필렛 지정한다.

④ 확인을 클릭한다.

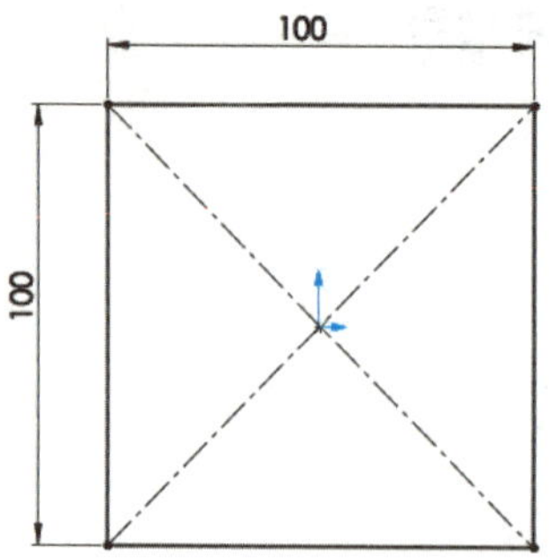

그림 1-2-30 중심 사각형 스케치

(5) 스케치 돌출하기

수행 : 돌출 보스/베이스 도구에 의한 스케치 돌출하기

① 피처 탭에서 돌출 보스/베이스 도구를 클릭한다.

② 속성 창에서 방향1은 "블라인드 형태"로 돌출 깊이는 10으로 한다.

③ 피처를 완료한다(그림 1-2-31).

그림 1-2-31 기초 형상

2-2-3-2 곡선 이용 패턴 구멍 형상모델링

(1) 곡선 경로 스케치하기

수행 : 자유곡선 도구에 의한 자유 곡선 그리기

① 기초 형상의 윗면을 스케치 면으로 선정한다.

② 스케치 탭에서 자유곡선 도구를 클릭한다.

③ 그림 1-2-32와 같이 자유곡선의 시작점과 끝 점이 각각 x방향과 y방향에 대해 15 ㎜ 되도록 스케치한다.

④ 스케치 완료한다.

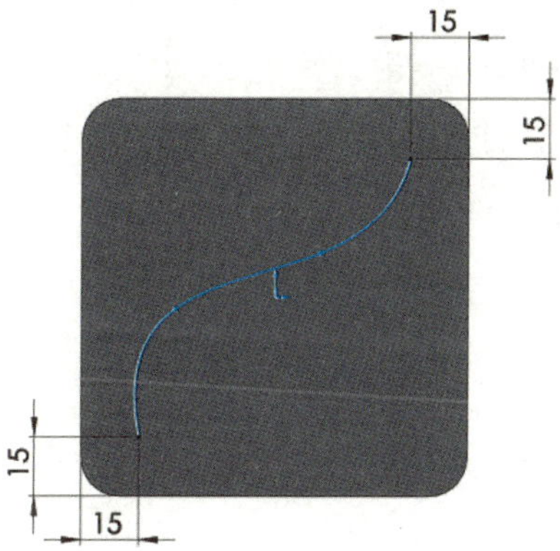

그림 1-2-32 자유곡선 스케치

(2) 구멍 마법사 도구에 의한 패턴 기초 구멍 형상모델링

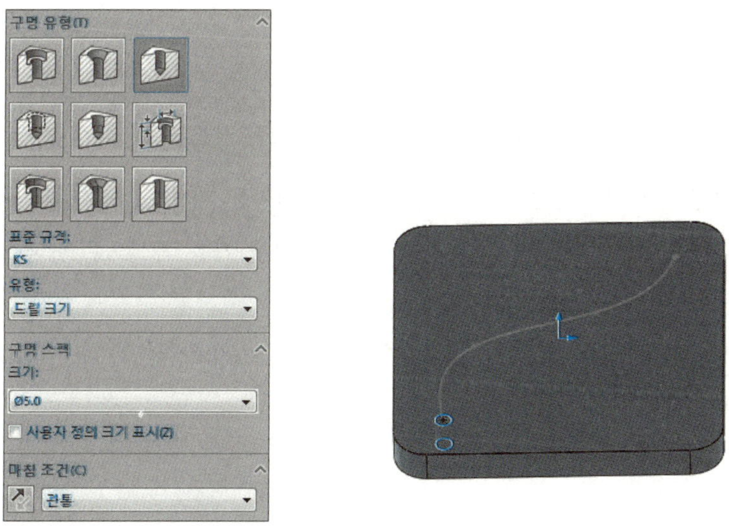

(a) 구멍 유형　　　(b) 구멍 위치

그림 1-2-33 구멍의 스펙

수행 : 유형 정하기

① 피처 탭을 클릭한다.

② 피처 도구 가운데 구멍 가공마법사 도구를 선택한다.

③ 속성 창에서 구멍 유형을 "구멍"으로 한다.

④ 표준 규격은 "KS", 유형은 "드릴 크기"로 한다.

⑤ 구멍 스펙에서 크기는 ∅5.0 ㎜로 한다.

⑥ 마침 조건은 "관통"으로 한다(그림 1-2-33 (a)).

수행 : 위치 정하기

① 구멍 스펙의 위치 탭을 클릭한다.

② 구멍의 위치를 사용할 면을 선택한다.

③ 구멍을 배치하기 위해 치수를 정해야 하는데 여기서는 그림 1-2-33 (b)와 같이 구멍의 중심이 자유곡선의 시작점과 일치하게 한다.

④ 완료✔를 클릭하여 형상을 완성한다.

(3) 곡선 이용 패턴 구멍 형상모델링

수행 : 곡선 이용 패턴도구에 의한 구멍의 곡선에 따른 패턴 형상 만들기

① 피처 탭을 클릭하고 선형패턴 도구 가운데 곡선이용 패턴 도구( )를 클릭한다.

② 속성 창에서 그림 1-2-34 (a)와 같이 패턴 방향을 자유 곡선으로 한다.

③ 패턴 수는 9로 하고 동등 간격으로 한다.

④ 패턴 할 피처는 구멍가공마법사에 의해 만들어진 구멍을 선택한다.

⑤ 패턴 완료를 클릭한다(그림 1-2-34 (b)).

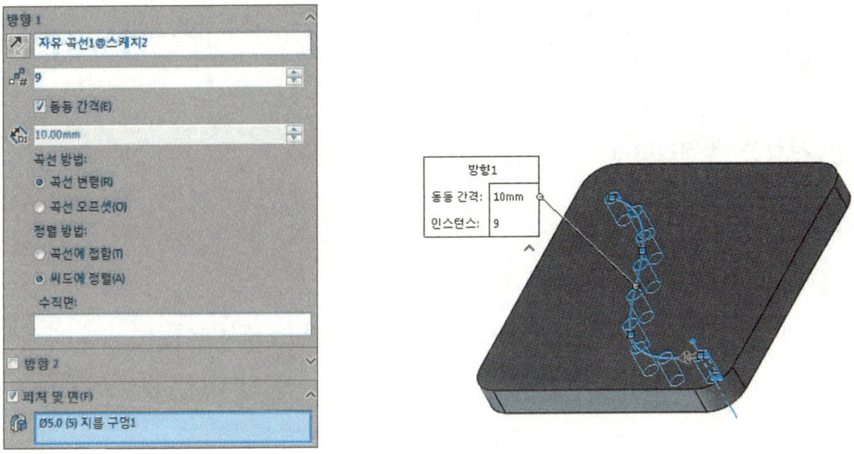

(a) 속성 설정 (b) 패턴 모양

그림 1-2-34 곡선 이용 패턴 설정

4) **저장하기**

수행 : 최종 형상 모델 저장하기

① 풀다운 메뉴의 저장 도구( )에서 다른 이름으로 저장하기를 클릭한다.

② 저장할 디렉토리를 정하고 파일이름을 “곡선 이용 패턴 구멍형상”로 한다.

③ 저장 버튼을 클릭한다.

2-2-4 스케치 이용 패턴 돌출 형상모델링

2-2-4-1 기초 형상모델링

(1) **작업 준비하기**

수행 : 스케치 화면 설정하기

① 풀다운 메뉴에서 새 문서 아이콘을 선택한다.

② 기본 모듈 가운데 파트를 선택한다.

③ 스케치를 클릭하고 기준 평면을 정면으로 한다.

④ 스케치 실행을 클릭한다.

(2) 중심 사각형 스케치하기

수행 : 돌출 단면 사각형 그리기

① 사각형 도구에서 중심 사각형 도구를 클릭한다.

② 시각형의 중심이 원점에 오게 하고 사각형을 대강 스케치한다.

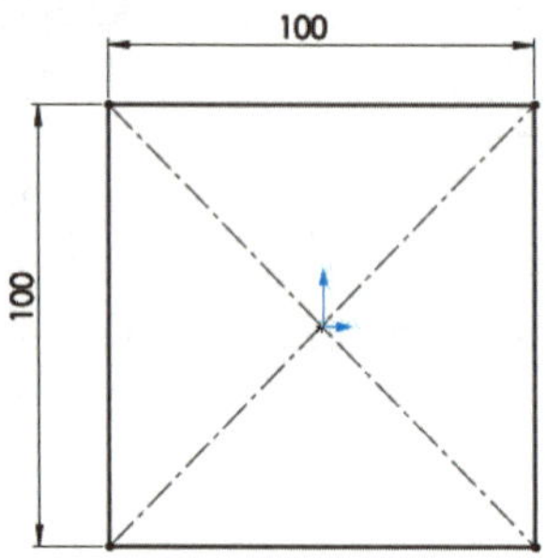

그림 1-2-35 중심 사각형 스케치

(3) 치수 설정하기

수행 : 지능형 치수 도구에 의한 치수 수정하기

① 지능형 치수 도구를 클릭한다.

② 그림 1-2-35와 같이 사각형 높이 100과 폭 100을 수정한다.

③ 스케치 완료를 클릭하여 스케치를 완료한다.

(4) 둥글기 스케치

수행 : 스케치 필렛 도구에 의한 둥글기 스케치

① 스케치 필렛() 도구를 클릭한다.

② 필렛 반지름을 10으로 한다.

③ 사각형 모서리 4군데를 필렛 지정한다.

④ 확인을 클릭한다.

(5) 스케치 돌출하기

수행 : 돌출 보스/베이스 도구에 의한 스케치 돌출하기

① 피처 탭에서 돌출 보스/베이스 도구를 클릭한다.

② 속성 창에서 방향1은 "블라인드 형태"로 돌출 깊이는 10으로 한다.

③ 피처를 완료한다(그림 1-2-36).

그림 1-2-36 기초 형상

2-2-4-2 스케치 이용 패턴 돌출 형상모델링

(1) 점 스케치하기

수행 : 점 도구에 의한 패턴 위치 점 그리기

① 기초 형상의 윗면을 스케치 면으로 선정한다.

② 스케치 탭에서 점 도구를 클릭한다.

③ 그림 1-2-37과 같이 점의 시작점이 각각 x방향과 y방향에 대해 18 ㎜과 15 ㎜가 되도록 스케치하고 나머지 점들은 위치시키고 싶은 적절한 위치에 점을 스케치한다.

④ 스케치 완료한다.

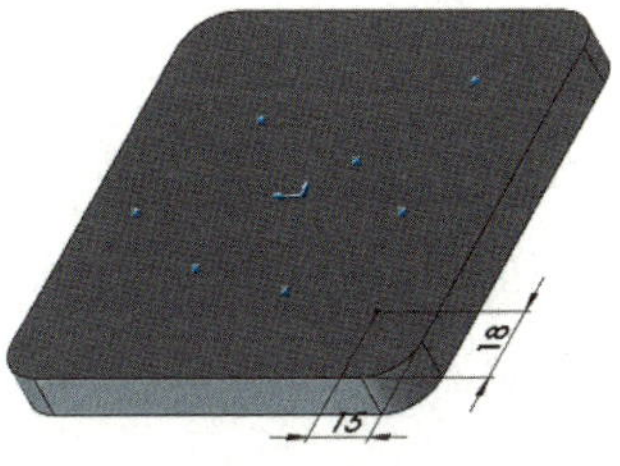

그림 1-2-37 점 스케치

(2) 패턴 기초 돌출 형상 만들기

수행 : 중심 사각형 도구에 의한 패턴 기초 사각형 스케치

① 기초 형상의 윗면을 스케치 면으로 선정한다.

② 스케치 탭에서 중심 사각형 도구를 클릭한다.

③ 그림 1-2-38 (a)와 같이 사각형을 스케치 한다.

④ 스케치 완료한다.

수행 : 돌출 보스/베이스 도구에 의한 패턴 기초 사각 단면 돌출

① 피처 탭에서 돌출 보스/베이스 도구를 클릭한다.

② 속성 창에서 방향1은 "블라인드 형태"로 하고 돌출 깊이는 5 ㎜로 한다.

③ 피처 완료한다(그림 1-2-38 (b)).

(a) 돌출 단면 스케치 (b) 스케치 단면 돌출

그림 1-2-38 패턴 기초 형상

(3) 스케치 이용 패턴하기

수행 : 스케치 이용 패턴도구에 의한 위치 점의 구멍 패턴 형상 만들기

① 피처 탭을 클릭하고 선형패턴 도구 가운데 스케치 이용 패턴 도구( )를 클릭한다.

② 속성 창에서 그림 1-2-39 (a)와 같이 참조 스케치는 점 스케치한 스케치2로 한다.

③ 패턴 할 피처는 패턴 기초 형상인 보스-돌출3을 선택한다.

④ 패턴 완료를 클릭한다(그림 1-2-39 (b)).

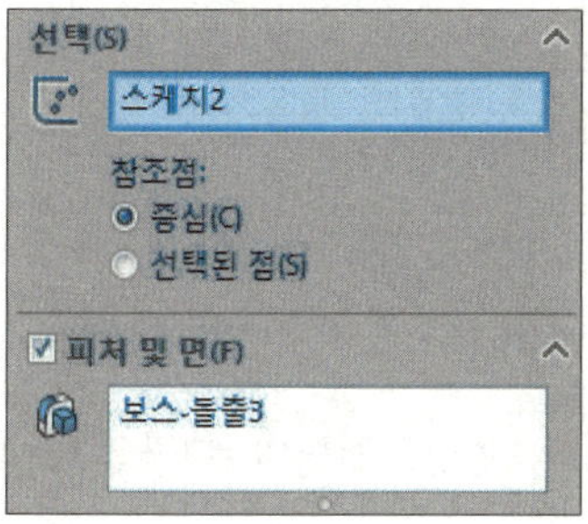

(a) 속성 설정

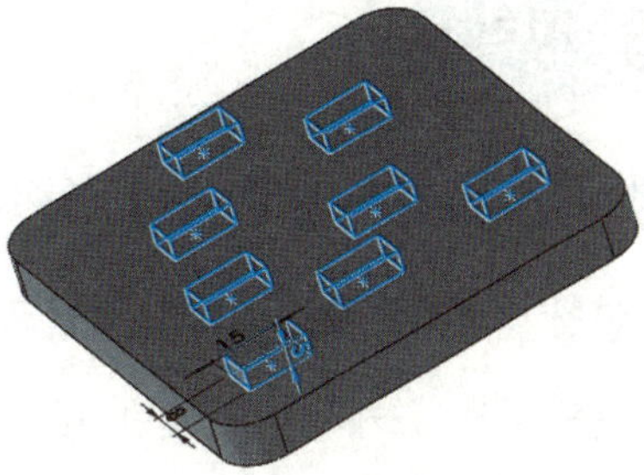

(b) 패턴 모양

그림 1-2-39 스케치 이용 패턴 설정

(4) 저장하기

수행 : 최종 형상 모델 저장하기

① 풀다운 메뉴의 저장 도구(💾)에서 다른 이름으로 저장하기를 클릭한다.

② 저장할 디렉토리를 정하고 파일이름을 “스케치 이용 패턴 구멍형상”으로 한다.

③ 저장 버튼을 클릭한다.

2-3 학습 정리

2-3-1 선형패턴 형상모델링 종합정리

2-3-1-1 선형 스케치 패턴 구멍 형상모델링 정리하기

① 학습 대상 스케치 선형패턴 구멍 형상에 대한 형상모델링의 디자인 트리는 그림 1-2-42와 같다.

② 스케치 선형패턴은 스케치 형상을 스케치 선형패턴 도구를 이용하여 가로(x) 방향과 세로(y) 방향으로 조건을 주어 선형 패턴 한다.

③ 패턴 돌출 형상은 스케치의 선형패턴을 돌출 보스/베이스 도구에 의해 블라인드 형태 조건으로 형상모델링 한다.

④ 패턴 구멍 형상은 스케치의 선형패턴을 돌출 컷 도구에 의해 관통 조건으로 형상모델링 한다.

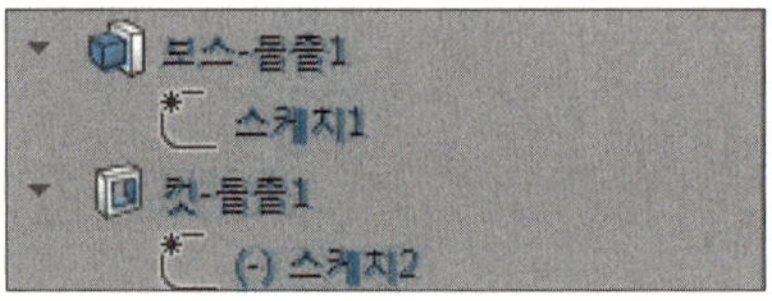

그림 1-2-40 학습 대상 스케치 선형 패턴 형상모델링의 디자인 트리

2-3-1-2 피처 선형패턴 구멍형상모델링 정리하기

① 학습 대상 피처 선형패턴 구멍 형상에 대한 형상모델링의 디자인 트리는 그림 1-2-43과 같다.

② 피처 선형패턴 구멍 형상에 대한 형상모델링 방법은 두 가지가 있는데 첫 번째 방법은 구멍 컷 돌출 형상을 원 스케치에 의한 구멍 컷 돌출 형상을 만든 후에 피처 도구의 선형패턴 도구를 이용하여 가로 방향과 세로 방향으로 일정 조건을 주어 선형 패턴 하는 것이다.

③ 두 번째 방법은 피처 도구의 구멍가공마법사 도구에 의한 구멍을 생성하고 피처 도구의 선형패턴 도구를 이용하여 가로 방향과 세로 방향으로 일정 조건을 주어 선형 패턴 하는 것이다.

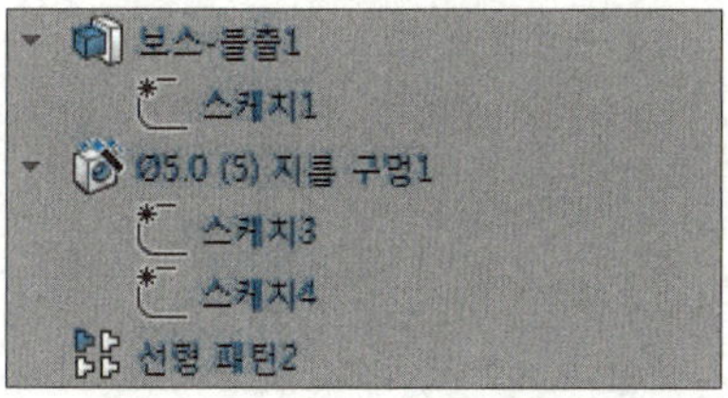

그림 1-2-41 학습 대상 피처 선형패턴 형상모델링의 디자인 트리

2-3-2 원형패턴 형상모델링 종합정리

2-3-2-1 원형패턴 돌출형상모델링 정리하기

① 학습 대상 원형패턴 돌출형상에 대한 형상모델링의 디자인 트리는 그림 1-2-44와 같다.

② 원형패턴 돌출형상은 스케치 형상의 돌출에 의한 것만 회전 시킬 회전축(또는 동심원)을 선정함으로써 원형 패턴 할 수 있다.

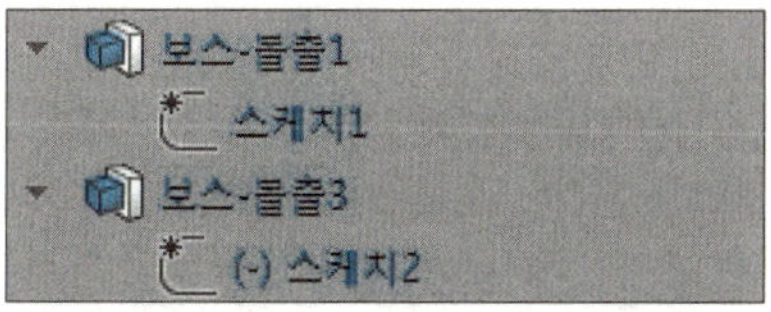

그림 1-2-42 학습 대상 원형 스케치 패턴 돌출형상모델링의 디자인 트리

2-3-2-2 원형패턴 구멍형상모델링 정리하기

① 학습 대상 원형패턴 구멍형상에 대한 형상모델링의 디자인 트리는 그림 1-2-45와 같다.

② 원형패턴 구멍형상은 스케치 형상에 의한 컷 돌출 구멍의 원형패턴 형상도 있지만 구멍가공마법사 도구에 의한 구멍형태를 정한 후에 형상을 만들고 그 구멍 형상에 대해 원형 패턴을 하는 것이 다양한 구멍형태로 나타낼 수 있기 때문에 효율적이다.

③ 원형 패턴의 경우 회전축 선정은 여러 방법이 있으나 동심인 원통의 원통면을 선정하는 것이 편리하다.

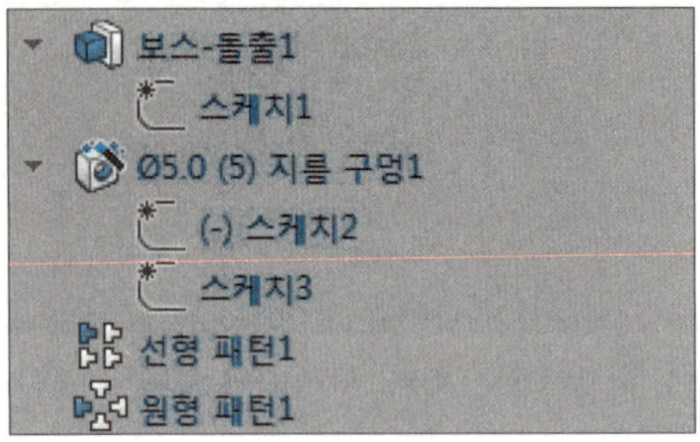

그림 1-2-43 학습 대상 원형패턴 구멍형상모델링의 디자인 트리

2-3-3 곡선이용 패턴 구멍형상모델링 정리하기

① 학습 대상 곡선이용패턴 구멍형상에 대한 형상모델링의 디자인 트리는 그림 1-2-46과 같다.

② 곡선이용패턴 구멍형상은 스케치 자유곡선(또는 선) 도구에 의한 패턴 경로를 생성한 후 경로 끝 점에 대해 구멍가공 마법사 도구로 구멍 생성하고 이 구멍으로부터 경로를 따라 일정 패턴으로 형상모델링 한다.

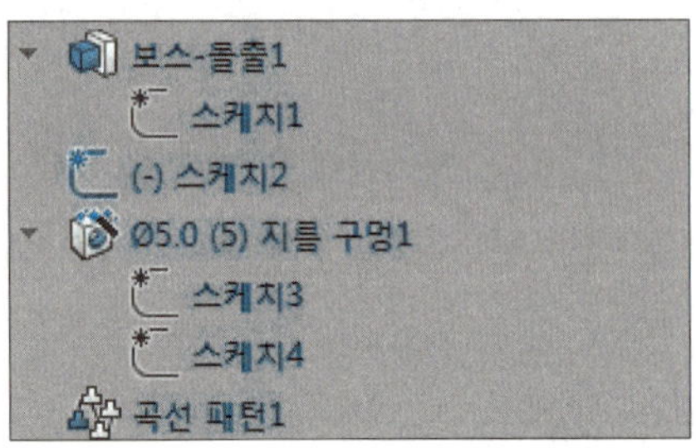

그림 1-2-46 학습 대상 곡선이용 패턴 구멍형상모델링의 디자인 트리

2-3-4 스케치이용 패턴 돌출형상모델링 정리하기

① 학습 대상 스케치이용 패턴 돌출형상에 대한 형상모델링의 디자인 트리는 그림 1-2-47과 같다.

② 스케치이용 패턴 돌출형상은 스케치 점 도구에 의한 생성 하고자 하는 패턴 위치를 생성한 후 한 점에 대해 스케치 사각형(또는 원, 타원 등) 생성에 이은 도출(또는 구멍) 형상 생성 후에 이 돌출 형상에 대해 위치 점에 따라 패턴으로 형상모델링 한다.

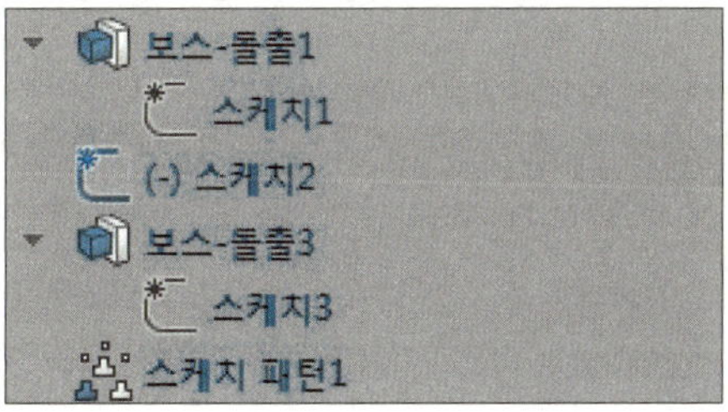

그림 1-2-45 학습 대상 스케치 이용 패턴 돌출형상모델링의 디자인 트리

2-4 자율 평가

지시 사항 :

앞에서 학습활동을 다 마친 후 다음 질문에 답하시오. 이 자율평가의 목적은 앞에서 익힌 여러 패턴 형상 모델링에 대해 형상모델링 과정을 모두 숙지했는지를 확인하기 위함이다. 자기 스스로 평가 문제에 답하고 답안을 비교 평가해 봄으로써 본인의 부족한 점에 대해 파악하는 태도를 기르고 부족하다면 다른 사람의 도움을 받거나 본인 스스로 앞의 내용을 더욱 자세히 학습하는 자기주도 학습에 목적이 있다.

2-4-1 자율 평가 문제

[문제 1]

자율평가 그림1의 패턴 형상에 대해 다음과 같이 설계 사항에 따라 3D 모델링도 작업을 실시하라.

1. 설계 사항

- 입체 형상은 150×70×10인 직육면체로 한다.
- 반지름이 3 ㎜이고 중심 간의 거리가 10 ㎜인 직선 홈의 선형 패턴을 가로 5개, 세로 3개의 등 간격으로 한다.
- 첫 번째 직선 홈은 가로 10 ㎜, 세로 15 ㎜인 곳에 직선 홈의 중심이 위치시킨다.

2. 3D 모델링도 작업

- 문제의 부품에 대해 설계 사항을 반영한 후 3D 모델링도로 작업을 실시하라.
- 3D 모델링도는 형상을 잘 나타내는 등각 축을 잡아서 부품의 View를 표현하라.

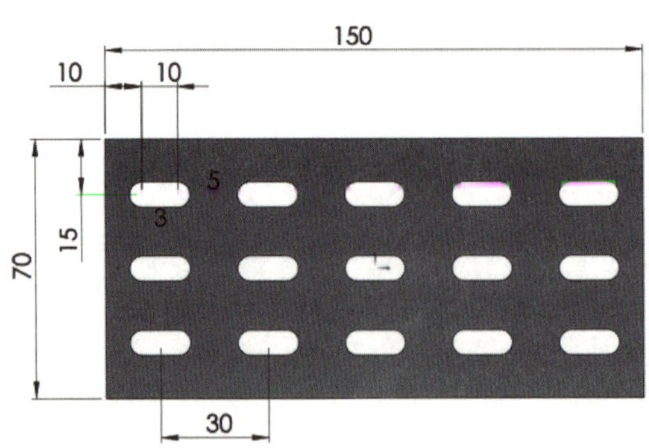

자율평가 그림1

[문제 2]

자율평가 그림2의 입체 형상에 대해 다음과 같이 설계 사항에 따라 3D 모델링도 작업을 실시하라.

1. 설계 사항

- 2단의 회전체의 최외각 반지름이 60 ㎜이고 작은 반지름은 30 ㎜이며 내부 반지름은 모두 20 ㎜이다.
- 회전체의 보강대에 대해 단면 사다리꼴의 위쪽이 8 ㎜, 아래쪽이 30 ㎜, 높이가 48 ㎜이며 두께는 4 ㎜이다.
- 보강대는 모두 10개이며 원형 패턴의 등 간격으로 이루어진다.

2. 3D 모델링도 작업

- 문제의 부품에 대해 설계 사항을 반영한 후 3D 모델링도로 작업을 실시하라.
- 3D 모델링도는 형상을 잘 나타내는 등각 축을 잡아서 부품의 View를 표현하라.

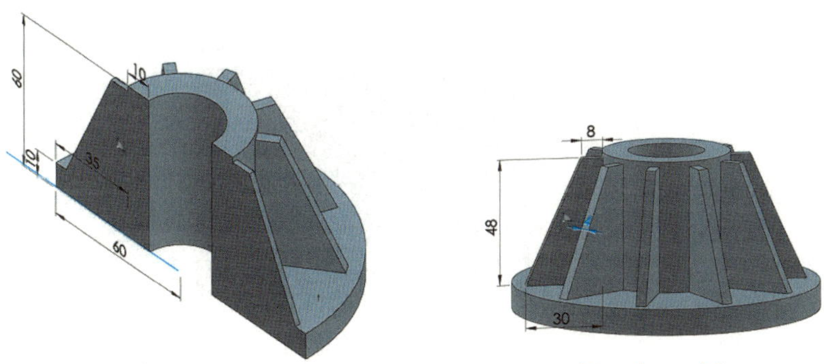

(a) 외형 치수　(b) 리브 치수

자율평가 그림2

[문제 3]

자율평가 그림3의 입체 형상에 대해 다음과 같이 설계 사항에 따라 3D 모델링도 작업을 실시하라.

1. 설계 사항

- 기초 형상은 120×80×10인 직육면체로 한다.
- 대각선은 대칭이며 4개의 모퉁이에 대해 끝점이 같은 거리에 있도록 위치시킨다.
- 구멍가공마법사에 의해 반지름이 5㎜인 기초 구멍을 두 대각선 끝점에 생성한다.
- 대각선 끝점의 두 구멍에 대해 한쪽에 8개씩 등 간격의 곡선이용 패턴구멍 형상으로 한다.

2. 3D 모델링도 작업

- 문제의 부품에 대해 설계 사항을 반영한 후 3D 모델링도로 작업을 실시하라.
- 3D 모델링도는 형상을 잘 나타내는 등각 축을 잡아서 부품의 View를 표현하라.

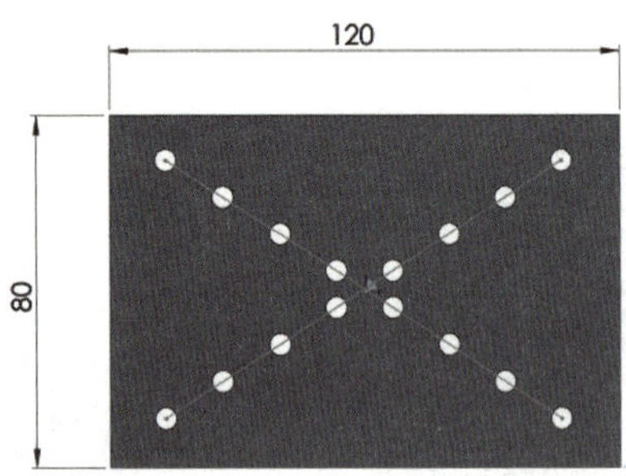

자율평가 그림3

[문제 4]

자율평가 그림4의 입체 형상에 대해 다음과 같이 설계 사항에 따라 3D 모델링도 작업을 실시하라.

1. 설계 사항

- 기초 형상은 타원체(장축; 60 ㎜, 단축; 40 ㎜)로 한다.
- 스케치 점은 임의 위치에 있도록 8점을 스케치 한다.
- 기초 패턴 원기둥의 반지름이 8 ㎜이고 원의 돌출 높이는 4 ㎜로 한다.
- 기초 패턴 원기둥에 대해 8개 스케치이용 패턴 원기둥으로 한다.

2. 3D 모델링도 작업

- 문제의 부품에 대해 설계 사항을 반영한 후 3D 모델링도로 작업을 실시하라.
- 3D 모델링도는 형상을 잘 나타내는 등각 축을 잡아서 부품의 View를 표현하라.

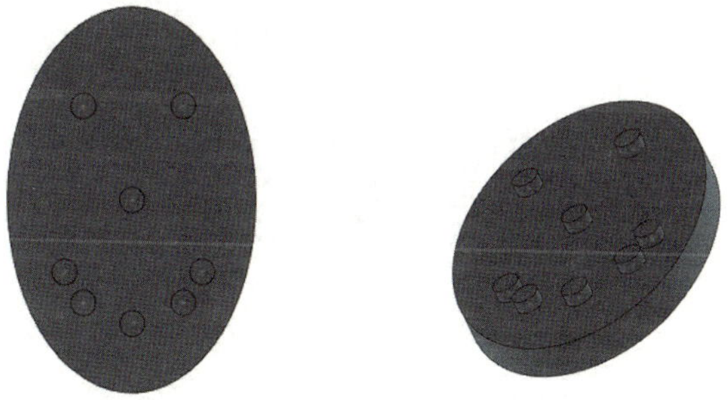

(a) 점 위치 (b) 돌출 모습

자율평가 그림4

2-4-2 자율평가 문제답안

[문제 1 답안]

① 답안 그림1과 같이 직선 홈에 대해 스케치 선형 패턴 도구에 의해 선형패턴 한다.

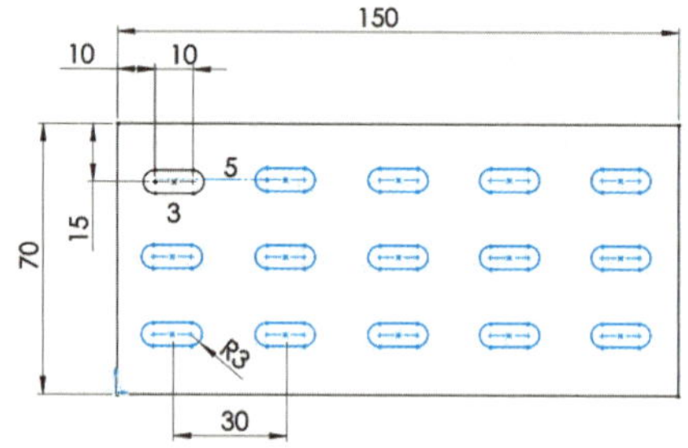

답안 그림1

② 답안 그림1의 스케치를 돌출 보스/베이스 도구에 의해 깊이 10 ㎜로 돌출한다.

③ 답안 그림2가 형상모델링 디자인 트리 결과이다.

답안 그림2

④ 등각 View로 표현한 것이 답안 그림3이다.

답안 그림3

[문제 2 답안]

① 답안 그림4 (a)와 같이 스케치 한다.

② 스케치를 회전 보스/베이스 도구를 이용하여 회전체 형상을 생성한다.

③ 리브 외형을 답안 그림4 (b)와 같이 스케치한다.

④ 보강대 도구를 이용하여 4㎜ 두께의 보강대를 완성한다.

⑤ 피처에서 원형패턴을 이용하여 10개의 보강대 원형패턴 형상을 생성한다.

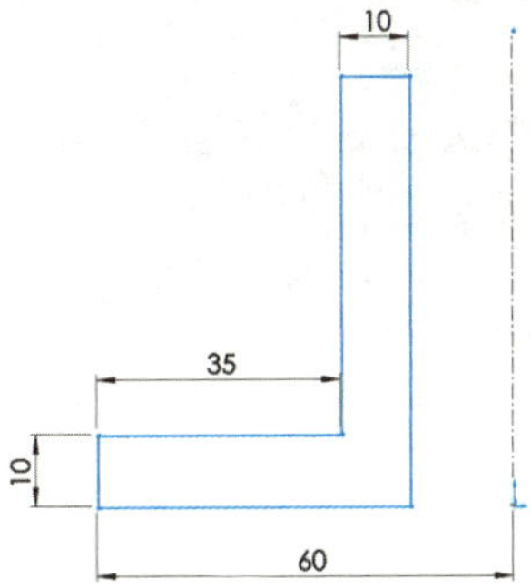

(a) 스케치

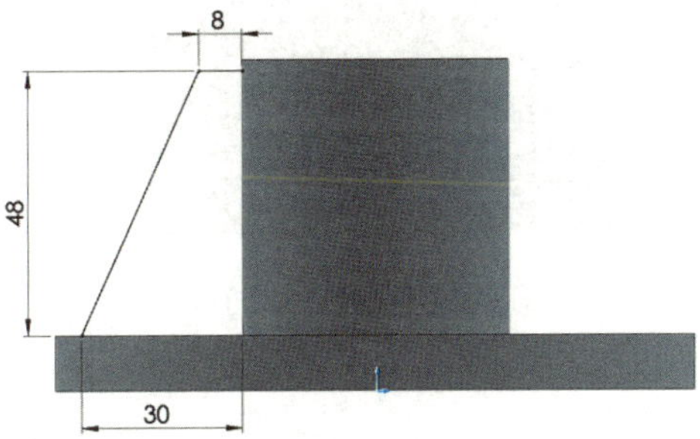

(b) 리브 스케치

답안 그림4

⑥ 답안 그림5가 형상모델링 디자인 트리 결과이다.

⑦ 등각 View로 표현한 것이 답안 그림6이다.

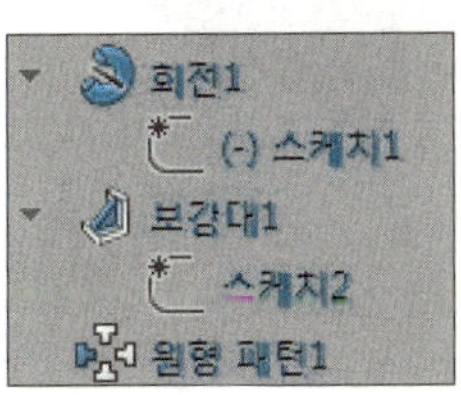

답안 그림5

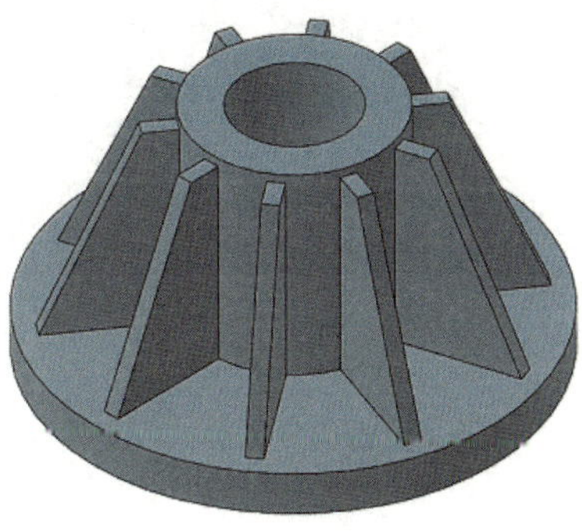

답안 그림6

[문제 3 답안]

① 답안 그림7 (a)와 같이 선 도구를 이용하여 좌우 대칭 대각선을 스케치 한다.
② 답안 그림7 (b)와 같이 구멍가공마법사 도구를 이용하여 하나의 구멍을 생성한다.
③ 곡선이용 패턴 도구에 의해 구멍을 패턴 형상으로 한다.
④ 또 하나의 대각선에 대해서도 앞의 과정과 마찬가지로 생성한다.

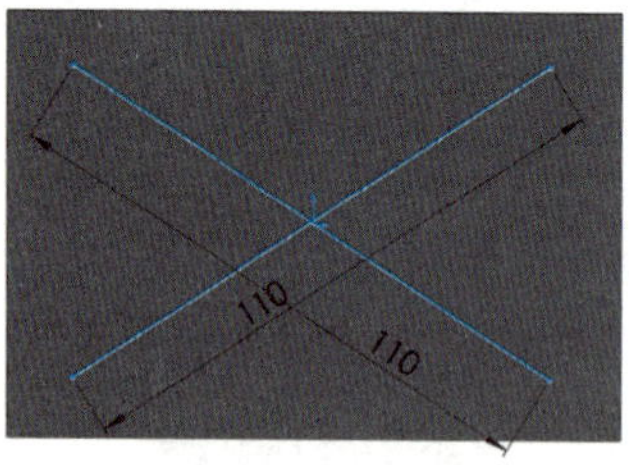

(a) 대각선 선 스케치

(b) 선의 끝점에 구멍 생성

답안 그림 7

⑤ 답안 그림8이 형상모델링 디자인 트리 결과이다.
⑥ 등각 View로 표현한 것이 답안 그림9이다.

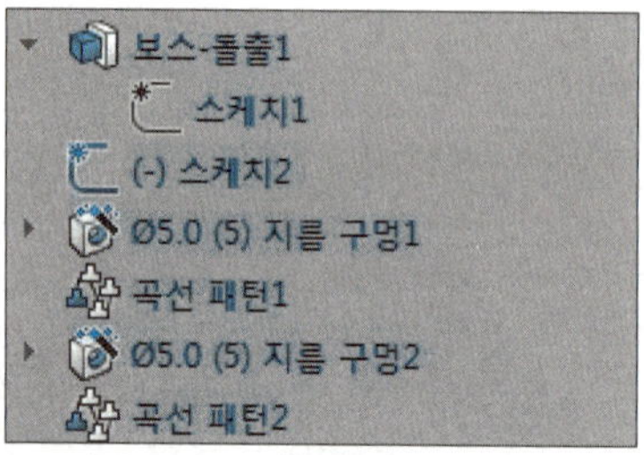

답안 그림8

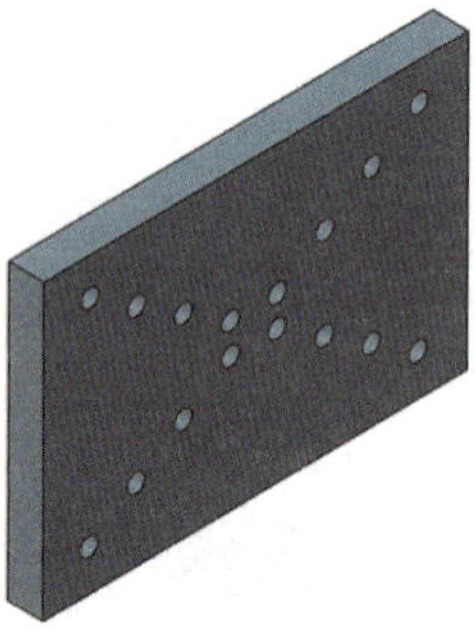

답안 그림9

[문제 4 답안]

① 점 도구를 이용하여 답안 그림10 (a)와 같이 점을 스케치 한다.

② 답안 그림10 (b)와 같이 한 점에 대해 원 도구를 이용한 스케치 원을 돌출 도구에 의해 하나의 돌출 형상을 생성한다.

③ 스케치이용 패턴 도구에 의해 돌출 형상을 패턴 형상으로 한다.

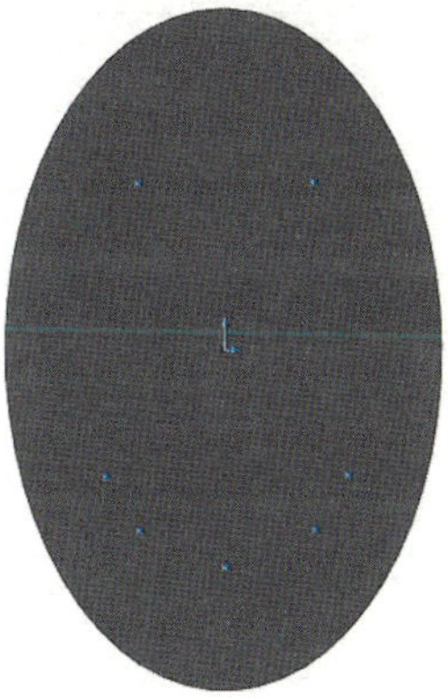

(a) 점 스케치

(b) 원 돌출 형상

답안 그림10

④ 답안 그림11이 형상모델링 디자인 트리 결과이다.

⑤ 답안 그림12가 등각 View로 표현한 것이다.

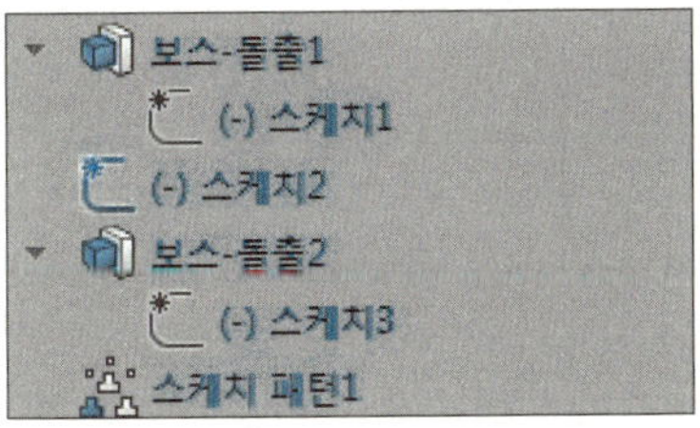

답안 그림11

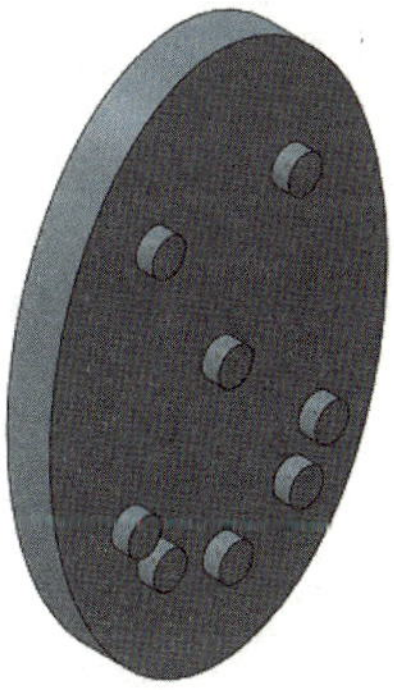

답안 그림12

자율평가 결과 점검표

학습자 성명 :	평가 날짜 :
평가 제목 : 패턴형상 형상모델링의 이해	

		성취 수준			
		이해하지 못했음	일부만 이해했음	완전히 이해했음	이해 반복수
문제 1	직선 홈 스케치 선형 패턴 형상모델링				
	직선 홈 피처 선형패턴 형상모델링				
문제 2	회전체 형상모델링				
	리브 형상모델링				
	피처 원형 패턴 형상모델링				
문제 3	좌우 대칭 선 스케치				
	기초 구멍 형상모델링				
	곡선이용 패턴 형상모델링				
문제 4	점 스케치(프로파일)				
	기초 원 돌출 형상모델링				
	스케치이용 패턴 형상모델링				

[성취수준]
위의 모든 항목에 대해 "완전히 이해했음", 즉 이해도 100%로 답하여야 합니다. 만일 "이해하지 못했음" 또는 "일부만 이해했음"에 답을 했다면 앞에서 학습한 내용을 다시 한 번 확인 하시고 몇 번 만에 이해하였는지를 체크하십시오.

3 특수형상 부품 형상모델링의 이해

3-1 학습 준비

3-1-1 학습 대상

3-1-1-1 스윕 형상모델링

그림 1-3-1 (a)와 같은 lug wrench 형상은 힘을 줘야하는 L렌치(손잡이) 부분은 일정 궤도를 따라 원의 단면을 가진 L자형 형상이 작성되는 일반 스윕 형상이며 그 외에 머리 부분은 회전체 형상으로 되어 있다.

나선형 스윕 형상은 볼트의 나사부분이나 스프링과 같이 일정 단면의 형상이 나선형으로 경로를 따라 나타내는 형상을 말한다. 그림 1-3-1 (b)와 같은 볼트 형상은 나선형 스윕 기능을 이용하여 만들어야 하며 머리 부분의 널링 또한 나선형 스윕 형상을 이용하여 만들어야 한다.

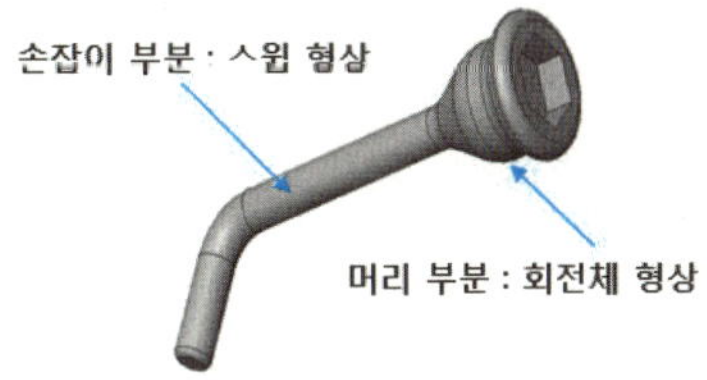

(a) 일반 스윕 형상(lug wrench)

(b) 나선형 스윕 형상(리드 스크류)

그림 1-3-1 스윕 형상

3-1-1-2 로프트 형상모델링

그림 1-3-2와 같은 자동차 휠 림 커버는 크기가 다른 삼각형 단면을 갖는 직선 보간형 로프트 형상의 모델을 파트 모델링 대상으로 한다. 형상 치수는 작업을 수행하면서 제공하는 것으로 한다.

그림 1-3-2 림-블렌드형의 자동차 휠 림 커버

3-1-1-3 바운더리 형상모델링

어떤 궤도를 따라 형상이 이루어지는 것은 스윕 형상과 마찬가지이지만 스윕 로프트 형상은 스윕 기능에 로프트 기능을 합친 것이다. 즉, 스윕 궤도를 따라 단면 형상과 단면의 회전 각도가 바뀌면서 작성되는 형상을 말한다. 여기서는 그 기능을 익히기 위해 그림 1-3-3과 같이 자동차 바퀴 휠 림 커버의 일종인 스포크 형상을 대상으로 한다.

그림 1-3-3 림-스포크형의 자동차 휠 림 커버

3-1-2 관련 지식

3-1-2-1 스윕핑 표현법

한 방향으로 일정한 두께를 가지는 솔리드의 축대칭 솔리드는 이동(translational) 그리고 회전(rotational) 스위핑이라 부르는 방법에 의해 생성될 수 있다. 그림 1-3-4는 이러한 종류의 솔리드를 보여준다.

스위핑은 두 가지 성분을 필요로 한다. 이동될 곡면과 이동이 따라 일어나야 하는 식으로 정의된 궤적이 그것이다. 스위핑은 보통 B-rep이나 CSG 기반 시스템에서 솔리드 생성의 추가적인 도구로 제공된다. 스위핑에 기반을 둔 솔리드 모델링 시스템은 없는데 그 이유는 표현 영역이 제한되어 있기 때문이다.

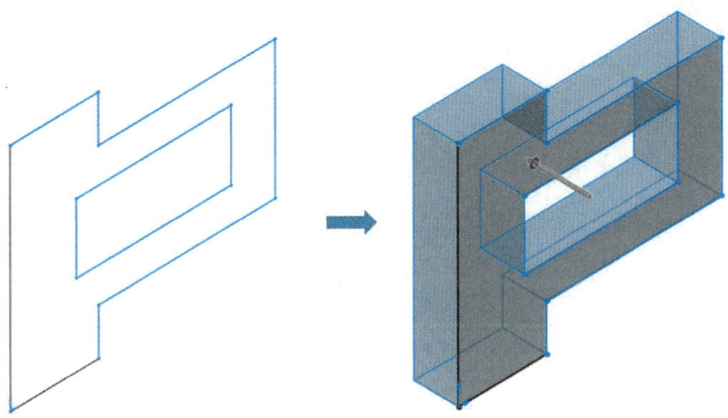

(a) 이동

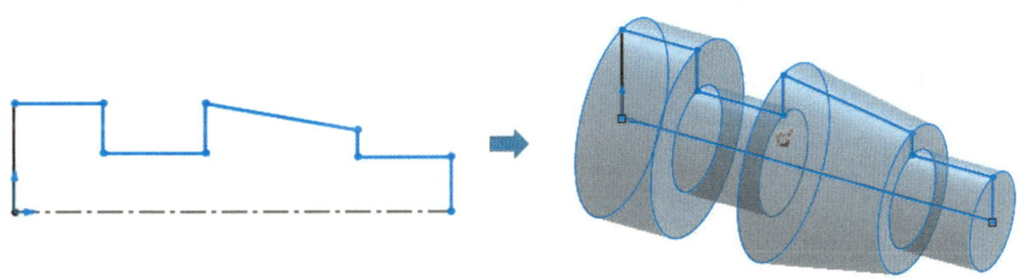

(b) 회전

그림 1-3-4 스위핑

3-1-2-2 널링 규격

널링은 KS B 0901에 관련 항목이 설명되어 있으며 기계 가공 분야에서는 주로 원통 형상의 공작물의 외면에 미끄럼을 방지하기 위한 목적으로 만들어지는 깔쭉깔쭉한 모양을 가리킨다. 그림 1-3-2 (b) 리드 스크류의 손잡이 부분은 널링을 하는데 그림 1-3-5의 KS B 0901 규격에 따라 하면 되며 널링 형태는 바른 줄 형태와 빗 줄 형태로 나누는데 보통은 빗 줄 형태로 한다.

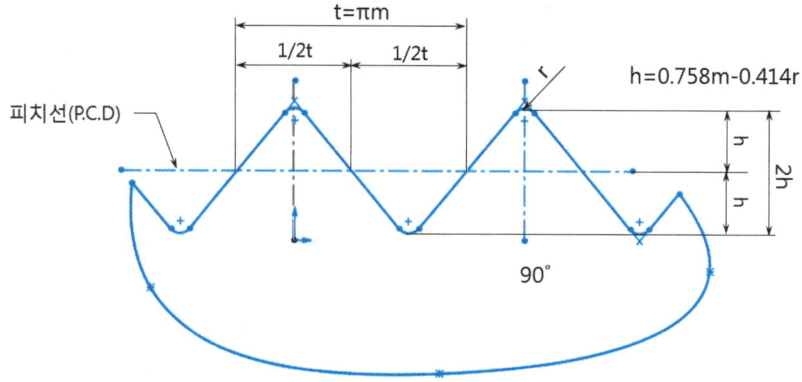

그림 1-3-5 널링의 KS B 0410 규격

3-1-3 CAD 관련 사항 검토하기

3-1-3-1 스윕

(1) 정의

프로파일(단면)이 경로를 따라 이동하여 베이스, 보스, 컷 또는 곡면을 생성한다.

(2) 경로와 안내곡선의 길이 관계

① 경로와 안내곡선은 그 길이가 다를 수 있다.

② 안내곡선이 경로보다 길 경우 스윕이 경로의 길이를 따른다.

③ 안내곡선이 경로보다 짧을 경우 스윕은 가장 짧은 안내곡선을 따른다.

④ 안내곡선은 공통점에서 만날 수 있으며 이 점은 스윕된 곡면의 축이 된다.

⑤ 안내곡선으로 스케치 곡선, 모델 모서리 또는 곡선을 사용할 수 있다.

(3) 프로파일의 규칙

① 솔리드의 경우 폐쇄 프로파일을 사용해야 한다.

② 프로파일과 안내곡선 사이에는 관통 조건이 성립되어야 한다.

③ 프로파일 생성 시 구속 조건을 잘 확인해야 한다.

(4) 경로의 규칙

① 하나의 스케치, 곡선 또는 모델 모서리 세트에 포함된 스케치 된 곡선 세트를 경로로 사용할 수 있다.

② 스윕 경로는 프로파일 평면에서 반드시 시작해야 한다.

③ 그 경로나 생성되는 결과물이 자체 교차하지 않아야 한다.

(5) 안내곡선의 규칙

① 경로와 안내곡선을 먼저 만들고 단면을 만든다. 그래야만 단면 스케치에 관통관계를 추가할 수 있다. 스윕의 중간 프로파일을 정의할 때 경로와 안내곡선이 모두 필요하다.

② 단면을 스케치할 때 자동으로 추가될 수 있는 수평 또는 수직과 같은 관계에 유의해야 한다.

③ 안내곡선은 공통점에서 만날 수 있으며 이 점은 스윕된 곡면의 축이 된다.

④ 안내곡선으로 스케치 곡선, 모델 모서리 또는 곡선을 사용할 수 있다.

(6) 제어 옵션

① 기본값 : 계속 유지를 선택하면 단면이 항상 시작 단면에 평행한 상태로 있다.

② 경로 따라 : 이것을 선택하면 단면이 항상 경로에 동일한 각도를 유지한다.

③ 탄젠트 유지 : 스윕 단면에 접선 부분이 있을 경우 이 옵션을 선택하면 결과 수윕에서 해당 곡선이 접하게 된다. 평면, 원통형 또는 원추형으로 표시될 수 있는 면이 유지된다. 다른 인접면은 병합되고 단면이 인접하게 된다. 스케치 원호는 자유곡선으로 전환될 수 있다.

④ 매끄럽게 하기 고급 : 스윕 단면에 원형 및 타원형 원호가 있을 경우 단면이 근접하여 곡면이 부드럽게 된다.

3-1-3-2 로프트

(1) 정의

로프트는 프로파일 사이에 전이를 주어 피처를 만든다. 로프트는 베이스, 보스, 컷 및 곡면일 수 있다.

(2) 로프트에 안내곡선 사용 시 권장 사항

① 프로파일이 3개 이상, 안내곡선이 하나 이상일 경우 안내곡선을 먼저, 프로파일을 나중에 그린다.

② 안내곡선은 모든 프로파일과 교차해야 한다.

③ 안내곡선의 사용수는 제한이 없다.

④ 안내곡선은 점에 교차할 수 있다.

⑤ 안내곡선으로 스케치 곡선모델 모서리 또는 모든 유형의 곡선을 사용할 수 있다.

⑥ 로프트가 잘못되거나 뒤틀릴 경우 프로파일의 해당 꼭지점을 선택하여 참조점을 지나는 곡선을 만들어 안내곡선으로 추가할 수 있다.

⑦ 안내곡선은 생성되는 로프트보다 길 수 있다. 로프트는 가장 작은 안내곡선의 끝에서 중단된다.

⑧ 각 선분의 끝점은 프로파일 전이에 대한 대응점을 표시한다.

(3) 제어 옵션

① 탄젠시 유지 : 해당 로프트 선분이 접한 경우 생성되는 로프트의 해당 곡선이 서로 접하게 된다.

② 다듬기 고급 : 곡면을 조금 더 완만하게 하려면 다듬기 고급을 선택한다.

③ 로프트 닫기 : 로프트의 방향을 따라 닫힌 바디를 생성한다. 이 선택으로 처음 스케치와 마지막 스케치가 자동으로 연결된다.

3-2 학습 활동

3-2-1 스윕 형상모델링

3-2-1-1 Lug wrench 형상모델링

(1) 작업 준비하기

수행 : 스케치 화면 설정하기

① 풀다운 메뉴에서 새 문서 아이콘을 선택한다.

② 기본 모듈 가운데 피트를 선택한다.

③ 스케치를 클릭하고 기준 평면을 정면으로 한다.

④ 스케치 실행을 클릭한다.

(2) 스윕 경로 생성

수행 : 선 도구에 의한 스윕 경로 만들기

① 스케치 도구 가운데 선 도구를 이용하여 그림 1-3-6 (a)와 같이 선을 그리고 치수를 정의한다.

② 스케치 필렛( )도구를 이용하여 그림 1-3-6 (b)와 같이 반경 15인 둥글기 스케치를 한다.

③ 스케치 완료를 한다.

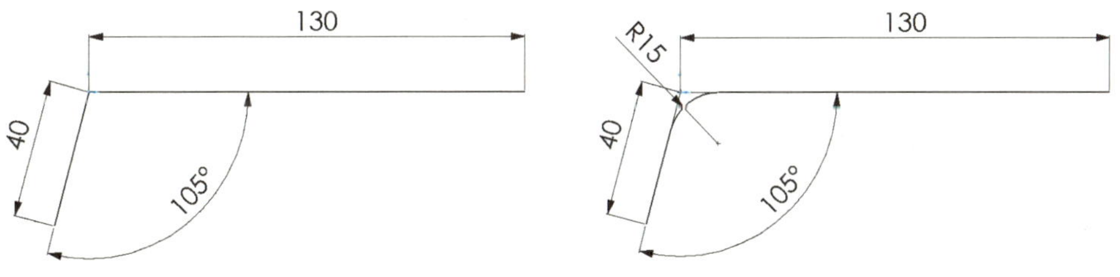

(a) 초기 경로 (b) 완성 경로

그림 1-3-6 스윕 경로 생성

(3) 새로운 기준면 작성하기

생각하기 : 기준면 작성이란 무엇이며 어떻게 표현할까?

SolidWorks에서는 기본으로 3개의 기준면(정면, 윗면, 우측면)을 제공하고 있다. 그 외에 상황에 따라 새로운 기준면을 생성해야 할 때가 있다. 예를 들어 지금과 같이 일정 단면이 L렌치 손잡이 부분의 스윕 경로를 따라 생성되는 원 형상의 단면을 스케치할 때이다. 이러한 단면은 경로에 수직으로 이동하므로 기준면(스케치할 스케치면)을 경로에 수직하게 생성해야 한다. 그리고 이 새로운 기준면에 스케치로 단면 형상(프로파일)을 스케치하면 된다.

수행 : 참조형상 도구에 의한 새로운 기준면 만들기

① 피처 탭에서 참조형상 탭을 클릭하여 기준면 도구()를 선택한다.

② 메인 화면에서 스윕 경로가 시작되는 점과 스윕 경로 선을 선택하면 그림 1-3-7과 같은 새로운 기준면이 생성된다.

③ 대화상자의 확인 버튼을 클릭한다.

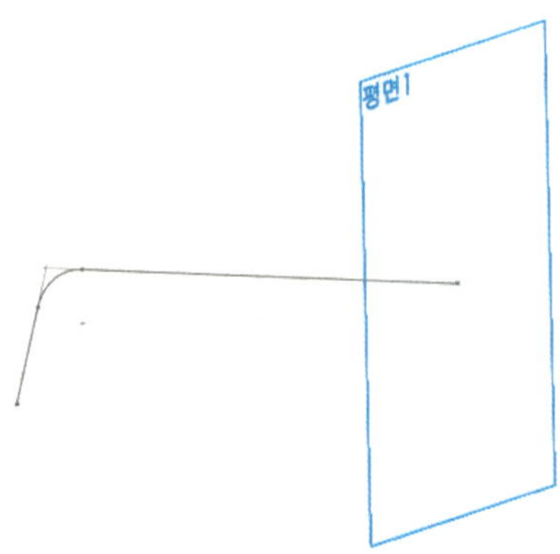

그림 1-3-7 새로운 기준면

(4) 손잡이 부분의 스윕 프로파일 작성하기

생각하기 : 스윕 기반 솔리드 모델링은 없을까?

스위핑은 보통 B-rep이나 CSG 기반 시스템에서 솔리드 생성의 추가적인 도구로 제공된다. 스위핑에 기반을 둔 솔리드 모델링 시스템은 없는데 그 이유는 표현 영역이 제한되어 있기 때문이다.

수행 : 원 도구에 의한 스윕 프로파일 만들기

① 새로운 기준면을 스케치면으로 한다.

② 원 도구를 사용하여 지름 12 mm인 원 스케치를 한다.

③ 스케치 완료를 한다.

수행 : 스윕 보스/베이스 도구에 의한 스윕 형상 만들기

① 피처 탭에서 스윕 보스/베이스 도구(아이콘)를 클릭한다.

② 그림 1-3-8과 같은 스윕 속성 창에서 프로파일 단면은 스케치2를 프로파일 경로는 스케치1 선택한다.

③ 확인 버튼을 누르면 그림 1-3-9와 같은 스윕 형상이 완성된다.

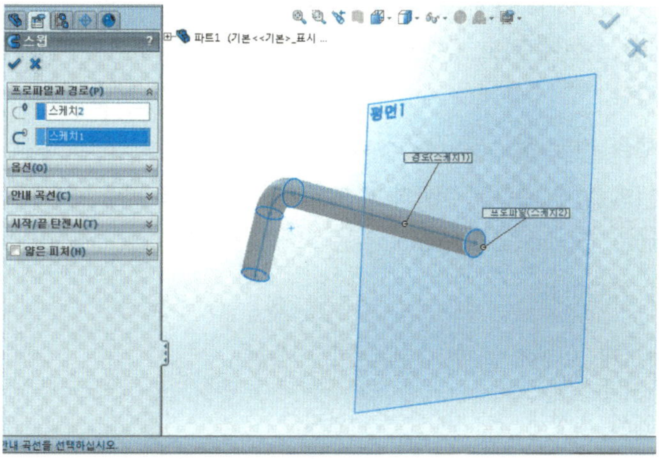

그림 1-3-8 스윕 형상에 대한 속성 창

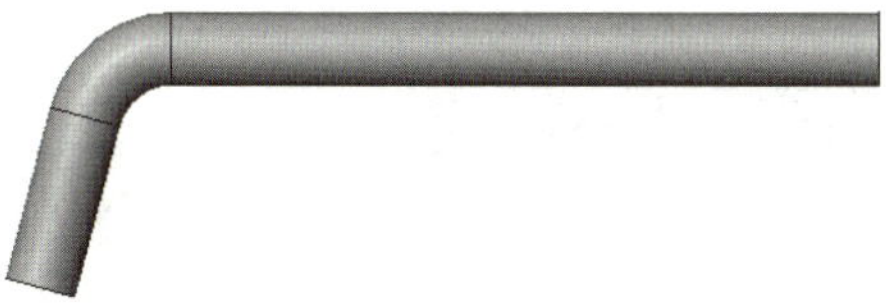

그림 1-3-9 완성된 스윕 형상

(5) 머리 부분의 회전체 형상 작성하기

생각하기 : 머리 부분을 회전체 형상으로 표현하면 왜 편할까?

만약 머리 부분을 회전체 형상으로 표현하지 않으면 스케치에 의한 돌출 형상을 여러 번 반복하고 마지막에 필렛 기능과 모따기 기능을 주어 완성하는 방법도 있다. 그러나 회전체 형상으로 표현하면 한 번의 스케치와 한 번의 회전 돌출로 간단하게 회전체 형상을 만들 수 있기 때문이다.

수행 : 선 도구에 의한 회전체 단면스케치

① 정면을 스케치 면으로 한다.

② 스케치 탭에서 중심선 도구를 선택하여 회전할 중심선을 긋는다.

③ 선 도구를 선택하여 그림 1-3-10 (a)와 같이 폐쇄 다각형 도형을 그린다. 이 때 주의할 것은 반드시 스케치 도형의 오른쪽 면을 스윕 형상의 오른쪽 면과 일치하도록 구속조건을 주어야 하고 중심선과 스윕 형상 단면의 밑면이 일치하도록 구속조건을 주어야 한다.

④ 스케치 탭의 지능 치수 도구를 선택하고 치수는 그림 1-3-10 (a)와 같이 정의한다.

⑤ 스케치 탭의 필렛 도구를 선택하고 오른쪽부터 스케치 필렛 반지름을 각각 4 mm, 2 mm, 1 mm, 15 mm 및 12 mm로 하는 스케치 필렛을 그림 1-3-10 (b)와 같이 그린다.

⑥ 스케치를 완료한다.

수행 : 회전체 도구에 의한 회전체 형상 생성

① 피처 탭에서 회전체 도구( )를 클릭한다.

② 속성 창에서 회전체의 단면 스케치 부분을 프로파일로 클릭한다.

③ 확인 버튼을 누른다(그림 1-3-11).

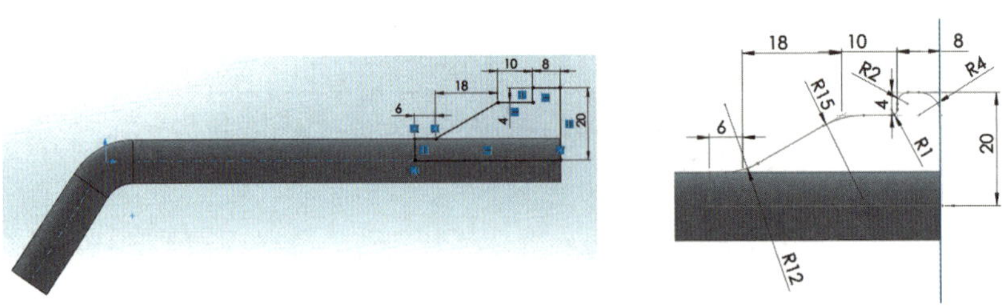

(a) 초기 단면　　　(b) 단면 완성모습

그림 1-3-10 회전체 형상의 단면

그림 1-3-11 완성된 회전체 형상

(6) 육각 홈 컷 형상 모델링

생각하기 : 머리 부분의 육각 홈 컷 형상은 어떻게 표현하면 될까?

그림 1-3-11을 보면 알 수 있듯이 볼트를 조일 부분의 형상이 육각 홈 컷 형상이다. 이러한 컷 형상을 만들기 위해서는 먼저 스케치로 육각 도형을 스케치하고 돌출 컷 도구를 이용하여 생성하는 방법이외는 없다.

수행 : 다각형 도구에 의한 육각 홈 단면 스케치

① 회전체 형상의 윗면을 스케치 면으로 한다.

② 스케치 탭에서 다각형 도구를 선택한다.

③ 속성 창에서 6을 입력한다.

④ 그림 1-3-12 (a)와 같이 내접원의 지름 22 mm인 육각형으로 정의한다.

⑤ 스케치 완료를 클릭한다.

수행 : 돌출 컷 도구에 의한 육각 홈 컷 형상 만들기

① 형상 탭에서 돌출 컷 도구를 클릭한다.

② 속성 창에서 돌출 컷 깊이를 10 mm로 한다.

③ 확인 버튼을 누른다(그림 1-3-12 (c)).

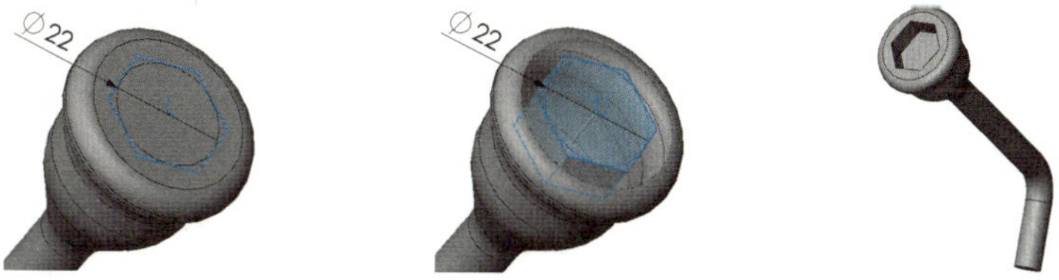

(a) 육각형 단면　(b) 돌출 컷할 모습　(c) 돌출 컷 완성

그림 1-3-12 육각 컷 형상모델링

(7) 손잡이 부분의 둥글기 형상 모델링

생각하기 : 손잡이 부분의 둥글기 형상은 왜 해야 하는가?

그림 1-3-1을 보면 알 수 있듯이 lug wrench의 끝 부분이 둥글기 처리된 형상이다. 대부분의 둥글기는 보기 좋게 하는 역할도 있고 집중하중을 분산시키려는 의도도 있으며 날카로운 부분을 없애므로 사람에게 줄 수 있는 상처 등을 방지할 수도 있다. 여기서도 보기 좋게 하는 역할과 동시에 날카로운 부분을 없애므로 사람에게 줄 수 있는 상처 등을 방지하려는 의도가 있다고 생각된다.

수행 : 필렛 도구에 의한 둥글기

① 피처 탭에서 필렛 도구()를 클릭한다.

② 속성 창에서 그림 1-3-13과 같이 필렛 반지름을 2 mm로 입력한다.

③ 확인 버튼을 누르고 필렛 형상을 완료한다.

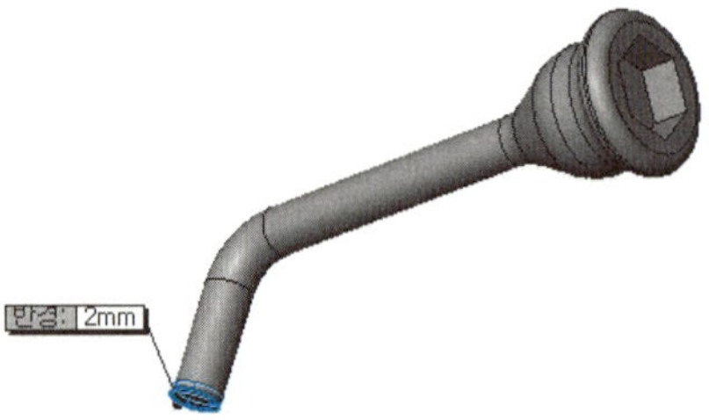

그림 1-3-13 필렛 반지름

(8) 저장하기

수행 : 최종 형상 저장하기

① 저장 도구()에서 다른 이름으로 저장하기를 클릭한다.

② 저장할 디렉토리를 정하고 파일이름을 “lug wrench”로 한다.

③ 저장 버튼을 클릭한다.

3-2-1-2 리드 스크류 형상모델링

생각하기 : 리드 스크류의 형상 치수는 어떻게 정할까?

그림 1-3-2 (b) 리드 스크류의 나사 부분은 나선형 스윕 형상으로 M12×1.5는 미터보통나사를 의미하며 이에 대한 기준 치수는 KS B 0201에 설명하고 있다.

(1) 기초형상

수행 : 스케치 화면 설정하기

① 초기 화면의 풀다운 메뉴에서 (새 문서 아이콘)을 선택한다.

② 기본 모듈 가운데 파트를 선택한다.

③ 스케치 탭을 클릭하고 기준 평면을 정면으로 한다.

④ 스케치( ) 실행을 클릭하여 스케치 화면을 설정한다.

수행 : 중심선 도구와 선 도구에 의한 회전단면 스케치하기

① 스케치 탭에서 중심선 도구를 선택하고 원점에 수평으로 중심선을 스케치한다.

② 선 도구를 선택하고 회전단면을 대강 스케치한다.

③ 지능형 치수 도구를 선택하고 그림 1-3-14 (a)와 같이 치수를 정의한다.

④ 스케치를 완료한다.

수행 : 회전 보스/베이스 도구에 의한 회전체 형상 만들기

① 피처 탭으로 가서 회전 보스/베이스 도구를 선택한다.

② 속성 창에서 중심선을 선택하고 각도는 360도로 한다.

③ 완료✔를 클릭하여 그림 1-3-14 (b)와 같이 형상을 완성한다.

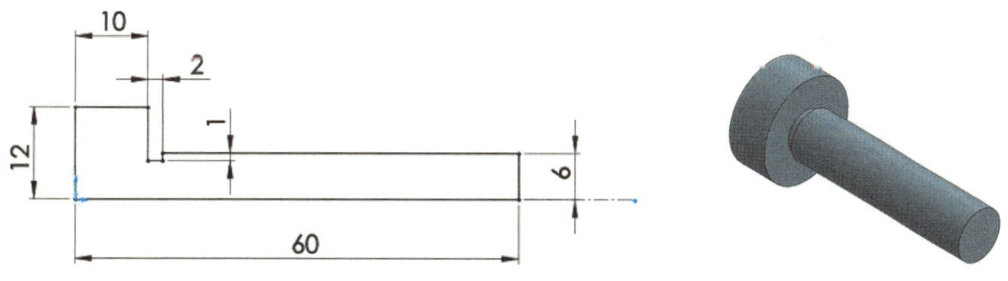

(a) 회전단면 스케치　(b) 완성물

그림 1-3-14 회전체 형상 모델링

(2) 모따기

생각하기 : 리드 스크류의 머리 부분과 끝 부분은 왜 모따기를 하는가?

머리 부분은 가공을 하면 끝 부분이 날카로우므로 안전을 위해 모따기를 하며, 끝 부분의 모따기는 리드 스크류를 결합할 때 구멍 부분에 집어넣기 편하게 하기 위함이 있다.

수행 : 모따기 도구에 의한 모서리 모따기

① 피처 탭에서 필렛의 모따기 도구를 선택한다.

② 그림 1-3-15와 같이 모서리에 대해 모따기 거리 1 mm이고 각도는 45° 로 한다.

③ 완료✔를 클릭한다.

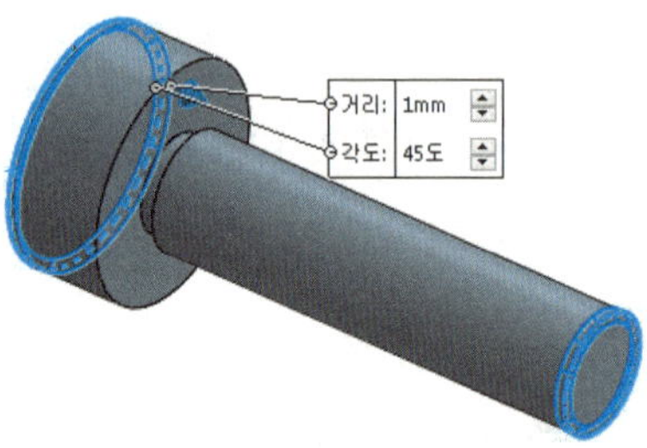

그림 1-3-15 모따기 형상모델링

(3) 리드 스크류 나사내기

생각하기 : 수나사의 치수 및 형상모델링은 어떻게 할까?

앞에서 M12×1.5는 미터보통나사를 수나사의 기준 치수를 정했으므로 이것은 나사의 골 지름이 12이고 피치가 1.5인 나사산을 형상모델링 한다는 것이다. 그런데 나사 형상모델링의 경우 SolidWorks에서는 구멍가공마법사 도구에 나사산 도구가 있어서 이것을 이용하면 간단히 미터 보통나사산을 만들 수 있다.

수행 : 나사산 도구에 의한 나사산 생성

① 형상 도구에서 구멍가공마법사의 나사산 도구를 클릭한다.

② 나사산 속성 창에서 그림 1-3-16 (a)과 같이 속성을 입력한다. 여기서 모서리선은 모따기 바깥쪽 원을 말한다.

③ 확인을 클릭한다.

(a) 나사산 속성 설정　　(b) 나사산 완료 모습

그림 1-3-16 수나사 형상모델링

(4) 리드 스크류 손잡이 널링

생각하기 : 널링의 치수 및 형상모델링은 어떻게 할까?

빗살 널링의 모듈 m은 KS 규격상 0.5, 0.3 0.2가 있으므로 이 가운데 0.3으로 하면 피치는 0.942($t=\pi m=3.14\times0.3=0.942$)㎜이다. 널링 모델링은 널링이 곡면을 따라 형성되는 나선형 곡선에 의해 스윕 컷 형상으로 생성되므로 먼저 나선형 곡선을 만들어야 한다. 한편 스프링의 경우는 원형 단면 프로파일이 스윕 형상 도구에 있지만 널링의 경우는 단면이 다이아몬드 형태이므로 다이아몬드 단면을 스케치하고 스윕 컷으로 형상모델링 해야 한다.

수행 : 요소 변환 도구에 의한 나선형의 기초원 설정하기

① 스케치 탭을 클릭하고 널링이 시작할 원의 단면을 스케치 면으로 설정한다.

② 요소변환 도구를 클릭한다.

③ 원의 바깥 원을 클릭하여 널링이 형성될 원으로 한다.

④ 스케치 완료한다(그림 1-3-17 (a)).

수행 : 나선형 도구에 의한 나선형 곡선 설정하기

① 피처 탭에서 곡선의 나선형 곡선 도구를 선택한다.

② 나선형 곡선 속성 창에서 정의 기준을 "높이와 회전"으로 한다.

③ 파라미터는 일정 피치로 하고 높이를 10, 회전은 1/12(KS 표준 규격 30°), 시작 각도는 90으로 한다.

④ 완료✔를 클릭한다(그림 1-3-17 (b)).

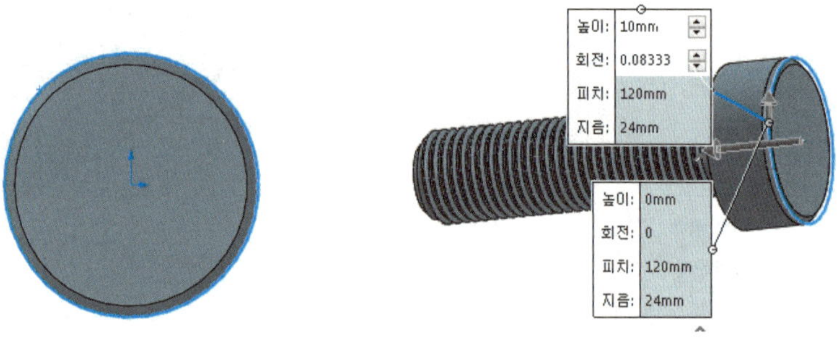

(a) 요소 변환 (b) 나선형 곡선 설정

그림 1-3-17 나선형 곡선 모델링

수행 : 중심선과 세 점 중심사각형 도구에 의한 프로파일 단면형상 스케치

① 손잡이 정면을 스케치 평면으로 하고 스케치를 클릭한다.

② 선 도구 가운데 중심선 도구를 선택하고 원점에 대해 중심선을 원의 끝 부분까지 스케치한다.

③ 스케치 탭에서 세 점 중심사각형을 선택하고 사각형의 중심이 중심선 끝에 일치하게 사각형을 스케치한다.

④ 사각형의 끝점을 그림 1-3-18 (a)와 같이 중심선에 대각선이 일치하게 구속한다.

⑤ 사각형의 치수를 KS 규격에 맞춰 모듈 m을 0.3으로 하면 한 변의 길이가 피치의 1/2이며 피치는 0.94 mm이다. 따라서 약 0.47 mm로 한다.

⑥ 스케치 완료한다.

수행 : 스윕 컷 도구에 의한 나선형 곡선 컷 스윕 형상 만들기

① 피처 탭의 스윕 컷 도구를 선택한다.

② 속성 창에서 프로파일은 사각형 스케치 단면, 경로는 나선형 곡선을 선택한다.

③ 완료✔를 클릭한다(그림 1-3-18 (b)).

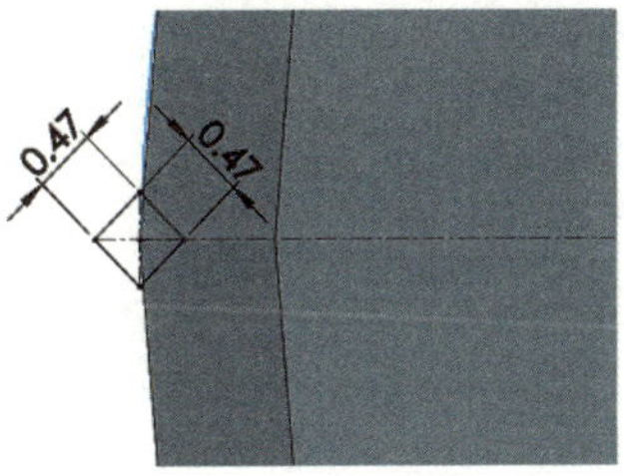

(a) 널링 단면

(b) 하나의 널링

그림 1-3-18 하나의 널링 생성과정

수행 : 원형 패턴 도구에 의한 컷 스윕 형상 원형 패턴하기

① 피처 탭의 원형 패턴 도구를 선택한다.

② 속성 창에서 피처 및 면은 컷-스윕을 회전 파라미터는 손잡이 외부 원통면을 선택한다.

③ 패턴 수는 피치 0.94 mm를 생각하여 360도에 대해 54를 선택하고 동등 간격으로 한다.

④ 완료✔를 클릭한다(그림 1-3-19 (a)).

수행 : 대칭 복사 도구에 의한 스윕 컷 원형 패턴 대칭 복사하기

① 피처 탭의 참조형상의 기준면을 선택한다.

② 제1참조는 손잡이 정면을 제2참조는 손잡이 후면을 선택하여 두 면의 중간에 새로운 평면1을 생성하고 완료한다(그림 1-3-19 (b)).

③ 대칭 복사 도구를 선택하고 평면1에 대해 원형 패턴이 대칭되게 한다.

④ 완료✔를 클릭한다(그림 1-3-19 (c)).

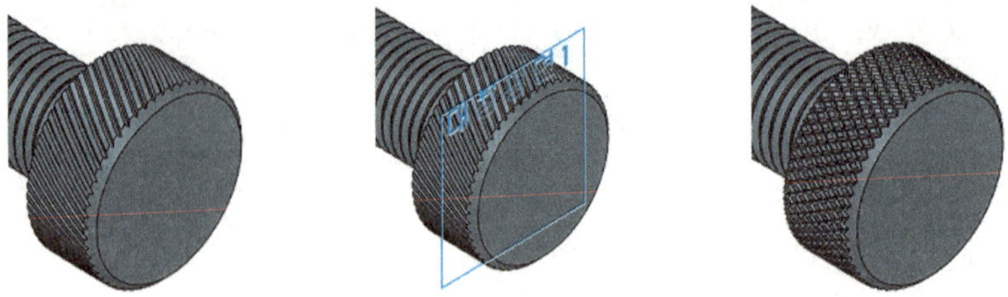

(a) 널링 패턴 (b) 대칭 평면 (c) 완성 모습

그림 1-3-19 널링 형상모델링

(5) 저장하기

수행 : 최종 형상 저장하기

① 저장 도구( )에서 다른 이름으로 저장하기를 클릭한다.

② 저장할 디렉토리를 정하고 파일이름을 "리드 스크류"로 한다.

③ 저장 버튼을 클릭한다.

3-2-2 로프트 형상의 자동차 림 형상모델링

3-2-2-1 기초 형상 모델링

생각하기 : 기초 원기둥은 무엇이며 왜 로프트 형상모델링이 가능한가?

기초 원기둥은 자동차 림의 형상 기초가 되는 부분이다. 이 기초 원 기둥은 위와 아래 두 평면이 존재하므로 로프트 형상을 생성할 수 있다. 이것은 로프트 형상을 생성하기 위해서 2개 이상의 평면이 필요하다는 것에 합당하며 로프트 형상의 스케치 단면은 원 기둥의 위와 아래 평면이 되므로 로프트 형상모델링이 가능하다.

수행 : 원 도구에 의한 원형 단면 스케치하기

① 풀다운 메뉴에서 새로 만들기 아이콘을 선택한다.

② 기본 모듈 가운데 파트를 선택한다.

③ 기준 평면을 정면으로 하고 스케치를 클릭한다.

④ 스케치 탭에서 원 도구를 선택한다.

⑤ 원점에 대해 원형을 바깥쪽으로 드래그하고 그림 1-3-20 (a)와 같이 지름을 100 mm 가 되도록 스케치한다.

⑥ 확인을 클릭한다.

수행 : 돌출 보스/베이스 도구에 의한 원형 단면 돌출하기

① 피처 탭에서 돌출 보스/베이스 도구를 선택한다.

② 방향1은 블라인드 형태로 하고 돌출 깊이 15 mm로 설정한다.

③ 확인을 클릭한다(그림 1-3-20 (b)).

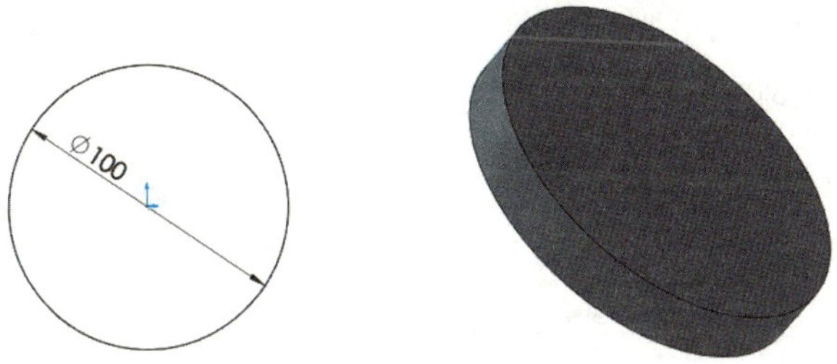

(a) 단면 스케치 (b) 돌출 형상

그림 1-3-20 기초형상 모델링

3-2-2-2 기초 로프트 컷 형상 생성하기

생각하기 : 로프트 형상은 어떻게 생성할까?

로프트 형상을 생성하기 위해서는 단면을 2개 이상 정의하여 작성해야 하므로 평면이 2개 이상 필요하다. 따라서 필요에 따라서는 새로운 기준면을 1개 이상 생성해야 한다. 이 평면(기준면)에 단면 형상을 스케치하며 스케치 완료 후에는 로프트 기능을 이용하여 단면과 단면을 서로 연결함으로써 로프트 형상을 생성한다.

수행 : 첫 번째 단면형상 스케치

① 원기둥의 윗면을 스케치 면으로 한다.

② 스케치 탭에서 중심선 도구를 클릭한다.

③ 중심선을 원점에 수직하게 그린다.

④ 스케치 탭에서 자유 곡선 도구를 클릭한다.

⑤ 자유 곡면을 대충 스케치 한다.

⑥ 구속조건에서 구속 조건 부가를 클릭한다.

⑦ 그림 1-3-21 (a)와 같이 중심선에 대해 와우 대칭이 되도록 구속 조건을 준다.

⑧ 6개의 패턴이 그려질 수 있도록 치수를 적절히 수정한다.

⑨ 확인을 클릭하여 스케치를 완료한다.

수행 : 두 번째 단면형상 스케치

① 원기둥의 밑면을 스케치 면으로 한다.

② 스케치 탭에서 중심선 도구를 클릭한다.

③ 중심선을 원점에 수직하게 그린다.

④ 스케치 탭에서 자유 곡선 도구를 클릭한다.

⑤ 자유 곡면을 대충 스케치 한다.

⑥ 구속조건에서 구속 조건 부가를 클릭한다.

⑦ 그림 1-3-21 (b)와 같이 중심선에 대해 좌우 대칭이 되도록 구속 조건을 준다.

⑧ 6개의 패턴이 그려질 수 있도록 치수를 적절히 수정한다.

⑨ 확인을 클릭하여 스케치를 완료한다.

(a) 첫 번째 형상 스케치　　(b) 두 번째 형상 스케치

그림 1-3-21 두 번의 스케치

수행 : 로프트 형상 생성

① 피처 탭에서 로프트 컷을 선택한다.

② 그림 1-3-22 (a)와 같은 로프트 화면이 뜬다. 여기서 왼쪽의 프로파일로 각각의 단면에 그린 원을 선택한다. 그러면 그림 1-3-22 (b)와 같은 로프트 형상이 생성된다.

③ 확인 버튼을 클릭하여 생성을 종료한다.

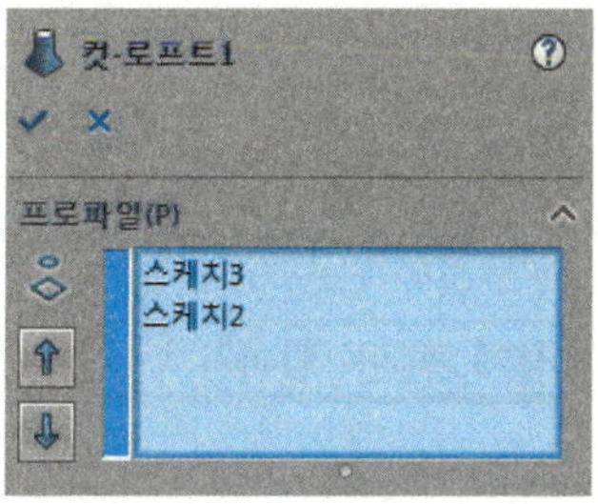

(a) 로프트 컷 설정 화면

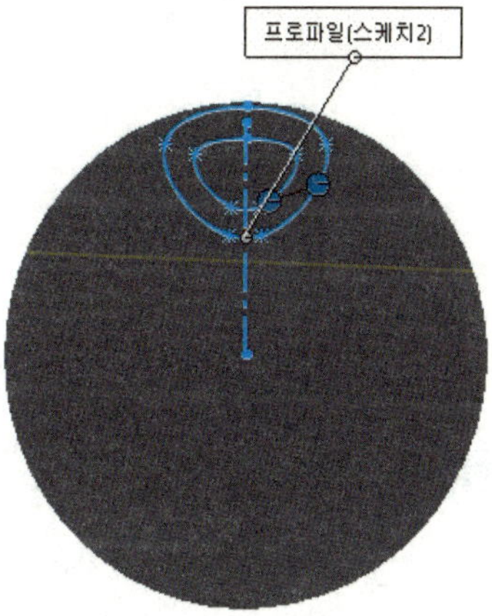

(b) 로프트 컷 설정 후 모습

그림 1-3-22 로프트 컷 설정

3-2-2-3 로프트 컷 형상의 6개 원형 패턴 나타내기

생각하기 : 6개의 원형 패턴 로프트 컷 형상은 어떻게 생성할까?

하나의 로프트 형상이 생성되었으면 다음은 6개의 로프트 컷 형상이 원형 패턴인지 선형 패턴인지 결정해야 한다. 그림 1-3-2의 형상은 원형 패턴으로 구성되어 있으므로 원형 패턴을 사용하여야 한다는 것을 알 수 있을 것이다. 따라서 형상 탭의 원형 패턴 기능을 이용하여 6개의 로프트 컷 형상을 나타내면 된다.

수행 : 원형 패턴 도구에 의한 6개의 관통 로프트 컷 형상 패턴 만들기

① 피처 탭의 선형패턴 메뉴에서 "원형패턴"을 눌러 속성을 정의한다.

② 패턴 구멍 수는 6개(60도씩 등간격)이고 회전축은 원 기둥 바깥 모서리이다.

③ 그림 1-3-23은 원형 패턴 속성을 정의 한 모습이다.

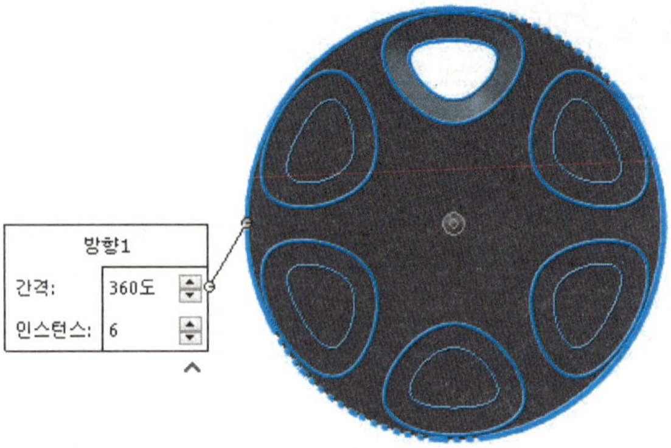

그림 1-3-23 로프트 컷 원형 패턴 생성 모습

3-2-2-4 림 요철 부분의 회전 컷 형상모델링

생각하기 : 그림 1-3-2의 림 요철 부분은 어떻게 해야 할까?

자동차 림을 잘 살펴 보면 가장자리와 가운데 부분이 평평하지는 않으며 가운데 부분이 볼록 나온 형태를 하고 있다. 따라서 가운데 부분은 볼록, 가장자리 부분은 밑으로 처지는 모양으로 나타내기 위해서는 기초 원통 부분을 회전 컷 기능을 이용하여 모양을 만들어야 한다. 물론 회전을 시키려면 중심선이 존재해야 한다.

수행 : 선 도구에 의한 컷 회전단면 스케치하기

① 스케치 면을 윗면으로 선택한다.

② 회전을 위한 중심선 도구를 선택하고 스케치한다.

③ 선 도구를 선택하고 대강의 림 요철 모양을 스케치한다. 여기서는 정확한 치수보다는 모양을 보기 위한 것이기 때문에 적당히 해도 좋다.

④ 선과 선 사이의 각진 부분을 필렛(둥글기) 준다.

⑤ 위에 그린 선과 같은 모양을 나타내기 위해 위의 선을 모두 선택한 후에 요소 옵셋을 선택한다.

⑥ 옵셋 값을 9로 한다.

⑦ 선 도구를 선택하고 그림 1-3-24 (a)와 같이 바깥쪽의 컷될 부분을 선을 이용하여 폐곡선으로 스케치 한다.

⑧ 확인을 클릭한다.

수행 : 회전 컷 도구에 의한 단면 회전 컷하기

① 피처 탭에서 회전 컷 도구를 선택한다.

② 회전축은 중심선이고 방향1은 블라인드 형태로 360도로 설정한다.

③ 확인을 클릭하면 그림 1-3-24 (b)와 같이 회전 컷 형상이 완성된다.

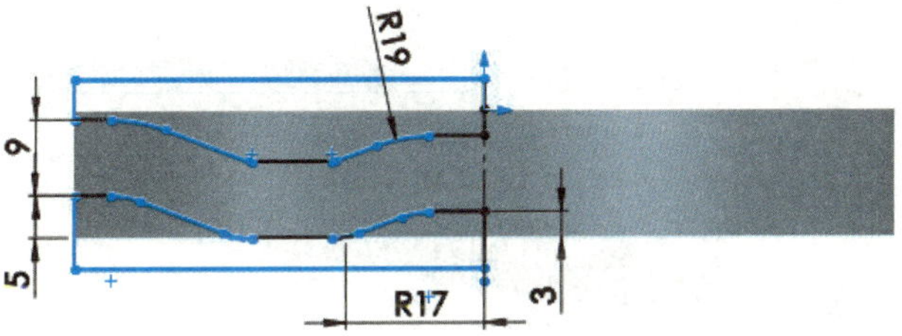

(a) 회전 컷 단면 스케치

(b) 회전 컷 결과

그림 1-3-24 림 요철 부분의 회전 컷 형상

3-2-2-5 볼트 구멍 생성을 위한 스케치면 생성하기

생각하기 : 볼트 구멍은 어떻게 생성할 것인가?

볼트는 바퀴를 자동차의 구동축에 고정하기 위해 필요한 것인데 이 볼트를 고정하기 위한 자리를 마련해야 한다. 이것이 볼트 구멍이며 구멍가공 마법사를 사용하기 위해서는 평평한 면이 필요하다. 평평하지 않으면 경사지게 될 수도 있다. 특히 그림 1-3-24는 회전 컷에 의해 생성된 면이 경사져 있어서 평평하게 생성하기 위해서는 새로운 참조 기준면을 생성하고 그 이후에 기준면에 구멍가공 마법사를 이용하여 볼트 구멍을 생성해야 한다.

수행 : 새로운 기준면 생성하기

① 형상 탭에서 참조 형상 가운데 기준면을 선택하고 그림 1-3-25와 같이 제1참조를 정면으로 하고 거리를 15 mm로 한다.

② 완료✔를 클릭하면 형상이 완성된다.

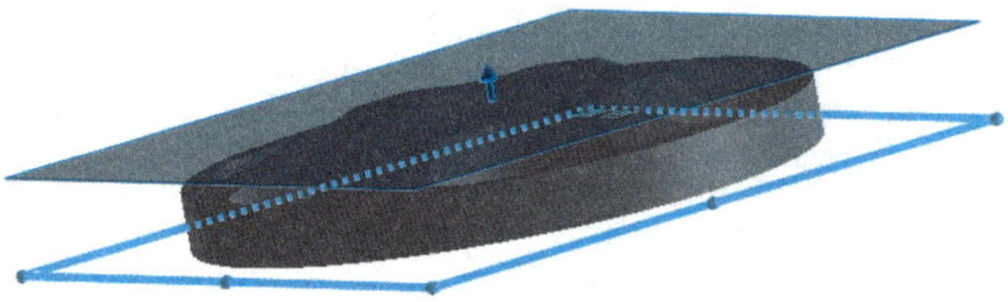

그림 1-3-25 새로운 기준면 생성 모습

3-2-2-6 카운터 보어 형상모델링

생각하기 : 새로운 기준면에 카운터 보어를 생성할 수 있을까?

볼트를 구동축에 고정하기 위해서는 볼트 구멍이 구동축에 수직으로 고정되어야 올바른 힘을 받아 바퀴에 문제가 발생하지 않는다. 따라서 앞에서 생성한 기준면이 구동축에 수직으로 생성되었기 때문에 이 기준면에 카운터 보어를 생성하면 된다. 기준면에도 무리없이 카운터 보어를 생성할 수 있다. 다만 기준면이 중간의 오목 면과 일정 거리를 두고 있지만 이것은 상관 안 해도 좋다.

그림 1-3-26 카운터 보어 형상 설정 모습

수행 : 구멍가공마법사 도구에 의한 카운터 보어 생성하기

① 피처 탭에서 구멍가공마법사를 선택한다.

② 구멍가공마법사 구멍 스펙 창에서 구멍의 유형을 카운터 보어로 선택한다.

③ 구멍 스펙은 KS 규격을 따르고 볼트는 M3을 선택하며 마침 조건은 관통으로 설정한다.

④ 구멍가공마법사 구멍 위치 창에서 구멍의 배치는 그림 1-3-26과 같이 림의 윗면이며 구멍의 위치는 지능형 치수를 사용하여 윗면에서 카운터 보어 중심까지의 거리가 0 mm, 우측면에서 중심까지 거리가 12 mm가 되도록 치수 설정한다.

⑤ 완료✔를 클릭하여 형상을 완성한다.

3-2-2-7 5개의 원형 패턴 카운터 보어 형상 생성하기

생각하기 : n개의 구멍 원형 패턴은 무엇을 중심으로 회전시키면 될까?

원형 패턴 정의 다이얼로그 박스에서 회전 파라미터를 중심축이 있으면 중심축을 선정하고 중심축이 없을 경우는 원통의 모서리를 선정하면 회전축 역할을 한다.

수행 : 원형 패턴도구에 의한 5개의 동일 각도 원형 패턴 구멍 만들기

① 형상 탭에서 선형 패턴 가운데 원형 패턴을 선택한다.

② 그림 1-3-27과 같이 패턴 축은 해당 원통 모서리를 선택한다.

③ 그림 1-3-27과 같이 각도 360도, 인스턴스 수 5를 입력하고 동등 간격으로 한다.

④ 피처는 M3 카운터 보어로 선택한다.

⑤ 완료✔를 클릭한다.

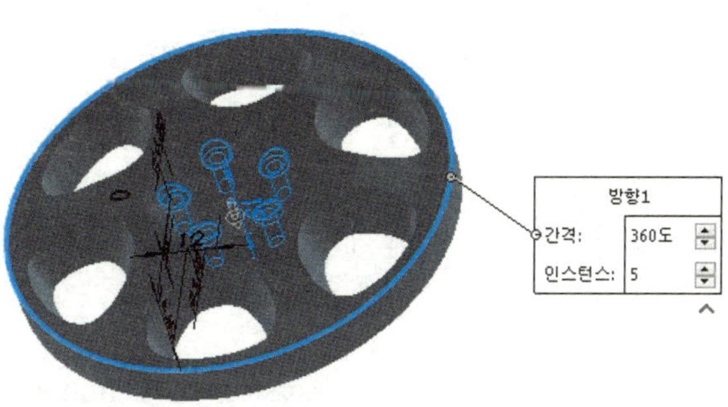

그림 1-3-27 5개의 카운터 보어 원형 패턴

3-2-2-8 저장하기

수행 : 최종 형상 저장하기

① 저장 도구(💾)에서 다른 이름으로 저장하기를 클릭한다.

② 저장할 디렉토리를 정하고 파일이름을 "림_블렌드형"로 한다.

③ 저장 버튼을 클릭한다.

3-2-3 바운더리 형상의 자동차 림 형상모델링

3-2-3-1 기초 형상 모델링

(1) 작업준비하기

수행 : 스케치 화면 들어가기

① 풀다운 메뉴에서 새로 만들기 아이콘을 선택한다.

② 기본 모듈 가운데 파트를 선택한다.

③ 기준 평면을 정면으로 하고 스케치를 클릭한다.

④ 스케치를 위한 스케치 실행을 클릭한다.

(2) 스포크 기초원기둥 생성하기

생각하기 : 스포크 기초원기둥의 형상모델링은 어떻게 하면 좋은가?

스포크가 생성될 기초 원기둥의 형상모델링에서 생각할 부분은 스포크가 원기둥의 어느 부분에 접속될 것인지에 따라 결정된다. 따라서 스포크가 생성될 부분이 기초 원기둥의 가운데 부분이라 가정하면 원기둥을 피처 생성할 때 중간 평면을 사용하여 돌출 시켜야 스포크 형상을 생성할 때 편리하다.

수행 : 원 도구에 의한 원형 단면 스케치하기

① 스케치 탭에서 원을 선택한다.

② 원점에 대해 원형을 바깥쪽으로 드래그하고 지름을 40 mm가 되도록 스케치한다.

③ 확인을 클릭한다.

수행 : 돌출 보스/베이스 도구에 의한 원형 단면 돌출하기

① 피처 탭에서 돌출 보스/베이스 도구를 선택한다.

② 방향1은 중간 평면으로 하고 돌출 깊이 10 mm로 설정한다.

③ 확인을 클릭한다.

3-2-3-2 스포크 형상 모델링

(1) 프로파일 경로 생성하기

생각하기 : 스포크 형상의 프로파일 경로란 무엇인가?

림_스포크형의 경우는 스포크 부분이 일정 경로를 따라 로프트 형상처럼 여러 서로 다른 형상이 연결되면서 생성되는 스윕 로프트 형상 기법에 의해 생성되는 형상이다. 따라서 여기서 일정 경로는 바로 스윕 로프트 경로를 말하며 여러 단면이 이 스윕 경로를 따라 생성되는 것이다. 다만 주의할 것은 곡선에 수직인 단면에 의해 프로파일이 생성되므로 스윕 로프트 형상이 만들어졌을 때 틈이 생기지 않도록 충분히 곡선을 기초 원통 안쪽으로부터 생성해야 한다.

그림 1-3-28 스포크 형상을 위한 프로파일 경로

수행 : 자유 곡선 도구에 의한 프로파일 경로 스케치하기

① 스케치 도구에서 자유 곡선 도구로 하고 4개의 점이 생성되도록 원통 안쪽에서부터 곡선을 그림 1-3-28과 같이 프로파일 경로를 스케치 한다.

② 확인을 클릭하여 스케치를 완료한다.

(2) 프로파일 경로 상의 4개의 참조 기준면 생성하기

생각하기 : 프로파일 경로 상의 4개의 참조 기준면이란 무엇인가?

바운더리 형상을 생성하기 위해서는 단면 프로파일 경로가 필요하고 경로에 따른 로프트 형상을 나타내기 위한 참조 기준면이 필요하다. 여기서 말하는 4개의 참조 기준면은 로프트 형상을 만들기 위한 단면 스케치 기준면이라 생각하면 된다. 4개의 의미는 자유 곡선을 4개의 점으로 생성했다는 의미이며 이 개수는 형상에 맞춰 정할 수 있다. 즉, 참조 기준면은 로프트 단면 생성을 위한 스케치 면이며 경로 선에 반드시 수직이어야 한다.

수행 : 참조 1기준면 생성

① 피처 탭의 참조형상 메뉴 가운데 기준면을 선택하면 새로운 평면을 만들 수 있는 창이 뜬다. 여기서 그림 1-3-29 왼쪽의 제 1 참조는 경로 시작점을 선택하고 제2 참조는 자유 곡선을 선택한다.

② 확인 버튼을 클릭하여 참조면 생성을 종료한다.

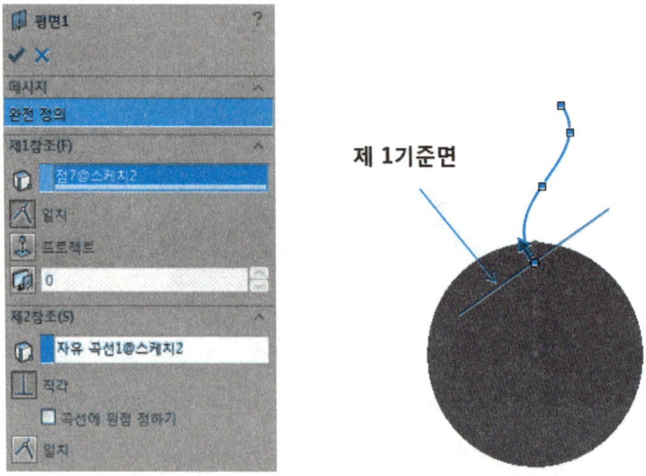

그림 1-3-29 새로운 스케치 단면(기준면) 생성 모습

수행 : 참조 2기준면 생성

① 피처 탭의 참조형상 메뉴 가운데 기준면을 선택하면 새로운 평면을 만들 수 있는 창이 뜬다. 제 1 참조를 시작점으로부터 두 번째 점으로 하고 제 2 참조는 자유 곡선을 한다.

② 확인 버튼을 클릭하여 참조면 생성을 종료한다.

수행 : 참조 3기준면 생성

① 피처 탭의 참조형상 메뉴 가운데 기준면을 선택하면 새로운 평면을 만들 수 있는 창이 뜬다. 여기서 제 1 참조를 시작점으로부터 세 번째 점으로 하고 제 2 참조는 자유 곡선을 한다.

② 확인 버튼을 클릭하여 참조면 생성을 종료한다.

수행 : 참조 4기준면 생성

① 피처 탭의 참조형상 메뉴 가운데 기준면을 선택하면 새로운 평면을 만들 수 있는 창이 뜬다. 여기서 제 1 참조를 자유 곡선의 끝점으로 하고 제 2 참조는 자유 곡선을 한다.

② 확인 버튼을 클릭하여 참조면 생성을 종료한다.

(3) 단면 프로파일에 단면 스케치하기

수행 : 제 1 단면 프로파일 만들기

① 제 1 단면을 프로파일 시작 단면의 기준면으로 선택한다.

② 스케치 메뉴 타원을 선택하고 그림 1-3-30과 같이 긴지름 5.5, 짧은 지름 1.5인 타원을 생성된다.

③ 확인 버튼을 클릭한다.

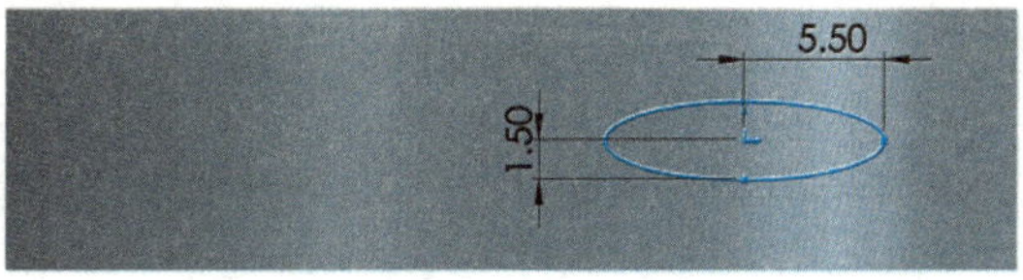

그림 1-3-30 제1 단면의 프로파일

수행 : 제 2 단면 프로파일 만들기

① 제 2 단면을 프로파일 시작 단면의 기준면으로 선택한다.

② 스케치 메뉴 타원을 선택하고 그림 1-3-31과 같이 긴지름 2.5, 짧은 지름 1인 타원을 생성된다.

③ 확인 버튼을 클릭한다.

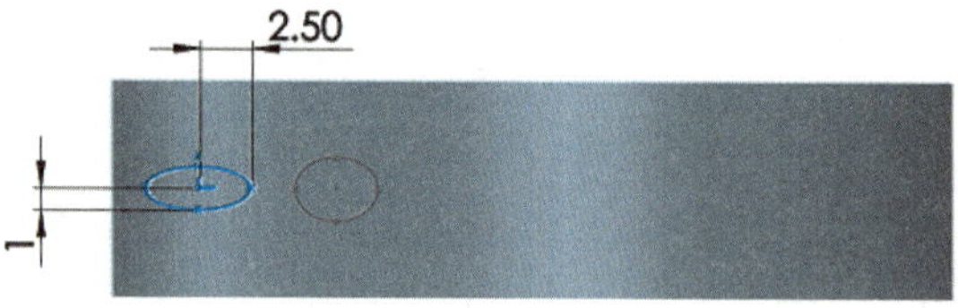

그림 1-3-31 제2 단면의 프로파일

수행 : 제 3 단면 프로파일 만들기

① 제 3 단면을 프로파일 시작 단면의 기준면으로 선택한다.

② 스케치 메뉴 원을 선택하고 그림 1-3-32와 같이 지름 3인 원을 생성된다.

③ 확인 버튼을 클릭한다.

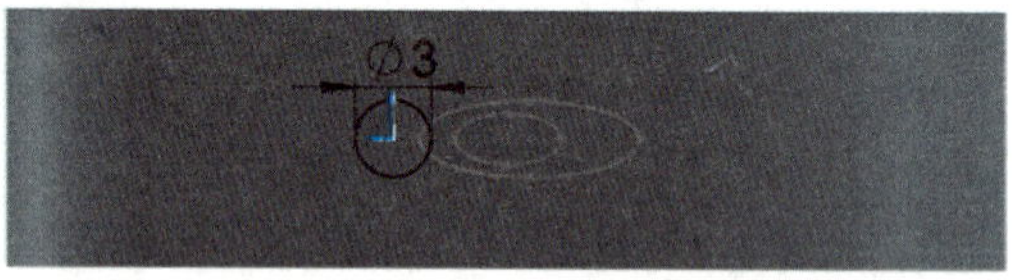

그림 1-3-32 제3 단면의 프로파일

수행 : 제 4 단면 프로파일 만들기

① 제 4 단면을 프로파일 시작 단면의 기준면으로 선택한다.

② 스케치 메뉴 원을 선택하고 그림 1-3-33과 같이 지름 4인 원을 생성된다.

③ 확인 버튼을 클릭한다.

그림 1-3-33 제4 단면의 프로파일

(4) 바운더리 형상 생성하기

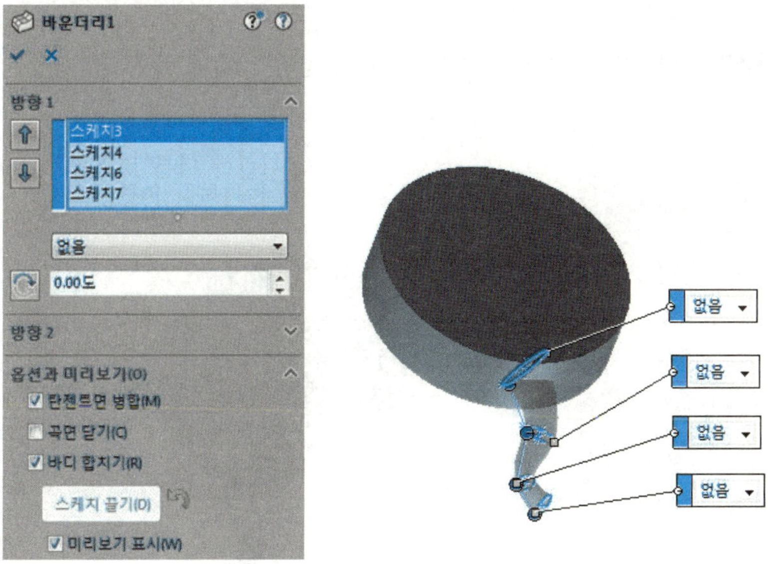

그림 1-3-34 바운더리 형상

수행 : 바운더리 형상 생성

① 피처 탭의 바운더리 보스/베이스를 선택하면 바운더리 속성창이 뜬다. 방향1에서 4개의 스케치 프로파일을 선택한다(그림 1-3-34).

② 확인 버튼을 클릭하여 생성을 종료한다.

(5) 원형 패턴에 의한 10개의 스포크 형상 생성하기

생각하기 : 바운더리 형상의 원형 패턴은 무엇을 중심으로 회전시키면 될까?

원형 패턴 정의 다이얼로그 박스에서 회전 파라미터를 스포크 기초 원통의 모서리로 선정하면 회전축 역할을 한다. 이유는 기초 원통의 중심과 원형 패턴의 중심이 동심이기 때문이다.

수행 : 원형 패턴으로 10개의 동일 각도 바운더리 형상 만들기

① 형상 탭에서 선형 패턴 가운데 원형 패턴을 선택한다.

② 그림 1-3-35와 같이 패턴 축은 스포크 기초 원통 모서리를 선택한다.

③ 그림 1-3-35와 같이 각도 360도, 인스턴스 수 10을 입력하고 동등 간격으로 한다.

④ 피처는 바운더리1으로 선택한다.

⑤ 완료✔를 클릭한다. 그림 1-3-35의 오른쪽과 같이 10개의 바운더리 형상이 생성된다.

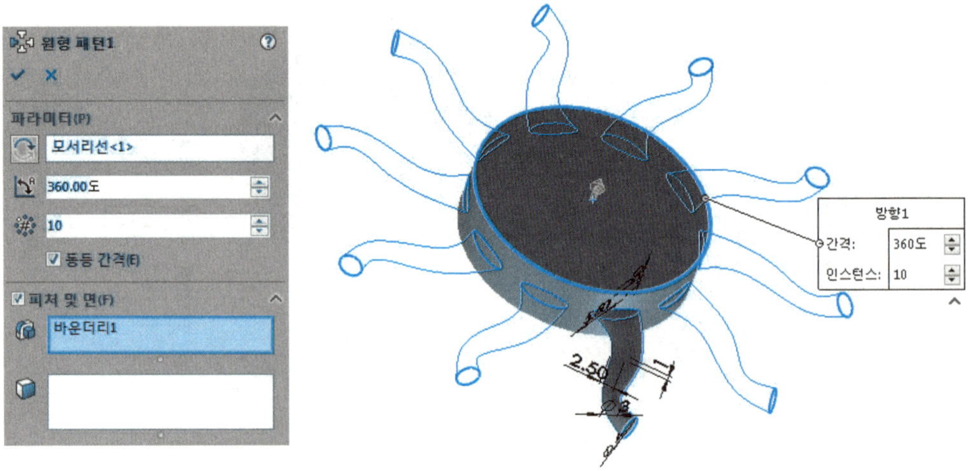

그림 1-3-35 10개의 바운더리 형상 원형 패턴

3-2-3-3 스포크 연결 돌출 링 형상 생성하기

생각하기 : 스포크 연결 돌출 링 형상은 어떻게 생성하면 좋을까?

자동차 휠은 림과 디스크로 구성되어 있다. 즉, 디스크에 림을 접합하는 형식이 대부분이다. 이러한 림과 디스크가 접합되는 링 부분을 스포크 연결 돌출 링이라 한 것이다. 그림 1-3-35를 보면 알 수 있듯이 바운더리 형상을 만들면 끝 부분이 곡선에 수직이므로 바운더리 형상의 끝 부분과 틈이 없이 생성하려면 일부분은 겹치게 그릴 수밖에 없다. 다행이도 3D CAD의 경우는 합집합에 의해 형상이 생성되므로 겹쳐지는 부분은 하나로 합쳐진 합집합의 형태로 형상이 생성된다. 이 특성을 이용하여 스포크 연결 돌출 링을 생성하면 깔끔하게 형상이 만들어진다.

수행 : 돌출 링 스케치

① 스케치 면을 정면으로 한다.

② 스케치 탭에서 원을 선택한다.

③ 그림 1-3-36과 같이 원의 지름을 각각 86과 92로 한다.

④ 스케치 완료를 한다.

수행 : 돌출 링 형상 만들기

① 피처 탭에서 돌출 보스/베이스를 선택한다.

② 방향1은 중간 평면으로 하고 돌출 깊이 10으로 입력한다.

③ 완료✔를 클릭한다.

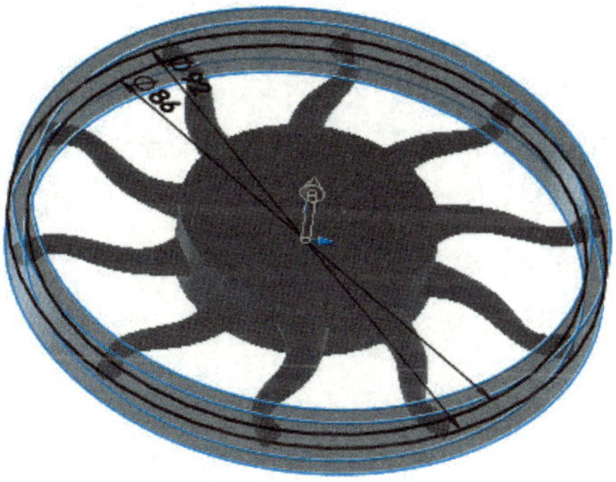

그림 1-3-36 스포크 연결 돌출 링 스케치 및 돌출 형상

3-2-3-4 림 모서리의 둥글기 형상 생성하기

수행 : 필렛 도구에 의한 림 모서리 둥근기 하기

① 형상 탭에서 필렛을 클릭한다.

② 다중 필렛 반지름을 체크하고 먼저 반지름 2 mm를 설정하고 해당 모서리를 클릭한다.

③ 다음은 반지름 2 mm를 설정하고 해당 모서리를 클릭한다(그림 1-3-37).

④ 확인 버튼을 누르고 둥글기 형상을 완료한다.

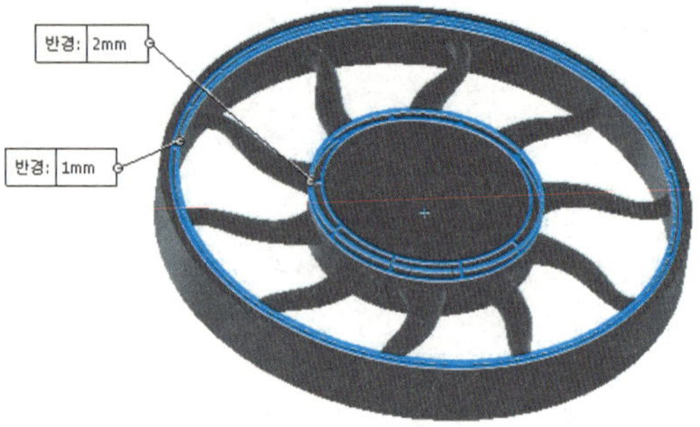

그림 1-3-37 다중 반경 둥글기 형상

3-2-3-5 기초 원기둥 부분의 요철 회전 컷 형상모델링

생각하기 : 기초 원기둥의 요철 회전 컷 형상모델링은 어떻게 해야 할까?

자동차 휠은 자동차 구동축과 연결하는 것을 볼트 체결로 한다. 따라서 육각 볼트 체결을 위한 자리가 구비되어 있어야 한다. 또한 이 부분은 대부분 오목 형태로 패여 있고 휠을 보호하고 깨끗한 이미지를 유지시켜주기 위해 상표 커버가 붙는 부분이기도 하다. 따라서 오목한 부분을 표현하기 위해서는 회전 컷 기능을 이용하여 형상모델링하면 된다. 물론 회전을 시키려면 중심선이 존재해야 한다.

수행 : 선 도구에 의한 단면 스케치하기

① 스케치 면을 윗면으로 선택한다.

② 회전을 위한 중심선을 선택하고 스케치한다.

③ 선을 선택하고 대강의 요철 모양을 스케치한다. 여기서는 정확한 치수보다는 모양을 보기 위한 것이기 때문에 적당히 해도 좋다.

④ 선과 선 사이의 각진 부분을 라운딩 준다.

⑤ 위에 그린 선과 같은 모양을 나타내기 위해 위의 선을 모두 선택한 후에 요소 옵셋을 선택한다.

⑥ 옵셋 값을 6.8로 한다.

⑦ 선을 선택하고 그림 1-3-38 (a)와 같이 바깥쪽의 컷될 부분을 선을 이용하여 폐곡선으로 스케치 한다.

⑧ 확인을 클릭한다.

수행 : 회전 컷 도구에 의한 단면 회전 컷하기

① 피처 탭에서 회전 컷 도구를 선택한다.

② 회전축은 중심선이고 방향1은 블라인드 형태로 360도로 설정한다.

③ 확인을 클릭하면 그림 1-3-38 (b)와 같이 회전 컷 형상이 완성된다.

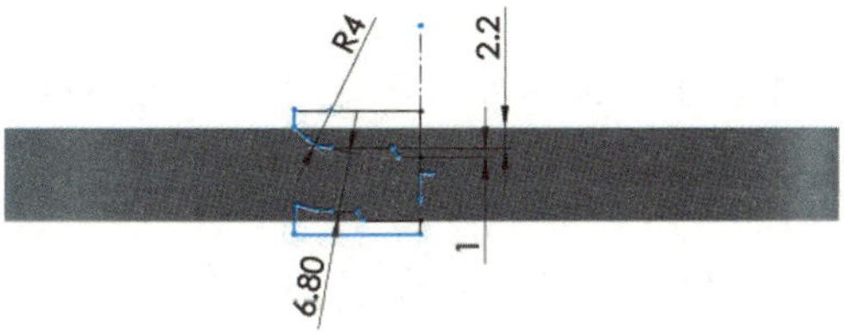

(a) 회전 단면 스케치

(b) 회전 컷

그림 1-3-38 기초 원기둥 가운데 부분의 회전 컷 형상

3-2-3-6 볼트 고정 구멍 형상모델링

(1) 기초 카운터 보어 형상 생성하기

수행 : 구멍가공마법사 사용하기

① 피처 탭에서 구멍가공마법사를 선택한다.

② 구멍가공마법사 구멍 스펙 창에서 구멍의 유형을 카운터 보어로 선택한다.

③ 구멍 스펙은 KS 규격을 따르고 볼트는 M3을 선택하며 마침 조건은 관통으로 설정한다.

④ 구멍가공마법사 구멍 위치 창에서 구멍의 배치는 기초 원기둥의 윗면으로 한다.

⑤ 구멍의 위치는 지능형 치수를 사용하여 윗면에서 카운터 보어 중심까지의 거리가 0 mm, 우측면에서 중심까지 거리가 10 mm가 되도록 치수 설정한다.

⑥ 완료✔를 클릭하여 형상을 완성한다.

(2) 5개의 원형 패턴 카운터 보어 형상 생성하기

수행 : 원형 패턴 도구에 의한 5개의 동일 각도 원형 패턴 구멍 만들기

① 형상 탭에서 선형 패턴 가운데 원형 패턴을 선택한다.

② 패턴 축은 바깥 링의 원통 모서리를 선택한다.

③ 그림 1-3-39와 같이 각도 360도, 인스턴스 수 5를 입력하고 동등 간격으로 한다.

④ 피처는 M3 카운터 보어로 선택한다.

⑤ 완료✔를 클릭한다.

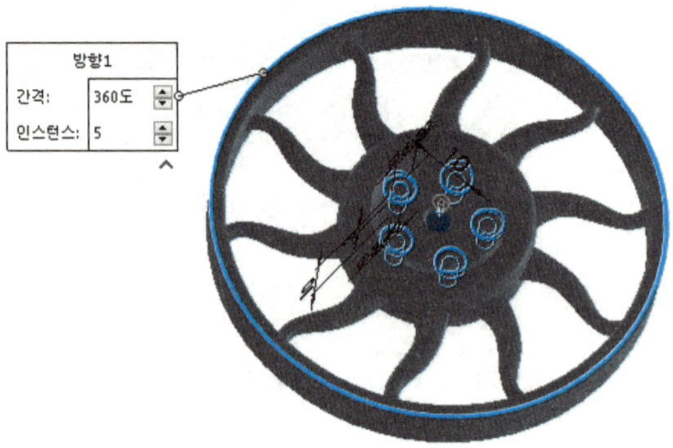

그림 1-3-39 5개의 카운터 보어 원형 패턴

3-2-3-7 링의 옆 구멍 생성하기

생각하기 : 링의 옆 구멍은 왜 생성하며 어떻게 생성할 것인가?

링의 옆 구멍은 바퀴 휠의 무게를 될 수 있는 대로 작게 하기 위해서이다. 그런데 링의 옆 구멍은 구면 위에 생성해야 하므로 구멍가공 마법사 또는 스케치에 의한 돌출 컷 기능을 사용하기 어렵다. 따라서 돌출 컷을 사용하기 위한 새로운 스케치 면이 필요하며 새로운 참조 기준면을 생성하고 그 이후에 기준면에 스케치를 이용하여 구멍을 생성해야 한다.

(1) 기초 옆 구멍형상 생성하기

수행 : 새로운 기준면 생성하기

① 형상 탭에서 참조 형상 가운데 기준면을 선택하고 그림 1-3-40 (a)와 같이 제1참조를 우측면으로 하고 거리를 50 mm로 한다.

② 완료✔를 클릭하면 형상이 완성된다.

수행 : 원 도구에 의한 기초 옆 구멍 생성하기

① 새로 생성한 기준면을 스케치 면으로 한다.

② 스케치 탭에서 원 도구를 클릭하고 기준면 원점에 중심이 일치하도록 지름 3mm인 원을 스케치 한다.

③ 스케치 완료한다.

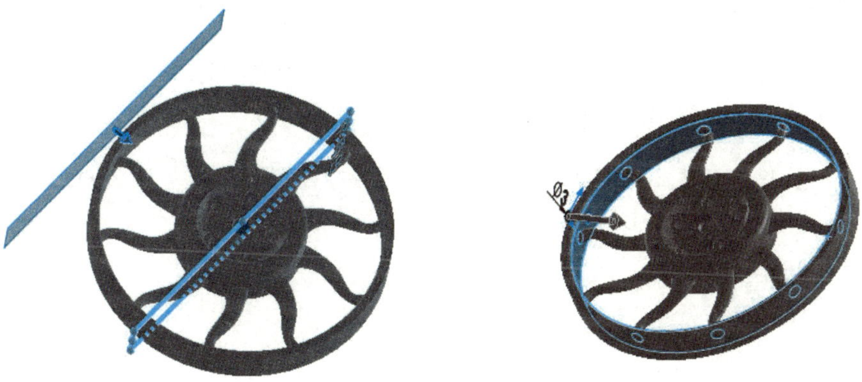

(a) 새로운 기준면 생성 모습　　(b) 돌출 컷 모습

그림 1-3-40 구멍 형상 모델링

수행 : 돌출 컷 도구에 의한 옆 구멍 돌출 컷하기

① 형상 탭에서 돌출 컷 도구를 선택한다.

② 방향 1은 “곡면까지”로 한다.

③ 면은 링의 내면을 클릭한다.

④ 완료✔를 클릭하면 그림 1-3-40 (b)와 같이 형상이 완성된다.

(2) 2개의 옆 구멍 원형 패턴형상 생성하기

생각하기 : 왜 하필이면 2개의 링의 옆 구멍 원 패턴 생성일까?

그림 1-3-40 (b)를 보면 스포크 사이의 공간이 넓다는 것을 알 수 있다. 림의 무게를 줄이기 위한 것과 동시에 미적인 부분도 만족할 수 있게 구멍을 뚫는 것으로 하고 한 번에 원형 패턴을 사용하여 원형 패턴 구멍을 생성하면 스포크 부분이 일부 절단되는 현상이 발생한다. 이를 방지하기 위해서는 스포크 부분을 제외하고 원형패턴 구멍을 생성해야 한다. 따라서 스포크와 스포크 사이에 들어갈 수 있는 구멍의 수가 2개이므로 혹은 3개이므로 2개의 원형 패턴 구멍을 먼저 생성하고 나중에 2개의 구멍 패턴을 또 다시 원형 패턴으로 생성하는 방법을 쓰기 위해서이다. 스포크의 개수가 10개이므로 스포크와 스포크 사이의 각도는 36이며 스포크와 2개의 구멍을 합쳐 36도가 되어야 하므로 구멍과 구멍 사이의 각도는 총 12도가 되어야 한다.

수행 : 원형 패턴 도구에 의한 2개의 동일 각도 원형 패턴 옆 구멍 만들기

① 형상 탭에서 선형 패턴 가운데 원형 패턴 도구를 선택한다.

② 패턴 축은 바깥 링의 원통 모서리를 선택한다.

③ 그림 1-3-41과 같이 각도 12도, 인스턴스 수 2를 입력하고 동등 간격으로 한다.

④ 피처는 돌출 컷 구멍으로 선택한다.

⑤ 완료✔를 클릭한다.

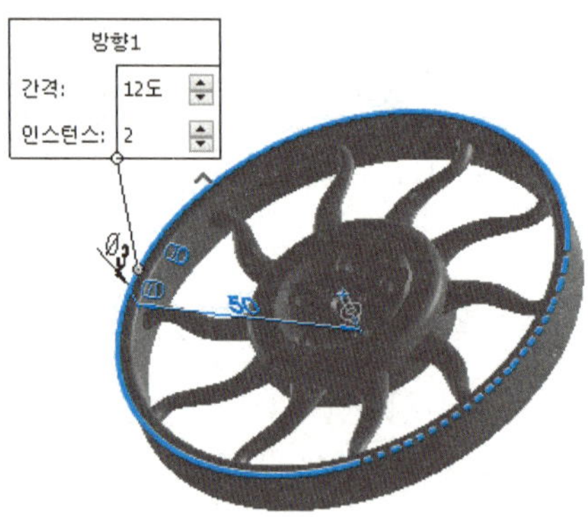

그림 1-3-41 2개의 구멍 원형 패턴 형상

(3) 2개 원형패턴 구멍에 의한 20개 원형패턴 구멍 생성

생각하기 : 2개의 원 패턴 구멍을 또 다시 원형 패턴으로 할 수 있을까?

결론부터 말하면 할 수 있다. 원형 패턴 생성 방법은 완전히 똑같다. 2개의 원 패턴 구멍을 원형 패턴의 피처로 지정하면 된다. 이제는 360도 회전해도 스포크에 겹치지 않게 할 수 있다.

수행 : 원형 패턴 도구에 의한 20개의 동일 각도 원형 패턴 옆 구멍 만들기

① 형상 탭에서 선형 패턴 가운데 원형 패턴 도구를 선택한다.

② 패턴 축은 바깥 림의 원통 모서리를 선택한다.

③ 그림 1-3-42와 같이 각도 360도, 인스턴스 수 10을 입력하고 동등 간격으로 한다.

④ 피처는 2개의 원형 패턴 구멍으로 선택한다.

⑤ 완료✔를 클릭한다.

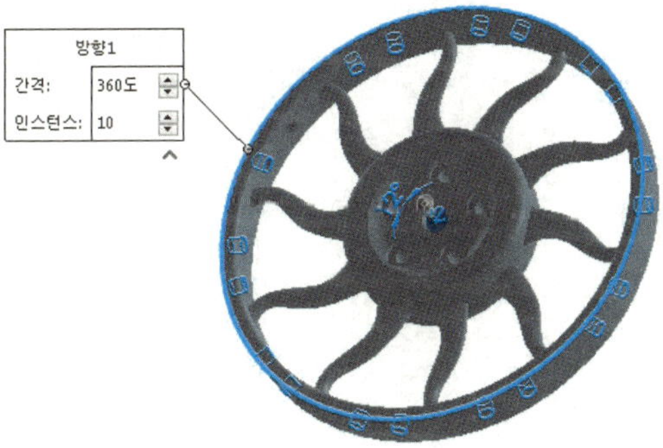

그림 1-3-42 20개의 구멍 원형 패턴

3-2-3-8 림의 재질 선택

생각하기 : 림의 재질은 어떻게 정하는지?

자동차 휠의 림의 재질은 되도록 가벼우며 코너를 돌때 회전력에 충분히 견딜 수 있는 알루미늄 합금이 주로 사용한다. 따라서 여기서는 알루미늄 합금 가운데 합금 주조의 201.0-T6 절연 주조를 사용하는 것으로 한다.

수행 : 림의 재질 설정하기

① 디자인 트리의 재질 항목에 커서를 갖고 간다.

② 마우스 오른쪽 버튼을 클릭하여 재질편집을 선택한다.

③ 알루미늄 합금에서 201.0-T6 절연 주조를 선택한다.

④ 적용을 클릭하고 닫기를 클릭하여 완료한다.

3-2-3-9 렌더링 하기

생각하기 : 렌더링이란 무엇이며 왜 하는가?

3차원 컴퓨터그래픽에서 화면에 그려지는 물체의 각 면에 색깔이나 효과를 넣어 입체감과 사실감을 주는 것을 말한다. 자동차 휠의 림의 재질은 정했는데 색상 및 광도의 효과를 넣어 실물과 거의 유사하게 나타내는 효과를 보기 위해서 한다.

수행 : 림의 요소 표현 편집하기

① 부품 편집 화면의 표현 편집()을 선택한다.

② 표현은 금속의 광택 알루미늄으로 선택한다.

③ 표현은 고급으로 하고 색상/이미지를 클릭하여 그림 1-3-43 (a)와 같이 색을 회색조로 한다.

④ 나타내고자 하는 회색조를 선택한다.

⑤ 그림 1-6-16 (a)와 같이 광도를 선택한다.

⑥ 그림 1-6-16 (a)와 같이 확산도, 반사도 및 반사율을 1로 설정한다.

⑦ 확인을 클릭하여 완료한다. 그림 1-3-43 (b)와 같이 렌더링 된다.

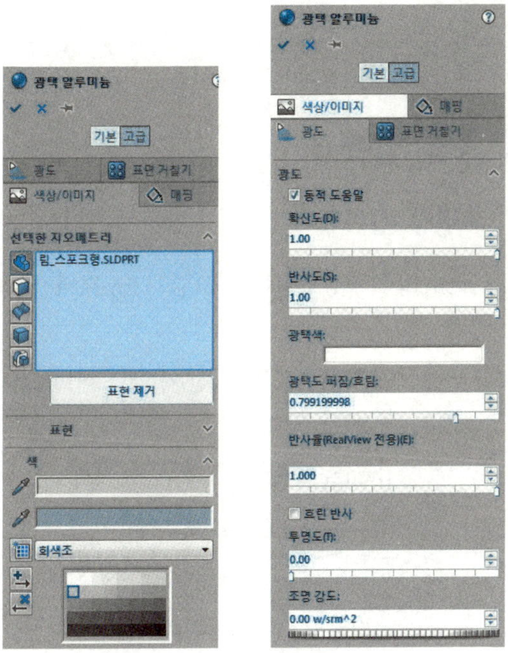

(a) 색상/이미지와 광도 설정 모습

(b) 렌더링 결과

그림 1-3-43 림의 렌더링 설정 및 결과 모습

3-2-3-10 저장하기

수행 : 최종 형상 저장하기

① 저장 도구( )에서 다른 이름으로 저장하기를 클릭한다.

② 저장할 디렉토리를 정하고 파일이름을 “림_스포크형”으로 한다.

③ 저장 버튼을 클릭한다.

3-3 학습 정리

3-3-1 스윕 형상모델링 종합 정리

3-3-1-1 일반 스윕형상 모델링 정리하기

① 학습 대상인 lug wrench의 형상모델링은 그림 1-3-44의 과정을 거쳐 형상모델링이 완성된다.

② 일반 스윕 형상은 스윕 경로(곡선 또는 직선)가 필요하며 스윕 경로에 수직인 평면에 대해 프로파일(스케치 형상)이 필요하다.

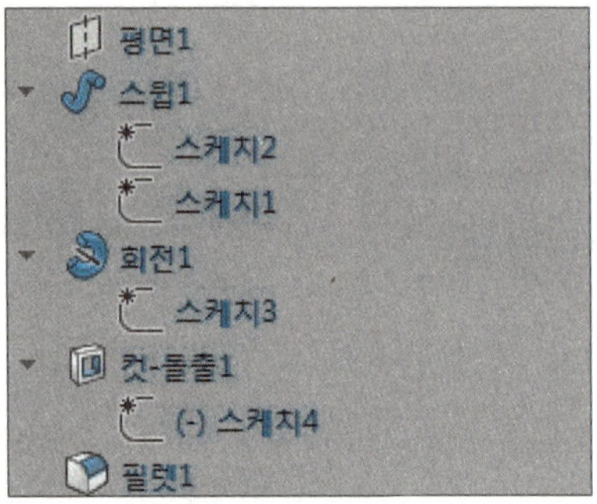

그림 1-3-44 헉습 대상인 lug wrench 형상모델링의 디자인 트리

3-3-1-2 나선형 스윕형상 모델링 정리하기

① 학습 대상인 리드 스크류의 형상모델링은 그림 1-3-45의 과정을 거쳐 형상모델링이 완성된다.

② 나선형 스윕 형상은 스윕 나선형 곡선 경로가 필요하며 스윕 경로에 수직인 평면에 대해 프로파일(스케치 형상)이 필요하다.

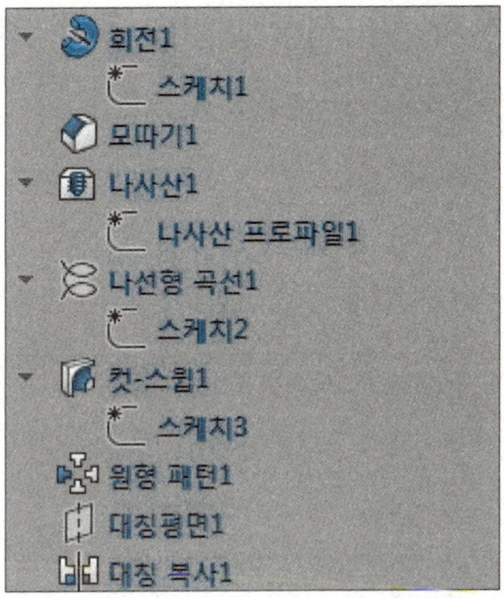

그림 1-3-45 학습 대상인 리드 스크류 형상모델링 이력

3-3-2 로프트 형상의 자동차 림 형상모델링 종합 정리

① 학습 대상인 림_블렌드형 형상모델링은 그림 1-3-46의 과정을 거쳐 형상모델링이 완성된다.

② 컷 로프트 형상은 2개 이상의 평면이 필요하며 두 평면에 서로 크기가 다른 형상을 스케치하고 로프트 형상 도구를 활용함으로써 완성된다.

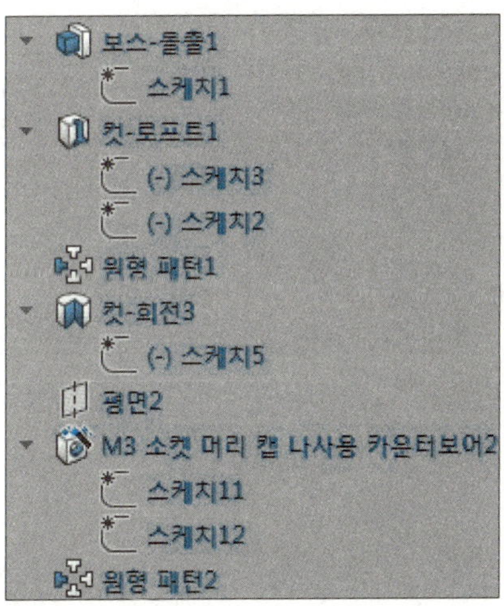

그림 1-3-46 학습 대상인 림_블렌드형 형상모델링의 생성 이력

3-3-3 바운더리 형상의 자동차 림 형상모델링 종합 정리

① 학습 대상인 림-스포크형 형상모델링은 그림 1-3-47의 과정을 거쳐 형상모델링이 완성된다.

② 바운더리 형상은 스윕 로프트 경로(곡선 또는 직선)가 필요하며, 경로에 수직인 2개 이상의 평면에 대한 스케치 형상 프로파일이 필요하다.

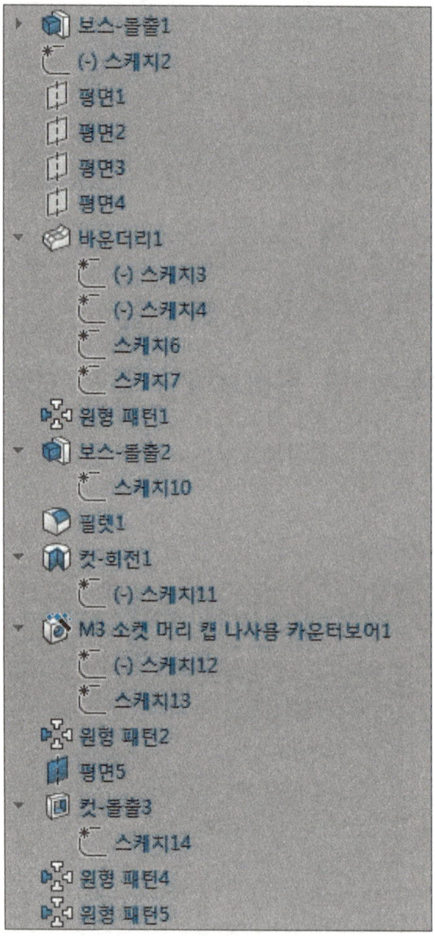

그림 1-3-47 학습 대상인 바운더리 형상모델링의 디자인 트리

3-4 자율 평가

지시 사항 :

앞에서 학습활동을 다 마친 후 다음 질문에 답하시오. 이 자율평가의 목적은 앞에서 익힌 특수 형상에 대해 형상 모델링 과정을 모두 숙지했는지를 확인하기 위함이다. 자기 스스로 평가 문제에 답하고 답안을 비교 평가해 봄으로써 본인의 부족한 점에 대해 파악하는 태도를 기르고 부족하다면 다른 사람의 도움을 받거나 본인 스스로 앞의 내용을 더욱 자세히 학습하는 자기주도 학습에 목적이 있다.

3-4-1 자율 평가 문제

자율평가 그림에 대해 30분 안에 다음 작업을 실시하라.

1. 형상모델링 작업

- 자율평가 그림 (a)는 로프트 형상이 포함되어 있으며 그림 (b)와 (c)가 로프트 단면의 치수를 나타낸 것으로 그림의 치수를 바탕으로 스케치 한다.
- 저장 파일 이름을 “커넥팅 로드”로 한다.

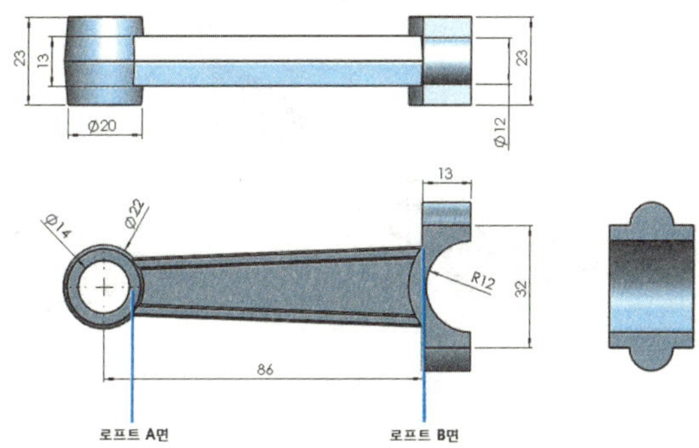

(a) 전체 외형의 치수

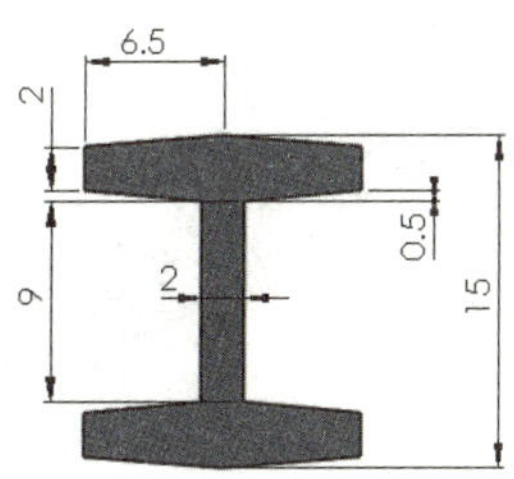

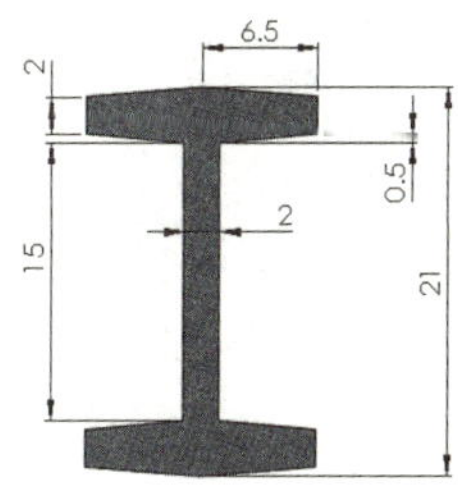

(b) 로프트 A면 치수 (c) 로프트 B면 치수

자율 평가 그림 커넥팅로드 형상 및 치수

3-4-2 자율평가 문제 답안

3-4-2-1 형상모델링 과정

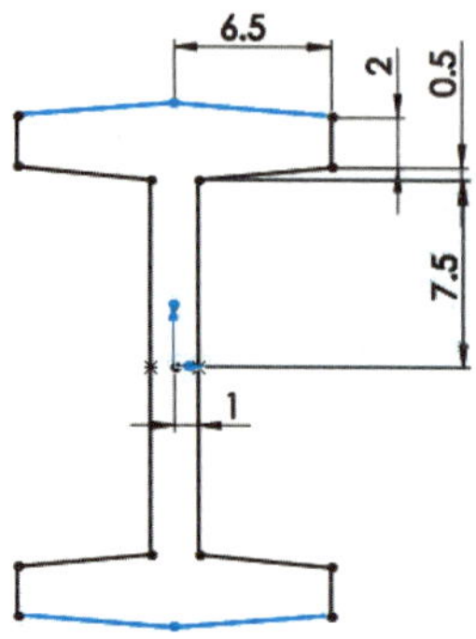

(a) 로프트1 스케치1

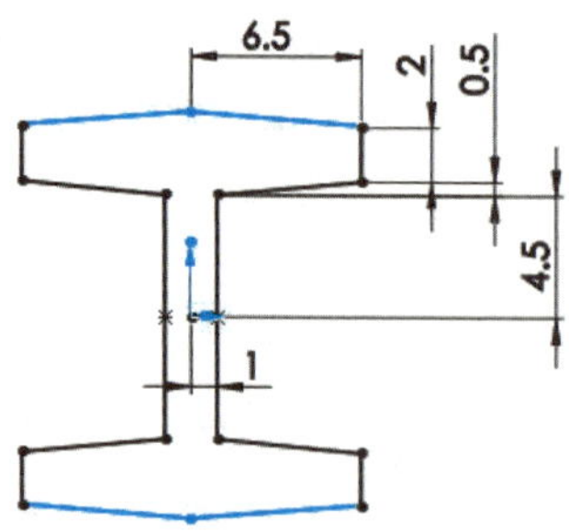

(b) 로프트1 스케치2

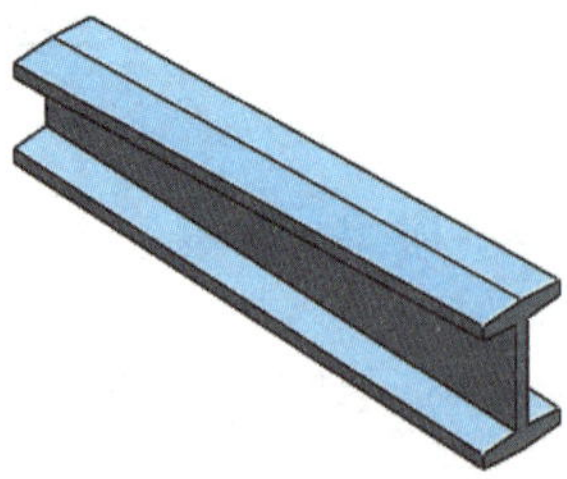

(c) 로프트 형상

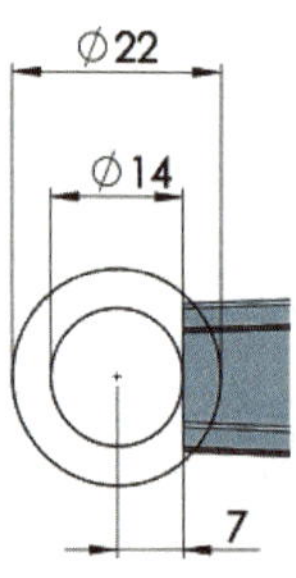

(d) 스케치3

(e) 보스-돌출1

(f) 모따기1 및 모따기2

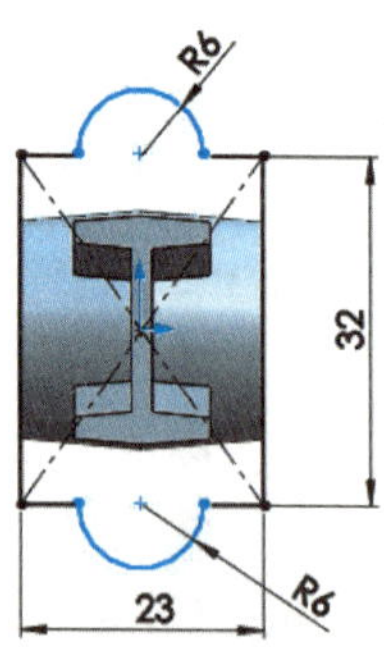

(g) 스케치4

(h) 보스-돌출2

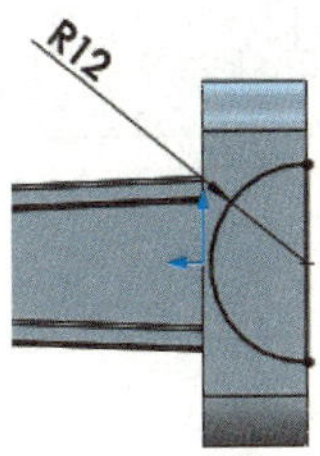

(i) 스케치5

(j) 컷-돌출1

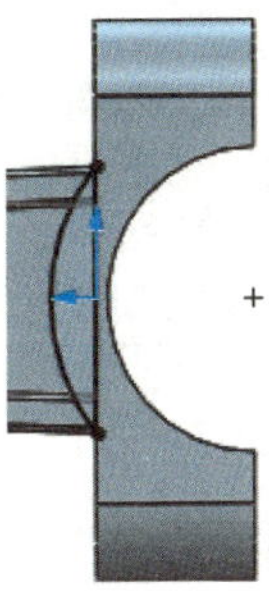

(k) 스케치6

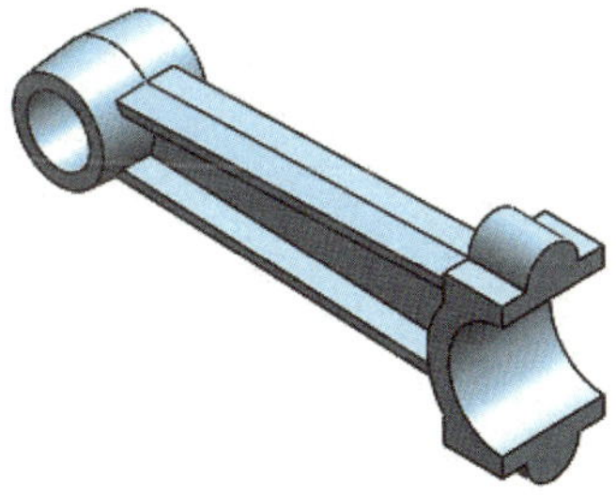

(l) 보스-돌출3

3-4-2-2 디자인 트리

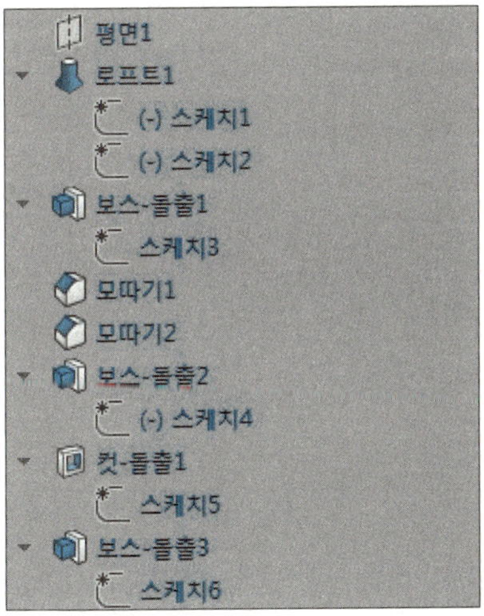

자율평가 결과 점검표

학습자 성명 :	평가 날짜 :
평가 제목 : 특수형상 형상모델링의 이해	

	성취 수준			
	이해하지 못했음	일부만 이해했음	완전히 이해했음	이해 반복수
로프트 형상모델링				
보스-돌출1 형상모델링				
모따기1 및 모따기2 형상모델링				
보스-돌출2 형상모델링				
컷-돌출1 형상모델링				
보스-돌출3 형상모델링				

[성취수준]
위의 모든 항목에 대해 "완전히 이해했음", 즉 이해도 100%로 답하여야 합니다. 만일 "이해하지 못했음" 또는 "일부만 이해했음"에 답을 했다면 앞에서 학습한 내용을 다시 한 번 확인 하시고 몇 번 만에 이해하였는지를 체크하십시오.

CHAPTER 2

이해편 2

기계부품 투상도 작성의 이해

1. 표준 3도 작성의 이해
2. 2면도 작성의 이해
3. 보조 투상도와 국부 투상도 작성의 이해

학습 개요

3차원 입체인 물체를 2차원 평면인 도면에 나타내는 방법에 투상법이 있다. 제도에서 형상을 2차원 도면으로 표현할 때 KS 규격에 투상법으로 표현하는 방법이 규정되어 있다. 주로 사용하는 표현 방법은 3각법(third angle projection)이며, 제작도면의 경우는 표준 3도 이외에 가공하는데 빠른 이해를 위해 일면도, 2면도 및 보조 투상도 등을 이용하고 있다. 따라서 2차원적인 투상도를 해독하고 기계부품 모델링뿐만 아니라 표준 3도, 2면도 및 보조 투상도 작성법을 숙지한다.

학습 목표

본 학습을 마친 학습자는 기계관련 제품 설계에서

- 기계부품도의 3각법을 이해하여 부품 형상모델링과 도면의 표준 3도 작성을 할 수 있으며 그 과정을 설명 할 수 있다.
- 기계부품도의 2면도법을 이해하고 부품 형상모델링과 도면의 2면도 작성을 할 수 있으며 그 과정을 설명 할 수 있다.
- 기계부품도의 보조 투상도 및 국부 투상도를 이해하고 부품 형상모델링과 도면의 보조 투상도 및 국부 투상도 작성을 할 수 있으며 그 과정을 설명 할 수 있다.

학습 성과와 수행 준거

(1) KS 규격을 이해하고 도면 작성에 활용할 수 있는 능력

✓ KS 공차 규정을 표준 3도, 2면도 및 보조투상도 작성에 응용할 수 있다.

(2) 기계 형상을 설계하기 위해 CAD 도구를 활용할 수 있는 능력

✓ 표준 3도, 2면도 및 보조투상도 작성을 위해 CAD의 도면 작성 도구를 활용할 수 있다.

(3) 다양한 CAD 도구 이해에 의한 형상 설계 과정을 설명할 수 있는 능력

✓ 기계부품도에서 투상도 작성에 대해 충분히 이해하고 작성 과정을 명확히 설명할 수 있다.

(4) 자기계발의 필요성을 인식하고 지속적이며 자기 주도적으로 학습할 수 있는 능력

✓ 자기 주도적으로 학습한 것을 바탕으로 자율 평가문제를 스스로 평가하고 판단하여 자신의 부족한 점을 파악하고 보충함으로써 자기 스스로 발전성을 추구할 수 있다.

1 표준 3도 작성의 이해

1-1 학습 준비

1-1-1 학습 대상

부품의 3각법에 의한 표준 3도를 작성하기 위해서는 3각법을 이해하고 나서 부품을 모델링하는 것부터 시작해야 한다. 부품의 형상모델은 3차원 형상이고, 도면은 2차원 형상이므로 2차원 형상에서 3차원적인 형상을 추론하는 능력을 갖추어야 3차원 형상을 정확히 이해할 수 있다. 따라서 그림 2-1-1의 3가지 3차원 형상의 2차원 도면(그림 2-1-2)을 이해하고 나서 3차원 형상을 모델링하고 반대로 3차원 형상모델을 표준 3도로 작성하기로 한다.

(a) 부품1　　(b) 부품2　　(c) 부품3

그림 2-1-1 대상 부품

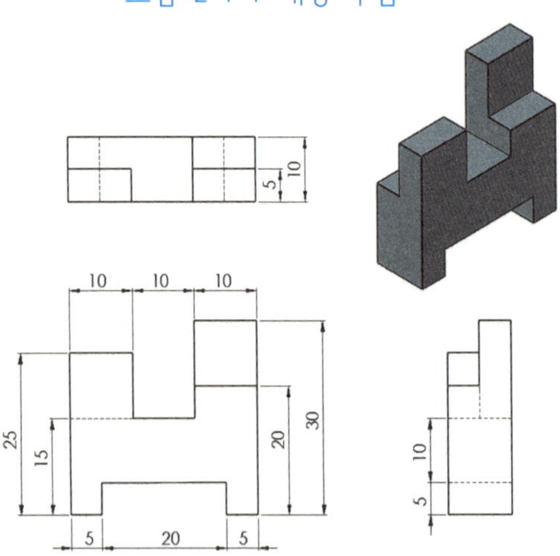

(a) 부품1의 표준 3도

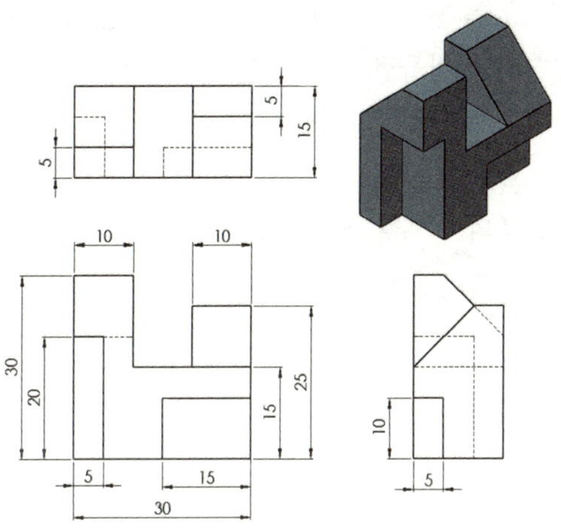

(b) 부품2의 표준 3도

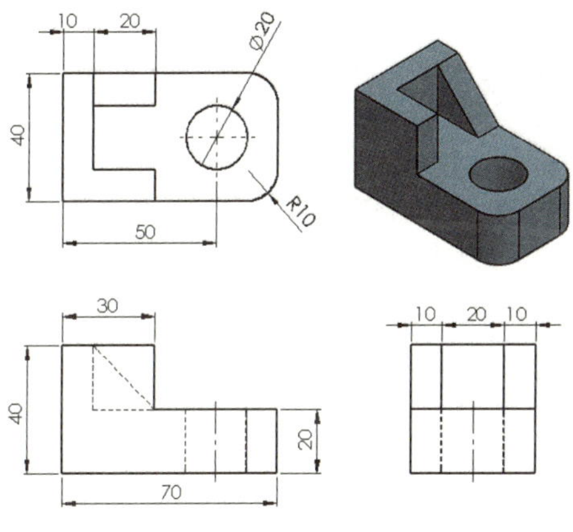

(c) 부품3의 표준 3도

그림 2-1-2 3가지 부품의 표준 3도

1-1-2 관련 지식

1-1-2-1 3각법에 대해

대상물의 도형을 표시할 때 그림 2-1-3 (a)와 같이 대상물을 3상한에 두고 투상하는 방식으로 투상면의 뒤쪽에 물품을 배치하는 경우를 말한다. 3각법(third angle projection)은 "Method A"(American method)"라 하여 미국을 중심으로 보급되었고 그림

2-1-3 (b)와 같이 정면도(a)를 중심으로 하여 아래쪽 저면도(e), 위쪽에는 평면도(b), 오른쪽에는 우측면도(d), 왼쪽에는 좌측면도(c)를 배열하고, 배면도(f)는 형편에 따라 왼쪽 또는 오른쪽에 두는 방법이다. KS규격에는 기계도면은 "제 3각법"에 따른다고 되어 있다. 제 3각법의 장점은 다음과 같다.

① 도면에서 곧바로 물품의 모양을 알 수 있다.

② 도면을 보기 쉽다.

③ 제작상 틀림없다.

④ 보조 투상도, 국부 투상도를 그리는데 편리하다.

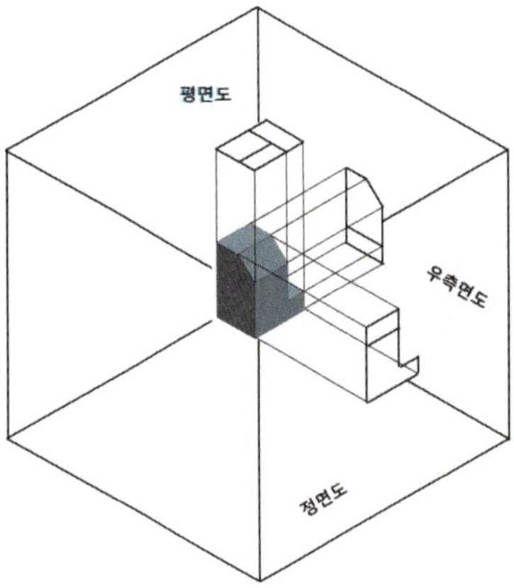

(a) 투상 방식

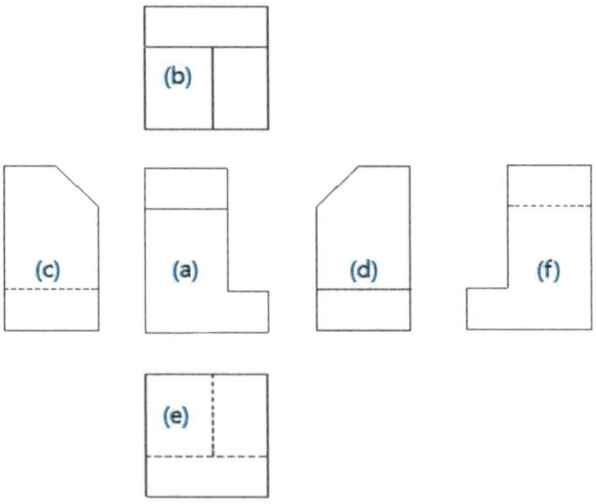

(b) 3각법에 의한 배치

그림 2-1-3 3각법으로 표시된 부품의 도형

1-1-2-2 도형의 표시원칙

① 물체는 가능한 자연, 안정, 사용의 상태로 표시한다.

② 물체의 주요 면은 가능한 투상면에 나란하거나 수직으로 표시한다.

③ 물체의 모양이나 특징을 가장 뚜렷이 나타내는 면을 선택하고 이것을 기본으로 하여 평면도, 우측면도, 좌측면도 등을 그린다.

④ 서로 관련되는 그림의 배치는 가능한 숨은선을 사용 않도록 하며 다만 비교적 대조하기가 불편한 경우에는 이에 따르지 않아도 좋다.

⑤ 제작도는 그 물체에서 가장 가공량이 많은 공정을 기준으로 하며 가공할 때 놓여지는 상태와 같은 방향으로 물체를 놓고 그리는 것이 좋다.

⑥ 일부분의 모양만을 도시하여도 충분한 경우에는 그 필요한 부분만을 그려도 좋다.

1-1-2-3 투상도의 선택기준

도면에서는 투상도를 이용하여 물품(대상물)의 형상을 표시하는데, 도면의 정보 전달의 매체라고 한다면 모든 작업자가 도면을 정확히 이해하기 위해 일정한 규정을 통하여 도형을 도면에 표시하고 있다.

(1) 정면도

- 물체의 특징 있는 모양을 가장 잘 나타내는 그림
- 물체의 모양을 판단하기 쉬운 그림
- 숨은선이 적은 그림

(2) 보충도

좌측면도, 우측면도, 평면도, 저면도 등의 보충도에 있어서는

- 숨은선이 적은 그림
- 원칙적으로 정면도의 위쪽의 그림(평면도) 또는 오른쪽의 그림(우측면도)

(3) 2면도의 선택기준

정면도와 평면도 또는 측면도 중에 어떤 것이든 좋을 때는

- 모양을 이해하기 쉬운 그림
- 배치(도면의 균형, 공간)가 좋은 그림

(4) 원형의 투상도

벨트차, 롤링베어링, 기어 등의 원형 투상도(축 방향에서 본 그림)는 특수한 경우 이외에는 가능하면 정면도로 선택하지 않는다.

1-1-3 CAD 관련 사항 검토하기

1-1-3-1 도면 작성 도구

(1) 도면의 Command Manager 탭

도면 작성과 관련된 Command Manager 탭은 크게 뷰 레이아웃 탭, 주석 탭, 스케치 탭이다. 그림 2-1-4의 3가지 도면작성에 관련된 Command Manager 탭을 나타내었다.

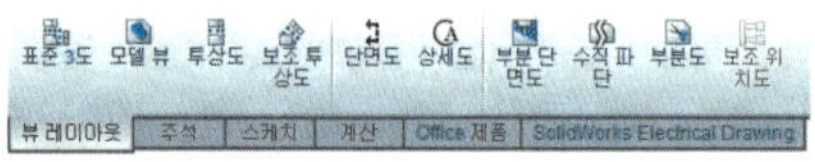

(a) 뷰 레이아웃 탭

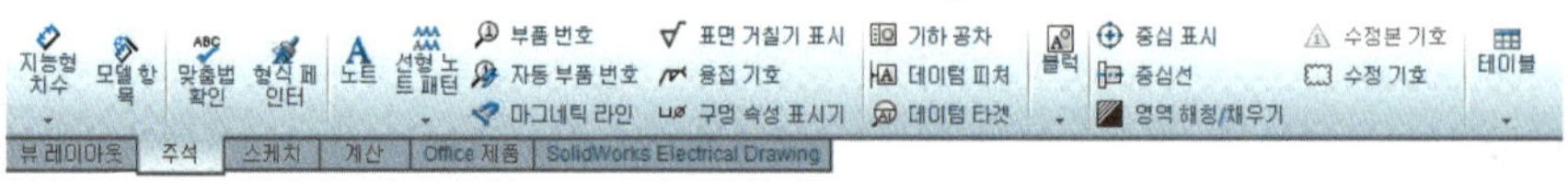

(b) 주석 탭

(c) 스케치 탭

그림 2-1-4 Command Manager 탭

이들 중 뷰 레이아웃의 Command Manager 탭에 대한 설명은 표 2-1-1에 나타낸다. 앞으로 이 뷰 레이아웃을 자유롭게 사용할 수 있도록 하는 것이 도면을 능숙하게 다룰 수 있는 지름길이다.

표 2-1-1 도면의 뷰 레이아웃 Command Manager 탭

도구	명칭	내용
	표준 3도	표준3도나 정사 투영도를 생성한다.
	모델 뷰	기존 파트나 어셈블리의 뷰를 기준으로 정사 투영도나 명명도를 도면에 추가한다.
	투상도	기존의 뷰에서 새로운 뷰를 투영한 뷰를 삽입한다.
	보조 투상도	기존 뷰의 경사면에서 새 뷰를 투영하여 뷰를 삽입한다.
	단면도	모체 뷰를 절단선으로 잘라 단면도, 경사단면도, 반단면도를 삽입한다.
	상세도	뷰의 일부를 크게 확대한 상세도를 삽입한다.
	부분단면도	모델 일부의 내부를 자세히 보여주는 단면도를 삽입한다.
	수직 파단	선택한 뷰에 수직파단선을 추가한다.
	부분도	뷰의 일부분을 나타낸다.

(2) 도면의 작업화면

도면의 작업 화면은 그림 2-1-5와 같다. 작업은 파트나 어셈블리와 다르게 출력 용지의 크기에 따른 사이즈가 정해진 영역 안에서 이루어지도록 해야 한다는 것이다. 그 외에는 파트나 어셈블리의 도구상자와 피처 매니저 디자인 트리의 내용이 다르다는 것이다.

① 도면 작성 도구바

그림 2-1-6의 도면작성 도구바는 생성된 하나 이상의 부품 또는 조립 형상에 대해 도면을 작성할 수 있다. 이러한 도면 작성에 사용되는 도구들을 모아 놓은 곳이다. 도구의 사용방법에 대해서는 도면 작성을 참조하기 바란다.

② 피처 매니저 디자인 트리

그림 2-1-6의 피처 매니저 디자인 트리는 부품도면 작성 순서에 따른 모델의 구조를 나타낸다. 즉, 이 피처 매니저 디자인 트리를 보면 부품도면 작성이 어떻게 생성되었는지 부품도면 작성 이력을 알 수 있다.

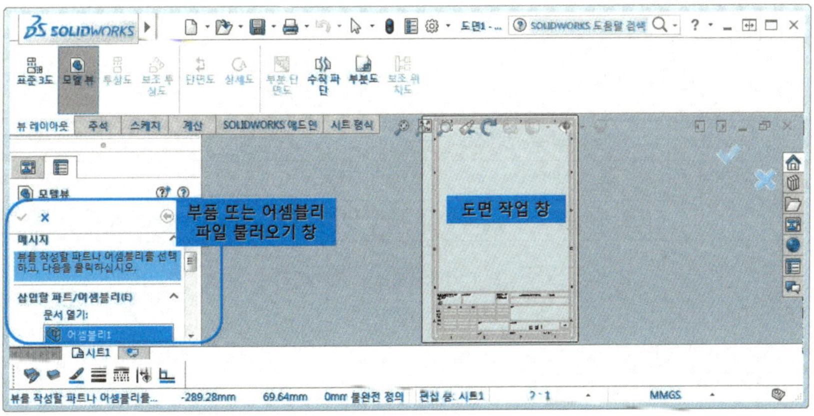

그림 2-1-5 도면 작업창

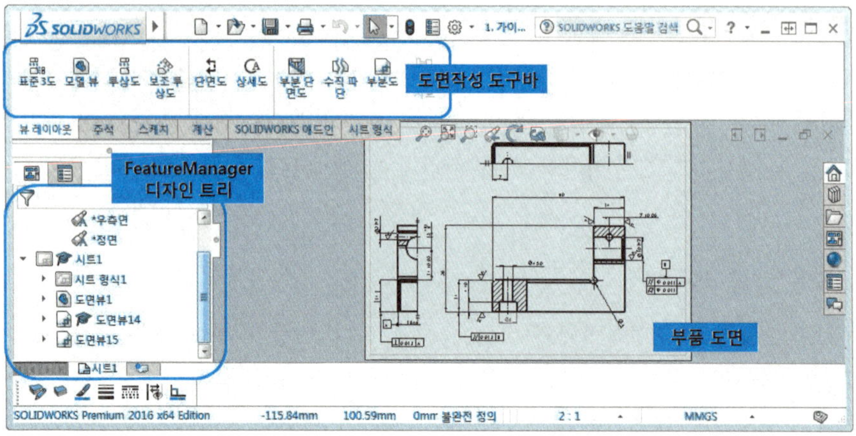

그림 2-1-7 도면 작성 작업화면

1-1-3-2 도면의 새로운 표제란

본 학습에서는 그림 2-1-8과 같은 표제란을 작업 도면의 크기를 A4 가로 양식 크기에 맞춰 도면 작성할 때 사용하는 것으로 한다. 만드는 과정에 대해서는 부록 3에 서술하였으니 참조하기 바란다.

도번	투상법	부품 명칭	작성		저장	
001	3각법	**********	이름	???	날자	0000.00.00
작업 명칭			날자	0000.00.00	소속 명칭	

그림 2-1-8 새로운 표제란의 모습

1-2 학습 활동

1-2-1 부품1의 형상모델링 및 표준 3도 작성

1-2-1-1 부품1의 형상모델링

(1) 정면도 기반 기초형상 모델링

생각하기 : 정면도기반 기초형상은 무엇을 의미할까?

도면에서 정면도는 3D 부품의 정면에서 바라본 단면 도형을 말하며, KS 규격에 따르면 정면도의 도형은 3D 부품의 가장 많은 정보를 담고 있는 단면 도형이다. 그러므로 도면을 보고 3D 부품을 생성하고자 하면 우선적으로 정면도부터 보고 그림 2-1-9의 ①과 같이 기본적인 형체의 단면을 생각해야 한다.

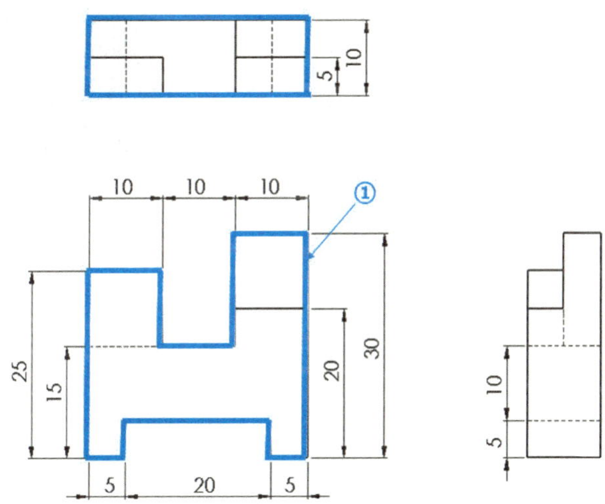

그림 2-1-9 ① 부분 노형 단면 및 깊이

수행 : 선 도구에 의한 단면 형상 스케치하기

① 풀다운 메뉴에서 새로 만들기 아이콘을 선택한다.

② 기본 모듈 가운데 파트를 선택한다.

③ 기준 평면을 정면으로 하고 스케치를 클릭한다.

④ 스케치를 위한 스케치 실행을 클릭한다.

⑤ 선 도구(/)를 클릭한다.

⑥ 직선으로 그림 2-1-9의 정면 단면을 그리고 치수를 정의한다. 즉, 그림 2-1-10 (a)와 같이 스케치한다.

수행 : 돌출 보스/베이스 도구에 의한 형상 단면 돌출하기

① 피처 탭을 클릭한다.

② 피처 탭에서 돌출 보스/베이스 도구( )를 선택한다.

③ 속성 창에서 방향1을 "블라인드 형태"로 하고 돌출 깊이는 10으로 한다.

④ 완료✔를 클릭하여 그림 2-1-10 (b)와 같은 형상을 완성한다.

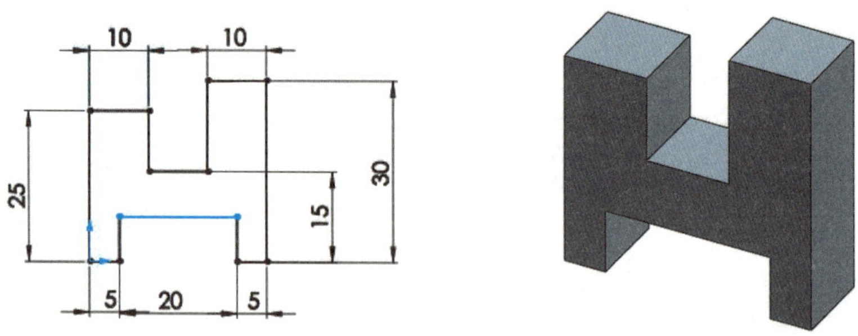

(a) 단면 스케치 (b) 스케치 단면 돌출 결과

그림 2-1-10 기초 형상 모델링

(2) 정면도에서 중간 실선으로 표현된 부분 형상 모델링

생각하기 : 정면도에서 중간 부분 도형에 대한 형상모델링은 어떻게 해야 할까?

도면의 정면도에서 우측 돌기 중간 부분의 실선 부분을 3D 형체로 나타내기 위해서는 평면도와 우측면도를 참조해야 한다. 즉, 평면도를 보면 중간이 실선으로 표현되었고 우측면도를 보면 중간 부분까지 형상이 5 mm 깊이로 컷된 것을 알 수 있다. 따라서 중간까지 형상을 컷하기 위해서는 솔리드의 특징에서 알 수 있듯이 폐쇄 도형, 즉 사각형으로 스케치하고 돌출 컷을 시켜야 한다는 것이다. 다시 말하면 그림 2-1-11의 ②에 해당하는 부분이다

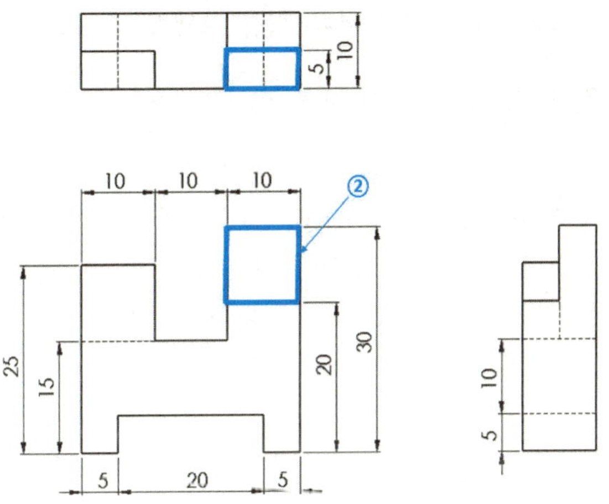

그림 2-1-11 ② 부분 도형 단면 및 깊이

수행 : 코너 직사각형 도구에 의한 사각형 단면 스케치하기

① 돌출 컷할 스케치 면을 그림 3의 오른쪽 돌출 정면으로 설정한다.

② 스케치 탭에서 코너 직사각형을 선택하고 그림 2-1-12 (a)와 같이 스케치 하고 치수를 정의한다.

③ 스케치를 완료한다.

수행 : 돌출 컷 도구에 의한 사각형 단면 돌출하기

① 피처 탭으로 가서 돌출 컷을 선택한다.

② 속성 창에서 방향1을 "블라인드 형태"로 하고 깊이를 5 mm로 한다.

③ 완료✔를 클릭하여 그림 2-1-12 (b)와 같이 형상을 완성한다.

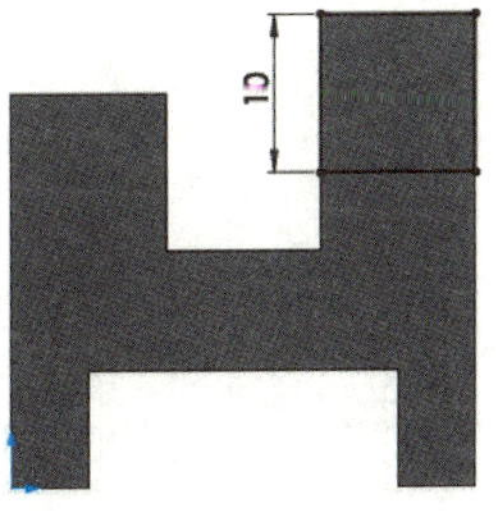

(a) 컷 단면 스케치

(b) 돌출 컷 결과

그림 2-1-12 ② 부분 돌출 컷 형상모델링

(3) 정면도에서 중간 점선으로 표현된 부분 형상 모델링

생각하기 : 중간점선 부분 도형에 대한 형상모델링은 어떻게 해야 할까?

도면의 정면도에서 좌측 돌기 중간 부분의 점선 부분을 3D 형체로 나타내기 위해서는 평면도와 우측면도를 참조해야 한다. 즉, 평면도를 보면 중간이 실선으로 표현되었고 우측면도를 보면 중간 부분까지 뒷 부분 형상이 컷된 것을 알 수 있다. 따라서 이것 역시 중간까지 형상을 컷하기 위해서는 사각형으로 스케치하고 돌출 컷을 시켜야 한다는 것이다. 다시 말하면 그림 2-1-13의 ③에 해당하는 부분이다.

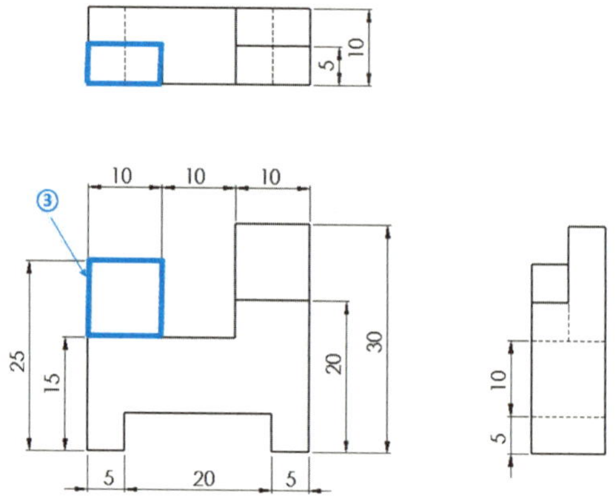

그림 2-1-13 ③ 부분 도형 단면 및 깊이

수행 : 코너 사각형 도구에 의한 사각형 단면 스케치하기

① 돌출 컷할 스케치 면을 그림 2-1-12 (b)의 왼쪽 돌출 정면 뒤쪽 면으로 설정한다.

② 스케치 탭에서 코너 직사각형을 선택하고 그림 2-1-14 (a)와 같이 스케치 하고 치수를 정의한다.

③ 스케치를 완료한다.

수행 : 돌출 컷 도구에 의한 사각형 단면 컷 돌출하기

① 피처 탭으로 가서 돌출 컷을 선택한다.

② 속성 창에서 방향1을 "블라인드 형태"로 하고 깊이를 5로 한다.

③ 완료✔를 클릭하여 그림 2-1-14 (b)와 같이 형상을 완성한다.

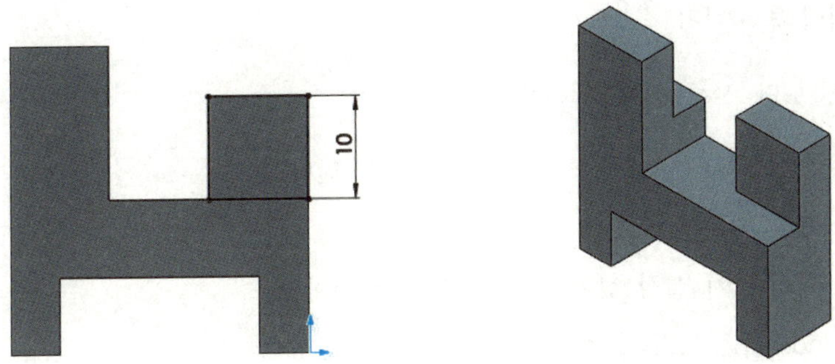

(a) 컷 단면 스케치 (b) 돌출 컷 결과

그림 2-1-14 ③ 부분 돌출 컷 형상모델링

(4) 저장하기

수행 : 최종 형상 저장하기

① 저장 도구( )에서 다른 이름으로 저장하기를 클릭한다.

② 저장할 디렉토리를 정하고 파일이름을 "부품1"으로 한다.

③ 저장 버튼을 클릭한다.

1-2-1-2 부품1의 표준 3도 작성하기

생각하기 : 표준 3도에서 정면도는 어떻게 정해질까?

부품1을 A4 도면양식에 3각법에 의한 표준 3도, 즉 정면도, 우측면도, 평면도가 SolidWorks에서는 자동적으로 작성된다. 그런데 여기서 정면도는 어느 면이 될까라는 의문은 있을 것이다. 그것은 SolidWorks에서 파트 작성할 때 작업 기준면을 처음에 어디로 했느냐에 따라 정해진다. 즉, 정면을 스케치 면으로 했으면 정면도가 표준 3도에서도 정면도로, 처음에 우측면을 스케치 면으로 했으면 우측면도가 표준 3도에서 정면도로 되는 것이다. 따라서 처음에 스케치 면을 잘 선택하는 것도 중요하다.

(1) 도면 작성 준비하기

수행 : 도면 작성 화면 들어가기

① 풀다운 메뉴에서 새로 만들기 아이콘을 선택한다.

② 기본 모듈 가운데 도면을 선택한다.

③ 시트 형식/크기 설정 창에서 찾아보기를 클릭한다.

④ a4-landscape.slddrt를 설정하고 열기를 한다.

⑤ 확인을 클릭한다.

(2) 표제란 삭제하기

생각하기 : 표제란 삭제는 왜 하는가?

새로운 표제란을 넣기 위해서는 기본으로 주어지는 표제란은 삭제하여야 한다. 새로운 표제란은 도면 작성 마지막에 넣기로 한다.

수행 : 시트 편집하기

① 도면 Management 탭에서 시트형식을 선택한다.

② 시트형식 탭에서 시트 편집을 선택한다.

③ 표제란 부분을 그림 2-1-15와 같이 마우스로 전체 드래그 하여 삭제 영역을 정하고 키보드의 삭제 버튼을 클릭한다.

④ 확인을 클릭한다.

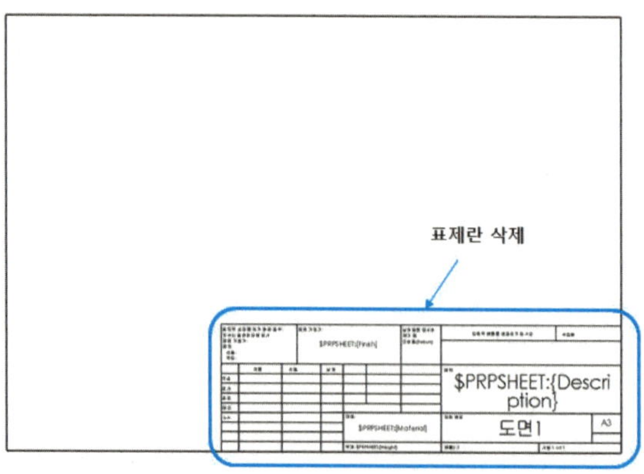

그림 2-1-15 표제란 삭제를 위한 전체 표제란 영역 설정 예

(3) 표준 3도 표현하기

생각하기 : 표준 3도 작성을 위해 부품은 어떻게 불러와야 할까?

SolidWorks에서는 기계제도 KS규격에 의한 제 3각법의 표준 3도, 즉 정면도, 평면도, 우측면도가 기본적으로 나타낼 수 있도록 "표준 3도"라는 도구가 있다. 이것을 이용하여 표준 3도를 나타내지만 이 때 대상 부품은 어떻게 불러와야 할지 처음에는 고민스러울 것이다. 그러나 매우 간단하다. 표준 3도의 문서 열기에서 해당 파일을 더블 클릭하거나 "찾아보기"에서 부품 폴더에 가서 해당 부품 파일을 클릭하여 파일을 열면 된다.

수행 : 표준 3도 도구 사용하기

① 뷰 레이아웃에서 표준 3도()를 클릭한다.

② 문서열기가 나타나며 여기서 형상 모델링한 "부품1"이 있으면 이것에 대해 더블 클릭을 하여 파일 열기를 한다. 만일 없을 경우는 "찾아보기"에서 해당 부품이 있는 파일 폴더에 가서 해당 부품을 클릭하여 파일을 열면 된다.

③ 자동적으로 정면도, 평면도, 우측면도의 표준 3도가 그림 2-1-16과 같이 생성된다.

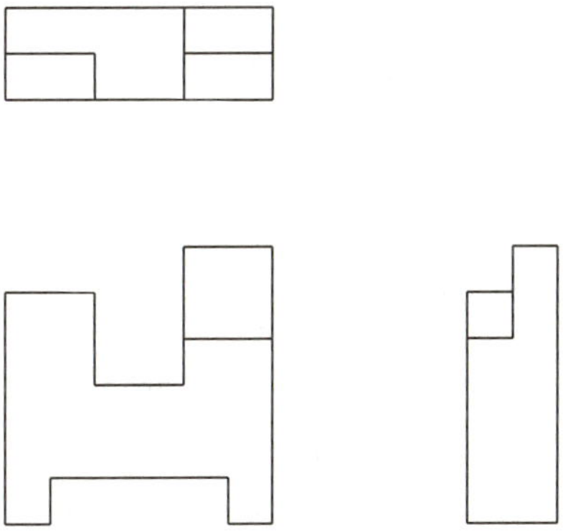

그림 2-1-16 표준 3도 생성 모습

(4) 표준 3도의 숨은선 나타내기

생각하기 : 표준 3도의 숨은선이란 무엇인가?

표준 3도를 자동적으로 나타내면 전체적인 도면에서 투영도의 외형만 나타내므로 그림 2-1-16과 같이 숨은선이 나타나지 않도록 디폴트 되어 있다. 따라서 보이지 않는 선을 나타낼 필요가 있는데 이것을 숨은선이라 한다.

수행 : 은선 표시 편집하기

① Feature Manager 디자인트리에서 도면뷰1에 커서를 데고 마우스 오른쪽 버튼을 클릭한다.

② 피처 편집을 클릭한다.

③ 피처 편집의 표시 유형에서 은선 표시( )를 클릭한다.

④ 그림 2-1-17과 같이 숨은선(은선)이 모두 나타나면 확인을 클릭한다.

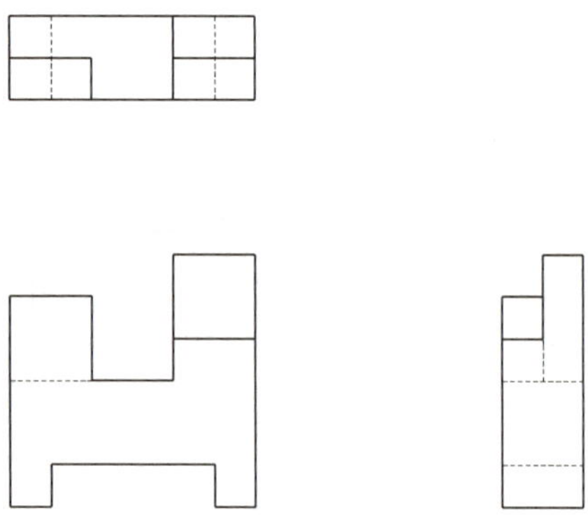

그림 2-1-17 숨은선 나타낸 모습

(5) 표준 3도 정리하기

생각하기 : 표준 3도 정리란 무엇인가?

표준 3도를 자동적으로 나타내면 전체적인 도면에서의 균형 또는 크기가 맞지 않는 경우가 많다. 따라서 표준 3도를 적절한 위치에 배치하거나 크기를 조절하는 것을 표준 3도 정리라 할 수 있다. 보통 표준 3도에서는 시트의 크기에 맞춰 도형의 크기가 설정되므로 크기에 신경을 쓰지 않아도 된다.

수행 : 표준 3도의 재배치 및 도면뷰 배율 정하기

① Feature Manager 디자인트리에서 도면뷰1에 커서를 데고 마우스 오른쪽 버튼을 클릭하여 피처 편집을 설정한다.

② 정면도, 평면도 및 우측면도에 커서를 근처에 갖고 가면 포인터( ) 마크가 나타나는데 이 때 포인터를 클릭하고 원하는 곳으로 커서를 움직이면 이동하며 그림 2-1-18 (a)와 같이 배치한다.

③ 도면뷰의 크기가 도면 시트 전체에 알맞은지 체크하여 그림 2-1-18 (b)와 같이 사용자 배율 사용을 체크하고 사용자 정의 배율을 선택하여 배율을 1.5:1로 정한다.

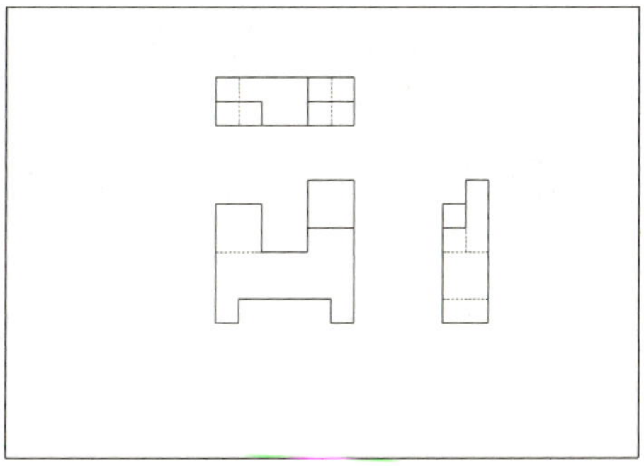

(a) 재배치한 표준 3도

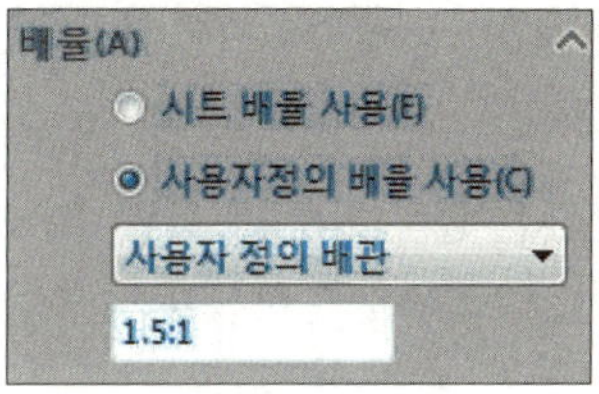

(b) 도면뷰 배율

그림 2-1-18 표준 3도 정리

(6) 치수 기입하기

생각하기 : 치수 기입은 어떻게 작성하는가?

도면에는 일반적으로 완성된 물체의 치수를 기입한다. 치수의 단위에는 길이와 각도가 있다. 길이의 치수 수치는 원칙적으로 mm 단위로 기입하고 단위 기호는 붙이지 않는다. 각도의 치수 수치는 일반적으로 도(°)의 단위로 기입하고 필요한 경우 분(′), 초(″)도 병용할 수 있다.

치수 기입요소에는 그림 2-1-19와 같이 치수 보조선, 치수선, 지시선, 치수선의 단말 기호, 기준점 기호, 치수 수치 등이 있다.

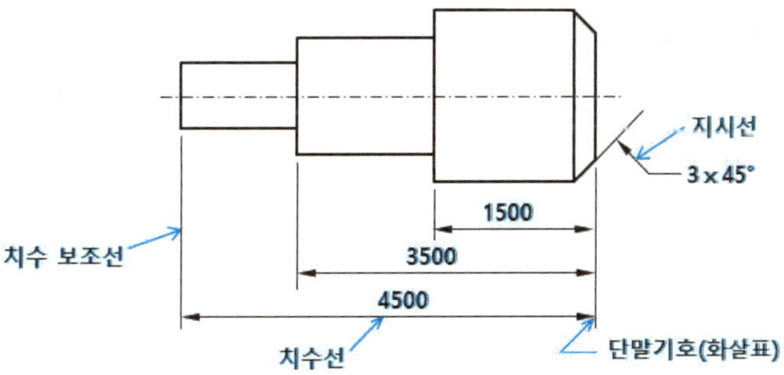

그림 2-1-19 치수 기입 요소

치수 보조선은 가는 실선으로 나타내며 치수선에 직각이 되게 그어서 치수선을 약간 지날 때(2~3 mm)까지 연장한다.

치수선은 가는 실선으로 나타내며 지시하는 길이 또는 각도를 측정하는 방향에 평행하게 긋고 선의 양끝에는 분명한 단말 기호를 표시한다. 외형선에는 10~12 mm 떼어 긋고 도면의 크기에 따라 8~10 mm 간격으로 동일하게 그린다.

형체(치수, 물건, 와형선 등)를 설명하기 위해 긋는 선으로 수평선에 60도로 기울여 직선으로 긋고, 지시되는 쪽 끝에 화살표를 붙인다.

치수선에는 분명한 단말 기호(화살표 또는 사선)를 표시한다. 짧은 선을 가지고 화살촉 모양으로 그리는 화살표는 15~90° 사이의 임의 사잇각으로 그린다. 사선은 45° 경사를 짧은 선으로 그린다.

치수 수치는 치수선에 평행하게 기입하고 되도록 치수선의 중앙 위쪽에 치수선으로부터 조금 띄어서 기입한다. 치수 수치는 도면의 아래쪽이나 오른쪽으로부터 읽을 수 있도록 기입한다.

SolidWorks에서 도면의 치수 기입은 주석 메뉴를 이용하여 나타낸다. 여기서 주석이란 도면에 치수를 나타내거나 도면의 중심 및 중심선 등 표시, 기하공차 및 치수 공차 등 가공을 위한 메뉴라 생각하면 된다. 도면에서 나타낼 수 있는 것은 모두 주석에서 문자나 치수로 나타내는 것을 말한다.

수행 : 지능형 치수 도구 사용하기

① 도면 탭에서 주석을 클릭한다.

② 주석 메뉴 가운데 모델항목()을 선택한다.

③ 확인을 클릭하면 도면의 모든 치수가 표시된다.

④ 주석 도구에서 지능형 치수()를 클릭한다.

⑤ 그림 2-1-20과 같이 필요한 치수는 삽입하고 및 불필요한 치수는 삭제하여 보기 좋게 치수 정리를 한다.

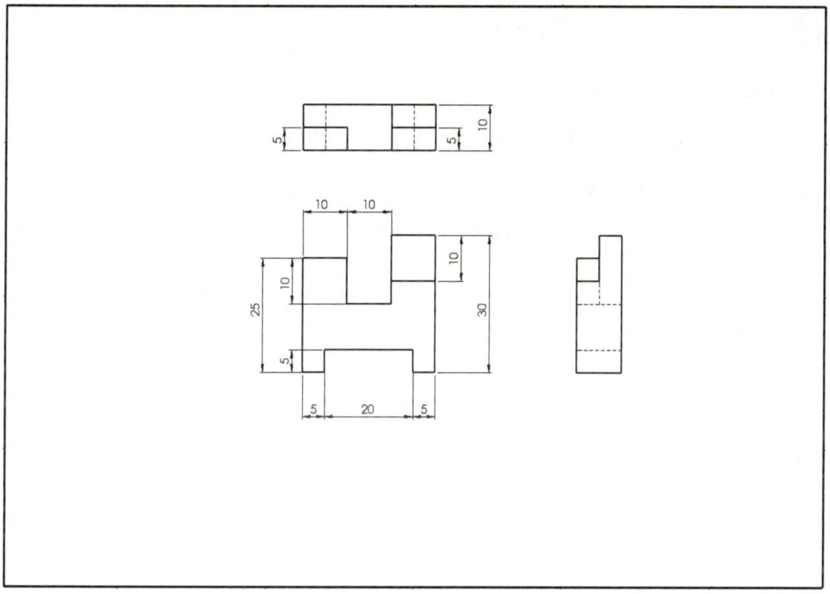

그림 2-1-20 치수 기입 모습

(7) 표제란 삽입 및 편집하기

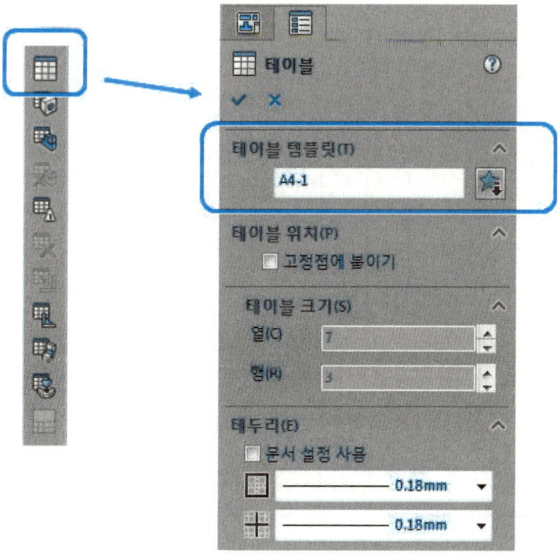

그림 2-1-21 테이블 템플릿 가져오기 설정 과정

수행 : 새로운 표제란 삽입하기

① 시트형식 탭을 클릭한다.

② 그림 2-1-22와 같이 왼쪽 일반테이블을 클릭한다.

③ 그림 2-1-22의 오른쪽과 같이 테이블을 삽입할 수 있는 창이 나타나며 여기서 별표 모양을 클릭하면 부록 3에 의해 미리 만들어 놓은 표제란 테이블 템플릿(A4_1)을 찾아서 가져올 수 있다.

④ 일반테이블 편집 완료 버튼을 누른다.

⑤ 테이블 템플릿을 오른쪽 모서리에 위치하도록 배치한다.

수행 : 표제란 편집하기

⑥ 표제란의 이름의 빈 칸을 더블 클릭한다.

⑦ 한글로 자기 이름을 작성한다.

⑧ 빈칸에 대해 그림 2-1-22와 같이 도면의 내용과 작성 장소를 모두 기입한다.

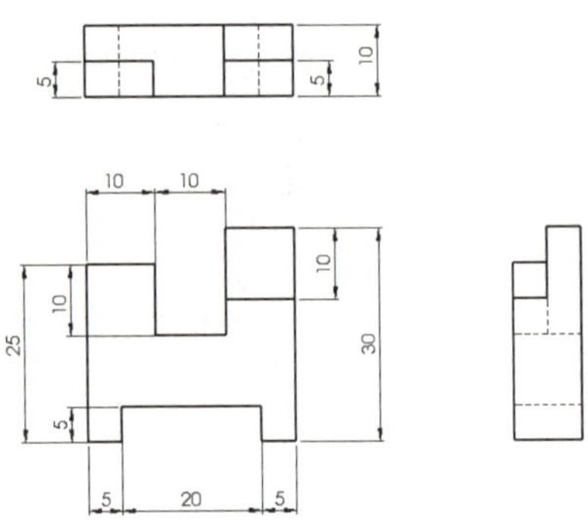

도번	투영법	부품명칭	작성		저장
A_01	3각법	부품1	이름	홍준희	2018-12-20
표준 3도			날자	2018-12-20	충남대학교

그림 2-1-22 표제란 삽입 결과

(8) 저장하기

수행 : 최종 도면 저장하기

① 저장 도구(💾)에서 다른 이름으로 저장하기를 클릭한다.

② 저장할 디렉토리를 정하고 파일이름을 "부품1"으로 한다.

③ 저장 버튼을 클릭한다.

1-2-2 부품2의 형상모델링 및 표준 3도 작성

1-2-2-1 부품2의 형상모델링

(1) 정면도에 대한 기초형상 모델링

생각하기 : 정면도에 나타낸 기본 도형은 무엇을 의미할까?

그림 2-1-23의 ①에서 정면도는 전체 외형 모습이고 평면도는 그 깊이로 생각하면 된다. 따라서 도면을 보고 3D 부품을 생성하고자 하면 우선적으로 정면도부터 그림 2-1-20의 ①과 같이 기본적인 형체의 단면을 생각해야 한다.

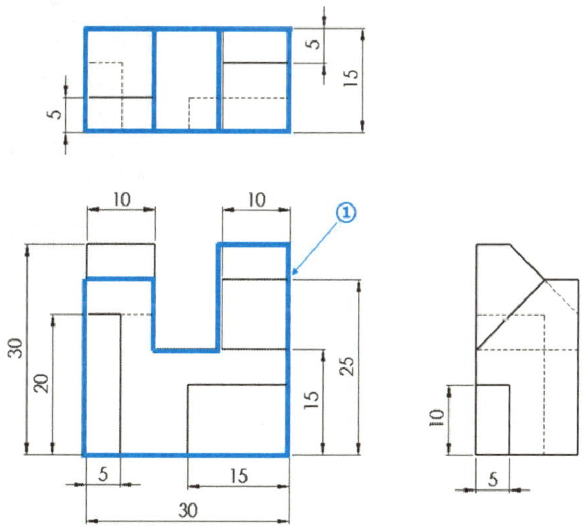

그림 2-1-23 ① 부분 도형 단면 및 깊이

수행 : 선도구에 의한 형상 단면 스케치하기

① 풀다운 메뉴에서 새로 만들기 아이콘을 선택한다.

② 기본 모듈 가운데 파트를 선택한다.

③ 기준 평면을 정면으로 하고 스케치를 클릭한다.

④ 스케치를 위한 스케치 실행을 클릭한다.

⑤ 선 도구( )를 클릭한다.

⑥ 직선으로 그림 2-1-24 (a)와 같이 형상 단면을 그리고 치수를 정의한다.

⑦ 스케치 완료를 한다.

수행 : 돌출 보스/베이스 도구에 의한 돌출 형상 만들기

① 피처 탭을 클릭한다.

② 피처 탭에서 돌출 보스/베이스 아이콘 을 선택한다.

③ 속성 창에서 방향1의 방향을 "블라인드 형태"로 하고 돌출 깊이는 15 mm로 한다.

④ 완료 를 클릭하여 그림 2-1-24 (b)와 같은 형상을 완성한다.

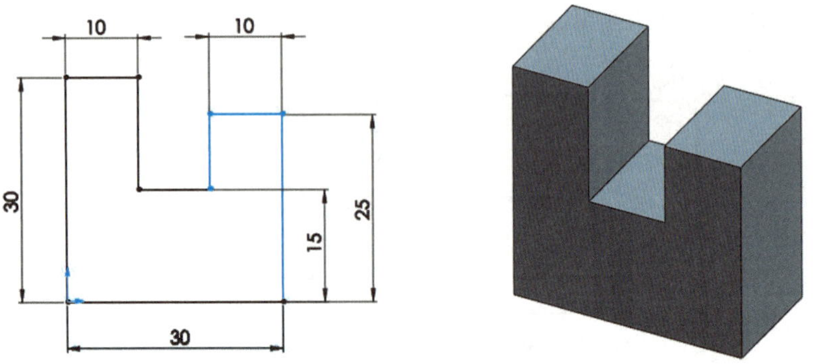

(a) 돌출 단면 스케치 (b) 돌출 결과

그림 2-1-24 ① 부분 돌출 형상모델링

(2) 정면도 오른쪽 중간 실선으로 표현된 부분 형상 모델링

생각하기 : 정면도에서 중간 부분 도형에 대한 형상모델링은 어떻게 해야 할까?

도면의 정면도에서 우측 중간 부분의 실선 부분을 3D 형체로 나타내기 위해서는 평면도와 우측면도를 참조해야 한다. 즉, 평면도를 보면 중간이 점선으로 표현되었고 우측면도는 실선으로 나타낸 것을 보면 중간 밑 부분에서 형상이 높이 10 mm, 깊이 5 mm로 컷된 것을 알 수 있다. 따라서 중간 밑 부분을 사각형으로 스케치하고 돌출 컷을 시켜야 한다는 것이다. 다시 말하면 그림 2-1-25의 ②에 해당하는 부분이다.

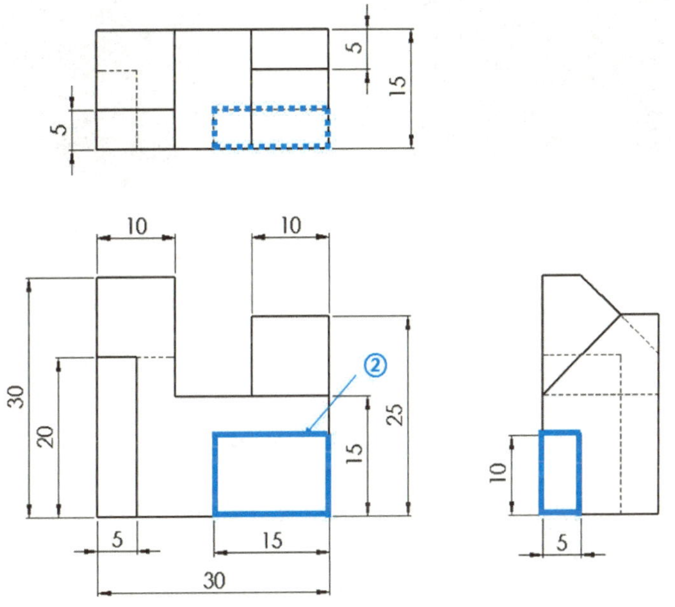

그림 2-1-25 ② 부분 도형 단면 및 깊이

수행 : 코너 사각형 도구에 의한 사각형 단면 스케치하기

① 돌출 컷할 스케치 면을 그림 2-1-24 (b)의 오른쪽 돌출 정면으로 실징힌다.

② 스케치 탭에서 코너 직사각형을 선택하고 그림 2-1-26 (a)와 같이 스케치 하고 치수를 정의한다.

③ 스케치를 완료한다.

수행 : 돌출 컷 도구에 의한 컷 돌출 형상 만들기

① 피처 탭으로 가서 돌출 컷을 선택한다.

② 속성 창에서 방향1의 방향을 "블라인드 형태"로 하고 컷 깊이를 5로 한다.

③ 완료✔를 클릭하여 그림 2-1-26 (b)와 같이 형상을 완성한다.

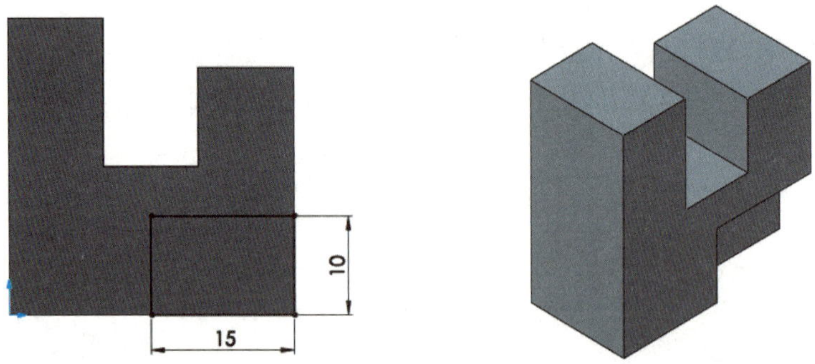

(a) 돌출 컷 단면 스케치 (b) 돌출 컷 결과

그림 2-1-26 ② 부분 돌출 컷 형상모델링

(3) 정면도 왼쪽 중간 실선으로 표현된 부분 형상 모델링

생각하기 : 중간 실선 부분 도형에 대한 형상모델링은 어떻게 해야 할까?

도면의 정면도에서 좌측 중간 부분의 실선 부분을 3D 형체로 나타내기 위해서는 평면도와 우측면도를 참조해야 한다. 즉, 평면도를 보면 중간이 점선으로 표현되었고 우측면도도 점선으로 나타낸 것을 보면 중간 밑 부분 및 좌측 모퉁이에서 형상이 높이 20 mm, 깊이 10 mm로 컷된 것을 알 수 있다. 따라서 중간 좌측밑 부분을 사각형으로 스케치하고 돌출 컷을 시켜야 한다는 것이다. 다시 말하면 그림 2-1-27의 ③에 해당하는 부분이다.

수행 : 코너 사각형 도구에 의한 사각형 단면 스케치

① 돌출 컷할 스케치 면을 그림 2-1-27 (b)의 형체 오른쪽 면으로 설정한다.

② 스케치 탭에서 코너 직사각형을 선택하고 그림 2-1-28 (a)와 같이 스케치 하고 치수를 정의한다.

③ 스케치를 완료한다.

수행 : 돌출 컷 도구에 의한 컷 돌출 형상 만들기

① 피처 탭으로 가서 돌출 컷을 선택한다.

② 속성 창에서 방향1의 방향을 "블라인드 형태"로 하고 컷 깊이를 5 mm로 한다.

③ 완료✔를 클릭하여 그림 2-1-28 (b)와 같이 형상을 완성한다.

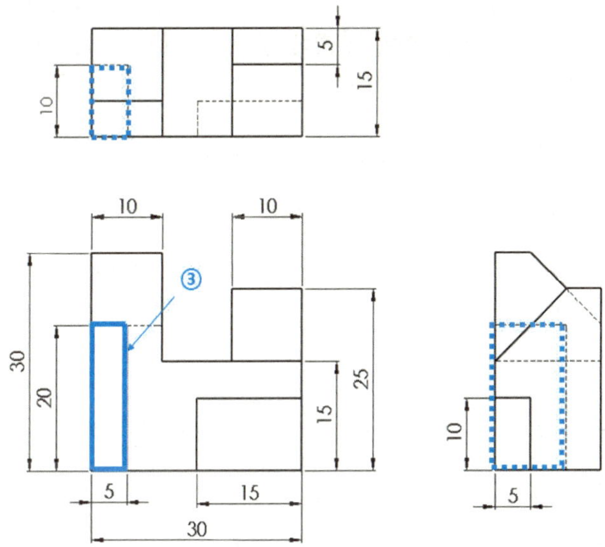

그림 2-1-27 ③ 부분 도형 단면 및 깊이

(a) 돌출 컷 단면 스케치 (b) 돌출 컷 결과

그림 2-1-28 ③ 부분 돌출 컷 형상모델링

(4) 정면도에서 우측 중간실선으로 표현된 부분 형상 모델링

생각하기 : 우측 중간 실선 부분 도형에 대한 형상모델링은 어떻게 해야 할까?

도면의 정면도에서 우측 중간 부분의 실선 부분을 3D 형체로 나타내기 위해서는 평면도와 우측면도를 참조해야 한다. 즉, 평면도를 보면 중간이 실선으로 표현되었고 우측면도는 경사진 실선으로 표현된 것을 알 수 있다. 따라서 이러한 형상을 컷하기 위해서는 직각 삼각형으로 스케치하고 돌출 컷을 시켜야 한다는 것이다. 다시 말하면 그림 2-1-29의 ④에 해당하는 부분이다.

수행 : 선 도구에 의한 직각 삼각형 단면 스케치

① 돌출 컷할 스케치 면을 그림 2-1-28 (b)의 형체 오른쪽 면으로 설정한다.

② 스케치 탭에서 선을 선택하고 직각 삼각형을 스케치하고 그림 2-1-30 (a)와 같이 치수를 정의한다.

③ 스케치를 완료한다.

수행 : 돌출 컷 도구에 의한 직각 삼각형 단면 컷 돌출하기

① 피처 탭으로 가서 돌출 컷을 선택한다.

② 속성 창에서 방향1의 방향을 "다음까지"로 한다.

③ 완료✔를 클릭하여 그림 2-1-30 (b)와 같이 형상을 완성한다.

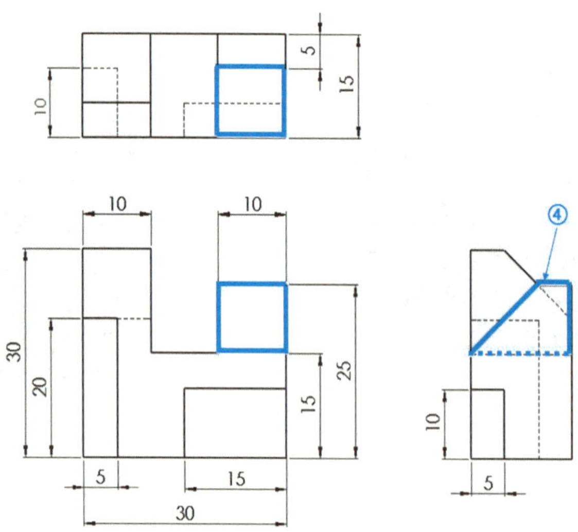

그림 2-1-29 ④ 부분 도형 단면 및 깊이

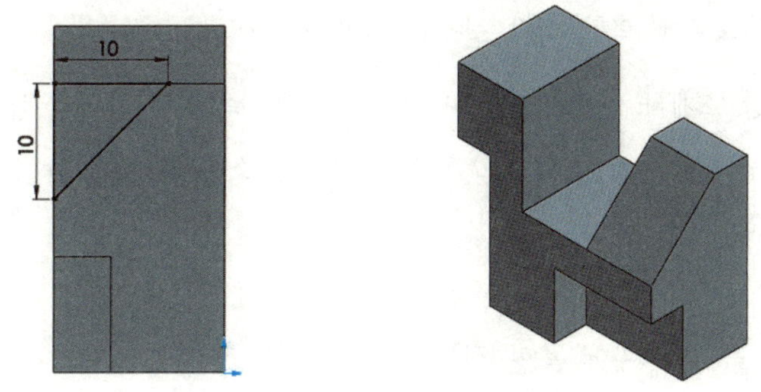

(a) 돌출 컷 단면 스케치 (b) 돌출 컷 결과

그림 2-1-30 ④ 부분 돌출 컷 형상모델링

(5) 정면도에서 좌측 중간점선으로 표현된 부분 형상 모델링

생각하기 : 좌측 중간점선 부분 도형에 대한 형상모델링은 어떻게 해야 할까?

도면의 정면도에서 좌측 돌기 중간 부분의 점선 부분을 3D 형체로 나타내기 위해서는 평면도와 우측면도를 참조해야 한다. 즉, 평면도를 보면 중간이 실선으로 표현되었고 우측면도를 보면 실선과 점선이 모두 존재하는 것을 알 수 있다. 따라서 우측에서 보았을 때 뒤쪽 면이 일부 가려진 형상으로 삼각형으로 스케치 되고 컷되어야 한다는 것이다. 다시 말하면 그림 2-1-31의 ⑤에 해당하는 부분이다.

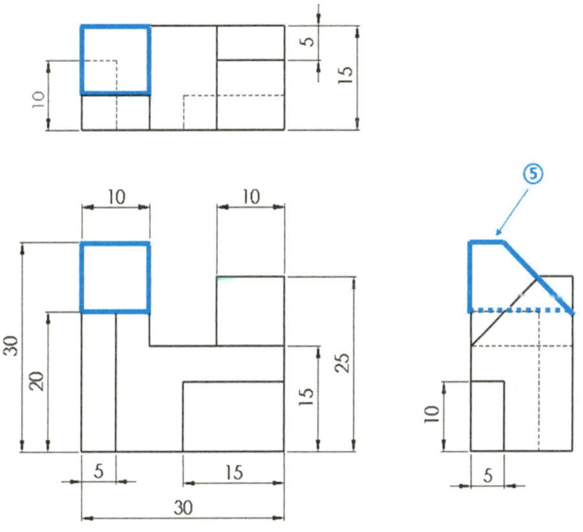

그림 2-1-31 ⑤ 부분 도형 단면 및 깊이

수행 : 선 도구에 의한 직각 삼각형 단면 스케치

① 돌출 컷할 스케치 면을 그림 2-1-30 (b)의 형체의 왼쪽 면으로 설정한다.

② 스케치 탭에서 선을 선택하고 직각 삼각형을 스케치하고 그림 2-1-32 (a)과 같이 치수를 정의한다.

③ 스케치를 완료한다.

수행 : 돌출 컷 도구에 의한 직각 삼각형 단면 컷 돌출하기

① 피처 탭으로 가서 돌출 컷을 선택한다.

② 돌출 컷 창에서 방향1을 다음까지로 한다.

③ 완료✔를 클릭하여 그림 2-1-32 (b)와 같이 형상을 완성한다.

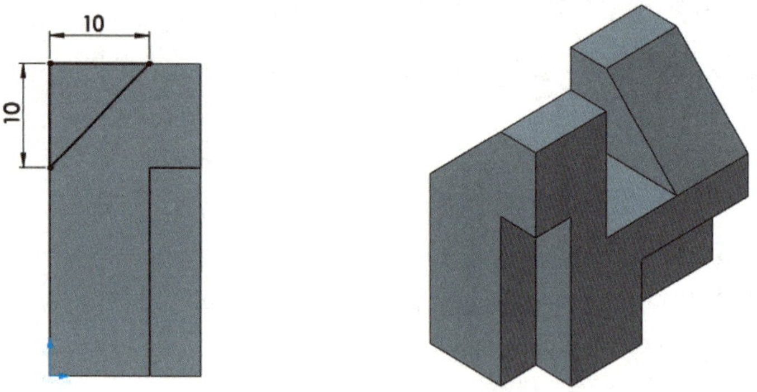

(a) 돌출 컷 단면 스케치 (b) 돌출 컷 결과

그림 2-1-32 ⑤ 부분 돌출 컷 형상모델링

(6) 저장하기

수행 : 최종 형상 저장하기

① 저장 도구(💾)에서 다른 이름으로 저장하기를 클릭한다.

② 저장할 디렉토리를 정하고 파일이름을 "부품2"로 한다.

③ 저장 버튼을 클릭한다.

1-2-2-2 부품2의 표준 3도 작성하기

(1) 도면 작성 준비하기

수행 : 도면 작성 화면 들어가기

① 풀다운 메뉴에서 새로 만들기 아이콘을 선택한다.

② 기본 모듈 가운데 도면을 선택한다.

③ 시트 형식/크기 설정 창에서 찾아보기를 클릭한다.

④ a4-landscape.slddrt를 설정하고 열기를 한다.

⑤ 확인을 클릭한다.

(2) 표제란 삭제하기

수행 : 시트 편집하기

① 도면 Management 탭에서 시트형식을 선택한다.

② 시트형식 탭에서 시트 편집을 선택한다.

③ 표제란 부분을 마우스로 전체 드래그 하여 삭제 영역을 정하고 키보드의 삭제 버튼을 클릭한다.

④ 확인을 클릭한다.

(3) 표준 3도 표현하기

수행 : 표준 3도 도구를 이용한 자동 부품 삽입하기

① 뷰 레이아웃에서 표준 3도()를 클릭한다.

② 문서열기가 나타나며 여기서 형상 모델링한 “부품2”가 있으면 이것에 대해 더블 클릭을 하여 파일 열기를 한다. 만일 없을 경우는 “찾아보기”에서 해당 부품이 있는 파일 폴더에 가서 해당 부품을 클릭하여 파일을 열면 된다.

③ 자동적으로 정면도, 평면도, 우측면도의 표준 3도가 그림 2-1-33과 같이 생성된다.

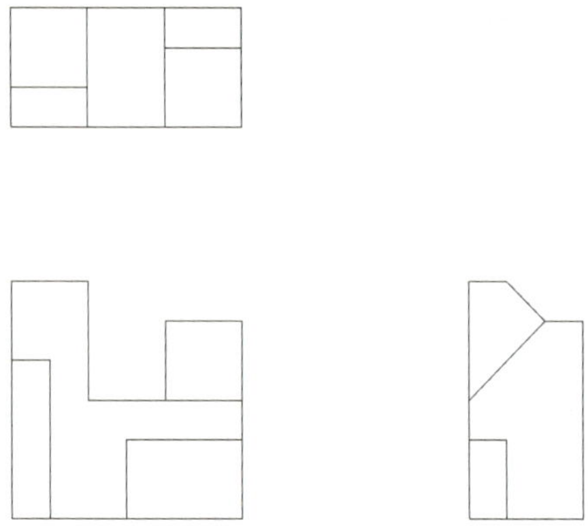

그림 2-1-33 표준 3도 생성 모습

(4) 표준 3도의 숨은선 나타내기

수행 : 표준 3도의 숨은선 나타내기

① Feature Manager 디자인트리에서 도면뷰1에 커서를 데고 마우스 오른쪽 버튼을 클릭하여 피처 편집을 설정한다.

② 표시 유형에서 은선 표시()를 클릭한다.

③ 그림 2-1-34와 같이 숨은선(은선)이 모두 나타나며 확인을 클릭한다.

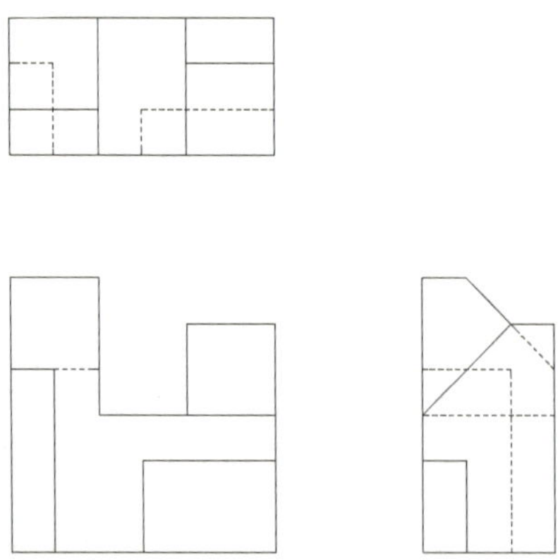

그림 2-1-34 숨은선 나타낸 모습

(5) 표준 3도 정리하기

수행 : 표준 3도 재배치 및 배율 정하기

① Feature Manager 디자인트리에서 도면뷰1에 커서를 데고 마우스 오른쪽 버튼을 클릭하여 피처 편집을 설정한다.

② 정면도, 평면도 및 우측면도에 커서를 근처에 갖고 가면 포인터( ) 마크가 나타나는데 이 때 포인터를 클릭하고 원하는 곳으로 커서를 움직여서 그림 2-1-35 (a)와 같이 재배치한다.

③ 도면뷰의 크기가 도면 시트 전체에 알맞은지 체크하여 그림 2-1-35 (b)와 같이 사용자 배율 사용을 체크하고 사용자 정의 배율을 선택하여 배율을 1.5:1로 정한다.

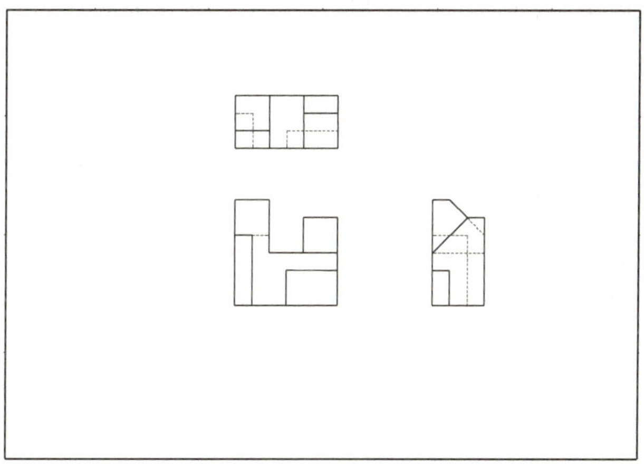

(a) 재배치한 표준 3도

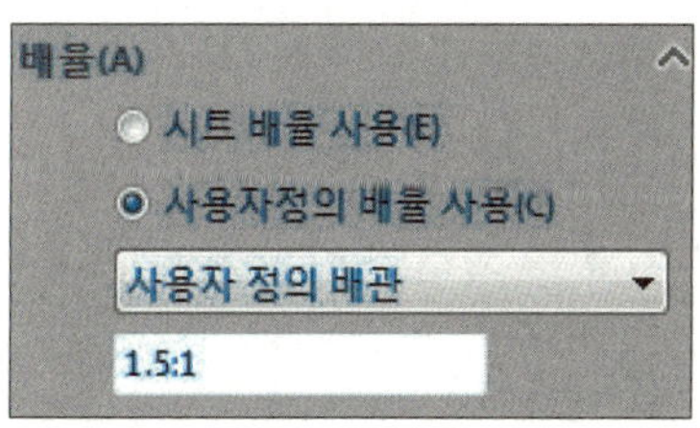

(b) 도면뷰 배율

그림 2-1-35 표준 3도의 재배치 및 배율

(6) 치수 기입하기

생각하기 : 치수 기입은 어떠한 의미가 있는가?

기계제도에서 물체의 형상을 정투상도로 그린 다음에 길이 각도 등의 치수와 지시 사항을 기입하여 물체의 모양과 크기를 표시함으로써 비로소 도면은 그 기능을 발휘한다.

도면에 기입되는 이러한 치수는 도면 작성에만 필요한 것이 아니라 가공자가 그 물체를 가공할 때 손쉽게 이용할 수 있도록 선정한 치수이어야 하며 관련된 부품이 제작된 이후에도 적합하게 조립되어 작용하는데 필요한 치수이다. 그러므로 제도자는 먼저 공작기계의 기능이나 동작을 연구하고 자신이 실제 제작자 또는 가공자라고 가정하면서 어떠한 치수를 어떠한 방법으로 나타내어야 가장 효율적인지 생각하여야 한다.

일반적으로 치수 기입은 크기를 표시하는 것으로만 생각하지만 치수는 단순한 것이 아니고 작업 합리화의 포인트를 가지고 있으므로 가공과 제작에 직결되는 치수 기입은 충분한 지식 없이는 곤란하다.

그러므로 스스로 물체를 제작하는 입장에서 어느 부분의 치수를 어떻게 기입하면 합리적인지를 생각하고 기입하며 치수와 문자 등을 정확히 기입하여 도면을 보는 사람으로 하여금 잘못 보는 일이 없도록 하여야 한다.

아무리 도형을 잘 그렸다 해도 치수를 잘못 기입하면 정확한 제품을 만들 수 없다. 따라서 치수 기입할 때는 세심한 주의를 기울이면서 정확하고 보기 쉽도록 치수 기입 위치와 필요한 치수를 결정해야 한다.

수행 : 표준 3도의 치수 표시하기

① 도면 탭에서 주석을 클릭한다.

② 주석 메뉴 가운데 모델항목( )을 선택한다.

③ 확인을 클릭하면 도면의 모든 치수가 표시된다.

④ 주석 도구에서 지능형 치수( )를 클릭한다.

⑤ 그림 2-1-36와 같이 필요한 치수는 삽입하고 및 불필요한 치수는 삭제하여 보기 좋게 치수 정리를 한다.

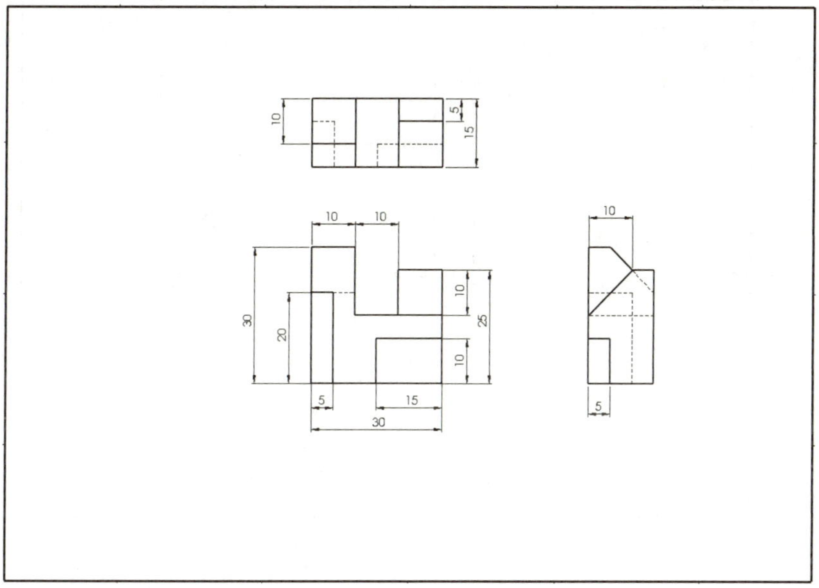

그림 2-1-36 치수 기입 결과

(7) 표제란 삽입 및 편집하기

수행 : 새로운 표제란 삽입하기

① 시트형식 탭을 클릭한다.

② 일반테이블을 클릭한다.

③ 테이블을 삽입할 수 있는 창이 나타나며 여기서 별표 모양을 클릭하면 미리 만들어 놓은 표제란 테이블 템플릿(A4_1)을 찾아서 가져올 수 있다.

④ 일반테이블 편집 완료 버튼을 누른다.

⑤ 테이블 템플릿을 오른쪽 모서리에 위치하도록 배치한다.

수행 : 표제란 편집하기

① 표제란의 이름의 빈 칸을 더블 클릭한다.

② 한글로 자기 이름을 작성한다.

③ 빈칸에 대해 그림 2-1-37과 같이 도면의 내용과 작성 장소를 모두 기입한다.

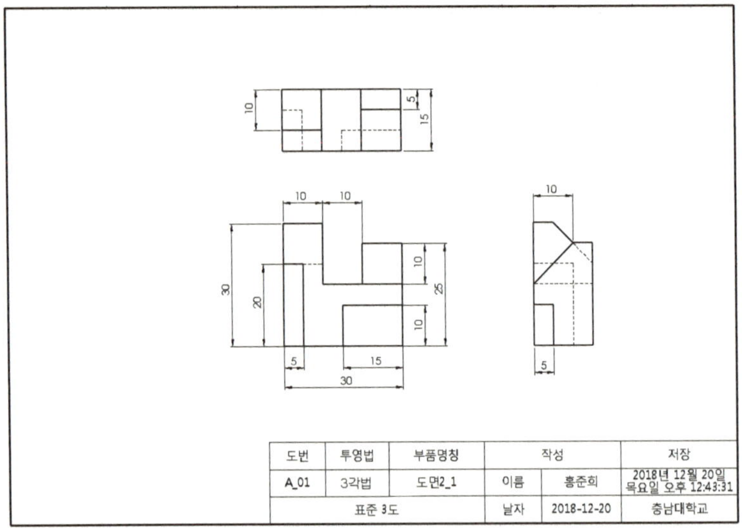

그림 2-1-37 표제란 삽입 결과

(8) 저장하기

수행 : 최종 도면 저장하기

① 저장 도구()에서 다른 이름으로 저장하기를 클릭한다.

② 저장할 디렉토리를 정하고 파일이름을 "부품2"로 한다.

③ 저장 버튼을 클릭한다.

1-2-3 부품3의 형상모델링 및 표준 3도 작성

1-2-3-1 부품3의 정면 기반 형상모델링

생각하기 : 정면도에 나타낸 기본 도형은 무엇을 의미할까?

그림 2-1-38의 ①에서 정면도의 굵은 실선은 전체 외형 모습이고 평면도의 굵은 실선은 돌출 깊이로 생각하면 된다. 따라서 도면을 보고 3D 부품을 생성하고자 하면 우선적으로 정면도부터 그림 2-1-38의 ①과 같이 기본적인 형체의 단면을 생각해야 한다.

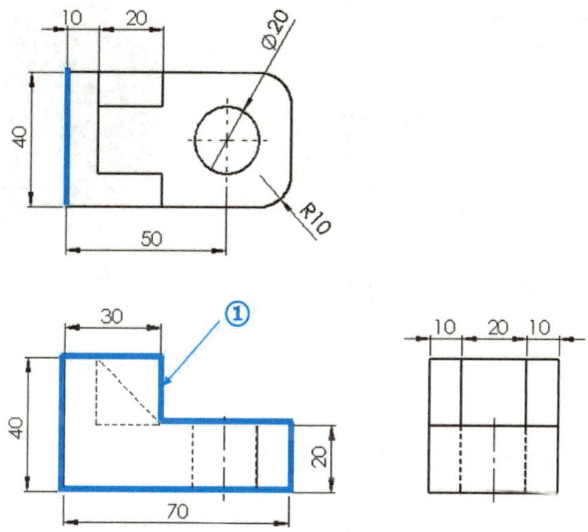

그림 2-1-38 정면도를 기준으로 한 ①부분 도형 단면 치수 및 깊이

(1) 기초형상 모델링

수행 : 선 도구에 의한 ① 단면 스케치하기

① 풀다운 메뉴에서 새로 만들기 아이콘을 선택한다.

② 기본 모늪 가운네 파드를 선택한다.

③ 기준 평면을 정면으로 하고 스케치를 클릭한다.

④ 스케치를 위한 스케치 실행을 클릭한다.

⑤ 직선 도구(/)를 클릭한다.

⑥ 직선으로 ㄴ자 형상 단면을 그리고 치수를 정의한다. 즉, 그림 2-1-39 (a)와 같이 스케치한다.

수행 : 돌출 보스/베이스 도구에 의한 ㄴ자 형상 단면 돌출하기

① 피처 탭을 클릭한다.

② 피처 탭에서 돌출 보스/베이스 도구( )를 선택한다.

③ 속성 창에서 방향1을 "중간평면"으로 하고 돌출 깊이는 40으로 한다.

④ 완료✔를 클릭하여 그림 2-1-39 (b)와 같은 형상을 완성한다.

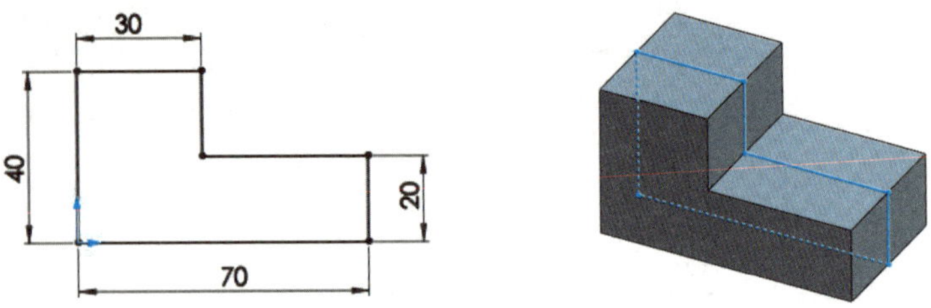

(a) 돌출 단면 스케치 (b) 돌출 결과

그림 2-1-39 ①부분 돌출 형상모델링

(2) 평면도의 ㄷ자로 표현된 부분 형상 모델링

생각하기 : 평면도의 ㄷ자 부분 도형에 대한 형상모델링은 어떻게 해야 할까?

도면의 평면도의 ㄷ자로 표현된 부분을 3D 형체로 나타내기 위해서는 정면도와 우측면도의 굵은 실선 부분의 치수를 참조해야 한다. 즉, 평면도를 보면 그림 2-1-40의 굵은 실선으로 표현되어 있는 ②의 단면 부분이 스케치해야 할 부분이고 정면도의 굵은 실선이 단면을 돌출할 높이에 해당한다.

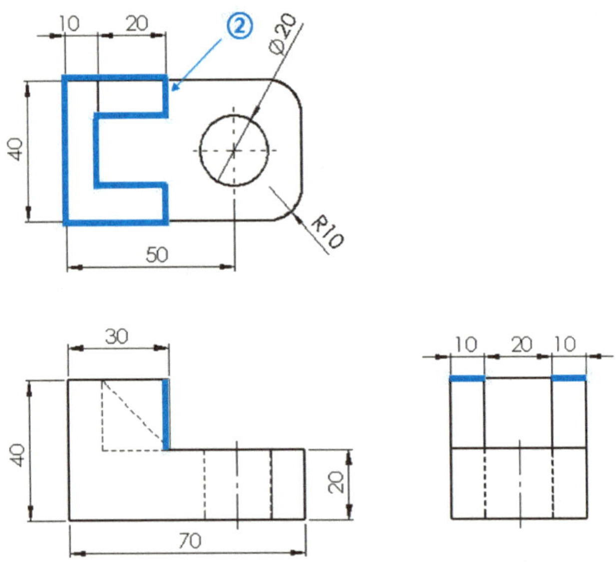

그림 2-1-40 ②부분 도형 단면 치수 및 깊이

수행 : 코너 사각형 도구에 의한 사각형 단면 스케치하기

① 돌출 컷할 스케치 면을 그림 2-1-39 (b)의 돌출 윗쪽 부분을 정면으로 설정한다.

② 스케치 탭에서 코너 직사각형을 선택하고 그림 2-1-41 (a)와 같이 스케치 하고 치수를 정의한다.

③ 스케치를 완료한다.

수행 : 돌출 컷 도구에 의한 스케치 단면 돌출 컷하기

① 피처 탭으로 가서 돌출 컷을 선택한다.

② 속성 창에서 방향1을 "다음까지"로 하고 ㄴ자 윗면을 클릭한다.

③ 완료✔를 클릭하여 그림 2-1-41 (b)와 같이 형상을 완성한다.

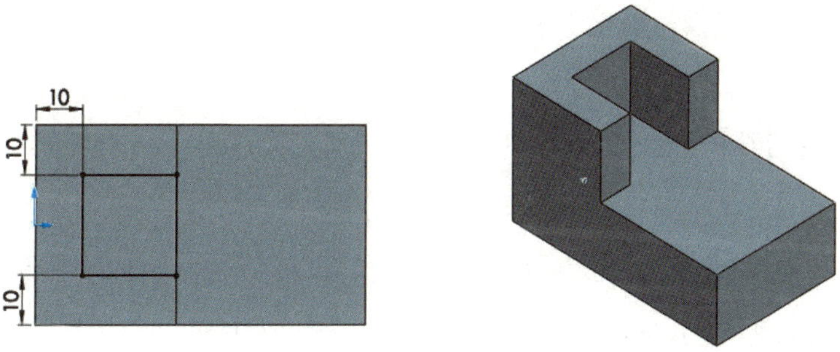

(a) 돌출 컷 단면 스케치 (b) 단면 돌출 컷 결과

그림 2-1-41 ② 부분 돌출 컷 형상모델링

(3) 평면도 원으로 표현된 부분 형상 모델링

생각하기 : 평면도의 원 부분 도형에 대한 형상모델링은 어떻게 해야 할까?

그림 2-1-42 도면의 평면도에서 지름 20인 원을 3D 형체로 나타내기 위해서는 정면도에서 높이를 참조해야 한다. 즉, 평면도를 보면 지름이 20인 원으로 표현되었고 정면도의 직선 점선으로 나타낸 것을 보면 원통 형상이 관통되어 컷된 것을 알 수 있다. 따라서 ㄴ자 윗면 우측 중간 부분을 원형으로 스케치하고 관통 돌출 컷을 시키는 방법을 생각할 수 있다. 그러나 스케치에 의한 돌출 컷은 앞에서 많이 다루었기 때문에 또 한 가지 방법인 구멍가공마법사를 이용하는 것으로 한다. 즉, 컷 원통(드릴 가공에 의한 원통) 생성의 경우는 두 가지 방법이 있는데 한 가지는 원의 스케치에 의한 돌출 컷 방법과 두 번째는 구멍가공마법사를 이용하는 방법이다.

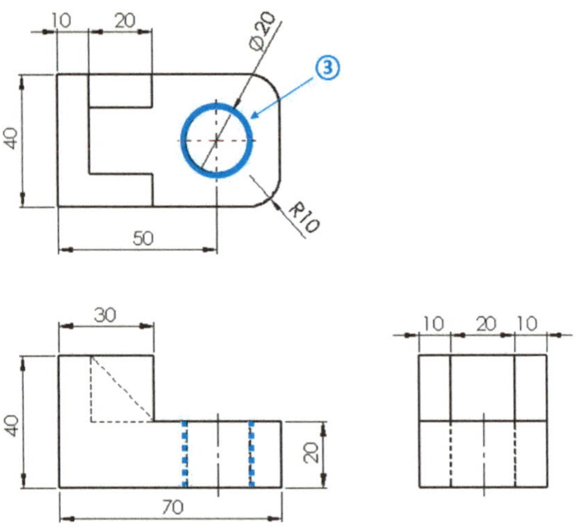

그림 2-1-42 ③부분 도형 단면 치수 및 깊이

수행 : 구멍가공마법사 사용하기

① 피처 탭에서 구멍 가공 마법사를 클릭한다.

② 구멍 유형은 구멍으로 하고 표준규격은 KS, 유형은 드릴 크기로 한다.

③ 구멍 스팩에서 크기는 Ø20으로 하며 관통으로 설정한다.

④ 위치를 클릭하고 구멍이 위치할 면을 선택한다.

⑤ 구멍을 배치하기 위한 지능형 치수를 사용한다. 즉, 그림 2-1-43 (a)와 같이 구멍의 배치 치수를 지능형 치수를 이용하여 정한다.

⑥ 구멍의 배치가 완료되어 완료를 클릭하면 그림 2-1-43 (b)와 같이 구멍 형상모델링이 완료된다.

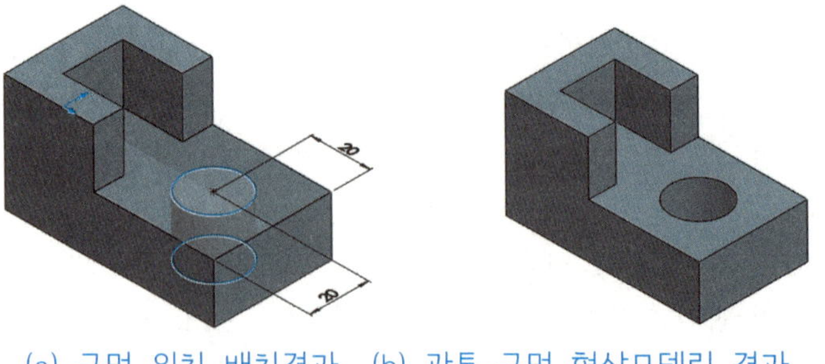

(a) 구멍 위치 배치결과 (b) 관통 구멍 형상모델링 결과

그림 2-1-43 ③부분의 구멍가공마법사를 이용한 형상모델링

(4) 평면도에서 모서리 둥글기 부분 형상 모델링

생각하기 : 모서리 둥글기에 대한 형상모델링은 어떻게 해야 할까?

그림 2-1-44 도면의 평면도에서 모서리 부분의 둥글기를 3D 형체로 나타내기 위해서는 피처 탭에서 필렛 기능을 이용한다. 둥글기 반지름은 도면에 표시되어 있으므로 반영하면 된다.

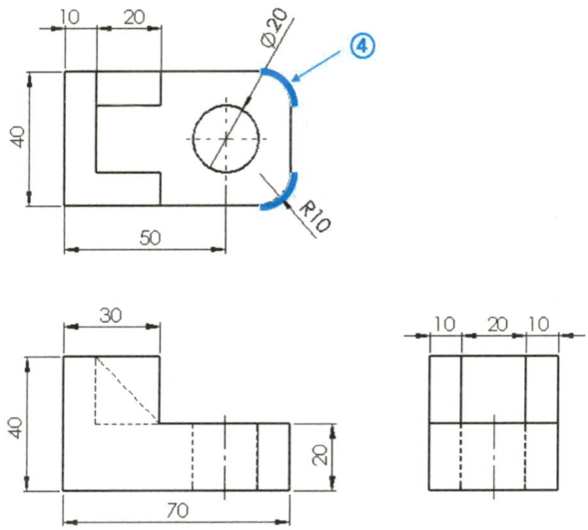

그림 2-1-44 ④부분의 둥글기 위치 및 크기

수행 : 필렛 도구에 의한 둥글기 형상모델링

① 피처 탭에서 필렛을 클릭한다.

② 필렛 유형은 "부동 크기 필렛"으로 한다.

③ 필렛 변수는 대칭으로 하고 반지름은 10 mm를 입력한다.

④ 그림 2-1-45 (a)와 같이 두 모서리를 클릭한다.

⑤ 확인을 클릭하면. 그림 2-1-45 (b)와 같이 라운딩 형상모델링이 완료된다.

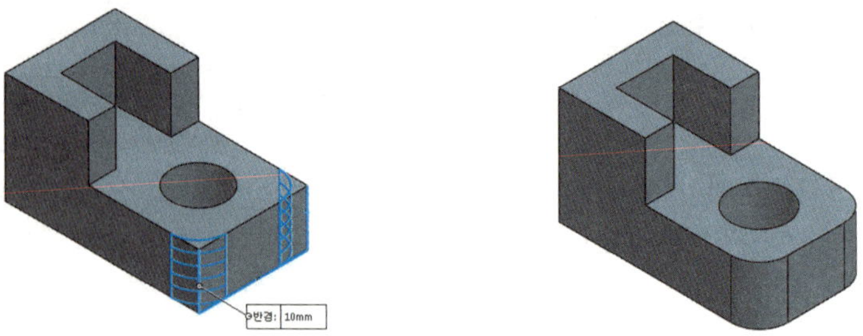

(a) 필렛 모서리 설정 모습 (b) 필렛 결과

그림 2-1-45 ④부분의 필렛을 이용한 형상모델링

(5) 정면도 좌측 사선 점선으로 표현된 부분 형상 모델링

생각하기 : 정면도 점선 삼각형 부분에 대한 형상모델링은 어떻게 해야 할까?

그림 2-1-46 도면의 정면도에서 ⑤의 삼각형 점선 부분을 3D 형체로 나타내기 위해서는 평면도와 우측면도를 참조해야 한다. 즉, 삼각형 부분이 점선으로 나타난 것은 보이지 않는 뒷면에 존재하는 형상이고 평면도를 보면 그 가로 길이가 20 mm인 것을 알 수 있으며, 정면도를 보면 삼각형 높이가 역시 20 mm인 것을 알 수 있으므로 밑변이 20이고 높이가 20인 삼각형이라는 것을 알 수 있다. 따라서 그림 2-1-46의 정면도의 굵은 점선 삼각형이 되도록 평면도의 ㄷ자 윗부분에 대해 스케치하고 돌출 컷을 시켜야 한다는 것이다.

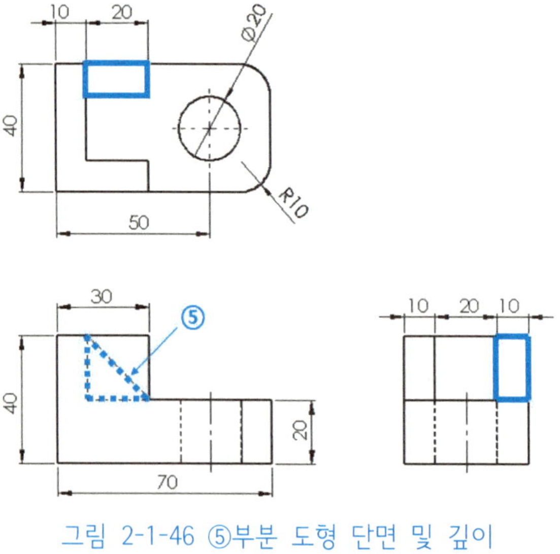

그림 2-1-46 ⑤부분 도형 단면 및 깊이

수행 : 선 도구에 의한 삼각형 단면 스케치하기

① 돌출 컷할 스케치 면을 그림 2-1-45 (b)의 ㄷ자 오른쪽 돌출 옆면으로 설정한다.

② 스케치 탭에서 직선을 선택하고 그림 2-1-47 (a)와 같이 삼각형 스케치하고 치수를 정의한다.

③ 스케치를 완료한다.

수행 : 돌출 컷 도구에 의한 삼각형 단면 컷 돌출하기

① 피처 탭으로 가서 돌출 컷을 선택한다.

② 속성 창에서 방향1을 "다음까지"로 하고 ㄷ자 형상의 안쪽 옆면을 클릭한다.

③ 완료✔를 클릭하여 그림 2-1-47 (b)와 같이 형상을 완성한다.

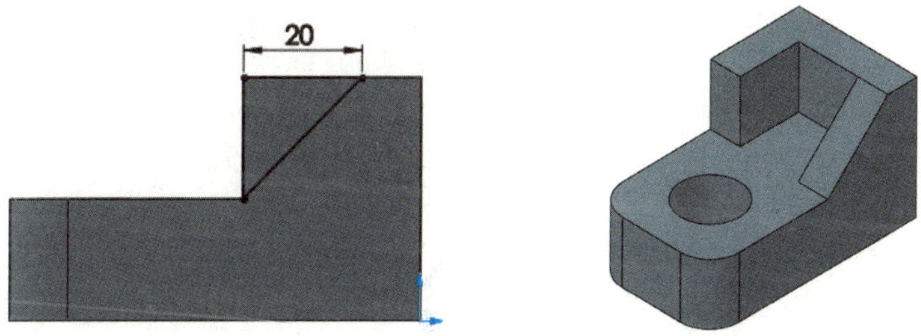

(a) 돌출 컷 단면 스케치 (b) 단면 돌출 컷 결과

그림 2-1-47 ⑤부분의 돌출 컷 형상모델링

(6) 저장하기

수행 : 최종 형상 저장하기

① 저장 도구(💾)에서 다른 이름으로 저장하기를 클릭한다.

② 저장할 디렉토리를 정하고 파일이름을 "부품3_1"로 한다.

③ 저장 버튼을 클릭한다.

1-2-3-2 부품3의 평면도 기반 형상 모델링

(1) 기초형상 모델링

생각하기 : 평면도에 나타낸 도형을 기본으로 할 경우 효율적일까?

지금까지는 정면도로부터 형상모델링을 하였지만 모든 것이 효율적이지는 않다. 정면도로부터 형상모델링을 하면 모두 5단계를 거치지 않으면 안 된다. 그러면 평면도나 우측면도를 기본으로 형상모델링은 안 되는 것인가? 아니다. 오히려 평면도나 우측면도를 기본으로 형상모델링을 하면 좋을 때가 있다. 즉, 정면도에 비해 평면도 또는 우측면도에 실선이 많은 경우는 평면도 또는 우측면도를 기본으로 형상모델링을 하여도 좋다. 그림 35의 경우 평면도를 기준으로 할 경우를 생각한 것이다. 가장 먼저 그림 2-1-48의 ① 부분이 스케치 단면으로 되어 돌출 형상으로 되면 앞의 구멍가공마법사를 이용하여 드릴 가공 구멍을 만드는 과정과 라운딩 과정을 생략할 수 있다. 따라서 5 단계의 과정이 3단계로 줄어드는 오히려 효율적인 면에서 좋다고 할 수 있다.

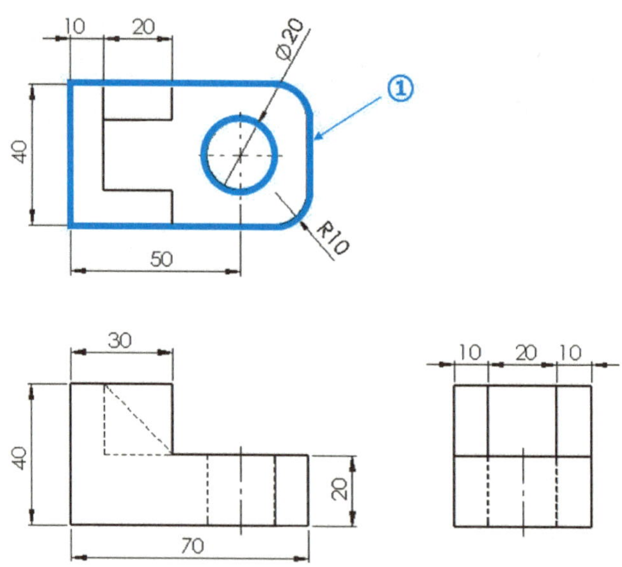

그림 2-1-48 평면도를 기준으로 한 ① 부분 도형 단면 및 깊이

수행 : 평면도 외곽선 단면 스케치하기

① 풀다운 메뉴에서 새로 만들기 아이콘을 선택한다.

② 기본 모듈 가운데 파트를 선택한다.

③ 기준 평면을 정면으로 하고 스케치를 클릭한다.

④ 스케치를 위한 스케치 실행을 클릭한다.

⑤ 코너 사각형 도구를 클릭한다.

⑥ 원점에 대해 사각형을 스케치 하고 치수를 그림 2-1-49 (a)와 같이 70×40으로 정의한다.

⑦ 원 도구를 클릭한다.

⑧ 원의 지름을 20으로 하고 중심점이 각각 모서리에 대해 그림 2-1-49 (a)와 같이 각각 20이 되게 치수를 정의 한다.

⑨ 스케치 필렛 도구를 클릭한다.

⑩ 필렛 할 모서리 부분을 설정하고 반지름을 10으로 정의한다.

⑪ 확인을 클릭한다.

수행 : 돌출 보스/베이스에 의한 단면 돌출하기

① 피처 탭을 클릭한다.

② 피처 탭에서 돌출 보스/베이스 아이콘을 선택한다.

③ 속성 창에서 방향1을 "블라인드 형태"로 하고 돌출 깊이는 20으로 한다.

④ 완료✔를 클릭하여 그림 2-1-49 (b)와 같은 형상을 완성한다.

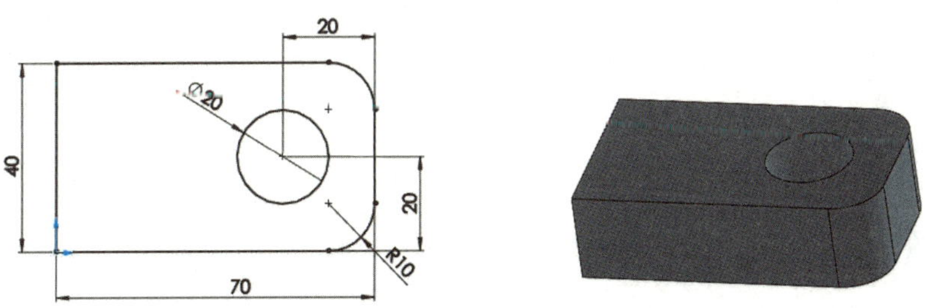

(a) 단면 스케치 (b) 스케치 단면 돌출 결과

그림 2-1-49 ①부분 돌출 형상모델링

(2) 평면도 좌측 실선으로 표현된 ㄷ자 부분 형상 모델링

생각하기 : 평면도의 ㄷ자 부분 도형에 대한 형상모델링은 어떻게 해야 할까?

도면의 평면도의 ㄷ자로 표현된 부분을 3D 형체로 나타내기 위해서는 정면도와 우측면도의 굵은 실선 부분의 치수를 참조해야 한다. 즉, 평면도를 보면 그림 2-1-50의 굵은 실선으로 표현되어 있는 ②의 단면 부분이 스케치해야 할 부분이고 정면도의 굵은 실선이 단면을 돌출할 높이에 해당한다.

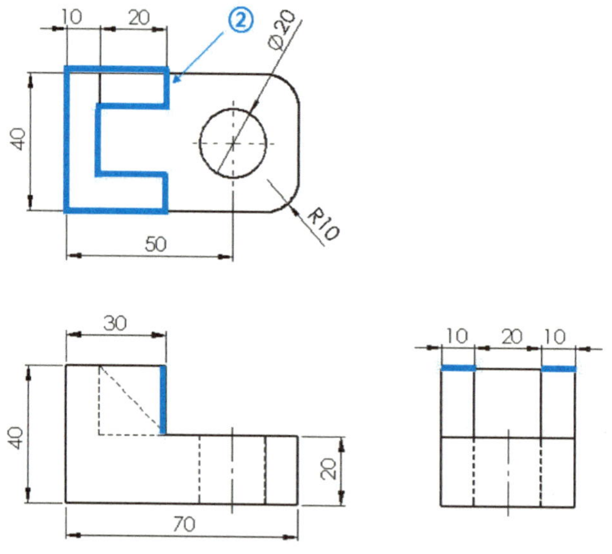

그림 2-1-50 ②부분 도형 단면 치수 및 깊이

수행 : 돌출 ㄷ자형 단면 스케치하기

① 돌출할 스케치 면을 그림 2-1-49 (b)의 형상 윗면으로 설정한다.

② 스케치 탭에서 직선을 선택하고 그림 2-1-51 (a)와 같이 ㄷ자형 스케치를 하고 치수 정의를 한다.

③ 스케치를 완료한다.

수행 : 스케치 단면 돌출하기

① 피처 탭으로 가서 돌출 보스/베이스를 선택한다.

② 돌출 컷 창에서 방향1을 블라인드 형태로 하고 돌출 깊이를 20으로 한다.

③ 완료✔를 클릭하여 그림 2-1-51 (b)와 같이 형상을 완성한다.

(a) 돌출 단면 스케치 (b) 단면 돌출 결과

그림 2-1-51 ② 부분 돌출 형상모델링

(3) 평면도 좌측 위에 표현된 사각형 부분 형상 모델링

생각하기 : 평면도 실선 사각형 부분에 대한 형상모델링은 어떻게 해야 할까?

그림 2-1-52 도면의 평면도에서 ③의 사각형 실선 부분을 3D 형체로 나타내기 위해서는 정면도와 우측면도를 참조해야 한다. 즉, 사각형 부분이 실선으로 나타난 것은 위에서 볼 때 완전히 보이는 형상이고 정면도를 보면 삼각형의 점선으로 나타나 있으므로 삼각형 높이가 20 mm인 것을 알 수 있으며 밑변이 20이고 높이가 20인 삼각형태라는 것을 알 수 있다. 따라서 그림 2-1-52의 정면도의 굵은 점선 삼각형이 되도록 평면도의 ㄷ자 윗부분에 대해 스케치하고 돌출 컷을 시켜야 한다는 것이다.

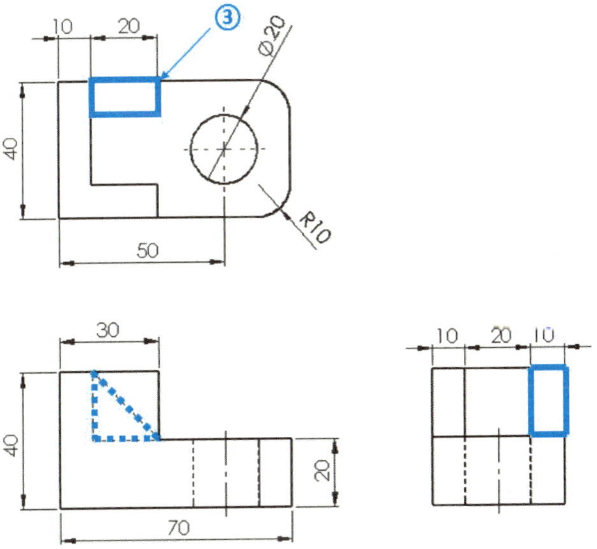

그림 2-1-52 ③ 부분 도형 단면 및 깊이

수행 : 돌출 컷 사각형 단면 스케치하기

① 돌출 컷할 스케치 면을 그림 2-1-51 (b)의 ㄷ자 오른쪽 돌출 옆면으로 설정한다.

② 스케치 탭에서 직선을 선택하고 그림 2-1-53 (a)와 같이 삼각형 스케치하고 치수를 정의한다.

③ 스케치를 완료한다.

수행 : 스케치 단면 돌출 컷하기

① 피처 탭으로 가서 돌출 컷을 선택한다.

② 돌출 컷 창에서 방향1을 다음까지로 하고 클릭한다.

③ 완료✔를 클릭하여 그림 2-1-53 (b)와 같이 형상을 완성한다.

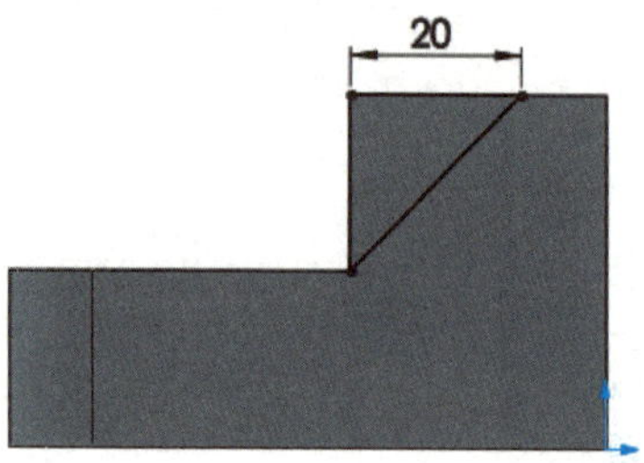

(a) 돌출 컷 단면 스케치

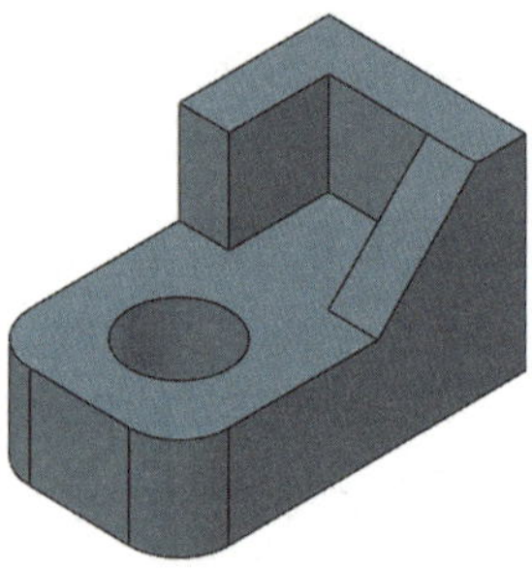

(b) 단면 돌출 컷 결과

그림 2-1-53 ③ 부분의 돌출 컷 형상모델링

(4) 저장하기

수행 : 최종 형상 저장하기

① 저장 도구(💾)에서 다른 이름으로 저장하기를 클릭한다.

② 저장할 디렉토리를 정하고 파일이름을 "부품3_2"로 한다.

③ 저장 버튼을 클릭한다.

1-2-3-3 부품3의 표준 3도 작성하기

(1) 도면 작성 준비하기

수행 : 도면 작성 화면 들어가기

① 풀다운 메뉴에서 새로 만들기 아이콘을 선택한다.

② 기본 모듈 가운데 도면을 선택한다.

③ 시트 형식/크기 설정 창에서 찾아보기를 클릭한다.

④ a4-landscape.slddrt를 설정하고 열기를 한다.

⑤ 확인을 클릭한다.

(2) 표제란 삭제하기

수행 : 시트 편집하기

① 도면 Management 탭에서 시트형식을 선택한다.

② 시트형식 탭에서 시트 편집을 선택한다.

③ 표제란 부분을 마우스로 전체 드래그 하여 삭제 영역을 정하고 키보드의 삭제 버튼을 클릭한다.

④ 확인을 클릭한다.

(3) 표준 3도 표현하기

수행 : 표준 3도에 의한 자동 부품 삽입하기

① 뷰 레이아웃에서 표준 3도( )를 클릭한다.

② 문서열기가 나타나면 여기서 형상 모델링한 "부품3_1"이 있으면 이것에 대해 더블 클릭을 하여 파일 열기를 한다. 만일 없을 경우는 "찾아보기"에서 해당 부품이 있는 파일 폴더에 가서 해당 부품을 클릭하여 파일을 열면 된다.

③ 자동적으로 정면도, 평면도, 우측면도의 표준 3도가 그림 2-1-54와 같이 생성된다.

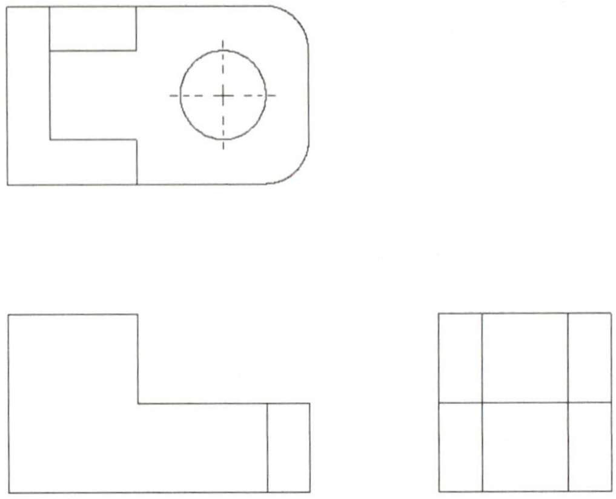

그림 2-1-54 표준 3도 생성 모습

(4) 표준 3도의 숨은선 나타내기

수행 : 표준 3도의 은선 나타내기

① Feature Manager 디자인트리에서 도면뷰1에 커서를 데고 마우스 오른쪽 버튼을 클릭하여 피처 편집을 설정한다.

② 표시 유형에서 은선 표시(아이콘)를 클릭한다.

③ 확인을 클릭한다(그림 2-1-55).

수행 : 표준 3도의 중심선 표시하기

① Feature Manager 디자인트리에서 도면뷰1에 커서를 데고 마우스 오른쪽 버튼을 클릭하여 피처 편집을 설정한다.

② 도면 탭에서 주석을 클릭한다.

③ 주석 메뉴 가운데 중심선(아이콘)을 선택한다.

④ 뷰 선택에 체크를 하고 정면도와 우측면도를 클릭하면 모든 중심선이 표시된다.

⑤ 확인을 클릭한다(그림 2-1-55).

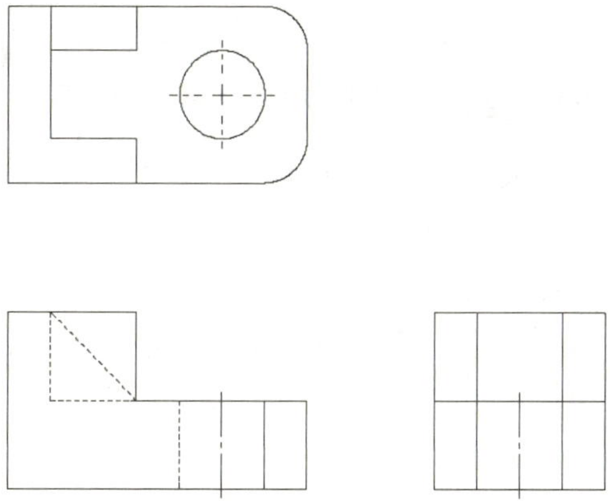

그림 2-1-55 은선 및 숨은선 나타낸 모습

(5) 표준 3도 정리하기

수행 : 표준 3도 정리하기

① Feature Manager 디자인트리에서 도면뷰1에 커서를 데고 마우스 오른쪽 버튼을 클릭하여 피처 편집을 설정한다.

② 정면도, 평면도 및 우측면도에 커서를 근처에 갖고 가면 포인터(✥) 마크가 나타나는데 이 때 포인터를 클릭하고 원하는 곳으로 커서를 움직여서 그림 2-1-56 (a)와 같이 배치한다.

③ 도면뷰의 크기가 도면 시트 전체에 알맞은지 체크하여 그림 2-1-56 (b)와 같이 사용자 배율 사용을 체크하고 사용자 정의 배율을 선택하여 배율을 1.3:1로 정한다.

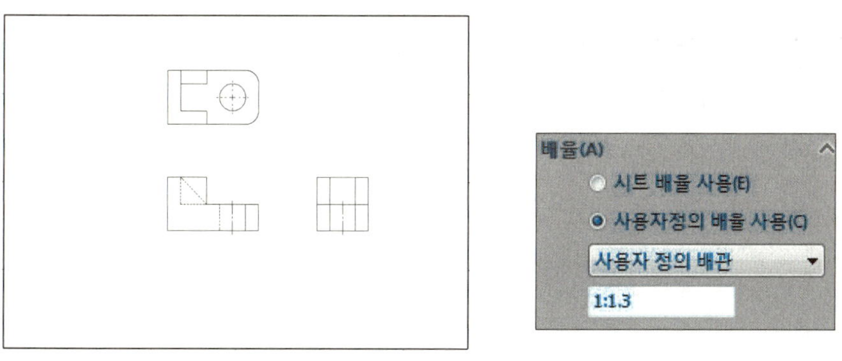

(a) 재배치한 표준 3도 (b) 도면뷰 배율

그림 2-1-56 표준 3도의 재배치 및 배율

(6) 치수 기입하기

생각하기 : 도면에서 지름은 어떻게 표시할까?

KS규격에 따르면 대상으로 하는 부분의 단면이 원형일 때 그 모양을 도면에 표시하지 않고 원형인 것을 나타내는 경우에는 지름의 기호 ∅를 치수 수치 앞에 치수 숫자와 같은 크기로 그림 2-1-57과 같이 기입하여 표시한다. 원형의 그림에 지름의 치수를 기입할 때는 치수 수치의 앞에 지름의 기호 ∅는 기입하지 않는다. 다만, 원형의 일부를 그리지 않은 도형에서 치수선의 끝부분 기호가 한 쪽인 경우는 반지름의 치수와 혼동하지 않도록 지름의 치수 수치 앞에 ∅를 기입한다.

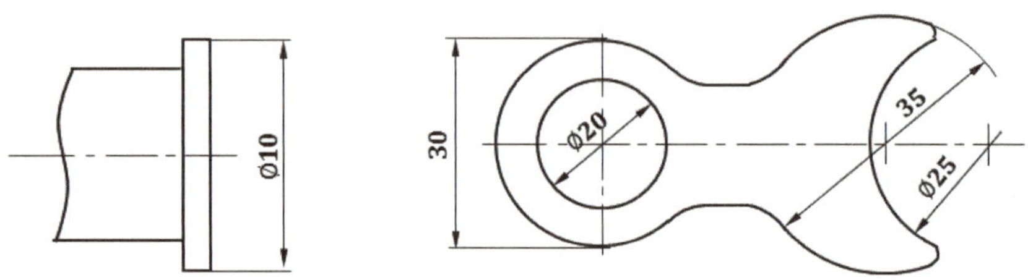

그림 2-1-57 일반적인 지름 표시 방법

수행 : 표준 3도의 치수 표시하기

① Feature Manager 디자인트리에서 도면뷰1에 커서를 데고 마우스 오른쪽 버튼을 클릭하여 피처 편집을 설정한다.

② 도면 탭에서 주석을 클릭한다.

③ 주석 메뉴 가운데 모델항목( )을 선택한다.

④ 확인을 클릭하면 도면의 모든 치수가 표시된다.

⑤ 주석 도구에서 지능형 치수( )를 클릭한다.

⑥ 그림 2-1-58과 같이 필요한 치수는 삽입하고 및 불필요한 치수는 삭제하여 보기 좋게 치수 정리를 한다.

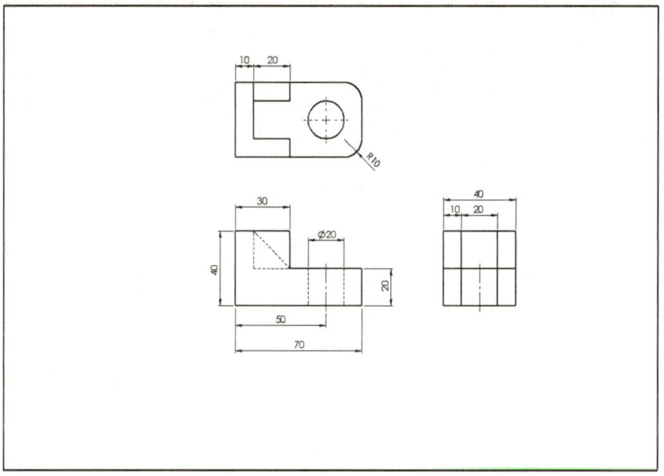

그림 2-1-58 치수 기입 모습

(7) 표제란 삽입 및 편집하기

수행 : 새로운 표제란 삽입하기

① 시트형식 탭을 클릭하고 일반테이블을 클릭한다.

② 테이블을 삽입할 수 있는 창이 나타나며 여기서 별표 모양을 클릭하면 미리 만들어 놓은 표제란 테이블 템플릿(A4_1)을 찾아서 가져올 수 있다.

③ 일반테이블 편집 완료 버튼을 누른다.

④ 테이블 템플릿을 오른쪽 모서리에 위치하도록 배치한다.

수행 : 표제란 편집하기

① 표제란의 이름의 빈 칸을 더블 클릭한다.

② 한글로 자기 이름을 작성한다.

③ 빈칸에 대해 그림 2-1-59와 같이 도면의 내용과 작성 장소를 모두 기입한다.

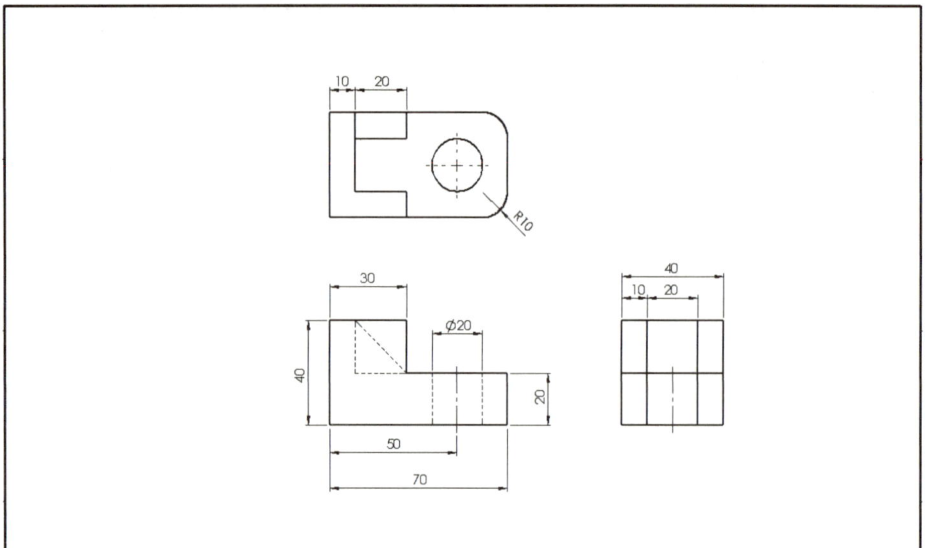

도번	투영법	부품명칭	작성		저장
A_01	3각법	부품3_1	이름	홍준희	2018-12-20
표준 3도			날자	2018-12-20	충남대학교

그림 2-1-59 표제란 삽입 결과

(8) 저장하기

수행 : 최종 도면 저장하기

① 저장 도구( )에서 다른 이름으로 저장하기를 클릭한다.

② 저장할 디렉토리를 정하고 파일이름을 "부품3"로 한다.

③ 저장 버튼을 클릭한다.

1-3 학습 정리

1-3-1 부품1의 형상모델링 및 표준3도 작성 종합정리

1-3-1-1 부품1의 형상모델링 정리하기

① 3각법에 의한 표준3도를 이해하고 부품1을 완성한 형상모델링 결과는 그림 2-1-60과 같다.

② 스케치 기반의 돌출 다각형 형상모델링은 선 도구를 사용하여 형상 단면을 스케치하고 보스-돌출 도구에 의해 블라인드 형태로 돌출하는 방법이 일반적이다.

③ 스케치 기반의 돌출 사각 홈 형상모델링은 코너 사각형(또는 중심 사각형) 도구를 사용하여 사각형 단면을 스케치하고 에 의해 블라인드 형태로 컷 돌출하는 방법이 일반적이다.

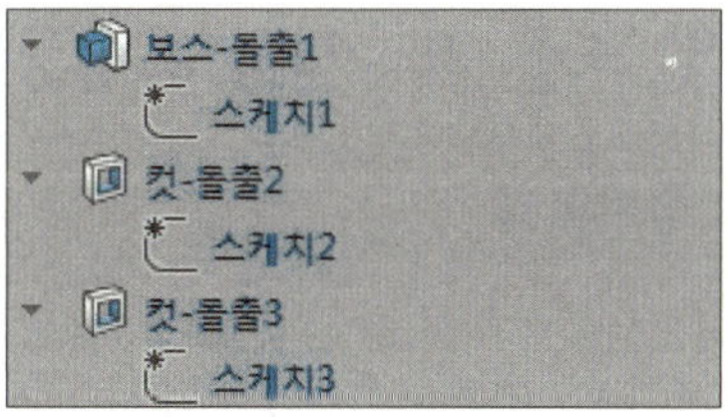

그림 2-1-60 부품1의 형상모델링 디자인 트리

1-3-1-2 부품1의 표준3도 작성 정리하기

① 부품1의 표준 3도 작성 결과는 그림 2-1-61과 같다.

② 부품1의 도면 작성에서 A4 시트 설정은 시트 형식/크기 설정 창에서 찾아보기를 클릭하고 a4-landscape.slddrt를 선택한다.

③ 부품1의 도면 작성에서 표준 3도는 뷰 레이아웃의 표준3도 도구를 활용하여 표현한다.

④ 부품1의 도면 작성에서 도면뷰의 크기나 위치는 시트 크기에 따라 다르며 임의로 디폴트 되어 있으므로 A4 도면 시트와 표제란의 크기 및 위치를 고려하여 적절하게 조절 및 배치한다.

⑤ 부품1의 도면 작성에서 표준3도의 치수는 정면도 중심으로 KS규격에 맞춰 기입한다.

⑥ 부품1의 도면 작성에서 미리 만든 표제란 삽입은 일반테이블 편집에서 별표 모양을 클릭하고 새로운 표제란 테이블 템플릿(예; A4_1)을 찾아서 가져온 후에 일반테이블 편집 완료 버튼을 누르고 나서 도면 오른쪽 모서리에 배치한다.

⑦ 부품1의 도면 작성에서 표제란 빈 공란의 글자 삽입은 빈 공란을 더블 클릭한 후에 실행한다.

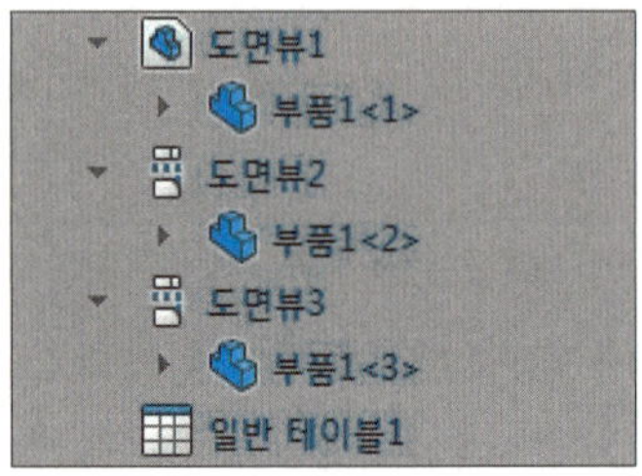

그림 2-1-61 부품1의 표준 3도 작성 디자인 트리

1-3-2 부품2의 형상모델링 및 표준 3도 작성 종합정리

1-3-2-1 부품2의 형상모델링 정리하기

① 3각법에 의한 표준 3도를 이해하고 부품2을 완성한 형상모델링 결과는 그림 2-1-62와 같다.

② 오목 블록형상 옆면의 직각 삼각형 컷 돌출 형상에 대한 형상모델링에서 돌출 컷에 의해 다른 옆면이 컷 돌출되지 않기 위해서는 두 가지 방법을 생각할 수 있는데 한 가지는 스케치면 다른 옆면이 컷 돌출되지 않도록 설정하는 것과 또 한 가지는 스케치 면에 관계없이 컷 돌출 할 때 “다음까지”로 설정하면 된다.

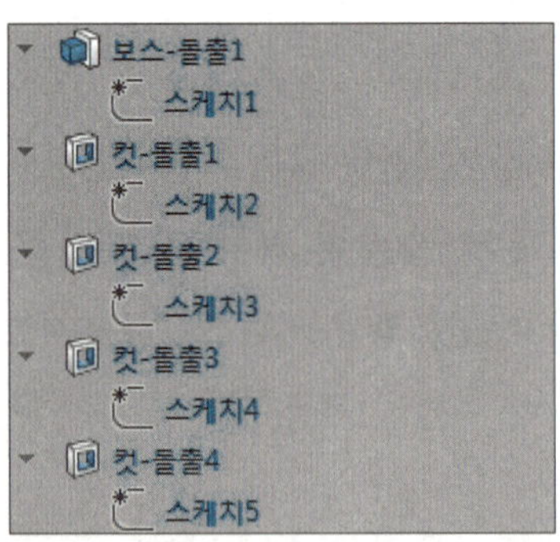

그림 2-1-62 부품2의 생성 이력

1-3-2-2 부품2의 표준3도 작성 정리하기

① 부품2의 표준3도 작성 결과는 그림 2-1-63과 같다.

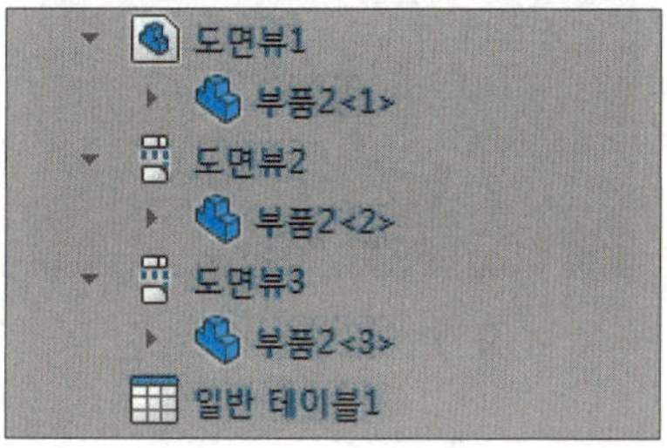

그림 2-1-63 부품2의 표준 3도 작성 디자인 트리

② 부품2의 도면 작성에서 A4 시트 설정은 시트 형식/크기 설정 창에서 찾아보기를 클릭하고 a4-landscape.slddrt를 선택한다.

③ 부품2의 도면 작성에서 표준 3도는 뷰 레이아웃의 표준3도 도구를 활용하여 표현한다.

④ 부품2의 도면 작성에서 도면뷰의 크기나 위치는 시트 크기에 따라 다르며 임의로 디폴트 되어 있으므로 A4 도면 시트와 표제란의 크기 및 위치를 고려하여 적절하게 조절 및 배치한다.

⑤ 부품2의 도면 작성에서 표준3도의 치수는 정면도 중심으로 KS규격에 맞춰 기입한다.

⑥ 부품2의 도면 작성에서 미리 만든 표제란 삽입은 일반테이블 편집에서 별표 모양을 클릭하고 새로운 표제란 테이블 템플릿(예; A4_1)을 찾아서 가져온 후에 일반테이블 편집 완료 버튼을 누르고 나서 도면 오른쪽 모서리에 배치한다.

⑦ 부품2의 도면 작성에서 표제란 빈 공란의 글자 삽입은 빈 공란을 더블 클릭한 후에 실행한다.

1-3-3 부품3의 형상모델링 및 표준3도 작성 종합정리

1-3-3-1 부품3_1의 형상모델링 정리하기

① 3각법에 의한 표준3도를 이해하고 부품3_1을 완성한 형상모델링 결과는 그림 2-1-64와 같다.

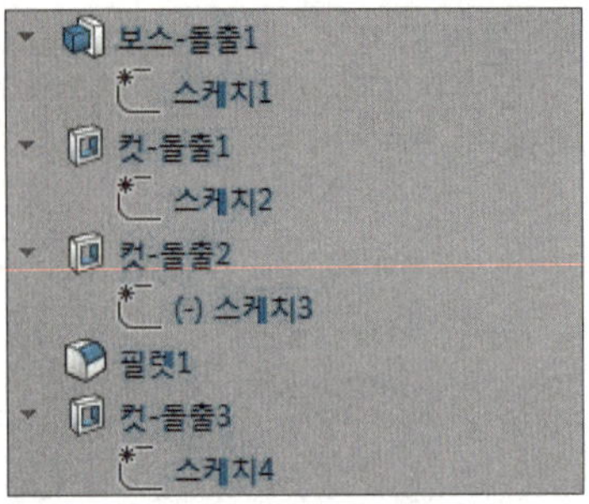

그림 2-1-64 부품3_1의 형상 모델링 디자인 트리

② 부품 3_1의 스케치 기반의 대칭 돌출 형상모델링은 보스-돌출 도구에 의한 스케치 형상 단면을 중간 평면으로 돌출하는 방법을 활용한다.

③ 부품 3_1의 오목 대칭 돌출 형상은 선 도구를 사용하여 직각 삼각형 단면을 스케치하고 돌출 컷 도구에 의한 스케치 직각 삼각형 단면을 다음까지로 컷 돌출하는 방법을 활용한다.

④ 부품 3_1에서 모서리 부분의 둥글기 Pick-and-Place 형상 모델링은 필렛 도구 가운데 필렛을 사용하는 방법을 활용한다.

1-3-3-2 부품3_2의 형상모델링 정리하기

(1) 부품3_2의 형상모델링 정리하기

① 3각법에 의한 표준3도를 이해하고 부품3_2를 완성한 형상모델링 결과는 그림 2-1-66과 같다.

② 부품 3_2의 기초형상은 코너 사각형 도구, 원 도구 및 스케치 필렛 도구를 활용하여 형상 단면을 스케치하고 보스-돌출 도구에 의한 스케치 형상 단면을 블라인드 형태로 돌출한다.

③ 부품 3_2의 옆면 직각삼각형 컷 돌출 형상은 선 도구를 사용하여 직각 삼각형 단면을 스케치하고 돌출 컷 도구에 의한 스케치 직각 삼각형 단면을 다음까지로 컷 돌출한다.

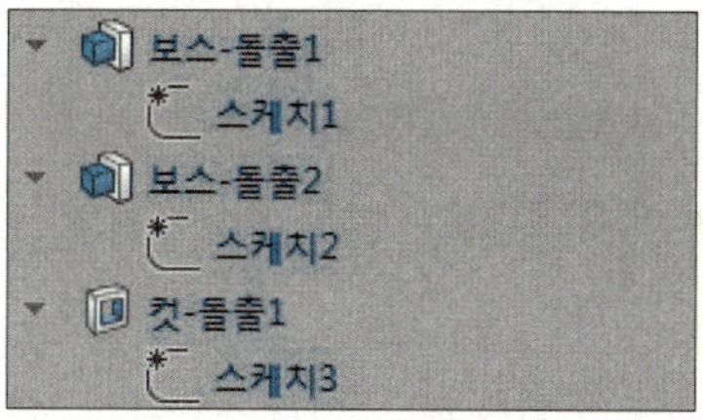

그림 2-1-66 부품3_2의 생성 이력

(2) 부품3_1의 형상모델링과 부품3_2의 형상모델링 방법 비교하기

① 부품3_2의 형상모델링이 3단계로 완성되었고 부품3_1의 형상모델링의 5단계로 완성된 것을 비교하면 부품3_2의 형상모델링 방법이 보다 효율적이다.

② 부품 하나만은 큰 차이가 없지만 복잡한 기계 부품의 경우 부품의 수가 많으므로 메모리의 영향도 무시할 수 없다.

③ 또한 설계는 효율성이 우선이므로 효율적인 방법을 생각하여 형상모델링 하는 습관을 기르도록 하면 좋다.

1-3-3-3 부품3의 표준3도 작성 정리하기

① 부품3의 형상모델링 방법을 2가지 학습했지만 부품 3_1의 형상모델링 방법이 효율적이므로 여기서도 부품3_1의 형상모델링에 대한 표준3도 작성 결과만을 나타내며 그림 2-1-65와 같다.

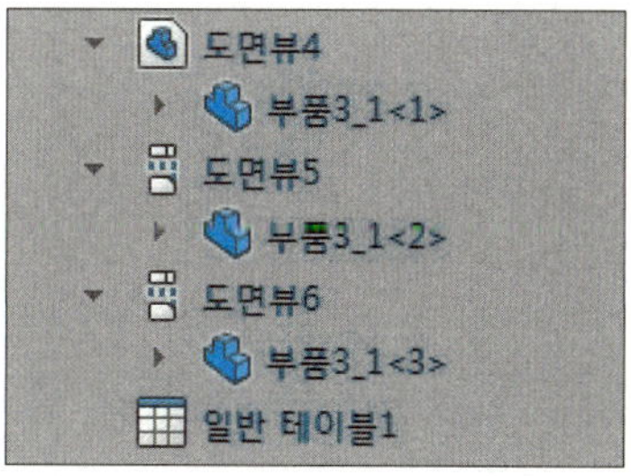

그림 2-1-65 부품3_1의 표준 3도 디자인 트리

② 부품3_1의 도면 작성에서 A4 시트 설정은 시트 형식/크기 설정 창에서 찾아보기를 클릭하고 a4-landscape.slddrt를 선택한다.

③ 부품3_1의 도면 작성에서 표준3도는 뷰 레이아웃의 표준3도 도구를 활용하여 표현한다.

④ 부품3_1의 도면 작성에서 도면뷰의 크기나 위치는 시트 크기에 따라 다르며 임의로 디폴트 되어 있으므로 A4 도면 시트와 표제란의 크기 및 위치를 고려하여 적절하게 조절 및 배치한다.

⑤ 부품3_1의 도면 작성에서 표준3도의 치수는 정면도 중심으로 KS규격에 맞춰 기입한다.

⑥ 부품3_1의 도면 작성에서 미리 만든 표제란 삽입은 일반테이블 편집에서 별표 모양을 클릭하고 새로운 표제란 테이블 템플릿(예; A4_1)을 찾아서 가져온 후에 일반테이블 편집 완료 버튼을 누르고 나서 도면 오른쪽 모서리에 배치한다.

⑦ 부품3_1의 도면 작성에서 표제란 빈 공란의 글자 삽입은 빈 공란을 더블 클릭한 후에 실행한다.

1-4 자율 평가

지시 사항 :

앞에서 학습활동을 다 마친 후 다음 질문에 답하시오. 이 자율평가의 목적은 앞에서 익힌 투상도의 표준 3도 작성에 대해 도면에 관한 KS 규격 지식 및 도면 작성 기능을 모두 숙지했는지를 확인하기 위함이다. 자기 스스로 평가 문제에 답하고 답안을 비교 평가해 봄으로써 본인의 부족한 점에 대해 파악하는 태도를 기르고 부족하다면 다른 사람의 도움을 받거나 본인 스스로 앞의 내용을 더욱 자세히 학습하는 자기주도 학습에 목적이 있다.

1-4-1 자율 평가 문제

[문제 1]

자율평가 그림1에 대해 20분 안에 다음 작업을 실시하라.

1. 형상모델링 작업
- View 방향을 좌측면으로 한다.
- 치수는 자율평가 그림1의 크기로 한다. 단 구멍은 구멍가공마법사 사용.
- 저장 파일 이름을 “표준 3도_자1”로 한다.

2. 도면 작성 작업
- A4 시트 크기로 한다.
- 3각법에 의한 투상도(표준 3도)로 작성한다.
- 척도는 적합하게 선정한다.
- 표제란의 도번은 “표_1”, 제목은 “표준 3도”로 한다.

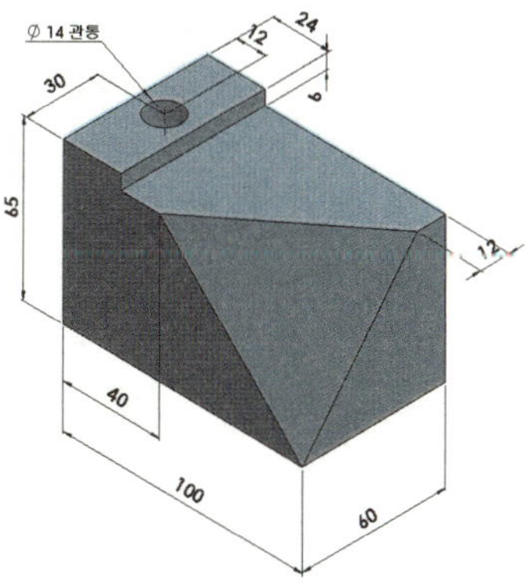

자율평가 그림1

[문제 2]

자율평가 그림2에 대해 20분 안에 다음 작업을 실시하라.

1. 형상모델링 작업

- View 방향을 좌측면으로 한다.
- 치수는 그림2의 크기로 한다.
- 저장 파일 이름을 "표준 3도_자2"로 한다.

2. 도면 작성 작업

- A4 시트 크기로 한다.
- 3각법에 의한 투상도(표준 3도)로 작성한다.
- 치수는 그림2의 크기로 기입하며 척도는 적합하게 선정한다.
- 표제란의 도번은 "자A_2", 제목은 "표준 3도"로 한다.

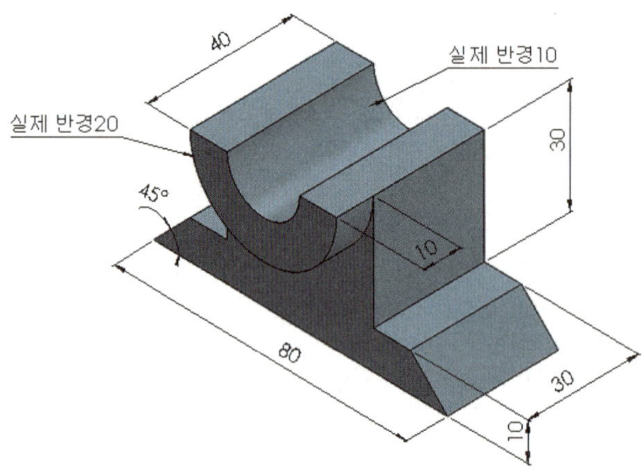

자율평가 그림2

[문제 3]

자율평가 그림3에 대해 20분 안에 다음 작업을 실시하라.

1. **형상모델링 작업**

- View 방향을 좌측면으로 한다.
- 치수는 그림3의 크기로 한다.
- 저장 파일 이름을 "표준 3도_자3"으로 한다.

2. **도면 작성 작업**

- A4 시트 크기로 한다.
- 3각법에 의한 투상도(표준 3도)로 작성한다.
- 치수는 그림3의 크기로 기입하며 척도는 적합하게 선정한다.
- 표제란의 도번은 "자A_3", 제목은 "표준 3도"로 한다.

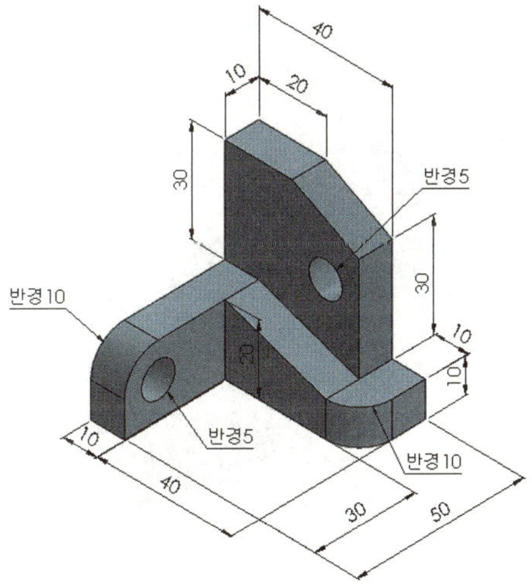

자율평가 그림3

[문제 4]

자율평가 그림4에 대해 30분 안에 다음 작업을 실시하라.

1. **형상모델링 작업**
- View 방향을 좌측면으로 한다.
- 치수는 그림4의 크기로 한다.
- 저장 파일 이름을 "표준 3도_자4"로 한다.

2. **도면 작성 작업**
- A4 시트 크기로 한다.
- 3각법에 의한 투상도(표준 3도)로 작성한다.
- 치수는 그림4의 크기로 기입하며 척도는 적합하게 선정한다.
- 표제란의 도번은 "자A_4", 제목은 "표준 3도"로 한다.

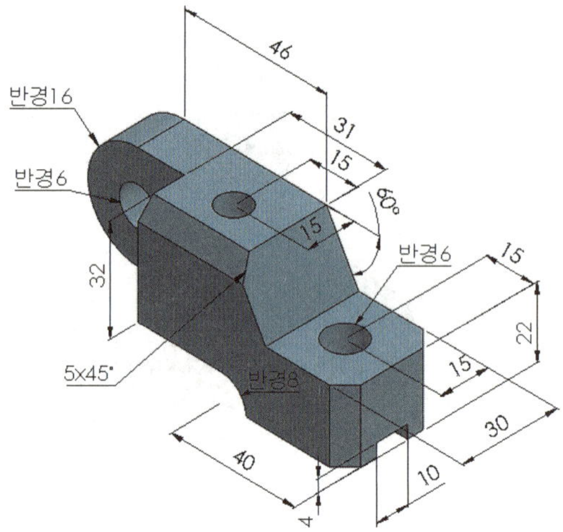

자율평가 그림4

1-4-2 자율평가 문제 답안

[문제 1 답안]

1. 형상모델링 답안

(1) 모델링 과정

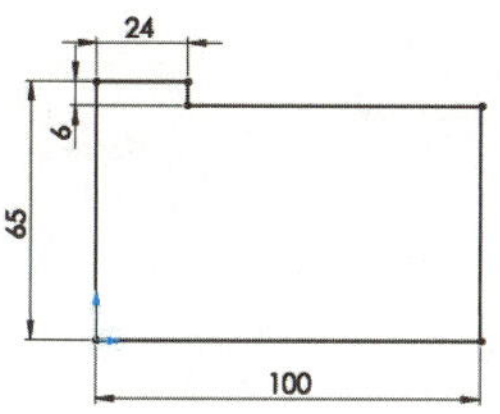

(a) 스케치1

(b) 보스-돌출1(128㎜)

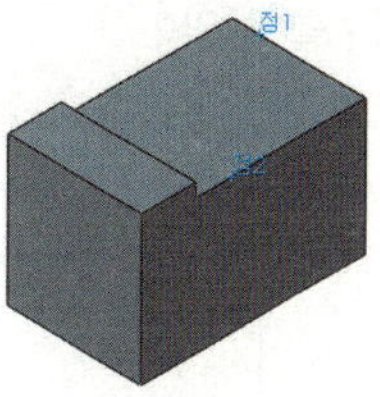

(c) 점1, 점2

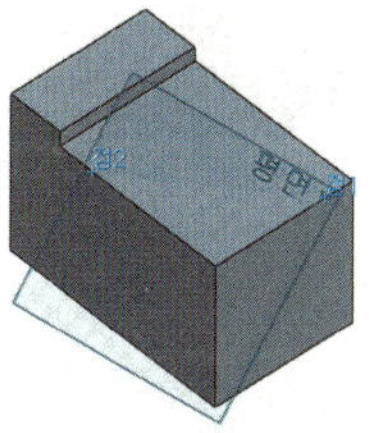
(d) 평면1(3점 통과)

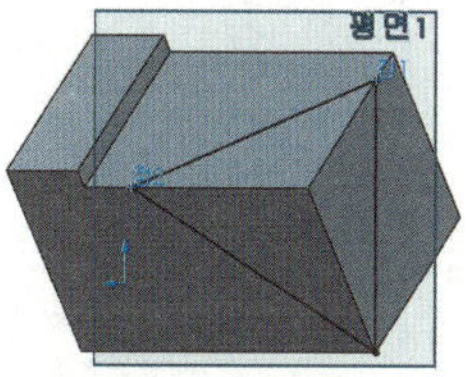

(e) 스케치2

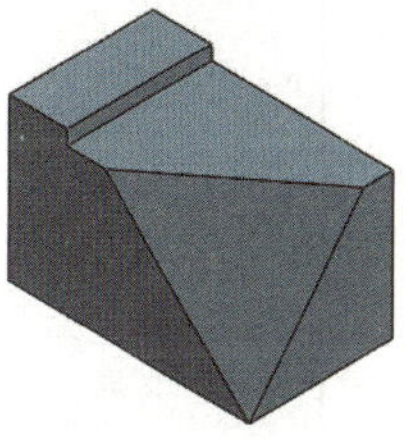
(f) 컷-돌출1

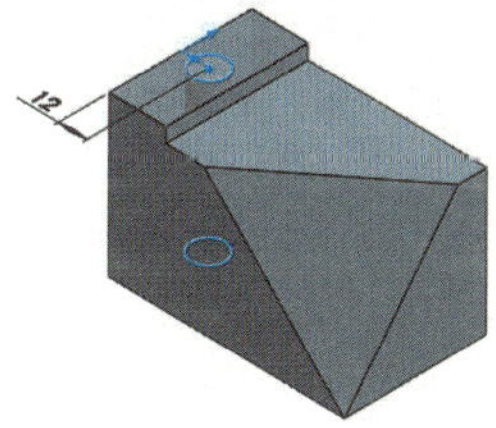

(g) 구멍(∅14㎜)

(2) 디자인 트리

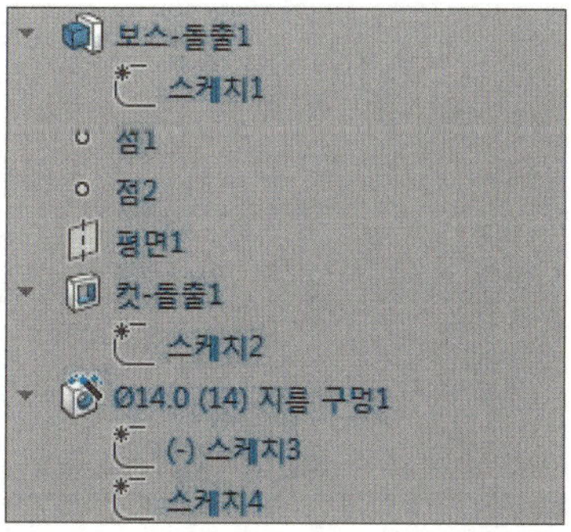

2. 도면 작성 답안

(1) 도면 작성 과정

- A4 시트를 설정하고 표제란을 삭제한다.
- 표준 3도로 배치하고 은선 표시한다.
- 중심선 표시를 한다.
- 치수를 삽입한다.
- 표제란을 삽입하고 필요한 도번, 작성자 및 제목을 작성한다.

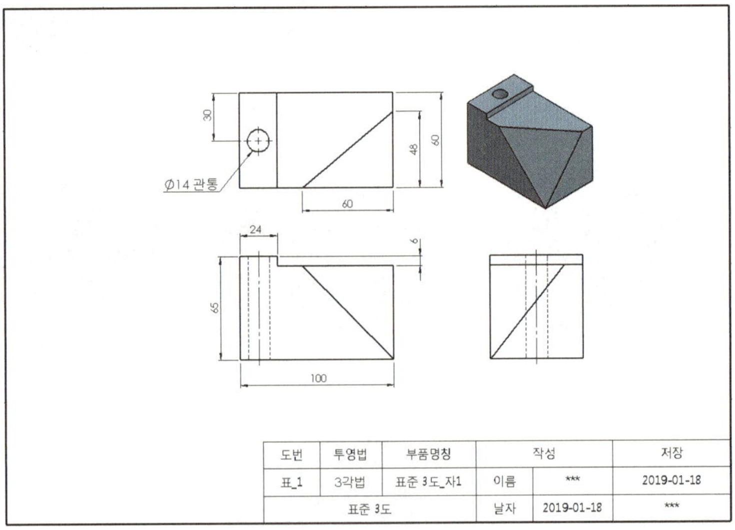

(2) 디자인 트리

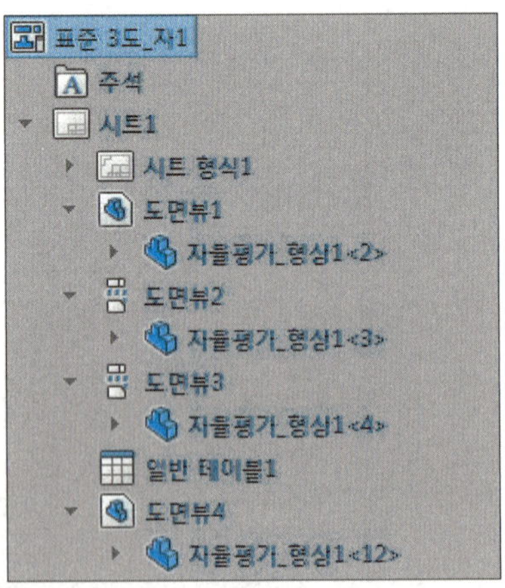

[문제 2 답안]

1. 형상모델링 답안

(1) 모델링 과정

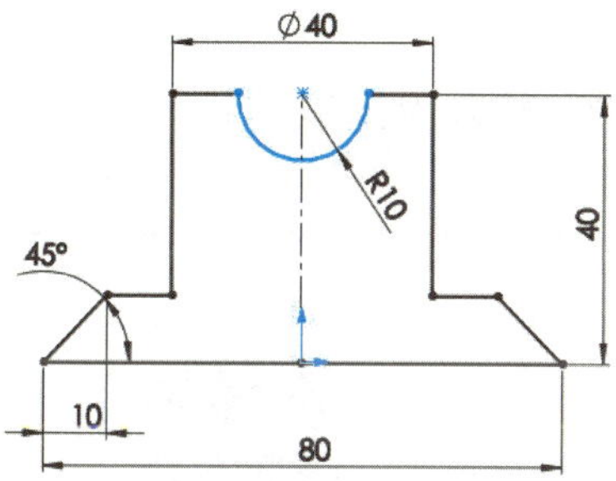

(a) 스케치1

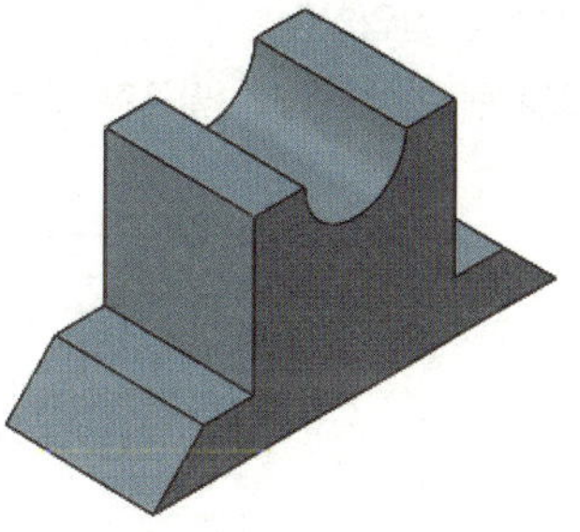

(b) 보스-돌출1(30 ㎜)

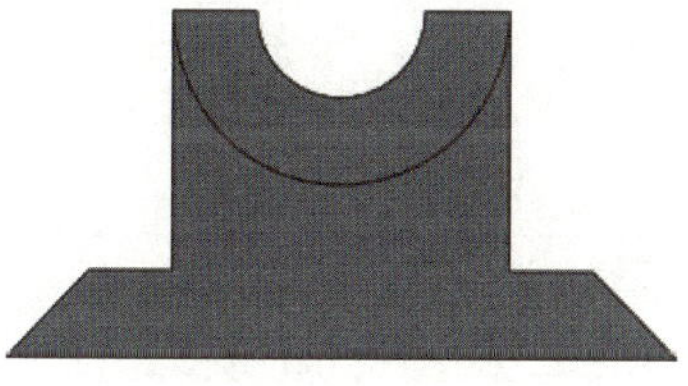

(c) 스케치2

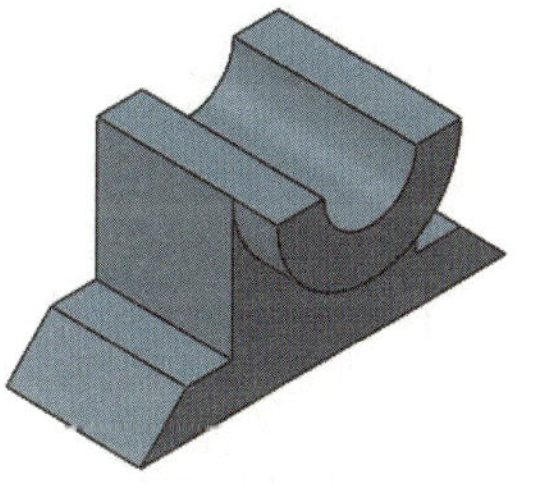

(d) 보스-돌출2(10 ㎜)

(2) 디자인 트리

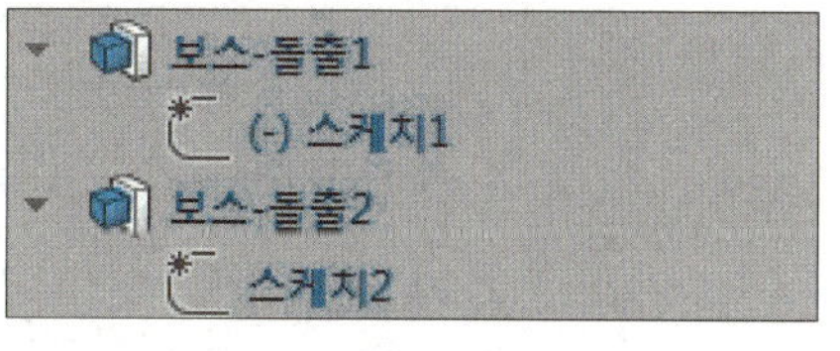

2. 도면 작성 답안

(1) 도면 작성 과정

- A4 시트를 설정하고 표제란을 삭제한다.
- 표준 3도로 배치하고 은선 표시한다.
- 중심선 표시를 한다.
- 치수를 삽입한다.
- 표제란을 삽입하고 필요한 도번, 작성자 및 제목을 작성한다.

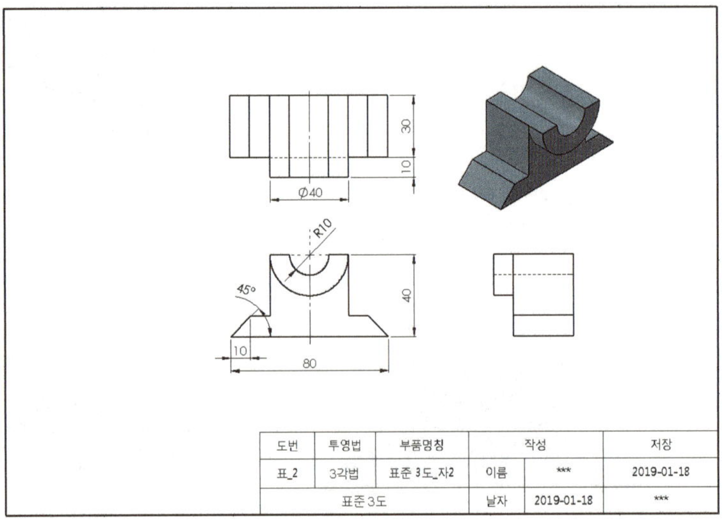

(2) 디자인 트리

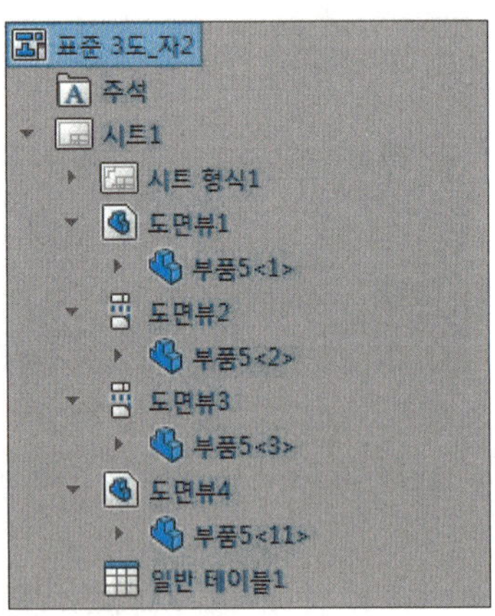

[문제 3 답안]

1. 형상모델링 답안

(1) 모델링 과정

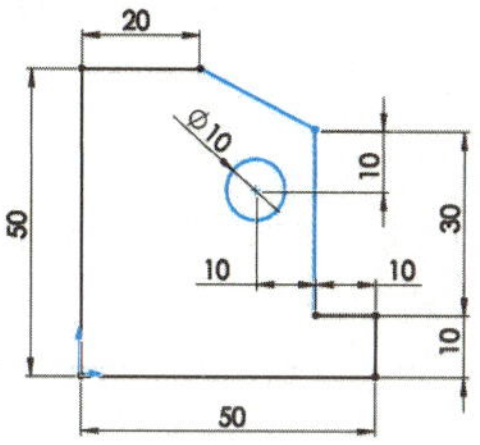

(a) 스케치1

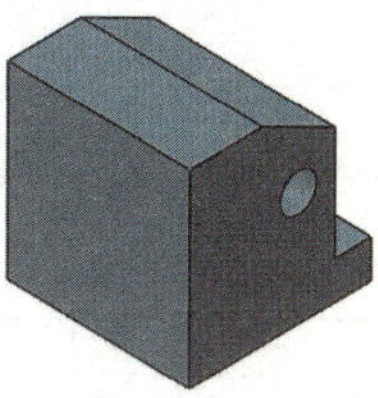

(b) 보스-돌출1(50㎜)

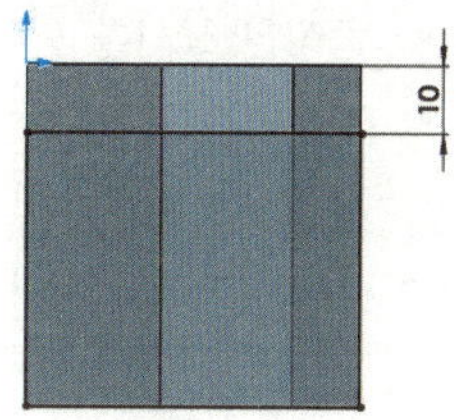

(c) 스케치2

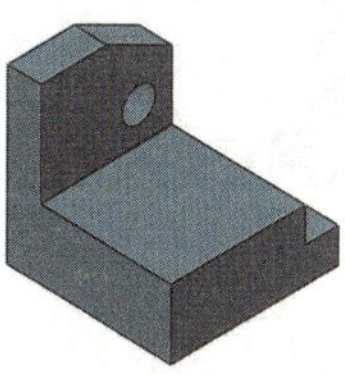

(d) 컷-돌출1

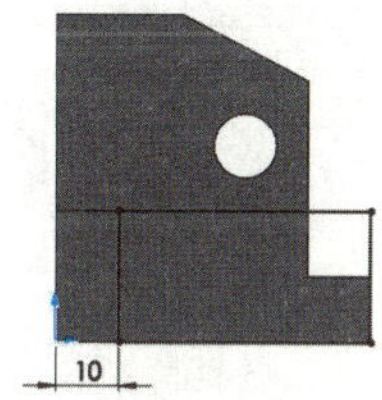

(e) 스케치3

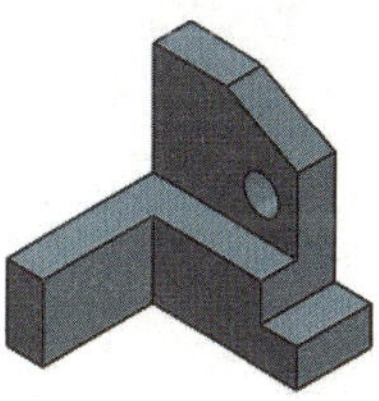

(f) 컷-돌출2(30㎜)

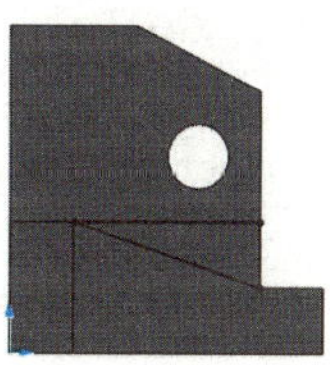

(f) 스케치4

(g) 컷-돌출3(곡면까지)

(h) 구멍 컷-돌출 및 필렛

(2) 디자인 트리

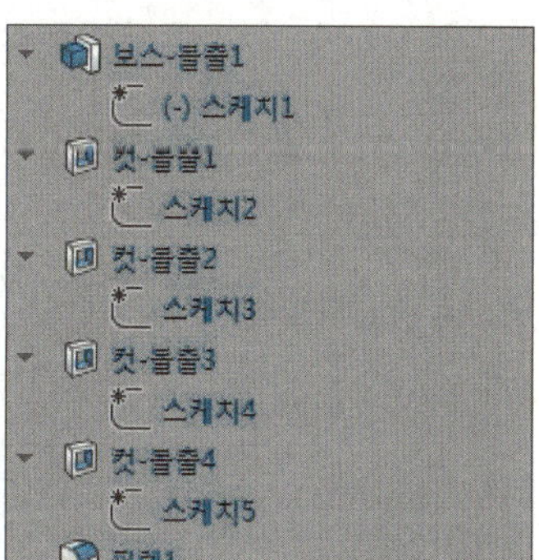

2. 도면 작성 답안

(1) 도면 작성 과정

- A4 시트를 설정하고 표제란을 삭제한다.
- 표준 3도로 배치하고 은선 표시한다.
- 중심선 표시를 한다.
- 치수를 삽입한다.
- 표제란을 삽입하고 필요한 도번, 작성자 및 제목을 작성한다.

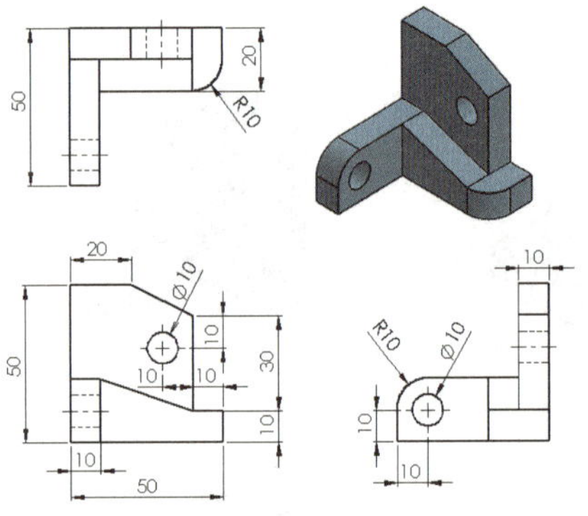

도번	투영법	부품명칭	작성		저장
표_3	3각법	표준 3도_자3	이름	***	2019-01-18
표준 3도			날자	2019-01-18	***

(2) 디자인 트리

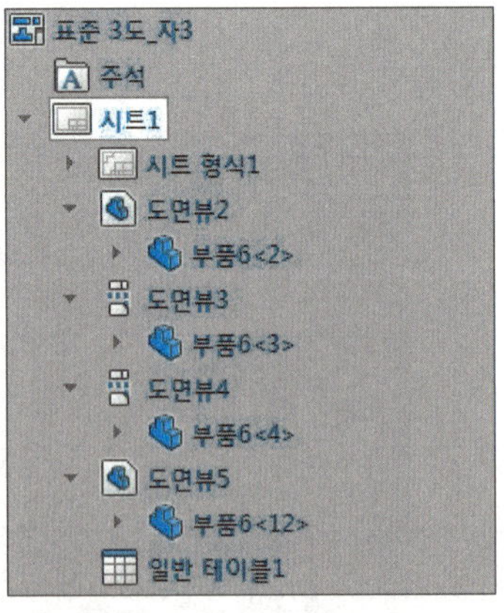

[문제 4 답안]

1. 형상모델링 답안

(1) 모델링 과정

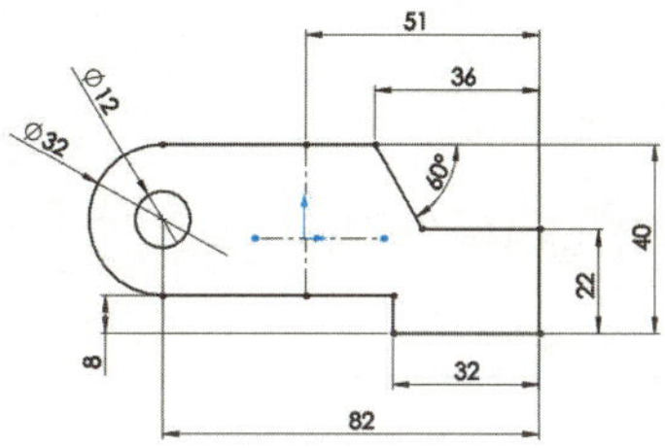

(a) 스케치1

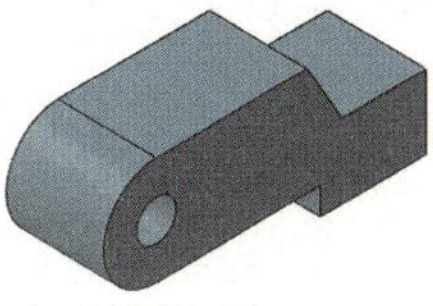

(b) 보스-돌출1(128mm)

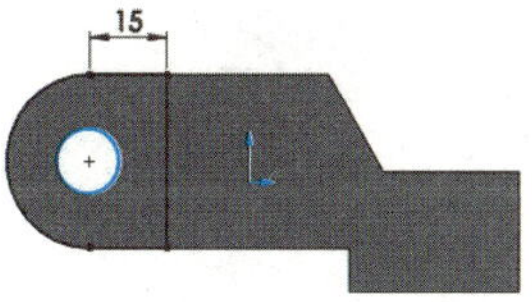

(c) 스케치2

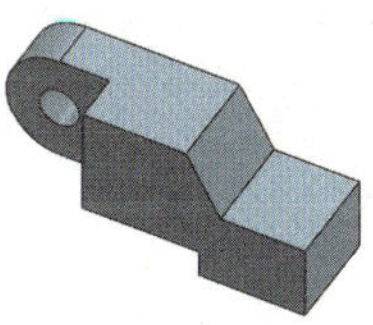

(d) 컷-돌출1

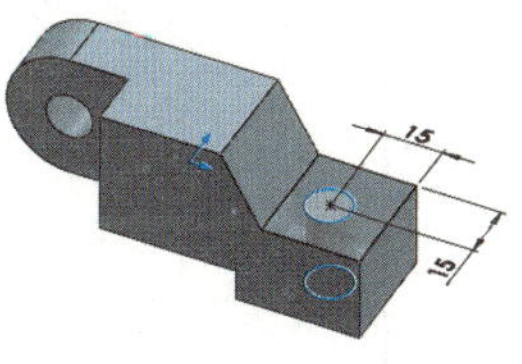

(e) 구멍1(∅12mm)

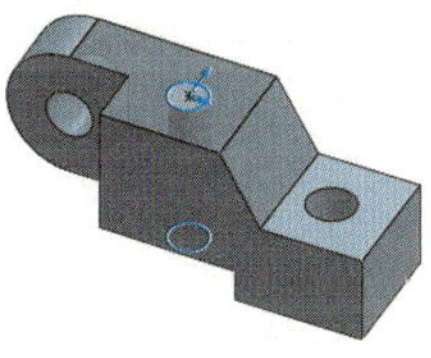

(f) 구멍2(∅10mm)

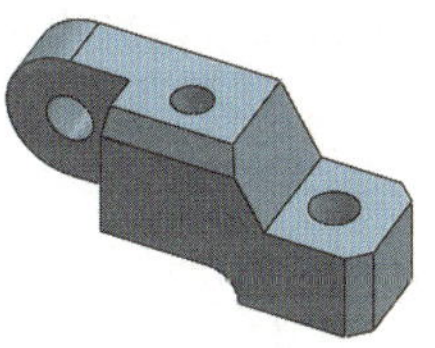

(g) 필렛 및 모따기

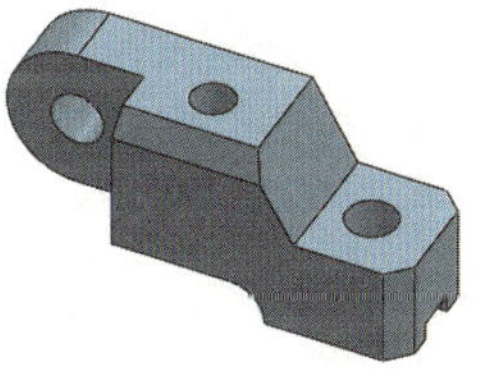

(h) 스케치7 및 컷-돌출2

(2) 디자인 트리

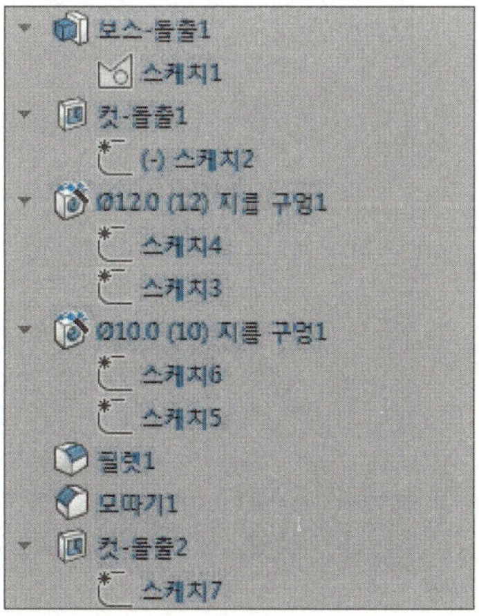

2. 도면 작성 답안

(1) 도면 작성 과정

- A4 시트를 설정하고 표제란을 삭제한다.
- 표준 3도로 배치하고 은선 표시한다.
- 중심선 표시를 한다.
- 치수를 삽입한다.
- 표제란을 삽입하고 필요한 도번, 작성자 및 제목을 작성한다.

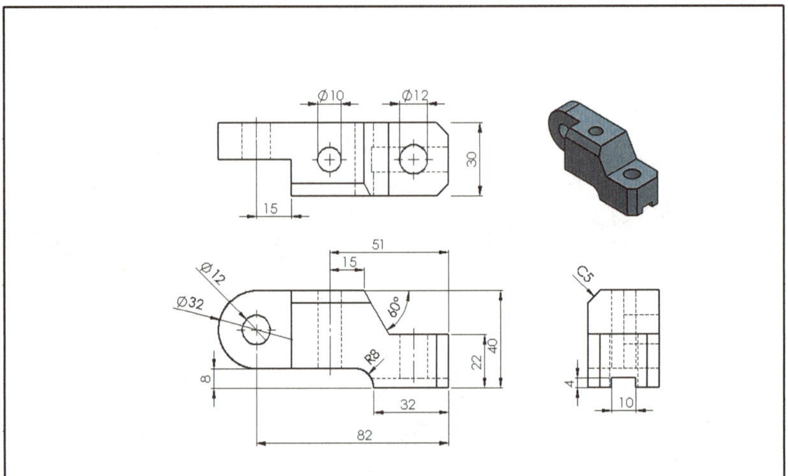

도번	투영법	부품명칭	작성		저장
표_4	3각법	표준 3도_자4	이름	***	2019-01-18
표준3면			날자	2019-01-18	***

(2) 디자인 트리

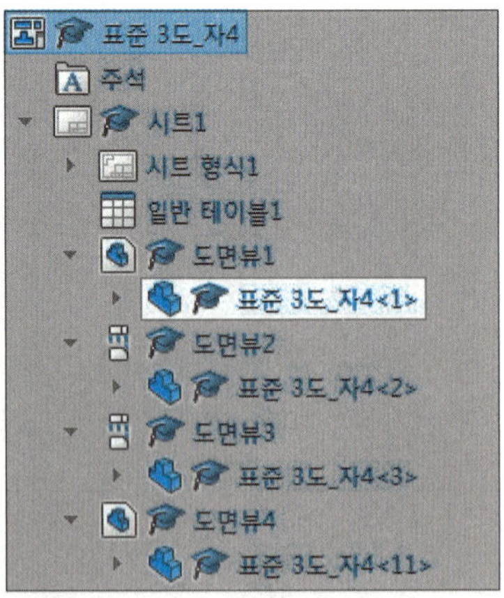

자율평가 결과 점검표

학습자 성명 :	평가 날짜 :
평가 제목 : 표준 3도 작성의 이해	

			성취 수준			
			이해하지 못했음	일부만 이해했음	완전히 이해했음	이해 반복수
문제1	형상 모델링	스케치 도구 사용				
		피처 도구 사용				
	도면작성	표준 3도 표현 및 정리				
		치수 표현 및 정리				
		표제란 삽입 및 내용 편집				
문제2	형상 모델링	스케치 도구 사용				
		피처 도구 사용				
	도면작성	표준 3도 표현 및 정리				
		치수 표현 및 정리				
		표제란 삽입 및 내용 편집				
문제3	형상 모델링	스케시 도구 사용				
		피처 도구 사용				
	도면작성	표준 3도 표현 및 정리				
		치수 표현 및 정리				
		표제란 삽입 및 내용 편집				
문제4	형상 모델링	스케치 도구 사용				
		피처 도구 사용				
	도면자선	표준 3도 표현 및 정리				
		치수 표현 및 정리				
		표제란 삽입 및 내용 편집				

[성취수준]
위의 모든 항목에 대해 "완전히 이해했음", 즉 이해도 100%로 답하여야 합니다. 만일 "이해하지 못했음" 또는 "일부만 이해했음"에 답을 했다면 앞에서 학습한 내용을 다시 한 번 확인 하시고 몇 번 만에 이해하였는지를 체크하십시오.

2 2면도 작성의 이해

2-1 학습 준비

2-2-1 학습 대상

그림 2-2-1 (a)와 같은 축 받침대는 2면도로 충분하기 때문에 이것을 대상으로 한다.

축 받침대의 플레이트 부분은 좌우상하 대칭형으로 좌우 끝단에 볼트로 고정할 수 있는 볼트 구멍이 있다. 또한 축 지름이 40 mm인 축을 받치는 중공 원기둥 받침대 부분이 30 mm 돌출된 형태이다.

나선형 스윕 형상은 볼트의 나사부분이나 스프링과 같이 일전 단면의 형상이 나선형으로 경로를 따라 나타내는 형상을 말한다. 그림 2-2-1 (b)와 같은 볼트 형상은 나선형 스윕 기능을 이용하여 만들어야 하므로 육각머리 볼트를 대상으로 나선형 스윕 형상을 만들어 보기로 한다.

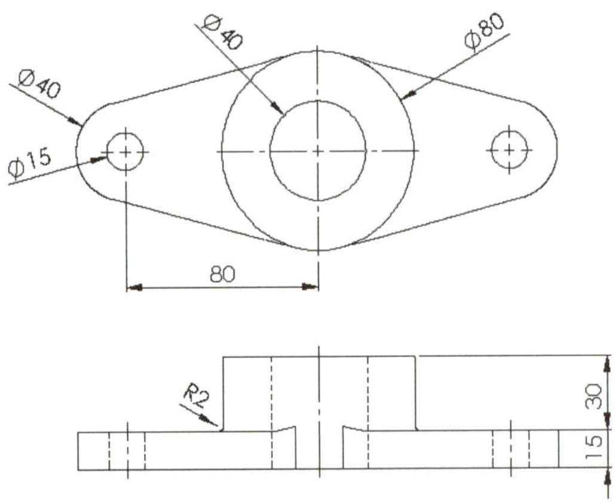

(a) 축 받침대

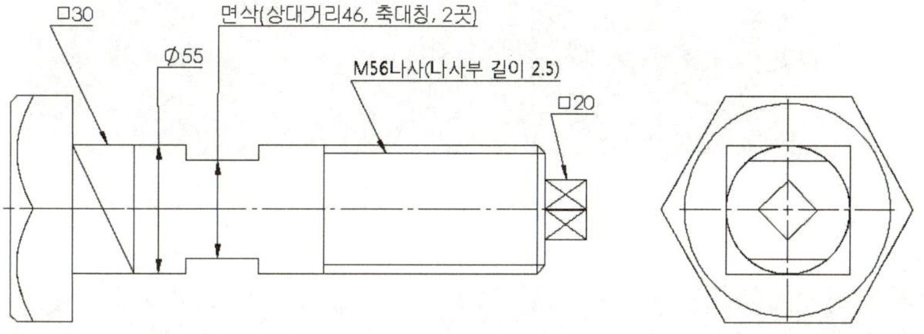

(b) 육각머리 볼트

그림 2-2-1 2면도의 예

2-1-2 관련지식

2-1-2-1 2면도의 정의

표준 3도로 나타내기에는 중복의 의미가 있어서 2개의 투상도로 부품의 전체를 충분히 표현할 수 있는 경우가 있다. 이러한 경우에 보통 "정면도와 평면도" 또는"정면도와 우측면도"의 2면도(two-view drawing)를 구성하게 된다.

2-1-2-2 2면도의 선택기준

정면도와 평면도 또는 측면도 중에 어떤 것이든 좋을 때는

- 모양을 이해하기 쉬운 그림
- 배치(도면의 균형, 공간)가 좋은 그림

2-1-3 CAD 관련 사항 검토하기

SolidWorks에서는 2면도와 같은 투상도 작성에 필요한 도구를 그림 2-2-2 (a)와 같은 뷰 레이아웃 탭의 투상도 도구를 갖추고 있으며, 치수 등을 기입하기 위해 필요한 주석 탭의 지능형 치수 또는 모델 항목 도구를 그림 2-2-2 (b)와 같이 갖추고 있다.

(a) 뷰 레이아웃

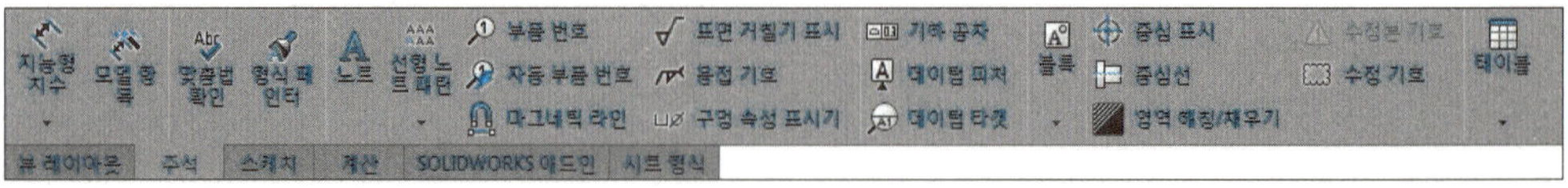

(b) 주석

그림 2-2-2 2면도 작성에 필요한 도구

2-2 학습 활동

2-2-1 축 받침대의 형상모델링 및 2면도 작성

2-2-1-1 형상 모델링

(1) 기초형상 모델링

수행 : 스케치 준비하기

① 풀다운 메뉴에서 새로 만들기 아이콘을 선택한다.

② 기본 모듈 가운데 파트를 선택한다.

③ 기준 평면을 정면으로 하고 스케치를 클릭한다.

④ 스케치를 위한 스케치 실행을 클릭한다.

수행 : 원 도구와 선 도구에 의한 단면 스케치하기

① 원 도구를 클릭한다.

② 원점에 원의 중심을 두고 2개의 동심원을 스케치 한다.

③ 원점과 수평이 되게 왼쪽에 2개의 동심원을 그린다.

④ 오른쪽에도 원점과 수평이 되게 두개의 원과 동심원을 그린다.

⑤ 원점과 동심인 두 원의 하나는 지름 80 mm, 두 번째 원의 지름은 40 mm로 치수를 수정한다.

⑥ 왼쪽과 오른쪽 두 원의 하나는 지름 40 mm, 두 번째 원은 지름 15 mm로 치수를 수정한다.

⑦ 선 도구를 클릭한다.

⑧ 그림 2-2-2와 같이 원과 원이 접선이 되도록 선을 긋는다.

⑨ 완료한다.

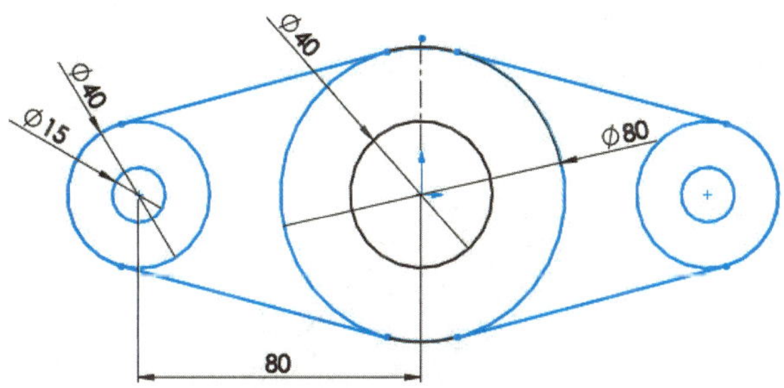

그림 2-2-2 원과 접선 스케치

수행 : 요소 잘라내기 도구에 의한 필요 없는 선 제거하기

① 요소 잘라내기 도구를 클릭한다.

② 필요 없는 원호 부분을 그림 2-2-3과 같이 제거한다.

③ 완료한다.

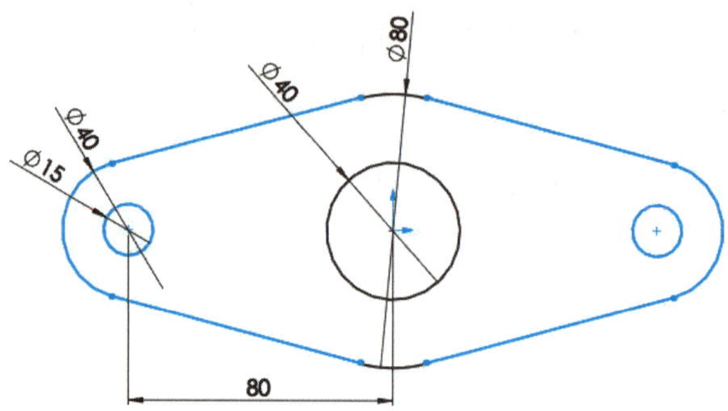

그림 2-2-3 원과 직선의 필요 없는 내부 원호 부분 제거 모습

수행 : 돌출 보스/베이스 도구에 의한 스케치 형상 돌출하기

① 피처 탭을 클릭한다.

② 피처 탭에서 돌출 보스/베이스 도구를 선택한다.

③ 속성 창에서 방향1을 “블라인드 형태”로 돌출 깊이는 15mm로 한다.

④ 완료✔를 클릭하여 그림 2-2-4와 같은 형상을 완성한다.

그림 2-2-4 축 받침부분 완성 모습

(2) 정면도 돌출부분 형상

수행 : 원 도구에 의한 돌출 단면 스케치하기

① 기준 평면을 축 받침 부분의 윗면으로 하고 스케치를 클릭한다.

② 스케치를 위한 스케치 실행을 클릭한다.

③ 원 도구를 클릭한다.

④ 원점에 원의 중심을 두고 2개의 원을 스케치 한다.

⑤ 그림 2-2-5와 같이 두 동심원의 하나는 지름 80 mm, 두 번째 원의 지름은 40 mm로 치수를 수정한다.

⑥ 완료한다.

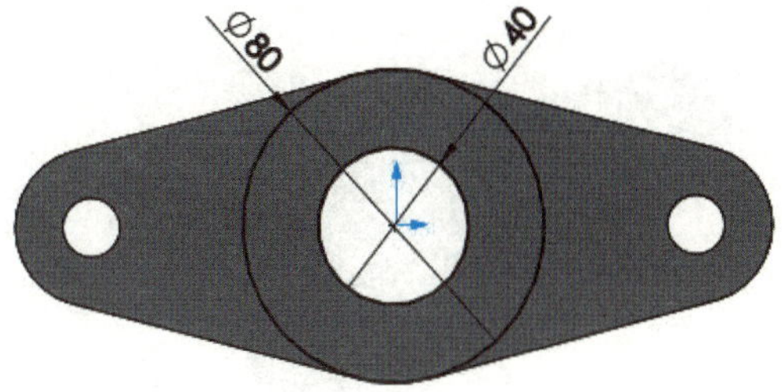

그림 2-2-5 돌출을 위한 원 스케치 모습

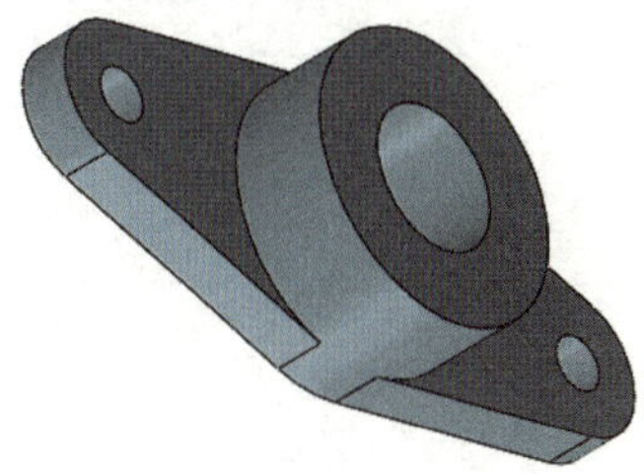

그림 2-2-6 축 돌출부분 완성 모습

수행 : 돌출 보스/베이스 도구에 의한 단면 형상 돌출하기

① 피처 탭을 클릭한다.

② 피처 탭에서 돌출 보스/베이스 도구를 선택한다.

③ 속성 창에서 방향1은 "블라인드 형태"로 하고 돌출 깊이는 30 mm로 한다.

④ 완료✔를 클릭하여 그림 2-2-6과 같은 형상을 완성한다.

(3) 둥글기 형상

수행 : 필렛 도구에 의한 둥글기 형상 만들기

① 피처 탭을 클릭한다.

② 피처 탭에서 필렛 도구를 선택한다.

③ 속성 창에서 그림 2-2-7과 같이 필렛 반지름을 2mm로 한다.

④ 완료✔를 클릭하여 형상을 완성한다.

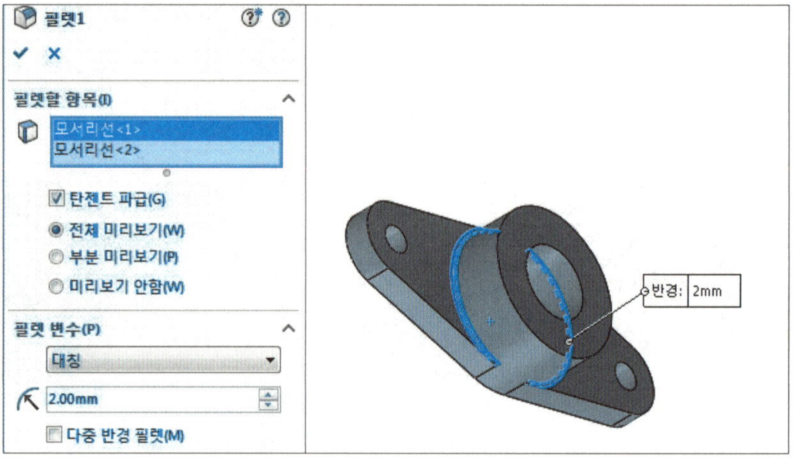

그림 2-2-7 축 돌출부분 완성 모습

(4) 저장하기

수행 : 최종 형상 저장하기

① 저장 도구(💾)에서 다른 이름으로 저장하기를 클릭한다.

② 저장할 디렉토리를 정하고 파일이름을 “축 받침대”로 한다.

③ 저장 버튼을 클릭한다.

2-2-1-2 2면도 작성

(1) 도면 작성 준비하기

수행 : 도면 작성 화면 들어가기

① 풀다운 메뉴에서 새로 만들기 아이콘을 선택한다.

② 기본 모듈 가운데 도면을 선택한다.

③ 시트 형식/크기 설정 창에서 찾아보기를 클릭한다.

④ a4-landscape.slddrt를 설정하고 열기를 한다.

⑤ 확인을 클릭한다.

(2) 시트 편집하기

수행 : 표제란 없애기

① 도면 Management 탭에서 시트형식을 선택한다.

② 시트형식 탭에서 시트 편집을 선택한다.

③ 표제란 부분을 마우스로 전체 드래그 하여 삭제 영역을 정하고 키보드의 삭제 버튼을 클릭한다.

④ 확인을 클릭한다.

수행 : 새로운 표제란 삽입하기

① 시트편집 상태에서 일반테이블을 클릭한다.

② 테이블을 삽입할 수 있는 창이 나타나며 여기서 별표 모양을 클릭하면 미리 만들어 놓은 표제란 테이블 템플릿(A4_1)을 찾아서 가져올 수 있다.

③ 테이블 템플릿을 오른쪽 모서리에 위치하도록 배치한다.

④ 일반테이블 편집 완료 버튼을 누른다.

(3) 2면도 나타내기

생각하기 : 2면도를 위한 투상도는 어떻게 결정하는지?

기계제작도면을 그릴 때 투상도의 수효는 최소화한다. 표준 3도와 달리 정면도와 평면도만으로 충분히 부품 제작의 설명이 된다면 우측면도를 생략해도 좋고 정면도와 우측면도만으로 충분히 부품 제작의 설명이 된다면 평면도를 생략해도 좋다.

수행 : 부품의 2면도 작성하기

① 뷰 레이아웃에서 모델뷰()를 클릭한다.

② 문서열기가 나타나며 축 받침대를 더블 클릭한다.

③ 정면도가 디폴트되어 있으므로 정면도를 적절히 배치하고 평면도를 위 또는 아래로 커서를 내려 나타낸다(그림 2-2-9).

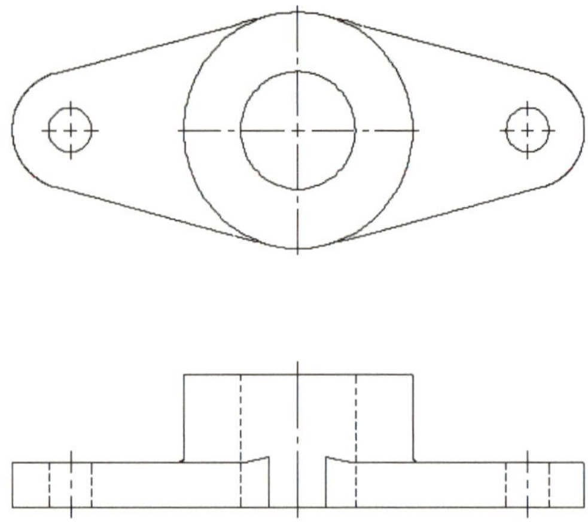

그림 2-2-9 정면도와 평면도(2면도)

(4) 치수 기입하기

생각하기 : 2면도에서 수치의 의미를 어떻게 전달할까?

치수를 나타내는 수치에 포함하여 그 수치의 의미를 명확하게 나타내기 위해서 사용하는 기호를 치수보조 기호라 한다.

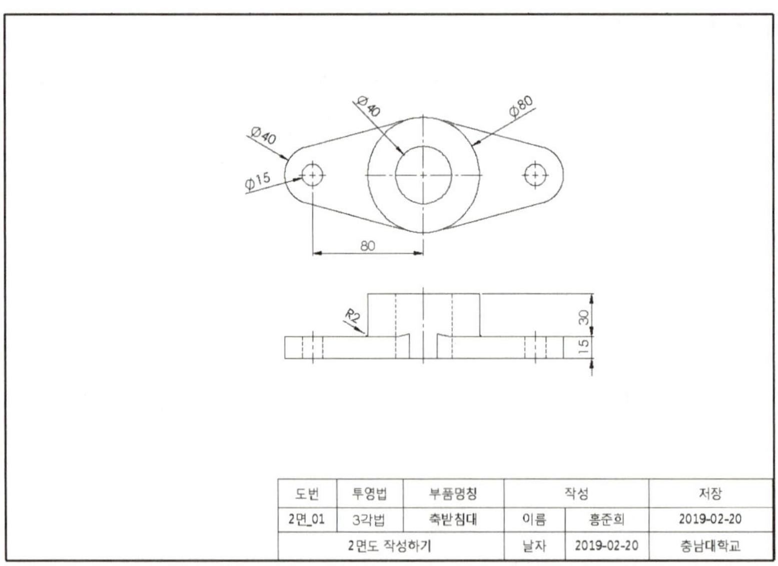

그림 2-2-10 치수 기입 완료 도면

수행 : 치수 표시하기

① Feature Manager 디자인트리에서 도면뷰*에 커서를 데고 마우스 오른쪽 버튼을 클릭하여 피처 편집을 설정한다.

② 도면 탭에서 주석을 클릭한다.

③ 주석 메뉴 가운데 모델항목( )을 선택한다.

④ 확인을 클릭하면 도면의 모든 치수가 표시된다.

⑤ 그림 2-2-10과 같이 치수를 보기 좋게 정리한다.

(5) 저장하기

수행 : 최종 도면 저장하기

① 저장 도구( )에서 다른 이름으로 저장하기를 클릭한다.

② 저장할 디렉토리를 정하고 파일이름을 "축 받침대"로 한다.

③ 저장 버튼을 클릭한다.

2-2-2 육각머리 볼트의 형상 모델링 및 2면도 작성

2-2-2-1 형상 모델링

(1) 기초형상 모델링

수행 : 스케치 준비하기

① 풀다운 메뉴에서 새로 만들기 아이콘을 선택한다.

② 기본 모듈 가운데 파트를 선택한다.

③ 기준 평면을 정면으로 하고 스케치를 클릭한다.

④ 스케치를 위한 스케치 실행을 클릭한다.

수행 : 다각형 도구에 의한 단면 스케치하기

① 다각형 도구를 클릭한다.

② 속성 창에서 6을 입력한다.

③ 지능형 치수 도구를 이용하여 그림 2-2-11 (a)와 같이 지름 106㎜로 치수를 수정한다.

④ 스케치 완료한다.

수행 : 돌출 보스/베이스 도구에 의한 스케치 단면 돌출하기

① 피처 탭에서 돌출 보스/베이스 도구를 클릭한다.

② 속성 창에서 방향1을 "블라인드 형태"로 하고 돌출 깊이를 30으로 입력한다.

③ 돌출 완료한다.

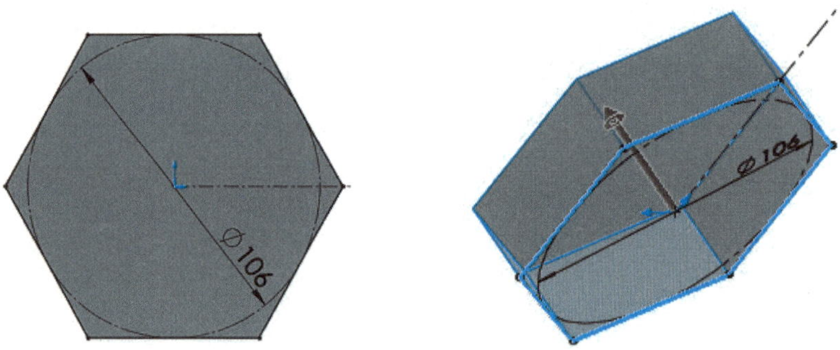

(a) 육각형 단면 스케치 (b) 돌출한 결과

그림 2-2-11 육각형 돌출 형상모델링

(2) 컷 회전 형상 모델링

수행 : 선 도구에 의한 단면 스케치하기

① 윗면을 스케치 면으로 한다.

② 선 도구를 클릭한다.

③ 직각 삼각형을 대충 스케치한다.

④ 지능형 치수 도구를 이용하여 그림 2-2-12 (a)와 같이 각도는 45°, 중심에서 삼각형 끝 부분까지 거리는 50㎜로 치수를 수정한다.

⑤ 스케치 완료한다.

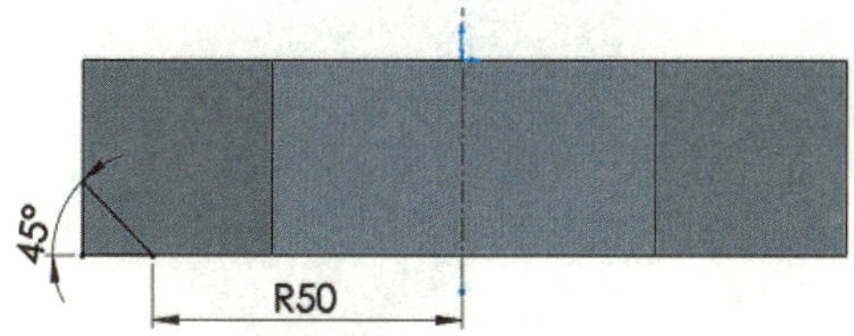

(a) 컷 단면 스케치

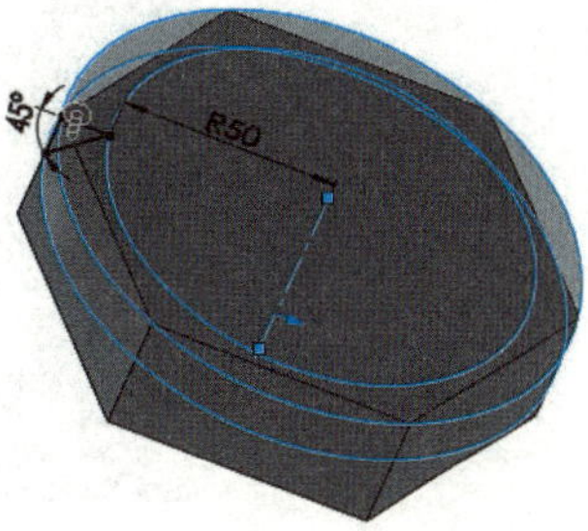

(b) 회전 컷한 결과

그림 2-2-12 육각형 기둥의 회전 컷 형상모델링

수행 : 회전 컷 도구에 의한 스케치 단면 컷 회전하기

① 피처 탭에서 회전 컷 도구를 클릭한다.

② 속성 창에서 회전축은 회전 중심선으로 한다.

③ 회전 유형은 "블라인드 형태"로 하고 각도는 360도로 입력한다.

④ 컷 회전 완료한다(그림 2-2-12 (b)).

(3) 사각형 돌출 형상 모델링

수행 : 중심 사각형 도구에 의한 단면 스케치하기

① 육각볼트 머리 밑면을 스케치 면으로 한다.

② 중심 사각형 도구를 클릭한다.

③ 원점에 사각형 중심이 일치하게 사각형을 대강 스케치한다.

④ 지능형 치수 도구를 이용하여 그림 2-2-13 (a)와 같이 각 변의 길이를 60 ㎜ 치수로 수정한다.

⑤ 스케치 완료한다.

수행 : 돌출 보스/베이스 도구에 의한 스케치 단면 돌출하기

① 피처 탭에서 돌출 보스/베이스 도구를 클릭한다.

② 속성 창에서 마침조건을 "블라인드 형태"로 하고 돌출 깊이를 30으로 입력한다.

③ 돌출 완료한다(그림 2-2-13 (b)).

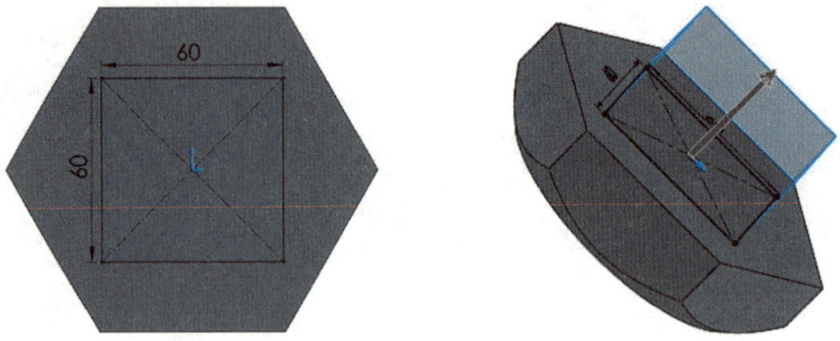

(a) 돌출 단면 스케치　　　(b) 돌출한 결과

그림 2-2-13 사각 기둥 형상모델링

(4) 원형 돌출 형상 모델링

수행 : 중심 사각형 도구에 의한 단면 스케치하기

① 앞에서 생성한 사각 기둥 밑면을 스케치 면으로 한다.

② 원 도구를 클릭한다.

③ 원점에 원 중심이 일치하게 원을 대강 스케치한다.

④ 지능형 치수 도구를 이용하여 그림 2-2-14 (a)와 같이 지름을 60㎜ 치수로 수정한다.

⑤ 스케치 완료한다.

수행 : 돌출 보스/베이스 도구에 의한 스케치 단면 돌출하기

① 피처 탭에서 돌출 보스/베이스 도구를 클릭한다.

② 속성 창에서 마침조건을 "블라인드 형태"로 하고 돌출 깊이를 200으로 입력한다.

③ 돌출 완료한다(그림 2-2-14 (b)).

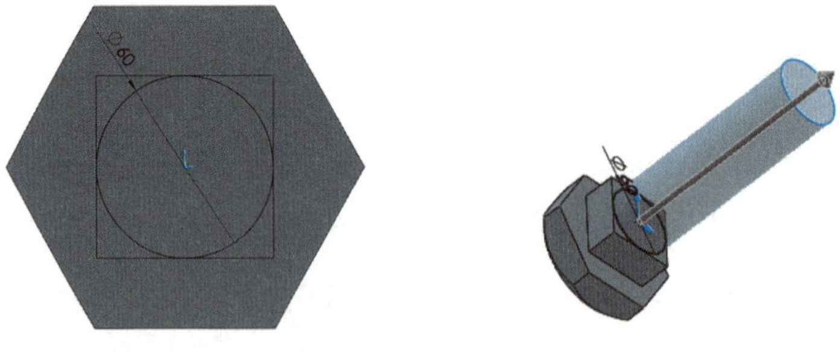

(a) 돌출 단면 스케치　　　(b) 돌출한 결과

그림 2-2-14 원 기둥 형상모델링

(5) 사각형 돌출 형상 모델링

수행 : 중심 사각형 도구에 의한 단면 스케치하기

① 육각볼트 끝면을 스케치 면으로 한다.

② 중심 사각형 도구를 클릭한다.

③ 원점에 사각형 중심이 일치하게 사각형을 대강 스케치한다.

④ 그림 2-2-15 (a)와 같이 대각선이 y축(우측면)에 일치하도록 구속조건을 준다.

⑤ 지능형 치수 도구를 이용하여 그림 2-2-15 (a)와 같이 각 변의 길이를 20 ㎜ 치수로 수정한다.

⑥ 스케치 완료한다.

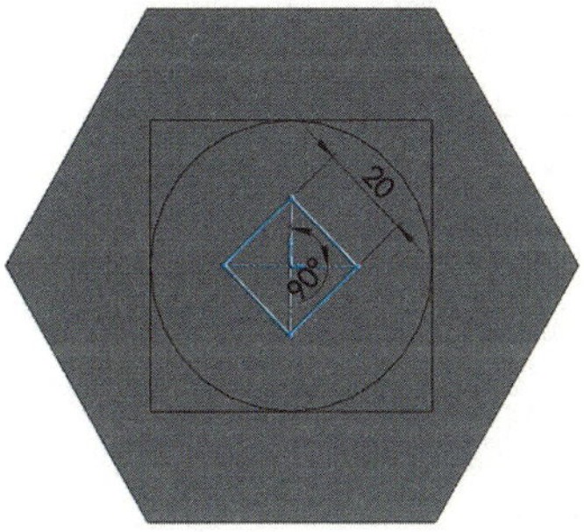

(a) 돌출 단면 스케치

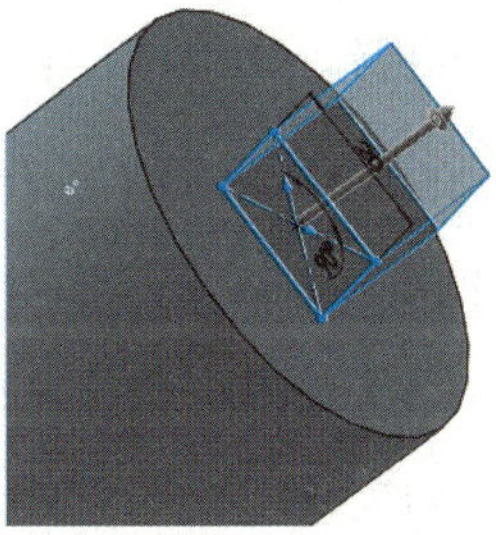

(b) 돌출한 결과

그림 2-2-15 원 기둥 형상모델링

수행 : 돌출 보스/베이스 도구에 의한 스케치 단면 돌출하기

① 피처 탭에서 돌출 보스/베이스 도구를 클릭한다.

② 속성 창에서 마침조건을 “블라인드 형태”로 하고 돌출 깊이를 20으로 입력한다.

③ 돌출 완료한다(그림 2-2-15 (b)).

(6) 사각형 컷 돌출 형상 모델링

수행 : 중심선 도구에 의한 중심선 스케치하기

① 우측면을 스케치 면으로 한다.

② 중심선 도구를 클릭한다.

③ 원점에 수평하게 중심선을 대강 스케치한다.

수행 : 코너 사각형 도구에 의한 단면 스케치하기

① 코너 사각형 도구를 클릭한다.

② 중심선 위쪽에 원통의 바깥 면과 일치하게 사각형을 대강 스케치한다.

③ 지능형 치수 도구를 이용하여 그림 2-2-16 (a)와 같이 사각 기둥으로부터 길이를 25 ㎜와 사각형의 가로와 세로 길이를 각각 35 ㎜와 7 ㎜ 치수로 수정한다.

수행 : 요소 대칭복사 도구에 의한 사각형 단면 복사하기

① 요소 대칭복사 도구를 클릭한다.

② 중심선 위쪽의 사각형을 클릭하고 중심선을 클릭한다.

③ 그림 2-2-16 (a)와 같이 위의 사각형을 복사한다.

④ 스케치 완료한다.

수행 : 돌출 컷 도구에 의한 스케치 단면 컷 돌출하기

① 피처 탭에서 돌출 컷 도구를 클릭한다.

② 속성 창에서 마침조건을 "중간 평면"으로 하고 돌출 깊이를 60으로 입력한다.

③ 돌출 완료한다(그림 2-2-16 (b)).

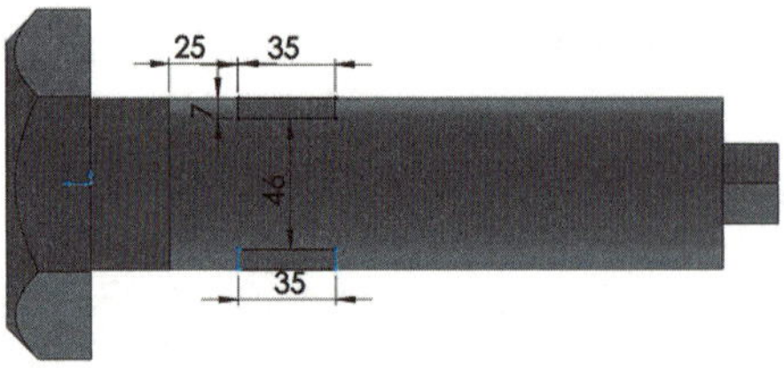

(a) 단면 스케치

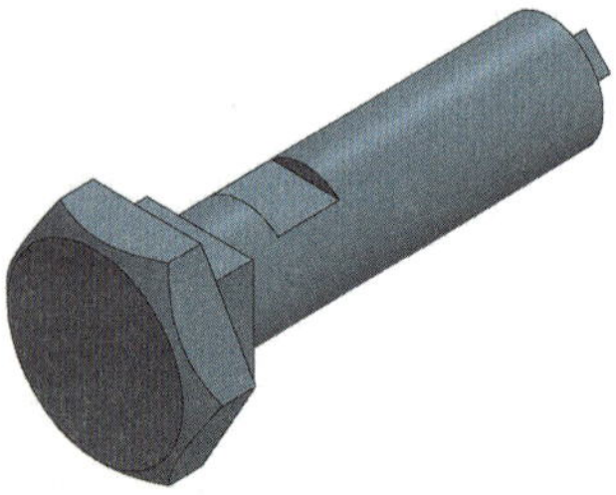

(b) 컷 돌출 결과

그림 2-2-16 컷 돌출 형상모델링

(7) 모따기 형상 모델링

수행 : 모따기 도구에 의한 모서리 모따기

① 피처 탭에서 필렛의 모따기 도구를 클릭한다.

② 속성 창에서 그림 2-2-17과 같이 모따기 값을 입력한다.

③ 모따기 완료한다.

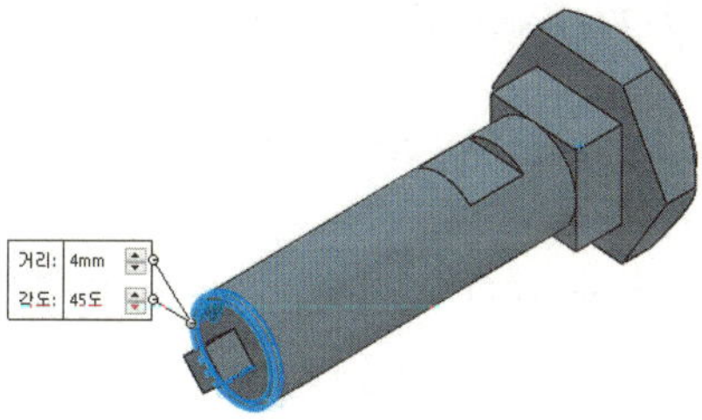

그림 2-2-17 모따기 설정 모습

(8) 나선형 곡선 모델링

수행 : 원 도구에 의한 원 스케치

① 원 기둥 끝 면을 스케치 면으로 한다.

② 스케치 탭에서 원 도구를 클릭한다.

③ 원기둥의 바깥 원과 일치하도록 원을 스케치한다.

④ 스케치 완료한다.

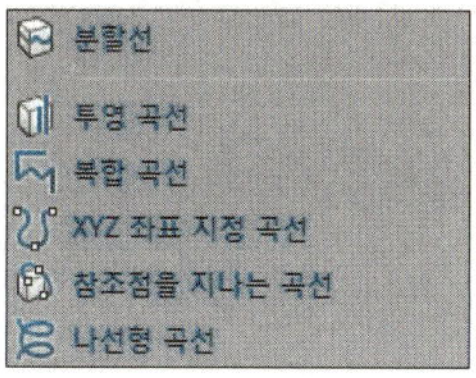

(a) 나선형 곡선 도구

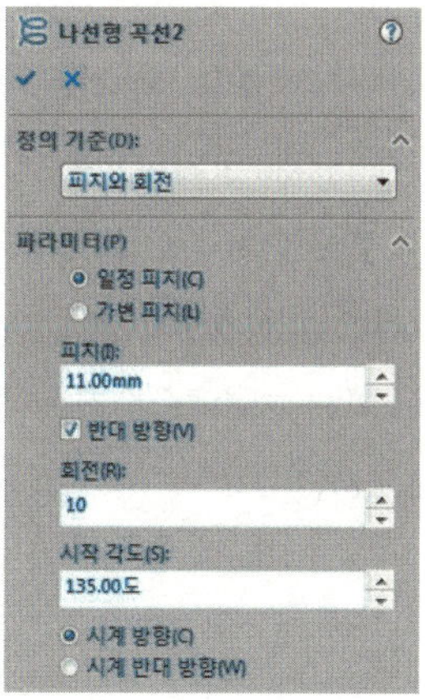

(b) 나선형 곡선 정의

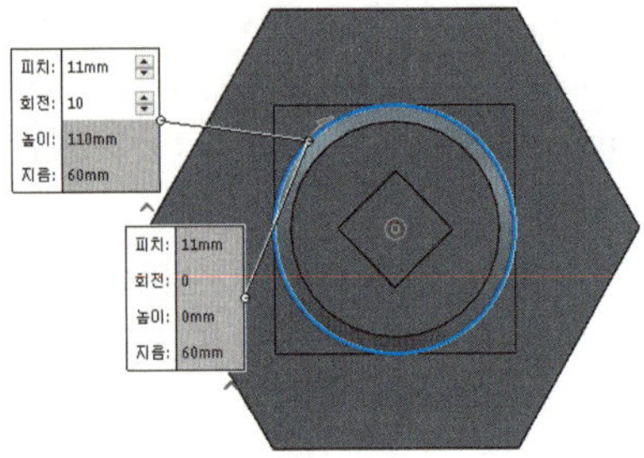

(c) 나사 피치원의 피치 및 나사 회전수 정의 결과

그림 2-2-17 나선형 경로의 설정 모습

수행 : 나선형 곡선 도구에 의한 나선형 곡선 생성

① 피처 탭에서 그림 2-2-18 (a)와 같은 곡선 도구 가운데 나선형 곡선 도구를 선택한다.

② 속성 창에서 그림 2-2-18 (b)와 같이 정의 기준을 “피치와 회전”으로 한다.

③ 이어서 피치와 회전 값을 입력한다.

④ 피처 완료한다(그림 2-2-18 (c)).

(9) 나사산 컷 스윕 형상 모델링

수행 : 중심선과 선 도구에 의한 나사산 단면 스케치

① 윗면을 스케치 면으로 한다.

② 스케치 탭에서 중심선 도구를 클릭한다.

③ 원기둥의 끝 면과 일치하도록 중심선을 스케치한다.

④ 선 도구를 클릭한다.

⑤ 그림 2-2-19 (a)와 같이 좌우 대칭인 사다리꼴 형상 단면을 스케치하고 지능형 치수 도구에 의해 치수를 수정한다.

⑥ 스케치 완료한다.

수행 : 스윕 컷 도구에 의한 나사산 스윕 컷 형상 만들기

① 피처 탭에서 스윕 컷 도구를 선택한다.

② 속성 창에서 그림 2-2-19 (b)와 같이 프로파일은 사다리꼴 스케치 단면을, 경로는 나선형 곡선을 입력한다.

③ 피처 완료한다(그림 2-2-19 (c)).

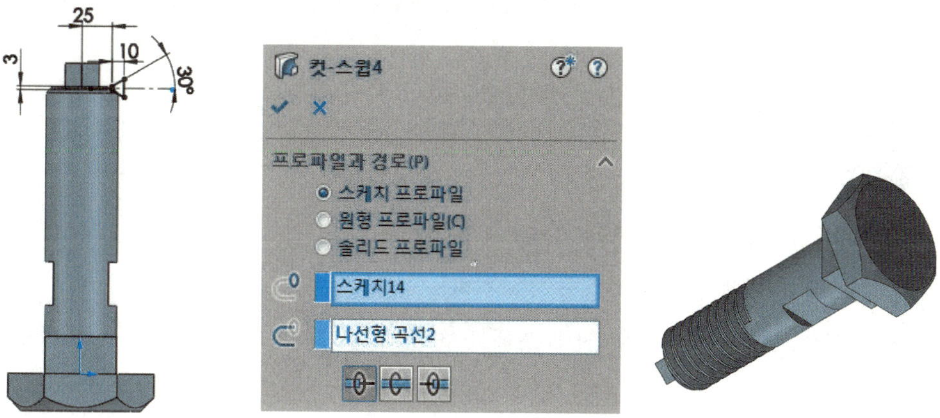

(a) 단면 스케치 (b) 컷 스윕 프로파일과 경로 (c) 스윕 컷 결과

그림 2-2-19 컷 스윕 형상 생성과정

(10) 저장하기

수행 : 최종 형상 저장하기

① 저장 도구(💾)에서 다른 이름으로 저장하기를 클릭한다.

② 저장할 디렉토리를 정하고 파일이름을 "육각머리 볼트"로 한다.

③ 저장 버튼을 클릭한다.

2-2-2-2 2면도 작성

(1) 도면 작성 준비하기

수행 : 도면 작성 화면 들어가기

① 풀다운 메뉴에서 새로 만들기 아이콘을 선택한다.

② 기본 모듈 가운데 도면을 선택한다.

③ 시트 형식/크기 설정 창에서 찾아보기를 클릭한다.

④ a4-landscape.slddrt를 설정하고 열기를 한다.

⑤ 확인을 클릭한다.

수행 : 표제란 없애기

① 도면 Management 탭에서 시트형식을 선택한다.

② 시트형식 탭에서 시트 편집을 선택한다.

③ 표제란 부분을 마우스로 전체 드래그 하여 삭제 영역을 정하고 키보드의 삭제 버튼을 클릭한다.

④ 확인을 클릭한다.

(2) 2면도 배치하기

생각하기 : 2면도를 위한 투상도는 어떻게 결정하는지?

육각머리볼트 나사나 회전축에 사각기둥 등과 같이 원통 이외의 형상이 조합된 부품들은 정면도와 평면도가 크게 다르지 않으므로 정면도와 우측면도만으로 충분히 부품 제작의 설명이 된다. 따라서 평면도를 생략해도 좋다.

수행 : 모델 뷰에 의한 부품의 2면도 배치하기

⑤ 뷰 레이아웃에서 모델뷰( )를 클릭한다.

⑥ 문서열기가 나타나며 육각머리볼트 나사를 더블 클릭한다.

⑦ 좌측면뷰가 정면도가 되도록 배치한다.

⑧ 이어서 우측면도를 커서를 우측으로 움직여 나타낸다.

⑨ 표시 유형을 은선 표시로 한다(그림 2-2-20).

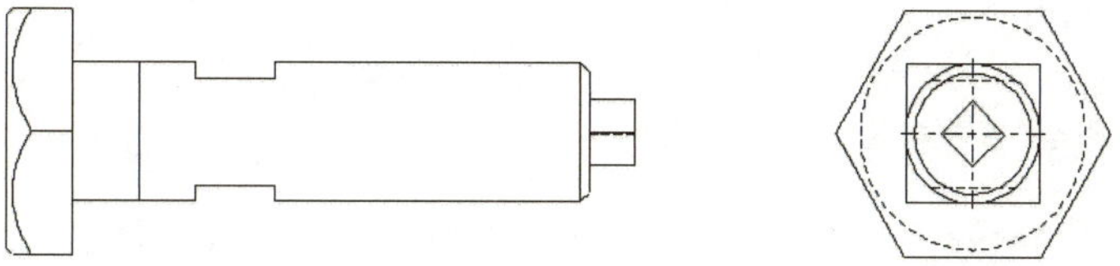

그림 2-2-20 모델뷰에 의한 도면 배치

(3) 2면도 정리하기

수행 : 중심선 표시에 의한 부품의 중심선 표현하기

① 주석에서 중심선( )을 클릭한다.

② 속성 창에서 자동 삽입의 뷰 선택을 체크하고 정면도를 클릭한다(그림 2-2-21).

수행 : 감추기에 의한 불필요한 선 숨기기

① 우측면도에서 모따기 부분의 안쪽 원에 커서를 대고 마우스 오른쪽 버튼을 누르면 서브 메뉴가 나타난다.

② 서브 메뉴 창에서 감추기( )를 클릭한다(그림 2-2-21).

수행 : 나사선 나타내기

① 정면도에서 나사 표시가 나타나 있지 않으므로 이를 표시하기 위해 스케치 탭을 누른다.

② 선 도구를 이용해서 원통 끝 면에서 110㎜ 되는 곳에 직선을 긋고, 나사산 선도 긋는다(그림 2-2-21).

수행 : 사각 기둥의 평면 나타내기

① 정면도에서 평면 표시가 나타나 있지 않으므로 이를 표시하기 위해 스케치 탭을 누른다.

② 선 도구를 이용해서 평면에 선으로 대각선 표시를 한다(그림 2-2-21).

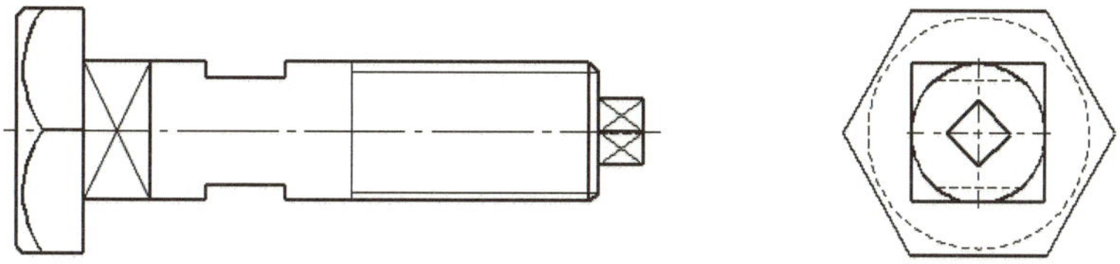

그림 2-2-21 정면도와 우측면도 정리

(4) 치수 기입하기

수행 : 치수 표시하기

① Feature Manager 디자인트리에서 도면뷰*에 커서를 데고 마우스 오른쪽 버튼을 클릭하여 피처 편집을 설정한다.

② 도면 탭에서 주석을 클릭한다.

③ 주석 메뉴 가운데 지능형 치수를 선택한다.

④ 그림 2-2-22와 같이 치수를 보기 좋게 입력한다.

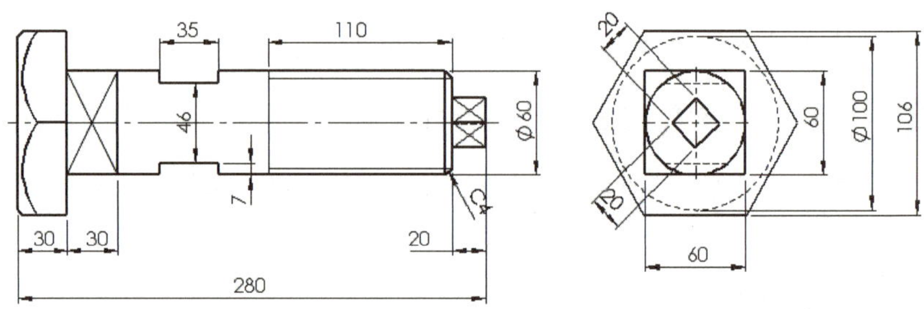

그림 2-2-22 치수 기입 완료 도면

(5) 표제란 삽입하기

수행 : 새로운 표제란 삽입하기

① 시트편집 상태에서 일반테이블을 클릭한다.

② 테이블을 삽입할 수 있는 창이 나타나며 여기서 별표 모양을 클릭하면 미리 만들어 놓은 표제란 테이블 템플릿을 찾아서 가져올 수 있다.

③ 테이블 템플릿을 오른쪽 모서리에 위치하도록 배치한다.

④ 일반테이블 편집 완료 버튼을 누른다(그림 2-2-23).

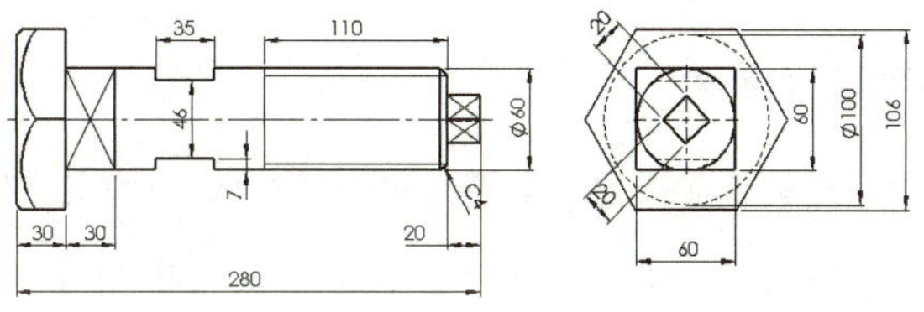

도번	투영법	부품명칭	작성		저장
2면_02	3각법	육각머리볼트	이름	홍준희	2019-02-20
2면도법			날자	2019-02-20	충남대학교

그림 2-2-23 표제란 삽입 및 도면 완성

(6) 저장하기

수행 : 최종 도면 저장하기

① 저장 도구()에서 다른 이름으로 저장하기를 클릭한다.

② 저장할 디렉토리를 정하고 파일이름을 “육각머리 볼트”로 한다.

③ 저장 버튼을 클릭한다.

2-3 학습 정리

2-3-1 축 받침대의 형상 모델링 및 2면도 작성 종합정리

2-3-1-1 형상모델링 정리하기

① 학습 대상인 축 받침대의 형상모델링 과정은 그림 2-2-24와 같다.

② 스케치에서 원과 선의 접선은 반드시 탄젠트 표시가 나타나야 한다.

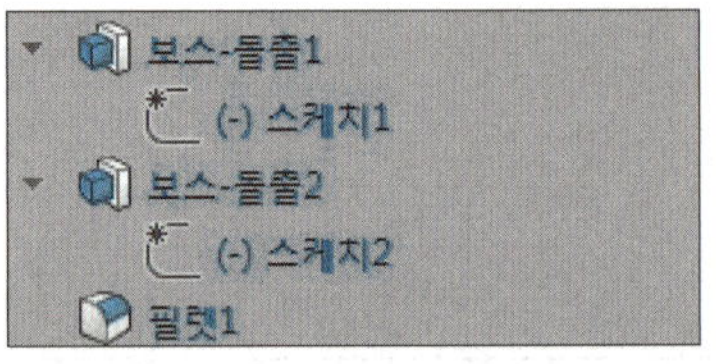

그림 2-2-24 축 받침대 형상모델링의 디자인 트리

2-3-1-2 2면도 작성 정리하기

① 축 받침대 부품의 2면도 작성은 그림 2-2-25와 같은 도면 작성 이력으로 완성된다.

② 축 받침대 부품도는 정면도와 평면도의 2면도만으로 완성된다.

③ 축 받침대 부품의 도면 작성에서 A4 시트 설정은 시트 형식/크기 설정 창에서 찾아보기를 클릭하고 a4-landscape.slddrt를 선택한다.

④ 축 받침대 부품의 도면 작성에서 평면도는 뷰 레이아웃의 투상도 도구를 활용하여 표현한다.

⑤ 축 받침대 부품의 도면 작성에서 도면뷰의 크기나 위치는 시트 크기에 따라 다르며 임의로 디폴트 되어 있으므로 A4 도면 시트와 표제란의 크기 및 위치를 고려하여 적절하게 조절 및 배치한다.

⑥ 축 받침대 부품의 도면 작성에서 2면도의 치수는 정면도 중심으로 KS규격에 맞춰 기입한다.

⑦ 축 받침대 부품의 도면 작성에서 미리 만든 표제란 삽입은 일반테이블 편집에서 별표 모양을 클릭하고 새로운 표제란 테이블 템플릿(예; A4_1)을 찾아서 가져온 후에 일반테이블 편집 완료 버튼을 누르고 나서 도면 오른쪽 모서리에 배치한다.

⑧ 축 받침대 부품의 도면 작성에서 표제란 빈 공란의 글자 삽입은 빈 공란을 더블 클릭한 후에 실행한다.

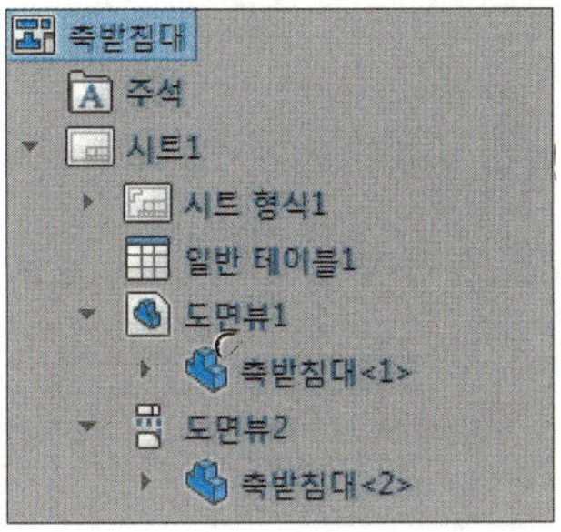

그림 2-2-25 축 받침대 도면 작성의 디자인 트리

2-3-2 육각머리 볼트의 형상 모델링 및 2면도 작성 종합정리

2-3-2-1 형상 모델링 정리하기

① 육각머리 볼트 부품의 형상모델링 과정은 그림 2-2-26과 같다.

② 컷 스윕 형상인 나사를 생성하였지만 도면 작성을 위해서는 기능 억제를 한다(그림 2-2-26의 흐린 부분).

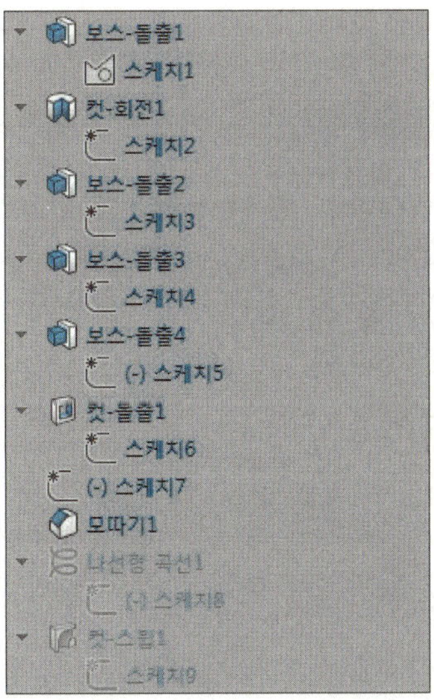

그림 2-2-26 육각머리 볼트 형상모델링의 디자인 트리

2-3-2-2 2면도 작성 정리하기

① 육각머리 볼트 부품의 2면도 작성은 그림 2-2-27과 같은 도면 작성 이력으로 완성된다.

② 육각머리 볼트 부품도는 정면도와 우측면도의 2면도만으로 완성된다.

③ 육각머리 볼트 부품의 도면 작성에서 A4 시트 설정은 시트 형식/크기 설정 창에서 찾아보기를 클릭하고 a4-landscape.slddrt를 선택한다.

④ 육각머리 볼트 부품의 도면 작성에서 평면도는 뷰 레이아웃의 투상도 도구를 활용하여 표현한다.

⑤ 육각머리 볼트 부품의 도면 작성에서 도면뷰의 크기나 위치는 시트 크기에 따라 다르며 임의로 디폴트 되어 있으므로 A4 도면 시트와 표제란의 크기 및 위치를 고려하여 적절하게 조절 및 배치한다.

⑥ 육각머리 볼트 부품의 도면 작성에서 2면도의 치수는 정면도 중심으로 KS규격에 맞춰 기입한다.

⑦ 육각머리 볼트 부품의 도면 작성에서 미리 만든 표제란 삽입은 일반테이블 편집에서 별표 모양을 클릭하고 새로운 표제란 테이블 템플릿(예; A4_1)을 찾아서 가져온 후에 일반테이블 편집 완료 버튼을 누르고 나서 도면 오른쪽 모서리에 배치한다.

⑧ 육각머리 볼트 부품의 도면 작성에서 표제란 빈 공란의 글자 삽입은 빈 공란을 더블 클릭한 후에 실행한다.

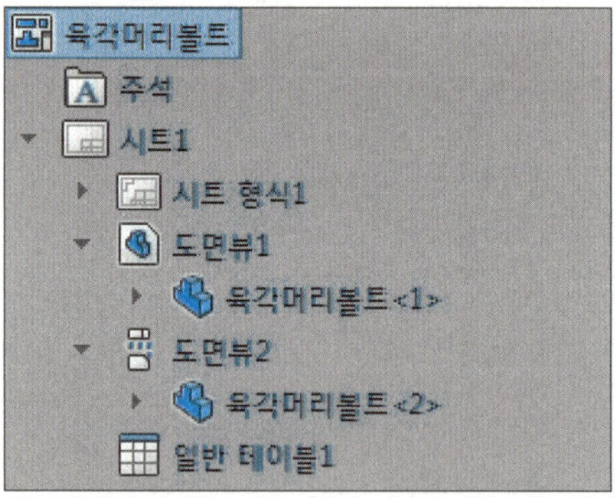

그림 2-2-27 육각머리 볼트 도면 작성의 디자인 트리

2-4 자율 평가

지시 사항 :

앞의 학습활동을 모두 마친 후 다음 질문에 답하시오. 이 자율평가의 목적은 앞에서 익힌 2면도 해독에 의한 부품의 형상모델링과 2면도 작성을 이해하여 주어진 문제에 대한 작업이 가능한지를 확인하기 위함이다. 자기 스스로 평가 문제에 답하고 답안을 비교 평가해 봄으로써 본인의 부족한 점에 대해 파악하는 태도를 기르고 부족하다면 다른 사람의 도움을 받거나 본인 스스로 앞의 내용을 더욱 자세히 학습하는 자기주도 학습에 목적이 있다.

2-4-1 자율 평가 문제

자율평가 그림에 대해 20분 안에 다음 작업을 실시하라.

1. 형상모델링 작업

- 치수는 그림의 크기로 한다.
- 저장 파일 이름을 "2면도_자1"로 한다.

2. 도면 작성 작업

- A4 시트 크기로 한다.
- 3각법에 의한 투상도(2면도)로 작성한다.
- 치수는 그림의 크기로 기입하며 척도는 적합하게 선정한다.
- 표제란의 도번은 "자B_1", 제목은 "2면도"로 한다.

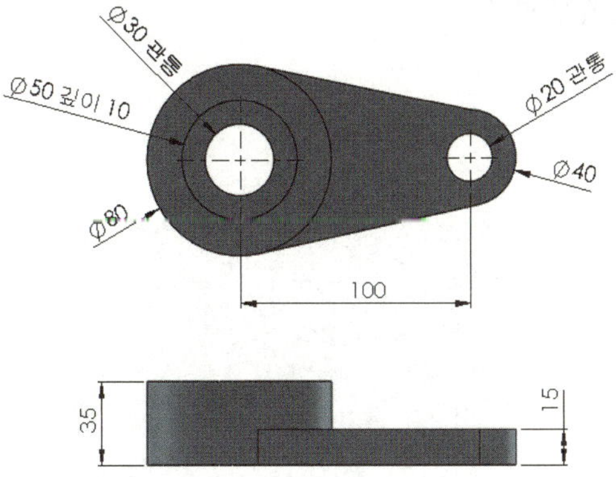

자율학습 그림

2-4-2 자율 평가 문제 답안

1. 형상모델링 답안

(1) 모델링 과정

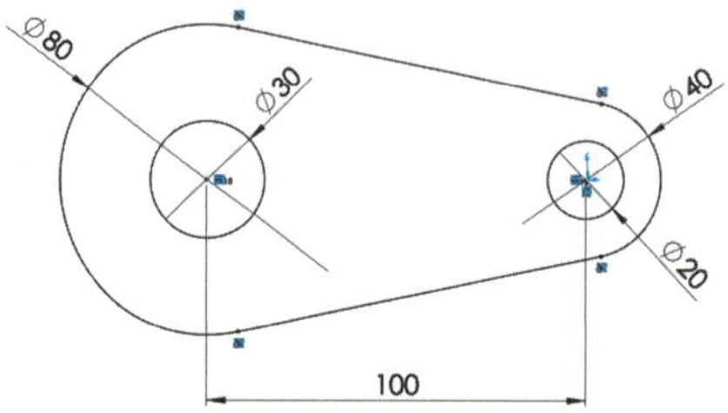

(a) 스케치1

(b) 보스-돌출1(10 ㎜)

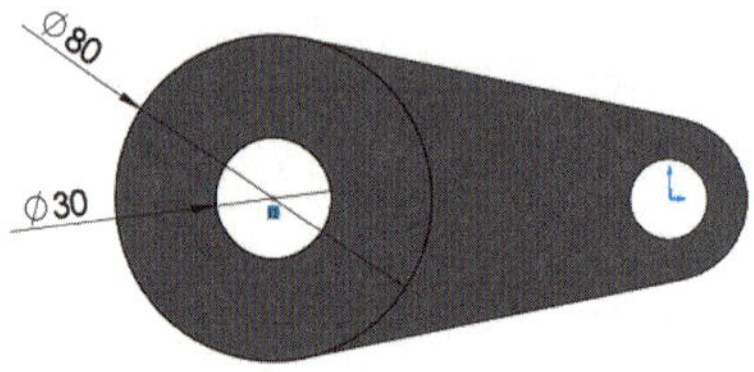

(c) 스케치2

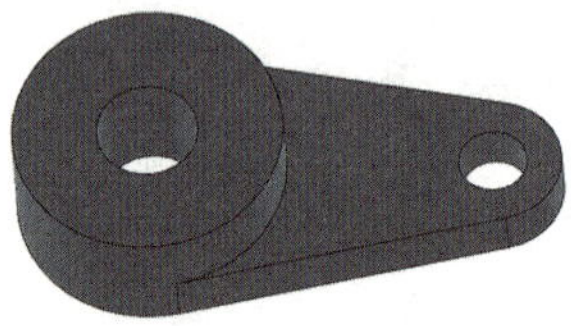
(d) 보스-돌출2(20 ㎜)

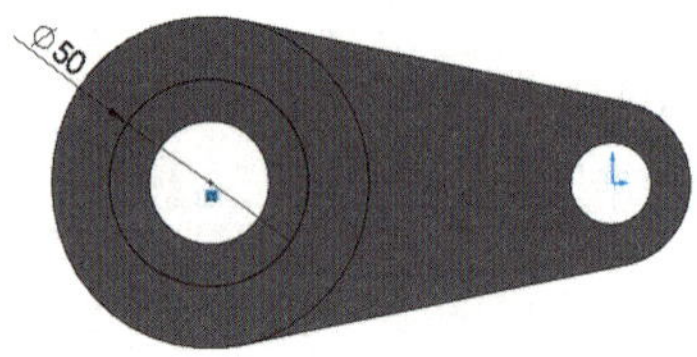

(e) 스케치3

(f) 컷-돌출1(10 ㎜)

(2) 디자인 트리

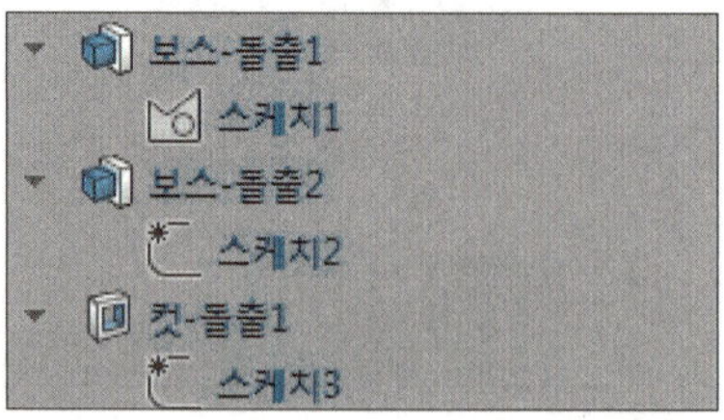

2. 도면 작성 답안

(1) 도면 작성 과정

- A4 시트를 설정하고 표제란을 삭제한다.
- 정면 뷰를 정면도로 배치한다.
- 정면도 밑으로 저면도를 배치한다.
- 은선 표시를 한다.
- 치수를 표현한다.
- 표제란을 삽입하고 필요한 도번, 작성자 및 제목을 작성한다.

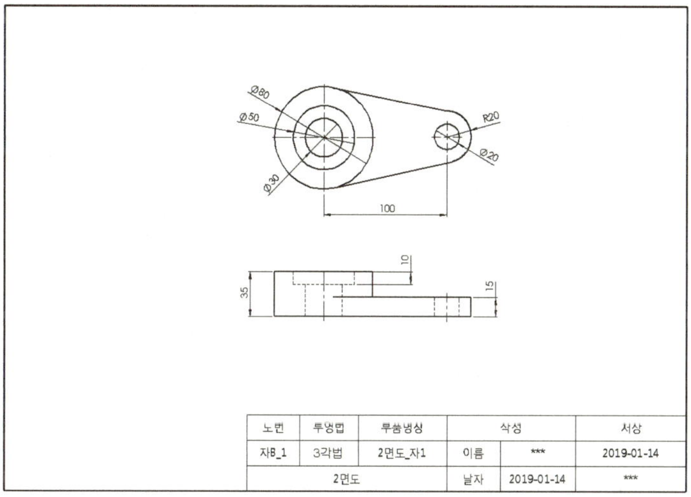

(2) 디자인 트리

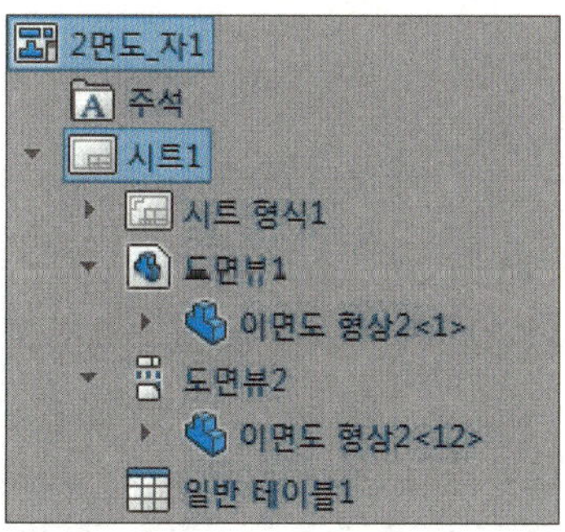

자율평가 결과 점검표

학습자 성명 :	평가 날짜 :
평가 제목 : 2면도 작성의 이해	

		성취 수준			
		하지 못했음	일부만 했음	완전히 하였음	완성 반복수
형상모델링 작업	보스-돌출1의 스케치1				
	보스-돌출1의 돌출 형상				
	보스-돌출2의 스케치2				
	보스-돌출2의 돌출 형상				
	컷-돌출1의 스케치3				
	컷-돌출1의 돌출 컷 형상				
도면 작성 작업	A4 시트 설정 및 표제란 삭제				
	뷰 레이아웃(도면뷰1 및 2)				
	은선 표시				
	치수 작성				
	표제란 삽입 및 내용 작성				

[성취수준]
위의 모든 항목에 대해 “완전히 하였음”, 즉 완성도 100%로 답하여야 합니다.
만일 “하지 않았음” 또는 “일부만 하였음”에 답을 했다면 앞에서 학습한 내용을 다시 한 번 확인 하시고 몇 번 만에 완성하였는지를 체크하십시오.

3 보조 투상도와 국부 투상도 작성의 이해

3-1 학습 준비

3-1-1 학습 대상

경사진 물체는 정면도와 평면도로 나타내는 것보다는 정면도와 경사진 부분의 일부를 나타내는 것이 도면의 이해를 돕는데 유리한 경우가 있다. 이런 경우에 보조투상도(auxiliary view)를 이용하면 도면의 이해가 보다 쉬워진다. 이런 경우 일반 투상도로 나타내면 정면도와 평면도 또는 우측면도로 나타내어야 하겠지만 경사진 면을 나타낼 때 일반 투상도와 같이 평면도나 우측면도로 나타내면 실제 치수와 다르기 때문에 오해의 소지가 많아진다. 도면은 가공자의 이해를 보다 쉽게 나타내어야 가공하는 사람이 실수를 하지 않으므로 되도록 이해하기 쉽게 표현해야 한다. 그림 2-3-1 (a)와 같은 축 링크는 수평면에 대해 135도로 구부러진 형태이며 이것은 굽어진 부분을 표준 3도로 나타내면 실제 치수 및 형상과 다른 치수나 형상으로 나타날 수 없다. 따라서 보조 투상도로 나타내야 하며 이 축 링크의 보조 투상도를 학습 대상으로 한다.

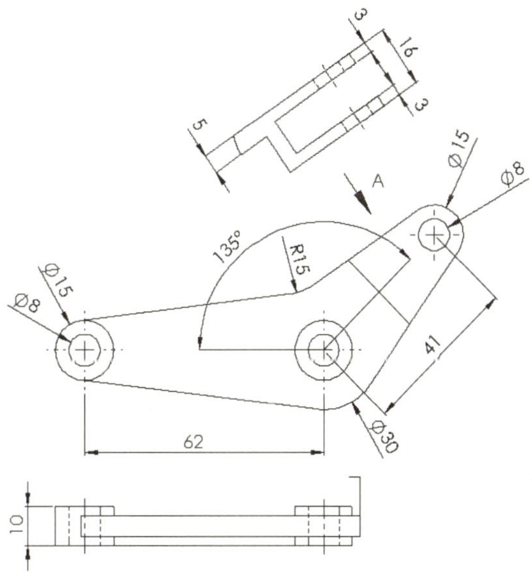

(a) 보조 투상도(축 링크)의 예

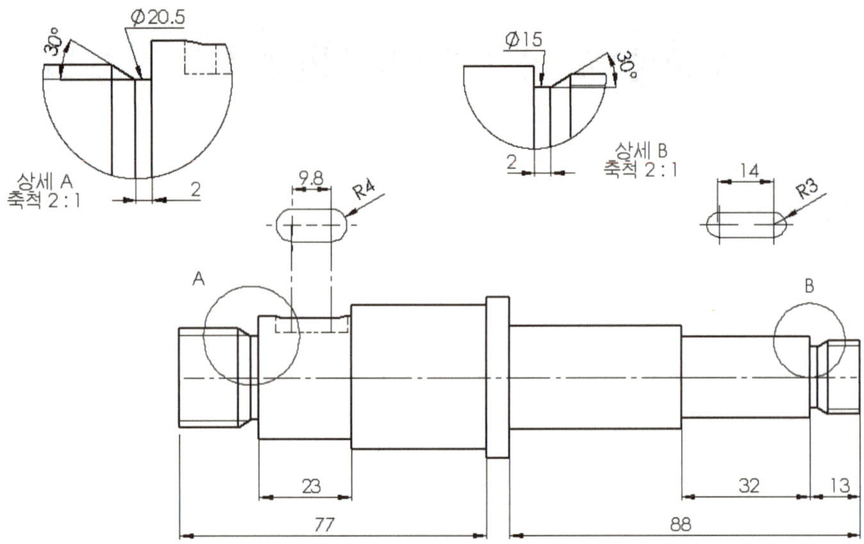

(b) 국부 투상도(동력 축)의 예

그림 2-3-1 학습 대상 부품도

그림 2-3-1 (b)와 같은 동력 축의 경우는 키 홈 부분만을 나타내기 위해 평면도를 나타내기는 혼돈의 소지가 있으므로 키 홈 부분만 별도로 스케치하며, 동력 축의 중간에 매우 작은 홈이 있는데 이곳의 치수는 너무 작아 그대로 치수를 나타내기에는 어려운 부분이 있다. 따라서 이 부분만을 확대하여 별도로 나타내는데 이것을 상세도라 한다.

3-1-2 관련지식

3-1-2-1 국부 투상도

국부 투상도는 부품의 구멍 또는 홈 등의 특정한 모양만을 도시하는 것으로 충분한 경우에는 그 특정한 구멍 또는 홈만을 투상도의 바로 옆에 그리는 것이다. 본체 부품과의 투상 관계를 나타내기 위해 원칙적으로 본체 부품과 중심선, 기준선 또는 치수 보조선 등으로 연결한다. 그림 2-3-1 (b)에서 키 홈을 국부 투상도로 나타내고 있다.

3-1-2-2 상세도

제품의 어떤 한 부분을 확대하여 더욱 자세하고 상세하게 나타내고자 할 때 표현하는 도면을 말한다. 그림 2-3-1 (b)에서 동그라미 A와 B가 상세도를 나타내고 있다.

3-1-3 CAD 관련 사항 검토하기

국부 투상도는 도면의 일부를 부분적으로 나타내야 하므로 특별한 도구가 없이 모두 스케치로 그려 나타내야 한다. 한편, 상세도는 상세도 도구가 있지만 영역을 설정하기 위해서는 스케치를 이용하여야 하므로 그림 2-3-2와 같은 설정과정을 거쳐 나타낸다. 둘 다 스케치를 이용해야 한다는 것이 공통점이다.

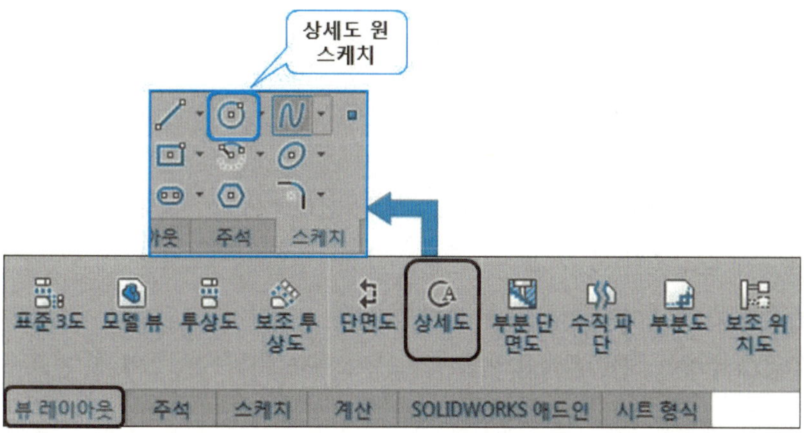

그림 2-3-2 상세도 설정 과정

3-2 학습 활동

3-2-1 축 링크의 형상 모델링 및 보조 투상도 작성

3-2-1-1 형상 모델링

(1) 기초형상 모델링

수행 : 스케치 준비하기

① 풀다운 메뉴에서 새로 만들기 아이콘을 선택한다.

② 기본 모듈 가운데 파트를 선택한다.

③ 기준 평면을 정면으로 하고 스케치를 클릭한다.

④ 스케치를 위한 스케치 실행을 클릭한다.

수행 : 중심선, 원 및 선 도구에 의한 단면 형상 스케치하기

① 중심선 도구를 클릭한다.

② 원점에 대해 수평하게 하나의 선을 긋는다.

③ 원점에서 55° 되도록, 즉 앞에서 그은 중심선과 135° 가 되도록 중심선을 긋는다.

④ 원 도구를 클릭한다.

⑤ 원점에 원의 중심을 두고 원을 스케치 한다.

⑥ 원점과 수평이 되게 왼쪽에 원을 그리고, 오른쪽 위의 중심선에 원을 그린다.

⑦ 원점과 동심인 원은 지름 30 mm, 왼쪽 원의 지름 15 mm, 오른쪽 원의 지름 15 mm로 치수를 수정한다.

⑧ 선 도구를 클릭한다.

⑨ 그림 2-3-3과 같이 원과 원이 접선이 되도록 선을 긋는다.

⑩ 완료한다.

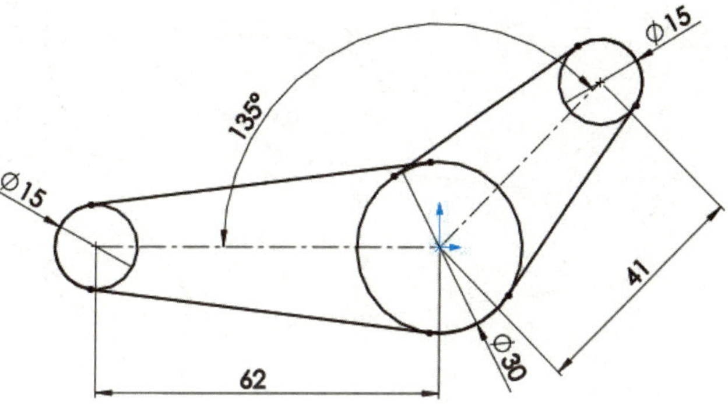

그림 2-3-3 원과 접선 스케치

수행 : 스케치 필렛 도구에 의한 스케치 둥글기 하기

① 스케치 필렛 도구를 클릭한다.

② 필렛 반지름을 15 mm로 하고 그림 2-3-4와 같이 위의 두 직선을 클릭한다.

③ 완료한다.

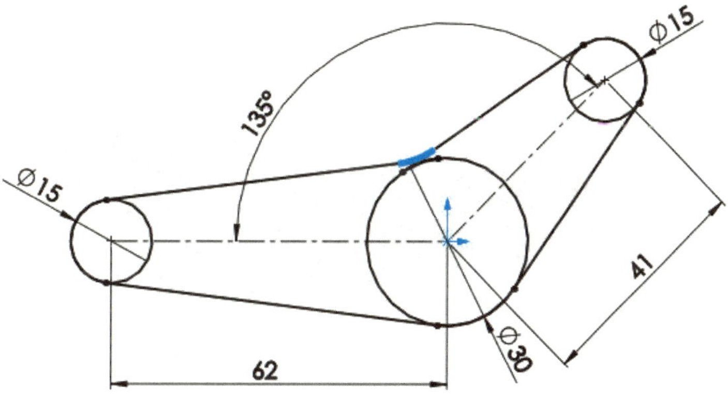

그림 2-3-4 원과 직선의 필요 없는 내부 원호 부분 제거 모습

수행 : 요소 잘라내기 도구에 의한 불필요 선 제거하기

① 요소 잘라내기 도구를 클릭한다.

② 필요 없는 내부 원호 부분을 그림 2-3-5와 같이 제거한다.

③ 완료한다.

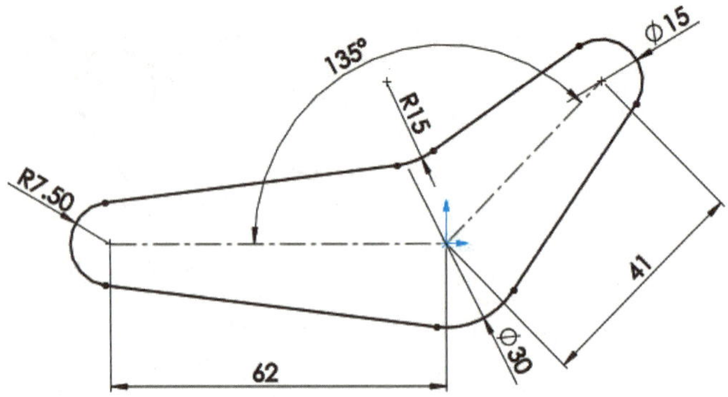

그림 2-3-5 필요 없는 내부 원호 부분 제거 모습

수행 : 돌출 보스/베이스 도구에 의한 스케치 형상 돌출하기

① 피처 탭을 클릭한다.

② 돌출 보스/베이스 도구를 선택한다.

③ 속성 창에서 중간 평면으로 돌출 깊이는 5 mm로 한다.

④ 완료✔를 클릭하여 그림 2-3-6과 같은 형상을 완성한다.

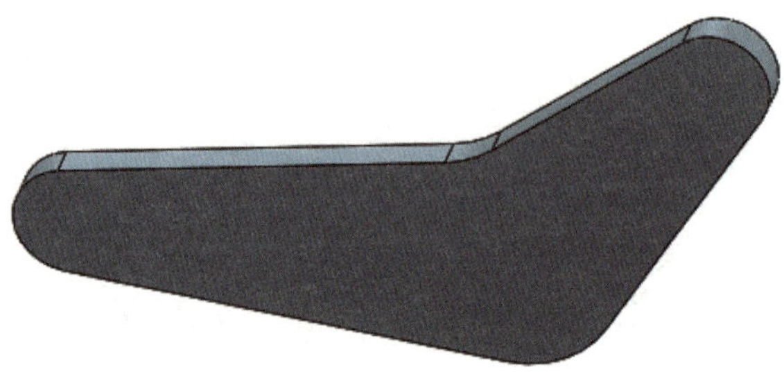

그림 2-3-6 부분 향상 완성 모습

(2) 정면도 돌출 원통부분 모델링

수행 : 스케치 준비하기

① 기준 평면을 정면으로 하고 스케치를 클릭한다.

② 스케치를 위한 스케치 실행을 클릭한다.

수행 : 원 도구에 의한 원 단면 스케치하기

① 원 도구를 클릭한다.

② 원점에 원의 중심을 두고 하나의 원을 스케치 하고, 원점과 수평한 왼쪽 원호와 일치하는 원을 스케치 한다.

③ 그림 2-3-7과 같이 두 원 모두 지름 15 mm로 치수를 수정한다.

④ 완료한다.

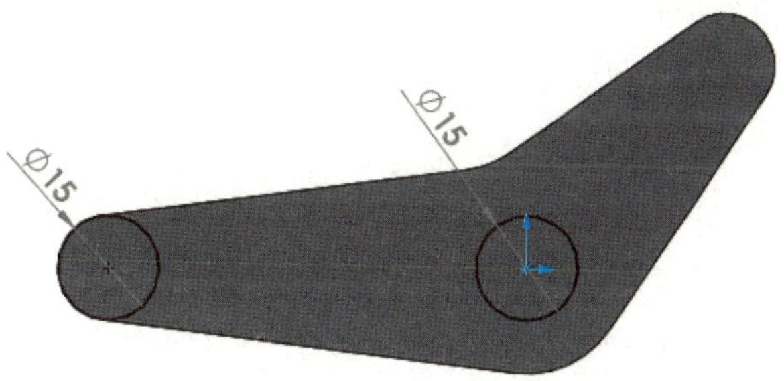

그림 2-3-7 돌출을 위한 원 스케치 모습

수행 : 돌출 보스/베이스 도구에 의한 스케치 단면 돌출하기

① 피처 탭을 클릭한다.

② 돌출 보스/베이스 도구를 선택한다.

③ 속성 창에서 중간 평면으로 돌출 깊이는 10 mm로 한다.

④ 완료✔를 클릭하여 그림 2-3-8과 같은 형상을 완성한다.

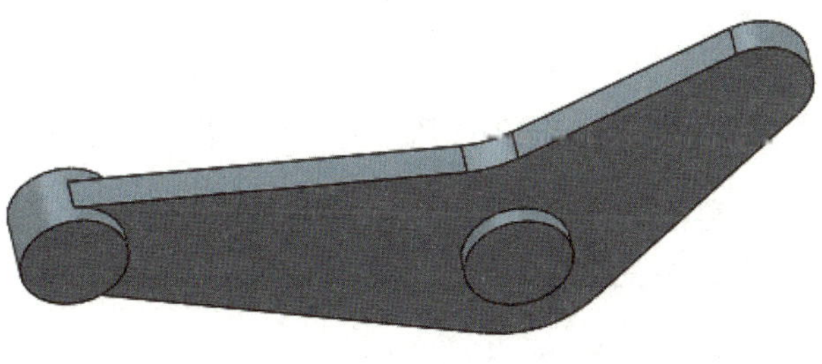

그림 2-3-8 원통 돌출부분 완성 모습

(3) 축 연결부분 기초 형상모델링

수행 : 스케치 준비하기

① 기준 평면을 그림 2-3-8의 형상 윗면으로 하고 스케치를 클릭한다.

② 스케치를 위한 스케치 실행을 클릭한다.

수행 : 원 도구와 선 도구에 의한 축 연결부분 단면 스케치하기

① 원 도구를 클릭한다.

② 오른쪽 원호 중심에 원의 중심을 두고 원호에 접하도록 원을 스케치 한다.

③ 선 도구를 클릭한다.

④ 수평에 대해 45° 중심선에 수직이 되며 41 mm 중심선의 중심을 지나는 선을 스케치 한다.

⑤ 그림 2-3-9와 같이 원에 접하며 ④에서 그은 선과 일치하도록 선을 스케치 한다.

⑥ 완료한다.

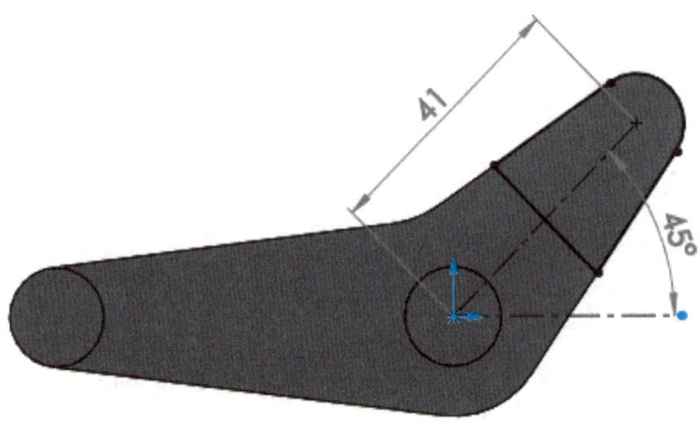

그림 2-3-9 돌출을 위한 원 스케치 모습

수행 : 돌출 보스/베이스 도구에 의한 스케치 단면 돌출하기

① 피처 탭을 클릭한다.

② 돌출 보스/베이스 도구를 선택한다.

③ 속성 창에서 블라인드 형태로 돌출 깊이는 11 mm로 한다.

④ 완료✔를 클릭하여 그림 2-3-10과 같은 형상을 완성한다.

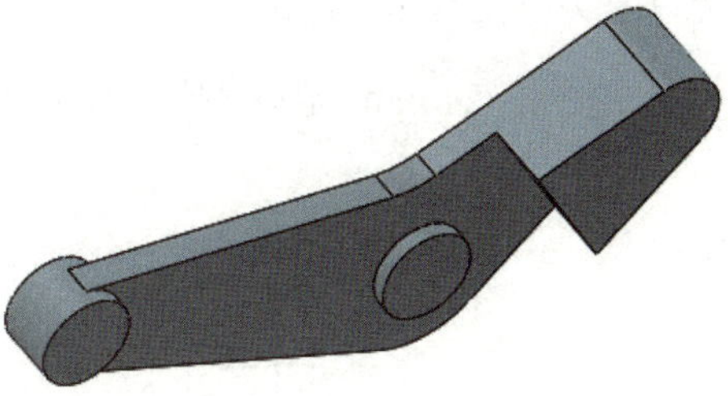

그림 2-3-10 축 연결 돌출부분 완성 모습

(4) 축 삽입 부분 형상모델링

수행 : 새로운 평면 만들기

① 피처 탭에서 참조 형상의 기준축 도구를 선택한다.

② 원점을 지나는 원통의 면을 선택하여 기준축1을 생성한다.

③ 오른 쪽 원호 부분을 선택하여 기준축2를 생성한다.

④ 피처 탭에서 참조 형상의 기준면 도구를 선택한다.

⑤ 기준축1과 기준축2를 제1참조와 제2참조로 선택한다.

⑥ 완료✔를 클릭하여 그림 2-3-11과 같은 평면1이 완성된다.

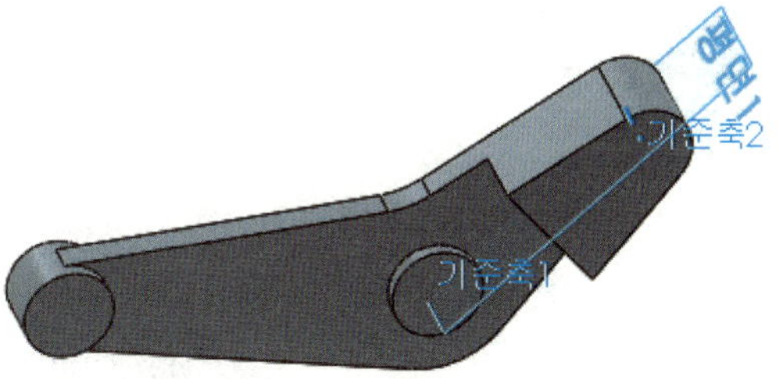

그림 2-3-11 새로운 평면 완성 모습

수행 : 중심 사각형 도구에 의한 컷 돌출 형상 단면 스케치하기

① 스케치 탭에서 평면1을 스케치 면으로 선택하고 스케치 실행을 클릭한다.

② 중심 사각형 도구를 선택한다.

③ 끝부분에 일치하게 하면서 사각형을 대충 그린다.

④ 그림 2-3-12와 같이 길이를 24 mm, 밑면에서 3 mm, 사각형 높이 10 mm로 치수를 수정한다.

⑤ 완료✔를 클릭한다.

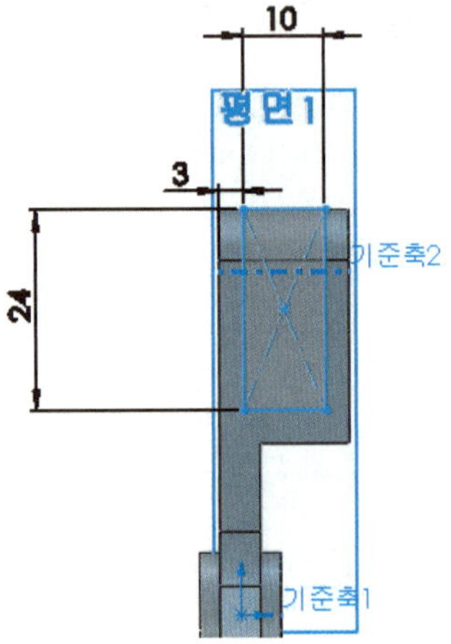

그림 2-3-12 컷 돌출 형상 단면 스케치 모습

수행 : 돌출 컷 도구에 의한 단면 스케치 돌출 컷하기

① 피처 탭에서 돌출 컷 도구를 클릭한다.

② 양방향이므로 방향1은 관통으로 하고 방향2도 관통으로 한다.

③ 완료✔를 클릭한다(그림 2-3-13).

그림 2-3-13 돌출 컷 형상

(5) 축 고정 핀 구멍 형상모델링

수행 : 원 도구에 의한 컷 돌출 형상 단면 스케치하기

① 스케치 탭에서 그림 2-3-13의 돌출 윗면을 스케치 면으로 선택하고 스케치 실행을 클릭한다.

② 원 도구를 선택한다.

③ 원점과 양쪽 끝부분의 원호 중심과 원의 중심이 일치하도록 원을 대충 그린다.

④ 그림 2-3-14와 같이 원의 지름 8 mm로 치수를 수정한다.

⑤ 완료✔를 클릭한다.

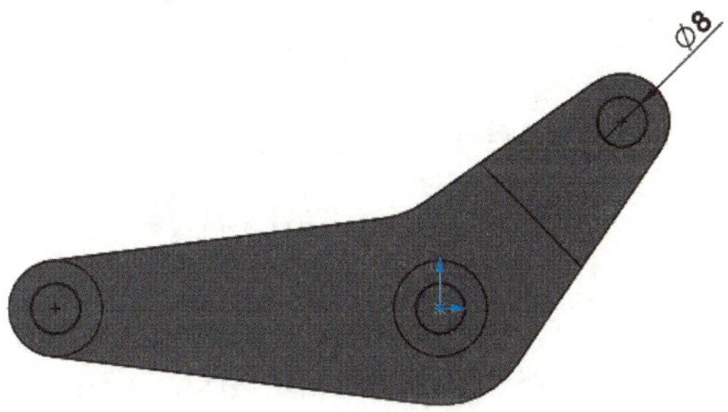

그림 2-3-14 컷 돌출 형상 단면 스케치 모습

수행 : 돌출 컷 도구에 의한 단면 스케치 돌출 컷하기

① 피처 탭에서 돌출 컷 도구를 클릭한다.

② 방향1을 관통으로 한다.

③ 완료✔를 클릭한다(그림 2-3-15).

그림 2-3-15 돌출 컷 형상

(6) 저장하기

수행 : 최종 형상 저장하기

① 저장 도구()에서 다른 이름으로 저장하기를 클릭한다.

② 저장할 디렉토리를 정하고 파일이름을 "축 링크"로 한다.

③ 저장 버튼을 클릭한다.

3-2-1-2 보조 투상도 작성

(1) 시트 준비하기

수행 : 도면 작성 화면 들어가기

① 풀다운 메뉴에서 새로 만들기 아이콘을 선택한다.

② 기본 모듈 가운데 도면을 선택한다.

③ 시트 형식/크기 설정 창에서 찾아보기를 클릭한다.

④ a4-landscape.slddrt를 설정하고 열기를 한다.

⑤ 확인을 클릭한다.

수행 : 표제란 없애기

⑥ 도면 Management 탭에서 시트형식을 선택한다.

⑦ 시트형식 탭에서 시트 편집을 선택한다.

⑧ 파란색의 표제란 부분에 대해 마우스로 전체 드래그 하여 삭제 영역을 정하고 키보드의 삭제 버튼을 클릭한다.

⑨ 확인을 클릭한다.

(2) 투상도 표현하기

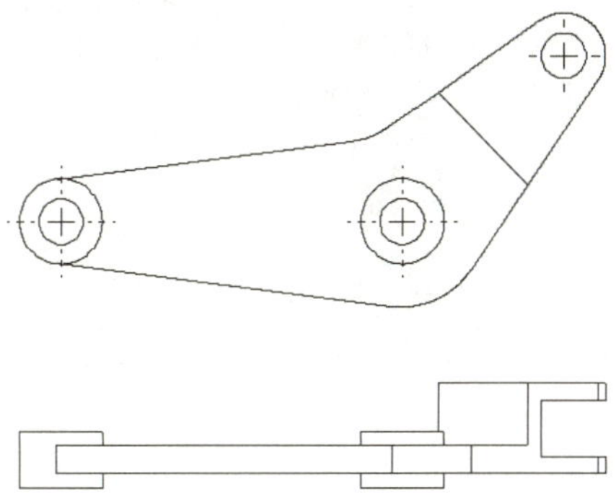

그림 2-3-16 정면도와 저면도

수행 : 투상도 작성하기

① 뷰 레이아웃에서 모델뷰( )를 클릭한다.

② 문서열기가 나타나며 축 링크를 더블 클릭한다.

③ 정면도가 디폴트되어 있으므로 정면도를 적절히 배치하고 아래로 커서를 내려 저면도를 나타낸다(그림 2-3-16).

(3) 보조투상도 표현하기

생각하기 : 3D CAD에서 보조 투상도 작성은 어떻게 하는가?

경사진 물체는 정면도와 평면도로 나타내는 것보다 정면도와 경사진 부분의 일부를 나타내는 것이 도면의 이해를 돕는데 유리한 경우가 있다. 이것을 3D CAD에서는 보조투상도 탭을 이용하여 나타낼 수 있다.

수행 : 보도투상도 작성하기

① 뷰 레이아웃에서 보조투상도( )를 클릭한다.

② 보조도 대화창에서 참조 모서리를 선택하라는 메시지가 뜬다. 여기서 나타내고자 하는 부분의 모서리를 클릭한다(그림 2-3-17).

③ 확인을 클릭한다.

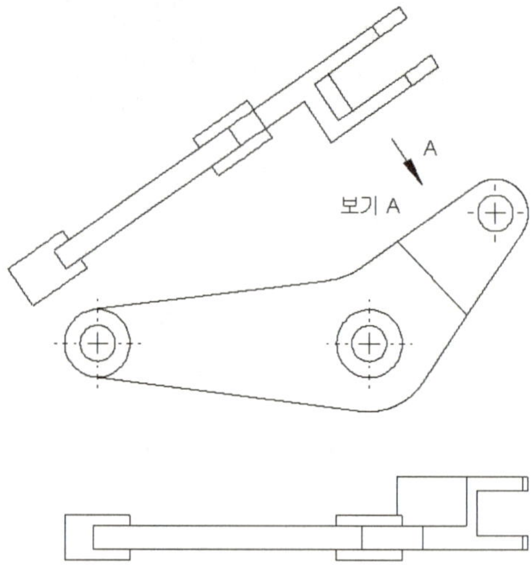

그림 2-3-17 보조 투상도 모습

(4) 부분도 표현하기

생각하기 : 보조 투상도에서 부분도란 무엇이며 어떻게 나타내는가?

정면도와 평면도 및 보조도를 나타냈지만 경사진 부분의 경우는 정확하게 모양 및 치수를 나타내기 어려워 보통은 수직으로 표현된 투상도 또는 보조도의 명확한 부분만을 나타낸다. 3D CAD에서는 부분도라는 탭을 사용하여 해결할 수 있다. 메시지에 부분도를 작성할 도면뷰에 닫힌 프로파일을 스케치하라는 문구가 나타나면 여기서 스케치를 클릭한다. 닫힌곡선을 나타낼 수 있는 원, 타원 사각형 및 스플라인 곡선 등을 이용하여 나타내고자 하는 부분을 닫힌곡선으로 나타내고 완료하면 부분도가 완성된다. 주의할 것은 한 번에 하나의 부분도 밖에 나타낼 수 없으므로 부분도를 여러 개 나타내고자 할 때는 여러 번 부분도 작성을 해야 한다.

수행 : 축 연결부분의 부분도 작성하기

① 뷰 레이아웃에서 부분도( )를 클릭한다.

② 스케치를 클릭한다.

③ 원을 이용하여 축 연결 부분(경사진 부분)만이 원 안에 들어갈 수 있도록 스케치한다.

④ 스케치 완료한다.

수행 : 저면도부분의 부분도 작성하기

① 뷰 레이아웃에서 부분도( )를 클릭한다.

② 스케치를 클릭한다.

③ 사각형을 이용하여 평면도(경사진 부분 제외)만이 사각형 안에 들어갈 수 있도록 스케치한다.

④ 스케치 완료한다(그림 2-3-18).

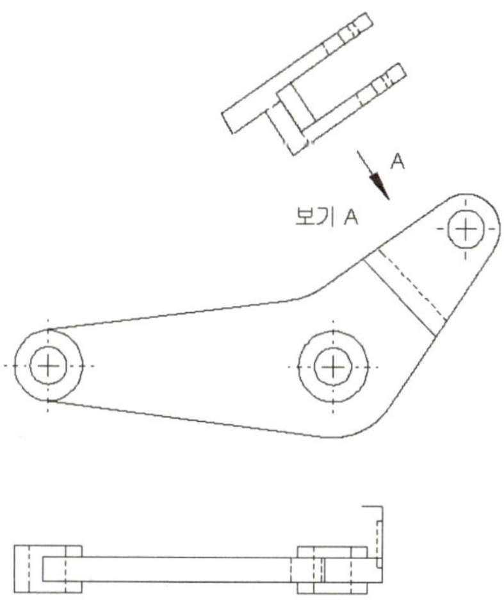

그림 2-3-18 부분도 작성 결과

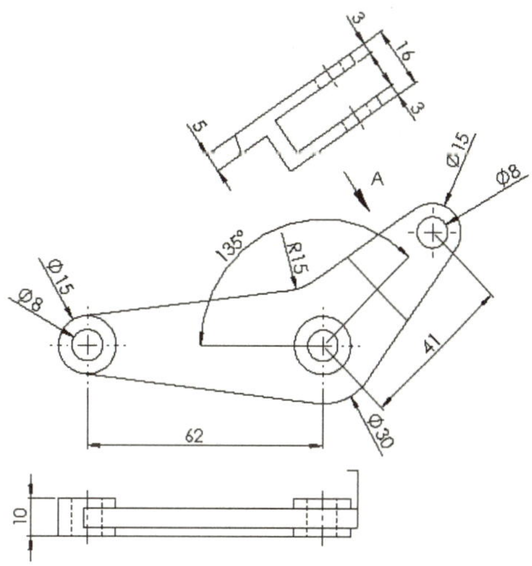

그림 2-3-19 치수 기입

(5) 치수 기입하기

수행 : 치수 표시하기

① Feature Manager 디자인트리에서 도면뷰*에 커서를 데고 마우스 오른쪽 버튼을 클릭하여 피처 편집을 설정한다.

② 도면 탭에서 주석을 클릭한다.

③ 주석 메뉴 가운데 모델항목( )을 선택한다.

④ 확인을 클릭하면 도면의 모든 치수가 표시된다.

⑤ 그림 2-3-19와 같이 치수를 보기 좋게 정리한다.

(6) 표제란 삽입하기

수행 : 새로운 표제란 삽입하기

① 시트편집 상태에서 일반테이블을 클릭한다.

② 테이블을 삽입할 수 있는 창이 나타나며 여기서 별표 모양을 클릭하면 미리 만들어 놓은 표제란 테이블 템플릿을 찾아서 가져올 수 있다.

③ 테이블 템플릿을 오른쪽 모서리에 위치하도록 배치한다.

④ 일반테이블 편집 완료 버튼을 누른다(그림 2-3-20).

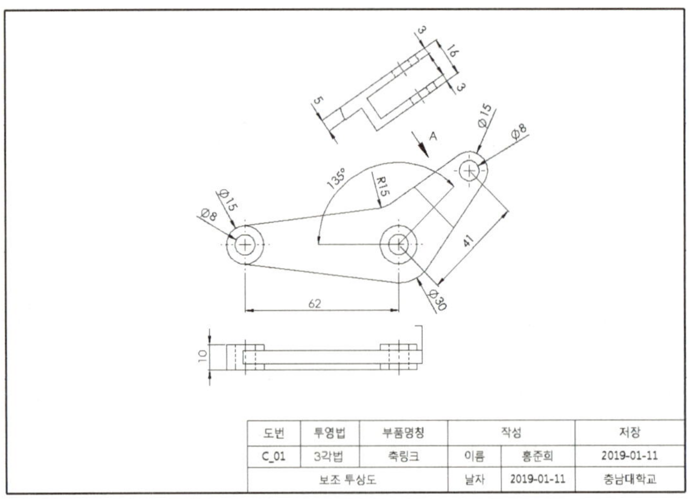

그림 2-3-20 보조 투상도 도면

(7) 저장하기

수행 : 최종 도면 저장하기

① 저장 도구()에서 다른 이름으로 저장하기를 클릭한다.

② 저장할 디렉토리를 정하고 파일이름을 "축 링크"로 한다.

③ 저장 버튼을 클릭한다.

3-2-2 동력축의 형상 모델링 및 국부 투상도 작성

3-2-2-1 형상 모델링

(1) 스케치 준비하기

수행 : 스케치 준비하기

① 풀다운 메뉴에서 새로 만들기 아이콘을 선택한다.

② 기본 모듈 가운데 파트를 선택한다.

③ 기준 평면을 정면으로 하고 스케치를 클릭한다.

④ 스케치를 위한 스케치 실행을 클릭한다.

(2) 기초 형상모델링

수행 : 중심선 및 선 도구에 의한 회전체 단면 스케치하기

① 스케치 도구의 중심선 도구를 클릭한다.

② 원점에 대해 수평하게 하나의 선을 긋는다.

③ 선 도구를 클릭한다.

④ 원점으로부터 선을 그림 2-3-21 (a)와 같이 스케치 하고 치수를 수정한다.

⑤ 완료한다.

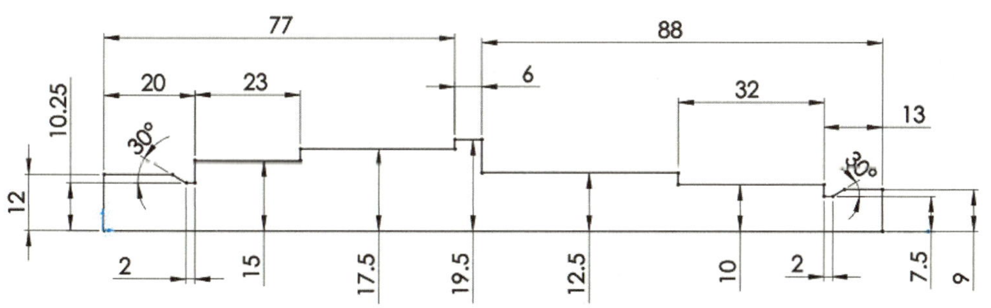

(a) 단면 스케치

(b) 회전체 형상

그림 2-3-21 기초 형상모델링

수행 : 회전 보스/베이스 도구에 의한 회전체 단면 회전하기

① 피처 탭에서 회전 보스/베이스를 선택한다.

② 회전축은 중심선을 선택하고 방향1은 블라인드 형태로 360도로 한다.

③ 확인을 클릭하면 그림 2-3-21 (b)와 같이 회전체 형상이 완성된다.

(3) 평행키 홈1 형상모델링

생각하기 : 평행키 홈1은 어떻게 생성하는지?

그림 2-3-1 (b)에서 왼쪽 키 홈이 이에 해당된다. 키 홈의 중심 간의 거리는 10 ㎜이고 반지름은 4 ㎜이다. 이것을 회전축에 홈 형상으로 만들어야 하는데 회전축은 둥글기 때문에 평평한 기준면이 필요하다. 따라서 회전 단면을 그릴 때 기준면을 스케치 면으로 하고 반지름만큼 오프셋 시켜서 돌출 컷을 하면 된다.

수행 : 선 및 직선 홈 도구에 의한 평행키 홈 단면 스케치

① 평행키 형상을 스케치할 면을 정면으로 정한다.

② 스케치 탭에서 선 도구의 중심선을 이용하여 원점과 일치하는 평행한 중심선을 스케치 한다.

③ 직선 홈을 선택하고 직선 홈을 스케치한다.

④ 그림 2-3-22 (a)와 같이 직선 홈의 중심 간의에서 왼쪽 끝단까지의 거리를 4 ㎜로 하고, 직선 홈의 반지름은 4 ㎜, 드릴가공 중심과 중심 사이의 거리는 10 ㎜로 한다.

⑤ 스케치를 완료한다.

수행 : 돌출 컷 도구에 의한 평행키 홈 형상모델링

① 피처 탭에서 돌출 컷을 선택한다.

② 설정 화면의 시작을 스케치 평면이 아니라 오프셋으로 설정하며, 오프셋 값은 11 ㎜로 한다. 이것은 정면에서 11 ㎜ 지점부터 평행키 홈이 가공되어야 함을 의미한다.

③ 방향1은 블라인드 형태에서 "블라인드 형태"로 하고 깊이를 10 ㎜로 한다.

④ 확인을 클릭하면 그림 2-3-22 (b)와 같이 형상모델링이 완료된다.

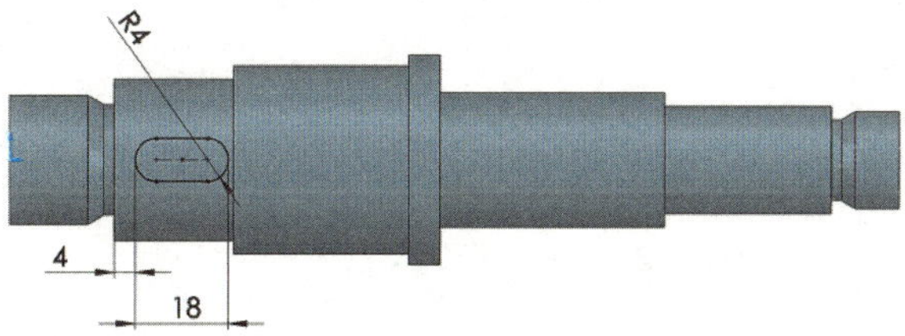

(a) 단면 스케치

(b) 컷 돌출

그림 2-3-22 평행키 홈1 형상모델링

(4) 평행키 홈2 형상모델링

생각하기 : 평행키 홈2는 어떻게 생성하는지?

그림 2-3-1 (b)에서 오른쪽 키 홈이 이에 해당된다. 키 홈의 중심 간의 거리는 14 ㎜이고 반지름은 3 ㎜이다. 이것을 회전축에 홈 형상으로 만들어야 하는데 회전축은 둥글기 때문에 평평한 기준면이 필요하다. 따라서 회전 단면을 그릴 때 기준면을 스케치 면으로 하고 반지름만큼 오프셋 시켜서 돌출 컷을 하면 된다.

수행 : 직선 홈 도구에 의한 평행키 홈 단면 스케치

① 평행키 형상을 스케치할 면을 정면으로 정한다.

② 스케치 탭에서 선 도구의 중심선을 이용하여 원점과 일치하는 평행한 중심선을 스케치 한다.

③ 직선 홈 도구를 선택하고 직선 홈을 스케치한다.

④ 그림 2-3-23 (a)와 같이 직선 홈의 중심 간의에서 왼쪽 끝단까지의 거리를 6 ㎜로 하고, 직선 홈의 반지름은 3 ㎜, 드릴가공 중심과 중심 사이의 거리는 14 ㎜로 한다.

⑤ 스케치를 완료한다.

수행 : 돌출 컷 도구에 의한 평행키 홈 형상모델링

① 피처 탭에서 돌출 컷을 선택한다.

② 설정 화면의 시작을 스케치 평면이 아니라 오프셋으로 설정하며, 오프셋 값은 7.2 ㎜로 한다. 이것은 정면에서 7.2 ㎜ 지점부터 평행키 홈이 가공되어야 함을 의미한다.

③ 방향1은 블라인드 형태에서 "블라인드 형태"로 하고 깊이를 10 ㎜로 한다.

④ 확인을 클릭하면 그림 2-3-23 (b)와 같이 형상모델링이 완료된다.

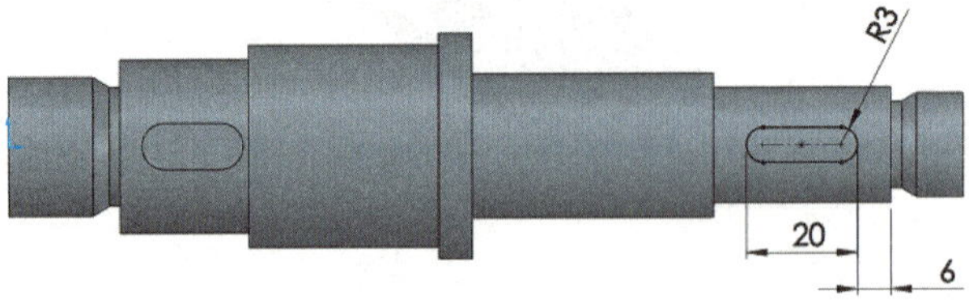

(a) 단면 스케치

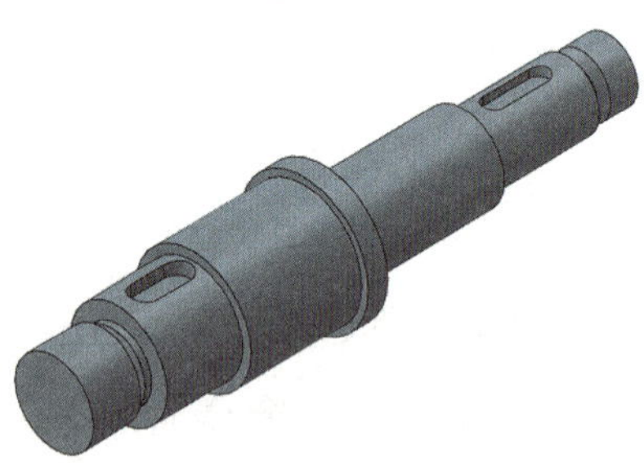

(b) 컷 돌출

그림 2-3-23 평행키 홈2 형상모델링

(5) 동력축 모따기

수행 : 모따기 도구에 의한 동력축 모따기 형상모델링

① 피터 탭에서 필렛 도구의 모따기 도구를 클릭한다.

② 그림 2-3-24 (a)와 같이 모따기 할 네 모서리를 클릭한다.

③ 모따기 변수를 각도는 45도, 거리는 1 mm로 한다.

④ 확인을 클릭하면 그림 2-3-24 (b)와 같이 형상모델링이 완료된다.

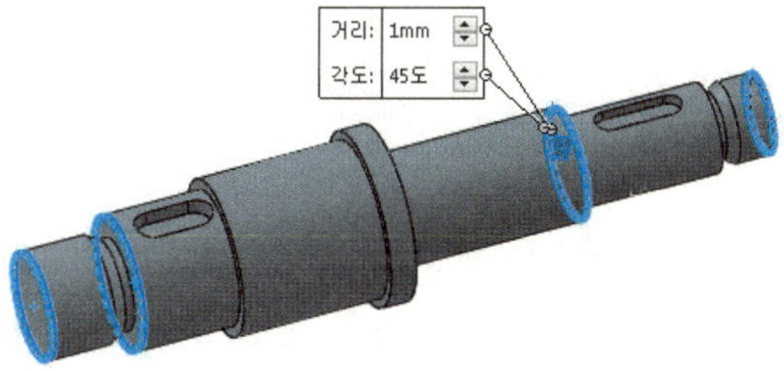

(a) 모따기 설정

(b) 모따기 모습

그림 2-3-24 동력축 모따기 형상모델링

(6) 저장하기

수행 : 최종 형상 저장하기

① 저장 도구(💾)에서 다른 이름으로 저장하기를 클릭한다.

② 저장할 디렉토리를 정하고 파일이름을 “동력축”으로 한다.

③ 저장 버튼을 클릭한다.

3-2-2-2 국부 투상도 작성

(1) 시트 편집하기

수행 : 도면 작성 화면 들어가기

① 풀다운 메뉴에서 새로 만들기 아이콘을 선택한다.

② 기본 모듈 가운데 도면을 선택한다.

③ 시트 형식/크기 설정 창에서 찾아보기를 클릭한다.

④ a4-landscape.slddrt를 설정하고 열기를 한다.

⑤ 확인을 클릭한다.

수행 : 표제란 없애기

① 도면 Management 탭에서 시트형식을 선택한다.

② 시트형식 탭에서 시트 편집을 선택한다.

③ 파란색의 표제란 부분에 대해 마우스로 전체 드래그 하여 삭제 영역을 정하고 키보드의 삭제 버튼을 클릭한다.

④ 확인을 클릭한다.

(2) 국부 투상도 표현하기

생각하기 : 투상도에서 키 홈은 어떻게 표현할까?

키는 표준 규격에 의해 정해지는 부품이므로 축에 키 홈을 가공해야 할 때 키 홈을 도면으로 나타내야 하는데 키의 경우는 간단한 모양이므로 간단하게 키 부분만을 축의 키 홈 부분과 연결하여 키 홈의 단면 모양만을 투상도로 나타내면 좋은데 이 방법이 국부 투상도이다.

수행 : 모델뷰에 의한 정면도 배치하기

① 뷰 레이아웃에서 모델뷰( )를 클릭한다.

② 문서 열기가 나타나며 동력축을 더블 클릭한다.

③ 정면도가 디폴트 되어 있으므로 정면도를 적절히 배치한다.

수행 : 중심선 및 중심표시 도구에 의한 중심선 및 중심표시 나타내기

① 주석에서 중심선을 클릭한다.

② 자동 삽입에 "뷰 선택"을 체크한다.

③ 정면도를 체크한다.

④ 주석에서 중심표시를 클릭한다.

⑤ 키 홈 단면의 원을 선택하면 그림 2-3-25와 같이 키 홈의 중심선 및 중심표시가 된다.

수행 : 직선 홈 도구에 의한 평행키 홈 단면 스케치하기

① 스케치 탭을 클릭한다.

② 본체 부품의 키 홈 중심선을 수직으로 연장한다.

③ 직선 홈 도구를 선택하여 그림 2-3-25와 같이 키 홈의 단면을 스케치한다.

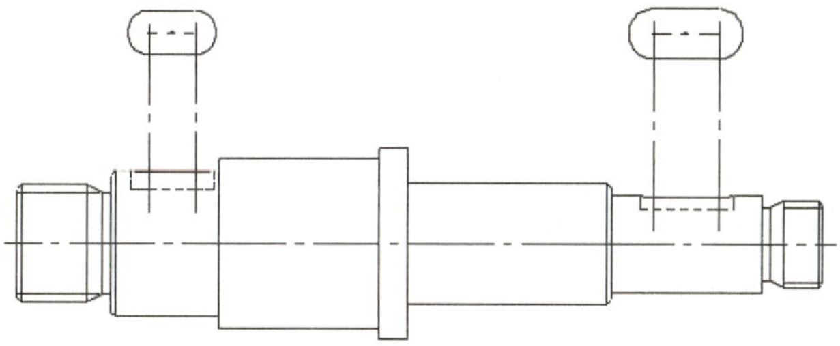

그림 2-3-25 평행키 홈의 도면

(3) 상세도 및 치수 기입하기

생각하기 : 직선 홈의 구멍의 치수는 어떻게 표현할까?

직선 홈의 구멍은 구멍의 기능 또는 가공 방법에 따라 치수의 기입방법을 그림 2-3-26과 같이 나타낸다. (a)의 예시도는 엔드밀 공구의 외경기준 가공치수를 기입할 때, (b)의 예시도는 엔드밀 공구의 중심기준 가공치수를 기입할 때, (c)의 예시도는 엔드밀 공구의 중심기준치수와 공구의 지름을 기입할 때이다.

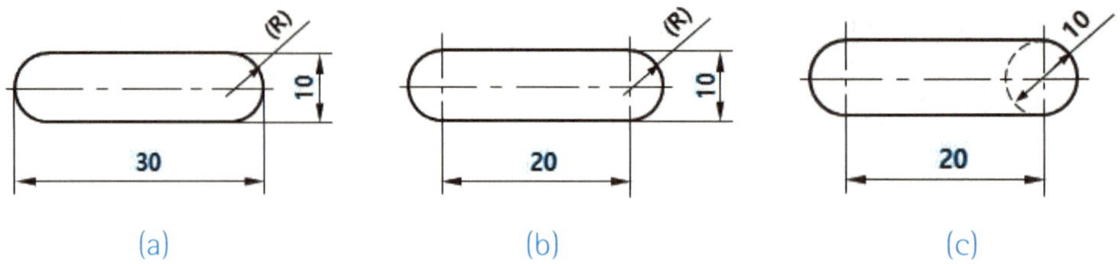

그림 2-3-26 직선 홈의 구멍 표시방법

수행 : 모델항목 도구에 의한 도면의 모든 치수 표시하기

① Feature Manager 디자인트리에서 도면뷰*에 커서를 데고 마우스 오른쪽 버튼을 클릭하여 피처 편집을 설정한다.

② 도면 탭에서 주석을 클릭한다.

③ 주석 메뉴 가운데 모델항목( )을 선택한다.

④ 확인을 클릭하면 도면의 모든 치수가 표시된다.

⑤ 치수를 보기 좋게 정리한다.

수행 : 지능형 치수 도구에 의한 직선 홈의 치수 표시하기

① 주석 메뉴 가운데 지능형 치수를 선택한다.

② 직선 홈의 모든 치수를 표시한다.

③ 확인을 클릭한다(그림 2-3-27).

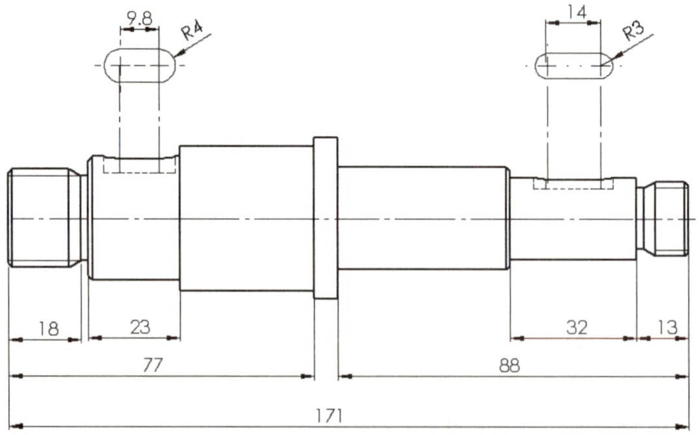

그림 2-3-27 동력 축의 치수 및 직선 홈 치수 표시

(4) 상세도 및 치수 기입하기

수행 : 상세도 및 치수 작성하기

① 뷰 레이아웃에서 상세도를 클릭한다.

② 상세도를 나타내고자 하는 부분의 중심부에 커서를 데고 영역을 설정한다.

③ 원하는 곳에 상세도를 배치하면 상세도가 표시되며 주석 메뉴 가운데 모델항목( ) 을 선택하고 상세도를 클릭한다(그림 2-3-28).

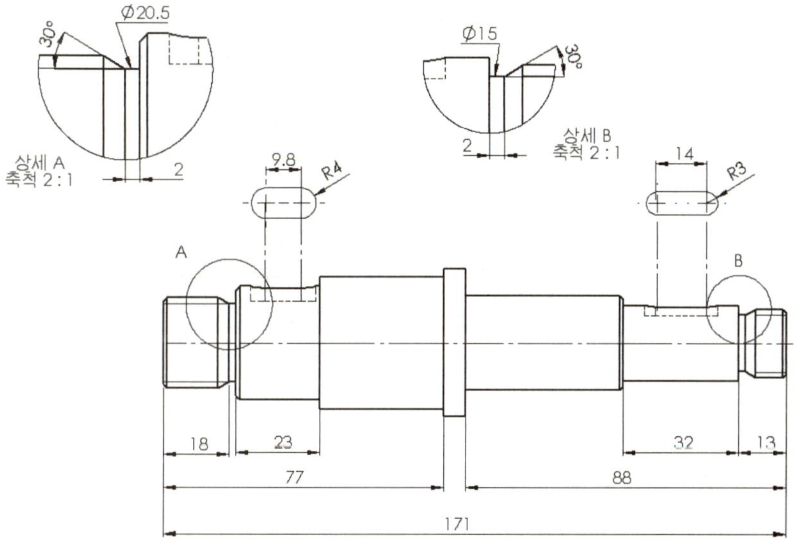

그림 2-3-28 상세도 치수 기입

(5) 표제란 삽입하기

수행 : 새로운 표제란 삽입하기

① 시트편집 상태에서 일반테이블을 클릭한다.

② 테이블을 삽입할 수 있는 창이 나타나며 여기서 별표 모양을 클릭하면 미리 만들어 놓은 표제란 테이블 템플릿을 찾아서 가져올 수 있다.

③ 테이블 템플릿을 오른쪽 모서리에 위치하도록 배치한다.

④ 일반테이블 편집 완료 버튼을 누른다(그림 2-3-29).

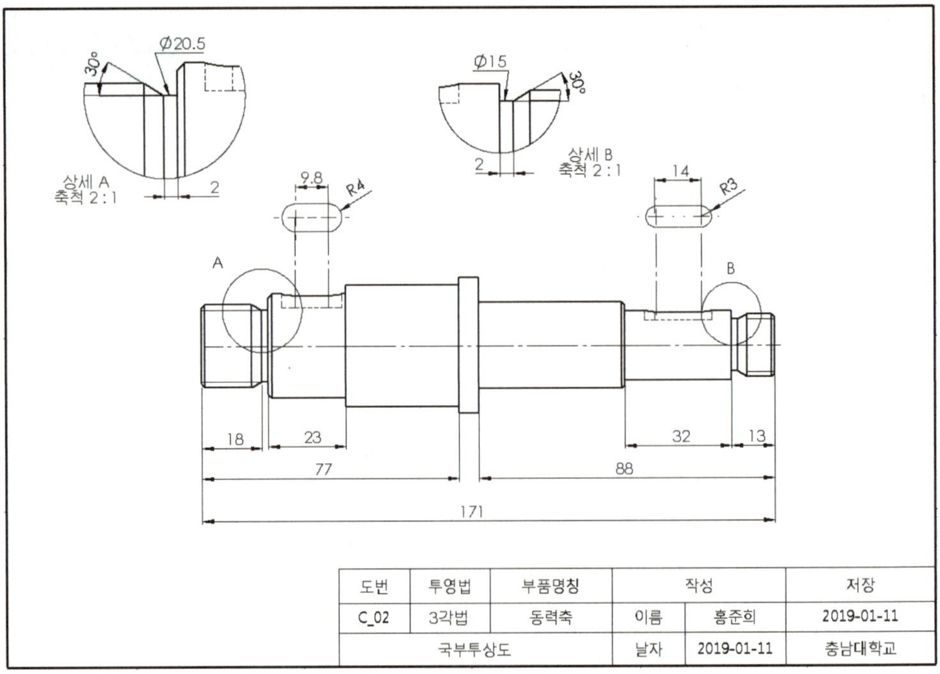

그림 2-3-29 국부 투상도 도면

(6) 저장하기

수행 : 최종 도면 저장하기

① 저장 도구(💾)에서 다른 이름으로 저장하기를 클릭한다.

② 저장할 디렉토리를 정하고 파일이름을 "동력축"으로 한다.

③ 저장 버튼을 클릭한다.

3-3 학습 정리

3-3-1 축 링크의 형상 모델링 및 국부 투상도 작성 종합정리

3-3-1-1 형상 모델링 정리하기

① 축 링크의 형상모델링은 그림 2-3-30의 과정을 거쳐 완성된다.

② 축 링크 축 연결 부분의 형상모델링은 정면에 대해 135도 기울어진 새로운 평면이 필요하며 참조 형상의 기준면 도구에 의해 생성한다.

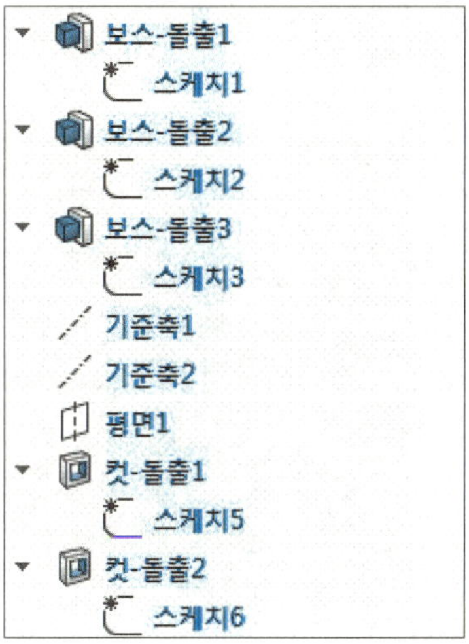

그림 2-3-30 축 링크 형상모델링 디자인 트리

3-3-1-2 보조 투상도 작성 정리하기

① 축 링크 부품의 보조 투상도 작성은 그림 2-2-31과 같은 도면 작성 이력으로 완성된다.

② 축 링크 부품의 도면 작성에서 A4 시트 설정은 시트 형식/크기 설정 창에서 찾아보기를 클릭하고 a4-landscape.slddrt를 선택한다.

③ 축 링크 부품의 SolidWorks에서 보조 투상도는 뷰 레이아웃의 보조 투상도 도구를 활용하여 표현하지만 KS규격에서 정한 도시대로 하려면 부분도를 사용하여 보조 투상도에서 필요 부분도만 나타내야 한다.

④ 축 링크 부품의 도면 작성에서 도면뷰의 크기나 위치는 시트 크기에 따라 다르며 임의로 디폴트 되어 있으므로 A4 도면 시트와 표제란의 크기 및 위치를 고려하여 적절하게 조절 및 배치한다.

⑤ 축 링크 부품의 도면 작성에서 보조 투상도의 치수는 정면도 중심으로 KS규격에 맞춰 기입한다.

⑥ 축 링크 부품의 도면 작성에서 미리 만든 표제란 삽입은 일반테이블 편집에서 별표 모양을 클릭하고 새로운 표제란 테이블 템플릿(예; A4_1)을 찾아서 가져온 후에 일반테이블 편집 완료 버튼을 누르고 나서 도면 오른쪽 모서리에 배치한다.

⑦ 축 링크 부품의 도면 작성에서 표제란 빈 공란의 글자 삽입은 빈 공란을 더블 클릭한 후에 실행한다.

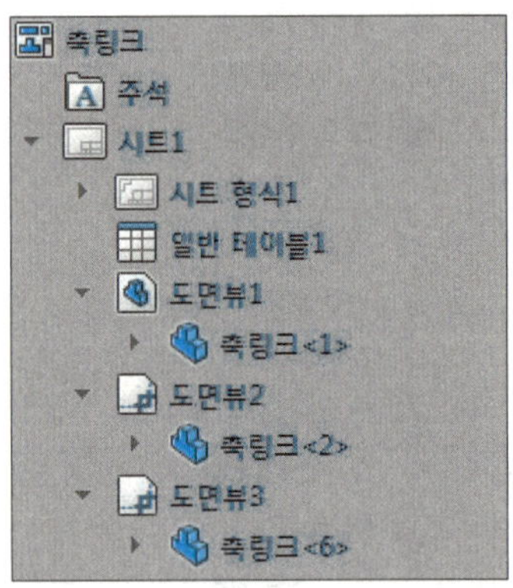

그림 2-3-31 축 링크 도면 작성 디자인 트리

3-3-2 동력축의 형상 모델링 및 국부 투상도 작성 종합정리

3-3-2-1 형상 모델링 정리하기

① 학습 대상인 동력 축의 형상은 그림 2-3-32의 형상모델링 과정을 거쳐 완성된다.

② 동력 축을 축 지지대에 삽입할 때 편리하도록 축의 모서리를 모따기 한다.

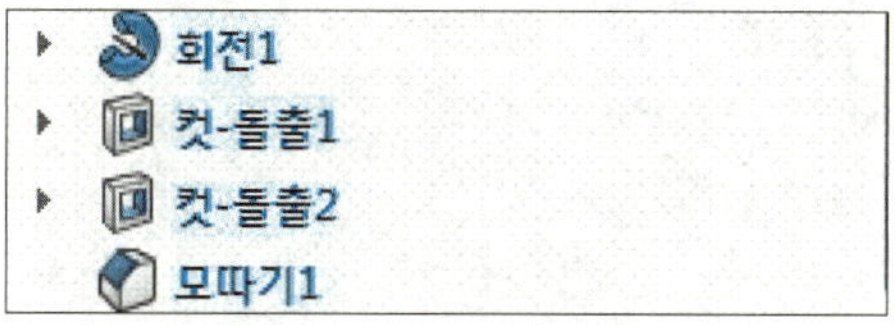

그림 2-3-32 동력축의 형상모델링 디자인 트리

3-3-2-2 국부 투상도 작성 정리하기

① 동력 축 부품의 도면 작성은 그림 2-2-33과 같은 도면 작성 이력으로 완성된다.

② 동력 축 부품의 도면 작성에서 A4 시트 설정은 시트 형식/크기 설정 창에서 찾아보기를 클릭하고 a4-landscape.slddrt를 선택한다.

③ 동력 축 부품의 SolidWorks에서 국부 투상도 부분은 평행키 부분이며, 이 부분은 중심선을 연장하여 직선 홈의 중심이 일치하도록 평행키 단면을 스케치함으로써 나타낸다.

④ 동력 축 부품도은 멈춤 링 등이 조립될 부분들은 폭이 매우 작아 확대해야 치수 등을 기입할 수 있으므로 상세도로 나타내어 치수를 기입한다.

⑤ 동력 축 부품의 도면 작성에서 도면뷰의 크기나 위치는 시트 크기에 따라 다르며 임의로 디폴트 되어 있으므로 A4 도면 시트와 표제란의 크기 및 위치를 고려하여 적절하게 조절 및 배치한다.

⑥ 동력 축 부품의 도면 작성에서 국부 투상도의 치수는 KS규격에 맞춰 기입한다.

⑦ 동력 축 부품의 도면 작성에서 미리 만든 표제란 삽입은 일반테이블 편집에서 별표 모양을 클릭하고 새로운 표제란 테이블 템플릿(예; A4_1)을 찾아서 가져온 후에 일반테이블 편집 완료 버튼을 누르고 나서 도면 오른쪽 모서리에 배치한다.

⑧ 동력 축 부품의 도면 작성에서 표제란 빈 공란의 글자 삽입은 빈 공란을 더블 클릭한 후에 실행한다.

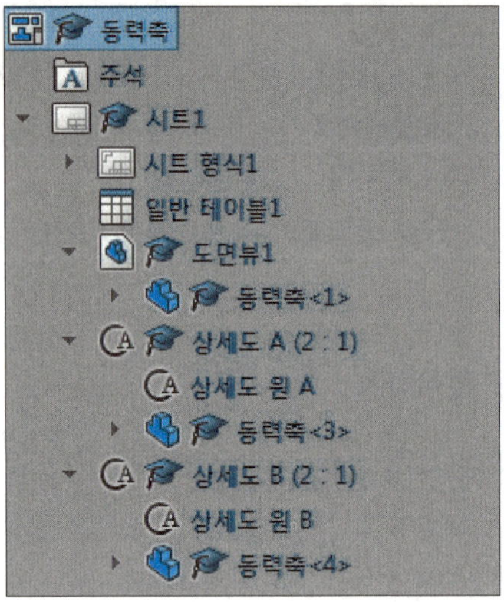

그림 2-3-33 동력 축의 도면 작성 디자인 트리

3-4 자율 평가

지시 사항 :

앞의 학습활동을 모두 마친 후 다음 질문에 답하시오. 이 자율평가의 목적은 앞에서 익힌 보조투상도 해독에 의한 부품의 형상모델링과 보조투상도 작성을 이해하여 주어진 문제에 대한 작업이 가능한지를 확인하기 위함이다. 자기 스스로 평가 문제에 답하고 답안을 비교 평가해 봄으로써 본인의 부족한 점에 대해 파악하는 태도를 기르고 부족하다면 다른 사람의 도움을 받거나 본인 스스로 앞의 내용을 더욱 자세히 학습하는 자기주도 학습에 목적이 있다.

3-4-1 자율평가 문제

자율평가 그림에 대해 30분 안에 다음 작업을 실시하라.

1. 형상모델링 작업

- View 방향을 좌측면으로 한다.
- 치수는 그림의 크기에 맞춰 모델링한다. 단, 경사면의 각도는 30도, 작은 둥글기 반경은 3 ㎜이다.
- 저장 파일 이름을 “보조투상도_자1”로 한다.

2. 도면 작성 작업

- A4 시트 크기로 한다.
- 3각법에 의한 투상도(보조 투상도)로 작성한다.
- 치수는 그림의 크기로 기입하며 척도는 적합하게 선정한다.
- 표제란의 도번은 “자C_1”, 제목은 “보조투상도”로 한다.
- KS규격에 따라 도면을 나타낸다.

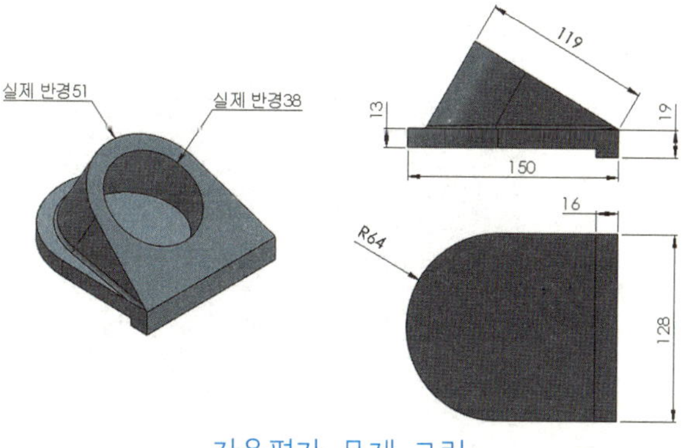

자율평가 문제 그림

3-4-2 자율평가 문제 답안

1. 형상모델링 답안

(1) 모델링 과정

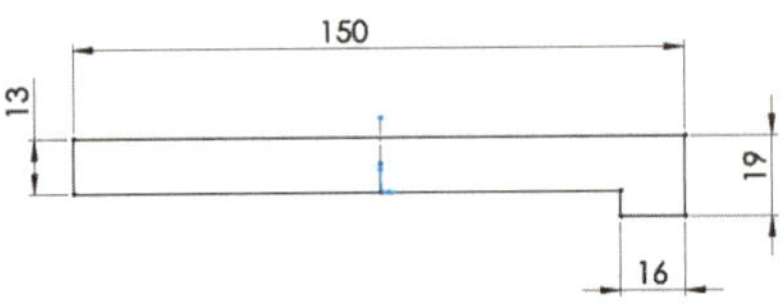

(a) 스케치1

(b) 보스-돌출1(128 ㎜)

(c) 필렛1(64㎜)

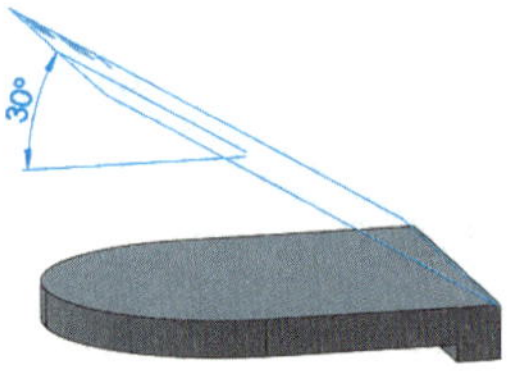

(d) 평면1(30°)

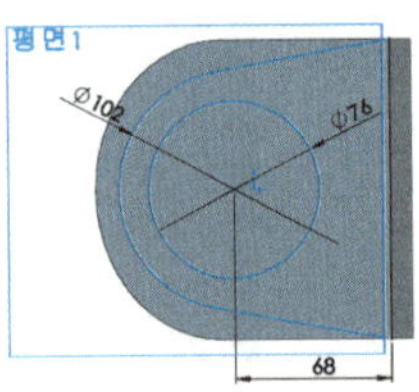

(e) 스케치2

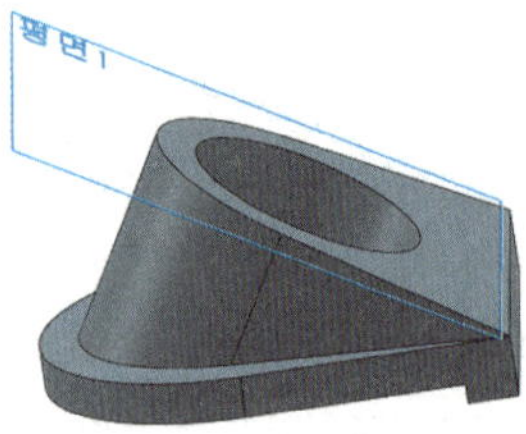

(f) 보스-돌출2(다음까지)

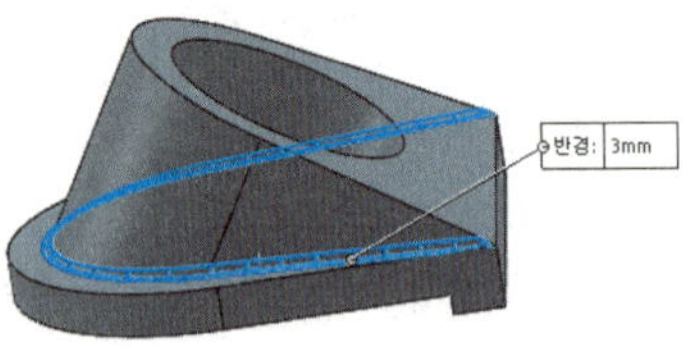

(g) 필렛 2(반지름 3 ㎜)

(2) 디자인 트리

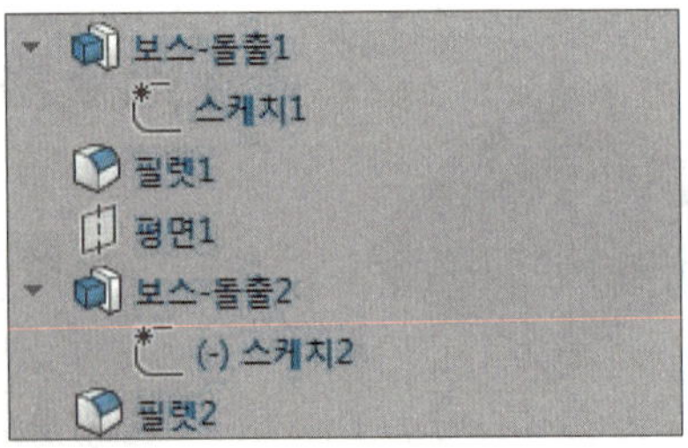

2. 도면 작성 답안

(1) 도면 작성 과정

- A4 시트를 설정하고 표제란을 삭제한다.
- 정면 뷰를 정면도로 배치하고 은선 표시한다.
- 정면도 밑으로 저면도를 배치한다.
- 정면도에 중심선 표시를 한다.
- 경사면에 대해 보조 투상도를 표현한다.
- 치수를 삽입한다.
- 표제란을 삽입하고 필요한 도번, 작성자 및 제목을 작성한다.

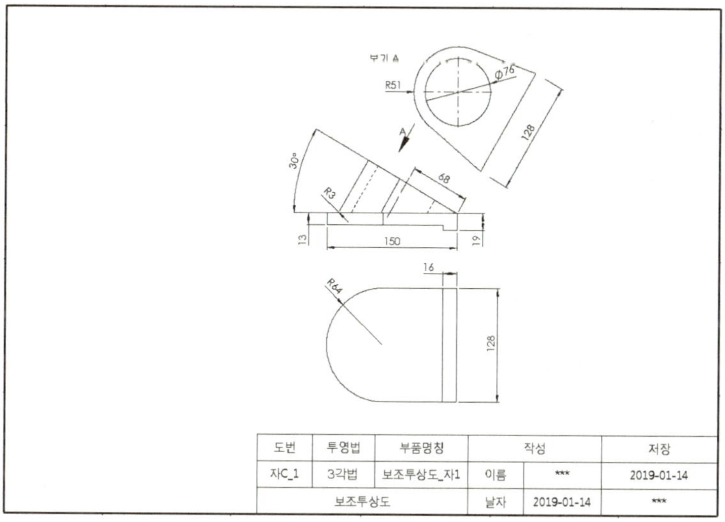

(2) 디자인 트리

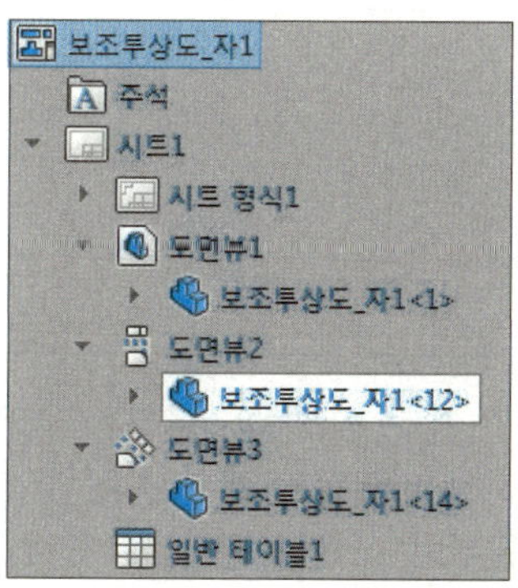

자율평가 결과 점검표

학습자 성명 :	평가 날짜 :
평가 제목 : 기계부품 보조 투상도의 이해	

		성취 수준			
		하지 못했음	일부만 했음	완전히 하였음	완성 반복수
형상모델링작업	보스-돌출1의 스케치1				
	보스-돌출1의 돌출 형상				
	필렛에 의한 반원 생성				
	경사 평면 생성				
	경사면에 대한 보스-돌출2의 스케치2				
	보스-돌출2의 돌출 형상				
	모서리 필렛(둥글기)				
도면작성작업	A4 시트 설정 및 표제란 삭제				
	보조투상도(도면뷰 3)				
	은선 표시				
	치수 작성				
	표제란 삽입 및 내용 작성				

[성취수준]
위의 모든 항목에 대해 “완전히 하였음”, 즉 완성도 100%로 답하여야 합니다.
만일 “하지 않았음” 또는 “일부만 하였음”에 답을 했다면 앞에서 학습한 내용을 다시 한 번 확인 하시고 몇 번 만에 완성하였는지를 체크하십시오.

CHAPTER 3

이해편 3

기계부품 단면도 작성의 이해

학습 개요

기계부품의 대칭 형상이나 내부가 복잡한 3D 형상의 경우 표준 3도로 표현하면 오독의 우려가 있다. 이런 경우 KS 규격에서는 2차원적인 표현 방법에 단면도를 사용하도록 규정하고 있다. 따라서 2차원적인 단면도의 해독을 통해 기계부품 형상모델링뿐만 아니라 각종 단면도 작성법을 숙지한다.

학습 목표

본 학습을 마친 학습자는 기계관련 제품 설계에서

- 부품도의 전단면도 해독에 의한 형상모델링과 전단면도 작성이 가능하며 작성 과정에 대해 설명할 수 있다.
- 부품도의 반단면도 해독에 의한 형상모델링과 반단면도 작성이 가능하며 작성 과정에 대해 설명할 수 있다.
- 부품도의 계단단면도 및 회전단면도 해독에 의한 형상모델링과 계단단면도 및 회전단면도 작성이 가능하며 작성 과정에 대해 설명할 수 있다.
- 부품도의 부분단면도 해독에 의한 형상모델링과 부분단면도 작성이 가능하며 작성 과정에 대해 설명할 수 있다.

학습 성과와 수행 준거

(1) KS 규격 정보를 도면 작성에 응용할 수 있는 능력

✓ KS 공차 규정을 각종 단면도 작성에 응용할 수 있다.

(2) 기계 형상설계를 위해 CAD 도구를 활용할 수 있는 능력

✓ 각종 단면도 작성을 위해 CAD의 단면도 작성 도구를 활용할 수 있다.

(3) 다양한 기계 및 장치에 대해 형상설계 과정을 설명할 수 있는 능력

✓ 각종 단면도 작성에 대해 충분히 이해하고 부품도의 단면도 작성 과정을 명확히 설명할 수 있다.

(4) 자기계발의 필요성을 인식하고 지속적이며 자기 주도적으로 학습할 수 있는 능력

✓ 자기 주도적으로 학습한 것을 바탕으로 자율 평가문제를 스스로 평가하고 판단하여 자신의 부족한 점을 파악하고 보충함으로써 자기 스스로 발전성을 추구할 수 있다.

1 전단면도 작성의 이해

1-1 학습 준비

1-1-1 학습 대상

1-1-1-1 선정 이유

그림 3-1-1 (a)와 같은 봉구조물 지지대는 회전체이며 사각 홈을 기준으로 좌우 대칭구조이다. 그런데 사각 홈 부분이 일반 투상도로 나타내면 원형 구멍인지 사각 홈인지 구별하기 어려운 문제가 있으며 원형과 사각 홈이 숨은선으로 나타나므로 해독하기 어려운 문제가 있다. 이러한 문제점을 해결하기 위해 사각 홈 부분을 지나도록 전체를 절단하면 사각 홈인 정보를 쉽게 판독하고 숨은선이 없어져서 도면이 명료해지므로 전단면도의 대상으로 사용 하는 것이다.

그림 3-1-1 (b)와 같은 바퀴살 바퀴는 회전체이며 바퀴살을 기준으로 좌우 대칭구조이다. 그런데 바퀴살은 암이나 리브와 마찬가지로 단면에 해칭을 하지 않는 것으로 규정되어 있으므로 전단면도에 해칭하지 않는 바퀴살이 있는 바퀴를 선정하였다.

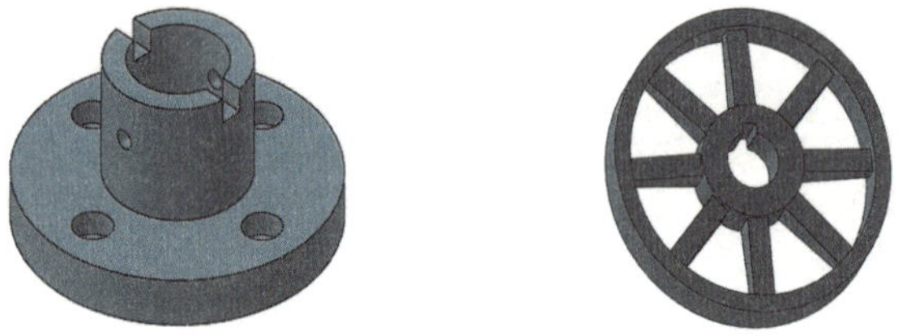

(a) 봉구조물 지지대 (b) 등 간격 바퀴살 바퀴

그림 3-1-1 전단면도 대상

1-1-1-2 전단면도의 해독

전 단면도는 형상의 정확히 반쪽을 절단했을 때의 형상 단면 내부 모습이다. 이와 같은 전 단면도는 완전히 대칭 형태의 형상 내부를 알고자 할 때 나타내는 방법이다. 그림 3-1-2 (a)의 단면도를 보면 잘린 면의 좌우 또는 상하가 대칭인 것을 할 수 있다. 그리고 평면도를 보면 원형으로 되어 있는 것을 알 수 있는데 이것은 회전체 형상이라는 것을 나타낸 것이다. 또한 단면으로 잘리지 않고 내부 전체가 비어 있는 것(해칭이 없는 부분)은 중공 원통 형태임을 알아야 한다. 그러나 부분적으로 비어 있는 것은 중공 형태의 원통이 아니고 부분적으로 가공되어 있는 부분이므로 회전체의 경우는 평면도를 잘 살펴 보아야 한다. 따라서 전단면도에서 알 수 있는 것은 회전체의 중공형태인 형상이며 좌우 또는 상하가 대칭인 형상으로 이루어졌다는 것으로 해독할 수 있다.

그림 3-1-2 (b)의 단면도 역시 잘린 면의 좌우가 대칭인 것을 할 수 있다. 그러나 우측면도에서 바퀴살을 보면 밑면과 윗면의 폭이 다른 것을 알 수 있는데 이것은 바퀴살이 로프트 형상이라는 것을 나타낸 것이며 8개의 바퀴살이 원형패턴으로 이루어져 있다는 것을 나타낸 것이다. 또한 축의 윗부분에 사각모양의 형상이 있는데 이것은 키를 삽입하기 위한 공간으로 보아야 하며 그 외의 부분에 대해서는 좌우상하 대칭인 원통 형상으로 이루어졌다는 것으로 해독할 수 있다.

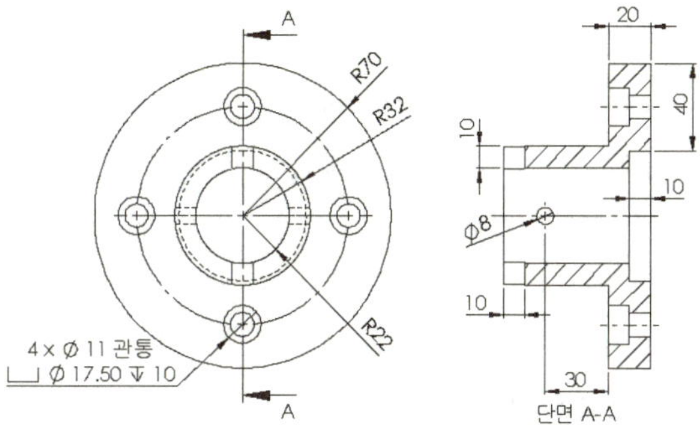

(a) 봉 구조물 지지대의 전단면도

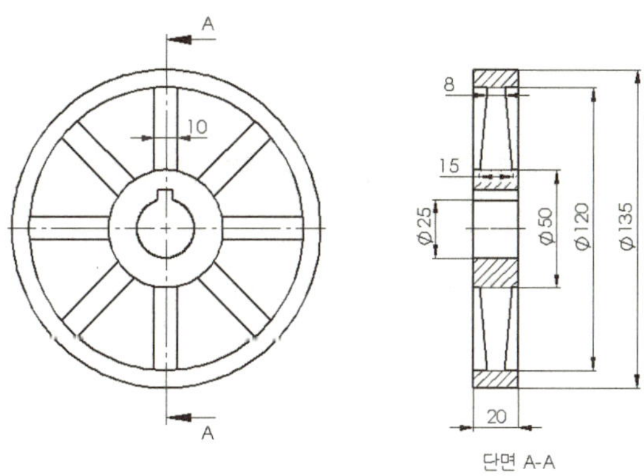

(b) 등 간격 바퀴살 바퀴의 전단면도

그림 3-1-2 전단면도로 표현된 어댑터 도면

1-1-2 관련 지식

1-1-2-1 단면도의 정의

물체의 보이지 않는 부분을 도시하는 데는 주로 숨은선을 표시하지만 물체의 내부 모양이나 구조가 복잡한 경우에는 숨은선이 많으므로 혼동을 일으켜 단면을 정확하게 읽기가 어렵게 된다. 이러한 경우에 물체를 좀 더 명확하게 표시할 필요가 있는 곳에서 절단 또는 파단 하였다고 가상하여 물체 내부가 보이는 것과 같이 표시하면 대부분의 숨은선이 생략되고, 필요한 부분이 외형선으로 분명히 도시된다. 이러한 화법을 단면법이라 하며 이러한 방법으로 그린 투상도를 단면도(sectional view)라 한다.

1-1-2-2 전단면도의 정의

물체를 두 개로 절단하여 투상도 전체를 단면으로 표시한 것을 전단면도(full section)라 한다(KS B 0001 9.2.2). 이 때 절단면은 투상도에 평행하고 기본중심선을 지나는 것이 원칙이지만 모양에 따라 반드시 기본중심선을 지나지 않아도 좋다.

1-1-2-3 KS 규격 내용 검토하기

(1) 도면에서 대칭도형의 표시법

도형이 대칭 모양인 경우에는 다음 중 어느 한 가지 방법에 따라 대칭 중심선의 한 쪽을 생략할 수 있다(KS B 0001 9.3).

① 대칭 중심선의 한쪽 도형만을 그리고 그 대칭 중심선의 양 끝부분에 짧은 2개의 나란한 가는 선(대칭 도시기호)을 그린다.

② 대칭선 한 쪽의 도형을 대칭 중심선을 약간 넘은 부분까지 그린다. 이때에는 대칭 도시기호를 생략할 수 있다.

(2) 전단면도의 규정

① 단면이 기본중심선을 지나는 경우에는 절단선을 생략한다.

② 숨은선은 필요한 것만을 기입한다.

③ 절단면 앞쪽으로 보이는 선은 이해에 도움이 되지 않는 경우는 생략한다.

1-1-3 CAD 관련 사항 검토하기

단면도 도구는 절단선으로 기존 뷰를 절단하여 정의한 새 도면뷰를 작성한다. 전체, 1/2 및 오프셋 단면 등 다양한 옵션이 있다. 그림 3-1-3은 전단면도를 설정할 때 명령의 순서도라 생각하면 된다.

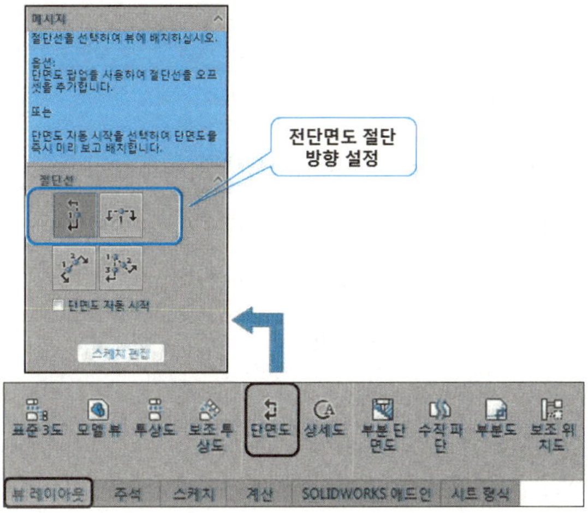

그림 3-1-3 전단면도의 설정 순서

1-2 학습 활동

1-2-1 봉 구조물 지지대

1-2-1-1 형상모델링

(1) 작업준비하기

수행 : 스케치 화면 들어가기

① 풀다운 메뉴에서 새로 만들기 아이콘을 선택한다.

② 기본 모듈 가운데 파트를 선택한다.

③ 기준 평면을 우측면으로 하고 스케치를 클릭한다.

④ 스케치를 위한 스케치 실행을 클릭한다.

(2) 회전체 형상모델링

생각하기 : 어디를 회전체 형상으로 표현하면 좋을까?

그림 3-1-2 (a)에서 평면도와 단면도를 보면 대칭인 해칭 부분이 회전체 형상이라 할 수 있다. 단면의 가운데 비어 있는 부분은 중공 부분의 회전체 형상이다. 즉, 그림 3-1-2 (a)의 단면도를 보면 해칭 부분이 말 그대로 절단했을 때 단면이므로 이것을 회전체 스케치 단면으로 하고 중심선을 기준으로 회전시키면 원하는 회전체 형상이 완성된다. 다만 사각형의 일부 비어 있는 부분은 평면도를 보면 알 수 있듯이 홈 형상이므로 여기서는 신경 쓰지 않아도 된다.

수행 : 선 도구에 의한 회전체 단면 스케치하기

① 스케치 탭에서 선 도구를 선택한다.

② 선 도구 가운데 중심선 도구를 클릭한다.

③ 원점에 대해 중심선을 수평으로 스케치한다.

④ 선 도구를 선택하고 회전체 단면을 대강 스케치한다.

⑤ 지능형 치수 도구를 선택하고 그림 3-1-3 (a)와 같이 치수를 수정한다.

⑥ 확인을 클릭한다.

수행 : 회전 보스/베이스 도구에 의한 단면 회전하기

① 피처 탭에서 회전 보스/베이스 도구를 선택한다.

② 속성 창에서 회전축은 중심선을 선택하고 마침조건은 블라인드 형태로 각도는 360도로 한다.

③ 확인을 클릭하면 그림 3-1-3 (b)와 같이 회전체 형상이 완성된다.

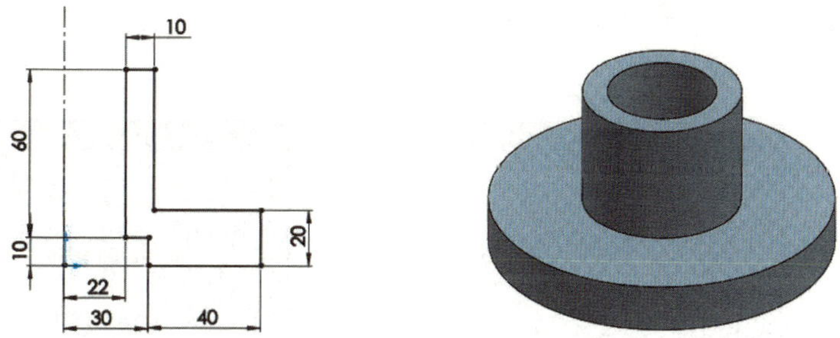

(a) 회전 단면 스케치 (b) 회전체 형상

그림 3-1-4 회전체 형상 생성 과정

(3) 패턴 기초 카운터 보어 형상모델링

생각하기 : 4×∅11관통⌴∅17.50↧10의 기호는 무슨 의미일까?

그림 3-1-2 (a)를 보면 4×∅11관통⌴∅17.50↧10의 기호가 나타나 있는 것을 알 수 있을 것이다. 이것은 구멍 가공마법사에 의해 컷 형상(가공)된 카운터 보어 형상을 나타내는 약속 기호라 생각하면 된다. 즉, ∅11 관통은 지름 11 mm(M10) 구멍을 관통하고, ⌴∅17.5↧10은 볼트 머리 지름이 17.5 mm이고 10 mm 깊이까지 컷하라는 기호이다.

수행 : 구멍 유형 정하기

① 피처 탭으로 가서 구멍가공마법사 도구를 선택한다.

② 속성 창에서 그림 3-1-5와 같이 구멍의 유형을 카운터 보어로 선택한다.

③ 구멍 스펙은 KS 규격을 따르고 볼트 구멍 지름(여유값 포함)이 11인 M10을 선택한다.

④ 사용자 크기를 체크하고 볼트 머리 지름이 17.5 mm, 깊이는 10 mm를 설정한다.

수행 : 구멍 위치 정하기

① 속성 창의 위치 탭을 클릭한다.

② 구멍 위치 창에서 그림 3-1-6과 같이 구멍을 위치시킬 면을 먼저 설정한다.

③ 구멍의 위치는 지능형 치수를 사용하여 그림 3-1-7과 같이 우측면에서 카운터 보어 중심까지의 거리가 0 mm(일치), 정면으로부터 중심까지 거리가 50 mm가 되도록 치수 설정한다.

④ 완료✔를 클릭하여 형상을 완성한다.

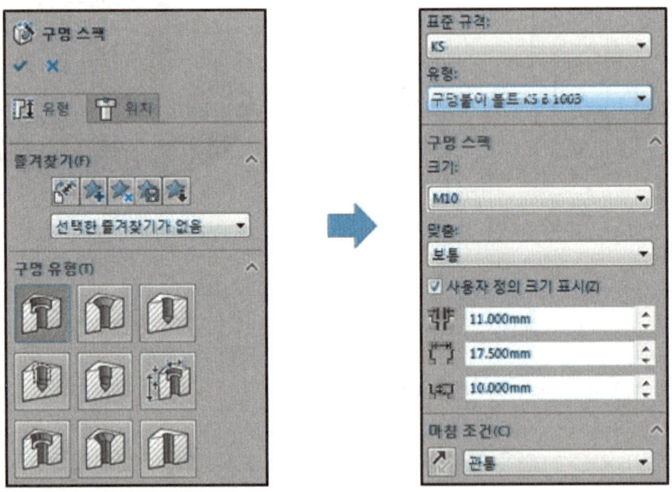

그림 3-1-5 구멍 스펙 설정

그림 3-1-6 구멍이 위치할 면 선택

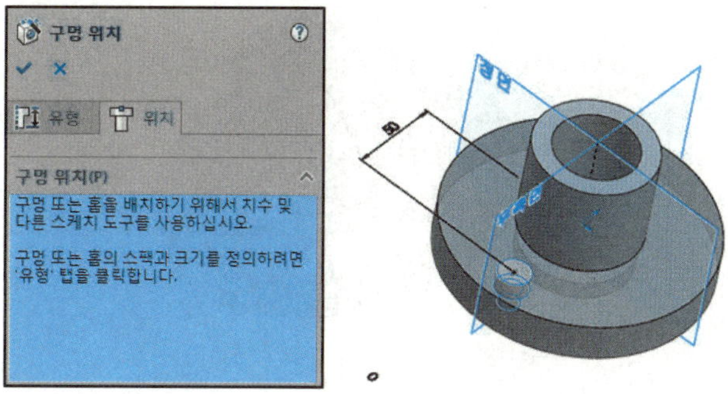

그림 3-1-7 중심의 위치 치수 설정

(4) 원형 패턴 카운터보어 형상 생성하기

생각하기 : n개의 구멍 원형 패턴은 무엇을 중심으로 회전시키면 될까?

원형 패턴 정의 다이얼로그 박스에서 회전 파라미터를 중심축이 있으면 중심축을 선정하고 중심축이 없을 경우는 원통의 모서리를 선정하면 회전축 역할을 한다.

수행 : 원형 패턴 도구에 의한 4개의 동일 각도 카운터보어 만들기

① 피처 탭에서 선형 패턴 가운데 원형 패턴 도구를 선택한다.

② 속성 창에서 그림 3-1-8과 같이 패턴 축은 해당 원통 모서리를 선택한다.

③ 속성 창에서 그림 3-1-8과 같이 각도 360도, 인스턴스 수 4를 입력하고 농능 간격으로 한다.

④ 피처는 M10 육각머리 볼트용 카운터 보어로 선택한다.

⑤ 완료✔를 클릭하면 그림 3-1-9와 같은 형상이 완성된다.

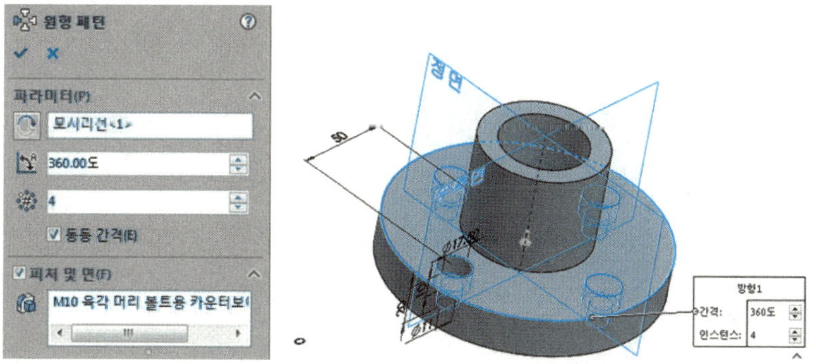

그림 3-1-8 원형 패턴 설정 및 설정 모습

그림 3-1-9 원형 패턴 완성 모습

(5) 고정 핀 삽입 구멍 형상모델링

생각하기 : 고정 핀 삽입 구멍 형상모델링은 어떻게 해야 할까?

그림 3-1-2 (a)의 평면도를 보면 점선으로 표현된 직선부분은 원기둥 중간을 관통하는 구멍이 있다는 것이며 단면도를 보면 중공 원통 중간 부분에 원모양의 홈이 있는 것을 알 수 있다. 이것은 축 등이 삽입되었을 때 핀이 이 축을 고정 시켜주는 역할을 하는 핀 구멍으로 생각하면 된다. 그런데 생각할 것은 원기둥에 구멍을 생성하는 것이라 원기둥을 스케치 면으로 할 수 없다는 것은 잘 알 것이다. 따라서 회전체 단면을 스케치할 때의 기준면을 스케치 면으로 하여 원을 스케치하고 원 스케치 단면을 중간평면으로 하여 관통할 수 있도록 충분한 깊이를 주어 돌출 컷을 하면 된다.

수행 : 원 도구에 의한 단면 스케치하기

① 스케치 면을 우측면으로 선택한다.

② 스케치 탭에서 원 도구를 선택한다.

③ 원의 중심이 원점에 수직하게 원을 대강 스케치한다.

④ 지능형 치수 도구를 선택하고 그림 3-1-10 (a)와 같이 지름을 8 mm으로 치수를 수정한다.

⑤ 확인을 클릭하여 스케치 완료한다.

수행 : 돌출 컷 도구에 의한 컷 돌출 형상 만들기

① 피처 탭에서 돌출 컷 도구를 클릭한다.

② 속성 창에서 마침조건을 관통-양쪽으로 설정한다.

③ 확인을 클릭하여 그림 3-1-10 (b)와 같이 돌출 컷 완료한다.

(a) 원 스케치　　　　(b) 관통 돌출 컷한 모습

그림 3-1-10 고정 핀 삽입 구멍 생성

(6) 홈 형상모델링

생각하기 : 단면도에서 사각형은 무엇을 의미할까?

그림 3-1-2 (a)의 평면도를 보면 원통 윗부분에 실선으로 직선이 위 아래로 두 군데 존재하는 것을 알 수 있다. 또한 우측의 단면도를 보면 원 통 윗부분에 10×10의 사각형 모양이 있는데 이것은 폭이 10이고 깊이가 10인 사각 홈이라는 것을 알 수 있다.

수행 : 중심 사각형 도구에 의한 단면 스케치하기

① 스케치 면을 중공 원기둥 윗면으로 선택한다.

② 스케치 탭에서 중심 사각형 도구를 클릭한다.

③ 원점에 대해 중심 사각형을 축 삽입 돌기 부분의 지름보다 크게 스케치한다.

④ 지능형 치수 도구를 선택하고 그림 3-1-11 (a)와 같이 폭을 10으로 수정한다.

⑤ 확인을 클릭한다.

수행 : 돌출 컷 도구에 의한 컷 돌출 형상 만들기

① 피처 탭에서 돌출 컷 도구를 선택한다.

② 속성 창에서 마침조건은 블라인드 형태로 돌출 깊이를 10으로 한다.

③ 확인을 클릭하면 그림 3-1-11 (b)와 같이 돌출 형상이 완성된다.

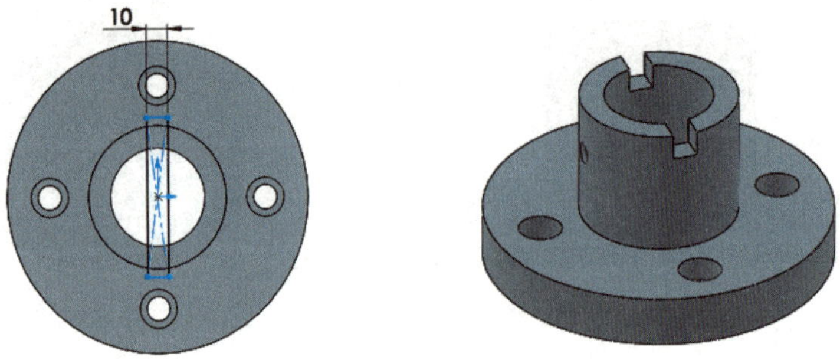

(a) 돌출 단면 스케치 (b) 돌출한 결과

그림 3-1-11 라운딩 사각형의 돌출 형상모델링

(7) 저장하기

수행 : 최종 형상 저장하기

① 저장 도구( )에서 다른 이름으로 저장하기를 클릭한다.

② 저장할 디렉토리를 정하고 파일이름을 “봉구조물 지지대”로 한다.

③ 저장 버튼을 클릭한다.

1-2-1-2 전단면도 작성하기

(1) 도면 준비하기

수행 : 도면 작성 화면 들어가기

① 풀다운 메뉴에서 새로 만들기 아이콘을 선택한다.

② 기본 모듈 가운데 도면을 선택한다.

③ 시트 형식/크기 설정 창에서 찾아보기를 클릭한다.

④ a4-landscape.slddrt를 설정하고 열기를 한다.

⑤ 확인을 클릭한다.

(2) 시트 편집하기

수행 : 표제란 없애기

① 도면 Management 탭에서 시트형식을 선택한다.

② 시트형식 탭에서 시트 편집을 선택한다.

③ 표제란 부분을 마우스로 전체 드래그 하여 삭제 영역을 정하고 키보드의 삭제 버튼을 클릭한다.

④ 확인을 클릭한다.

(3) 모델 뷰 나타내기

생각하기 : 무엇을 중심으로 전단면도를 그릴 것인지?

내부 형태를 잘 나타내기 위해 절단면 선택이 중요하다. 즉, 정면도를 중심으로 우측면도를 전단면도로 나타낼 수 있으며, 평면도를 중심으로 정면도를 전단면도로 나타낼 수 있다. 따라서 어느 면을 중심으로 잘라야 내부 형태를 잘 나타낼 수 있는지를 생각해야 한다.

수행 : 모델 뷰에 의한 정면도 선택하기

① 뷰 레이아웃에서 모델뷰를 클릭한다.

② 문서열기가 나타나며 여기서 "봉구조물 지지대" 부품이 있으면 이것에 대해 더블 클릭을 하여 파일 열기를 한다. 만일 없을 경우는 "찾아보기"에서 해당 부품이 있는 파일 폴더에 가서 해당 부품을 클릭하여 파일을 열면 된다.

③ 평면 뷰를 정면도로 나타낸다.

(4) 전단면도 작성하기

생각하기 : 전단면도의 절단선은 어떻게 결정하면 좋을까?

전단면은 내부 형태를 잘 나타낼 수 있는 방향(수직 또는 수평)으로 선택하는 것이 중요하다. 즉, 평면 뷰를 정면도로 했다면 이를 중심으로 수직으로 자르면 우측면도가 전단면도가 되며 수평으로 자르면 평면도가 전단면도가 된다. 따라서 상황에 맞춰 가장 잘 내부 형태를 표현할 수 있는 방향으로 절단하면 된다.

수행 : 단면도 도구에 의한 전단면도 작성하기

① 뷰 레이아웃에서 단면도 도구를 클릭한다.

② 속성 창에서 절단선 방향을 수직으로 선택한다.

③ 원의 중심에 커서를 데면 그림 3-1-12와 같은 서브 메뉴 창이 나타나고 여기서 확인을 클릭한다.

④ 내부를 잘 표현하기 위해 그림 3-1-13과 같이 우측면도를 전단면도로 나타낸다.

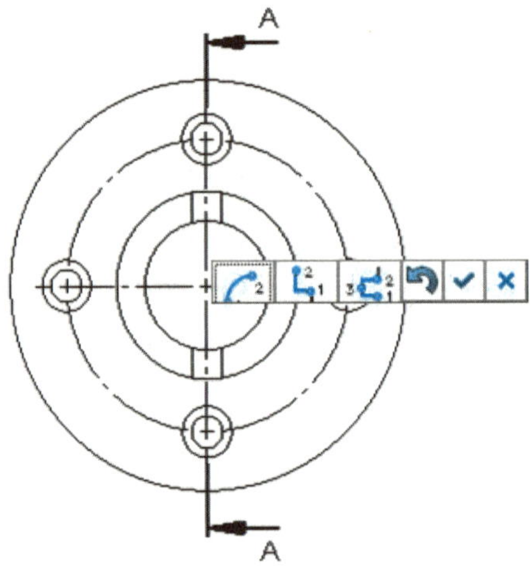

그림 3-1-12 절단선 모양과 절단선 메뉴 창

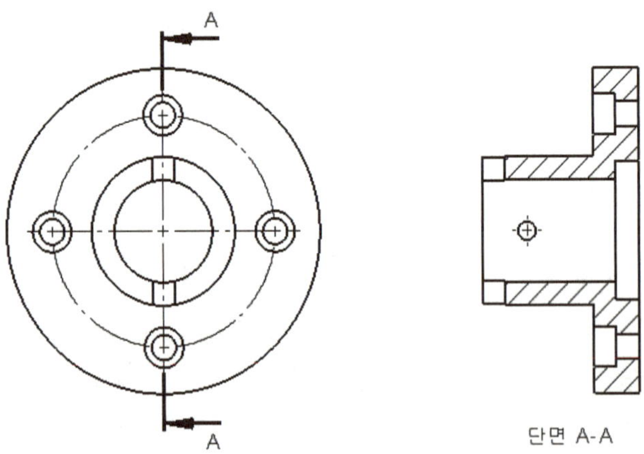

그림 3-1-13 전단면도 생성 모습

(5) 전단면도의 중심선 및 중심표시 나타내기

생각하기 : 전단면도의 숨은선은 과연 나타내어야 할까?

일반적인 도면에서는 나타내지만 전단면도에서는 숨은선을 나타내지 않도록 KS 규격에 규정되어 있다. 대신 필요한 중심선 등은 나타내야 한다.

수행 : 중심선 및 중심 표시 도구에 의한 중심선 및 중심표시 나타내기

① 도면 탭에서 주석을 선택한다.

② 중심선 도구를 선택하고 뷰 선택을 체크한다.

③ 전단면도 부분을 클릭한다.

④ 다시 주석의 중심표시 도구를 선택한다.

⑤ 절단면의 원을 클릭한다(그림 3-1-14).

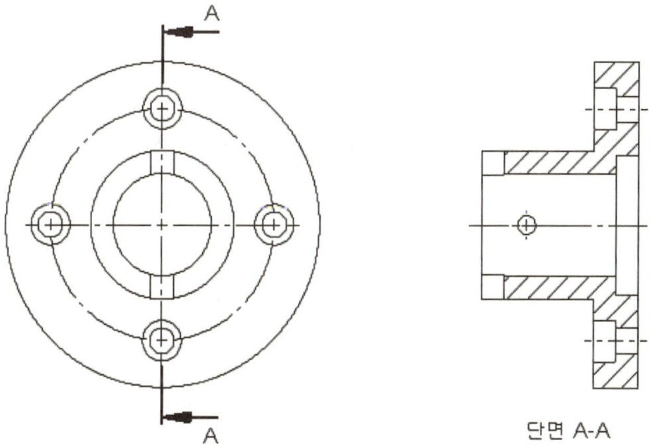

그림 3-1-14 중심선 및 중심 표시 나타낸 모습

(6) 대칭 도형 표현하기

생각하기 : 대칭도형의 표시는 어떻게 하면 좋을까?

KS B 0001 9.3에 도형이 대칭 모양에 대한 규정이 있다. 규정은 다음과 같으므로 이 규정대로 전단면도를 작성하면 된다.

① 대칭 중심선의 한쪽 도형만을 그리고 그 대칭 중심선의 양 끝부분에 짧은 2개의 나란한 가는 선(대칭 도시기호)을 그린다.

② 대칭선 한 쪽의 도형을 대칭 중심선을 약간 넘은 부분까지 그린다. 이때에는 대칭 도시기호를 생략할 수 있다.

수행 : 대칭 부분도 표현하기

① 도면 탭에서 스케치를 선택한다.

② 코너 사각형 도구를 선택한다.

③ 표현하고자 하는 부분(대칭의 반쪽)을 그림 3-1-15 (a)와 같이 사각형 영역 안에 들어가게 스케치한다.

④ 도면 탭에서 뷰 레이아웃을 선택한다.

⑤ 부분도를 클릭한다(그림 3-1-15 (b)).

수행 : 대칭선 표현하기

① 도면 탭에서 스케치를 선택한다.

② 선 도구를 선택한다.

③ 중심선 양 끝에 2개의 선(대칭 도시기호)을 그림 3-1-15 (c)와 같이 스케치한다.

④ 확인을 클릭한다.

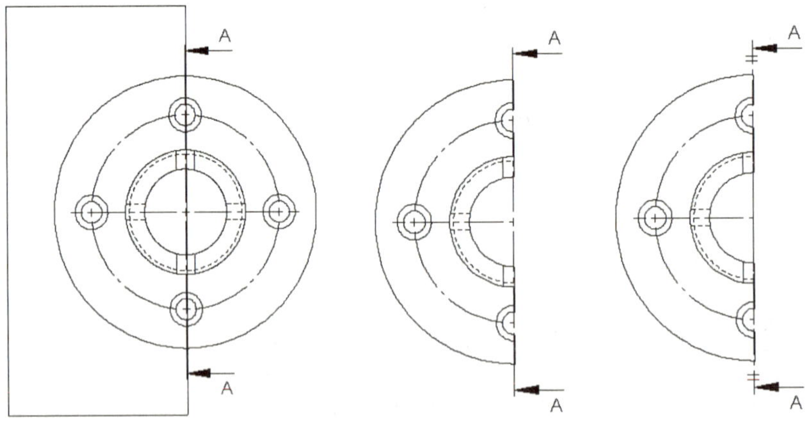

(a) 표시 영역 설정 (b) 부분도 실행 (c) 대칭 도시기호

그림 3-1-15 대칭 부분의 한 쪽 부분도 설정 과정

(7) 치수 기입하기

생각하기 : 볼트 가공 치수 기입은 어떻게 할까?

볼트 가공의 경우는 볼트 머리가 튀어 나오지 않도록 볼트의 머리를 잠기게 하는 경우가 보통인데 이 경우에 사용하는 깊은 자리파기의 표시방법은 깊은 자리파기의 지름을 나타내는 치수 다음에 "깊은 자리파기"라고 쓴다(그림 3-1-16 (a), (b)). 다만 깊은 자리파기의 아래 위치를 반대쪽 면으로부터 치수를 지시할 필요가 있을 때에는 치수선을 사용하여 표시한다(그림 3-1-16 (c)). 그런데 SolidWorks에서는 4×∅11관통⊔Ø17.50↧10와 같은 기호를 사용한다. 이것의 의미는 카운터 보어 형상을 나타내는 약속 기호라 생각하면 된다. 즉, Ø11 관통은 지름 11 mm(M10) 드릴 구멍을 관통하고, ⊔Ø17.5↧10은 볼트 머리 지름이 17.5 mm이고 10 mm 깊이까지 컷(깊은 자리파기 수치)하라는 기호이다.

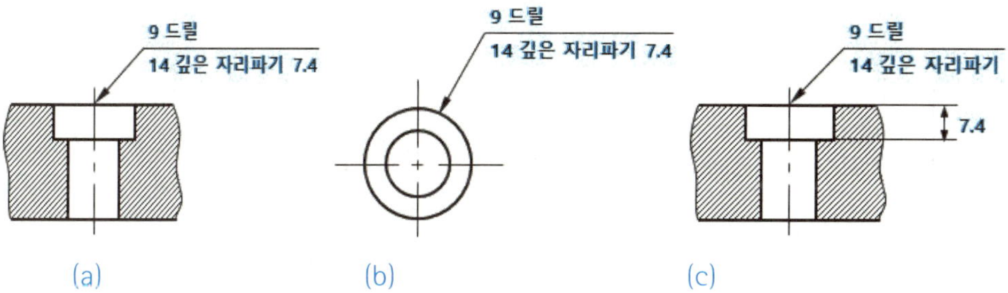

그림 3-1-16 KS 규격에서의 구멍 표시방법

수행 : 지능형 치수 도구 및 구멍 속성 표시기에 의한 전단면도의 치수 표시하기

① 도면 탭에서 주석을 클릭한다.

② 주석 메뉴 가운데 지능형 치수를 선택한다.

③ 도면의 모든 치수를 표시한다.

④ 볼트 구멍에 대한 치수는 KS 규격에 따라 표현한다.

⑤ 보기 좋게 치수 정리를 한다.

(8) 표제란 삽입하기

수행 : 새로운 표제란 삽입하기

① 시트편집 상태에서 일반테이블을 클릭한다.

② 테이블을 삽입할 수 있는 창이 나타나며 여기서 별표 모양을 클릭하면 미리 만들어 놓은 표제란 테이블 템플릿을 찾아서 가져올 수 있다.

③ 테이블 템플릿을 오른쪽 모서리에 위치하도록 배치한다.

④ 도번은 "전단_1", 제목은 "전단면도" 그리고 소속 및 이름을 작성한다.

⑤ 일반테이블 편집 완료 버튼을 누른다(그림 3-1-17).

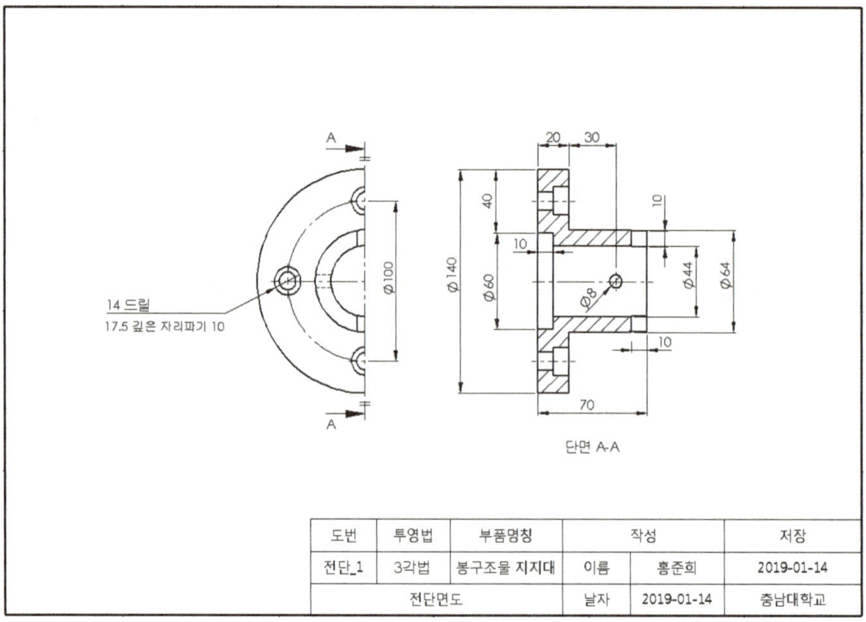

그림 3-1-17 치수 정리 모습

(9) 저장하기

수행 : 최종 도면 저장하기

① 저장 도구( )에서 다른 이름으로 저장하기를 클릭한다.

② 저장할 디렉토리를 정하고 파일이름을 "봉구조물 지지대"로 한다.

③ 저장 버튼을 클릭한다.

1-2-2 등간격 바퀴살 바퀴

1-2-2-1 형상모델링

(1) 작업준비하기

수행 : 스케치 화면 들어가기

① 풀다운 메뉴에서 새로 만들기 아이콘을 선택한다.

② 기본 모듈 가운데 파트를 선택한다.

③ 기준 평면을 정면으로 하고 스케치를 클릭한다.

④ 스케치를 위한 스케치 실행을 클릭한다.

(2) 기초 형상모델링

수행 : 원 도구에 의한 돌출 단면 스케치하기

① 스케치 탭에서 원 도구를 선택한다.

② 원점에 대해 원을 스케치한다.

③ 지능형 치수 도구로 그림 3-1-18 (a)와 같이 치수를 수정한다.

④ 확인을 클릭한다.

수행 : 돌출 보스/베이스 도구에 의한 단면 돌출하기

① 피처 탭에서 돌출 보스/베이스 도구를 선택한다.

② 속성 창에서 마침조건은 중간 평면으로 하고 돌출 깊이는 20 ㎜로 한다.

③ 확인을 클릭하면 그림 3-1-18 (b)와 같이 돌출 형상이 완성된다.

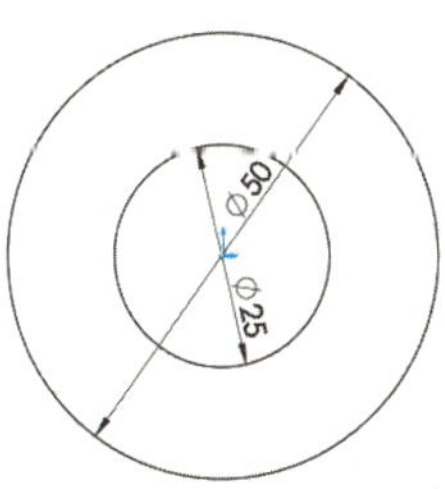

(a) 단면 스케치

(b) 돌출 형상

그림 3-1-18 기초 형상 생성 과정

(3) 로프트 생성을 위한 2개의 기준면 생성

생각하기 : 2개의 기준면이 왜 필요한가?

바퀴살은 앞에서 해독했듯이 로프트 형상이라는 것을 알 수 있다. 따라서 로프트 형상을 나타내기 위해서는 2개의 기준면이 필요한 것이다.

수행 : 첫 번째 기준면 생성하기

① 형상 탭에서 참조 형상의 기준면을 선택한다.

② 제 1참조를 윗면으로 하고 이에 대해 위로 오프셋 거리 20 ㎜으로 한다.

③ 확인을 클릭한다(그림 3-1-19 (a)).

수행 : 두 번째 기준면 생성하기

① 형상 탭에서 참조 형상의 기준면을 선택한다.

② 제 1참조를 평면1으로 하고 이에 대해 위로 오프셋 거리 40 ㎜으로 한다.

③ 확인을 클릭한다(그림 3-1-19 (b)).

(a) 평면1 생성　　(b) 평면2 생성

그림 3-1-19 로프트 형상을 위한 평면 생성

(4) 로프트 단면 스케치

수행 : 중심 사각형 도구에 의한 첫 번째 단면 스케치

① 평면1을 스케치 기준면으로 한다.

② 스케치 탭에서 중심 사각형 도구를 선택한다.

③ 원점에 대해 그림 3-1-20 (a)와 같이 스케치하고 치수를 수정한다.

④ 확인을 클릭한다.

수행 : 중심 사각형 도구에 의한 두 번째 단면 스케치

① 평면2를 스케치 기준면으로 한다.

② 스케치 탭에서 중심 사각형 도구를 선택한다.

③ 원점에 대해 그림 3-1-20 (b)와 같이 스케치하고 치수를 수정한다.

④ 확인을 클릭한다.

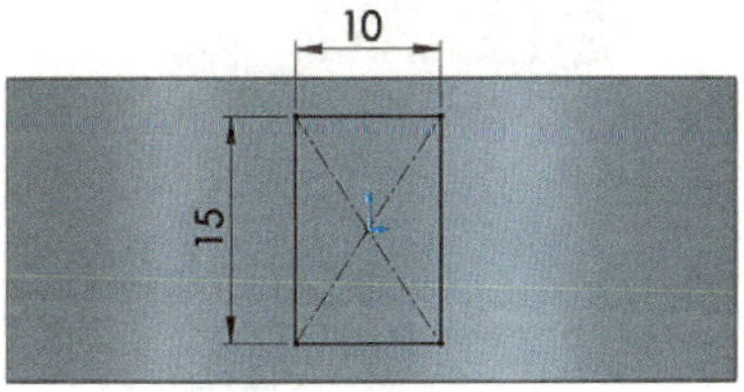

(a) 평면1에 대한 스케치

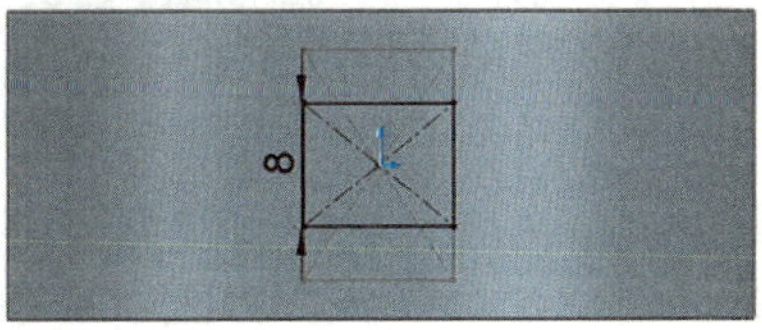

(b) 평면2에 대한 스케치

그림 3-1-20 로프트 단면 스케치

(5) 원형 패턴 기초 로프트 형상모델링

수행 : 로프트 보스/베이스 도구에 의한 로프트 형상 나타내기

① 형상 탭에서 로프트 보스/베이스 도구를 선택한다.

② 속성 창에서 그림 3-1-21 (a)와 같이 평면1 및 평면2의 스케치를 프로파일로 한다.

③ 확인을 클릭한다(그림 3-1-21 (b)).

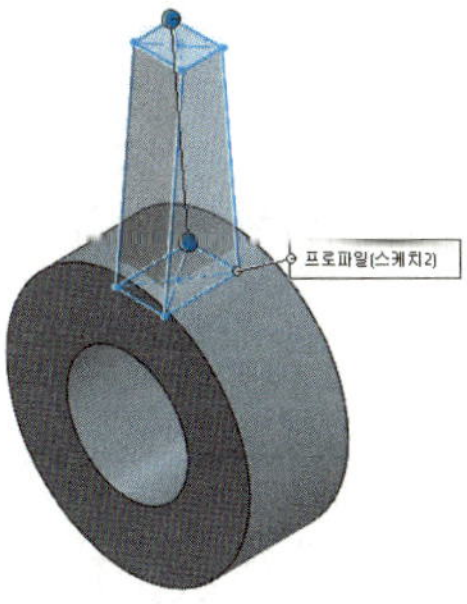

(a) 2개의 프로파일

(b) 로프트 형상

그림 3-1-21 로프트형상 모델링 과정

(6) 원형 패턴에 의한 8개의 바퀴살 생성

생각하기 : 로프트 형상의 원형 패턴은 무엇을 중심으로 회전시키면 될까?

원형 패턴 정의 다이얼로그 박스에서 회전 파라미터를 바퀴살 기초 원통의 모서리를 선정하면 회전축 역할을 한다.

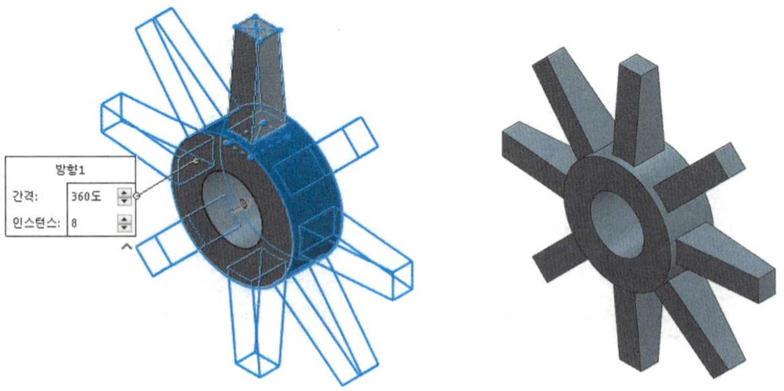

(a) 원형패턴 속성 설정 (b) 원형 패턴 결과

그림 3-1-22 8개의 바퀴살 생성과정

수행 : 원형 패턴 도구에 의한 8개의 동일 각도 바퀴살 형상 만들기

① 형상 탭에서 선형 패턴 가운데 원형 패턴 도구를 선택한다.

② 속성 창에서 그림 3-1-22 (a)와 같이 패턴 축은 바퀴살 기초 원통 모서리를 선택한다.

③ 속성 창에서 그림 3-1-22 (a)와 같이 각도 360도, 인스턴스 수 8을 입력하고 동등 간격으로 한다.

④ 피처는 원형 패턴 기초 로프트 형상으로 선택한다.

⑤ 완료✔를 클릭한다. 그림 3-1-22 (b)와 같이 8개의 바퀴살 형상이 생성된다.

(7) 외륜 형상모델링

수행 : 돌출 단면 스케치하기

① 정면을 스케치 기준면으로 한다.

② 스케치 탭에서 원 도구를 선택한다.

③ 원점에 대해 2개의 동심원을 스케치한다.

④ 지능형 치수 도구로 그림 3-1-23 (a)와 같이 치수를 입력한다.

⑤ 확인을 클릭한다.

수행 : 돌출 보스/베이스 도구에 의한 단면 돌출하기

① 피처 탭에서 돌출 보스/베이스 도구를 선택한다.

② 속성 창에서 마침조건은 중간 평면으로 깊이는 20 ㎜로 한다.

③ 확인을 클릭하면 그림 3-1-23 (b)와 같이 돌출 형상이 완성된다.

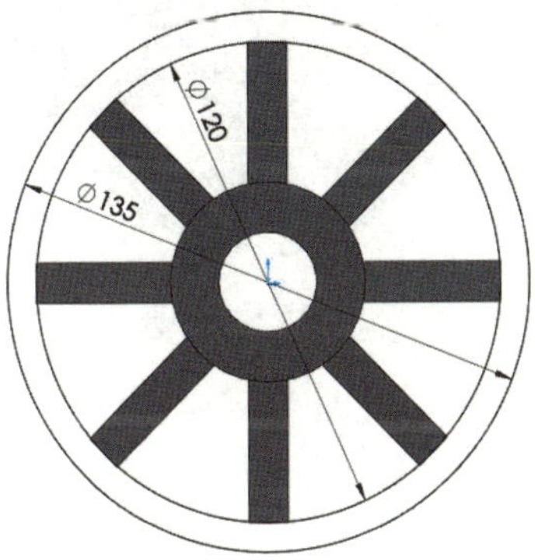

(a) 외륜 스케치

(b) 돌출 형상

그림 3-1-23 외륜 생성과정

(8) 키 홈 형상모델링

수행 : 중심 사각형 도구에 의한 단면 스케치하기

① 기초 원통의 윗면을 스케치 기준면으로 한다.

② 스케치 탭에서 사각형 도구의 중심 사각형 도구를 선택한다.

③ 원점에서 수직이며 기초 원통의 안쪽 원과 만나는 점을 중심으로 중심 사각형을 스케치한다.

④ 그림 3-1-24 (a)와 같이 치수를 수정한다.

⑤ 확인을 클릭한다.

수행 : 돌출 컷 도구에 의한 단면 컷 돌출형상 만들기

① 피처 탭에서 돌출 컷 도구를 선택한다.

② 속성 창에서 마침조건은 관통으로 한다.

③ 확인을 클릭하면 그림 3-1-24 (b)와 같이 컷 돌출 형상이 완성된다.

(a) 단면 스케치 (b) 컷 돌출

그림 3-1-24 키 홈 생성과정

(9) 저장하기

수행 : 최종 도면 저장하기

① 저장 도구(💾)에서 다른 이름으로 저장하기를 클릭한다.

② 저장할 디렉토리를 정하고 파일이름을 "등간격 바퀴살 바퀴"로 한다.

③ 저장 버튼을 클릭한다.

1-2-2-2 전단면도 작성하기

(1) 시트 편집하기

수행 : 도면 작성 화면 들어가기

① 풀다운 메뉴에서 새로 만들기 아이콘을 선택한다.

② 기본 모듈 가운데 도면을 선택한다.

③ 시트 형식/크기 설정 창에서 찾아보기를 클릭한다.

④ a4-landscape.slddrt를 설정하고 열기를 한다.

⑤ 확인을 클릭한다.

수행 : 표제란 없애기

① 도면 Management 탭에서 시트형식을 선택한다.

② 시트형식 탭에서 시트 편집을 선택한다.

③ 표제란 부분을 마우스로 전체 드래그 하여 삭제 영역을 정하고 키보드의 삭제 버튼을 클릭한다.

④ 확인을 클릭한다.

(2) 모델 뷰 나타내기

생각하기 : 무엇을 중심으로 전단면도를 그릴 것인지?

내부 형태를 잘 나타내기 위해 절단면 선택이 중요하다. 즉, 정면도를 중심으로 우측면도를 전단면도로 나타낼 수 있으며, 평면도를 중심으로 정면도를 전단면도로 나타낼 수 있다. 따라서 어느 면을 중심으로 잘라야 내부 형태를 잘 나타낼 수 있는지를 생각해야 한다.

수행 : 모델뷰에 의한 정면도 선택하기

① 뷰 레이아웃에서 모델뷰를 클릭한다.

② 문서열기가 나타나며 여기서 "등간격 바퀴살 바퀴“ 부품이 있으면 이것에 대해 더블 클릭을 하여 파일 열기를 한다. 만일 없을 경우는 “찾아보기”에서 해당 부품이 있는 파일 폴더에 가서 해당 부품을 클릭하여 파일을 열면 된다.

③ 전단면두에서 내부를 잘 표현하기 위해 평면뷰를 정면도로 나타낸다.

(3) 전단면도 작성하기

생각하기 : 등간격 바퀴살 바퀴에서 전단면도의 절단선은 어떻게 결정할까?

전단면은 바퀴살을 지나면서 잘릴 때 잘 나타낼 수 있는 방향(수직 또는 수평)으로 선택하는 것이 중요하다. 즉, 회전체의 바퀴살을 수식으로 자르면 우측면도가 전단면도가 된다.

도면의 치수 기입 등을 고려하여 가로방향 시트형식의 경우는 전단면도를 우측에 나타내는 것이 좋으며 세로방향 시트형식의 경우는 전단면도를 아래쪽에 나타내는 것이 좋다.

수행 : 전단면도 작성하기

① 뷰 레이아웃에서 단면도() 도구를 클릭한다.

② 속성 창에서 단면도의 절단선 방향을 수직으로 선택한다.

③ 원의 중심에 커서를 데면 창이 나타나고 여기서 확인을 클릭한다.

④ 내부를 잘 표현하기 위해 그림 3-1-25와 같이 전단면도를 우측에 나타낸다.

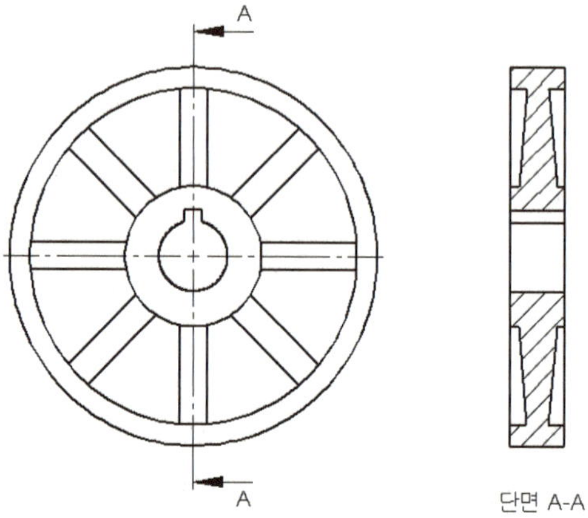

그림 3-1-25 처음의 전단면도 생성 모습

(4) 전단면도의 중심선 나타내기

수행 : 전단면도의 중심선 및 중심표시 나타내기

① 도면 탭에서 주석을 선택한다.

② 중심선 도구를 선택하고 뷰 선택을 클릭한다.

③ 전단면도 부분을 클릭한다.

5) 바퀴살 해칭 삭제하기

생각하기 : 바퀴살은 절단하여 단면 해칭 해야 할까?

바퀴살(spoke)뿐만 아니라 리브, 암 등의 부품은 절단하면 형상이 불명확하게 되거나 오독할 염려가 있으므로 절단은 하지만 해칭을 하지 않는 단면으로 표현한다.

수행 : 단면 해칭 삭제하기

① 단면도에서 단면 해칭 부분을 클릭한다.

② 그림 3-1-26의 왼쪽과 같은 속성 창이 나타나며 여기서 그림 3-1-26의 오른 쪽과 같이 재질 해칭 체크를 없애고 속성에 해칭 없음을 체크한다.

③ 확인을 클릭한다(그림 3-1-27).

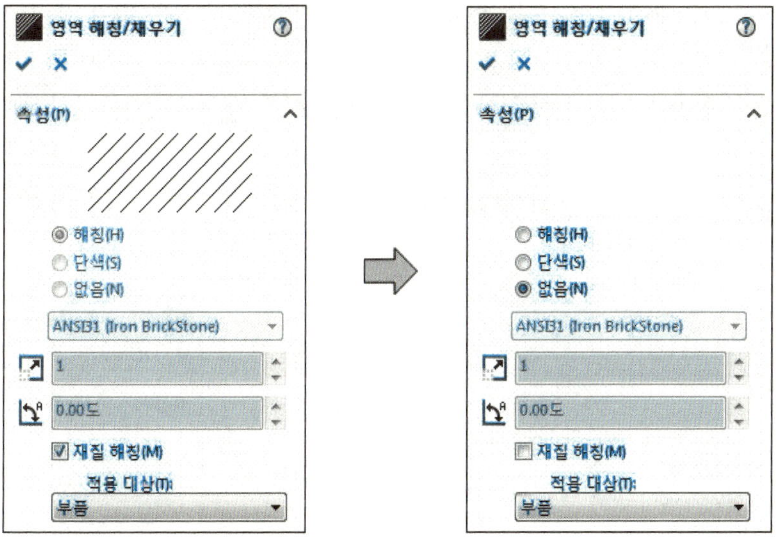

그림 3-1-26 해칭 삭제하기

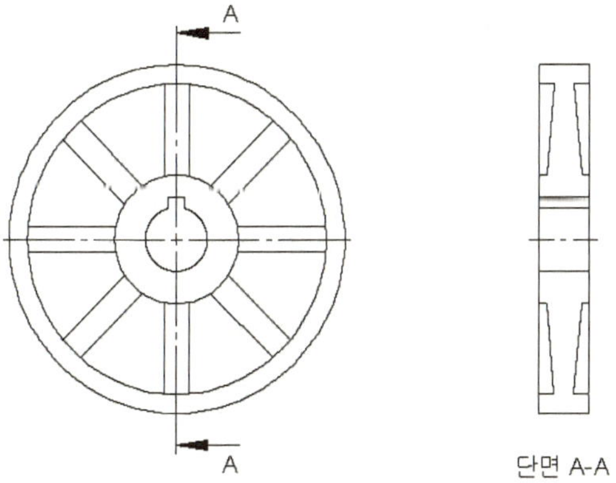

그림 3-1-27 단면 해칭 삭제 결과

수행 : 코너 사각형 도구와 영역 해칭/채우기 도구에 의한 단면 해칭하기

① 스케치 탭을 클릭한다.

② 코너 사각형 도구를 클릭한다.

③ 단면도에서 내륜 부분과 외륜 부분을 사각형으로 스케치 완료한다.

④ 단면도에서 내륜 부분과 외륜 부분의 사각형 부분에 커서를 데고 마우스 오른쪽 버튼을 클릭한다.

⑤ 그림 3-1-28과 같이 서브 메뉴가 나타나며 여기서 주석의 영역 해칭/채우기를 클릭한다.

⑥ 영역 해칭/채우기 속성 창이 나타나며 여기서 그림 3-1-28과 같이 해칭 영역 부분을 영역으로 체크한다.

⑦ 그림 3-1-29의 왼 쪽과 같이 스케치 작성한 사각형 부분을 클릭한다.

그림 3-1-28 단면 해칭 속성 설정 과정

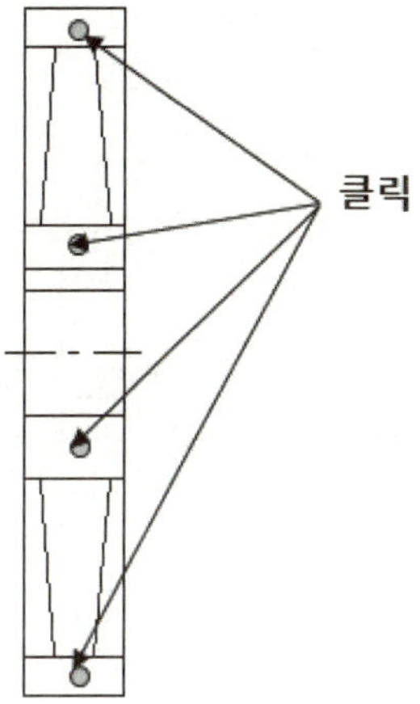

(a) 해칭 영역

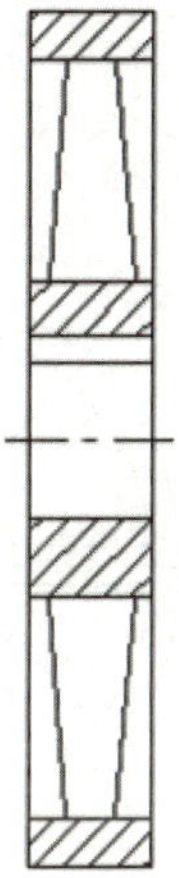

(b) 해칭

그림 3-1-29 내-외륜 단면 해칭

(6) 치수 기입하기

수행 : 전단면도의 치수 표시하기

① 도면 탭에서 주석을 클릭한다.

② 주석 메뉴 가운데 지능형 치수 도구를 선택한다.

③ 도면의 모든 치수를 입력한다.

④ 보기 좋게 치수 정리를 한다.

(7) 표제란 삽입하기

수행 : 새로운 표제란 삽입하기

① 시트편집 상태에서 일반테이블을 클릭한다.

② 테이블을 삽입할 수 있는 창이 나타나며 여기서 별표 모양을 클릭하면 미리 만들어 놓은 표제란 테이블 템플릿을 찾아서 가져올 수 있다.

③ 테이블 템플릿을 오른쪽 모서리에 위치하도록 배치한다.

④ 일반테이블 편집 완료 버튼을 누른다(그림 3-1-30).

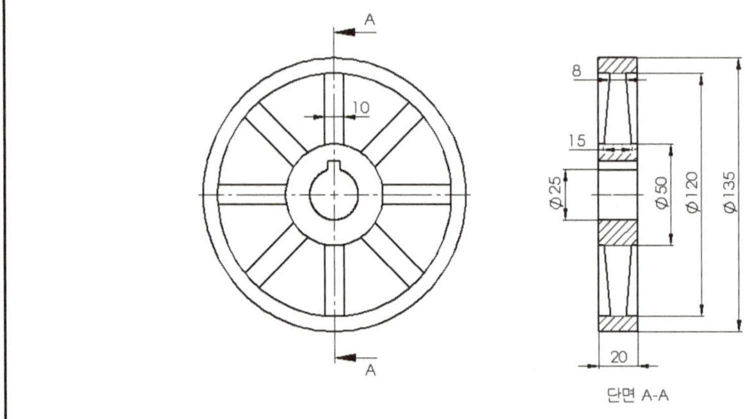

도번	투영법	부품명칭	작성		저장
전단_2	3각법	등간격 바퀴살 바퀴	이름	홍준희	2019-01-14
전단면도			날자	2019-01-14	충남대학교

그림 3-1-30 치수 정리 모습

(8) 저장하기

수행 : 최종 도면 저장하기

① 저장 도구()에서 다른 이름으로 저장하기를 클릭한다.

② 저장할 디렉토리를 정하고 파일이름을 “등간격 바퀴살 바퀴”로 한다.

③ 저장 버튼을 클릭한다.

1-3 학습 정리

1-3-1 봉구조물 지지대의 형상모델링과 전단면도 작성 종합정리

1-3-1-1 형상모델링 정리하기

① 봉구조물 지지대 부품은 그림 3-1-31과 같은 형상모델링 과정을 거쳐 완료된다.

② M10의 소켓머리 캡 나사용 카운터보어의 나사 관통 지름은 11 mm로 한다. 이것은 SolidWorks의 구멍가공 마법사에서 KS 규격에 맞춰 라이브러리에 있는 유형 선택에서 정해지므로 신경 쓰지 않아도 된다.

③ 등각도의 4개의 카운터 보어는 원통 상에 있으므로 원형패턴으로 생성된다.

④ 봉구조물 지지대 부품은 사각 홈을 중심으로 좌우 대칭 구조이다.

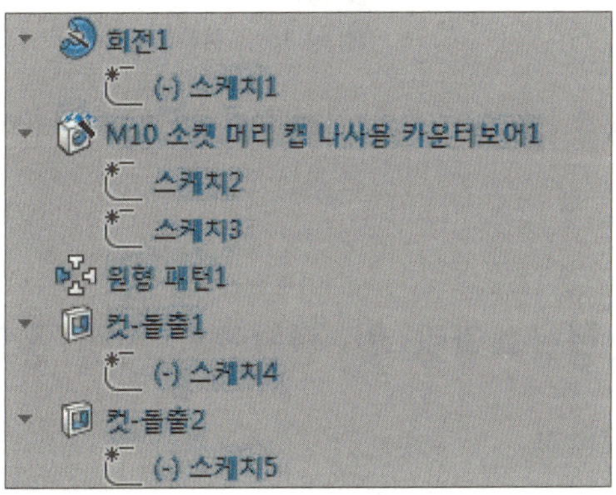

그림 3-1-31 봉 지지대의 형상모델링 디자인 트리

1-3-1-2 전단면도 작성 정리하기

① 봉 구조물 지지대 부품의 도면 작성 결과는 그림 3-1-32와 같다.

② 봉 구조물 지지대 부품의 도면 작성에서 전단면도를 나타낼 뷰를 선택하는 방법은 두 가지가 있다. 뷰 레이아웃의 모델뷰를 이용하여 전단면도할 뷰를 선택하는 방법과 뷰 팔레트에서 부품 파일을 찾아 여러 뷰를 보면서 전단면도할 뷰를 선택하는 방법이 있다.

③ 봉 구조물 지지대 부품의 전단면도 작성은 뷰 레이아웃의 단면도 도구를 활용하며 절단 방향은 사각 홈을 지나는 방향을 선택한다.

④ 봉 구조물 지지대 부품의 도면 작성에서 절단한 상태의 전단면도는 구멍 등에 대해 중심선이 나타나지 않으므로 중심선을 표시한다.

⑤ 봉 구조물 지지대 부품의 도면 작성에서 치수 기입은 KS 규격에 따라 실행한다.

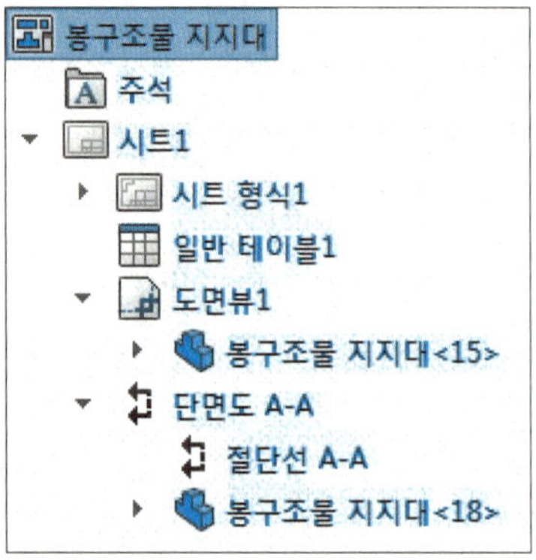

그림 3-1-32 봉 구조물 지지대의 도면 작성 디자인 트리

1-3-2 등간격 바퀴살의 형상모델링 및 전단면도 작성 종합정리

1-3-2-1 형상모델링 정리하기

① 등간격 바퀴살 바퀴 형상은 그림 3-1-33과 같은 형상모델링 과정을 거쳐 완성된다.

② 하나의 바퀴살의 형상은 바깥 부분과 안쪽 부분의 면적이 다른 로프트 형상이며 두 개의 평면이 필요하다.

③ 8개의 등간격 바퀴살 형상은 원형패턴에 의해 생성되며 키 홈을 중심으로 좌우 대칭 구조이다.

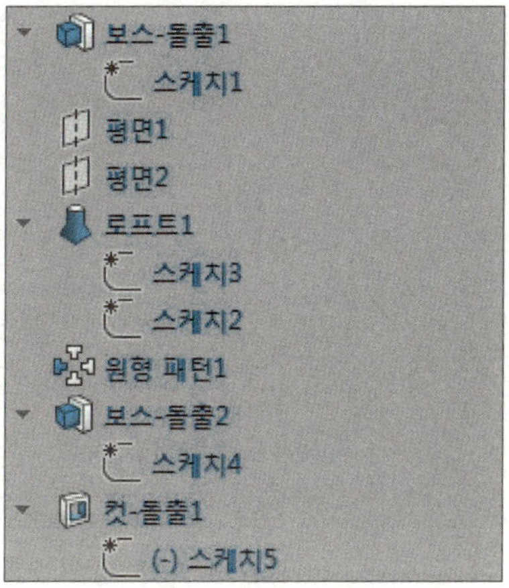

그림 3-1-33 등간격 바퀴살 바퀴 형상모델링의 디자인 트리

1-3-2-2 전단면도 작성 정리하기

① 등간격 바퀴살 바퀴 부품의 도면 작성 결과는 그림 3-1-34와 같다.

② 등간격 바퀴살 바퀴 부품의 도면 작성에서 전단면도를 나타낼 뷰를 선택하는 방법은 두 가지가 있다. 뷰 레이아웃의 모델뷰를 이용하여 전단면도할 뷰를 선택하는 방법과 뷰 팔레트에서 부품 파일을 찾아 여러 뷰를 보면서 전단면도할 뷰를 선택하는 방법이 있다.

③ 등간격 바퀴살 바퀴 부품의 전단면도 작성은 뷰 레이아웃의 단면도 도구를 활용하며 절단 방향은 키 홈을 지나는 방향을 선택한다.

④ 등간격 바퀴살 바퀴 부품의 도면 작성에서 절단한 상태의 전단면도는 바퀴살에 대해 해칭을 하지 않으므로 해칭을 삭제한다.

⑤ 등간격 바퀴살 바퀴 부품의 도면 작성에서 치수는 KS규격에 맞춰 기입한다.

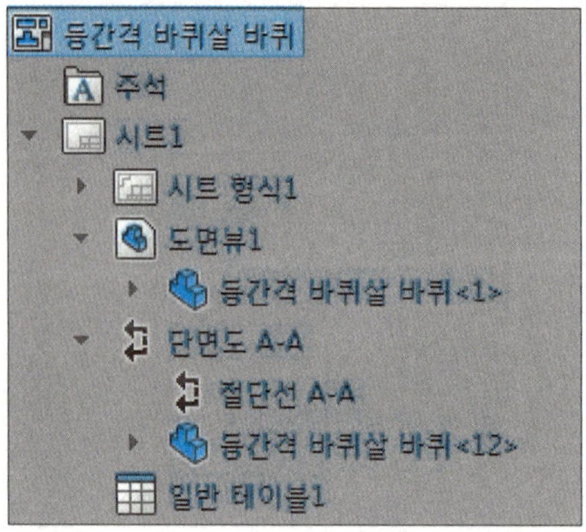

그림 3-1-34 등간격 바퀴살 바퀴의 도면 작성 디자인 트리

1-4 자율 평가

지시 사항 :

앞의 학습활동을 모두 마친 후 다음 질문에 답하시오. 이 평가의 목적은 앞에서 배운 전단면도에 대해 지식과 도면 작성 과정을 모두 학습했는지를 확인하기 위한 것입니다. 자기 스스로 평가문제에 답하고 답안을 비교 평가해 봄으로써 본인의 부족한 점에 대해 파악하는 태도를 기르고 부족하다면 다른 사람의 도움을 받거나 본인 스스로 앞의 내용을 더욱 자세히 학습하는 자기주도 학습에 목적이 있다.

1-4-1 자율평가 문제

자율평가 그림에 대해 40분 이내에 다음 작업을 실시하라.

1. 형상모델링 작업

- 치수는 그림의 크기에 맞춰 모델링한다. 단, 빗살의 깊이는 7 ㎜, 표시되지 않은 둥글기 반경은 3 ㎜이다.
- 저장 파일 이름을 "전단면도_자1"로 한다.

2. 도면 작성 작업

- A4 시트 크기로 한다.
- 3각법에 의한 전단면도로 작성한다.
- 치수는 그림의 크기로 기입하며 척도는 적합하게 선정한다.
- 표제란은 학습 경험에서 사용한 표제란과 똑같은 형태로 하며 표제란의 도번은 "전자_1", 제목은 "전단면도"로 한다.
- KS규격에 따라 도면을 나타낸다.

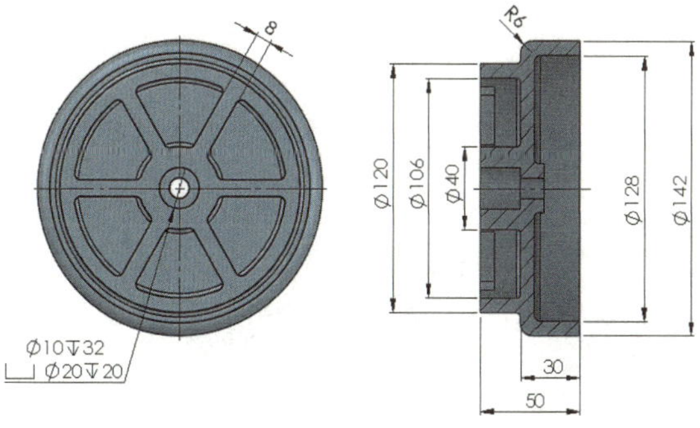

자율 평가 그림

1-4-2 자율평가 문제 답안

1. 형상모델링 답안

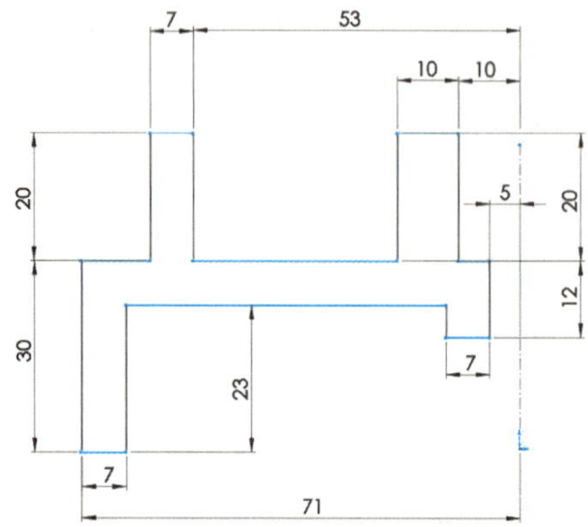

(a) 스케치1(회전체 단면)

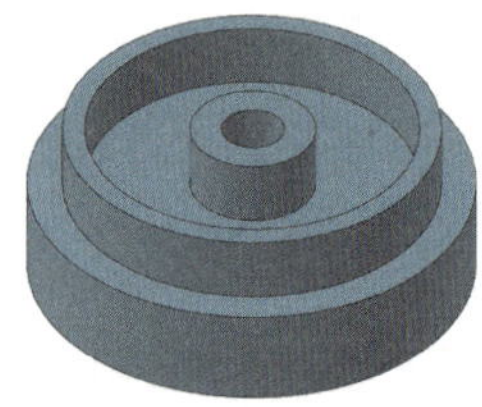

(b) 회전1(회전체)

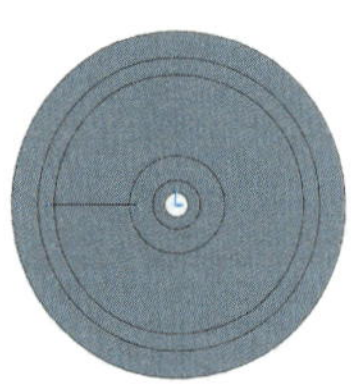

(c) 스케치2

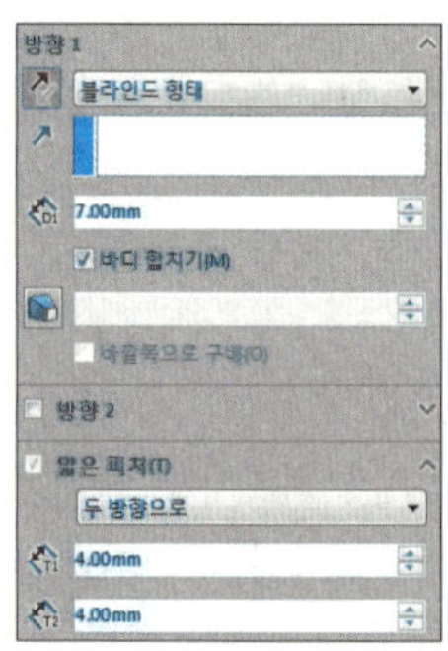

(d) 설정 조건

(e) 돌출-얇게1(바퀴살; 기초)

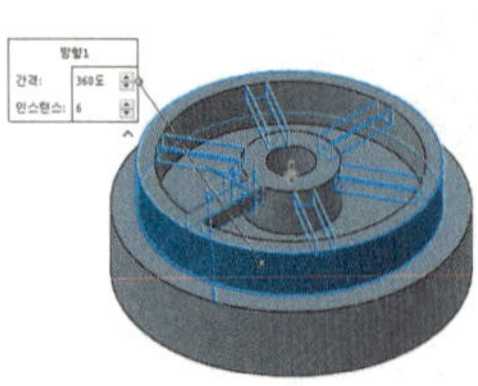

(f) 원형 패턴(6)

(g) 필렛(반지름 6mm, 2mm, 3mm)

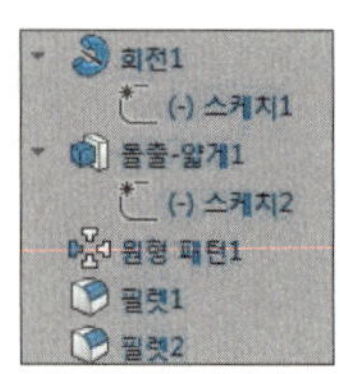

(h) 디자인 트리

2. 도면 작성 답안

(1) 도면 작성 과정

- A4 시트를 설정하고 표제란을 삭제한다.
- 윗면 뷰를 정면도로 배치한다.
- 전단면도를 정면도 아래에 표현한다.
- 전단면도에 중심선 표시를 한다.
- 치수를 삽입한다.
- 표제란을 삽입하고 필요한 도번, 작성자 및 제목을 작성한다.

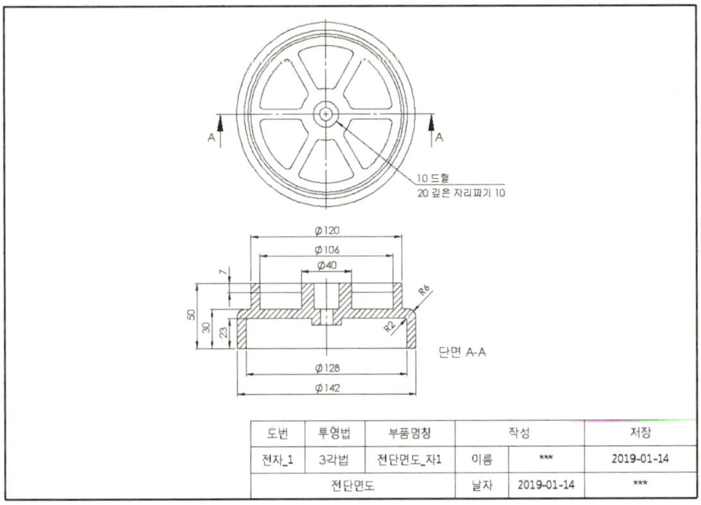

(2) 디자인 트리

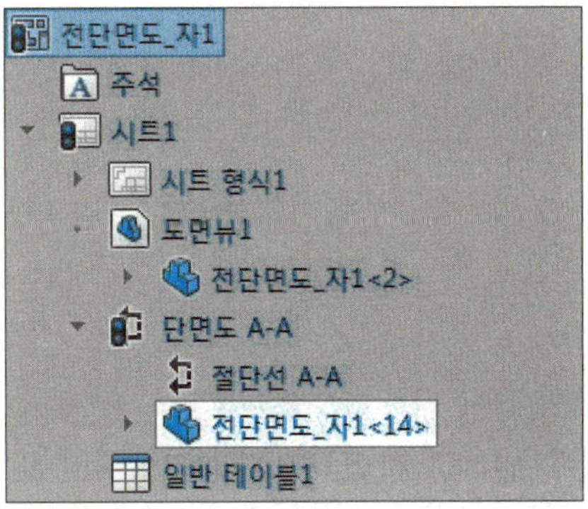

자율평가 결과 점검표

학습자 성명 :	평가 날짜 :
평가 제목 : 전단면도 작성의 이해	

<table>
<tr><td colspan="2" rowspan="2"></td><td colspan="4">성취 수준</td></tr>
<tr><td>하지 못했음</td><td>일부만 했음</td><td>완전히 하였음</td><td>완성 반복수</td></tr>
<tr><td rowspan="7">형상 모델링 작업</td><td>회전1의 스케치1</td><td></td><td></td><td></td><td></td></tr>
<tr><td>회전1의 회전체 기초 형상</td><td></td><td></td><td></td><td></td></tr>
<tr><td>돌출-얇게1의 스케치2</td><td></td><td></td><td></td><td></td></tr>
<tr><td>돌출-얇게1의 기초 바퀴살 형상</td><td></td><td></td><td></td><td></td></tr>
<tr><td>기초 바퀴살에 대한 원형패턴</td><td></td><td></td><td></td><td></td></tr>
<tr><td>기초 형상 모서리의 필렛1 (다중 필렛)</td><td></td><td></td><td></td><td></td></tr>
<tr><td>바퀴살의 필렛2 (기초 형상과 접촉부분)</td><td></td><td></td><td></td><td></td></tr>
<tr><td rowspan="5">도면 작성 작업</td><td>A4 시트 설정 및 표제란 삭제</td><td></td><td></td><td></td><td></td></tr>
<tr><td>전단면도(도면뷰 1)</td><td></td><td></td><td></td><td></td></tr>
<tr><td>단면도 A-A(중심선 표시)</td><td></td><td></td><td></td><td></td></tr>
<tr><td>치수 작성</td><td></td><td></td><td></td><td></td></tr>
<tr><td>표제란 삽입 및 내용 작성</td><td></td><td></td><td></td><td></td></tr>
</table>

[성취수준]
위의 모든 항목에 대해 “완전히 하였음”, 즉 완성도 100%로 답하여야 합니다.
만일 “하지 않았음” 또는 “일부만 하였음”에 답을 했다면 앞에서 학습한 내용을 다시 한 번 확인 하시고 몇 번 만에 완성하였는지를 체크하십시오.

2 반단면도 작성의 이해

2-1 학습 준비

2-1-1 학습 대상

2-1-1-1 파이프 플러그

그림 3-2-1의 파이프 플러그는 회전체이며 좌우상하 대칭 구조를 이루고 있다. 상하좌우 대칭 구조는 1/4만 나타내어도 내부 형태를 잘 알 수 있으며 아울러 1/4은 외부 형태도 알 수 있다. 따라서 이와 같이 1/4를 제거하여 반 단면도로 도면을 나타내는 것이 내부 및 외부 형태를 알 수 있어 가공 정보를 명료하게 표현할 수 있다.

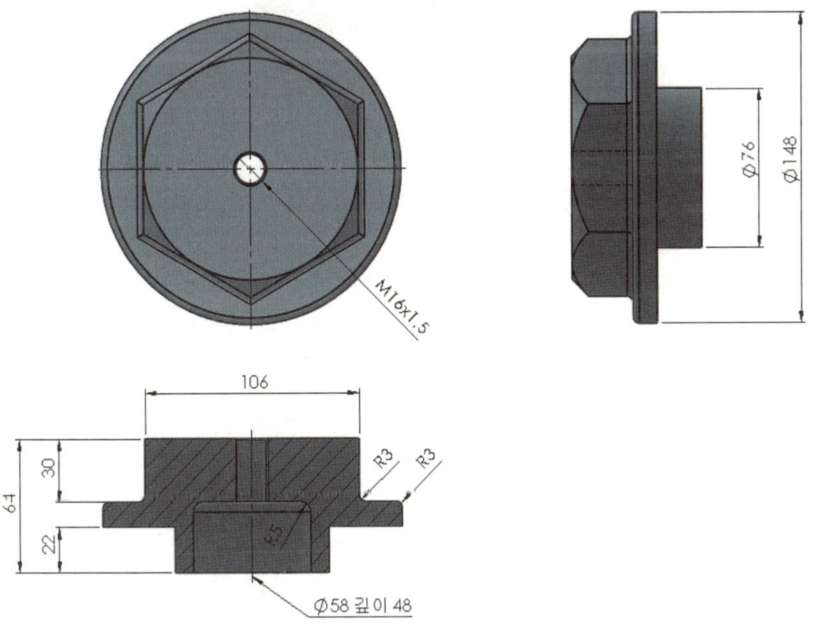

그림 3-2-1 파이프 플러그

2-1-1-2 베이스

그림 3-2-2의 베이스는 상하좌우 대칭 구조를 이루고 있다. 상하좌우 대칭 구조는 1/4만 나타내어도 내부 형태를 잘 알 수 있으며 아울러 1/4은 외부 형태도 알 수 있다. 따라서 이와 같이 1/4를 제거하여 반 단면도로 도면을 나타내면 내부 및 외부 형태를 알 수 있어 가공 정보를 명료하게 표현할 수 있다.

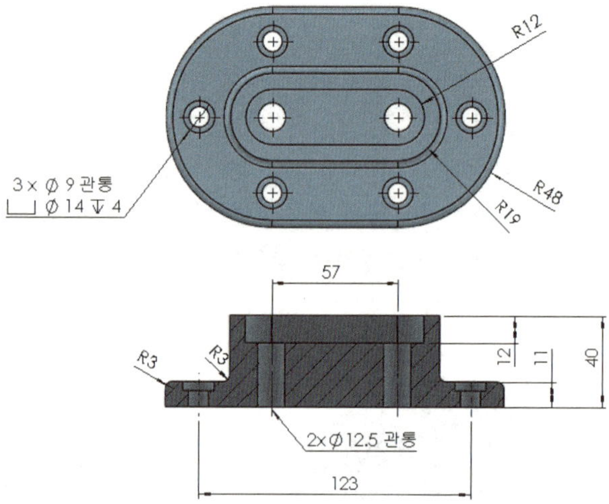

그림 3-2-2 베이스의 외부 형상과 내부 형상

2-1-2 관련 지식

2-1-2-1 반단면도

상하 또는 좌우가 대칭인 물체의 1/4을 제거하여 외형도의 절반과 전단면도의 절반을 조합하여 동시에 표시한 것을 반단면도 또는 한쪽 단면도라 한다(KS B 0001 9.2.3).

KS에서는 반단면도에 대해 다음과 같이 규정하고 있다.

① 대칭축의 상하 또는 좌우의 어느 쪽의 면을 절단하여도 좋다.

② 외형도, 단면도의 숨은선은 가능한 대로 생략한다.

③ 절단면은 기입하지 않는다.

2-1-3 CAD 관련 사항 검토하기

단면도 도구는 절단선으로 기존 뷰를 절단하여 정의한 새 도면뷰를 작성한다. 전체, 1/2 및 오프셋 단면 등 다양한 옵션이 있다. 그림 3-2-3은 반단면도를 설정할 때 명령의 순서도라 생각하면 된다.

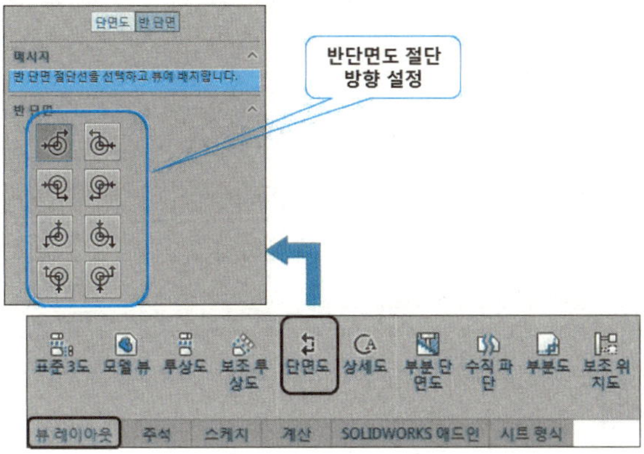

그림 3-2-3 반단면도의 설정 순서

2-2 학습 활동

2-2-1 파이프 플러그의 형상모델링 및 반단면도 작성

2-2-1-1 형상모델링

(1) 작업준비하기

수행 : 스케치 화면 들어가기

① 풀다운 메뉴에서 새로 만들기 아이콘을 선택한다.

② 기본 모듈 가운데 파트를 선택한다.

③ 기준 평면을 정면으로 하고 스케치를 클릭한다.

④ 스케치를 위한 스케치 실행을 클릭한다.

(2) 회전체 형상모델링

생각하기 : 어디를 회전체 형상으로 표현하면 좋을까?

그림 3-2-1에서 윗면뷰와 우측면뷰를 보면 육각기둥 부분을 제외하면 회전체 형상으로 표현이 가능하다는 것을 알 수 있다. 즉, 그림 3-2-1의 반단면을 보면 해칭 부분이 말 그대로 절단했을 때 단면이므로 이것을 회전체 스케치 단면으로 하고 중심선을 기준으로 회전시키면 원하는 회전체 형상이 완성된다.

수행 : 중심선 도구와 선 도구에 의한 회전체 단면 스케치하기

① 선 가운데 중심선 도구를 클릭한다.

② 원점에 대해 중심선을 수평하게 스케치한다.

③ 선 도구를 선택한다.

④ 그림 3-2-4 (a)와 같이 회전체 단면을 스케치하고 치수를 입력한다.

⑤ 확인을 클릭한다.

수행 : 회전 보스/베이스 도구에 의한 회전체 단면 회전하기

① 피처 탭에서 회전 보스/베이스 도구를 선택한다.

② 속성 창에서 회전축은 중심선을 선택하고 마침조건은 블라인드 형태로 각도는 360도로 한다.

③ 확인을 클릭하면 그림 3-2-4 (b)와 같이 회전체 형상이 완성된다.

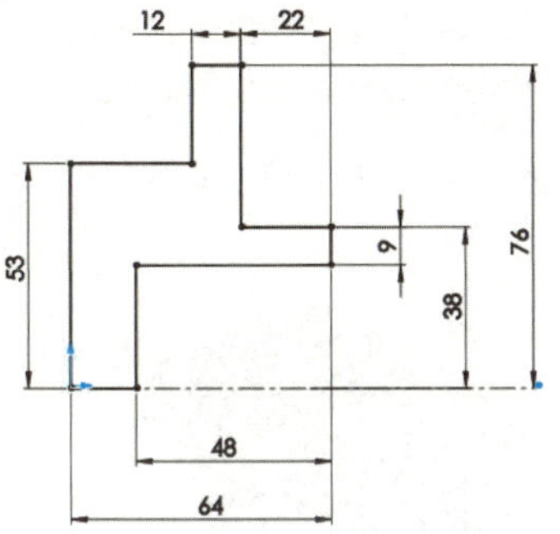

(a) 회전체 단면 스케치

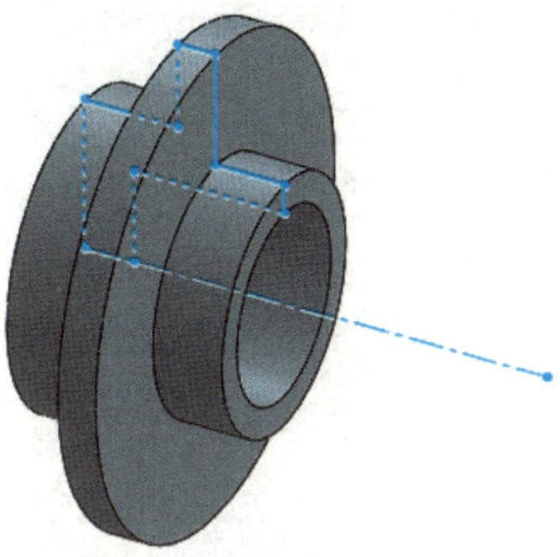

(b) 회전한 결과

그림 3-2-4 회전체 형상모델링

(3) 육각기둥 형상모델링

생각하기 : 육각기둥의 형상모델링은 어떻게 해야 할까?

육각기둥의 경우는 육각형을 스케치 하여 수직방향으로 돌출시키면 생성된다는 것은 이제 알 수 있을 것이다. 그렇다면 육각형 스케치는 어떻게 하면 좋을까? SolidWorks에서는 다각형을 간단히 스케치할 수 있는 기능이 있다. 이 다각형 기능을 이용하여 육각형을 스케치하면 간단히 해결할 수 있다.

수행 : 다각형 도구에 의한 육각형 단면 스케치와 구속조건 주기

① 스케치 면을 큰 원통 윗면으로 선택한다.

② 스케치를 위한 작업 아이콘 을 클릭한다.

③ 다각형 도구를 선택하고 속성 창에서 파라미터를 6으로 설정한다.

④ 원점에 대해 육각형을 바깥쪽으로 드래그하여 내접원의 지름이 106 mm가 되도록 스케치한다.

⑤ 그림 3-2-5 (a)와 같이 정면과 육각형 각진 꼭지점이 일치하도록 구속조건 부가에서 일치를 설정한다.

⑥ 확인을 클릭한다.

수행 : 돌출 보스/베이스 도구에 의한 육각형 단면 돌출하기

① 피처 탭에서 돌출 보스/베이스 도구를 선택한다.

② 속성 창에서 마침조건은 곡면까지로 하고 작은 원통 끝 면을 선택한다.

③ 확인을 클릭하면 그림 3-2-5 (b)와 같이 육각기둥 형상이 완성된다.

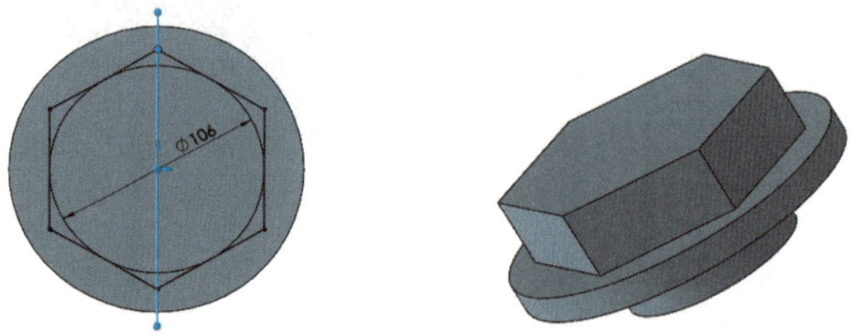

(a) 육각형 단면 스케치　　(b) 돌출한 결과

그림 3-2-5 육각형 돌출 형상모델링

(4) 육각기둥의 회전 컷 형상모델링

생각하기 : 육각머리 캡 너트의 육각머리의 형상모델링은 어떻게 해야 할까?

육각머리 볼트와 같이 육각머리는 육각기둥의 윗면을 회전 시키면서 컷팅 하여야 한다. 따라서 이와 같이 회전하면서 컷팅 하는 형상모델링은 회전 컷 기능을 이용하면 해결할 수 있다. 물론 회전을 시키려면 중심선이 존재해야 한다.

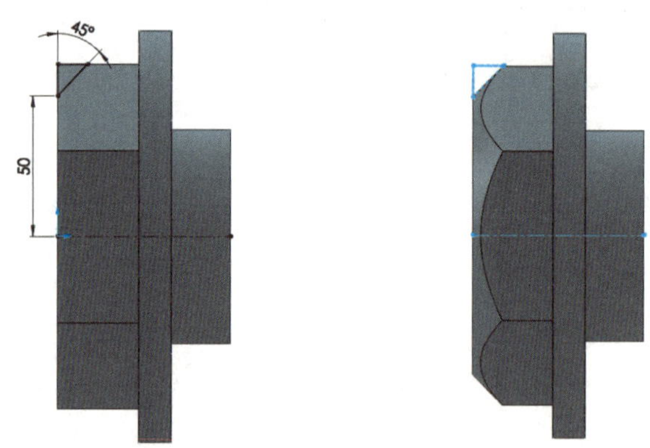

(a) 컷 단면 스케치　　(b) 회전 컷한 결과

그림 3-2-6 육각형 기둥의 회전 컷 형상모델링

수행 : 컷 단면 스케치하기

① 스케치 면을 정면으로 선택한다.

② 스케치를 위한 작업 아이콘 을 클릭한다.

③ 선 가운데 중심선 도구를 선택한다.

④ 중심선을 그림 3-2-6 (a)와 같이 원점에 수평하게 스케치한다.

⑤ 선 도구를 선택한다.

⑥ 삼각형을 그림 3-2-6 (a)와 같이 스케치하고 치수를 입력한다.

⑦ 확인을 클릭한다.

수행 : 회전 컷 도구에 의한 단면 회전 컷하기

① 피처 탭에서 회전 컷 도구를 선택한다.

② 속성 창에서 회전축은 중심선으로 마침조건은 블라인드 형태로 각도는 360도로 설정한다.

③ 확인을 클릭하면 그림 3-2-6 (b)와 같이 육각기둥 회전 컷 형상이 완성된다.

(5) 모서리의 둥글기

생각하기 : 모서리 라운딩의 반경이 다를 경우의 형상모델링은 어떻게 해야 할까?

제일 쉬운 방법은 같은 반경의 모서리끼리 하고 다른 반경은 따로 하는 방식일 것이다. 그러나 이런 경우에 필렛 변수에 다중 반경 필렛이라는 기능이 있으므로 이 기능을 이용하면 단번에 해결할 수 있다.

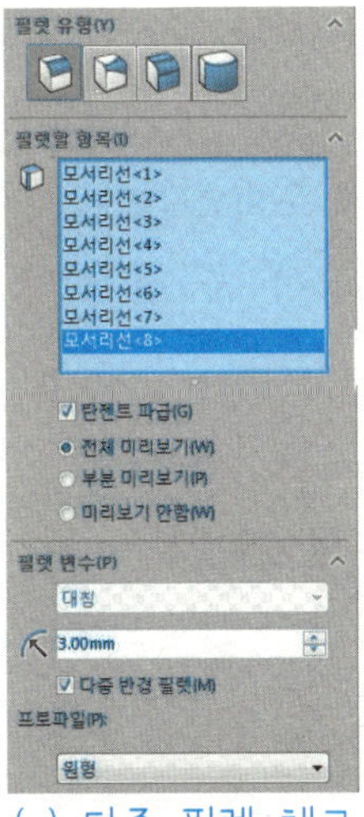

(a) 다중 필렛 체크

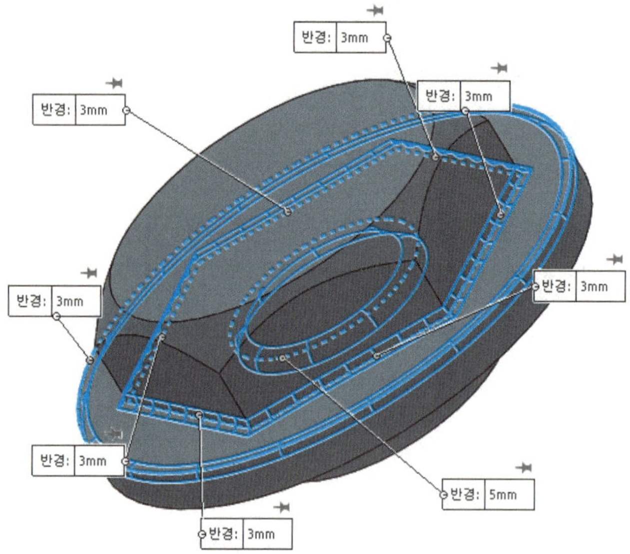

(b) 설정 부분 체크

그림 3-2-7 다중 반경 필렛 설정 과정

수행 : 필렛 도구에 의한 다중 반경 필렛 형상모델링

① 피처 탭에서 필렛 도구를 클릭한다.

② 그림 3-2-7 (a)와 같은 속성 창에서 필렛 변수에서 다중 반경 필렛을 체크한다.

③ 우선 필렛 반경을 5 mm로 입력한다.

④ 그림 3-2-7 (b)와 같이 중공 원통의 내부 모서리를 클릭한다.

⑤ 이번에는 필렛 반경을 3 mm로 입력한다.

⑥ 그림 3-2-7 (b)와 같이 외부 모서리를 클릭한다.

⑦ 확인을 클릭한다.

(6) 구멍 마법사 도구에 의한 구멍 형상모델링

수행 : 유형 정하기

① 피처 탭을 클릭한다.

② 피처 도구 가운데 구멍 가공마법사 도구를 선택한다.

③ 속성 창에서 구멍 유형을 "구멍"으로 한다.

④ 표준 규격은 "KS", 유형은 "드릴 크기"로 한다.

⑤ 구멍 스펙에서 크기는 ∅5.0 ㎜로 한다.

⑥ 마침 조건은 "관통"으로 한다(그림 3-2-8 (a)).

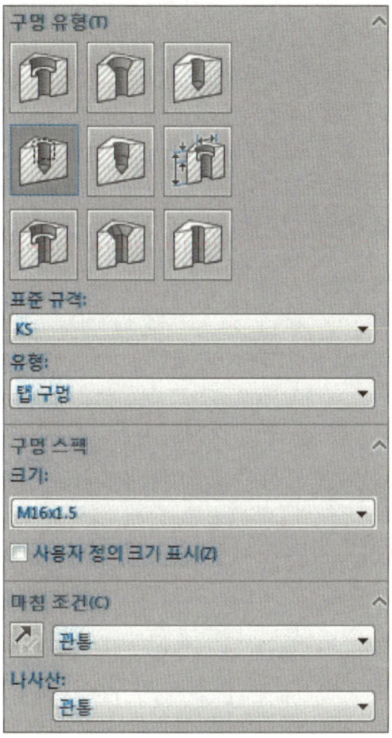

(a) 구멍 유형

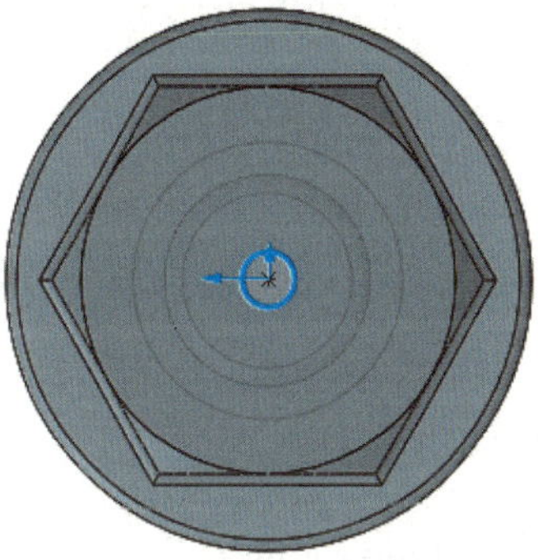

(b) 구멍 위치

그림 3-2-8 구멍의 스펙

수행 : 위치 정하기

① 구멍 스펙의 위치 탭을 클릭한다.

② 구멍의 위치를 사용할 면을 선택한다.

③ 구멍을 배치하기 위해 치수를 정해야 하는데 여기서는 필렛 반경과 일치하게 하므로 따로 치수는 필요 없으며 필렛 반경의 중심과 구멍의 중심 위치와 일치시킨다.

④ 완료✔를 클릭하여 형상을 완성한다(그림 3-2-8 (b)).

(7) 저장하기

수행 : 최종 형상 저장하기

① 저장 도구(💾)에서 다른 이름으로 저장하기를 클릭한다.

② 저장할 디렉토리를 정하고 파일이름을 "파이프 플러그"로 한다.

③ 저장 버튼을 클릭한다.

2-2-1-2 반단면도 작성

(1) 시트 편집하기

수행 : 도면 작성 화면 들어가기

① 풀다운 메뉴에서 새로 만들기 아이콘을 선택한다.

② 기본 모듈 가운데 도면을 선택한다.

③ 시트 형식/크기 설정 창에서 찾아보기를 클릭한다.

④ a4-landscape.slddrt를 설정하고 열기를 한다.

⑤ 확인을 클릭한다.

수행 : 표제란 없애기

① 도면 Management 탭에서 시트형식을 선택한다.

② 시트형식 탭에서 시트 편집을 선택한다.

③ 표제란 부분을 마우스로 전체 드래그 하여 삭제 영역을 정하고 키보드의 삭제 버튼을 클릭한다.

④ 확인을 클릭한다.

(2) 모델 뷰 나타내기

생각하기 : 회전체의 경우 모델 뷰는 어떻게 나타내야 할까?

보통 회전체의 경우는 우측면을 스케치 기준면으로 하는 경우가 많다. 이렇게 하여 생성된 회전체의 경우는 평면도를 모델 뷰로 나타내야 반 단면도에서 1/4 절단을 하기 쉬우며 내부 형태를 확실히 볼 수 있다.

수행 : 모델 뷰에 의한 정면도 정하기

① 뷰 레이아웃에서 모델 뷰를 클릭한다.

② 문서열기가 나타나며 여기서 "파이프 플러그" 형상 모델링한 부품이 있으면 이것에 대해 더블 클릭을 하여 파일 열기를 한다.

③ 평면뷰를 정면도로 하고 도면 창에 적절히 배치한다(그림 3-2-9 (a)).

(3) 모델 뷰 정리하기

생각하기 : 필렛 부분의 외형만 나타내기 위해 모델 뷰는 어떻게 정리 할까?

보통 도면에서 필렛 부분이 평면에 나타나면 오독의 우려가 있으므로 모서리 외형만 나타낸다. 따라서 평면에서 필렛 부분을 감추기 위해 어떻게 할 것인지를 생각해야 한다. SolidWorks에서는 모서리 숨기기/표시() 기능이 있어 이것을 이용하여 필렛 부분을 숨기기로 정리하여야 한다.

수행 : 불필요한 모서리 감추기에 의한 모델 뷰 정리하기

① 모델 뷰에서 모서리를 숨기기 위한 선에 커서를 대고 오른 쪽 마우스를 클릭한다.

② 연속적으로 모서리를 숨기기 위해 Ctrl(컨트롤 키)를 누른 상태에서 모서리 선을 계속 클릭한 후에 서브 메뉴에서 모서리 숨기기/표시()를 클릭한다(그림 3-2-9 (b)).

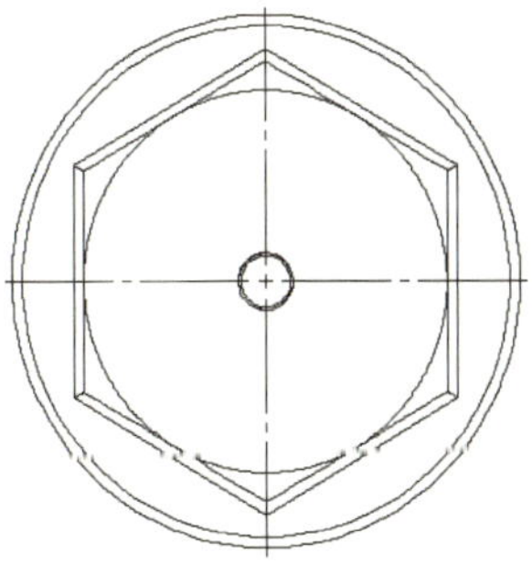

(a) 처음의 정면도 모습

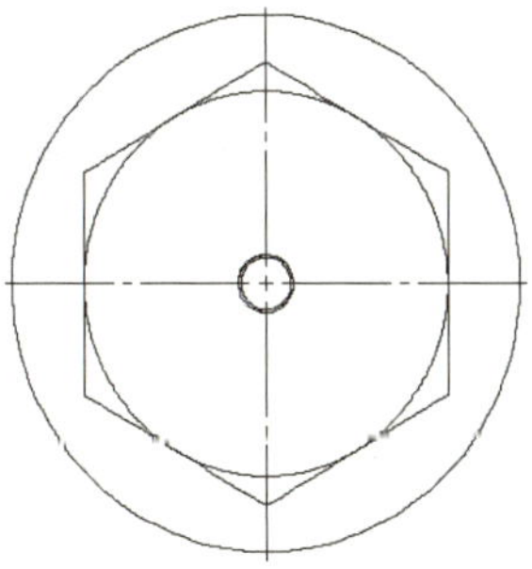

(b) 정면도 정리 후 모습

그림 3-2-9 정면도

(4) 반 단면도 표현하기

생각하기 : 반 단면의 결정

모델 뷰를 평면도로 할 경우 우측면도를 반단면도로 나타내는 것이 일반적인데 경우에 따라서는 좌측면도가 내부 형체를 더욱 잘 나타낼 수 있는 경우가 있다. 이런 경우는 경우에 맞게 반단면을 결정하면 된다.

수행 : 반 단면도 표현 및 배치하기

① 뷰 레이아웃에서 단면도를 클릭한다.

② 단면도 보조 창에서 반 단면을 선택한다.

③ 반 단면 절단선을 선택한다.

④ 커서를 원의 중심에서 클릭한다.

⑤ 반 단면이 나타나며 이 반 단면도를 그림 3-2-10과 같이 우측에 배치한다.

⑥ 완료를 클릭한다.

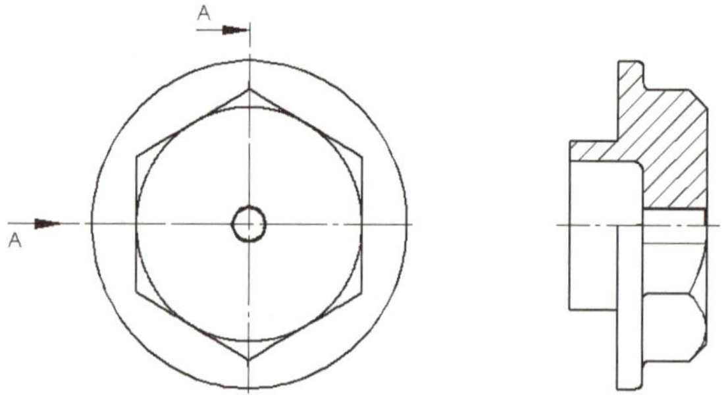

그림 3-2-10 반 단면도 생성 모습

(5) 치수 기입하기

생각하기 : 육각 볼트머리의 크기 표시

도면에서 보통은 육각형의 내접하는 원의 크기로 나타낸다. 왜냐하면 SolidWorks에서 육각형의 스케치는 하나의 스케치 메뉴로 육각형을 선택한 상황에서 내접원의 크기만 정해주면 육각형이 자동으로 그려지기 때문이다.

수행 : 반 단면도의 치수 표시하기

① 도면 탭에서 주석을 클릭한다.

② 주석 메뉴 가운데 지능형 치수 도구를 선택한다.

③ 도면의 모든 치수를 표시한다.

④ 보기 좋게 치수 정리를 한다.

(6) 표제란 삽입하기

수행 : 새로운 표제란 삽입하기

① 시트편집 상태에서 일반테이블을 클릭한다.

② 테이블을 삽입할 수 있는 창이 나타나며 여기서 별표 모양을 클릭하면 미리 만들어 놓은 표제란 테이블 템플릿을 찾아서 가져올 수 있다.

③ 테이블 템플릿을 오른쪽 모서리에 위치하도록 배치한다.

④ 일반테이블 편집 완료 버튼을 누른다(그림 3-2-11).

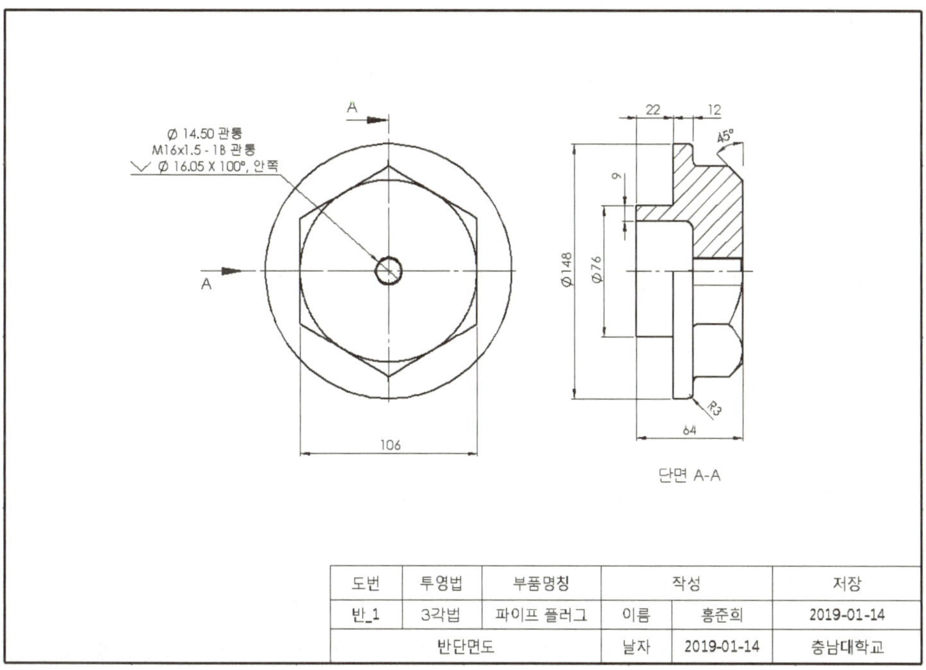

그림 3-2-11 도면 작성 완료 모습

(7) 저장하기

수행 : 최종 도면 저장하기

① 저장 도구(💾)에서 다른 이름으로 저장하기를 클릭한다.

② 저장할 디렉토리를 정하고 파일이름을 "파이프 플러그"로 한다.

③ 저장 버튼을 클릭한다.

2-2-2 베이스의 형상모델링 및 반단면도 작성

2-2-2-1 형상모델링

(1) 준비하기

수행 : 스케치 준비하기

① 풀다운 메뉴에서 새로 만들기 아이콘을 선택한다.

② 기본 모듈 가운데 파트를 선택한다.

③ 기준 평면을 정면으로 하고 스케치를 클릭한다.

④ 스케치를 위한 스케치 실행을 클릭한다.

(2) 기초형상 모델링

수행 : 중심선, 중심점 호 및 요소대칭 복사 도구에 의한 스케치하기

① 스케치 탭에서 중심선 도구를 클릭한다.

② 원점에 대해 수평하게 하나의 선을 긋고 원점으로부터 거리는 28.5 ㎜로 한다.

③ 원점에서 수직이 되도록 또 하나의 중심선을 긋는다.

④ 중심점 호 도구를 클릭하고 수평 중심선의 끝점에 호의 중심을 두고 반원을 스케치 한다.

⑤ 지능형 치수 도구를 사용하여 호의 반지름 48 ㎜로 치수를 수정한다.

⑥ 요소 대칭복사 도구를 사용하여 좌우 반원이 대칭되도록 한다.

⑦ 선 도구를 클릭하고 그림 3-2-12 (a)와 같이 두 반원의 끝점이 이어지도록 선을 긋는다.

⑧ 완료한다.

수행 : 돌출 보스/베이스 도구에 의한 스케치 형상 돌출하기

① 피처 탭을 클릭한다.

② 돌출 보스/베이스 도구를 선택한다.

③ 속성 창에서 마침조건은 블라인드 형태로 돌출 깊이는 11 ㎜로 한다.

④ 완료✔를 클릭하여 그림 3-2-12 (b)와 같은 형상을 완성한다.

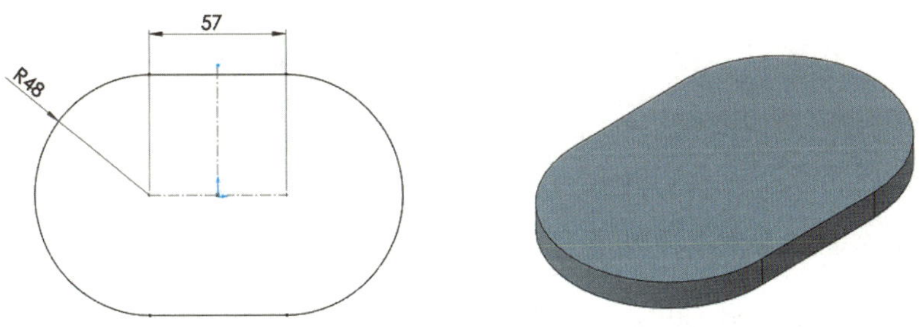

(a) 단면 스케치　　　(b) 돌출 형상

그림 3-2-12 기초 형상모델링

(3) 돌출 형상 모델링

수행 : 오프셋 도구에 의한 돌출 단면 스케치하기

① 그림 3-2-12 (b)의 윗면을 스케치 기준면으로 한다.

② 스케치 도구의 요소 오프셋 도구를 클릭한다.

③ 기초 형상의 외형을 클릭하고 그림 3-2-13 (a)와 같이 파라미터의 오프셋 거리를 29 ㎜로 한다. 만약 방향이 반대이면 "반대 방향"을 클릭한다.

④ 완료한다.

수행 : 돌출 보스/베이스 도구에 의한 스케치 형상 돌출하기

① 피처 탭을 클릭한다.

② 돌출 보스/베이스 도구를 선택한다.

③ 속성 창에서 마침조건은 블라인드 형태로 돌출 깊이는 29㎜로 한다.

④ 완료✔를 클릭하여 그림 3-2-13 (b)와 같은 형상을 완성한다.

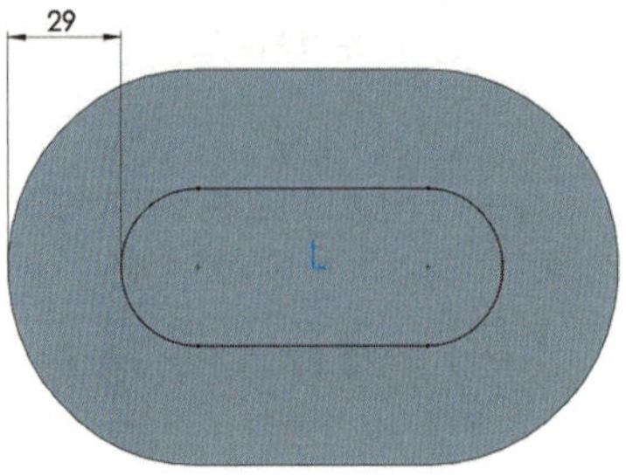

(a) 요소 오프셋

(b) 블라인드 형태 돌출

그림 3-2-13 돌출 형상모델링

(4) 컷 돌출 형상 모델링

수행 : 요소 오프셋 도구에 의한 돌출 단면 스케치하기

① 그림 3-2-13 (b)의 윗면을 스케치 기준면으로 한다.

② 스케치 도구의 요소 오프셋 도구를 클릭한다.

③ 돌출 형상의 외형을 클릭하고 그림 3-2-14 (a)와 같이 파라미터의 오프셋 거리를 7 ㎜로 한다. 만약 방향이 반대이면 "반대 방향"을 클릭한다.

④ 완료한다.

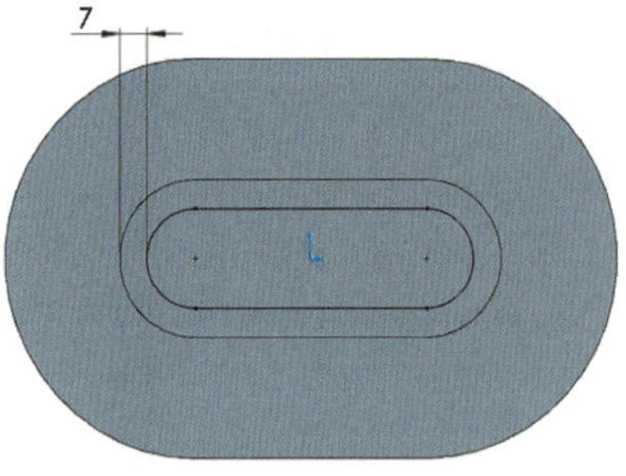

(a) 요소 오프셋

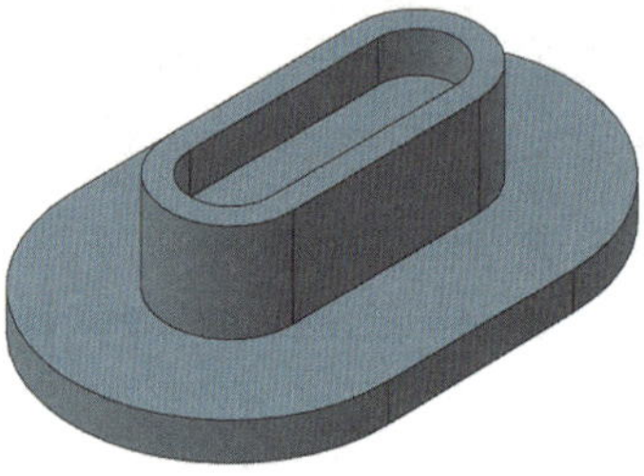

(b) 블라인드 형태 컷 돌출

그림 3-2-14 돌출 형상모델링

수행 : 돌출 컷 도구에 의한 스케치 형상 컷 돌출하기

① 피처 탭을 클릭한다.

② 돌출 컷 도구를 선택한다.

③ 속성 창에서 마침조건은 블라인드 형태로 깊이는 12 ㎜로 한다.

④ 완료✔를 클릭하여 그림 3-2-14 (b)와 같은 형상을 완성한다.

(5) 구멍 형상 모델링

수행 : 구멍가공마법사 사용하기

① 피처 탭에서 구멍 가공 마법사를 클릭한다.

② 구멍 유형은 구멍으로 하고 표준규격은 KS, 유형은 드릴 크기로 한다.

③ 구멍 스팩에서 크기는 Ø12.5로 하며 관통으로 설정한다.

④ 위치를 클릭하고 구멍이 위치할 면을 선택한다.

⑤ 구멍을 배치하기 위해 동심되는 두 반원의 모서리를 클릭하여 반원 중심에 구멍의 중심이 오도록 배치한다. 즉, 그림 3-2-15 (a)와 같이 구멍의 배치를 정한다.

⑥ 구멍의 배치가 완료되어 완료를 클릭하면 그림 3-2-15 (b)와 같이 구멍 형상모델링이 완료된다.

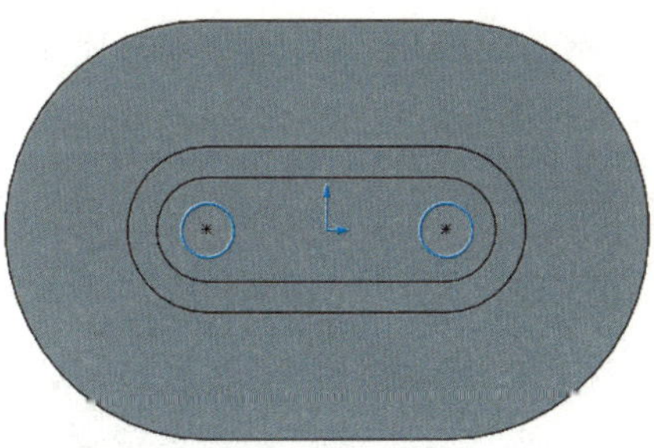

(a) 구멍 위치 배치결과

(b) 관통 구멍 형상

그림 3-2-15 구멍 형상모델링

(6) 원형 패턴 기초 카운터 보어 형상모델링

생각하기 : 6×∅9관통⊔∅14↧4의 기호는 무슨 의미일까?

그림 3-2-2를 보면 6×∅9관통⊔∅14↧4의 기호가 나타나 있는 것을 알 수 있을 것이다. 이것은 구멍 가공마법사에 의해 컷 형상(가공)된 카운터 보어 형상을 나타내는 약속기호라 생각하면 된다. 즉, ∅9 관통은 지름 9 ㎜(M8) 구멍을 관통하고, ⊔∅14↧4는 볼트 머리 지름이 14 ㎜이고 4 ㎜ 깊이까지 컷하라는 기호이다.

수행 : 구멍가공마법사의 구멍 유형 정하기

① 피처 탭으로 가서 구멍가공마법사를 선택한다.

② 구멍가공마법사 구멍 스펙 창에서 카운터 보어를 선택한다.

③ 구멍 스펙은 KS 규격을 따르고 구멍붙이 볼트로 관통구멍 지름이 9 ㎜인 M8을 선택한다.

④ 이어서 사용자 크기를 선택하여 카운터 보어 지름이 18 ㎜, 카운터 보어 깊이는 4 ㎜를 설정한다.

수행 : 구멍가공마법사의 구멍 위치 정하기

① 구멍가공마법사 속성 창에서 위치를 클릭한다.

② 구멍을 위치시킬 면을 설정한다.

③ 구멍의 위치 치수를 지능형 치수를 사용하여 그림 3-2-16 (a)와 같이 반원의 중심과 일직선상에 있으며 정면으로부터 중심까지 거리가 33 ㎜가 되도록 치수 배치한다.

④ 완료✔를 클릭하여 형상을 완성한다(그림 3-2-16 (b)).

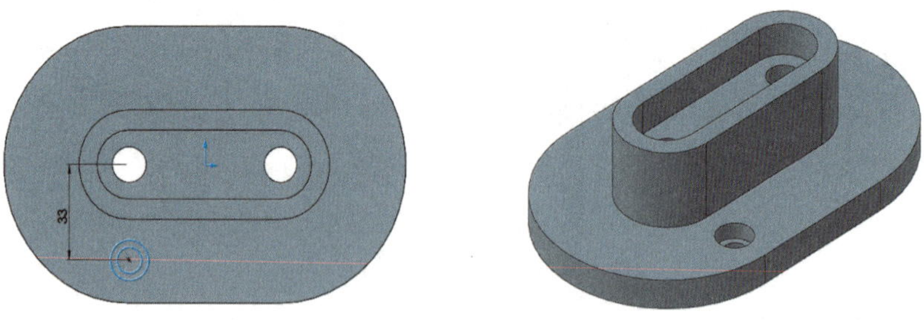

(a) 카운터 보어 배치 (b) 카운터 보어 완성

그림 3-2-16 카운터 보어 형상모델링

(7) 6개의 카운터 보어 형상모델링

생각하기 : 6개의 카운터 보어 형상모델링은 어떻게 하면 될까?

하나의 카운터 보어가 완성되어 있으므로 하나의 카운터 보어 형상을 바탕으로 원형 패턴으로 3개를 먼저 완성하고 3개의 카운터 보어 원형 패턴을 대칭 복서로 완성하면 된다.

수행 : 원형 패턴 도구에 의한 3개의 동일 각도 카운터 보어 만들기

① 형상 탭에서 선형 패턴 가운데 원형 패턴 도구를 선택한다.

② 속성 창에서 그림 3-2-17 (a)와 같이 패턴 축은 해당 원통 면을 선택하며 각도 360도, 인스턴스 수 3를 입력하고 동등 간격으로 한다.

③ 피처는 M8 육각머리 볼트용 카운터 보어로 선택한다.

④ 완료✔를 클릭하면 그림 3-2-17 (b)와 같은 형상이 완성된다.

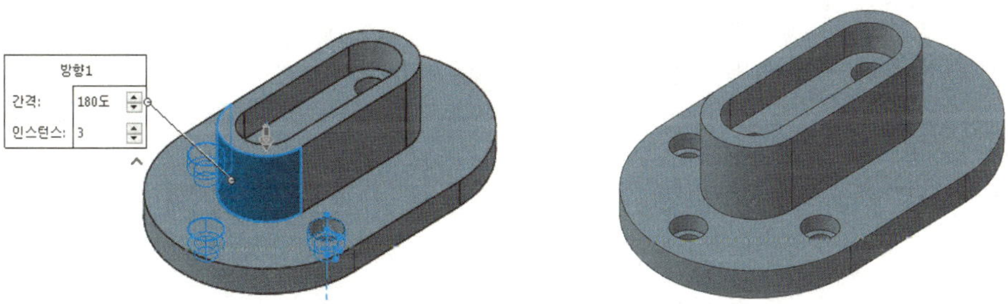

그림 3-2-17 카운터 보어 원형 패턴 형상모델링

수행 : 대칭 복사 도구에 의한 3개의 원형 패턴 카운터 보어 대칭 복사하기

① 형상 탭에서 대칭 복사 도구를 선택한다.

② 속성 창에서 그림 3-2-18 (a)와 같이 대칭 복사 면을 우측면으로 선택하며 대칭 복사 피처는 원형 패턴1으로 한다.

③ 완료✔를 클릭하면 그림 3-2-18 (b)와 같은 형상이 완성된다.

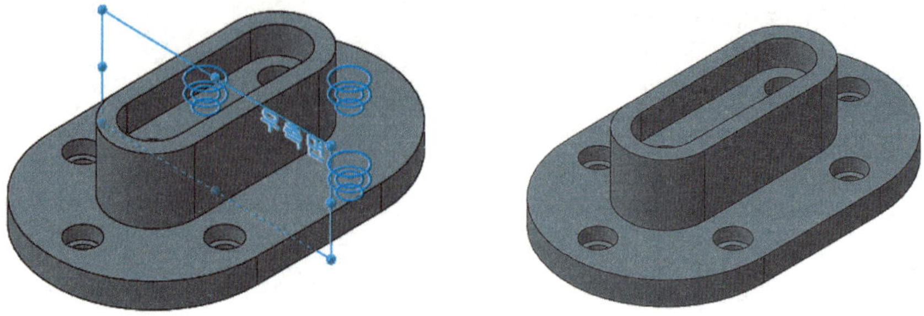

(a) 우측면 기준 대칭 복사 설정 (b) 대칭 복사 결과

그림 3-2-18 카운터 보어 원형 패턴의 대칭 복사 형상모델링

(8) 둥글기 형상모델링

수행 : 필렛 형상모델링

① 피처 탭에서 필렛 도구를 클릭한다.

② 속성 창에서 필렛 유형은 반지름 3 ㎜를 입력한다.

③ 그림 3-2-19 (a)와 같이 두 모서리를 클릭한다.

④ 확인을 클릭하면. 그림 3-2-19 (b)와 같이 둥글기 형상모델링이 완료된다.

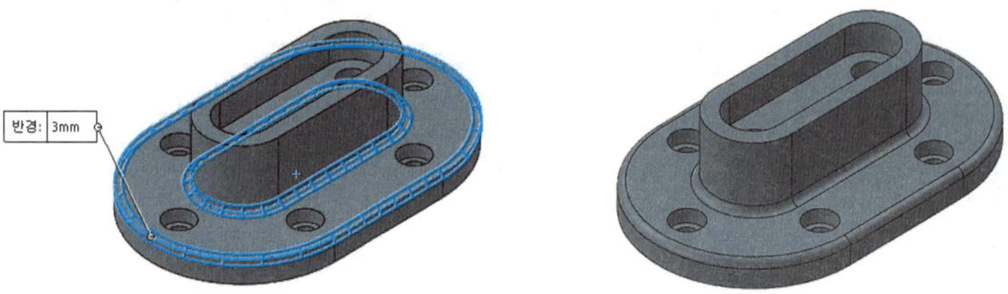

(a) 필렛 모서리 설정 모습 (b) 필렛 결과

그림 3-2-19 둥글기 형상모델링

(9) 저장하기

수행 : 최종 형상 저장하기

① 저장 도구(💾)에서 다른 이름으로 저장하기를 클릭한다.

② 저장할 디렉토리를 정하고 파일이름을 "베이스"로 한다.

③ 저장 버튼을 클릭한다.

2-2-2-2 반단면도 작성

(1) 작업화면 설정하기

수행 : 도면 작성 화면 들어가기

① 풀다운 메뉴에서 새로 만들기 아이콘을 선택한다.

② 기본 모듈 가운데 도면을 선택한다.

③ 시트 형식/크기 설정 창에서 찾아보기를 클릭한다.

④ a4-landscape.slddrt를 설정하고 열기를 한다.

⑤ 확인을 클릭한다.

(2) 시트 편집하기

수행 : 표제란 없애기

① 도면 Management 탭에서 시트형식을 선택한다.

② 시트형식 탭에서 시트 편집을 선택한다.

③ 표제란 부분을 마우스로 전체 드래그 하여 삭제 영역을 정하고 키보드의 삭제 버튼을 클릭한다.

④ 확인을 클릭한다.

(3) 모델 뷰 표현

생각하기 : 상하 및 좌우 대칭 형체의 경우 모델 뷰는 어떻게 나타내야 할까?

보통 상하 및 좌우 대칭 형체의 경우는 윗면을 스케치 기준면으로 하는 경우가 많다. 이렇게 하여 생성된 상하 및 좌우 대칭 형체의 경우는 평면도를 모델 뷰로 나타내야 반단면도에서 1/4 절단하기 쉬우며 내부 형태를 확실히 볼 수 있다.

수행 : 모델 뷰에 의한 정면도 정하기

① 뷰 레이아웃에서 모델 뷰 도구를 클릭한다.

② 문서열기가 나타나며 여기서 "베이스" 형상 모델링한 부품이 있으면 이것에 대해 더블 클릭을 하여 파일 열기를 한다. 만일 없을 경우는 "찾아보기"에서 해당 부품이 있는 파일 폴더에 가서 해당 부품을 클릭하여 파일을 열면 된다.

③ 평면뷰를 정면도로 하고 도면 창에 적절히 배치한다(그림 3-2-20 (a)).

(4) 정면도 정리하기

생각하기 : 필렛 부분의 외형만 나타내기 위해 모델 뷰는 어떻게 정리 할까?

보통 도면에서 필렛 부분이 평면에 나타나면 오독의 우려가 있으므로 모서리 외형만 나타낸다. 따라서 평면에서 필렛 부분을 감추기 위해 어떻게 할 것인지를 생각해야 한다. SolidWorks에서는 모서리 숨기기/표시() 기능이 있어 이것을 이용하여 필렛 부분을 숨기기로 정리하여야 한다.

수행 : 모서리 숨기기에 의한 정면도 정리하기

① 정면도에서 둥글기를 숨기기 위한 선에 커서를 데고 오른 쪽 마우스를 클릭한다.

② 연속적으로 둥글기를 숨기기 위해 Ctrl(컨트롤 키)를 누른 상태에서 둥글기 선을 계속 클릭한 후에 서브 메뉴에서 모서리 숨기기/표시()를 클릭한다(그림 3-2-20 (b)).

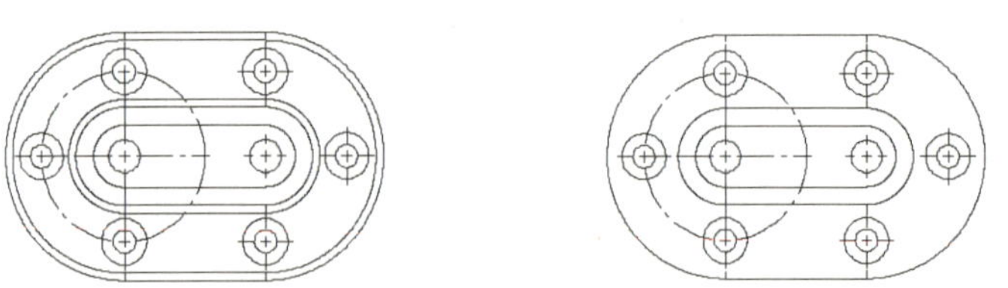

(a) 처음의 정면도 모습　　(b) 정면도 정리 후 모습

그림 3-2-20 정면도

(5) 반 단면도 표현하기

생각하기 : 반 단면의 결정

모델 뷰를 평면도로 할 경우 우측면도를 반단면도로 나타내는 것이 일반적인데 경우에 따라서는 좌측면도가 내부 형체를 더욱 잘 나타낼 수 있는 경우가 있다. 이런 경우는 경우에 맞게 반단면을 결정하면 된다.

수행 : 단면도 도구에 의한 반 단면도 표현하기

① 뷰 레이아웃에서 단면도 도구를 클릭한다.

② 단면도 보조 창에서 반 단면을 선택한다.

③ 반 단면 절단선을 선택한다.

④ 커서를 원의 중심에서 클릭한다.

⑤ 반 단면이 나타나며 이 반 단면도를 적절히 배치한다.

⑥ 완료를 클릭한다.

수행 : 반단면도의 중심선 및 중심표시 나타내기

① 도면 탭에서 주석을 선택한다.

② 중심선을 선택하고 뷰 선택을 클릭한다.

③ 반단면도를 클릭한다.

④ 중심표시를 선택한다.

⑤ 절단면의 원을 클릭한다(그림 3-2-21).

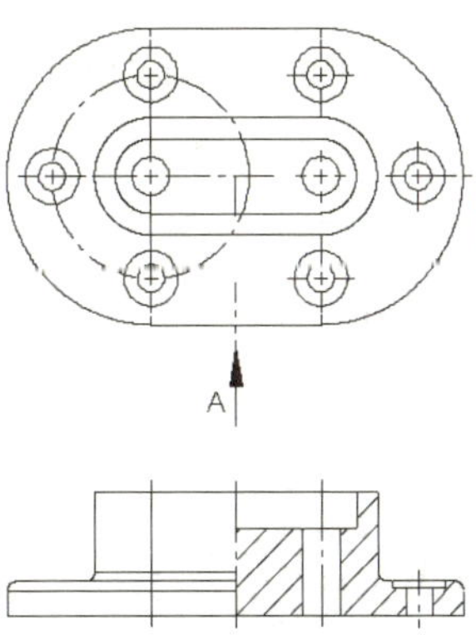

그림 3-2-21 중심선 및 중심 표시 나타낸 반단면도

(6) 대칭 도형 표현하기

수행 : 코너 사각형 도구와 부분도에 의한 대칭 반쪽 표현하기

① 도면 탭에서 스케치를 선택한다.

② 코너 사각형 도구를 선택한다.

③ 표현하고자 하는 부분을 그림 3-2-22 (a)와 같이 사각형 영역 안에 들어가게 스케치한다.

④ 도면 탭에서 뷰 레이아웃을 선택한다.

⑤ 부분도를 클릭한다(그림 3-2-22 (b)).

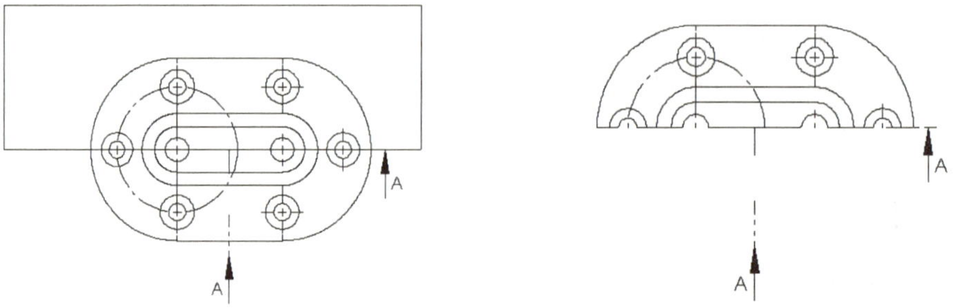

(a) 사각형 스케치 (b) 반쪽 부분도

그림 3-2-22 대칭 부분의 반쪽 부분도 설정 과정

수행 : 대칭선 표현하기

① 도면에서 절단선에 커서를 갖다 데면 중황색으로 변한다.

② 마우스 오른쪽 버튼을 클릭한다.

③ 서브메뉴에서 절단선 숨기기를 클릭한다(그림 3-2-23 (a)).

④ 스케치에서 중심선 도구를 선택한다.

⑤ 중심선을 절단면과 일치하게 스케치 한다.

⑥ 선 도구를 클릭한다.

⑦ 중심선 양 끝에 2개의 선(대칭 도시기호)을 그림 3-2-23 (b)와 같이 스케치한다.

⑧ 확인을 클릭한다.

(a) 절단선 숨기기 (b) 대칭 도형 표시

그림 3-2-23 대칭 도형 표현

(7) 치수 기입하기

수행 : 반 단면도의 치수 표시하기

① 도면 탭에서 주석을 클릭한다.

② 주석 메뉴 가운데 모델항목( )을 선택한다.

③ 확인을 클릭하면 도면의 모든 치수가 표시된다.

④ 필요한 치수는 삽입하고 및 불필요한 치수는 삭제하여 보기 좋게 치수 정리를 한다.

(8) 표제란 삽입하기

수행 : 새로운 표제란 삽입하기

① 시트편집 상태에서 일반테이블을 클릭한다.

② 테이블을 삽입할 수 있는 창이 나타나며 여기서 별표 모양을 클릭하면 미리 만들어 놓은 표제란 테이블 템플릿을 찾아서 가져올 수 있다.

③ 테이블 템플릿을 오른쪽 모서리에 위치하도록 배치한다.

④ 일반테이블 편집 완료 버튼을 누른다(그림 3-3-24).

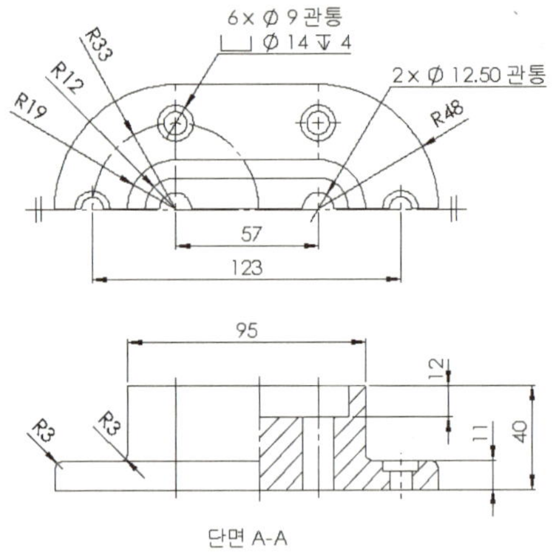

도번	투영법	부품명칭	작성		저장
반_2	3각법	베이스	이름	홍준희	2019-01-14
반단면도			날자	2019-01-14	충남대학교

그림 3-2-24 치수 기입 완료 모습

(9) 저장하기

수행 : 최종 도면 저장하기

① 저장 도구(💾)에서 다른 이름으로 저장하기를 클릭한다.

② 저장할 디렉토리를 정하고 파일이름을 "베이스"로 한다.

2-3 학습 정리

2-3-1 파이프 플러그의 형상모델링 및 반단면도 작성 종합 정리

2-3-1-1 형상모델링 정리하기

① 파이프 플러그 형상은 그림 3-2-25와 같은 형상모델링 과정을 거쳐 완성된다.

② M16×1.5 나사구멍은 구멍가공마법사에 의해 생성된다.

③ 파이프 플러그의 육각머리 부분은 직각 삼각형 스케치에 의한 컷 회전 형상이다.

④ 파이프 플러그 형상은 좌우상하 대칭 구조이다.

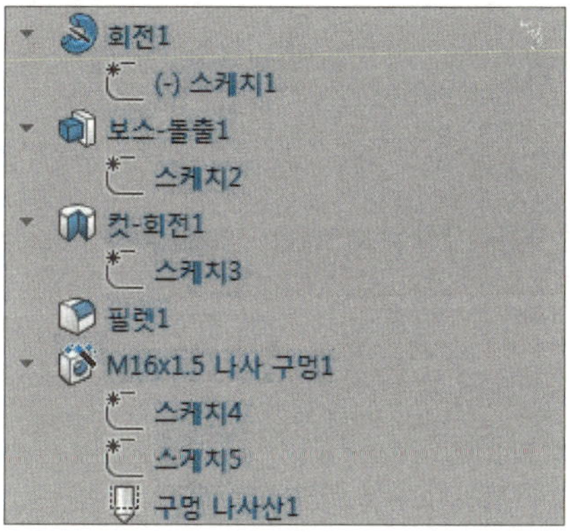

그림 3-2-25 파이프 플러그의 형상모델링 디자인 트리

2-3-1-2 반단면도 작성 정리하기

① 파이프 플러그 부품의 도면 작성 결과는 그림 3-2-26과 같다.

② 파이프 플러그 부품의 반단면도 작성은 뷰 레이아웃의 단면도 도구 가운데 반단면도를 활용하여 표현한다.

③ 파이프 플러그 부품의 도면 작성에서 치수는 KS규격에 맞춰 기입한다.

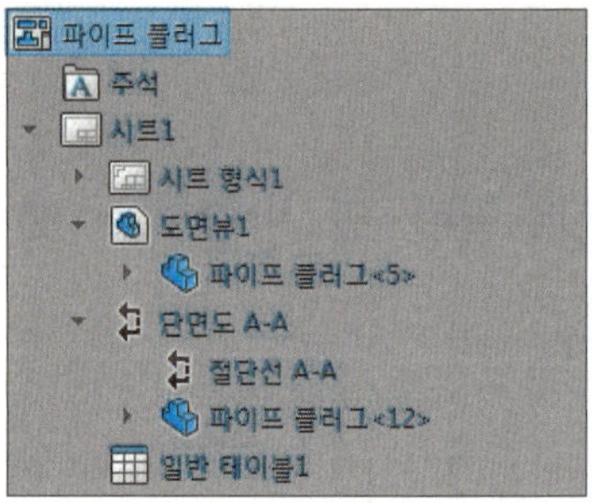

그림 3-2-26 파이프 플러그의 도면 작성 디자인 트리

2-3-2 베이스의 형상모델링 및 반단면도 작성 종합 정리

2-3-2-1 형상모델링 정리하기

① 베이스 형상은 그림 3-2-27과 같은 형상모델링 과정을 거쳐 완성된다.

② M8 소켓 머리 캡 나사용 카운터보어는 구멍가공마법사에 의해 생성된다.

③ 베이스 형상은 좌우상하 대칭 구조이다.

④ 베이스 형상은 좌우상하 대칭 구조이므로 1/2 형상을 먼저 만들고 대칭 복사에 의해 완성한다.

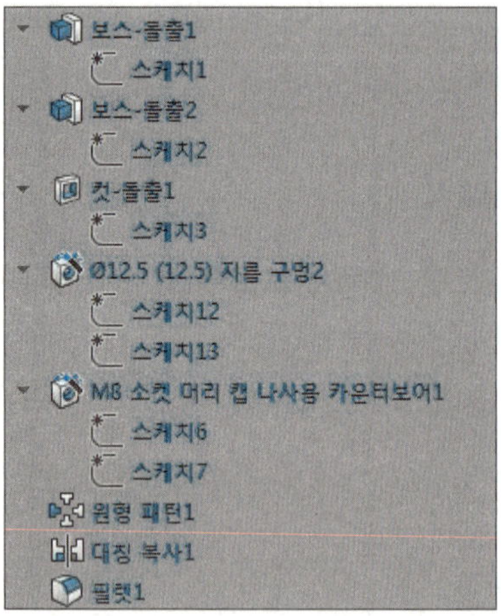

그림 3-2-27 베이스의 형상모델링 디자인 트리

2-3-2-2 반단면도 작성 정리하기

① 베이스 부품의 도면 작성 결과는 그림 3-2-28과 같으며 그림 3-2-28 가운데 절단선은 흐리게 나타나 있는데 이것은 절단선 숨기기를 하였기 때문이다.

② 베이스 부품의 반단면도 작성은 뷰 레이아웃의 단면도 도구 가운데 반단면도를 활용하고 절단 방향을 고려하여 표현한다.

③ 베이스 부품의 도면 작성에서 절단한 상태의 반단면도는 구멍에 대해 중심선을 주석의 중심선 표시를 사용하여 중심선을 표시한다.

④ 베이스 부품의 도면 작성에서 치수는 KS규격에 맞춰 기입한다.

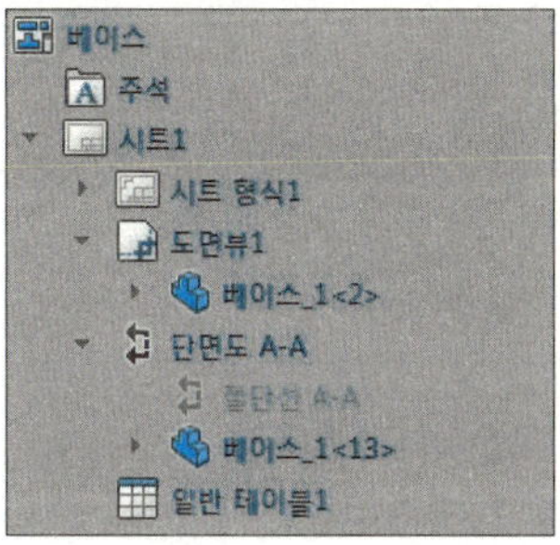

그림 3-2-28 베이스의 도면 작성 디자인 트리

2-4 자율 평가

지시 사항 :

앞의 학습활동을 모두 마친 후 다음 질문에 답하시오. 이 평가의 목적은 앞에서 배운 반단면도에 대해 도면에 관한 KS 규격 지식과 도면 작성 과정을 모두 숙지했는지를 확인하기 위함이다. 자기 스스로 평가 문제에 답하고 답안을 비교 평가해 봄으로써 본인의 부족한 점에 대해 파악하는 태도를 기르고 부족하다면 다른 사람의 도움을 받거나 본인 스스로 앞의 내용을 더욱 자세히 학습하는 자기주도 학습에 목적이 있다.

2-4-1 자율평가 문제

자율평가 그림(플렌지 커플링)에 대해 40분 이내에 다음 작업을 실시하라.

1. 형상모델링 작업

- 치수는 그림의 크기로 한다.
- 저장 파일 이름을 “플렌지 커플링”로 한다.

2. 도면 작성 작업

- A4 시트 크기로 한다.
- 3각법에 의한 반단면도로 작성한다.
- 치수는 그림의 크기로 기입하며 척도는 적합하게 선정한다.
- 표제란은 학습 경험에서 사용한 표제란과 똑같은 형태로 하며 표제란의 도번은 “반단_1”, 제목은 “반단면도”로 한다.
- KS규격에 따라 도면을 나타낸다.

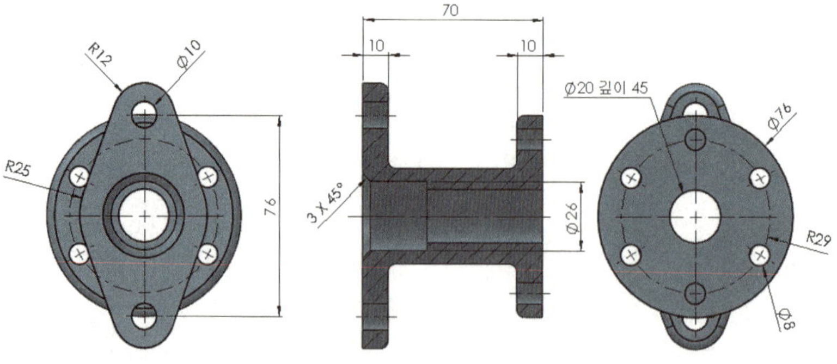

자율 평가 그림 - 플렌지 커플링

2-4-2 자율평가 문제 답안

1. 형상모델링 답안

(1) 모델링 과정

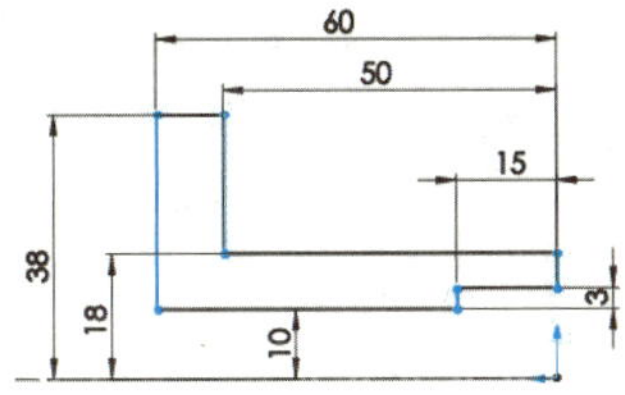

(a) 스케치1(회전 단면)

(b) 회전1(회전체)

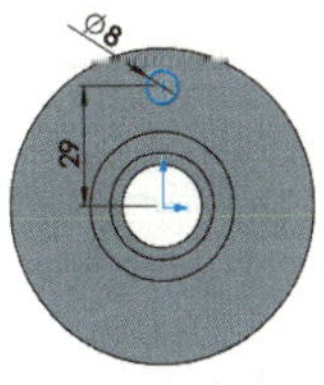

(c) 스케치2

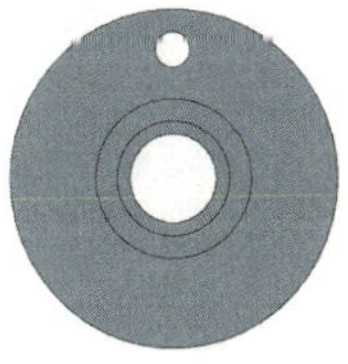

(d) 컷-돌출1

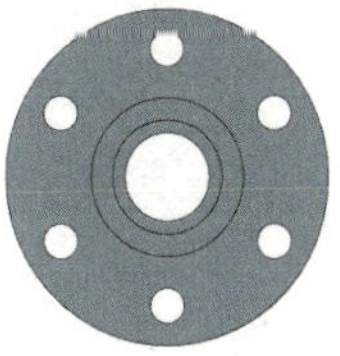

(e) 원형패턴

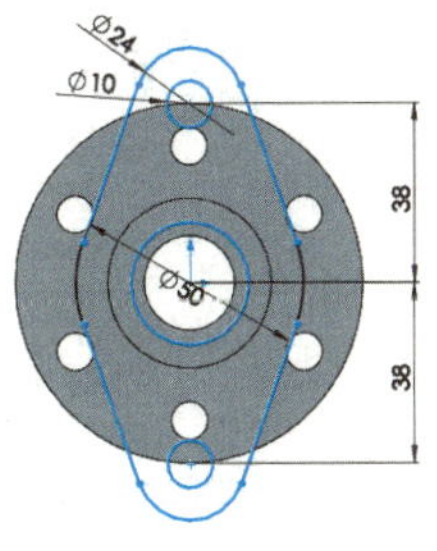

(f) 스케치3

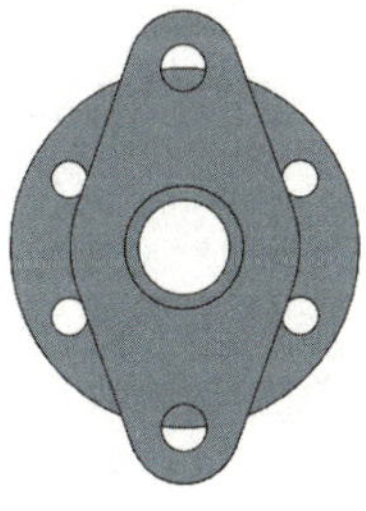

(g) 보스-돌출1

(h) 모따기, 필렛

(2) 디자인 트리

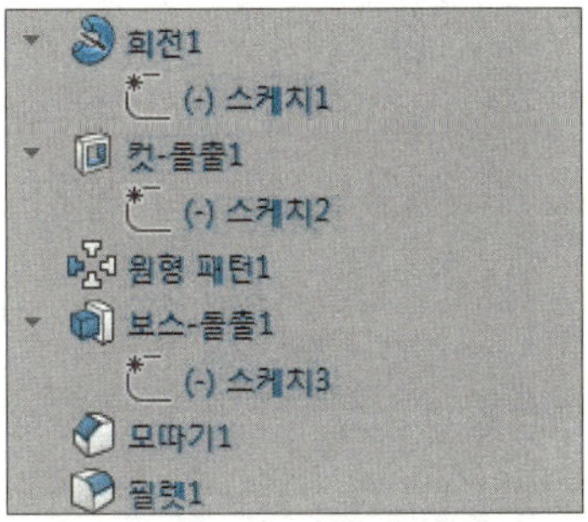

2. 도면 작성 답안

(1) 도면 작성 과정

- A4 시트를 설정하고 표제란을 삭제한다.
- 우측면 뷰를 정면도로 배치한다.
- 정면도 우측으로 반단면도를, 반단면도 우측으로 우측면도를 배치한다.
- 우측면도는 반쪽만 표시하고 대칭선 표시를 한다.
- 치수를 표현한다.
- 표제란을 삽입하고 필요한 도번, 작성자 및 제목을 작성한다.

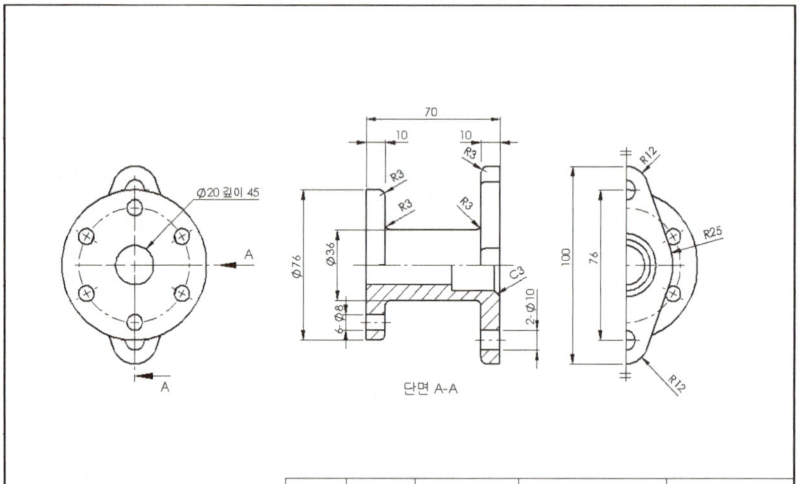

도번	투영법	부품명칭	작성		저장
반단_1	3각법	플렌지 커플링	이름	***	2019-01-15
반단면도			날자	2019-01-15	***

(2) 디자인 트리

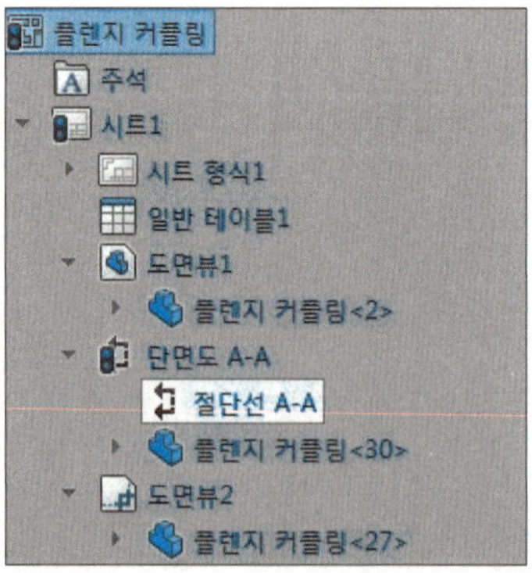

자율평가 결과 점검표

학습자 성명 :	평가 날짜 :
평가 제목 : 반단면도 작성의 이해	

		성취 수준			
		하지 못했음	일부만 했음	완전히 하였음	완성 반복수
형상모델링 작업	회전1의 스케치1				
	회전1의 회전체 형상				
	컷-돌출1의 스케치2				
	컷-돌출1의 컷 돌출 형상				
	원형 패턴1 형상				
	보스-돌출1의 스케치3				
	보스-돌출1의 돌출 형상				
	모따기 및 필렛 형상				
도면 작성 작업	A4 시트 설정 및 표제란 삭제				
	정면도 및 반단면도 표현				
	우측면도의 대칭 반쪽 표현				
	치수 작성				
	표제란 삽입 및 내용 작성				

[성취수준]
위의 모든 항목에 대해 "완전히 하였음", 즉 완성도 100%로 답하여야 합니다.
만일 "하지 않았음" 또는 "일부만 하였음"에 답을 했다면 앞에서 학습한 내용을 다시 한 번 확인 하시고 몇 번 만에 완성하였는지를 체크하십시오.

3 계단단면도 및 회전단면도 작성의 이해

3-1 학습 준비

3-1-1 학습 대상

3-1-1-1 봉지지대

그림 3-3-1은 봉지지대이며 가운데 중공축 부분과 4개의 구멍 내부는 어떠한 모양일지 그림만으로는 알 수 없다. 따라서 이러한 경우에 두 개의 원 중심을 지나도록 계단모양으로 절단하면 가운데 중공축과 4개의 구멍 형태를 알 수 있다. 그림 3-3-1의 밑 부분은 계단모양으로 절단하여 내부를 볼 수 있도록 단면을 나타낸 것이다.

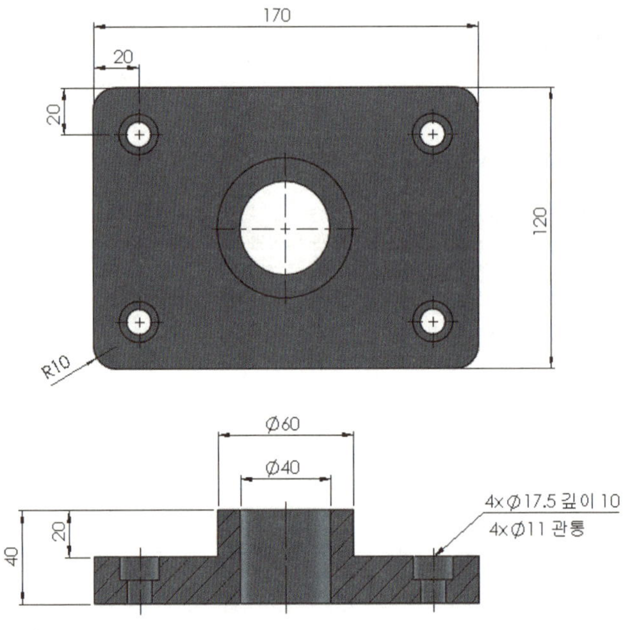

그림 3-3-1 봉지지대

3-1-1-2 회전축 미끄럼 베어링

그림 3-3-2는 회전축 미끄럼 베어링으로 미끄럼을 주기 위해 오일 주입구가 있는데 이것을 도면에서 표현하여 정확하게 전달하기 위해서는 주입구 부분을 절단하여 내부 형태를 표현하는 것이 바람직할 것이다. 따라서 그림 3-3-2의 주입구를 포함한 부품 도면을 나타내기 위해서는 구멍 가공 부분을 동시에 나타내는 것이 좋은데 직각 및 완전 중앙 절단은 충분한 정보를 전달하기 어려우므로 일정 각도로 잘라 절단면을 표현하는 것이 구멍과 오일 주입구 부분을 동시에 나타낼 수 있다. 이와 같이 일정 각도로 절단하여 나타낸 단면 그림이 그림 3-3-2의 오른 쪽이다.

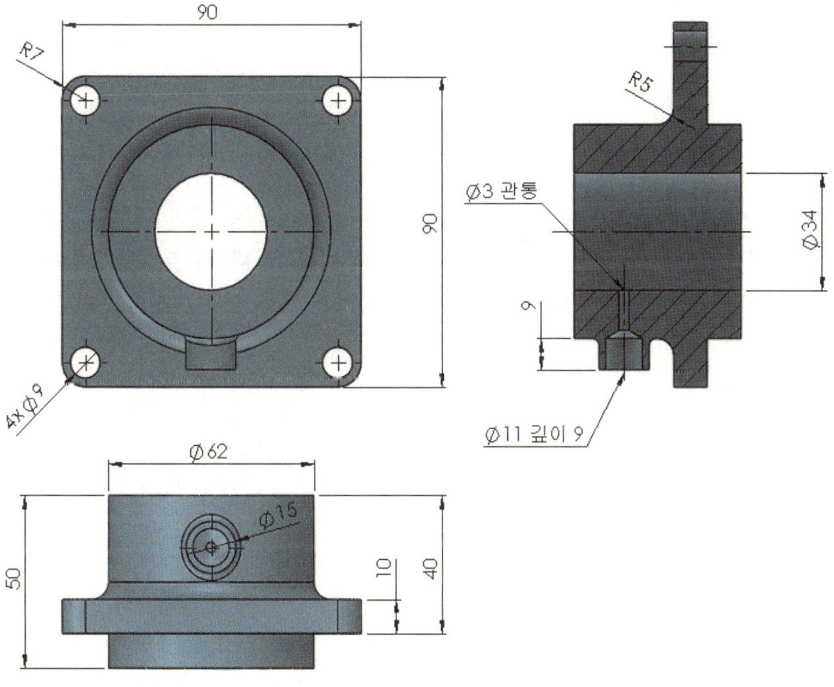

그림 3-3-2 회전축 미끄럼 베어링

3-1-2 관련 지식

3-1-2-1 계단 단면도

절단면이 투상면에 평행 또는 수직하게 계단형태로 절단된 것을 계단단면도(offset section)라 한다(KS B 0001 9.2).

계단단면도는 다음을 따른다.

① 수직 절단면의 선은 표시하지 않는다.

② 해칭은 한 절단면으로 절단한 것과 같이 전단면에 대하여 구별 없이 같게 한다.

③ 절단한 위치는 절단선으로 표시하고 처음과 끝 그리고 굴곡부분에 기호를 붙여 단면도 쪽에 기입한다.

3-1-2-2 회전 단면도

핸들(handle)이나 바퀴의 암(arm), 리브(rib), 후크(hook) 축 등의 단면은 일반 투상법으로는 표시하기 어렵다. 이러한 경우는 물체를 축에 수직한 단면으로 절단하여 이 면에 그려진 그림을 90° 회전하여 그린다. 이것을 회전단면도(revolved section)라고 한다(KS B 0001 9.2.5).

3-1-3 CAD 관련 사항 검토하기

단면도 도구는 절단선으로 기존 뷰를 절단하여 정의한 새 도면뷰를 작성한다. 전체, 1/2 및 오프셋 단면 등 다양한 옵션이 있다. 그림 3-2-3 및 그림 3-2-4는 계단단면도와 회전단면도를 설정할 때 설정 순서이다.

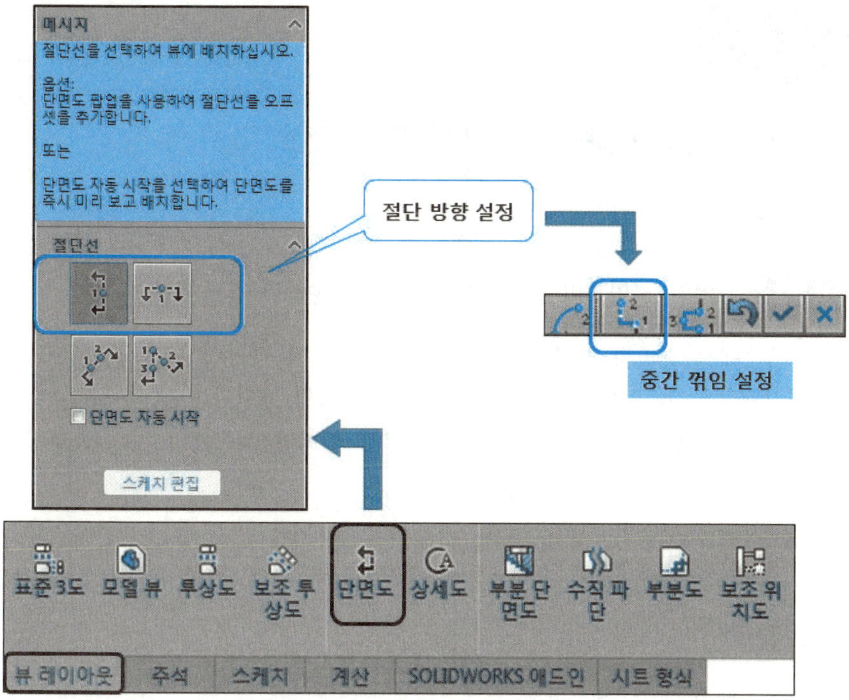

그림 3-2-3 계단단면도의 설정 순서

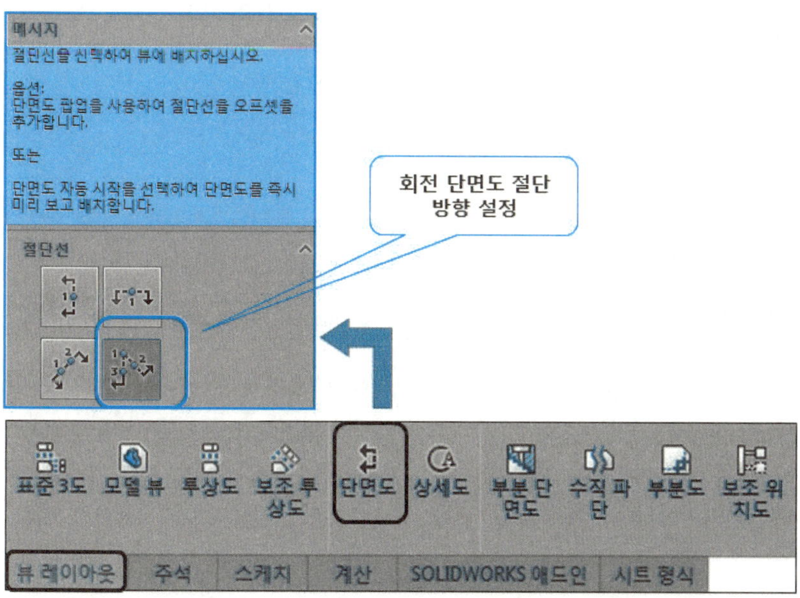

그림 3-2-4 회전단면도의 설정 순서

3-2 학습 활동

3-2-1 봉지지대의 형상모델링 및 계단단면도 작성

3-2-1-1 형상모델링

생각하기 : 계단 단면도의 도면에서 무엇을 해독하면 좋을까?

그림 3-3-1에서 중공축 부분과 4개의 구멍이 있으며 구멍의 위치가 다르고 구멍 종류도 다르기 때문에 그 구멍의 모습을 정확히 보기 위해 계단단면도를 이용하여 도면을 나타낸 것이다. 부재의 중앙에 돌기가 있고 구멍이 뚫려있으며 특히 카운터 보어(⌀11관통 ⊔⌀17.5↧10)는 관통 지름이 11 ㎜이고 카운터 보어 지름이 17.5 ㎜인 10 ㎜ 카운터 보어 깊이로 되어 볼트머리가 자리 잡을 수 있다는 뜻이다.

(1) 작업준비하기

수행 : 스케치 화면 들어가기

① 풀다운 메뉴에서 새로 만들기 아이콘을 선택한다.

② 기본 모듈 가운데 파트를 선택한다.

③ 기준 평면을 윗면으로 하고 스케치를 클릭한다.

④ 스케치를 위한 스케치 실행을 클릭한다.

(2) 기초 형상모델링

생각하기 : 라운딩을 포함한 사각기둥 형상모델링은 어떻게 해야 할까?

그림 3-3-1의 정면도를 보면 라운딩을 포함한 사각형 모양에 카운터 보어를 제외한 1개의 원이 존재하는 것을 알 수 있다. 물론 사각형을 스케치하고 돌출해서 4 모서리를 필렛 하는 것과 원 스케치를 거쳐 컷 돌출 구멍을 나타낼 수 있지만 그렇게 되면 2번의 과정을 더 거쳐야 하므로 설계 속도에서 차이를 보이므로 되도록 적은 설계과정을 거치는 것이 좋다.

수행 : 중심 사각형 도구에 의한 사각형 단면 스케치하기

① 스케치 탭에서 중심 사각형 도구를 클릭한다.

② 원점에 대해 중심 사각형을 스케치한다.

③ 지능형 치수를 선택하고 170×120으로 치수를 정의한다.

수행 : 원 도구에 의한 사각형 중심 원 스케치하기

① 스케치 탭에서 원을 선택한다.

② 지름 40인 원을 스케치한다. 즉, 그림 3-3-5 (a)와 같이 원점에 일치하도록 지름 40인 원을 스케치한다.

수행 : 스키치 필렛 도구에 의한 사각형 모서리 둥글게 스케치하기

① 스케치 탭에서 스케치 필렛 도구를 선택한다.

② 속성 창에서 그림 3-3-5 (a)와 같이 반지름이 10인 필렛을 4 모서리에 모두 똑같이 설정한다.

③ 확인을 클릭한다.

수행 : 돌출 보스/베이스 도구에 의한 기초 형상 단면 돌출하기

① 피처 탭에서 돌출 보스/베이스 도구를 선택한다.

② 속성 창에서 마침조건은 블라인드 형태로 돌출 깊이를 15로 한다.

③ 확인을 클릭하면 그림 3-3-5 (b)와 같이 돌출 형상이 완성된다.

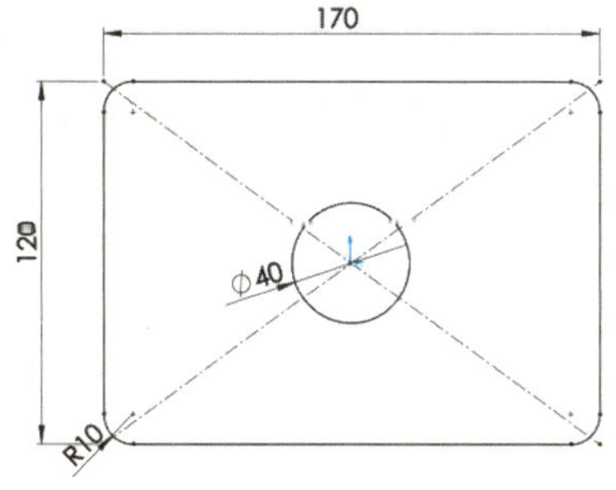

(a) 단면 스케치

(b) 돌출 결과

그림 3-3-5 라운딩 사각형의 돌출 형상모델링

(3) 중공 원기둥 형상모델링

생각하기 : 중공 원기둥 형상모델링은 어떻게 해야 할까?

그림 3-3-1의 반단면을 보면 볼록 돌출된 부분이 있는데 가운데가 뚫려있는 모습니다. 이 부분에 대해 정면도를 보면 2개의 동심원으로 형성된 것을 볼 수 있다. 즉, 이것은 동심원을 바탕으로 수직으로 돌출 시킨 속이 빈 원기둥(중공 원기둥)인 것을 알 수 있다. 따라서 동심원을 스케치하고 돌출 보스/베이스로 일정 높이 돌출시키면 원하는 형상을 만들면 된다.

수행 : 원 도구에 의한 동심 원 단면 스케치하기

① 스케치 탭에서 원 도구를 클릭한다.

② 원점에 대해 그림 3-3-6 (a)와 같이 원을 지름 40과 지름 60인 원을 스케치한다.

③ 확인을 클릭한다.

수행 : 돌출 보스/베이스 도구에 의한 중공 원기둥 돌출하기

① 피처 탭에서 돌출 보스/베이스 도구를 선택한다.

② 속성 창에서 마침조건은 블라인드 형태로 돌출 깊이를 20으로 한다.

③ 확인을 클릭하면 그림 3-3-6 (b)와 같이 돌출 형상이 완성된다.

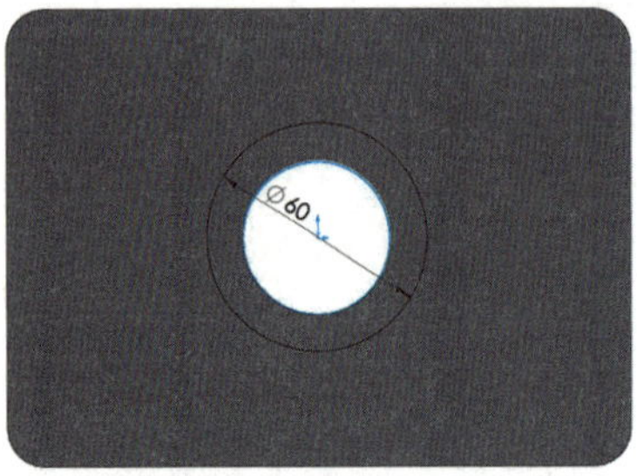

(a) 단면 스케치

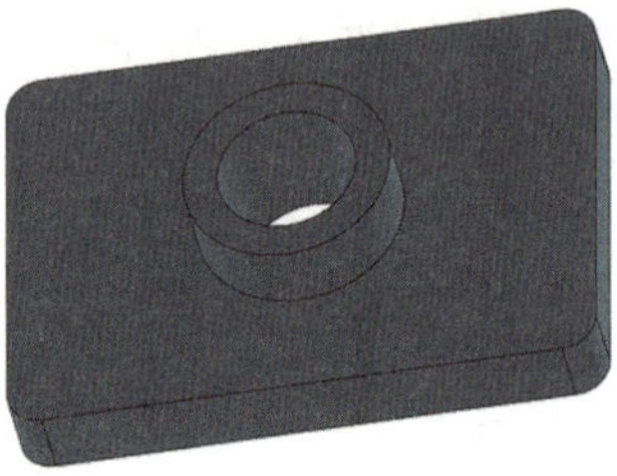

(b) 돌출 결과

그림 3-3-6 중공 원기둥 형상모델링

(4) 4개의 카운터 보어 형상모델링

생각하기 : 도면의 카운터 보어 형상모델링은 어떻게 해야 할까?

그림 3-3-1의 정면도를 보면 볼록 돌출된 부분이 있는데 가운데가 뚫려있는 모습니다. 이 부분에 대해 정면도를 보면 2개의 동심원으로 형성된 것을 볼 수 있다. 즉, 이것은 동심원을 바탕으로 수직으로 돌출 시킨 속이 빈 원기둥(중공 원기둥)인 것을 알 수 있다. 따라서 동심원을 스케치하고 돌출 보스/베이스로 일정 높이 돌출시키면 원하는 형상을 만들면 된다.

수행 : 구멍가공마법사의 구멍 유형 정하기

① 피처 탭으로 가서 구멍가공마법사를 선택한다.

② 구멍가공마법사 구멍 스펙 창에서 구멍의 유형을 설정한다. 즉, 여러 가지가 있지만 여기서는 카운터 보어를 선택하였다.

③ 구멍 스펙은 KS 규격을 따르고 관통 지름이 11인 M10을 선택한다.

수행 : 구멍가공마법사의 구멍 위치 정하기

① 구멍가공마법사 구멍 위치 창에서 구멍을 위치시킬 면을 설정한다.

② 지능형 치수를 사용하여 그림 3-3-7 (a)와 같이 양쪽 모서리로부터 각 중심까지 거리가 20 ㎜가 되도록 치수 설정한다.

③ 완료✔를 클릭하여 형상을 완성한다(그림 3-3-7 (b)).

(a) 카운터 보어 위치 (b) 카운터 보어 완성

그림 3-3-7 카운터 보어 형상모델링

수행 : 대칭 복사 도구에 의한 카운터 보어 상하 대칭 복사하기

① 피처 탭에서 대칭 복사 도구를 클릭한다.

② 그림 3-3-8 (a)와 같이 대칭 복사 면은 윗면으로 한다.

③ 대칭 복사 피처는 M10 카운터 보어로 한다.

④ 확인을 클릭하면 대칭 복사가 완료된다(그림 3-3-8 (b)).

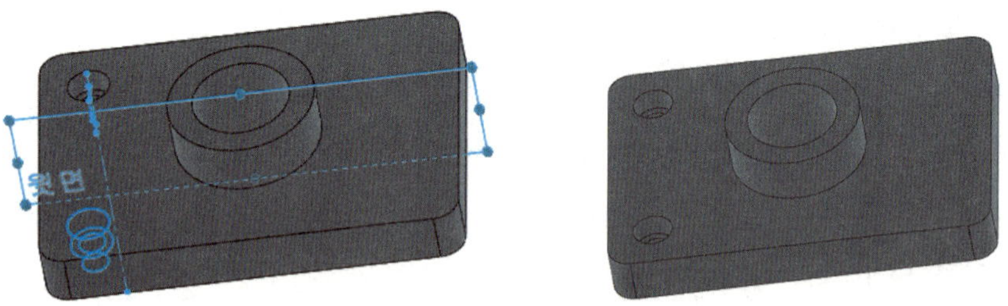

(a) 대칭 복사 면 (b) 복사 완료

그림 3-3-8 대칭 복사1 형상모델링

수행 : 대칭 복사 도구에 의한 카운터 보어 좌우 대칭 복사하기

① 피처 탭에서 대칭 복사 도구를 클릭한다.

② 그림 3-3-9 (a)와 같이 대칭 복사 면은 우측면으로 한다.

③ 대칭 복사 피처는 M10 카운터 보어와 대칭 복사 카운터 보어로 한다.

④ 확인을 클릭하면 대칭 복사가 완료된다(그림 3-3-9 (b)).

(a) 대칭 복사 면 (b) 복사 완료

그림 3-3-9 대칭 복사2 형상모델링

(5) 모서리 둥글게 하기

생각하기 : 모서리 라운딩에 대한 형상모델링은 어떻게 해야 할까?

그림 3-3-1의 단면도에서 모서리 부분의 반지름 2 mm인 라운딩 부분에 해당하며 이것은 피처 탭에서 필렛 기능을 이용한다. 라운딩 반지름은 도면에 표시되어 있으므로 반영하면 된다.

수행 : 필렛 도구에 의한 형상모델링

① 피처 탭에서 필렛 도구를 클릭한다.

② 속성 창에서 그림 3-3-10 (a)와 같이 필렛 유형은 반지름 2 mm를 입력한다.

③ 해당 모서리를 클릭한다.

④ 확인을 클릭하면 라운딩 형상모델링이 완료된다(그림 3-3-10 (b)).

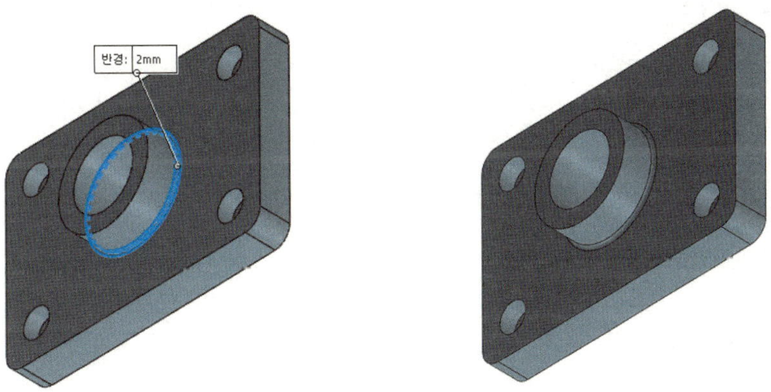

(a) 필렛 속성 (b) 둥글기 완성

그림 3-3-10 둥글기 형상모델링

(6) 저장하기

수행 : 최종 형상 저장하기

① 저장 도구()에서 다른 이름으로 저장하기를 클릭한다.

② 저장할 디렉토리를 정하고 파일이름을 "봉 지지대"로 한다.

③ 저장 버튼을 클릭한다.

3-2-1-2 계단단면도 작성

(1) 작업준비하기

수행 : 도면 작성 화면 들어가기

① 풀다운 메뉴에서 새로 만들기 아이콘을 선택한다.

② 기본 모듈 가운데 도면을 선택한다.

③ 시트 형식/크기 설정 창에서 찾아보기를 클릭한다.

④ a4-landscape.slddrt를 설정하고 열기를 한다.

⑤ 확인을 클릭한다.

(2) 시트 편집하기

수행 : 표제란 없애기

① 도면 Management 탭에서 시트형식을 선택한다.

② 시트형식 탭에서 시트 편집을 선택한다.

③ 표제란 부분을 마우스로 전체 드래그 하여 삭제 영역을 정하고 키보드의 삭제 버튼을 클릭한다.

④ 확인을 클릭한다.

(3) 정면도 표현하기

생각하기 : 계단 단면도의 계단 모서리 표시

중요한 내부 형태를 모두 보이기 위해 계단식으로 절단면을 절단면이 계단식으로 되어 있어 계단의 모서리가 직선으로 보이게 된다. 혹시 이 계단의 모서리를 그려야 하는지에 대한 의문이 있을 수 있는데 그런 걱정은 안 해도 좋다. 왜냐하면 절단면은 가상적인 존재이기 때문이다.

수행 : 모델 뷰에 의한 정면도 정하기

① 뷰 레이아웃에서 모델 뷰를 클릭한다.

② 문서열기가 나타나며 여기서 "봉지지대" 형상 모델링한 부품을 더블 클릭을 하여 파일 열기를 한다.

③ 평면 뷰를 정면도로 하고 도면 창에 적절히 배치한다.

(4) 계단 단면도 표현하기

생각하기 : 계단 단면도의 절단면은 어디로 정할까?

그림 3-3-1을 보면 계단 절단면은 위쪽 또는 아래쪽 탭 볼트 부분의 내부형태와 중앙의 중공 원통부 중심을 지나도록 절단하는 것이 내부 형태를 가장 정확하게 나타낼 수 있다.

수행 : 계단 단면도 표현하기

① 뷰 레이아웃에서 단면도 도구를 클릭한다.

② 절단선의 종류를 수평으로 선택하고 탭 볼트 구멍 중심 ⓐ를 클릭한다.

③ 절단선을 중간에 변형시킬 것인지 메뉴가 나타나며 여기서 를 선택하고 그림 3-3-11 (a)의 ⓑ를 클릭한다.

④ 중공축 중심인 ⓒ를 클릭한다.

⑤ 절단선을 중간에 변형시킬 것인지 메뉴가 나타나며 여기서 를 선택하고 그림 3-3-11 (a)의 ⓓ를 클릭한다.

⑥ 탭 볼트 구멍 중심 ⓔ를 클릭한다.

⑦ 단면이 나타나며 이 계단 단면도를 그림 3-3-11 (b)와 같이 정면도의 아래에 배치한다.

⑧ 완료를 클릭한다.

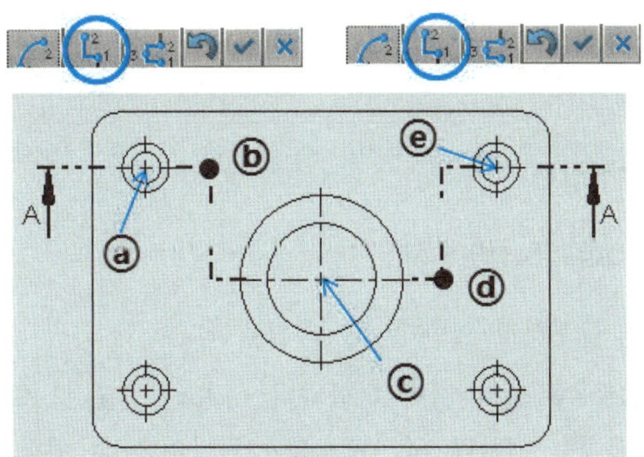

(a) 생성 과정

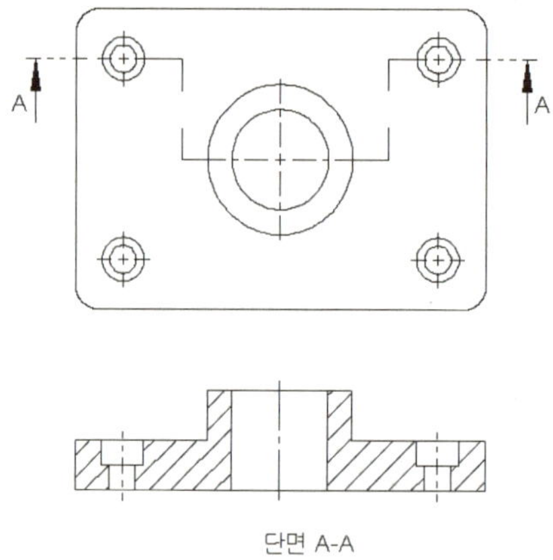

(b) 생성 결과

그림 3-3-11 계단 단면도 생성 과정 생성 결과

(5) 치수 기입하기

수행 : 계단 단면도의 모든 치수 표시하기

① 도면 탭에서 주석을 클릭한다.

② 주석 메뉴 가운데 모델항목( )을 선택한다.

③ 확인을 클릭하면 도면의 일반적인 모든 치수가 표시된다.

④ 볼트 구멍에 대한 치수는 표시되지 않으므로 구멍 속성표시기를 이용하여 나타낸다. 볼트 구멍 앞의 "4×"는 치수 텍스트에서 맨 앞에 넣어주면 된다.

⑤ 보기 좋게 치수 정리를 한다.

(6) 표제란 삽입 및 편집하기

수행 : 새로운 표제란 삽입하기

① 시트형식 탭을 클릭하고 일반테이블을 클릭한다.

② 테이블을 삽입할 수 있는 창이 나타나며 여기서 별표 모양을 클릭하면 미리 만들어 놓은 표제란 테이블 템플릿(A4_1)을 찾아서 가져올 수 있다.

③ 일반테이블 편집 완료 버튼을 누른다.

④ 테이블 템플릿을 오른쪽 모서리에 위치하도록 배치한다.

수행 : 표제란 편집하기

① 표제란의 이름의 빈 칸을 더블 클릭한다.

② 한글로 자기 이름을 작성한다.

③ 빈칸에 대해 그림 3-3-12와 같이 도면의 내용과 작성 장소를 모두 기입한다.

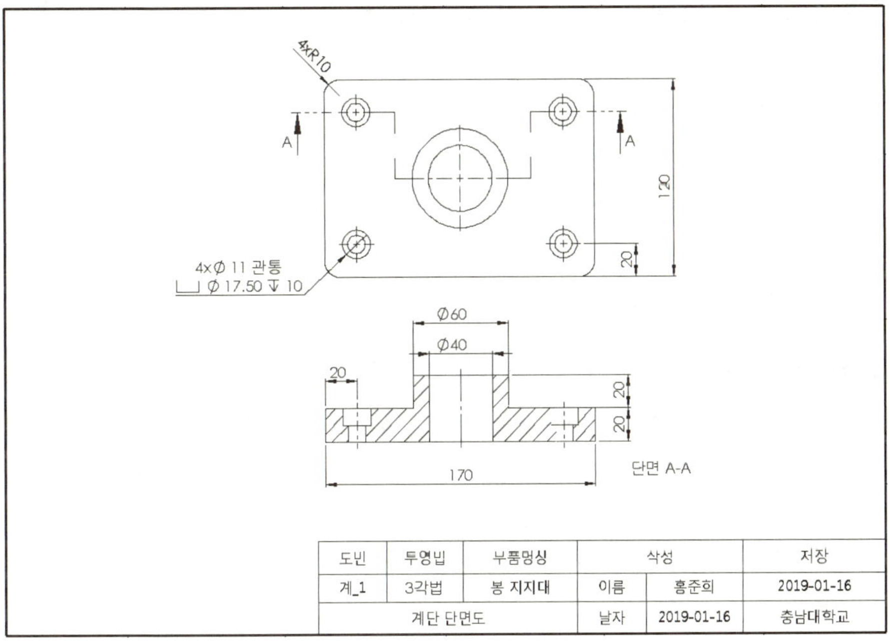

그림 3-3-12 도면 완료 모습

(7) 저장하기

수행 : 최종 도면 저장하기

① 저장 도구(💾)에서 다른 이름으로 저장하기를 클릭한다.

② 저장할 디렉토리를 정하고 파일이름을 "봉 지지대"로 한다.

③ 저장 버튼을 클릭한다.

3-2-2 회전축 미끄럼 베어링의 형상모델링 및 회전단면도 작성

3-2-2-1 형상모델링

(1) 작업 준비하기

수행 : 스케치 화면 들어가기

① 풀다운 메뉴에서 새로 만들기 아이콘을 선택한다.

② 기본 모듈 가운데 파트를 선택한다.

③ 기준 평면을 우측면으로 하고 스케치를 클릭한다.

④ 스케치를 위한 스케치 실행을 클릭한다.

(2) 중공 원기둥 형상모델링

생각하기 : 중공 원기둥 형상모델링은 어떻게 해야 할까?

그림 3-3-2의 정면도와 평면도를 보면 중공 원기둥 형태가 사각기둥을 중심으로 상하로 나타나 있는 것을 알 수 있다. 이 경우 사각기둥을 중심으로 위쪽 부분과 아래쪽 부분의 원기둥 높이가 다르므로 여기서는 동심원을 스케치하여 양 방향으로 돌출시키는 수법을 사용하여야 간단히 도면의 중공 원기둥을 형상으로 표현할 수 있다. 새로운 돌출 기법이므로 잘 익혀두면 좋겠다.

수행 : 동심원 단면 스케치하기

① 스케치 탭에서 원 도구를 클릭한다.

② 두 개의 원을 그림 3-3-13 (a)와 같이 스케치하고 지름을 설정한다.

③ 확인을 클릭하여 스케치 완료한다.

수행 : 동심원 돌출하기

① 피처 탭에서 돌출 보스/베이스 도구를 클릭한다.

② 그림 3-3-13 (b)와 같이 양 방향으로 블라인드 형태로 하고 돌출 깊이를 30 mm와 20 mm를 설정한다.

③ 확인을 클릭하여 돌출 완료한다. 그림 3-3-13 (c)와 같이 양 방향으로 돌출된 형상이 완료된다.

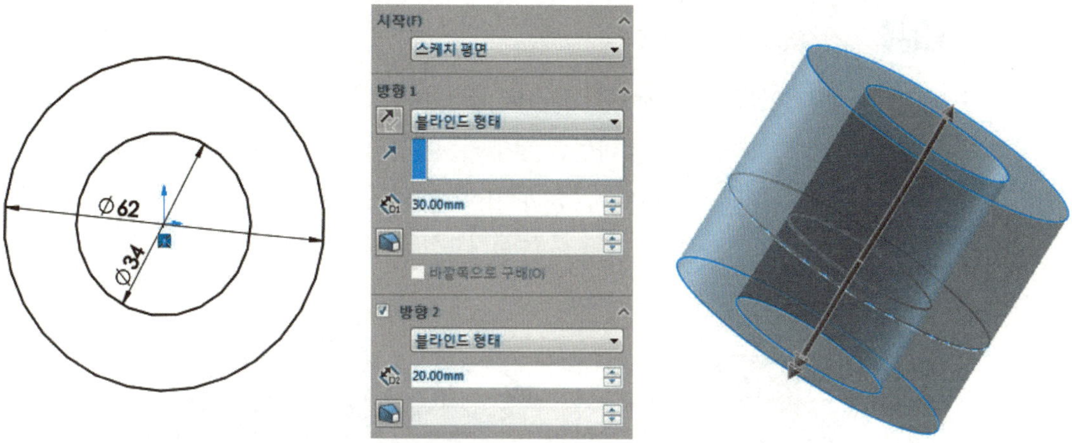

(a) 동심원 스케치 (b) 양 방향 돌출 깊이 설정 (c) 양 방향 돌출 결과

그림 3-3-13 중공 원기둥의 양 방향 돌출 형상 생성 과정

(3) 사각기둥 형상모델링

생각하기 : 사각기둥 형상모델링은 어떻게 해야 할까?

그림 3-3-2의 정면도와 평면도를 보면 원기둥 중간 부분에 사각기둥 형태가 나타나 있는 것을 알 수 있다. 이 경우 원기둥을 중간 부분에 사각형을 스케치하여 한 방향으로 돌출시키는 수법을 사용하여야 한다. 그림 3-3-13에서 사각형을 아래 방향으로 사각 기둥 높이만큼 돌출시키려고 여유를 두었기 때문에 아래 방향으로 돌출 시키면 된다. 반대의 경우는 미리 생각하여 사각 기둥 높이만큼 돌출시킬 여유를 주면 된다.

수행 : 사각형 단면 스케치하기

① 스케치 면을 우측면으로 선택한다.

② 스케치 탭에서 중심 사각형 도구를 선택한다.

③ 사각형의 중심이 원점에 일치하도록 사각형을 스케치한다.

④ 스케치 탭에서 지능형 치수를 선택하고 그림 3-3-14 (a)와 같이 90×90으로 치수를 설정하고 확인을 클릭한다.

⑤ 스케치 탭에서 원 도구를 선택하고 원을 스케치한다.

⑥ 그림 3-3-14 (a)와 같이 지름 32로 치수를 설정하고 확인을 클릭한다.

⑦ 스케치 탭에서 스케치 필렛 도구를 선택하고 반지름 7이 되도록 설정한다.

⑧ 완료 확인을 클릭하여 스케치 완료한다.

수행 : 사각형 단면 돌출하기

① 피처 탭에서 돌출 보스/베이스 도구를 클릭한다.

② 속성 창에서 마침조건을 블라인드 형태, 돌출 깊이는 10 mm으로 설정한다.

③ 확인을 클릭하여 그림 3-3-14 (b)와 같이 돌출 완료한다.

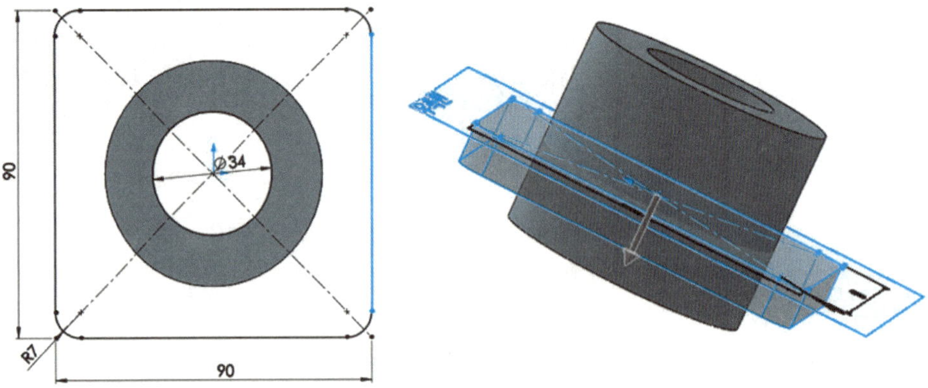

(a) 중심 사각형 스케치 (b) 한 방향 돌출 결과

그림 3-3-14 사각기둥의 한 방향 돌출 형상 생성 모습

(4) 기름 유입구멍 형상모델링

생각하기 : 기름 유입구멍 형상모델링은 어떻게 해야 할까?

그림 3-3-2의 정면도를 보면 원기둥 중간 부분에 돌출 원기둥 형태가 있으며 그 중앙에 단면도를 보면 지름이 3 mm인 작은 구멍이 나타나 있는 것을 알 수 있다. 이것은 축이 삽입되었을 때 축이 슬라이딩 회전하기 쉽게 기름을 유입해 주는 구멍으로 생각하면 된다. 그런데 생각할 것은 원기둥에 구멍을 생성하는 것이라 원기둥을 스케치 면으로 할 수 없다는 것은 잘 알 것이다. 따라서 정면에 원의 중심을 일치시키기 위해서는 직각인 윗면을 스케치 면으로 하여 원을 스케치하여야 한다. 물론 원 스케치 단면을 관통으로 돌출 컷을 하면 되는데 방향은 보면서 결정하면 된다.

수행 : 원 단면 스케치하기

① 스케치 면을 윗면으로 선택한다.

② 스케치 탭에서 원 도구를 선택한다.

③ 원의 중심이 정면에 일치하도록 원을 스케치한다.

④ 스케치 탭에서 지능형 치수를 선택하고 그림 3-3-15 (a)와 같이 지름을 3 mm으로 치수를 설정하고 확인을 클릭한다.

⑤ 완료 확인을 클릭하여 스케치 완료한다.

수행 : 원 단면 돌출 컷하기

① 피처 탭에서 돌출 컷 도구를 클릭한다.

② 속성 창에서 마침조건을 블라인드 형태, 관통으로 설정하고 방향을 결정하여 확인을 클릭한다.

③ 완료 확인을 클릭하여 그림 3-3-15 (b)와 같이 돌출 컷 완료한다.

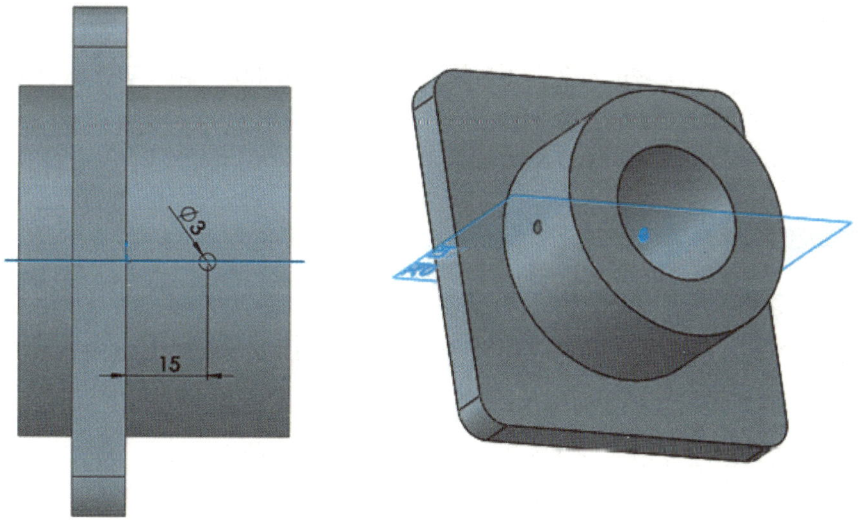

(a) 원 스케치 (b) 관통 돌출 컷한 모습

그림 3-3-15 기름 유입구멍 생성

(5) 니플 연결 돌출 원기둥 형상모델링

생각하기 : 니플은 무엇인가?

니플(nipple)은 짧은 관의 양 끝에 수나사를 절삭해 넣은 이음매로서, 짧은 거리의 배관이나 엘보를 사용하여 배관의 방향을 바꾸는 경우 등에 암나사를 절삭하여 다른 이음매에 박아서 사용한다.

수행 : 새로운 기준면 생성하기

① 피처 탭에서 참조형 형상을 선택한다.

② 제1참조로 윗면을 선택하고 거리를 40 mm로 설정한다.

③ 확인을 클릭한다.

수행 : 원 단면 스케치하기

① 스케치 면을 새로운 평면1으로 선택한다.

② 스케치 탭에서 원 도구를 선택한다.

③ 원의 중심이 정면에 일치하도록 원을 스케치한다.

④ 스케치 탭에서 지능형 치수를 선택하고 그림 3-3-16 (a)와 같이 지름을 15 mm으로 치수를 설정하고 확인을 클릭한다.

⑤ 완료 확인을 클릭하여 스케치 완료한다.

수행 : 원 단면 돌출 컷하기

① 피처 탭에서 돌출 보스/베이스 도구를 클릭한다.

② 속성 창에서 마침조건을 블라인드 형태로 설정하고 "곡면까지"를 선택하고 원통 면을 클릭한다.

③ 완료 확인을 클릭하여 그림 3-3-16 (b)와 같이 돌출 완료한다.

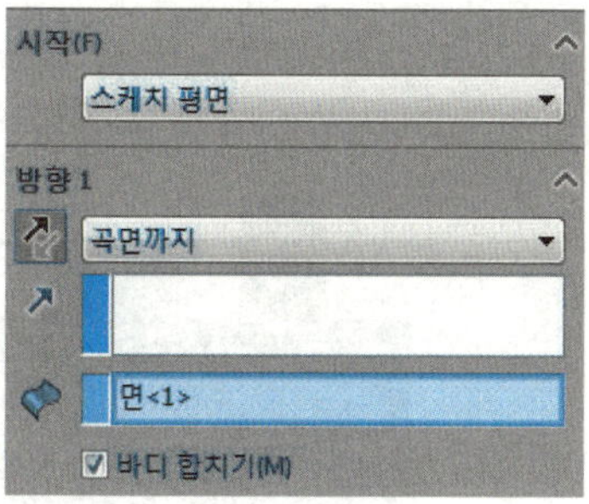

(a) 원 스케치 (b) 돌출한 모습

그림 3-3-16 니플 연결 돌출 원기둥 형상 생성

(6) 니플 조립구멍 형상모델링

생각하기 : 니플 조립구멍 형상모델링은 어떻게 해야 할까?

니플(nipple) 연결 원기둥에 니플이 연결되도록 이음매 구멍을 만들어야 하는데 이것을 니플 조립구멍이라 한다. 니플 조립 구멍은 구멍에 관이 연결되도록 나사 탭을 내야 하므로 여유 값이 필요하다. 따라서 그림 3-3-2의 니플 구멍 크기가 지름 11 mm로 되어 있는데 실제로는 나사 여유값을 고려하여 구멍 스팩을 M10으로 하여야 한다. 또한 기름 유입구멍과 일치하여야 하므로 마침조건을 블라인드 형태로 하고 깊이를 정확히 설정해야 한다.

수행 : 구멍가공 마법사 실행하기

① 피처 탭에서 구멍가공마법사를 클릭한다.

② 그림 3-3-17 (a)와 같이 구멍 유형 및 구멍 스펙을 설정한다.

③ 또한 마침 조건은 "블라인드 형태"를 선택하고 깊이를 9 mm로 설정한다.

④ 위치에서 원의 중심이 니플 연결 돌출 원기둥 중심과 일치하도록 설정하며 확인을 클릭한다.

⑤ 완료 확인을 클릭하여 그림 3-3-17 (b)와 같이 구멍 완료한다.

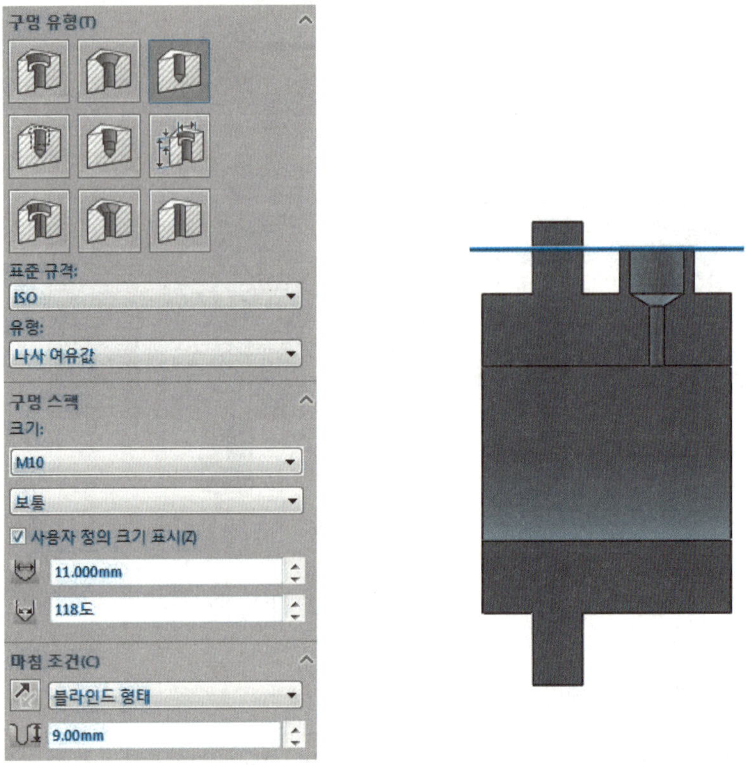

(a) 구멍 유형 설정 (b) 완성된 형상의 반단면도 모습

그림 3-3-17 니플 조립 구멍 형상 생성

(7) 나사 조립 구멍 형상모델링

생각하기 : 나사 조립 구멍 형상모델링은 어떻게 해야 할까?

그림 3-3-2의 평면도를 보면 4x9드릴 구멍이 있는데 이것이 나사 조립 구멍이다. 즉, 4개의 나사 조립구멍이 4개의 사각 모서리에 존재한다. 나사조립 구멍은 나사가 쉽게 들어가도록 여유값을 주는게 보통이다. 따라서 크기가 지름 9 mm로 되어 있는데 실제로는 나사 여유값을 고려하여 구멍 스팩을 M8로 하여야 한다.

수행 : 구멍가공 마법사 실행하기

① 피처 탭에서 구멍가공마법사를 클릭한다.

② 그림 3-3-18 (a)와 같이 구멍 유형 및 구멍 스팩을 설정한다.

③ 또한 마침 조건은 “관통”을 선택한다.

④ 그림 3-3-18 (b)와 같이 “위치”에서 4개의 원의 중심이 각각 사각기둥 필렛 중심과 일치하도록 설정하며 확인을 클릭한다.

⑤ 완료 확인을 클릭하여 4개의 구멍을 완료한다.

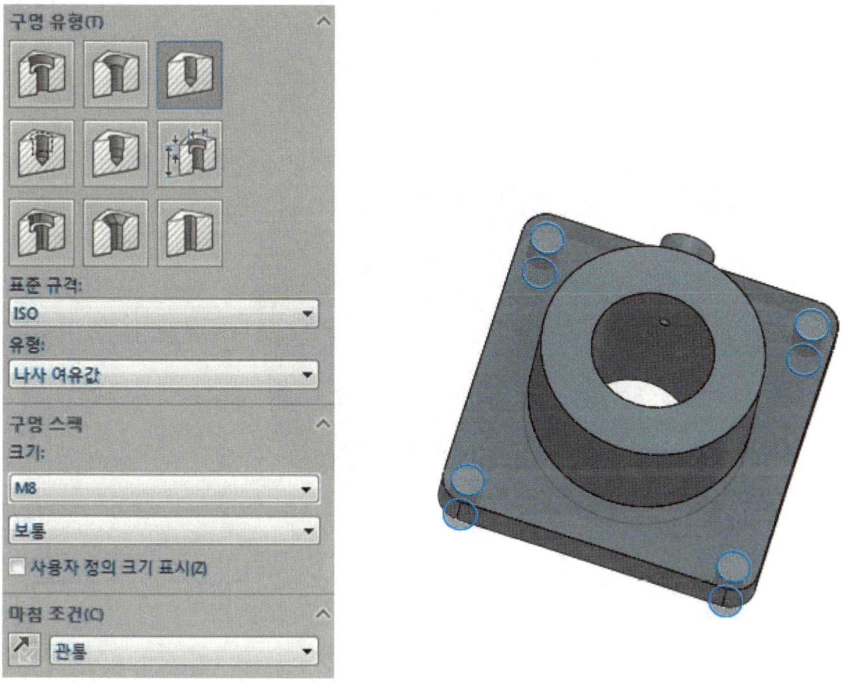

(a) 구멍 유형 설정　　(b) 위치 결정 모습

그림 3-3-18 나사조립 4개의 구멍 형상 생성 과정

(8) 니플 연결구의 모서리 라운딩하기

생각하기 : 니플 연결구의 모서리 라운딩은 어떻게 해야 할까?

그림 3-3-2의 정면도 및 평면도를 보면 니플 연결구의 모서리가 반지름 2 mm인 라운딩으로 되어 있으며 중공 원기둥(축지지)과 사가 기둥연결부는 반지름 5 mm인 라운딩으로 되어 있는데 이것은 피처 탭에서 필렛 기능을 이용한다.

수행 : 필렛 형상모델링

① 피처 탭에서 필렛 도구를 클릭한다.

② 속성 창에서 필렛 변수는 다중 반경 필렛을 체크한다.

③ 먼저 필렛 반지름 5 mm를 입력하고 해당 모서리를 그림 3-3-19와 같이 클릭한다.

④ 다음 필렛 반지름은 2 mm로 하고 해당 모서리를 그림 3-3-19와 같이 클릭한다.

⑤ 확인을 클릭하면 라운딩 형상모델링이 완료된다.

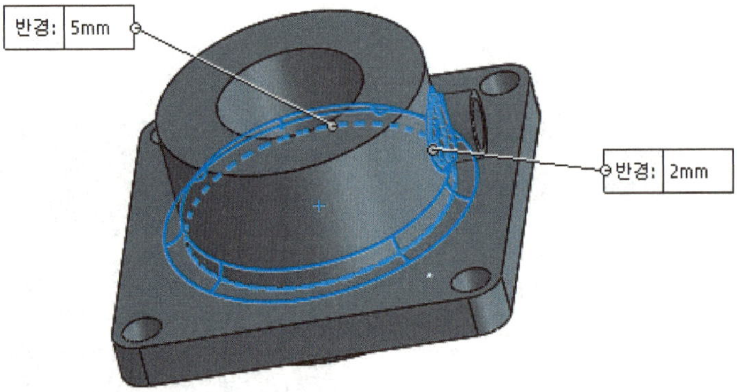

그림 3-3-19 라운딩 설정 모습

(9) 저장하기

수행 : 최종 형상 저장하기

① 저장 도구(💾)에서 다른 이름으로 저장하기를 클릭한다.

② 저장할 디렉토리를 정하고 파일이름을 “회전축 미끄럼 베어링”으로 한다.

③ 저장 버튼을 클릭한다.

3-2-2-2 회전단면도 작성

(1) 준비하기

수행 : 도면 작성 화면 들어가기

① 풀다운 메뉴에서 새로 만들기 아이콘을 선택한다.

② 기본 모듈 가운데 도면을 선택한다.

③ 시트 형식/크기 설정 창에서 찾아보기를 클릭한다.

④ a4-landscape.slddrt를 설정하고 열기를 한다.

⑤ 확인을 클릭한다.

(2) 시트 편집하기

수행 : 기존 표제란 없애기

① 도면 Management 탭에서 시트형식을 선택한다.

② 시트형식 탭에서 시트 편집을 선택한다.

③ 표제란 부분을 마우스로 전체 드래그 하여 삭제 영역을 정하고 키보드의 삭제 버튼을 클릭한다.

④ 확인을 클릭한다.

(3) 정면도 표현하기

수행 : 회전 단면도 작성을 위한 모델 뷰 정하기

① 뷰 레이아웃에서 모델 뷰를 클릭한다.

② 문서열기가 나타나며 여기서 "회전축 미끄럼 베어링" 형상 모델링한 부품을 더블 클릭을 하여 파일 열기를 한다.

③ 우측면 뷰를 정면도로 하고 도면 창에 적절히 배치한다.

(4) 회전 단면도 작성하기

생각하기 : 회전 단면도의 절단선은 어떻게 생성하는지?

중요한 내부 부분을 모두 지나도록 절단하기 위해 일정 각도를 주어 절단하는 단면도를 **회전 단면도**라 한다. 따라서 그림 3-3-19 부품을 절단하려면 4개구멍 가운데 하나의 구멍 중심과 오일 주입구의 중앙을 지나는 절단선을 생성해야 한다.

수행 : 회전 단면도 작성하기

① 뷰 레이아웃에서 단면도를 클릭한다.

② 절단선의 종류를 정렬됨( )으로 선택한다.

③ 중공축 중심과 드릴 구멍의 중심을 클릭한다.

④ 단면이 나타나며 이 회전 단면도를 그림 3-3-20과 같이 우측면도에 배치한다.

⑤ 완료를 클릭한다.

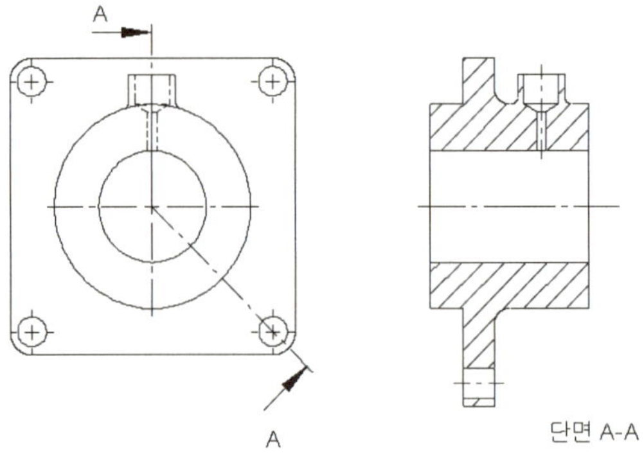

그림 3-3-20 회전 단면도 생성 모습

(5) 치수 기입하기

생각하기 : 도면에서 주입구의 치수는 어떻게 나타내면 좋을까?

오일 주입구의 도면을 보면 너무 작아서 치수를 나타내기가 어렵다. 이런 경우에 주입구 부분만을 확대하여 나타내는 방법이 있는데 이것을 **상세도**라 한다. 즉, 상세도로 나타내면 된다.

수행 : 치수 표시하기

① 도면 탭에서 주석을 클릭한다.

② 주석 메뉴 가운데 모델항목( )을 선택한다.

③ 확인을 클릭하면 도면의 일반적인 대부분 치수가 표시된다.

④ 볼트 구멍에 대한 치수는 표시되지 않으므로 구멍 속성표시기를 이용하여 나타낸다. 볼트 구멍 앞의 "4×"는 치수 텍스트에서 맨 앞에 넣어주면 된다.

⑤ 오일 주입구 부분은 확대하여 보기 위해 상세도로 나타내고 치수를 기입한다.

⑥ 보기 좋게 치수 정리를 한다.

(6) 표제란 삽입 및 편집하기

수행 : 새로운 표제란 삽입하기

① 시트형식 탭을 클릭하고 일반테이블을 클릭한다.

② 테이블을 삽입할 수 있는 창이 나타나며 여기서 별표 모양을 클릭하면 미리 만들어 놓은 표제란 테이블 템플릿(A4_1)을 찾아서 가져올 수 있다.

③ 일반테이블 편집 완료 버튼을 누른다.

④ 테이블 템플릿을 오른쪽 모서리에 위치하도록 배치한다.

수행 : 표제란 편집하기

① 표제란의 이름의 빈 칸을 더블 클릭한다.

② 한글로 자기 이름을 작성한다.

③ 빈칸에 대해 그림 3-3-21과 같이 도면의 내용과 작성 장소를 모두 기입한다.

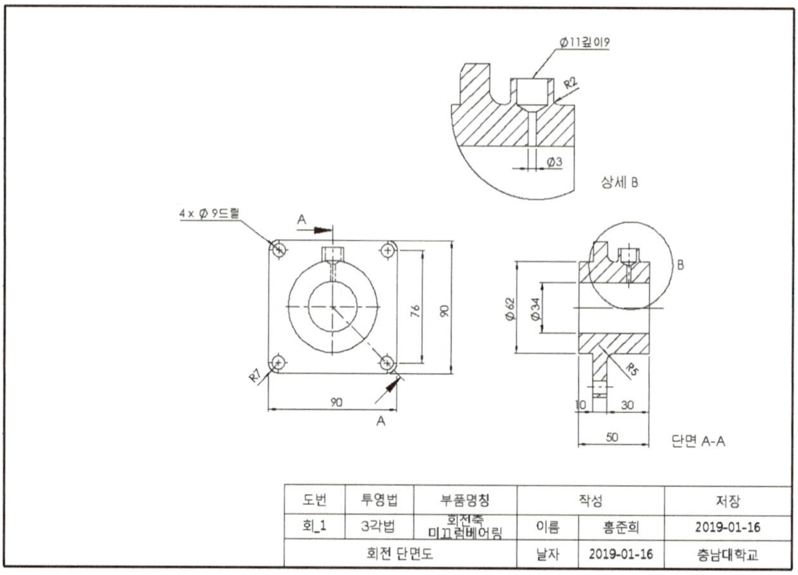

그림 3-3-21 도면 완료 모습

(7) 저장하기

수행 : 최종 도면 저장하기

① 저장 도구( )에서 다른 이름으로 저장하기를 클릭한다.

② 저장할 디렉토리를 정하고 파일이름을 "회전축 미끄럼 베어링"으로 한다.

③ 저장 버튼을 클릭한다.

3-3 학습 정리

3-3-1 봉 지지대의 형상모델링 및 계단단면도 작성 종합정리

3-3-1-1 형상모델링 정리하기

① 봉 지지대 형상은 그림 3-2-22와 같은 형상모델링 과정을 거쳐 완성된다.

② M10 소켓 머리 캡 나사용 카운터보어는 구멍가공마법사에 의해 생성된다.

③ 봉 지지대 형상의 4개 카운터보어는 좌우상하 대칭으로 위치하므로 두 번의 대칭 복사로 하면 간단히 표현된다.

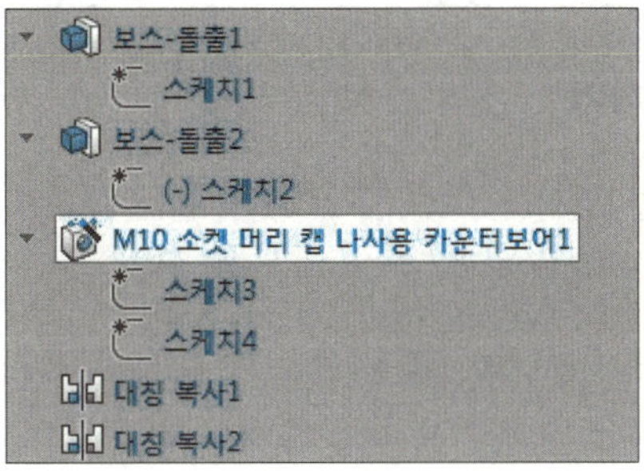

그림 3-3-22 봉 지지대의 형상모델링 디자인 트리

3-3-1-2 계단단면도 작성 정리하기

① 봉 지지대 부품의 도면 작성 결과는 그림 3-3-23과 같다.

② 봉 지지대 형상은 가운데 원통 구멍과 카운터보어의 내부 모양을 알기 위해 계단단면도로 표현한다.

③ 봉 지지대 부품의 도면 작성에서 절단한 상태의 계단단면도는 구멍에 대한 중심선을 주석의 중심선 표시를 사용하여 표시한다.

④ 봉 지지대 부품의 도면 작성에서 치수는 KS규격에 맞춰 기입한다.

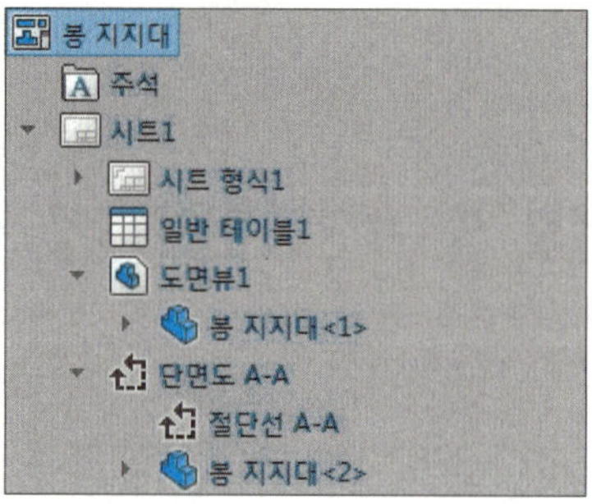

그림 3-3-23 봉 지지대의 도면 작성 디자인 트리

3-3-2 회전축 미끄럼 베어링의 형상모델링 및 회전단면도 작성 종합정리

3-3-2-1 형상 모델링 정리하기

① 회전축 미끄럼 베어링 형상은 그림 3-2-24와 같은 형상모델링 과정을 거쳐 완성된다.

② 회전축 미끄럼 베어링 형상은 기초 형상은 회전체이다.

③ 회전축 미끄럼 베어링 형상의 니플 연결 돌출 원통은 기초 형상(회전체)에 수직한 평면이어야 하므로 새로운 평면을 만들어야만 가능하다.

④ 니플 연결 돌출 원통의 구멍은 구멍가공마법사 도구에 의해 만든다.

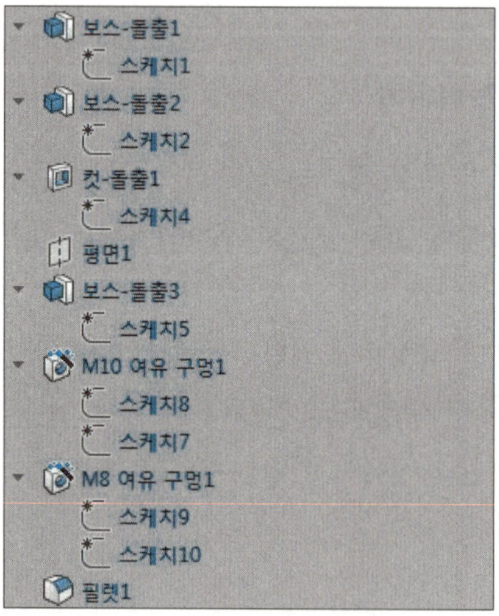

그림 3-3-24 회전축 미끄럼 베어링 형상모델링의 디자인 트리

3-3-2-2 회전단면도 작성 정리하기

① 회전축 미끄럼 베어링 부품의 도면 작성 결과는 그림 3-3-25와 같다.

② 회전축 미끄럼 베어링 부품도는 니플 연결 원통 구멍과 나사 조립 구멍의 내부 모양을 알기 위해 45° 회전 절단하는 회전단면도로 표현한다.

③ 회전축 미끄럼 베어링 부품의 도면 작성에서 절단한 상태의 회전단면도는 구멍에 대한 중심선을 주석의 중심선 표시를 사용하여 표시한다.

④ 회전축 미끄럼 베어링 부품의 도면 작성에서 치수는 KS규격에 맞춰 기입한다.

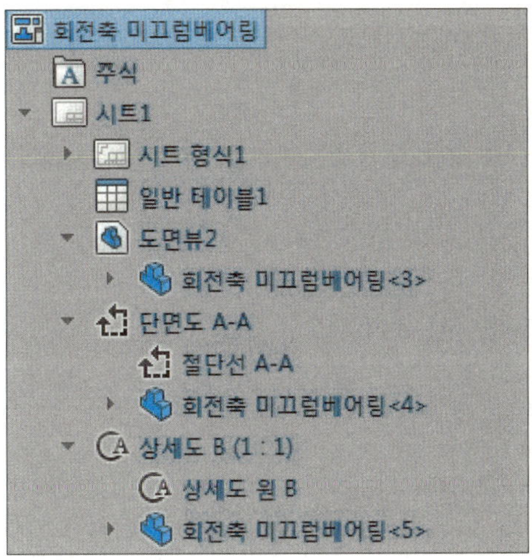

그림 3-3-25 회전축 미끄럼 베어링의 도면 작성 디자인 트리

3-4 자율 평가

지시 사항 :

이 평가의 목적은 앞에서 배운 계단단면도와 회전단면도에 대해 지식과 도면 작성 과정을 모두 숙지했는지를 확인함이다. 자기 스스로 평가 문제에 답하고 답안을 비교 평가해 봄으로써 본인의 부족한 점에 대해 파악하는 태도를 기르고 부족하다면 다른 사람의 도움을 받거나 본인 스스로 앞의 내용을 더욱 자세히 학습하는 자기주도 학습에 목적이 있다.

3-4-1 자율 평가 문제

[문제 1]

자율평가 그림(축 받침대)에 대해 40분 이내에 다음 작업을 실시하라.

1. 형상모델링 작업

- 치수는 그림의 크기로 한다.
- 저장 파일 이름을 "계단_자1"로 한다.

2. 도면 작성 작업

- A4 시트 크기로 한다.
- 3각법에 의한 계단단면도로 작성한다.
- 치수는 그림의 크기로 기입하며 척도는 적합하게 선정한다.
- 표제란은 학습 경험에서 사용한 표제란과 똑같은 형태로 하며 표제란의 도번은 "계_자1", 제목은 "계단단면도"로 한다.
- KS규격에 따라 도면을 나타낸다.

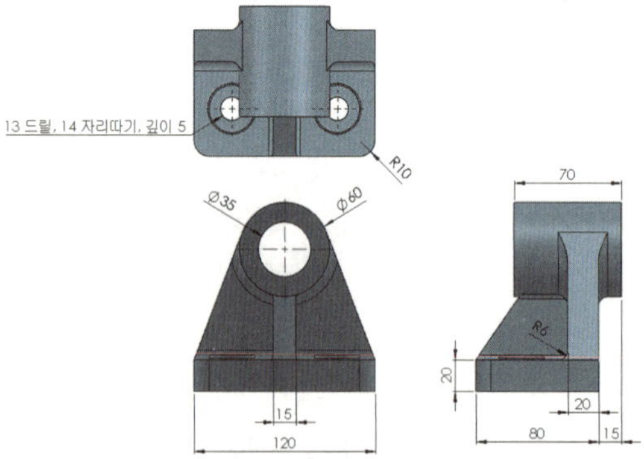

자율평가 그림 - 축 받침대

[문제 2]

자율평가 그림(척)에 대해 40분 이내에 다음 작업을 실시하라.

1. **형상모델링 작업**

- View 방향을 좌측면으로 한다.
- 치수는 그림의 크기로 한다.

2. **도면 작성 작업**

- A4 시트 크기로 한다.
- 3각법에 의한 회전단면도로 작성한다.
- 치수는 그림의 크기로 기입하며 척도는 적합하게 선정한다.
- 표제란은 학습 경험에서 사용한 표제란과 똑같은 형태로 하며 표제란의 제목은 "회전단면도"로 한다.
- KS규격에 따라 도면을 나타낸다.

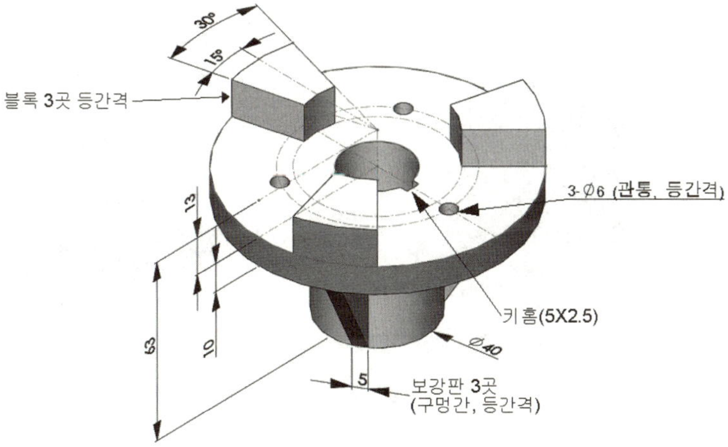

자율평가 그림 - 척

3-4-2 자율평가 문제 답안

[문제 1 답안]

1. 형상모델링 답안

(1) 모델링 과정

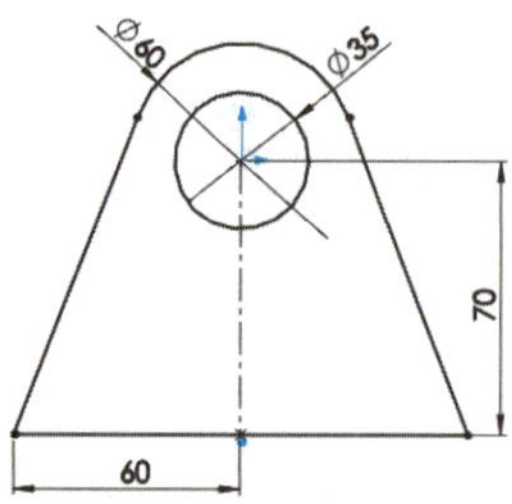

(a) 스케치1

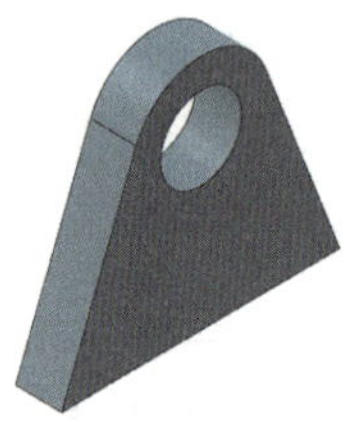

(b) 보스-돌출1(20 ㎜)

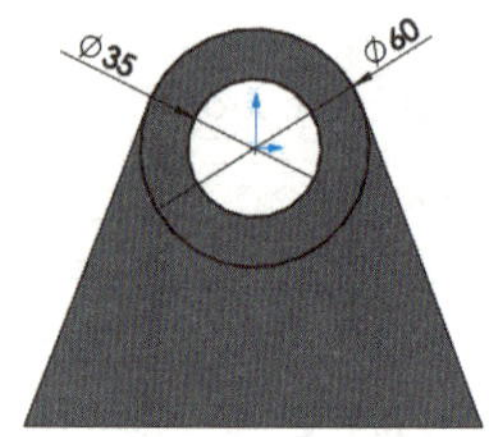

(c) 스케치2

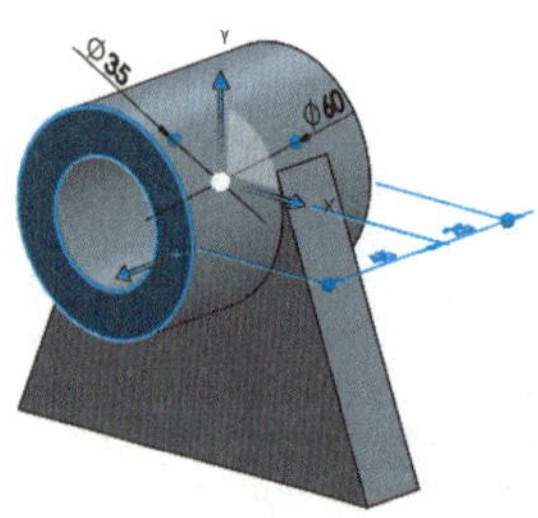

(d) 보스-돌출2(양방향70 ㎜)

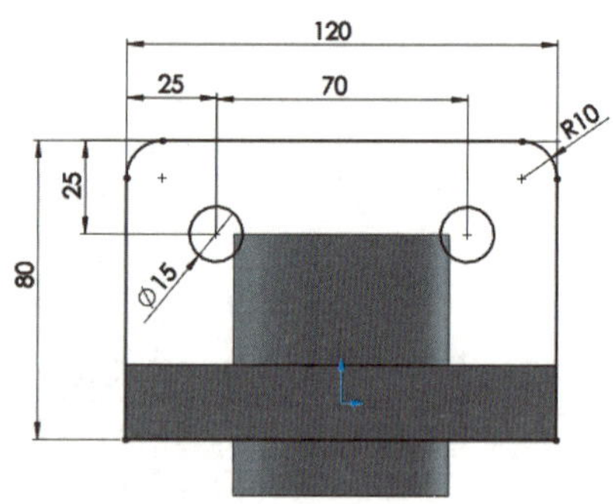

(e) 스케치3

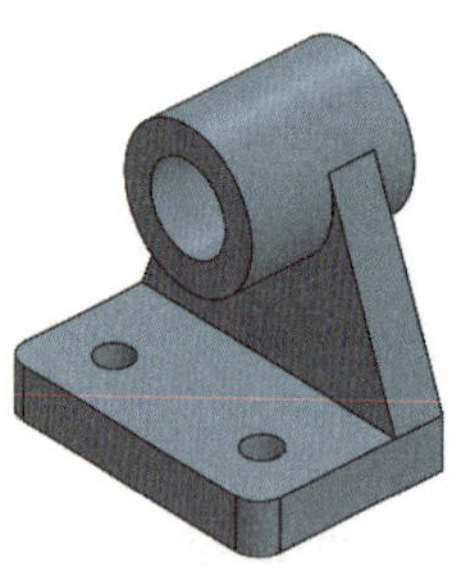

(f) 보스-돌출3(20 ㎜)

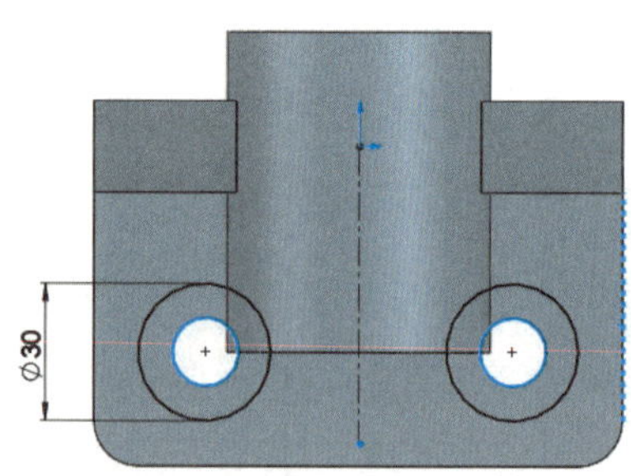

(g) 스케치4

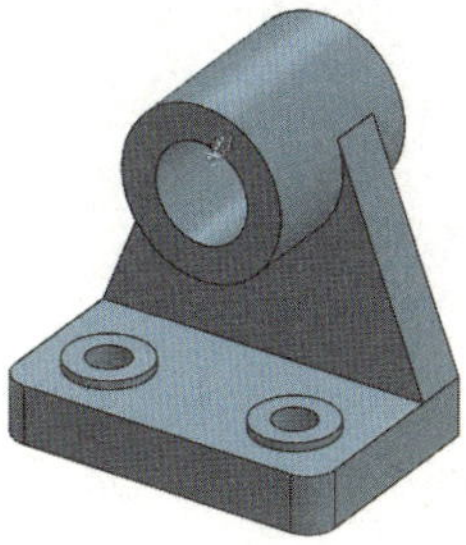

(h) 보스-돌출4(3㎜)

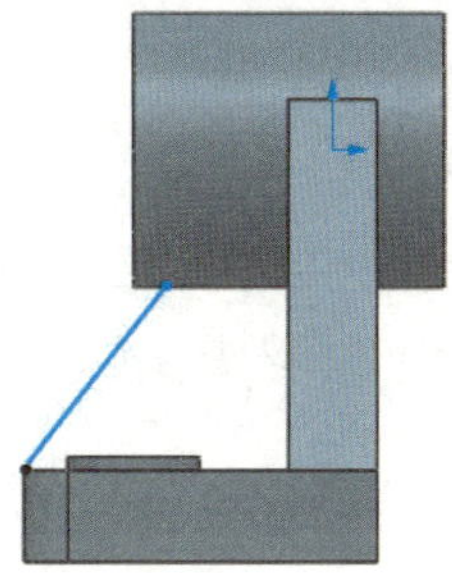

(i) 스케치5

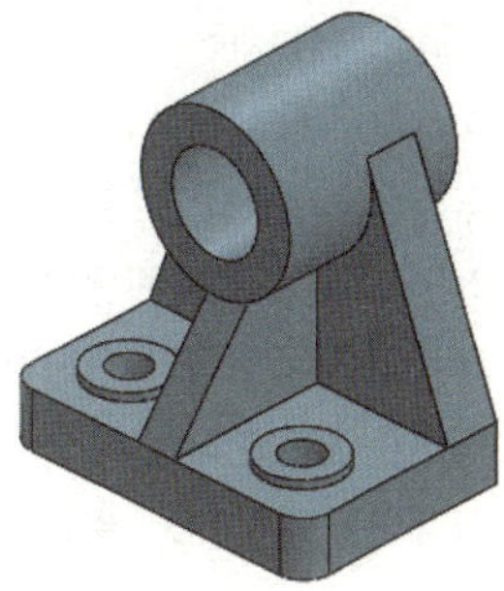

(j) 보강대1(15 ㎜)

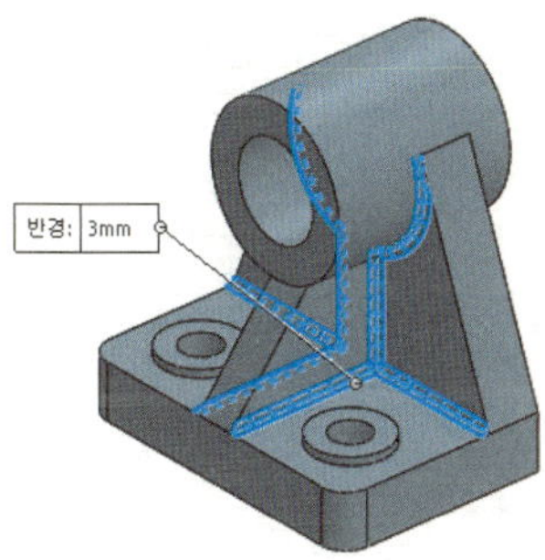

(k) 필렛1(반지름3 ㎜)

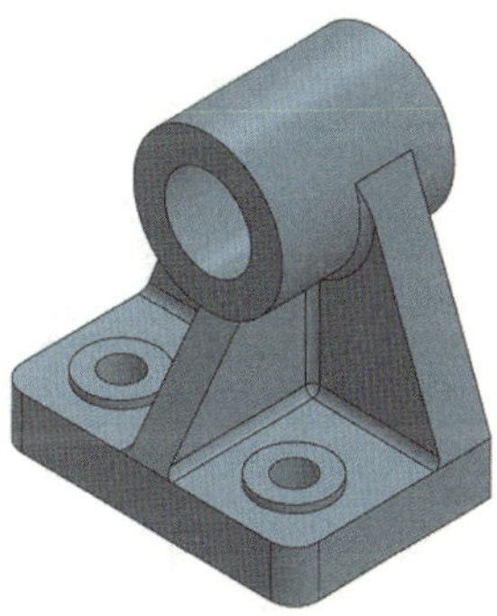

(l) 완성 형상

(2) 디자인 트리

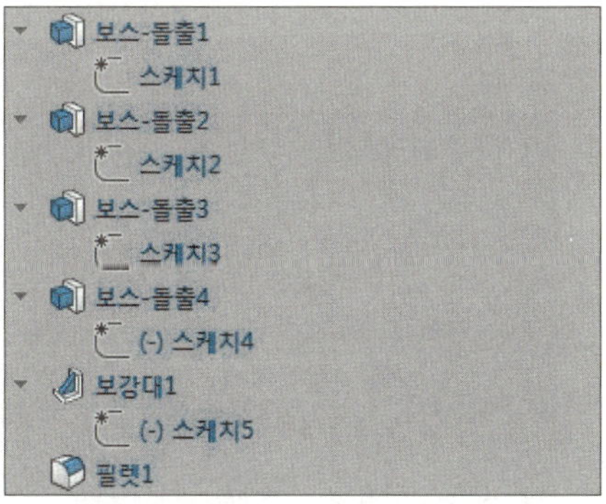

2. 도면 작성 답안

(1) 도면 작성 과정

- A4 시트를 설정하고 표제란을 삭제한다.
- 우측면 뷰를 정면도로 배치한다.
- 정면도 우측으로 반단면도를, 반단면도 우측으로 우측면도를 배치한다.
- 우측면도는 반쪽만 표시하고 대칭선 표시를 한다.
- 치수를 표현한다.
- 표제란을 삽입하고 필요한 도번, 작성자 및 제목을 작성한다.

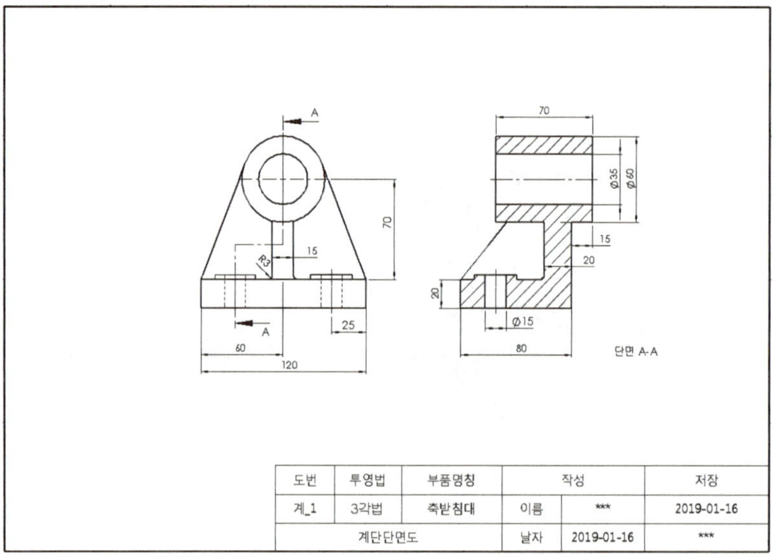

(2) 디자인 트리

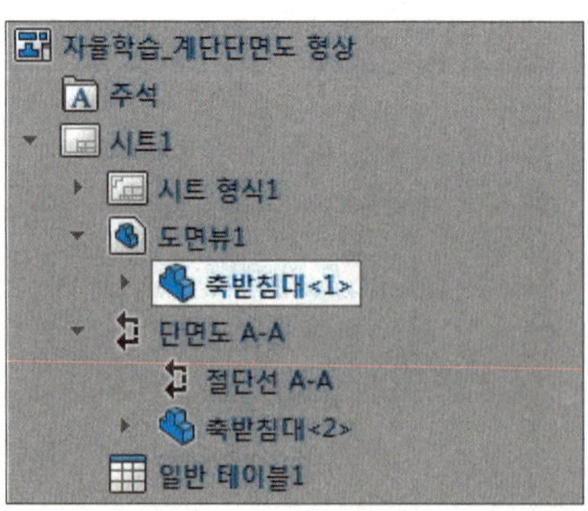

[문제 2 답안]

1. 형상모델링 답안

(1) 모델링 과정

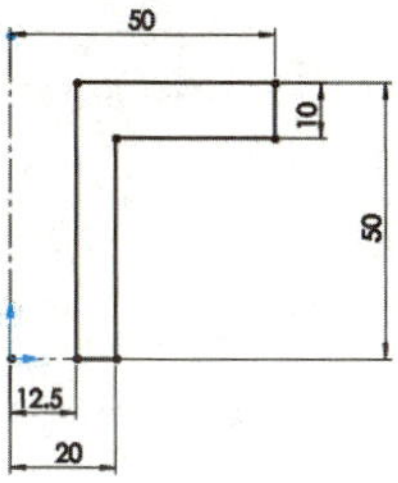

(a) 스케치1(회전단면)

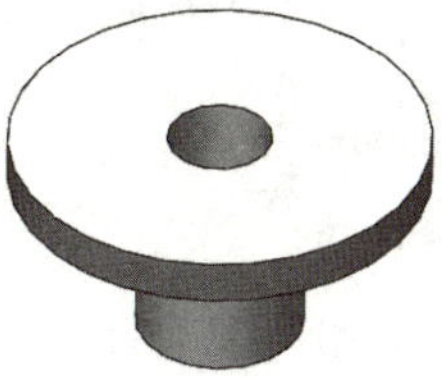

(b) 회전1(회전체)

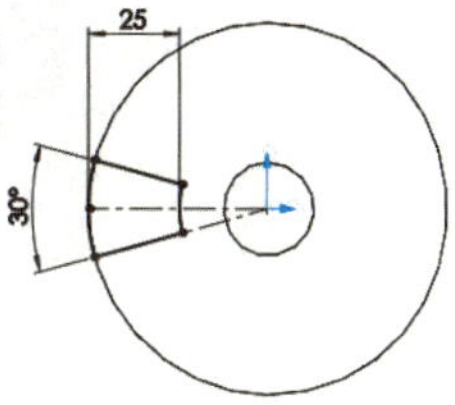

(c) 스케치2(척 부분)

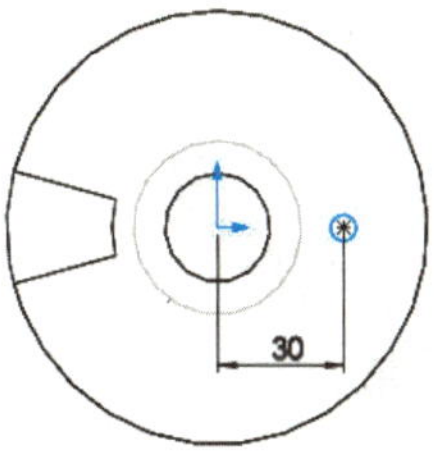

(d) ∅6 ㎜ 구멍

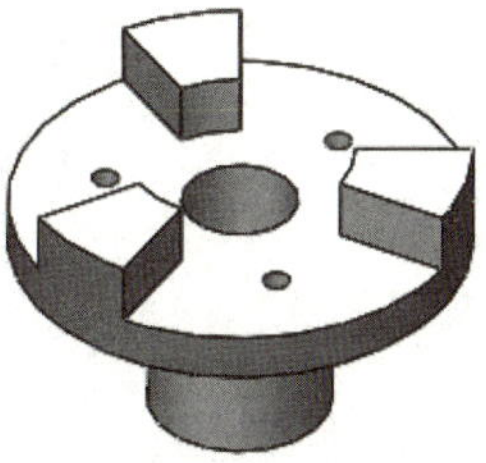

(e) 원형 패턴(3개의 구멍)

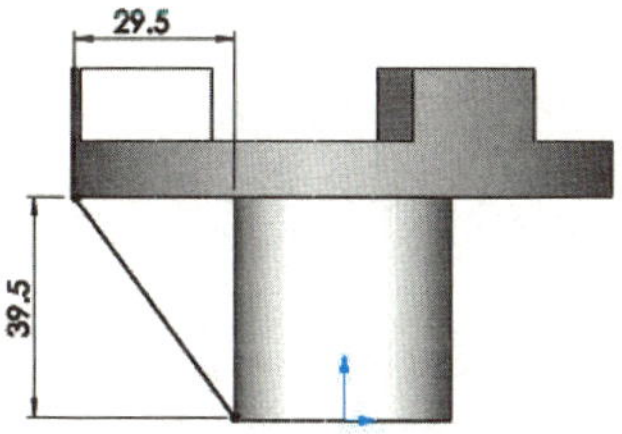

(f) 스케치(보강대)

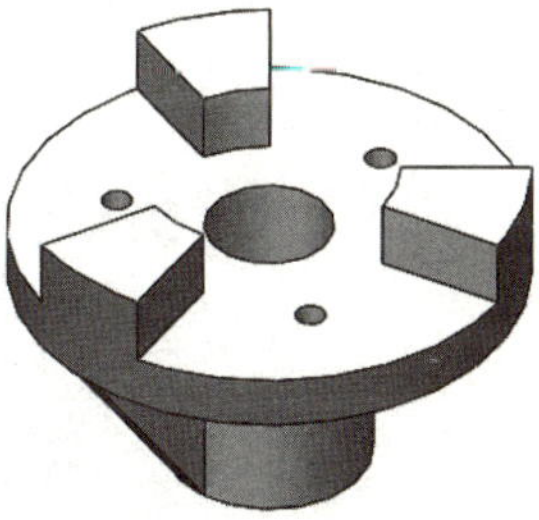

(g) 보강대

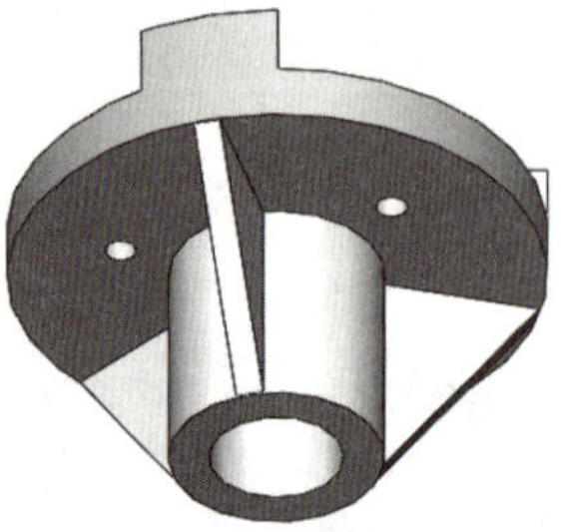

(h) 원형패턴(3개의 보강대)

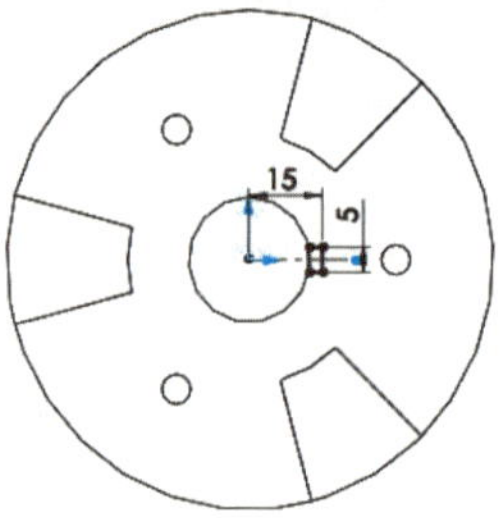

(i) 스케치(키 홈)

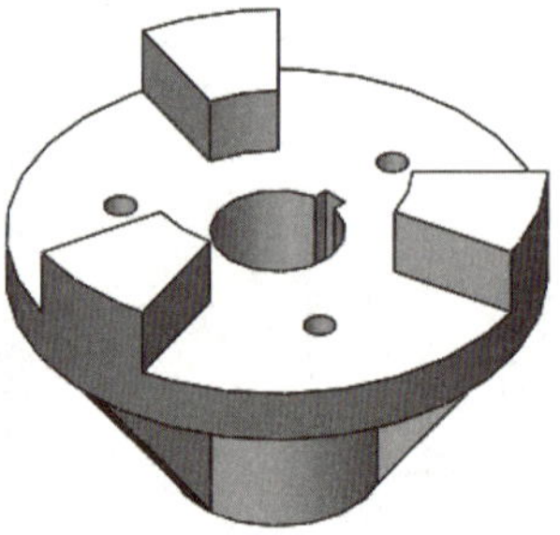

(j) 완성 형상

(2) 디자인 트리

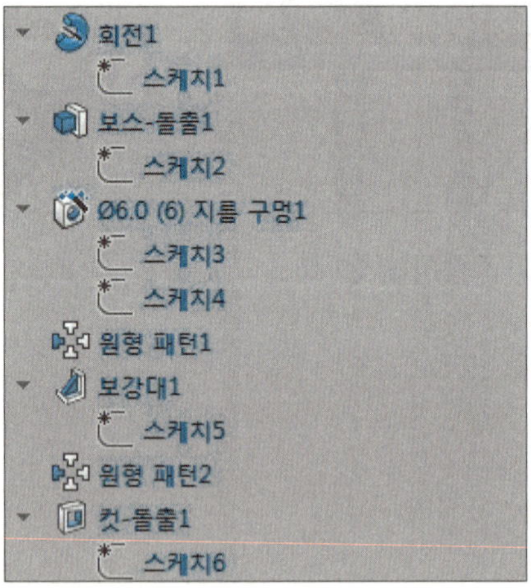

2. 도면 작성 답안

(1) 도면 작성 과정

- A4 시트를 설정하고 표제란을 삭제한다.
- 윗면 뷰를 정면도로 배치한다.
- 정면도 우측으로 회전단면도를, 정면도 좌측으로 키 홈을 배치한다.
- 회전 단면도에 부족한 부분(보강대, 척 부분)을 스케치하여 보강한다.
- 치수를 표현한다.
- 표제란을 삽입하고 필요한 도번, 작성자 및 제목을 작성한다.

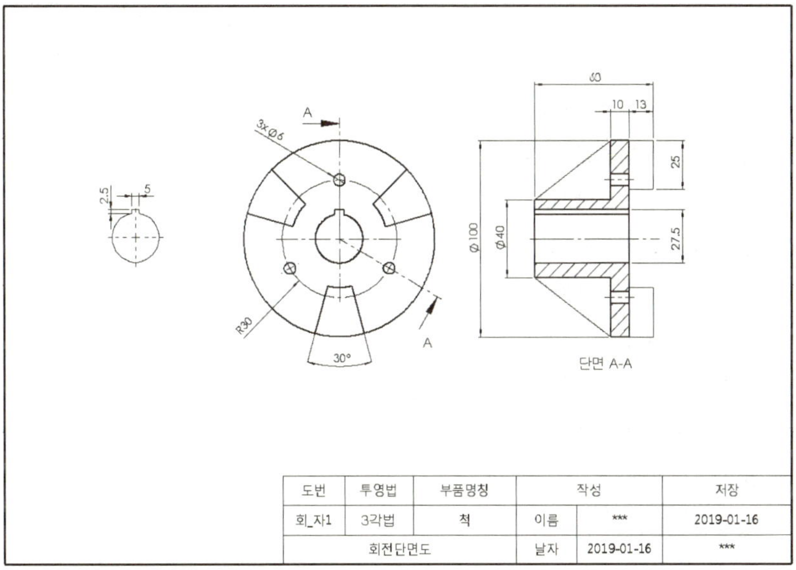

(2) 디자인 트리

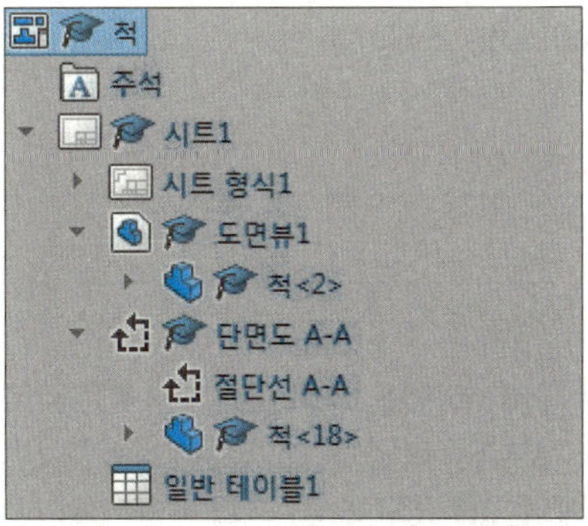

자율평가 결과 점검표

학습자 성명 :	평가 날짜 :
평가 제목 : 계단단면도 작성의 이해(자율평가 문제1)	

		성취 수준			
		하지 못했음	일부만 했음	완전히 하였음	완성 반복수
형상 모델링 작업	보스-돌출1의 스케치1				
	보스-돌출1의 돌출 형상				
	보스-돌출2의 스케치2				
	보스-돌출2의 돌출 형상				
	보스-돌출3의 스케치3				
	보스-돌출3의 돌출 형상				
	보스-돌출4의 스케치4				
	보스-돌출4의 돌출 형상				
	보강대1 스케치5				
	보강대1 형상				
	필렛1(둥글기)				
도면 작성 작업	A4 시트 설정 및 표제란 삭제				
	뷰 레이아웃(도면뷰1 및 은선 표시)				
	계단단면도 및 필요 부분 스케치				
	치수 표시				
	표제란 삽입 및 내용 작성				

[성취수준]
위의 모든 항목에 대해 "완전히 하였음", 즉 완성도 100%로 답하여야 합니다.
만일 "하지 않았음" 또는 "일부만 하였음"에 답을 했다면 앞에서 학습한 내용을 다시 한 번 확인 하시고 몇 번 만에 완성하였는지를 체크하십시오.

자율평가 결과 점검표

학습자 성명 :	평가 날짜 :
평가 제목 : 회전 단면도 작성의 이해(자율평가 문제2)	

		성취 수준			
		하지 못했음	일부만 했음	완전히 하였음	완성 반복수
형상 모델링 작업	회전1의 스케치1				
	회전1의 회전체 형상				
	보스-돌출2의 스케치2				
	보스-돌출2의 돌출 형상				
	구멍가공마법사의 기초 구멍				
	3개 구멍의 원형 패턴				
	보강대1의 스케치5				
	보강대의 보강대 형상				
	3개 보강대의 원형 패턴				
	컷-돌출1의 스케치6(키 홈)				
	컷-돌출1의 컷-돌출 형상				
도면 작성 작업	A4 시트 설정 및 표제란 삭제				
	뷰 레이아웃(도면뷰1 및 중심선 표시)				
	회전단면도 및 필요 부분 스케치				
	치수 표시				
	표제란 삽입 및 내용 작성				

[성취수준]
위의 모든 항목에 대해 "완전히 하였음", 즉 완성도 100%로 답하여야 합니다.
만일 "하지 않았음" 또는 "일부만 하였음"에 답을 했다면 앞에서 학습한 내용을 다시 한 번 확인 하시고 몇 번 만에 완성하였는지를 체크하십시오.

4 부분단면도 작성의 이해

4-1 학습 준비

4-1-1 학습 대상

그림 3-4-1과 같은 유체 분배 관이음 밸브는 유체 유입부와 유출부가 다르며 여러 형태로 나타내기 때문에 그 내부 형태를 자세히 볼 필요가 있다. 그런데 특히 유출부의 모습만을 보고자 할 때는 그 부분의 내부형태를 부분적으로 볼 수 있는데 이것이 부분 단면도이다.

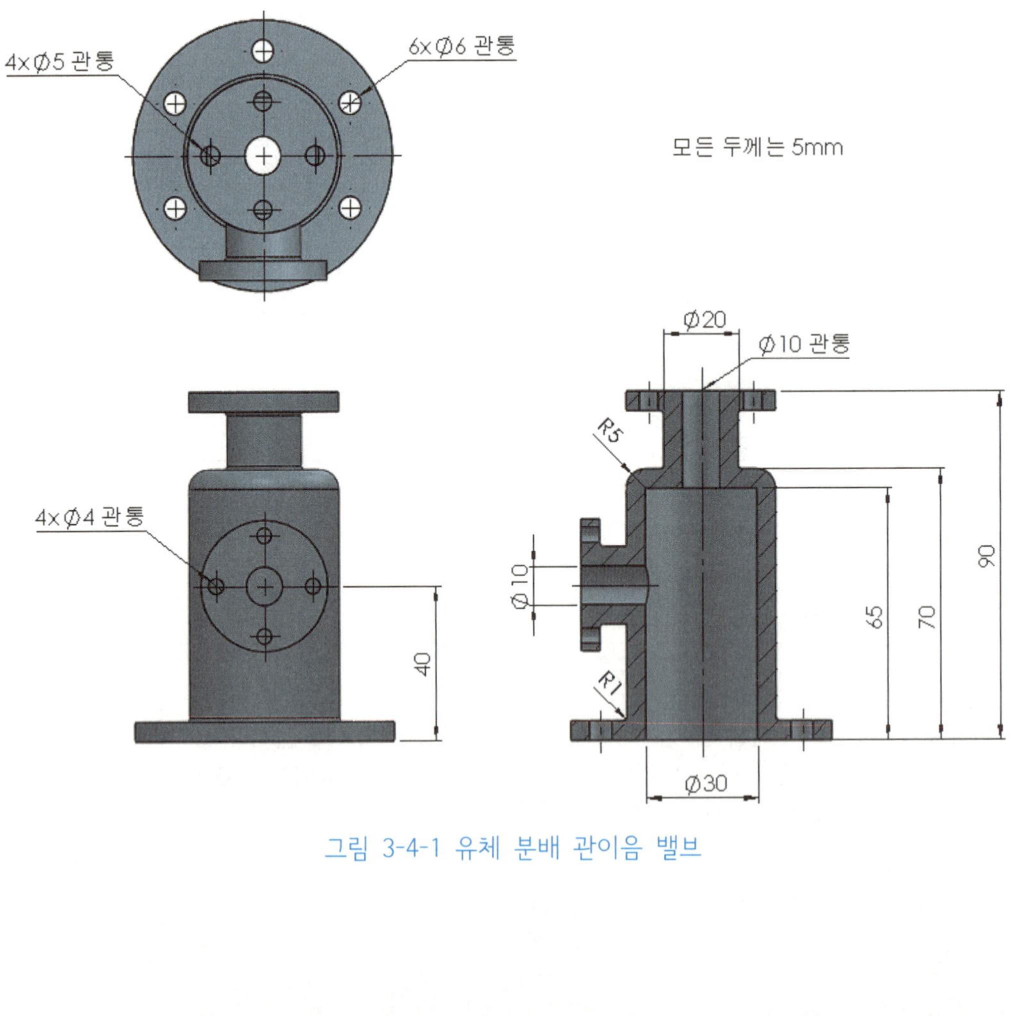

그림 3-4-1 유체 분배 관이음 밸브

4-1-2 관련 지식

4-1-2-1 부분 단면도 관련 KS 규격 내용 검토하기

물체에서 단면을 필요로 하는 임의의 부분에서 일부만을 떼어내어 나타낼 수가 있smsep 이것을 부분단면도라 한다(KS B 0001 9.2.4). 이 때 파단한 곳은 자유 실선의 파단선으로 표시하고 프리핸드로 외형선의 1/2굵기로 그리며, 이 단면도는 다음과 같은 경우에 적용된다.

① 단면으로 표시할 범위가 작은 경우.

② 키, 핀, 나사 등과 같이 원칙적으로 길이 방향으로 절단하지 않는 것을 특별히 표시하는 경우.

③ 단면의 경계가 혼동되기 쉬운 경우.

4-1-3 CAD 관련 사항 검토하기

그림 3-4-2는 부분단면도를 설정할 때 설정 순서로서 뷰 레이아웃에서 부분단면도를 클릭하고 스케치에서 나타내고자 하는 영역을 스케치한다.

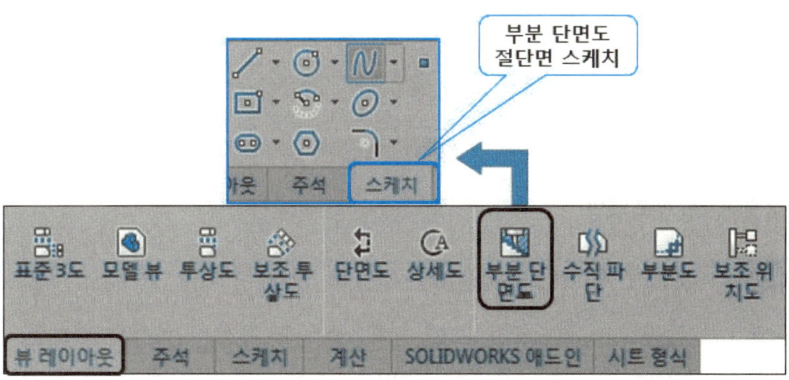

그림 3-4-2 부분 단면도 설정 순서

4-2 학습 활동

4-2-1 형상 모델링

생각하기 : 부분 단면도에서 무엇을 해독하면 좋을까?

그림 3-4-1과 같은 도면을 부분 단면도라 하며 대형 수도를 연결하는 연결부에 사용하는 3개의 플레지가 있는 연결 부품이다. 부분 단면도의 경우는 그림에서 알 수 있듯이 복잡한 내부를 보기 위해 가장 표현하기 좋은 부분에 대해서만 내부를 절단해서 보는 방법으로 이 부분에 대해 먼저 해독하는 것이 좋다. 3개의 플레지 가운데 위쪽의 플렌지 부분과 아래쪽의 플렌지 부분은 우측면도에서 참조하면 되고, 우측의 플렌지 부분은 평면도를 참조하면 된다. 그런데 위쪽의 플렌지는 평면도를 보면 회전체 형태로 되어 있는 모습이고 우측의 플렌지는 회전체 이지만 옆면에 붙어 있는 모습이다. 그리고 평면도의 구멍은 상하 플렌지에 뚫린 구멍이며, 우측면도의 원은 옆면에 붙은 플렌지의 구멍에 해당한다.

(1) 작업준비하기

수행 : 스케치 화면 들어가기

① 풀다운 메뉴에서 새로 만들기 아이콘을 선택한다.

② 기본 모듈 가운데 파트를 선택한다.

③ 기준 평면을 정면으로 하고 스케치를 클릭한다.

④ 스케치를 위한 스케치 실행을 클릭한다.

(2) 상하 플렌지 형상모델링

생각하기 : 상하 플렌지 형상모델링은 어떻게 해야 할까?

그림 3-4-1의 정면도와 평면도를 보면 상하 플렌지 형체는 회전체 형태로 나타낼 수 있는 것을 알 수 있다. 이 경우 회전체 형상이기는 하지만 주서에 모든 두께는 5 mm로 되어 있는데 이것은 일정 두께 5 mm를 갖고 있는 형체로 판단할 수 있으므로 회전체 얇은 형상으로 표현하면 된다. 아울러 얇은 형상의 스케치는 선으로만 나타내는 것이 일반적이다.

수행 : 회전체 얇은 형상 단면 스케치하기

① 스케치 탭에서 중심선 도구를 클릭한다.
② 회전시킬 중심선을 스케치한다.
③ 다시 선 도구를 클릭한다.
④ 그림 3-4-3 (a)와 같이 선으로 회전 단면을 대강 스케치한다.
⑤ 지능형 치수를 선택하고 그림 3-4-3 (a)와 같이 치수를 정의한다.
⑥ 스케치 탭에서 스케치 필렛 도구를 선택하고 그림 3-4-3 (a)와 같이 반지름이 5인 둥글기를 설정한다.
⑦ 확인을 클릭한다.

수행 : 회전 보스/베이스 도구에 의한 회전체 단면 회전시키기

① 피처 탭에서 회전 보스/베이스 도구를 선택한다.
② 그림 3-4-3 (b)와 같은 메시지가 나오며 여기서 "아니요"를 클릭한다.
③ 속성 창에서 마침조건은 블라인드 형태로 각도는 360도로 한다.
④ 이어서 얇은 피처에서 두께를 5로 한다.
⑤ 확인을 클릭하면 그림 3-4-3 (c)와 같이 회전체 형상이 완성된다.

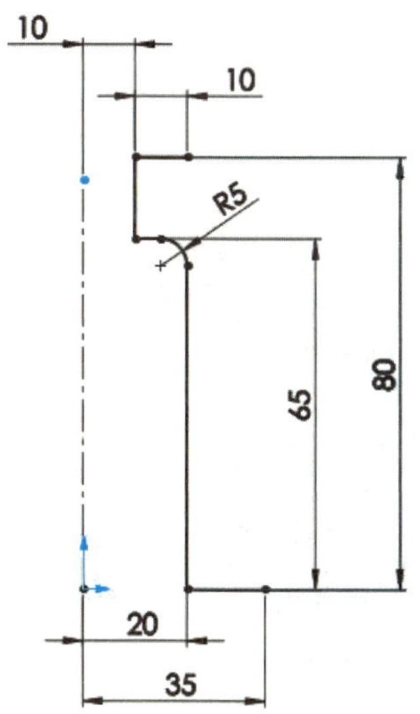

(a) 회전 단면 스케치

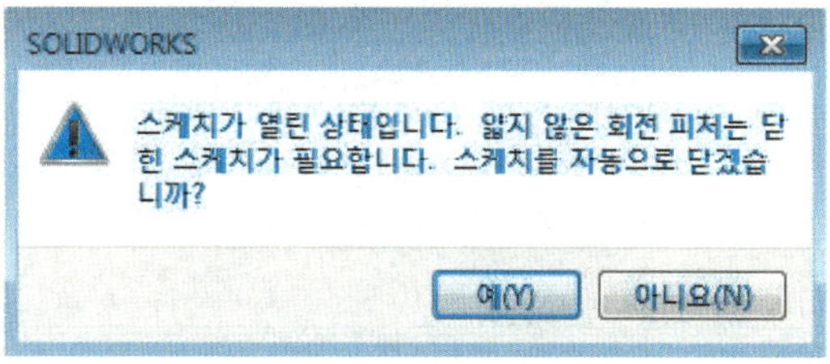

(b) 스케치 열린 상태 메시지

(c) 회전시킨 결과

그림 3-4-3 상하 플렌지 형상모델링

(3) 옆 플렌지 생성을 위한 스케치면 생성하기

생각하기 : 옆 플렌지는 어떻게 생성할 것인가?

옆 플렌지란 그림 3-4-1의 정면도에서 옆 부분의 볼록 돌출된 부분을 말한다. 이 부분은 평면도와 우측면도를 보면 상하 플렌지의 밑쪽으로부터 일정 거리에 위치하고 있으며 회전체 형상임을 알 수 있다. 다만 회전체 형상을 만들기 위해서는 밑면으로부터 일정 거리에 새로운 기준면을 만들어 회전축을 생성하고 회전체 단면을 스케치해야 한다는 것을 잊지 말아야 한다.

수행 : 새로운 기준면 생성하기

① 형상 탭에서 참조 형상 가운데 기준면 도구를 선택하고 그림 3-4-4와 같이 제1참조를 윗면으로 하고 거리를 35 mm로 한다.

② 완료✔를 클릭하면 형상이 완성된다.

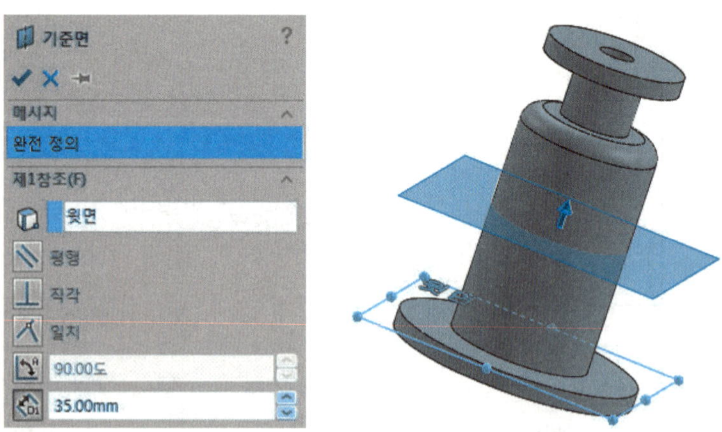

그림 3-4-4 새로운 기준면 생성 과정

(4) 옆 플렌지 회전 단면 스케치하기

생각하기 : 옆 플렌지 회전 단면은 어떻게 생성할 것인가?

옆 플렌지 회전 단면은 새로 생성한 기준면에 대해 회전축을 생성하고 회전체 단면을 스케치해야 한다. 즉, 회전체가 생성되는 기준면은 밑면으로부터 35 mm 위로 위치한 지점에 중심축이 있으므로 여기에 회전축을 생성하고 이 회전축을 중심으로 회전시킬 단면을 스케치하면 된다.

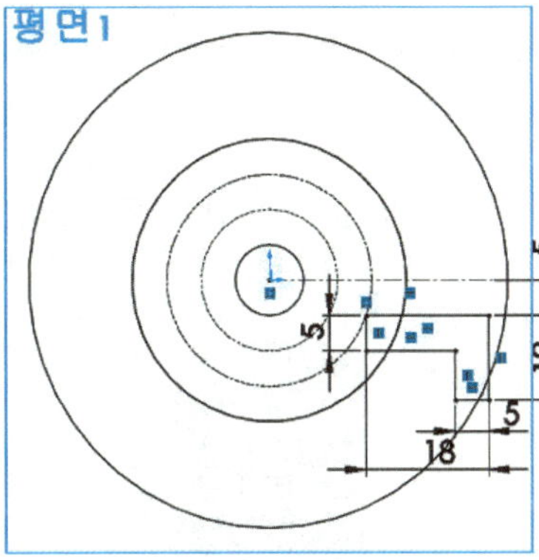

그림 3-4-5 회전체 단면 스케치 과정

수행 : 옆 플렌지 회전 단면 스케치하기

① 스케치 탭에서 선 가운데 중심선 도구를 선택하고 그림 3-4-5와 같이 원점에 대해 스케치 한다.

② 표시 유형을 은선 표시로 바꾼다.

③ 스케치 탭에서 선 도구를 선택하고 그림 3-4-5와 같이 ㄱ자 모양의 스케치를 한다.

④ ㄱ자의 위쪽이 바깥 은선에 일치하도록 구속조건을 준다.

⑤ 지능형 치수를 클릭하고 그림 3-4-5와 같이 치수를 정의한다.

⑥ 완료✔를 클릭하면 형상이 완성된다.

(5) 엮 플렌지 회전체 형상모델링

생각하기 : 엮 플렌지 회전체 형상은 어떻게 생성할 것인가?

엮 플렌지 회전체는 회전체의 외형 직선을 스케치하여 얇은 형상으로 해도 좋을 듯 하지만 SolidWorks의 경우 계산이 많아지므로 제대로 생성하지 못하는 경향이 있다. 따라서 앞의 ㄱ자 형상의 단면을 회전체 단면으로 스케치하여 회전축을 중심으로 회전시킴으로써 회전체가 생성된다.

수행 : 엮 플렌지 회전 단면 회전시키기

① 피처 탭에서 회전 보스/베이스 도구를 선택한다.

② 방향1은 블라인드 형태로 360도로 한다.

③ 완료✔를 클릭하면 그림 3-4-6과 같이 회전체 형상이 완성된다.

그림 3-4-6 엮 플렌지 회전체 생성 결과

(6) 엮 플렌지 회전체의 불필요한 형상 제거하기

생각하기 : 엮 플렌지 회전체 형상의 불필요한 형상 제거한다는 것은 무엇인가?

그림 3-4-1을 보면 알 수 있듯이 엮 플렌지 회전체를 완성하면 내부에 돌출 부분이 생성된다. 이것은 원통 구조이고 회전체는 회전된 단면이 평면이기 때문에 그림과 같이 돌출이 생길 수밖에 없다. 따라서 이것을 제거해야 한다는 것이다.

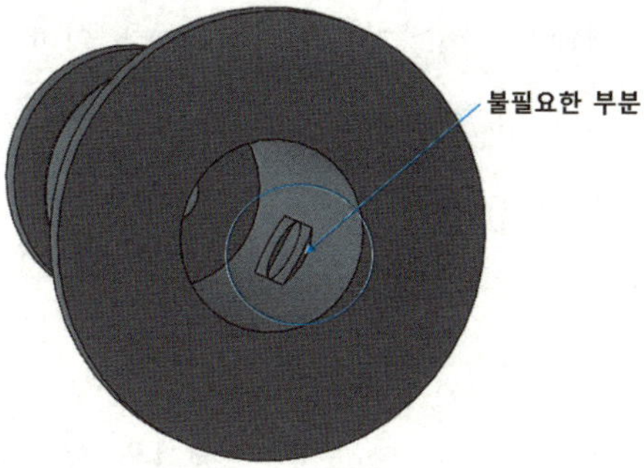

그림 3-4-7 옆 플렌지 회전체 형상의 불필요한 형상

수행 : 옆 플렌지 회전체 형상의 불필요한 부분 제거를 위한 단면 스케치

① 그림 3-4-7의 밑면을 스케치 면으로 선정한다.

② 스케치 탭에서 원 도구를 선택한다.

③ 원을 밑면 내부 원에 접하도록 원을 스케치 한다.

④ 완료✔를 클릭한다.

수행 : 옆 플렌지 회전체 형상의 불필요한 부분 제거를 위한 돌출 컷

① 피처 탭에서 돌출 컷 도구를 선택한다.

② 속성 창에서 마침조건은 곡면까지를 선택한다.

③ 원통 내부의 보이는 윗면을 선택한다.

④ 완료✔를 클릭한다.

(7) 옆 플렌지의 막힌 구멍 형상 생성하기

생각하기 : 옆 플렌지 회전체 형상의 막힌 구멍 형상 생성한다는 것은 무엇인가?

그림 3-4-6을 보면 알 수 있듯이 옆 플렌지 회전체를 완성하면 내부에 돌출 부분이 생성되며 플렌지의 내부까지 구멍이 생성되지 않고 막혀 있는 것을 알 수 있다. 이것은 원통 구조를 회전체로 나타내다 보니 회전체 형상이 중첩되는 부분은 합집합에 의해 매워지는 형상이 되기 때문에 막힘이 생길 수밖에 없다. 따라서 구멍을 새로 생성해 주어야 한다는 것이다.

수행 : 옆 플렌지 회전체의 막힌 구멍 생성을 위한 단면 스케치

① 옆 플렌지 윗면을 스케치 면으로 선정한다.

② 스케치 탭에서 원 도구를 선택한다.

③ 원을 밑면 내부 원에 접하도록 원을 스케치 한다.

④ 완료✔를 클릭한다.

수행 : 옆 플렌지 회전체 형상의 막힌 구멍 생성을 위한 돌출 컷

① 피처 탭에서 돌출 컷을 선택한다.

② 방향1에서 다음까지를 선택한다.

③ 완료✔를 클릭한다(그림 3-4-8).

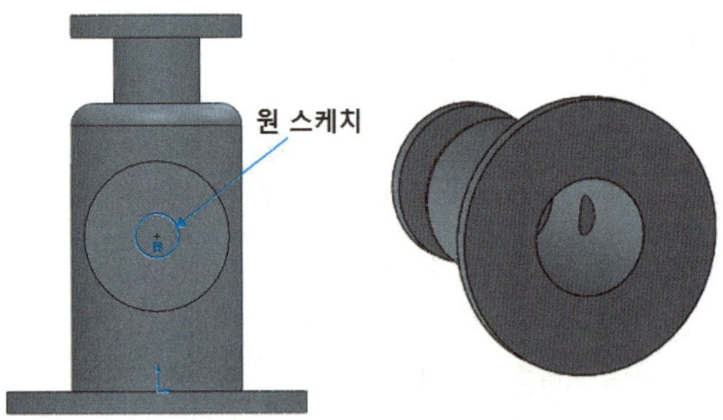

그림 3-4-8 구멍 생성 스케치와 돌출 컷 결과

(8) 밑 플렌지의 패턴 구멍 형상 생성하기

생각하기 : 밑 플렌지 패턴 구멍 형상 생성은 어떻게 할까?

그림 3-4-1의 평면도를 보면 밑 플렌지 부분에 "6x6드릴"이라는 문자가 있는데 이것의 의미는 6개의 구멍을 지름 6 mm가 되도록 드릴 구멍으로 해 달라는 의미이다. 그런데 6개의 구멍은 원형 패턴으로 이루어져 있으므로 원형패턴의 구멍형상이 되어야 함을 알 수 있다. 따라서 앞에서도 원형 패턴 구멍을 해 보았듯이 구멍을 구멍가공마법사 기능을 이용하여 하는 방법도 있지만 또 다른 방법인 스케치의 원형 패턴을 이용하여 원형 패턴 구멍 형상을 생성하는 것으로 한다.

수행 : 밑 플렌지 원형 패턴 구멍 생성을 위한 단면 스케치

① 밑 플렌지 윗면을 스케치 면으로 선정한다.

② 스케치 탭에서 원 도구를 선택한다.

③ 원을 정면에 접하도록 6 mm 지름의 원을 스케치 한다.

④ 원형 패턴의 반지름이 27 mm가 되도록 원의 중심을 설정하고 그림 3-4-9와 같이 동등 간격으로 6개의 패턴을 360도 회전시키는 설정을 한다. 이 때 원호를 패턴 할 요소로 설정하면 자동적으로 회전 중심점이 설정되므로 따로 설정할 필요는 없지만 혹시 설정이 되지 않았다면 동심의 밑면 플렌지 원통 모서리를 설정하면 된다.

⑤ 완료✔를 클릭한다.

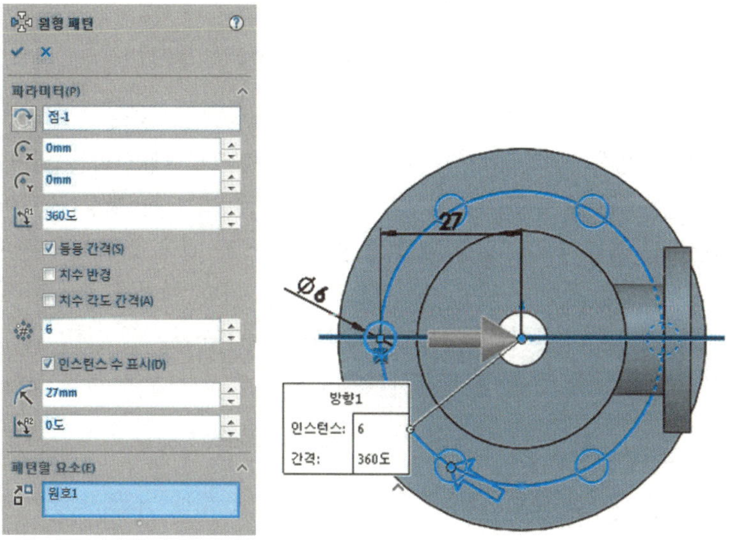

그림 3-4-9 스케치에서 원과 원형 패턴 설정

수행 : 밑 플렌지 회전체원형 패턴 구멍 돌출 컷

① 피처 탭에서 돌출 컷 도구를 선택한다.

② 속성 창에서 마침조건은 "다음까지"를 선택한다. 물론 "관통"을 선택해도 좋지만 혹시 방향을 거꾸로 하면 문제가 생길 수도 있으므로 안전하게 "다음까지"로 하는 것이 좋다.

③ 완료✔를 클릭하면 그림 3-4-10과 같이 원형 패턴 구멍이 완성된다.

그림 3-4-10 밑 플렌지의 원형 패턴 구멍 생성 결과

(9) 위 플렌지의 패턴 구멍 형상 생성하기

생각하기 : 위 플렌지 패턴 구멍 형상 생성은 어떻게 할까?

그림 3-4-1의 평면도를 보면 위 플렌지 부분에 "4x5드릴"이라는 문자가 있는데 이것의 의미는 4개의 구멍을 지름 5 mm가 되도록 드릴 구멍으로 해 달라는 의미이다. 그런데 4개의 구멍은 원형 패턴으로 이루어져 있으므로 원형패턴의 구멍형상이 되어야 함을 알 수 있다. 따라서 밑 플렌지에서 원형 패턴 구멍을 한 것과 같이 스케치의 원형 패턴을 이용하여 원형 패턴 구멍 형상을 생성하는 것으로 한다. 다만 여기서 주의할 것은 위의 플렌지가 밑의 플렌지보다 지름이 작으므로 만일 관통으로 구멍을 생성하면 밑 플렌지에 영향을 줄 수 있으므로 돌출 컷을 할 때 "다음까지"로 반드시 하도록 하는 것이 좋다.

수행 : 위 플렌지 원형 패턴 구멍 생성을 위한 단면 스케치

① 위 플렌지 윗면을 스케치 면으로 선정한다.

② 스케치 탭에서 원 도구를 선택한다.

③ 원을 정면에 접하도록 5 mm 지름의 원을 스케치 한다. 정면이 보이지 않으면 정면이 보이도록 설정하고 스케치를 하도록 한다.

④ 원형 패턴의 반지름이 14 mm가 되도록 원의 중심을 설정하고 그림 3-4-11과 같이 동등 간격으로 4개의 패턴을 360도 회전시키는 설정을 한다.

⑤ 완료✔를 클릭한다.

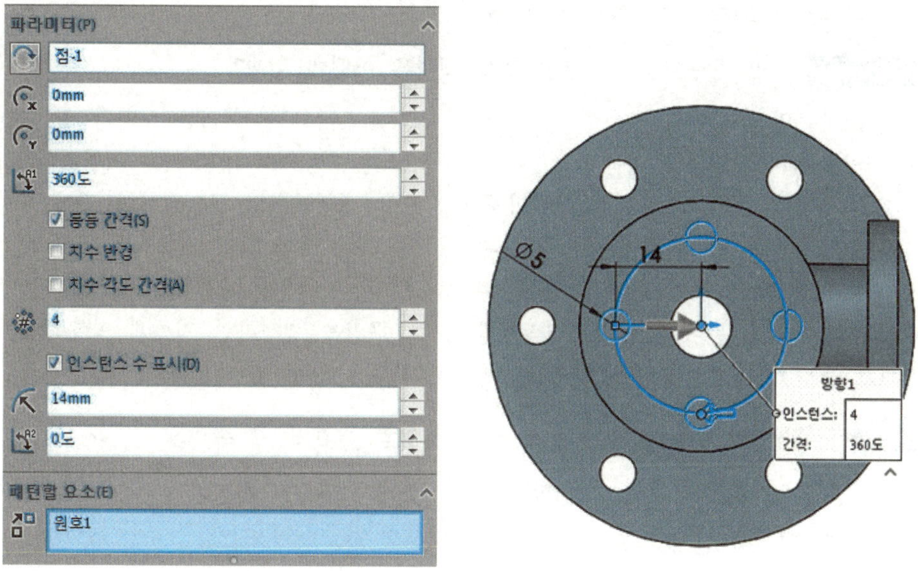

그림 3-4-11 스케치에서 원과 원형 패턴 설정

수행 : 위 플렌지 회전체원형 패턴 구멍 돌출 컷

① 피처 탭에서 돌출 컷 도구를 선택한다.

② 속성 창에서 마침조건은 “다음까지”를 선택한다.

③ 완료✔를 클릭하면 그림 3-4-12와 같이 원형 패턴 구멍이 완성된다.

그림 3-4-12 위 플렌지의 원형 패턴 구멍 생성 결과

(10) 옆 플렌지의 패턴 구멍 형상 생성하기

생각하기 : 옆 플렌지 패턴 구멍 형상 생성은 어떻게 할까?

그림 3-4-1의 우측면도를 보면 옆 플렌지 부분에 "4x4드릴"이라는 문자가 있는데 이것의 의미는 4개의 구멍을 지름 4 mm가 되도록 드릴 구멍으로 해 달라는 의미이다. 그런데 4개의 구멍은 원형 패턴으로 이루어져 있으므로 원형패턴의 구멍형상이 되어야 함을 알 수 있다. 따라서 위 플렌지에서 원형 패턴 구멍을 한 것과 같이 스케치의 원형 패턴을 이용하여 원형 패턴 구멍 형상을 생성하는 것으로 한다. 다만 여기서도 주의할 것은 옆 플렌지의 안쪽이 원통이 있으므로 만일 관통으로 구멍을 생성하면 원통에 영향을 줄 수 있으므로 돌출 컷을 할 때 "다음까지"로 반드시 하도록 하는 것이 좋다.

수행 : 옆 플렌지 원형 패턴 기초 구멍 생성을 위한 단면 스케치

① 옆 플렌지의 앞에서 새로 생성한 평면1을 스케치 면으로 선정한다.

② 스케치 탭에서 원 도구를 선택한다.

③ 원을 평면1에 접하도록 4 mm 지름의 원을 옆 플렌지 중심에서 수평으로 13 mm가 되도록 스케치 한다. 평면1이 보이지 않으면 평면1이 보이도록 설정하고 스케치를 하도록 한다.

수행 : 4개의 원형 스케치 패턴 구멍 생성을 위한 단면 스케치

① 원형 스케치 패턴 도구를 클릭한다.

② 속성 창에서 원형 패턴의 회전 중심은 옆 플렌지 바깥 원을 설정하고 그림 3-4-13과 같이 동등 간격으로 4개의 패턴을 360도 회전시키는 설정을 한다.

③ 완료✔를 클릭한다.

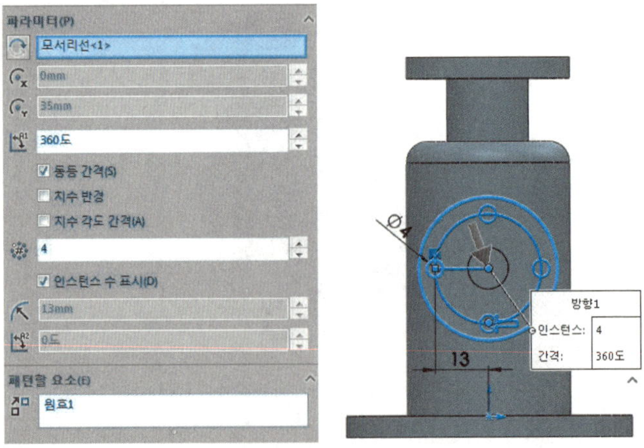

그림 3-4-13 스케치에서 원과 원형 패턴 설정

수행 : 옆 플렌지 회전체원형 패턴 구멍 돌출 컷

① 피처 탭에서 돌출 컷 도구를 선택한다.

② 속성 창에서 마침조건은 다음까지를 선택한다.

③ 완료✔를 클릭하면 그림 3-4-14와 같이 원형 패턴 구멍이 완성된다.

그림 3-4-14 옆 플렌지의 원형 패턴 구멍 생성 결과

(11) 플렌지의 모서리 둥글게 하기

생각하기 : 플렌지의 모서리 라운딩은 어떻게 해야 할까?

그림 3-4-1의 정면도 및 우측면도를 보면 플렌지의 원통 연결부 모서리가 반지름 1 mm인 라운딩으로 되어 있는데 이 부분에 해당하며 이것은 피처 탭에서 필렛 기능을 이용한다.

수행 : 필렛 도구에 의한 형상모델링

① 피처 탭에서 필렛 도구를 클릭한다.

② 속성 창에서 필렛 유형은 반지름 1 mm를 입력한다.

③ 플렌지의 해당 모서리를 클릭한다.

④ 확인을 클릭하면 둥글기 형상모델링이 완료된다(그림 3-4-15).

그림 3-4-15 플렌지 라운딩 설정 모습

(12) 저장하기

수행 : 최종 형상 저장하기

① 저장 도구(💾)에서 다른 이름으로 저장하기를 클릭한다.

② 저장할 디렉토리를 정하고 파일이름을 “유체 분배 관이음 밸브”로 한다.

③ 저장 버튼을 클릭한다.

4-2-2 부분단면도 작성

(1) 작성화면 설정하기

수행 : 도면 작성 화면 들어가기

① 풀다운 메뉴에서 새로 만들기 아이콘을 선택한다.

② 기본 모듈 가운데 도면을 선택한다.

③ 시트 형식/크기 설정 창에서 찾아보기를 클릭한다.

④ a4-landscape.slddrt를 설정하고 열기를 한다.

⑤ 확인을 클릭한다.

(2) 시트 편집하기

수행 : 기존 표제란 없애기

① 도면 Management 탭에서 시트형식을 선택한다.

② 시트형식 탭에서 시트 편집을 선택한다.

③ 표제란 부분을 마우스로 전체 드래그 하여 삭제 영역을 정하고 키보드의 삭제 버튼을 클릭한다.

④ 확인을 클릭한다.

(3) 정면도 표현하기

생각하기 : 부분 단면도의 절단선 표시는 어떻게 생성하나?

SolidWorks에서 부분적인 내부 형태를 보기 위해 절단하는 절단선은 자유 곡선을 사용하며 절단하고자 하는 부분의 영역을 자유 곡선으로 스케치한다.

수행 : 모델 뷰에 의한 정면도 정하기

① 뷰 레이아웃에서 모델 뷰를 클릭한다.

② 문서열기가 나타나며 여기서 "유체 분배 관이음 밸브" 형상 모델링한 부품을 더블 클릭을 하여 파일 열기를 한다.

③ 정면 뷰를 정면도로 하고 평면도 및 우측면도도 도면 창에 적절히 배치한다.

(4) 부분 단면도 작성하기

생각하기 : 부분 단면도의 절단면 결정

그림 3-4-1을 보면 유체 분배 부분이 두 곳이 있는데 이 두 곳이 보이도록 절단을 하면 된다. 즉, 자유 곡선을 사용하여 두 곳이 잘 나타나도록 영역 설정을 하면 된다. 단지 부분 단면도는 자르는 깊이를 정확히 알고 있어야 정확히 내부 형태를 나타낼 수 있으니 자르기 전에 중간 지점의 깊이가 어느 정도인지 확인이 필요하다.

수행 : 부분 단면도 작성하기

① 뷰 레이아웃에서 부분 단면도를 클릭한다.

② 연필 모양의 자유 곡선 탭이 나타나며 이것을 이용하여 그림 3-4-16과 같이 절단 영역을 스케치한다.

③ 절단 깊이를 35 mm로 한다.

④ 완료를 클릭하면 그림 3-4-17과 같이 부분 단면도가 생성된다.

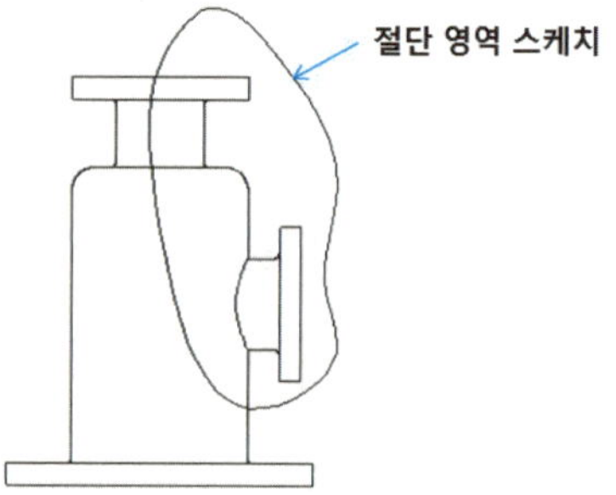

그림 3-4-16 부분 단면도 절단 영역 스케치

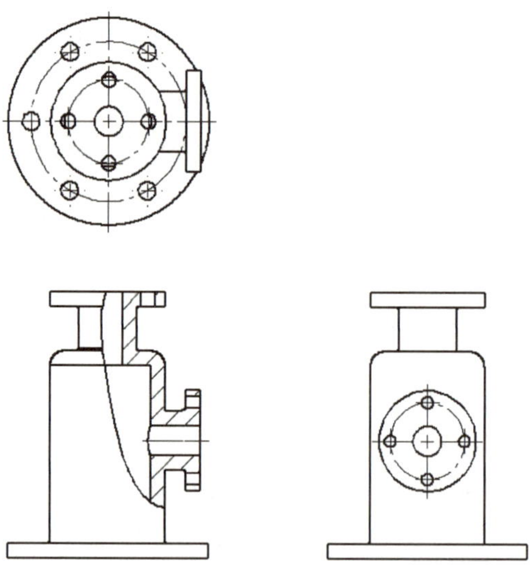

그림 3-4-17 부분 단면도 생성 모습

(5) 치수 기입하기

생각하기 : 도면에서 구멍의 표시는 어떤 방법으로 하나?

드릴 구멍, 펀칭 구멍, 코어 구멍 등 구멍의 가공방법에 의한 구별을 나타낼 필요가 있을 경우에는 그림 3-4-18과 같이 원칙적으로 공구의 호칭 치수 또는 기준 치수를 나타내고 그 뒤에 가공 방법의 구별을 가공 방법 용어를 규정하고 있는 KS규격에 따라 지시한다.

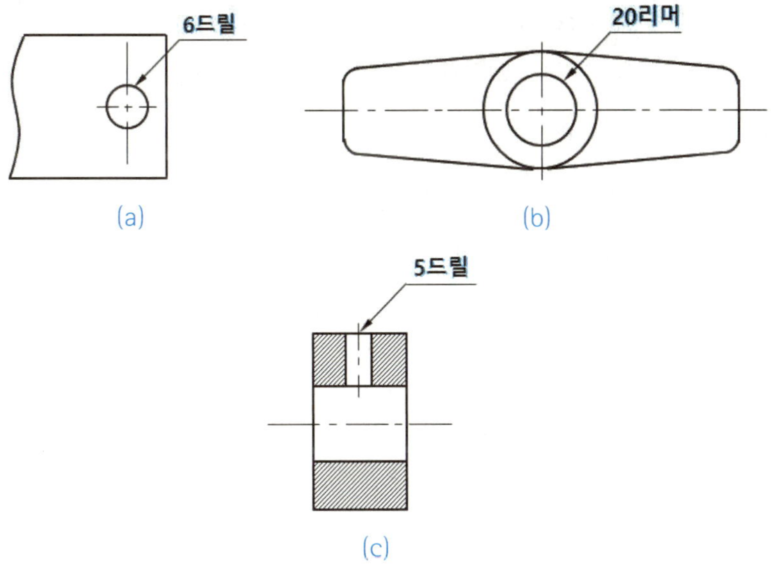

그림 3-4-18 구멍의 표시방법

수행 : 부분 단면도의 치수 표시하기

① 도면 탭에서 주석을 클릭한다.

② 주석 메뉴 가운데 모델항목( )을 선택한다.

③ 확인을 클릭하면 도면의 일반적인 대부분 치수가 표시된다.

④ 드릴 구멍에 대한 치수는 치수 뒤에 "드릴"이라는 가공 방법으로 삽입한다.

⑤ 보기 좋게 치수 정리를 한다.

(6) 표제란 삽입 및 편집하기

수행 : 새로운 표제란 삽입하기

① 시트형식 탭을 클릭하고 일반테이블을 클릭한다.

② 테이블을 삽입할 수 있는 창이 나타나며 여기서 별표 모양을 클릭하면 미리 만들어 놓은 표제란 테이블 템플릿(A4_1)을 찾아서 가져올 수 있다.

③ 일반테이블 편집 완료 버튼을 누른다.

④ 테이블 템플릿을 오른쪽 모서리에 위치하도록 배치한다.

수행 : 표제란 편집하기

① 표제란의 이름 빈 칸을 더블 클릭한다.

② 한글로 자기 이름을 작성한다.

③ 빈칸에 대해 그림 3-4-19와 같이 도면의 내용과 작성 장소를 모두 기입한다.

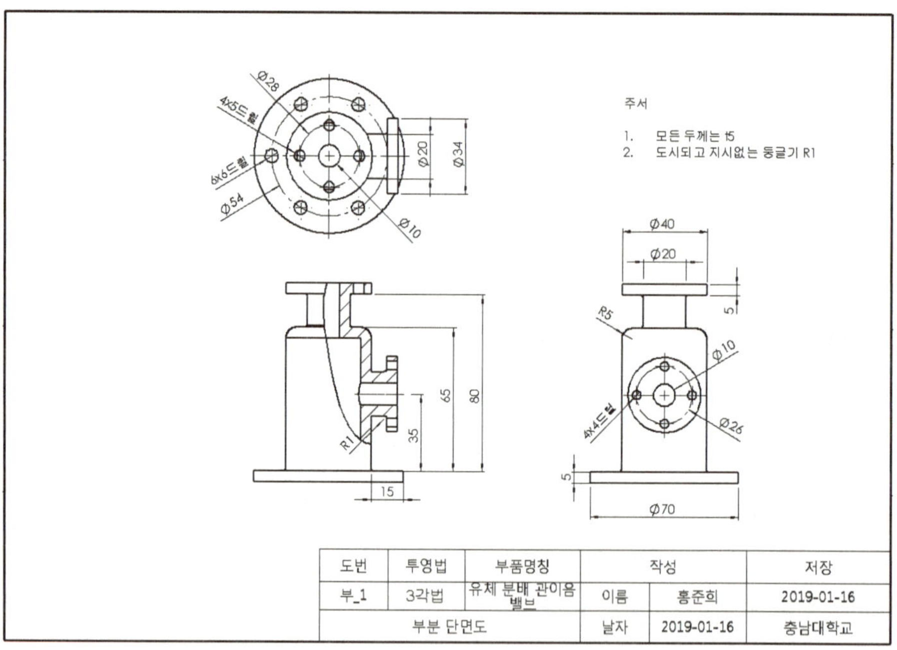

그림 3-4-19 도면 완료 모습

(7) 저장하기

수행 : 최종 도면 저장하기

① 저장 도구( )에서 다른 이름으로 저장하기를 클릭한다.

② 저장할 디렉토리를 정하고 파일이름을 "유체 분배 관이음 밸브"로 한다.

③ 저장 버튼을 클릭한다.

4-3 학습 정리

4-3-1 유체 분배 관이음 밸브 형상모델링 및 부분단면도 작성 종합정리

4-3-1-1 형상모델링 정리하기

① 유체 분배 관이음 밸브 부품의 형상모델링 과정은 그림 3-4-20과 같다.

② 유체 분배 관이음 밸브 부품의 상하 플렌지는 두께가 같으므로 얇은 두께의 회전체로 생성한다.

③ 유체 분배 관이음 밸브 부품의 옆 플렌지는 중심 높이에 맞춰 새로운 평면을 만들고 그 평면에 대해 회전체 형상을 만드는 것이 효과적이다.

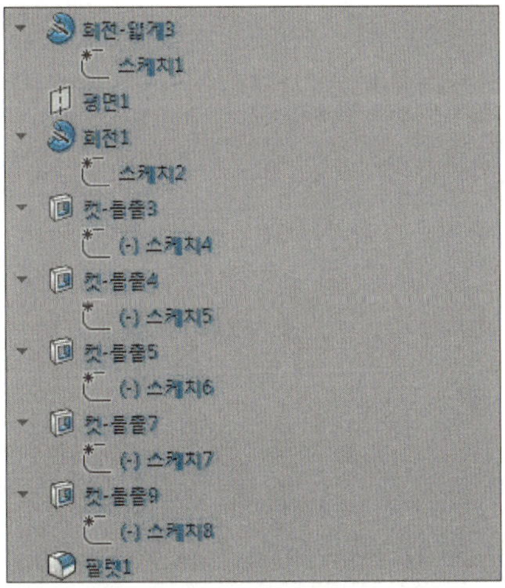

그림 3-4-20 유체 분배 관이음 밸브 형상모델링의 디자인 트리

4-3-1-2 부분단면도 작성 정리하기

① 유체 분배 관이음 밸브 부품의 도면 작성 결과는 그림 3-4-21과 같다.

② 유체 분배 관이음 밸브 부품도는 상하 플렌지와 옆 플렌지의 내부 모양을 알기 위해 자유 곡선을 사용하여 범위를 정하여 부분적으로 절단하는 부분단면도로 표현한다.

③ 유체 분배 관이음 밸브 부품의 도면 작성에서 절단한 상태의 부분단면도는 구멍에 대한 중심선을 주석의 중심선 표시를 사용하여 표시한다.

④ 유체 분배 관이음 밸브 부품의 도면 작성에서 치수는 KS규격에 맞춰 기입한다.

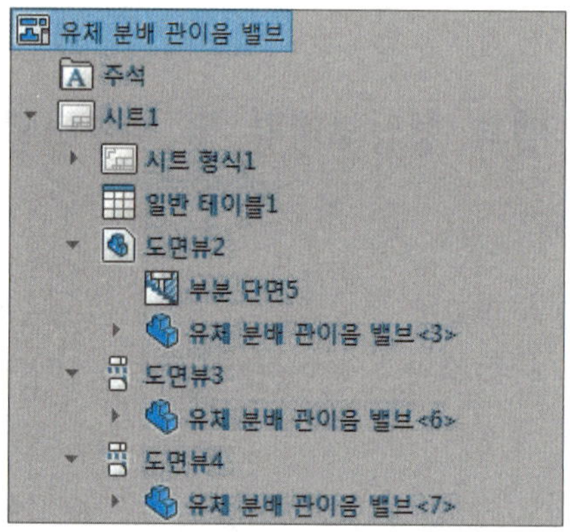

그림 3-4-21 유체 분배 관이음 밸브의 도면 디자인 트리

4-4 자율 평가

지시 사항 :

앞의 학습활동을 모두 마친 후 다음 질문에 답하시오. 이 평가의 목적은 앞에서 배운 부분단면도에 대해 지식과 도면 작성 과정을 모두 학습했는지를 확인하기 위함이다. 자기 스스로 평가 문제에 답하고 답안을 비교 평가해 봄으로써 본인의 부족한 점에 대해 파악하는 태도를 기르고 부족하다면 다른 사람의 도움을 받거나 본인 스스로 앞의 내용을 더욱 자세히 학습하는 자기주도 학습에 목적이 있다.

4-4-1 자율 평가 문제

자율평가 그림(축 이음 장치)에 대해 30분 이내에 다음 작업을 실시하라.

1. **형상모델링 작업**

- 치수는 그림의 크기로 한다.
- 저장 파일 이름을 "축이음 장치_자1"로 한다.

2. **도면 작성 작업**

- A4 시트 크기로 하고 3각법에 의한 부분단면도로 작성한다.
- 치수는 그림의 크기로 기입하며 척도는 적합하게 선정한다.
- 표제란은 학습 경험에서 사용한 표제란과 똑같은 형태로 하며 표제란의 도번은 "부_자1", 제목은 "부분단면도"로 한다.
- KS규격에 따라 도면을 나타낸다. 나사산도 표현

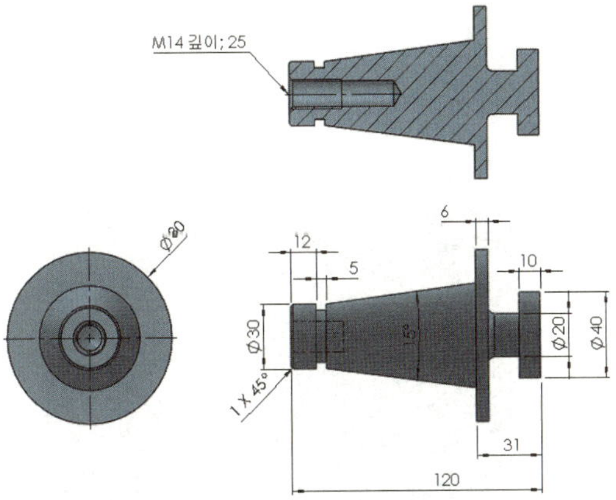

자율평가 그림 - 축 이음장치

4-4-2 자율 평가 문제 답안

1. 형상모델링 답안

(1) 모델링 과정

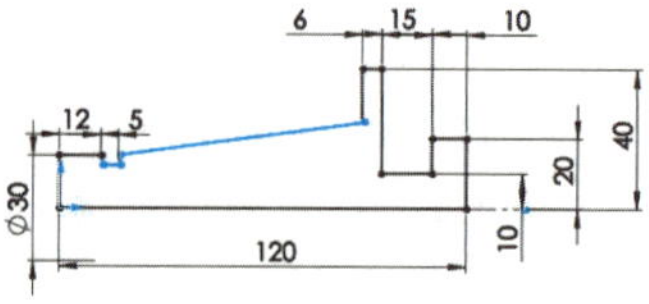

(a) 스케치1(회전 단면)

(b) 회전1(회전체)

(c)
구멍(구멍가공마법사)

(d) 나사 구멍

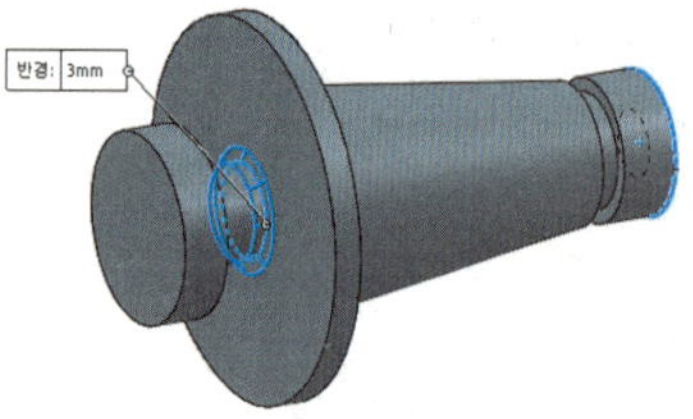

(e) 필렛1(둥글기)

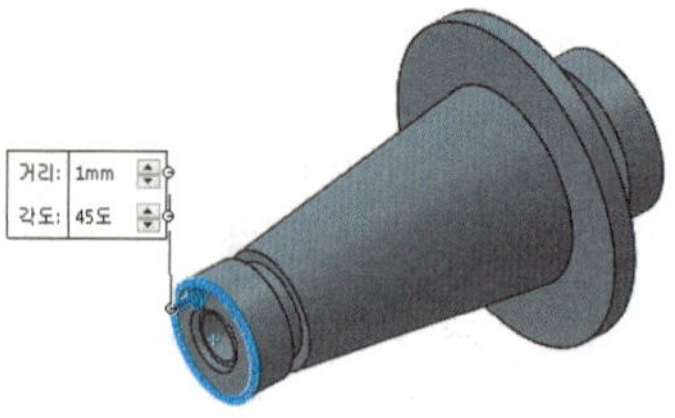

(f) 모따기1

(2) 디자인 트리

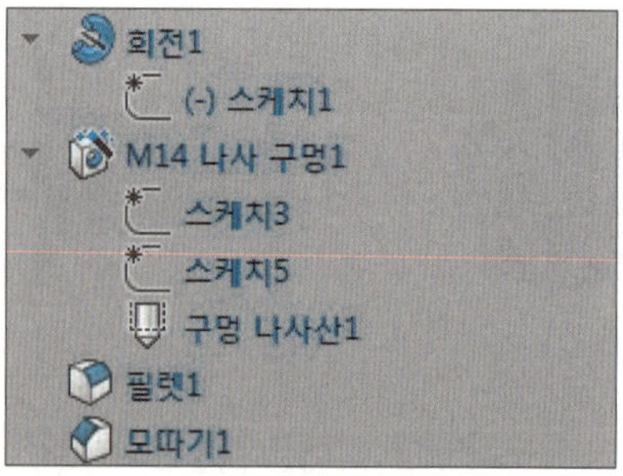

2. 도면 작성 답안

(1) 도면 작성 과정

- A4 시트를 설정하고 표제란을 삭제한다.
- 정면 뷰를 정면도로 배치한다.
- 정면도의 좌측에 좌측면도를 배치한다.
- 정면도를 부분 단면도로 하고 중심선 등을 표시한다.
- 치수를 표현한다.
- 표제란을 삽입하고 필요한 도번, 작성자 및 제목을 작성한다.

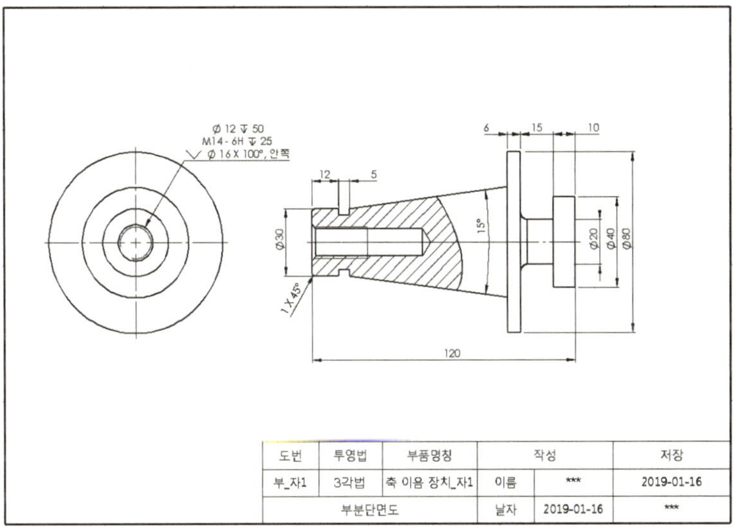

(2) 디자인 트리

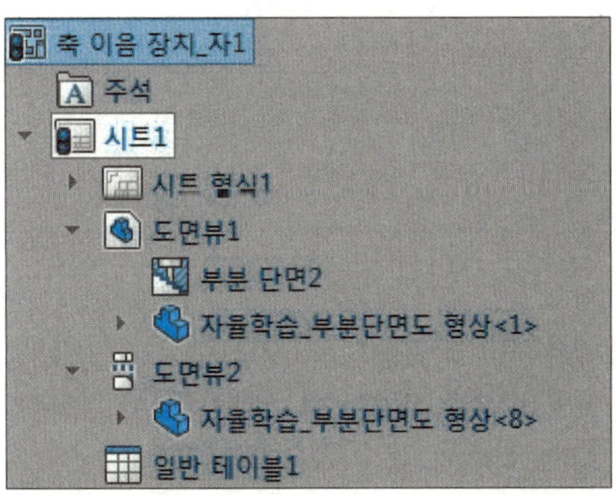

자율평가 결과 점검표

학습자 성명 :	평가 날짜 :
평가 제목 : 부분단면도 작성의 이해	

		성취 수준			
		하지 못했음	일부만 했음	완전히 하였음	완성 반복수
형상 모델링 작업	회전1의 스케치1				
	회전1의 회전체 형상				
	구멍가공마법사의 나사 구멍				
	필렛1(둥글기)				
	모따기1				
도면 작성 작업	A4 시트 설정 및 표제란 삭제				
	뷰 레이아웃(도면뷰1 및 도면뷰2)				
	부분단면도 및 중심선 표시				
	치수 표시				
	표제란 삽입 및 내용 작성				

[성취수준]
위의 모든 항목에 대해 “완전히 하였음”, 즉 완성도 100%로 답하여야 합니다.
만일 “하지 않았음” 또는 “일부만 하였음”에 답을 했다면 앞에서 학습한 내용을 다시 한 번 확인 하시고 몇 번 만에 완성하였는지를 체크하십시오.

CHAPTER 4

이해편 4

기계부품 공차 작성의 이해

1. 치수공차와 끼워 맞춤 공차 작성의 이해

2. 기하 공차 작성의 이해

학습 개요

도면(부품도)에 나타내는 물품(대상물)의 형상, 크기, 위치, 자세의 정량적인 정보인 치수와 부품의 후 공정에 대한 선공정의 가공치수 여유인 기하공차의 정보를 포함하고 있다. 이러한 이유에서 치수공차 및 끼워 맞춤 공차뿐만 아니라 기하공차를 잘 이해해야 2차원적인 부품도 작성을 정확히 할 수 있다. 따라서 각종 공차의 이해를 통해 정확한 부품도 작성과 공차를 준 이유에 대한 설명을 가능하게 한다.

학습 목표

본 학습을 마친 학습자는 기계관련 제품 설계에서

- 치수공차 및 끼워 맞춤 공차를 이해하고 부품도에 공차 지정을 할 수 있으며 설명할 수도 있다.
- 기하공차를 이해하고 부품도에 공차 지정을 할 수 있으며 설명할 수도 있다.

학습 성과와 수행 준거

(1) KS 규격 정보를 도면 작성에 응용할 수 있는 능력

✓ KS 공차 규정을 부품도의 각종 공차 지정에 응용할 수 있다.

(2) 다양한 기계 및 장치에 대해 형상설계 과정을 설명할 수 있는 능력

✓ 다양한 공차 지정 방법을 이해하고 도면 작성 과정에 공차 지정 이유를 명확히 설명할 수 있다.

(3) 자기계발의 필요성을 인식하고 지속적이며 자기 주도적으로 학습할 수 있는 능력

✓ 자기 주도적으로 학습한 것을 바탕으로 자율 평가문제를 스스로 평가하고 판단하여 자신의 부족한 점을 파악하고 보충할 수 있다.

1 치수공차와 끼워 맞춤 공차 작성의 이해

1-1 학습 준비

1-1-1 학습 대상

1-1-1-1 일반 공차 및 허용 한계치수의 대상

그림 4-1-1 (a)의 초기 가공물을 그림 4-1-1 (b)와 같이 윗면을 가공할 때 허용 한계치수를 주며 그림 4-1-1 (c)와 같이 옆면을 가공하여 가공을 마무리할 때도 허용 한계치수를 주어야 한다. 한편 그림 4-1-1 (c)와 같이 가공하지만 특별하게 허용 한계치수를 주지 않는 경우는 일반공차(또는 보통공차)를 준다. 따라서 이와 같은 일반 공차 및 허용 한계치수는 어떻게 주어야 하는지에 대해 학습하기로 한다.

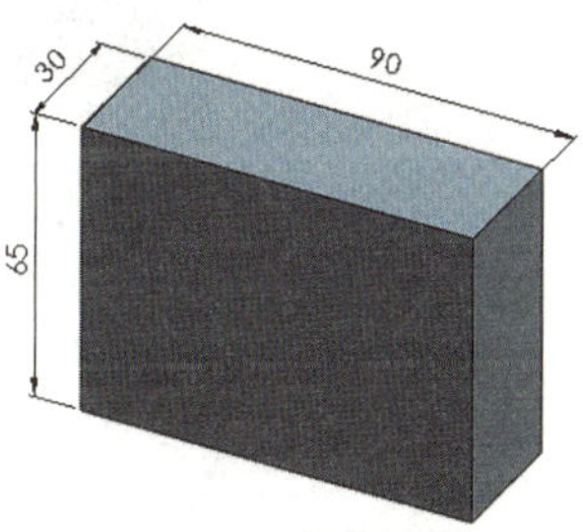

(a) 초기 가공물

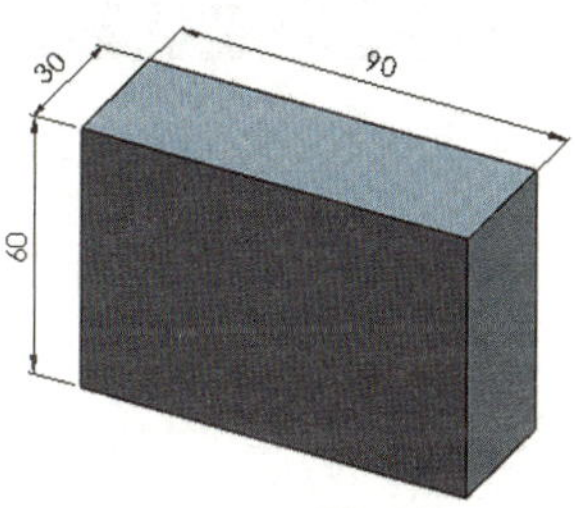

(b) 윗면 가공

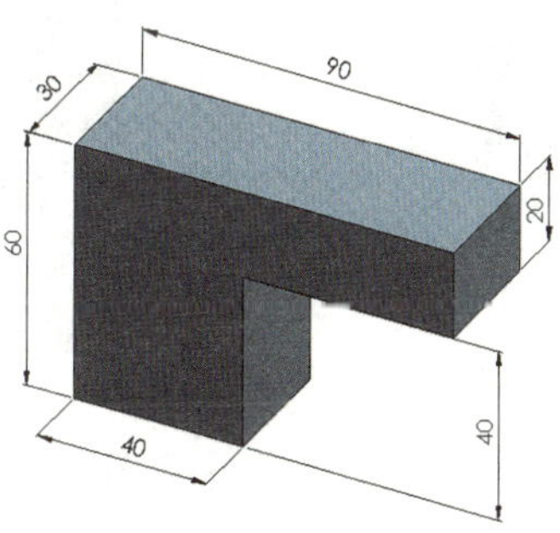

(c) 최종 가공

그림 4-1-1 가공물 형상

1-1-1-2 끼워 맞춤 공차의 대상

상대부품과 조립할 때 상호 관계에 의해 끼워 맞춤 공차를 주는데 보통은 축과 구멍 사이 관계에 의해 조립될 때 대부분 사용된다. 그림 4-1-2는 구멍 기준 축의 헐거운 끼워 맞춤 공차, 억지 끼워 맞춤 공차, 중간 끼워 맞춤 공차를 주기 위한 대상이다. 한편 그림 4-1-3은 축 기준 구멍의 헐거운 끼워 맞춤 공차, 억지 끼워 맞춤 공차, 중간 끼워 맞춤 공차를 주기 위한 대상이다. 따라서 이와 같은 끼워 맞춤 공차를 어떻게 주어야 하는지에 대해 학습하기로 한다.

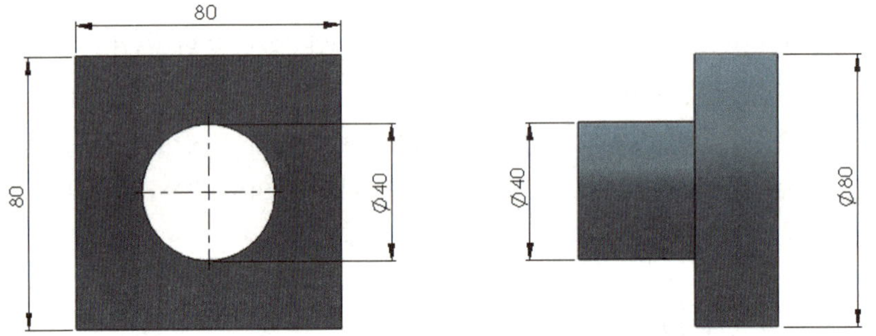

그림 4-1-2 구멍 기준 축의 끼워 맞춤

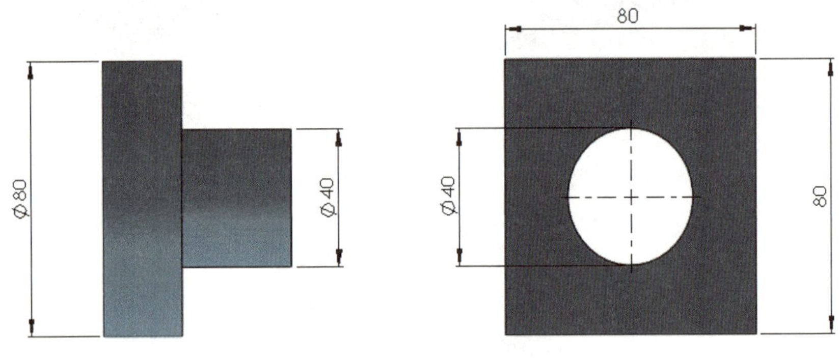

그림 4-1-3 축 기준 구멍의 끼워 맞춤

1-1-2 관련 지식

1-1-2-1 보통 공차(KS B 0412) 검토하기

대부분의 치수는 특별한 정밀도를 필요로 하지 않아 치수공차가 별도로 규제되어 있지 않는 경우가 많다. 이를 보통 공차라 하며 산업 현장에서는 일반 공차라고도 한다.

보통 공차(general tolerance)는 특별한 정밀도를 요구하지 않는 부분에 일일이 공차를 기입하지 않고 치수 범위 내에서 일괄하여 기입할 목적으로 규정되었다.

보통 공차를 적용함으로써 설계자는 특별한 정밀도를 필요로 하지 않는 치수의 공차까지 고민하고 결정하는 수고를 덜 수 있으며 도면이 훨씬 간단하고 명료해진다. 표 4-1-1은 선형 치수에 대한 보통 공차를 나타낸 것이다.

표 4-1-1 모따기를 제외한 부분의 길이 치수에 대한 허용차(선형치수)

[단위:mm]

공차 등급		기준 치수의 구분							
기호	설명	0.5에서 30이하	3초과 6이하	6초과 30이하	30초과 120이하	120초과 400이하	400초과 1000이하	1000초과 2000이하	2000초과 4000이하
t	정밀	±0.05	±0.05	±0.1	±0.15	±0.2	±0.3	±0.5	–
m	중간	±0.1	±0.1	±0.2	±0.3	±0.5	±0.8	±1.2	±2.0
c	거침	±0.2	±0.3	±0.5	±0.8	±1.2	±2.0	±3.0	±4.0
v	매우 거침	–	±0.5	±1.0	±1.5	±2.5	±4.0	±6.0	±8.0

1-1-2-2 치수 공차(KS B 0401) 검토하기

(1) 허용한계 치수

선반가공에서 ∅20 ㎜ 부품을 가공한다고 하자. 다른 표시가 없이 ∅20 ㎜라고 치수가 되어 있다면 정확하게 ∅20 ㎜를 가공한다 해도 현실적으로 가공된 치수는 ∅20 ㎜ 보다 몇 ㎛ 또는 ㎚ 더 크거나 작을 수 있다. 따라서 아무런 지시 없이 ∅20 ㎜라고 도면에 나타내면 오차는 어느 정도 있다는 것을 내포하고 있는 것이다(이것을 보통 공차라 한다). 제작하려는 부품의 특성 및 정밀도와 가공법 등을 고려하여 중요한 부품에 대해 허용한계 치수를 기입해 놓아야 문제없이 조립을 할 수 있는 것이다. 허용 한계 치수는 제작하려는 제품의 크기에 대해 최소와 최대 치수를 기입하여 가공에 대한 확실한 지침을 주고자 하는 것이다.

그림 4-1-3 (a)와 같이 축과 구멍이 조립될 때 쉽게 끼워질 수 있는 조건을 생각해 보자. 그림 4-1-3 (b)는 조립이 쉬운 상태의 치수이다. 그림 (b)에 의하면 축은 ∅19.959 ㎜에서 ∅19.98 ㎜까지이다. 구멍은 ∅20.00 ㎜에서 ∅20.021 ㎜까지이다. 따라서 어떤 경우에도 축이 구멍보다 큰 경우는 존재하지 않으며 따라서 그림 (b)는 잘 지정된 치수이다. 반면 그림 (c)는 축과 구멍의 조립이라는 것을 생각하지 않고 적당히 고려하여 지정한 예라고 가정하자. 이것은 축이 최대치수 ∅20.2 ㎜가 되고 구멍의 최소 치수는 ∅19.8 ㎜가 되어 조립이 곤란한 경우가 된다. 또한 축이 최소치수 ∅20.0 ㎜가 되고 구멍의 최대 치수는 ∅20.3 ㎜가 되어 조립이 매우 헐거운 경우가 된다. 그러므로 허용한계 치수를 기입할 때는 위와 같은 상황을 잘 고려하여 결정하여야 한다.

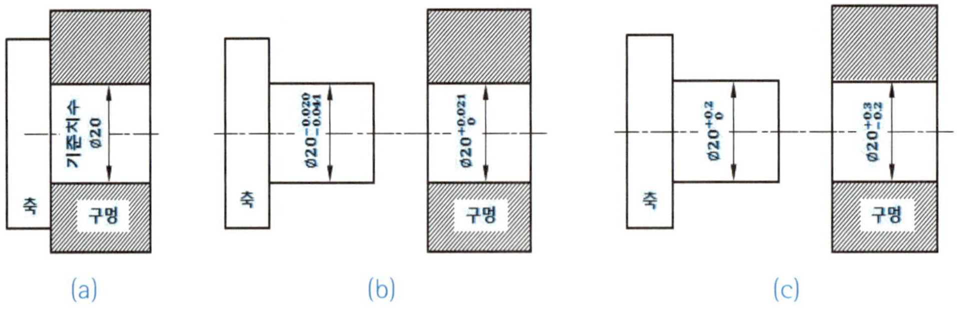

그림 4-1-3 허용한계 치수의 필요성

(2) 치수 공차 용어

치수 공차 및 끼워 맞춤의 규격은 기준 치수가 3150 mm이하 형상에 대하여 정의한다. 주로 원통 모양을 대상으로 하고 있지만 평행 2평면의 형체 등의 단순한 기하 형상들에도 적용되며 치수는 온도 20℃일 때를 기준 한다.

그림 4-1-4에 치수공차의 용어 및 정의에 대해 KS 규격에 나타내고 있다. 최대 허용치수와 최소 허용 치수의 차를 말하며 일반적으로 공차라고도 한다.

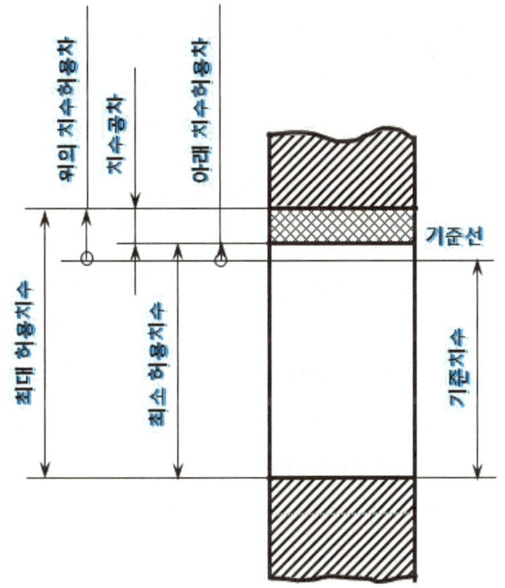

(a) 구멍(내측형체)

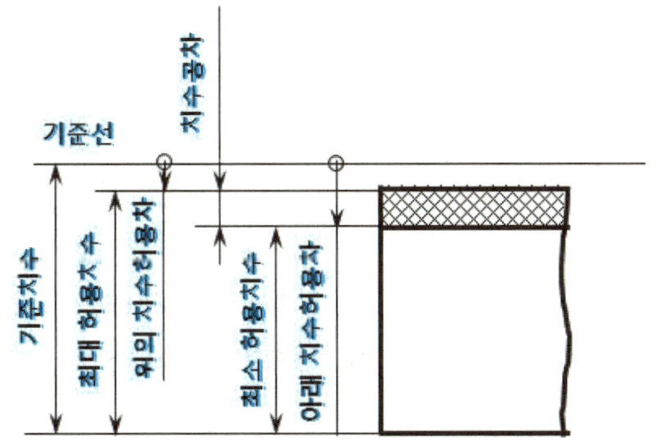

(b) 축(외측 형체)

그림 4-1-4 치수 공차

(3) 치수 공차의 표현 및 의미

치수 허용차는 예를 들어 $40^{\delta_{max}}_{\delta_{min}}$와 같이 기준 치수에 대해 위 치수 허용차 δ_{max}와 아래 치수 허용차 δ_{min}으로 표현한다. 위 치수 허용차에서 아래 치수 허용차를 뺀 것을 좁은 의미의 "치수 공차" 또는 줄여서 "공차"라고 한다. 이것은 기준 치수에 대하여 변동이 허용되는 범위를 의미한다. 예를 들어 $40^{+0.016}_{0}$에서 기준 치수는 40이고 위 치수 허용차는 +0.016, 아래 치수 허용차는 0이며 좁은 의미의 치수 공차(또는 공차)는 0.016이다. 기준 치수 40에 대하여 0.016의 범위에서 실제 치수는 결정된다. 이 경우 실제 치수는 40.000부터 40.016까지의 값을 갖는데 40.000을 최소 허용치수, 40,016을 최대 허용치수라고 한다. 또 다른 예를 들어 $40^{+0.033}_{+0.017}$에서 위 치수 허용차는 +0.033, 아래 치수 허용차는 +0.017, 최소 허용치수는 40.017, 최대 허용치수는 40.033, 공차는 0.016이다.

치수 공차를 결정하기 위하여 가장 먼저 좁은 의미의 공차 크기를 선정하여야 한다. 여기서, 공차라는 것은 기준 치수에 대하여 허용되는 범위를 의미하므로 하나의 기준 치수에 대하여 공차가 0.62, 0.25, 0.004로 작아질수록 더욱 정밀한 공차를 부여하는 것이 된다. 예를 들어 40 ± 0.008과 40 ± 0.08을 비교하여 보면 전자가 훨씬 더 정밀한 공차이다. 같은 기준 치수에 대하여 전자가 더욱 정밀한 제작을 요구하는 셈이다. 그런데 40 ± 0.008과 300 ± 0.016을 비교하여 보면 어느 것이 더 정밀한 공차인지를 판별하기가 쉽지 않다. 왜냐하면 기준 치수 40에 대해 0.016의 공차로 제작할 때 요구되는 정밀도와 비교하여 기준 치수 40보다 훨씬 큰 300에 대해 0.032의 공차로 제작하는 정밀도가 결코 떨어지는 수준이 아니기 때문이다. 실제로 국제 표준에 의하면 전자와 후자는 동일한 수준의 정밀도이다.

따라서 공차의 크기를 선정할 때 숫자만 놓고 비교하는 것은 무의미하다. 공차의 크기는 정밀도를 몇 등급으로 부여할 것인가를 생각해서 선정한다. 정밀도에 대해서 국제 표준기구(ISO)에서는 부록 5와 같은 IT(ISO Tolerance) 기본 공차표로 정밀도의 급을 매긴다. 이 기본 공차표에 의하면 40 ± 0.008은 40에 대하여 0.016, 즉 16㎛의 공차이므로 IT 6급 공차이며 40 ± 0.08은 40에 대하여 160㎛의 공차이므로 IT 11급 공차이다.

이와 같이 급수가 작을수록 더욱 정밀한 공차이다. 300 ± 0.016은 300에 대해 32㎛의 공차이므로 IT 6급 공차이다. 그러므로 40 ± 0.008과 300 ± 0.016는 동일 수준의 IT 6급 정밀도이다.

1-1-2-3 끼워 맞춤

(1) 끼워 맞춤의 용어(KS B 0401)

구멍, 축의 조립전의 치수 차이에서 생기는 관계를 끼워 맞춤 공차라 하며 용어 및 의미를 그림 4-1-5에 나타내었다.

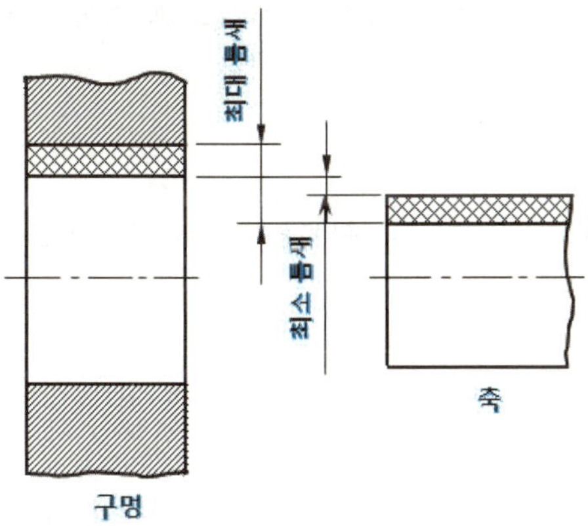

(a) 헐거운 끼워 맞춤

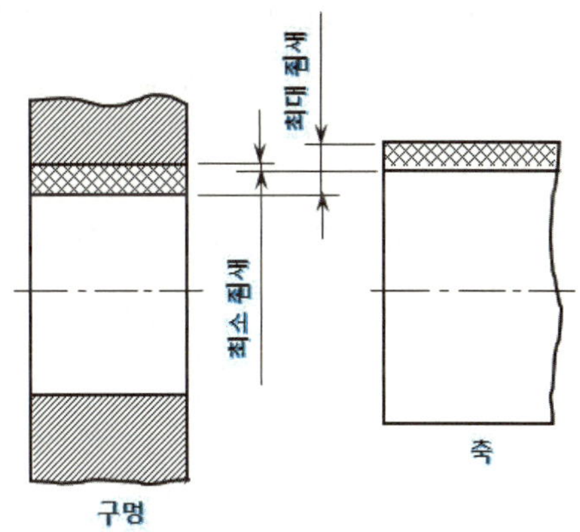

(b) 억지 끼워 맞춤

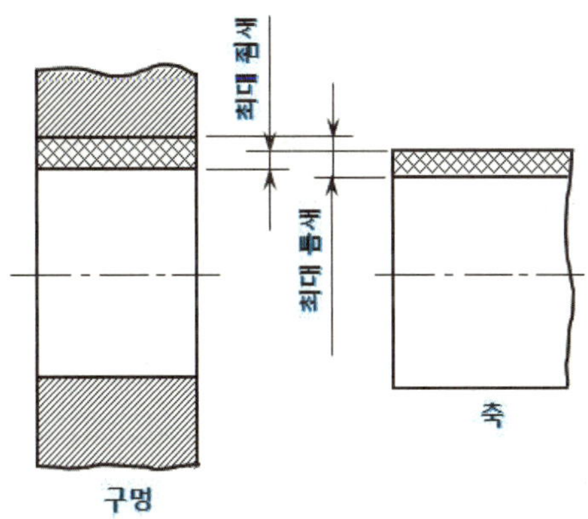

(c) 중간 끼워 맞춤

그림 4-1-5 끼워 맞춤의 용어

ⓐ 틈새

구멍의 치수가 축의 치수보다도 클 때 조립 전의 구멍과 축과의 치수의 차.

ⓑ 최소 틈새와 최대 틈새

헐거운 끼워 맞춤에서 구멍의 최소 허용 치수와 축의 최대 허용 치수와의 차를 최소 틈새라 한다.

헐거운 끼워 맞춤 또는 중간 끼워 맞춤에서 구멍의 최대 허용 치수와 축의 최소 허용 치수와의 차를 최대 틈새라 한다.

ⓒ 죔새

구멍의 치수가 축의 치수보다도 작을 때의 조립 전의 구멍과 축과의 치수의 차.

ⓓ 최소 죔새 및 최대 죔새

헐거운 끼워 맞춤에서 조립전의 구멍의 최대 허용 치수와 축의 최소 허용 치수와의 차를 최소 죔새라 한다.

억지 끼워 맞춤 또는 중간 끼워 맞춤에서 조립전의 구멍의 최소 허용 치수와 축의 최대 허용 치수와의 차를 최대 죔새라 한다.

(2) 끼워 맞춤 공차 설정

그림 4-1-6과 같이 부시에 ∅20 ㎜인 축을 끼워서 미끄럼 베어링의 역할을 하도록 할 때 끼워 맞춤 공차를 어떻게 지정하면 좋을까?

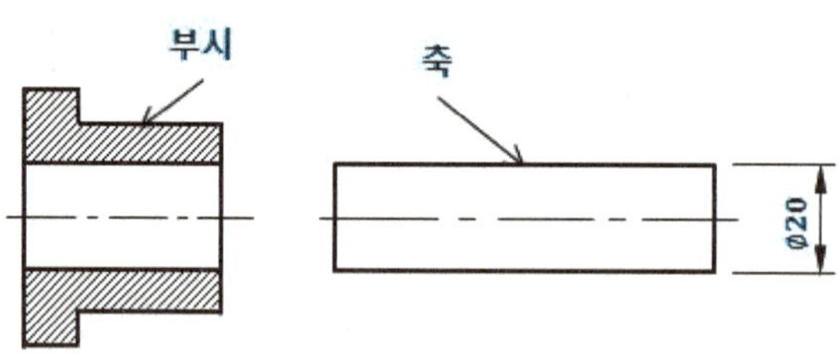

그림 4-1-6 부시와 축의 끼워 맞춤

KS B 2005에 따르면 미끄럼 베어링용 부시는 표 4-1-2와 같이 적용해야 한다.

표 4-1-2 부시의 KS규격(KS B 2005)

안지름 *d*	바깥 지름 *D*			길이 *L*					*c*
20	25	28	31.5	12.5	16	20	25	31.5	

베어링의 경우 축과 구멍이 헐거운 끼워 맞춤이 되어야 하므로 상용하는 구멍 기준 끼워 맞춤 가운데 H7을 선택하기로 하면 부록 5에 의하면 7급은 공차가 21 ㎛이고, 부록 6에 의해 아래 치수 허용차가 0이 된다. 한편 위 치수 허용차는 +21 ㎛이 되므로 $\phi 20^{+0.021}_{0}$ 이고 최대 허용치수는 ∅20.021 ㎜이고 최소 치수허용차는 ∅20.000 ㎜이다. 한편 축의 경우는 p6, n6 및 g5 가운데 헐거운 끼워 맞춤을 생각하면 부록 5에 의하면 5급은 공차가 9 ㎛이고, 부록7에 의해 위의 치수 허용차가 -7 ㎛이 된다. 한편 아래 치수 허용차는 -16 ㎛이 되므로 $\phi 20^{-0.007}_{-0.016}$이고 최대 허용치수는 ∅19.993 ㎜이고 최소 치수허용차는 ∅19.984 ㎜이다. 즉, 끼워 맞춤 공차는 ∅20H7/g5가 된다.

한편 헐거운 끼워 맞춤 공차를 적용하여 최대 틈새와 최소 틈새를 계산하면 표 4-1-3과 같다.

표 4-1-3 헐거운 끼워 맞춤에서 최대 틈새와 최소 틈새 계산

구분	구멍	축
기준 치수	20	20
최대 허용 치수	20.021	19.993
최소 허용 치수	20.000	19.984
최대 틈새 = 구멍의 최대 허용 치수(20.021)-축의 최소 허용 치수(19.984)=0.037 최소 틈새 = 구멍의 최소 허용 치수(20.000)-축의 최대 허용 치수(19.993)=0.007		

표 4-1-3에서 알 수 있듯이 최대 틈새와 최소 틈새가 모두 양(+)의 값이라는 것은 구멍 지름의 치수 허용치가 축 지름의 치수 허용치보다 모두 크다는 의미이고 이것은 축이 자유롭게 움직일 수 있는 여유가 있는 것으로 헐거운 끼워 맞춤이 맞다. 이상의 결과를 정리하여 도면에 적용하면 그림 4-1-7과 같다.

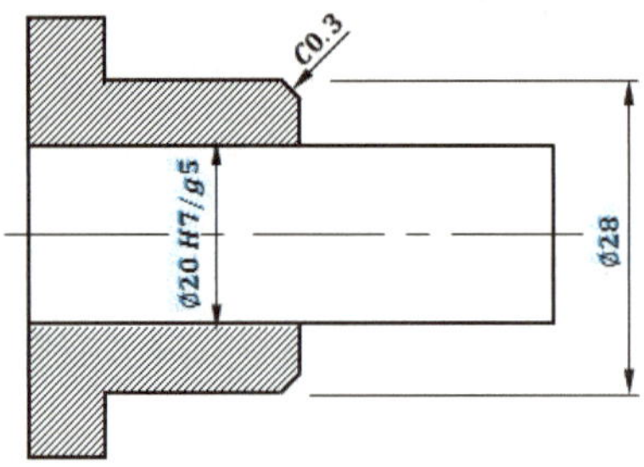

그림 4-1-7 끼워 맞춤 공차를 적용한 부시와 축 조립도면

1-1-3 CAD 관련 사항 검토하기

SolidWorks에서는 치수 공차에 관련된 속성 창이 있으며 치수를 기입할 때 나타난다. 그림 4-1-8은 허용 한계치수 공차 설정 과정을 나타내며 그림 4-1-9는 끼워 맞춤 공차 설정 과정을 나타낸 것이다. 그림에서 보듯이 공차 표현에는 여러 가지가 있으므로 KS 규격에 맞게 표현하면 된다.

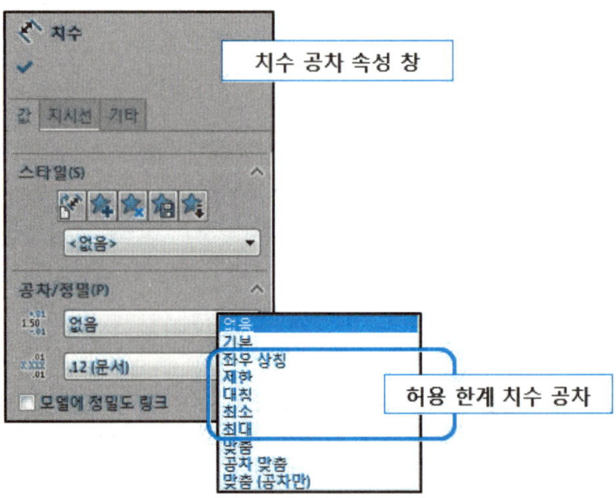

그림 4-1-8 허용 한계 치수 공차 설정 과정

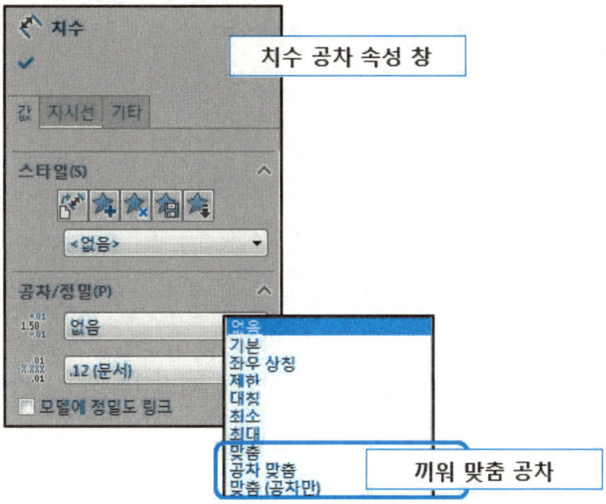

그림 4-1-9 끼워 맞춤 공차 설정 과정

1-2 학습 활동

1-2-1 보통공차 규제

생각하기 : 보통공차는 어떻게 규제할 것인가?

보통공차는 일반 공차라고도 하며 각각의 도형에 대하여 공차를 지정하지 않고 일괄적으로 주서에서 규제한다. 절삭 가공품의 일반 공차(KS B 0412)에 의하면 공차 등급을 정밀급, 보통급, 거친급, 아주 거친급으로 나누어 공차를 지정한다.

(1) 조건 설정

수행 : 조건 설정하기

① 그림 4-1-1 (c)와 같은 부품을 절삭가공 하는 것으로 가정한다.

② 가공의 공차 등급은 보통급(m)으로 한다.

③ KS B 0412의 일반 공차를 따른다.

(2) 도면 작성 준비하기

수행 : 도면 작성 화면 들어가기

① 풀다운 메뉴에서 새로 만들기 아이콘을 선택한다.

② 기본 모듈 가운데 도면을 선택한다.

③ 시트 형식/크기 설정 창에서 찾아보기를 클릭한다.

④ a4-landscape.slddrt를 설정하고 열기를 한다.

⑤ 확인을 클릭한다.

(3) 표제란 삭제하기

생각하기 : 표제란 삭제는 왜 하는가?

새로운 표제란을 넣기 위해서는 기본으로 주어지는 표제란은 삭제하여야 한다. 새로운 표제란은 도면 작성 마지막에 넣기로 한다.

수행 : 시트 편집하기

① 도면 Management 탭에서 시트형식을 선택한다.

② 시트형식 탭에서 시트 편집을 선택한다.

③ 표제란 부분을 마우스로 전체 드래그 하여 삭제 영역을 정하고 키보드의 삭제 버튼을 클릭한다.

④ 확인을 클릭한다.

(4) 모델 뷰 배치

수행 : 모델 뷰 레이 아웃하기

① 도면 화면 오른쪽의 뷰 팔레트를 선택하여 우측에 창을 띄운다.

② 이 창에서 윗 쪽의 "..."을 클릭하여 불러 오고자 하는 파일 이름 그림 4-1-5의 대상 파일을 선택한다.

③ 도면 뷰에서 정면 뷰를 드래그 하여 끌어다 도면 시트 화면에 정면도로 갖다 놓는다.

④ 이어서 우측면 뷰를 배치한다.

(5) 치수 기입하기

수행 : 모델 뷰의 치수 표시하기

① 도면 탭에서 주석을 클릭한다.

② 주석 메뉴 가운데 지능형 치수를 선택한다.

③ 그림 4-1-10과 같이 필요한 치수를 삽입한다.

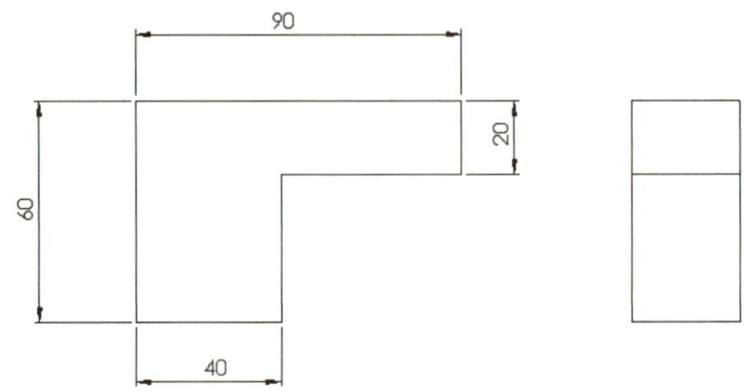

그림 4-1-10 치수 기입 결과

(6) 표제란 삽입 및 편집하기

수행 : 새로운 표제란 삽입하기

① 시트형식 탭을 클릭하고 일반테이블을 클릭한다.

② 테이블을 삽입할 수 있는 창이 나타나며 여기서 별표 모양을 클릭하면 미리 만들어 놓은 표제란 테이블 템플릿(A4_1)을 찾아서 가져올 수 있다.

③ 일반테이블 편집 완료 버튼을 누른다.

④ 테이블 템플릿을 오른쪽 모서리에 위치하도록 배치한다.

수행 : 표제란 편집하기

① 표제란의 이름의 빈 칸을 더블 클릭한다.

② 한글로 자기 이름을 작성한다.

③ 빈칸에 대해 도면의 내용과 작성 장소를 모두 기입한다.

(7) 일반 공차 기입하기

생각하기 : 일반 공차는 어떻게 기입하면 좋을까?

조건 설정에서 절삭 가공의 보통급으로 일반 공차를 주기로 했기 때문에 도면부에는 일반 공차를 표현하여 정확한 정보를 전달하여야 하는데 일반 공차는 일일이 도면에 기입하지 않고 주서를 사용하여 일괄적으로 지정한다.

수행 : 주서 표시하기

① 주석에서 “노트”를 선택한다.

② 도면 오른 쪽에 그림 4-1-11과 같이 주서를 기입한다. 즉, “기계가공 KS B 0412 보통급”으로 기준 치수에 대해 일반 공차를 지정한다.

③ 확인 버튼을 누른다.

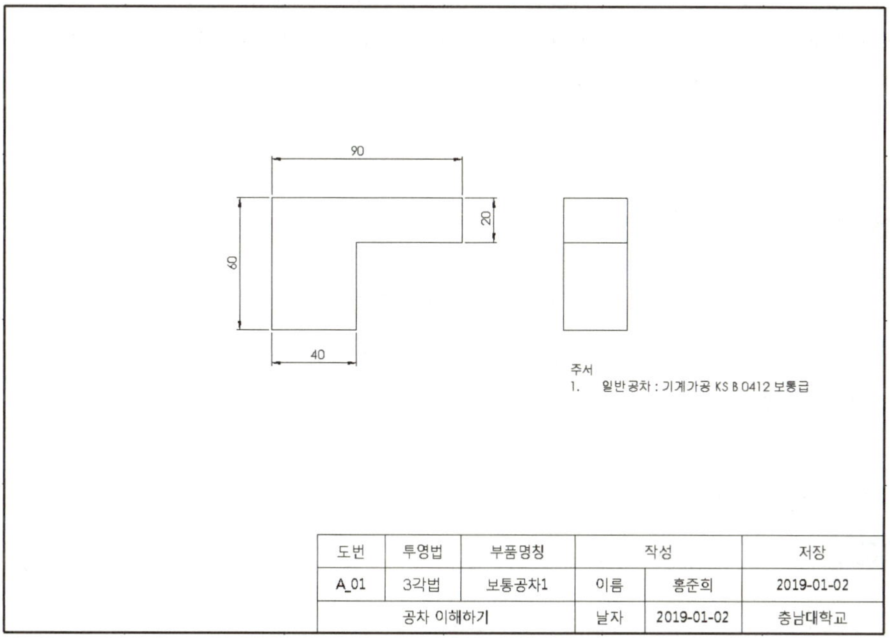

그림 4-1-11 일반 공차 지정 결과

(8) 저장하기

수행 : 최종 도면 저장하기

① 저장 도구( )에서 다른 이름으로 저장하기를 클릭한다.

② 저장할 디렉토리를 정하고 파일이름을 “일반 공차”로 한다.

1-2-2 허용 한계치수 규제

생각하기 : 허용 한계치수란 무엇일까?

허용 한계치수란 기준으로부터 치수를 규제한다는 것이다. 즉, 가공 상 허용범위를 어느 정도 규제할 것인지와 직결된다. 부품의 어떤 부분은 정밀하게 가공하여야 하며 다른 부분은 거칠게 가공하여도 되는 경우에 부위에 따라 정밀도를 지정한다.

따라서 이것은 사용 공작기계의 정도, 표준 작업 환경 및 작업자의 숙련도에 의해 좌우될 수 있는 것으로 가공비와 직결된다고 할 수 있다. 따라서 정밀하게 공차역의 폭으로 규제하면 가공비가 많이 들 것이며 거치른 공차역의 폭으로 규제하면 가공비가 많이 들지 않을 것이다.

(1) 조건 설정

수행 : 조건 설정하기

① 그림 4-1-1의 (a)에서 (c)까지 순차적으로 절삭가공 하는 부품으로 가정한다.

② 수치에 의한 허용 한계치수를 규제하는 것으로 한다.

③ 밑면과 옆면을 기준면으로 한다.

(2) 도면 작성 준비하기

수행 : 도면 작성 화면 들어가기

① 풀다운 메뉴에서 새로 만들기 아이콘을 선택한다.

② 기본 모듈 가운데 도면을 선택한다.

③ 시트 형식/크기 설정 창에서 찾아보기를 클릭한다.

④ a4-landscape.slddrt를 설정하고 열기를 한다.

⑤ 확인을 클릭한다.

(3) 표제란 삭제하기

생각하기 : 표제란 삭제는 왜 하는가?

새로운 표제란을 넣기 위해서는 기본으로 주어지는 표제란은 삭제하여야 한다. 새로운 표제란은 도면 작성 마지막에 넣기로 한다.

수행 : 시트 편집하기

① 도면 Management 탭에서 시트형식을 선택한다.

② 시트형식 탭에서 시트 편집을 선택한다.

③ 표제란 부분을 마우스로 전체 드래그 하여 삭제 영역을 정하고 키보드의 삭제 버튼을 클릭한다.

④ 확인을 클릭한다.

(4) 아래 또는 위의 치수허용차 0의 규제

생각하기 : 아래 또는 위의 치수 허용차가 0인 규제는 무슨 의미일까?

예를 들어 그림 4-1-1 (a)의 초기 가공물에서 그림 4-1-1 (b)와 같이 기준치수가 60이 되도록 윗면 가공을 할 때 밑면을 기준으로 어느 정도의 가공오차가 발생해도 좋은지를 가공하는 사람에게 알려 주어야 한다. 만일 기준 치수 60에 비해 절대 작아서는 안 된다면 아래 치수 허용차를 0, 즉 허용한계치수는 $60^{+\alpha}_{0}$이다. 따라서 최소 허용치수는 기준 치수이며 α값에 의해 최대 허용치수가 정해진다. 다시 말해서 치수 공차를 0.2㎜로 정하면 허용한계치수는 $60^{+0.2}_{0}$이다.

반면 위의 치수허용차가 0인 경우는 반대의 의미이다.

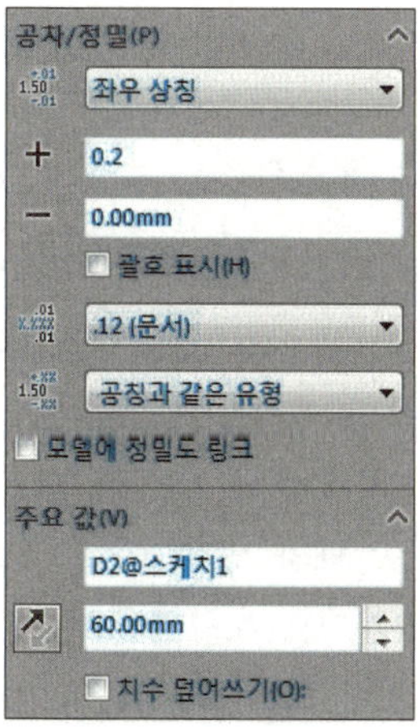

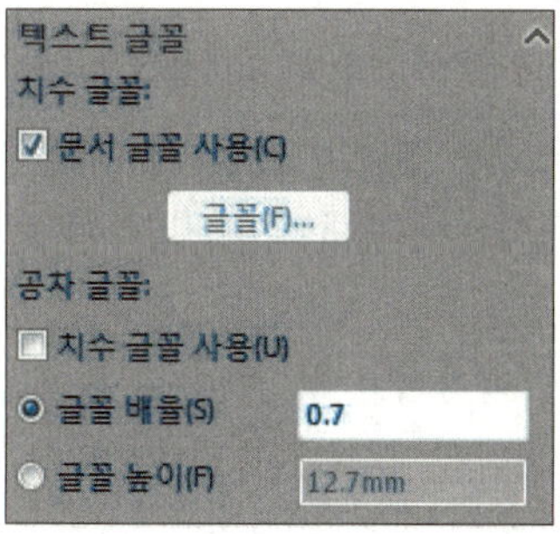

그림 4-1-12 치수 공차 속성 창

수행 : 허용한계치수 $60^{+0.2}_{0}$ 기입하기

① 도면 가운데 길이 60을 클릭한다.

② 그림 4-1-12와 같이 치수 창에서 공차/정밀을 “좌우 상칭”으로 설정한다.

③ 최소 편차를 0, 최대 편차를 +0.2로 한다. 즉, 밑면 기준으로 높이 허용한계치수 $60^{+0.2}_{0}$을 기입한다.

④ 텍스트 글꼴 메뉴가 나타나며 여기서 공차의 글꼴 크기는 치수의 기타를 클릭하여 치수 글꼴 사용 체크를 없애고 글꼴을 체크한다.

⑤ 글꼴 배율을 치수 글꼴 크기에 비해 0.7배율이 되도록 한다.

⑥ 확인을 클릭한다(그림 4-1-13).

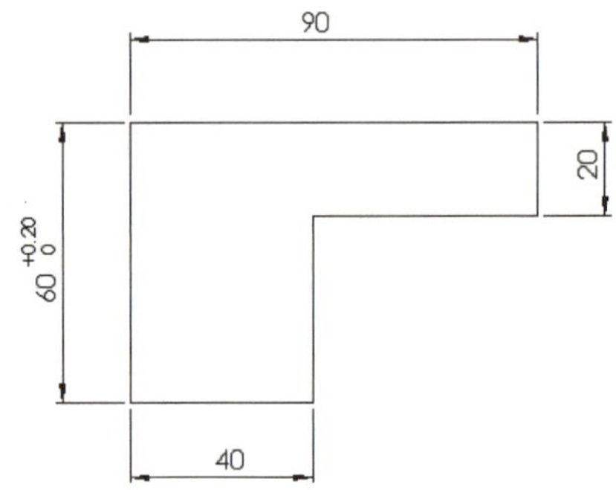

그림 4-1-13 허용 한계치수 규제 결과

(5) 정밀 공차역 허용 한계치수 규제

생각하기 : 정밀 허용 한계치수 규제는 무슨 의미일까?

예를 들어 그림 4-1-1 (b)의 윗면 가공 후에 그림 4-1-1 (c)와 같이 ㄱ자 형태로 기준치수가 40이 되도록 옆면 가공을 할 때 옆면을 기준으로 어느 정도의 가공오차가 발생해도 좋은지를 가공하는 사람에게 알려 주어야 한다. 허용 한계치수란 가공 상 허용범위를 어느 정도 규제할 것인지와 직결된다. 따라서 정밀하게 공차역의 폭으로 규제하면 가공비가 많이 들지만 필요에 따라서는 정밀하게 공차역을 주어야 할 때가 있다. 특히 조립과 관련하여 작동 부분이나 기밀을 유지해야 할 부분 등은 정밀 공차역으로 규제한다. 예를 들어 기준 치수 40에 대해 아래 치수 허용차가 -0.01이고 위의 치수 허용차가 +0.02인 경우의 허용한계치수는 $60^{+0.02}_{-0.01}$이다. 즉, 위의 치수 허용차는 기준 치수보다 0.02 ㎜보다 커서는 안 되며, 아래 치수 허용차는 기준 치수보다 0.01 ㎜보다 작아서는 안 된다는 규제이다.

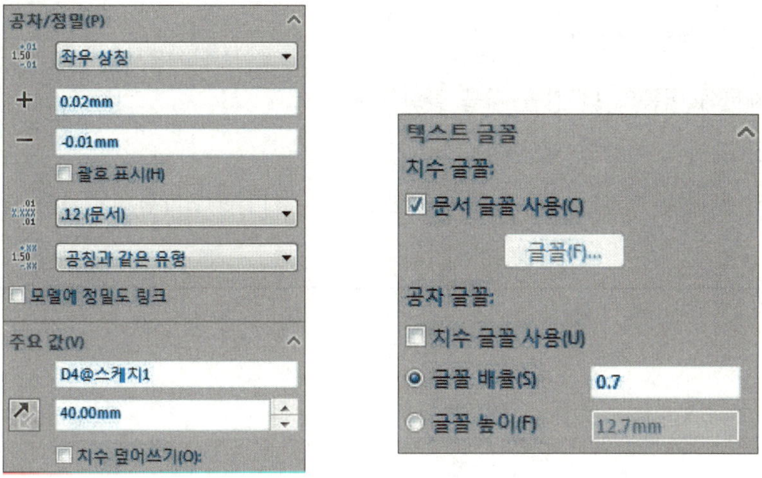

그림 4-1-14 치수 공차 속성 창

수행 : 허용한계치수 $40^{+0.02}_{-0.01}$ 기입하기

① 도면 가운데 길이 40을 클릭한다.

② 그림 4-1-14와 같이 치수 창에서 공차/정밀을 "좌우 상칭"으로 설정한다.

③ 최대 편차를 +0.02, 최소 편차를 -0.01로 한다. 즉, 공차 $40^{+0.02}_{-0.01}$을 기입한다.

④ 텍스트 글꼴 메뉴가 나타나며 여기서 공차의 글꼴 크기는 치수의 기타를 클릭하여 치수 글꼴 사용 체크를 없애고 글꼴을 체크한다.

⑤ 글꼴 배율을 치수 글꼴 크기에 비해 0.7배율이 되도록 한다.

⑥ 확인을 클릭한다.

(6) 표제란 삽입 및 편집하기

수행 : 새로운 표제란 삽입하기

① 시트형식 탭을 클릭하고 일반테이블을 클릭한다.

② 테이블을 삽입할 수 있는 창이 나타나며 여기서 별표 모양을 클릭하면 미리 만들어 놓은 표제란 테이블 템플릿(A4_1)을 찾아서 가져올 수 있다.

③ 일반테이블 편집 완료 버튼을 누른다.

④ 테이블 템플릿을 오른쪽 모서리에 위치하도록 배치한다.

수행 : 표제란 편집하기

① 표제란의 이름의 빈 칸을 더블 클릭한다.

② 한글로 자기 이름을 작성한다.

③ 빈칸에 대해 도면의 내용과 작성 장소를 모두 기입한다(그림 4-1-15).

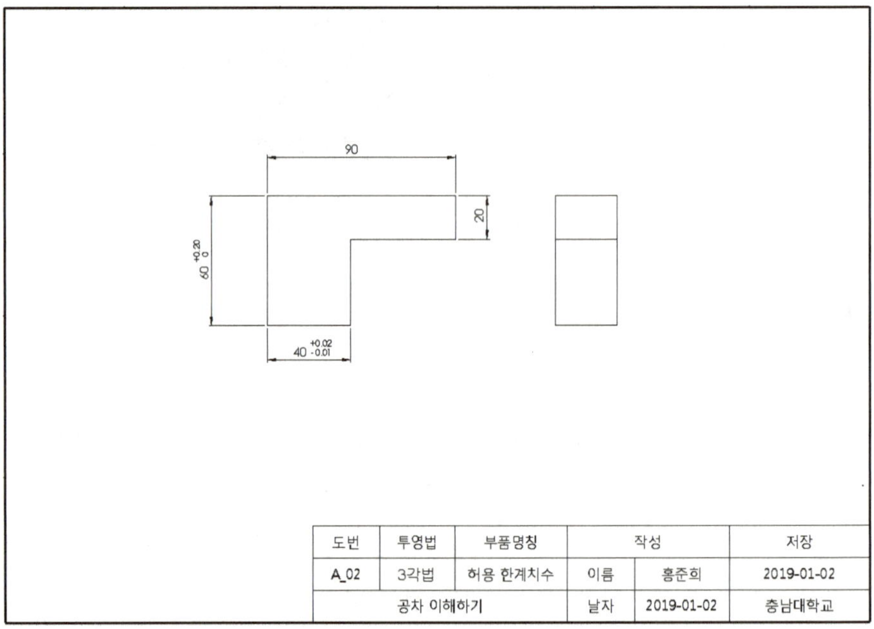

그림 4-1-15 허용 한계치수 규제 결과

(7) 저장하기

수행 : 최종 도면 저장하기

① 저장 도구( )에서 다른 이름으로 저장하기를 클릭한다.

② 저장할 디렉토리를 정하고 파일이름을 "허용한계치수"로 한다.

1-2-3 끼워 맞춤 공차

생각하기 : 끼워 맞춤 공차는 어떻게 규제할 것인가?

상대 부품과 조립되는 경우에는 상호 관계에 의해 끼워 맞춤 공차를 지정한다. 헐거운 끼워 맞춤과 보통(중간) 끼워 맞춤 및 억지 끼워 맞춤의 조립 조건이 지정된다. 구멍의 경우는 대문자로, 축의 경우는 소문자로 끼워 맞춤 조건을 지정한다. 숫자는 공차 등급을 나타낸다.

1-2-3-1 구멍 기준 축의 헐거운 끼워 맞춤 공차

(1) 조건 설정

수행 : 조건 설정하기

① 그림 4-1-16 (a)와 같은 ∅40H6 구멍에 그림 4-1-16 (b)와 같은 ∅40인 축을 끼워 맞춤한다.

② 축은 적당한 틈새가 있어 운동이 가능한 헐거운 끼워 맞춤으로 가정한다.

③ 축의 치수 허용차는 KS 규격 표에 따른다.

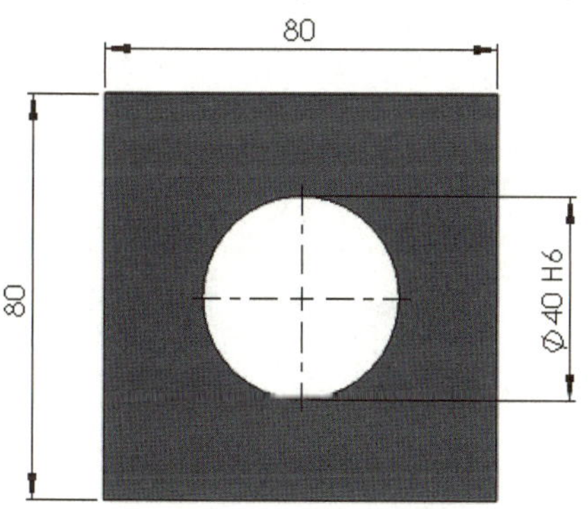

(a) 구멍 ∅40H6 형상

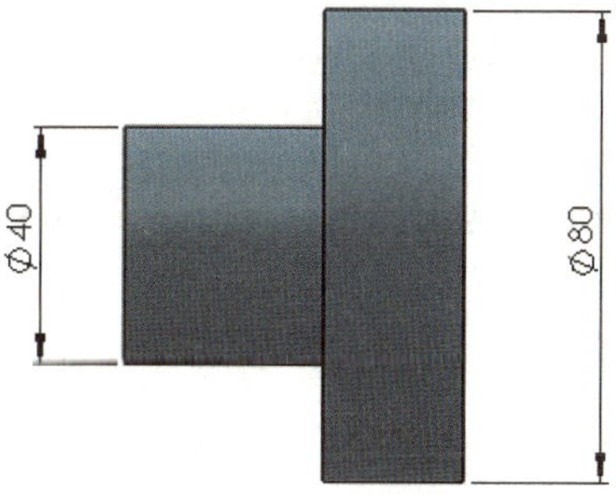

(b) 끼워 맞춤 할 축 형상

그림 4-1-16 구멍과 축의 끼워 맞춤 형상

(2) 도면 작성 준비하기

수행 : 도면 작성 화면 들어가기

① 풀다운 메뉴에서 새로 만들기 아이콘을 선택한다.

② 기본 모듈 가운데 도면을 선택한다.

③ 시트 형식/크기 설정 창에서 찾아보기를 클릭한다.

④ a4-landscape.slddrt를 설정하고 열기를 한다.

⑤ 확인을 클릭한다.

(3) 표제란 삭제하기

생각하기 : 표제란 삭제는 왜 하는가?

새로운 표제란을 넣기 위해서는 기본으로 주어지는 표제란은 삭제하여야 한다. 새로운 표제란은 도면 작성 마지막에 넣기로 한다.

수행 : 시트 편집하기

① 도면 Management 탭에서 시트형식을 선택한다.

② 시트형식 탭에서 시트 편집을 선택한다.

③ 표제란 부분을 마우스로 전체 드래그 하여 삭제 영역을 정하고 키보드의 삭제 버튼을 클릭한다.

④ 확인을 클릭한다.

(4) ∅40H6인 구멍의 치수공차 정하기

수행 : IT 6급에 대한 치수공차 정하기

① 부록 3의 IT 기본 공차표(KS 규격)를 열람한다.

② 치수 구분에서 기준 치수 40에 해당하는 부분인 30초과 50이하 줄을 주시한다.

③ 6급이므로 표 4-1-4와 같이 밑으로 30초과 50이하 줄과 교차하는 값 16을 선택한다.

④ IT 공차의 단위는 ㎛이므로 16 ㎛이며 이것이 치수 공차이다.

표 4-1-4 IT 기본 공차표(㎛)

치수구분 [mm] / 등급		IT2 (2급)	IT3 (3급)	IT4 (4급)	IT5 (5급)	IT6 (6급)	IT7 (7급)
초과	이하						
18	30	2.5	4	6	9	13	21
30	50	2.5	4	7	11	**16**	25
50	80	3	5	8	13	19	30

(5) ∅40H6인 구멍의 위/아래 치수 허용차 구하기

생각하기 : 위/아래 치수 허용차를 어떻게 정할 것인가?

정밀도 IT 6급이고 위/아래 치수 허용차는 H인 구멍의 경우를 생각하면 위/아래 치수 허용차는 H인 구멍의 경우 기호로 $H6$라고 표현한다. 따라서 IT 공차 등급 6에 해당하는 치수공차를 선정하고 다음에 구멍 기준의 치수 허용차표를 이용하여 위의 또는 아래 치수 허용차를 선정한다.

수행 : H6인 구멍의 치수 허용차 정하기

① 표 4-1-5의 구멍의 치수 허용차(KS 규격)에서 기준 치수가 40이므로 표의 맨 왼쪽 칸에서 "30을 초과 40이하"를 선택한다.

② 표의 맨 위쪽에서 두 번째 줄에서 H를 선택하여 해당하는 칸과 줄이 만나는 곳에 있는 숫자를 읽어보면 "0"이라는 숫자가 있다.

③ "H"의 바로 윗줄을 보면 "아래 치수 허용차"라고 되어 있다. 따라서 우리가 찾는 숫자 "0"은 위/아래 치수 허용차 중에서 아래 치수 허용차를 의미하며 위의 치수허용차는 (치수공차 ; 0.016)-(아래치수허용차 ; 0)=(위의 치수허용차 ; +0.016)이다. 따라서 이것을 숫자로 표시하면 $40^{+0.016}_{0}$에 해당한다.

표 4-1-5 구멍의 치수 허용차(㎛)

기초가 되는 치수허용차		아래의 치수허용차						
구멍종류		D	E	EF	F	FG	G	H
치수구분 [mm] \ IT등급별		01~16						
초과	이하							
18	24	+65	+40	-	+20	-	+7	0
24	30							
30	40	+80	+50	-	+25	-	+9	0
40	50							
50	65	+100	+60	-	+30	-	+10	0
65	80							

(6) 축의 헐거운 끼워 맞춤 공차 정하기

생각하기 : 헐거운 끼워 맞춤 공차는 어떤 기준으로 설정할 것인지?

기계에 조립되는 각 부품의 기능과 작동 상태를 고려하여 가공법과 표준 부품의 적용 여부에 따라 구멍기준 끼워 맞춤 공차 방식이나 축 기준 끼워 맞춤 공차 방식으로 선택하고 적용한다.

구멍이 축보다 가공이나 측정이 어려울 때는 구멍기준 끼워 맞춤을 선택하고 적용하는 것이 편리하며, 주로 표준 부품을 많이 적용하는 경우와 그 기능상 필요한 설계도면에서는 축 기준 끼워 맞춤 방식을 적용한다. 일반적으로는 설계도면 작성 시 구멍기준 끼워 맞춤을 적용하고 있다.

헐거운 끼워 맞춤은 최대 틈새와 최소 틈새만이 관여하며 이 두 가지 값은 양의 값을 가져야 한다. 최대 틈새와 최소 틈새는 다음과 같이 구한다.

최대 틈새 = 구멍의 최대 허용 치수-축의 최소 허용 치수

최소 틈새 = 구멍의 최소 허용 치수-축의 최대 허용 치수

수행 : 축의 끼워 맞춤 공차 기호 정하기

① H6구멍 기준 헐거운 끼워 맞춤의 경우 부록 8에 의해 축의 공차역 클래스는 f6, g6, e7나 f7이 있는데 적당한 틈새가 있어 운동이 가능한 헐거운 끼워 맞춤으로 가정하였으므로 부록 8에 의해 f6을 선택하는 것으로 한다.

② f6 축은 IT 공차 등급이 6이므로 표 4-1-6과 같이 치수공차가 16(㎛)이다.

③ 표 4-1-7에 따르면 축에 대한 위의 치수 허용차가 -25이므로 아래의 치수 허용차는 -25-16=-41가 되는 것이다. 즉, $40^{-0.025}_{-0.041}$이다.

④ 기준치수가 40인 H6구멍 기준 헐거운 축 끼워 맞춤의 경우 표 4-1-8에 의해 최대 틈새는 0.057이고 최소 틈새는 0.025이다.

표 4-1-6 IT 기본 공차표(㎛)

치수구분 [mm] (등급)		IT2 (2급)	IT3 (3급)	IT4 (4급)	IT5 (5급)	IT6 (6급)	IT7 (7급)
초과	이하						
10	18	2	3	5	8	11	18
18	30	2.5	4	6	9	13	21
30	50	2.5	4	7	11	**16**	25
50	80	3	5	8	13	19	30
80	120	4	6	10	15	22	35

표 4-1-7 축의 치수 허용차(㎛)

기초가 되는 치수허용차		위의 치수허용차					
축종류		e	ef	f	fg	g	h
치수구분[mm] (IT등급별)		01~16					
초과	이하						
18	24	-40	-	-20	-	-7	0
24	20						
30	40	-50	-	**-25**	-	-9	0
40	50						
50	65	-60	-	-30	-	-10	0
65	80						

표 4-1-8 축 헐거운 끼워 맞춤 공차 계산

구분	H6 구멍	f6 축
기준 치수	40	40
위의 치수 허용차	0.016	-0.025
아래의 치수 허용차	0	-0.041
최대 허용치수	40.016	39.975
최소 허용치수	40.000	39.959

최대 틈새 = 구멍의 최대 허용 치수(40.016)-축의 최소 허용 치수(39.959)=0.057
최소 틈새 = 구멍의 최소 허용 치수(40.000)-축의 최대 허용 치수(39.975)=0.025

(7) 축의 끼워 맞춤 공차 기호 기입하기

생각하기 : 도면에서 끼워 맞춤 공차 기호는 어떻게 기입할 것인지?

도면에서 끼워 맞춤 공차는 구멍과 축에 모두 기입해야 하는데 끼워 맞춤에 따라 정해진 끼워 맞춤 공차 기호로 표현한다. 예를 들어 ∅40H6인 구멍에 ∅40 축을 헐거운 끼워 맞춤할 경우는 앞에서 정한 끼워 맞춤 공차 기호를 사용하면 된다. 즉, 구멍은 ∅40H6를 축은 ∅40f6를 각각 도면에 기입하면 된다. 반드시 끼워 맞춤이 이루어지는 부품 간에 서로 연동이 되어 표현해야 한다.

수행 : 끼워 맞춤 공차 기호 기입하기

① 도면 가운데 축 ∅40을 클릭한다.

② 그림 4-1-17과 같이 치수 속성 창의 공차/정밀에서 공차 유형은 "맞춤"으로 분류는 "끼워 맞춤"으로 설정한다.

③ 축 맞춤에 대해 f6을 설정하고 일렬배열로 한다.

④ 텍스트 글꼴 메뉴가 나타나며 여기서 공차의 글꼴 크기는 치수의 기타를 클릭하여 치수 글꼴 사용 체크를 없애고 글꼴을 체크한다.

⑤ 글꼴 배율을 치수 글꼴 크기에 비해 0.7배율이 되도록 한다.

⑥ 확인을 클릭한다(그림 4-1-18).

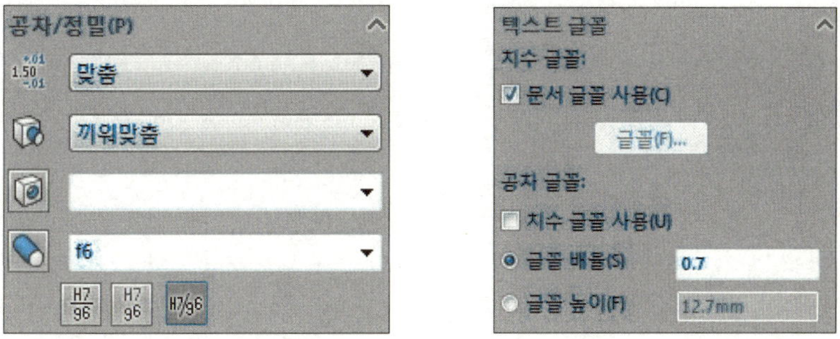

그림 4-1-17 끼워 맞춤 공차 속성 설정 결과

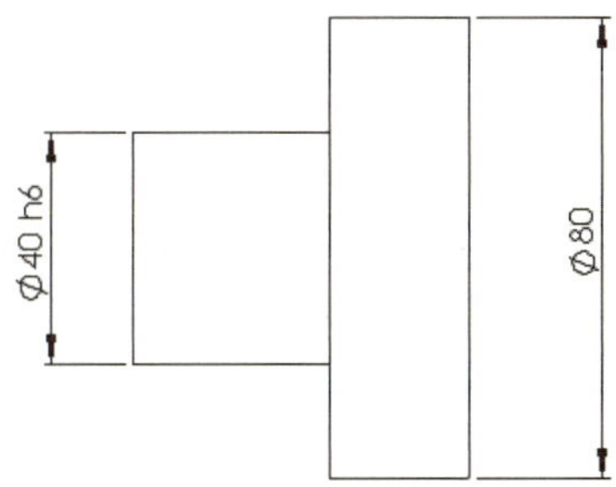

그림 4-1-18 끼워 맞춤 공차 기호 기입 결과

(8) 표제란 삽입 및 편집하기

수행 : 새로운 표제란 삽입하기

① 시트형식 탭을 클릭하고 일반테이블을 클릭한다.

② 테이블을 삽입할 수 있는 창이 나타나며 여기서 별표 모양을 클릭하면 미리 만들어 놓은 표제란 테이블 템플릿(A4_1)을 찾아서 가져올 수 있다.

③ 일반테이블 편집 완료 버튼을 누른다.

④ 테이블 템플릿을 오른쪽 모서리에 위치하도록 배치한다.

수행 : 표제란 편집하기

① 표제란의 이름의 빈 칸을 더블 클릭한다.

② 한글로 자기 이름을 작성한다.

③ 빈칸에 대해 그림 4-1-19와 같이 도면의 내용과 작성 장소를 모두 기입한다.

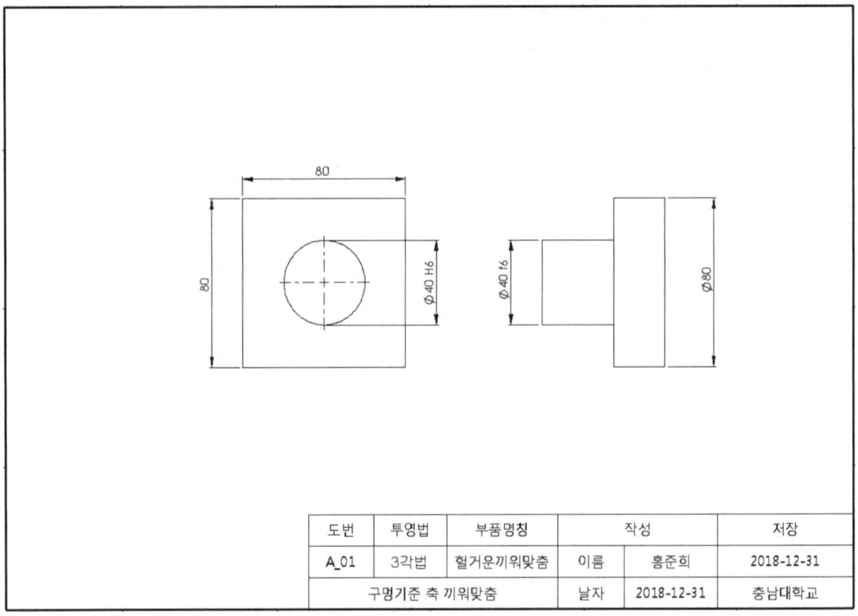

그림 4-1-19 도면의 작성 완료

(9) 저장하기

수행 : 최종 도면 저장하기

① 저장 도구()에서 다른 이름으로 저장하기를 클릭한다.

② 저장할 디렉토리를 정하고 파일이름을 "헐거운 끼워 맞춤 공차"로 한다.

1-2-3-2 구멍 기준 축의 억지 끼워 맞춤 공차

(1) 조건 설정

수행 : 조건 설정하기

① 그림 4-1-20 (a)와 같은 ∅40H7 구멍에 그림 4-1-20 (b)와 같은 ∅40인 축을 끼워 맞춤한다.

② 축은 부품을 손상하지 않고 분해 곤란한 억지 끼워 맞춤으로 가정한다.

③ 축의 치수 허용차는 KS 규격표에 따른다.

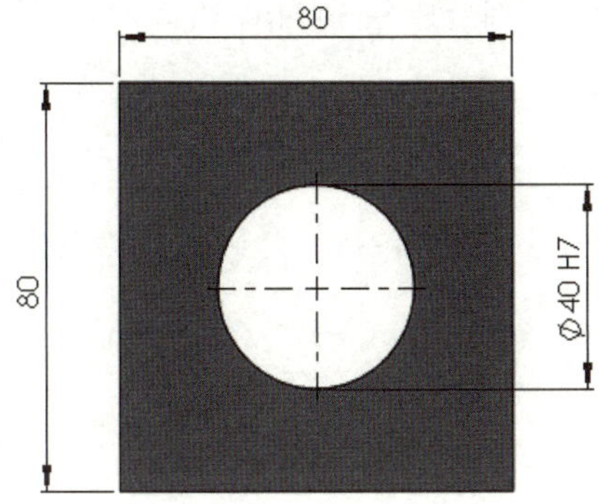

(a) 구멍 ∅40H7 형상

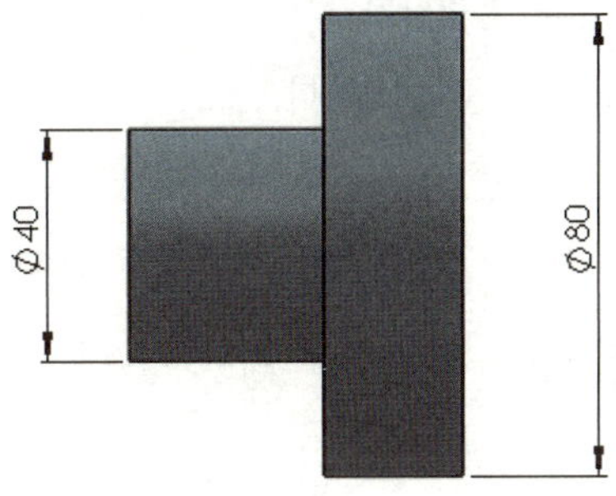

(b) 끼워 맞춤 할 축 형상

그림 4-1-20 구멍기준 축의 억지 끼워 맞춤의 경우

(2) 도면 작성 준비하기

수행 : 도면 작성 화면 들어가기

① 풀다운 메뉴에서 새로 만들기 아이콘을 선택한다.

② 기본 모듈 가운데 도면을 선택한다.

③ 시트 형식/크기 설정 창에서 찾아보기를 클릭한다.

④ a4-landscape.slddrt를 설정하고 열기를 한다.

⑤ 확인을 클릭한다.

(3) 표제란 삭제하기

생각하기 : 표제란 삭제는 왜 하는가?

새로운 표제란을 넣기 위해서는 기본으로 주어지는 표제란은 삭제하여야 한다. 새로운 표제란은 도면 작성 마지막에 넣기로 한다.

수행 : 시트 편집하기

① 도면 Management 탭에서 시트형식을 선택한다.

② 시트형식 탭에서 시트 편집을 선택한다.

③ 표제란 부분을 마우스로 전체 드래그 하여 삭제 영역을 정하고 키보드의 삭제 버튼을 클릭한다.

④ 확인을 클릭한다.

(4) ∅40H7인 구멍의 치수공차 정하기

수행 : IT 7급에 대한 치수공차 정하기

① 부록 3의 IT 기본 공차표(KS 규격)를 열람한다.

② 치수 구분에서 기준 치수 40에 해당하는 부분인 30초과 50이하 줄을 주시한다.

③ 7급이므로 표 4-1-9와 같이 밑으로 30초과 50이하 줄과 교차하는 값 25를 선택한다.

④ IT 공차의 단위는 ㎛이므로 25 ㎛이며 이것이 치수 공차이다.

표 4-1-9 IT 기본 공차표(㎛)

치수구분 [mm] 초과	등급 이하	IT2 (2급)	IT3 (3급)	IT4 (4급)	IT5 (5급)	IT6 (6급)	IT7 (7급)
10	18	2	3	5	8	11	18
18	30	2.5	4	6	9	13	21
30	50	2.5	4	7	11	16	**25**
50	80	3	5	8	13	19	30
80	120	4	6	10	15	22	35

(5) ∅40H7인 구멍의 위/아래 치수 허용차 구하기

생각하기 : 위/아래 치수 허용차를 어떻게 정할 것인가?

정밀도 IT 7급이고 위/아래 치수 허용차는 H인 구멍의 경우를 생각하면 위/아래 치수 허용차는 H인 구멍의 경우 기호로 $H7$라고 표현한다. 따라서 IT 공차 등급 7에 해당하는 치수공차를 선정하고 다음에 구멍 기준의 치수 허용차표를 이용하여 위의 또는 아래 치수 허용차를 선정한다.

수행 : H7인 구멍의 치수공차 정하기

① 표 4-1-10의 구멍의 치수 허용차(KS 규격)에서 기준 치수가 40이므로 표의 맨 왼쪽 칸에서 "30을 초과 40이하"를 선택한다.

② 표의 맨 위쪽에서 두 번째 줄에서 *H*를 선택하여 해당하는 칸과 줄이 만나는 곳에 있는 숫자를 읽어보면 "0"이라는 숫자가 있다.

③ "*H*"의 바로 윗줄을 보면 "아래 치수 허용차"라고 되어 있다. 따라서 우리가 찾는 숫자 "0"은 위/아래 치수 허용차 중에서 아래 치수 허용차이며 위의 치수허용차는 (0)+(0.025)=(+0.025)이다. 따라서 이것을 숫자로 표시하면 $40^{+0.025}_{\ \ 0}$이다.

표 4-1-10 구멍의 치수 허용차(㎛)

기초가 되는 치수허용차		아래의 치수허용차						
구멍종류		D	E	EF	F	FG	G	H
치수구분 [mm] \ IT등급별		01~16						
초과	이하							
18	24	+65	+40	-	+20	-	+7	0
24	30							
30	40	+80	+50	-	+25	-	+9	0
40	50							
50	65	+100	+60	-	+30	-	+10	0
65	80							

(6) 억지 끼워 맞춤 공차 정하기

생각하기 : 억지 끼워 맞춤 공차는 어떤 기준으로 설정할 것인지?

억지 끼워 맞춤은 최대 죔새와 최소 죔새만이 관여하며 이 두 가지 값은 양의 값을 가져야 한다. 최대 죔새와 최소 죔새는 다음과 같이 구한다.

최대 죔새 = 축의 최대 허용 치수-구멍의 최소 허용 치수
최소 죔새 = 축의 최소 허용 치수-구멍의 최대 허용 치수

수행 : 축의 끼워 맞춤 공차 기호 정하기

① H6구멍 기준 끼워 맞춤 부록 8에 의한 축의 억지 끼워 맞춤 공차역 클래스는 n6, p6, r6, s6, t6, u6나 x6이 있으며 여기서 p6을 선택하는 것으로 한다.

② p6 축은 IT 공차 등급이 6이므로 표 4-1-6과 같이 치수공차가 16(㎛)이다.

③ 표 4-1-11에 따르면 축에 대한 아래 치수 허용차가 +26이므로 아래의 치수 허용차는 (26)+16=42이 되는 것이다. 즉, $40^{+0.042}_{+0.026}$이며 최대 허용치수는 40.042, 최소 허용치수는 40.025가 된다.

④ 표 4-1-12와 같이 최대 틈새는 0.075이고 최소 틈새는 0.025이다.

표 4-1-11 축의 치수 허용차(㎛)

기초가 되는 치수허용차		아래의 치수허용차						
축 종류		k			m	n	p	r
IT등급별 / 치수구분[mm]		01~3	4~7	8~16	01~16			
초과	이하							
18	24	0	+2	0	+8	+15	+22	+28
24	20							
30	40	0		0	+9	+17	**+26**	+34
40	50							
50	65	0		0	+11	+20	+32	+41
65	80							+43

표 4-1-12 축 억지 끼워 맞춤 공차 계산

구분	H7 구멍	p6 축
기준 치수	40	40
위의 치수 허용차	0.025	0.042
아래의 치수 허용차	0	0.026
최대 허용치수	40.025	40.042
최소 허용치수	40.000	40.025

최대 죔새 = 축의 최대 허용 치수(40.042)-구멍의 최소 허용 치수(40.025)=0.017
최소 죔새 = 축의 최소 허용 치수(40.025)-구멍의 최대 허용 치수(40.000)=0.025

(7) 축의 끼워 맞춤 공차 기호 기입하기

생각하기 : 도면에서 끼워 맞춤 공차 기호는 어떻게 기입할 것인지?

∅40H7인 구멍에 ∅40 축을 억지 끼워 맞춤할 경우는 앞에서 정한 끼워 맞춤 공차 기호를 사용하면 된다. 즉, 구멍은 ∅40H7을 축은 ∅40p6을 각각 도면에 기입하면 된다. 반드시 끼워 맞춤이 이루어지는 부품 간에 서로 연동이 되어 표현해야 한다.

수행 : 끼워 맞춤 공차 기호 기입하기

① 도면 가운데 축 ∅40을 클릭한다.

② 그림 4-1-21과 같이 치수 속성 창의 공차/정밀에서 공차 유형은 "맞춤"으로 분류는 "끼워 맞춤"으로 설정한다.

③ 축 맞춤에 대해 p6을 설정하고 일렬배열로 한다.

④ 텍스트 글꼴 메뉴가 나타나며 여기서 공차의 글꼴 크기는 치수의 기타를 클릭하여 치수 글꼴 사용 체크를 없애고 글꼴을 체크한다.

⑤ 글꼴 배율을 치수 글꼴 크기에 비해 0.7배율이 되도록 한다.

⑥ 확인을 클릭한다(그림 4-1-22).

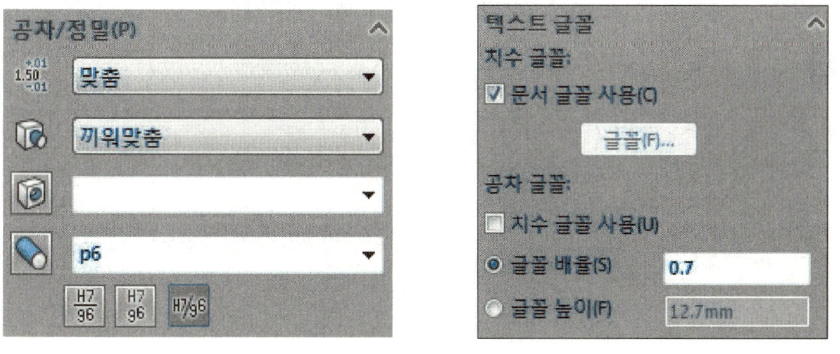

그림 4-1-21 끼워 맞춤 공차 속성 설정 결과

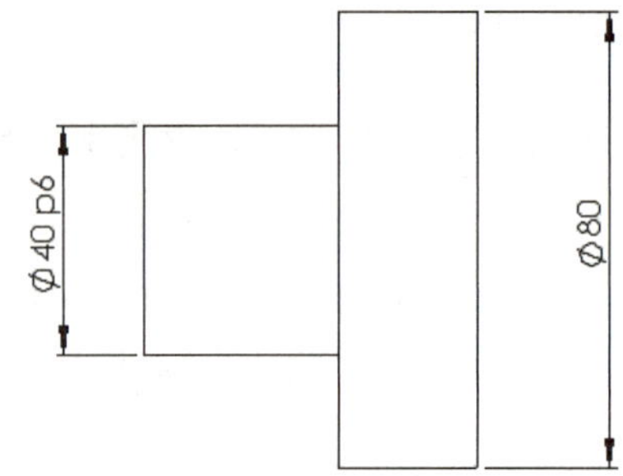

그림 4-1-22 끼워 맞춤 공차 기호 기입 결과

(8) 표제란 삽입 및 편집하기

수행 : 새로운 표제란 삽입하기

① 시트형식 탭을 클릭하고 일반테이블을 클릭한다.

② 테이블을 삽입할 수 있는 창이 나타나며 여기서 별표 모양을 클릭하면 미리 만들어 놓은 표제란 테이블 템플릿(A4_1)을 찾아서 가져올 수 있다.

③ 일반테이블 편집 완료 버튼을 누른다.

④ 테이블 템플릿을 오른쪽 모서리에 위치하도록 배치한다.

수행 : 표제란 편집하기

① 표제란의 이름의 빈 칸을 더블 클릭한다.

② 한글로 자기 이름을 작성한다.

③ 빈칸에 대해 그림 4-1-23과 같이 도면의 내용과 작성 장소를 모두 기입한다.

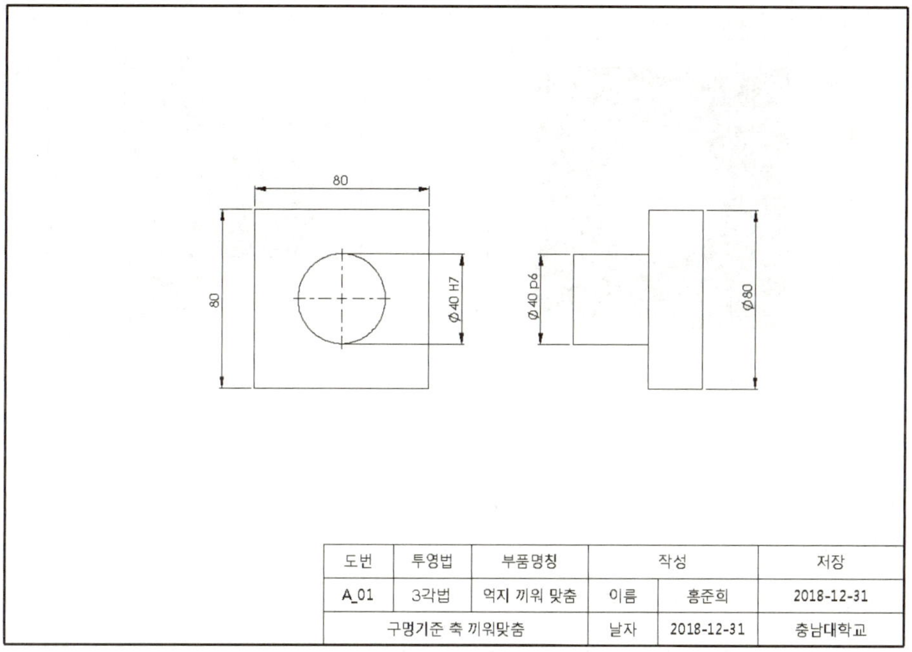

그림 4-1-23 도면의 작성 완료

(9) 저장하기

수행 : 최종 도면 저장하기

① 저장 도구(💾)에서 다른 이름으로 저장하기를 클릭한다.

② 저장할 디렉토리를 정하고 파일이름을 "억지 끼워맞춤 공차"로 한다.

1-2-3-3 구멍 기준 축의 중간 끼워 맞춤 공차

(1) 조건 설정

수행 : 조건 설정하기

① 그림 4-1-24 (a)와 같은 ∅40H8 구멍에 그림 4-1-24 (b)와 같은 ∅40인 축을 끼워 맞춤한다.

② 축은 부품을 손상시키지 않고 분해 및 조립이 가능한 중간 끼워 맞춤으로 가정한다.

③ 축의 치수 허용차는 KS 규격표에 따른다.

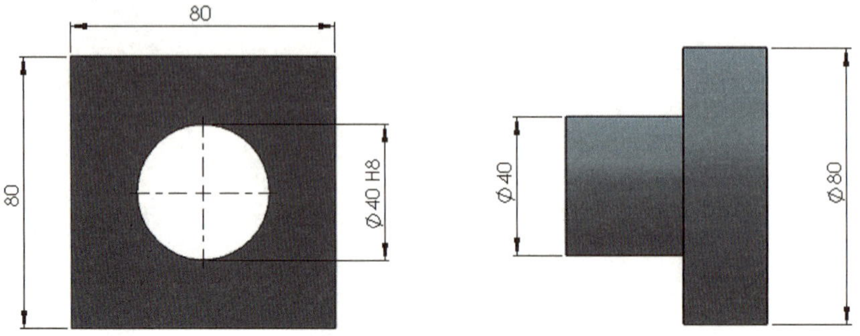

(a) 구멍 ∅40H8 형상 (b) 끼워 맞춤 할 축 형상

그림 4-1-24 구멍기준 축의 중간 끼워 맞춤의 경우

(2) 도면 작성 준비하기

수행 : 도면 작성 화면 들어가기

① 풀다운 메뉴에서 새로 만들기 아이콘을 선택한다.

② 기본 모듈 가운데 도면을 선택한다.

③ 시트 형식/크기 설정 창에서 찾아보기를 클릭한다.

④ a4-landscape.slddrt를 설정하고 열기를 한다.

⑤ 확인을 클릭한다.

(3) 표제란 삭제하기

생각하기 : 표제란 삭제는 왜 하는가?

새로운 표제란을 넣기 위해서는 기본으로 주어지는 표제란은 삭제하여야 한다. 새로운 표제란은 도면 작성 마지막에 넣기로 한다.

수행 : 시트 편집하기

① 도면 Management 탭에서 시트형식을 선택한다.

② 시트형식 탭에서 시트 편집을 선택한다.

③ 표제란 부분을 마우스로 전체 드래그 하여 삭제 영역을 정하고 키보드의 삭제 버튼을 클릭한다.

④ 확인을 클릭한다.

(4) ∅40H8인 구멍의 치수공차 정하기

수행 : IT 8급에 대한 치수공차 정하기

① 부록 3의 IT 기본 공차표(KS 규격)를 열람한다.

② 치수 구분에서 기준 치수 40에 해당하는 부분인 30초과 50이하 줄을 주시한다.

③ 8급이므로 표 4-1-13과 같이 밑으로 30초과 50이하 줄과 교차하는 값 39를 선택한다.

④ IT 공차의 단위는 ㎛이므로 39 ㎛이며 이것이 치수 공차이다.

표 4-1-13 IT 기본 공차표(㎛)

치수구분[mm] 초과	이하 (등급)	IT8 (8급)	IT9 (9급)	IT10 (10급)	IT11 (11급)	IT12 (12급)	IT13 (13급)
10	18	27	43	70	110	180	270
18	30	33	52	84	130	210	330
30	50	**39**	62	100	160	250	390
50	80	46	74	120	190	300	460
80	120	54	87	140	220	350	540

(5) ∅40H8인 구멍의 위/아래 치수 허용차 구하기

생각하기 : 위/아래 치수 허용차를 어떻게 정할 것인가?

정밀도 IT 8급이고 위/아래 치수 허용차는 *H*인 구멍의 경우를 생각하면 위/아래 치수 허용차는 *H*인 구멍의 경우 기호로 *H*8라고 표현한다. 따라서 IT 공차 등급 8에 해당하는 치수공차를 선정하고 다음에 구멍 기준의 치수 허용차표를 이용하여 위의 또는 아래 치수 허용차를 선정한다.

수행 : H8인 구멍의 치수공차 정하기

① 표 4-1-14의 구멍의 치수 허용차(KS 규격)에서 기준 치수가 40이므로 표의 맨 왼쪽 칸에서 "30을 초과 40이하"를 선택한다.

② 표의 맨 위쪽에서 두 번째 줄에서 H를 선택하여 해당하는 칸과 줄이 만나는 곳에 있는 숫자를 읽어보면 "0"이라는 숫자가 있다.

③ "H"의 바로 윗줄을 보면 "아래 치수 허용차"라고 되어 있다. 따라서 우리가 찾는 숫자 "0"은 위/아래 치수 허용차 중에서 아래 치수 허용차이며 위의 치수허용차는 (0)+(0.039)=(+0.039)이다. 따라서 이것을 숫자로 표시하면 $40^{+0.039}_{\ 0}$이다.

표 4-1-14 구멍의 치수 허용차(㎛)

기초가 되는 치수허용차		아래의 치수허용차						
구멍종류		D	E	EF	F	FG	G	H
IT등급별 / 치수구분[mm]		01~16						
초과	이하							
18	24	+65	+40	-	+20	-	+7	0
24	30							
30	40	+80	+50	-	+25	-	+9	0
40	50							
50	65	+100	+60	-	+30	-	+10	0
65	80							

(6) 중간 끼워 맞춤 공차 정하기

생각하기 : 중간 끼워 맞춤 공차는 어떤 기준으로 설정할 것인지?

중간 끼워 맞춤은 최대 틈새와 최대 죔새만이 관여하며 이 두 가지 값은 양의 값을 가져야 한다. 최대 틈새와 최대 죔새는 다음과 같이 구한다.

최대 틈새 = 구멍의 최대 허용 치수-축의 최소 허용 치수

최대 죔새 = 축의 최대 허용 치수-구멍의 최소 허용 치수

수행 : 축의 끼워 맞춤 공차 기호 정하기

① H8구멍 기준 끼워 맞춤 부록 8에 의한 축의 중간 끼워 맞춤 공차역 클래스는 h6, h7, h8, js5, k6, m6, n6 등이 있으며 여기서 h8을 선택하는 것으로 한다.

② h8 축은 IT 공차 등급이 8이므로 표 4-1-10과 같이 치수공차가 39(㎛)이다.

③ 표 4-1-15에 따르면 축에 대한 위의 치수 허용차가 0이므로 아래의 치수 허용차는 0-39=-39이 되는 것이다. 즉, $40_{-0.039}^{\ 0}$이며 최대 허용치수는 40.000, 최소 허용치수는 39.961이 된다.

④ 표 4-1-16과 같이 최대 틈새는 0.075이고 최소 틈새는 0.025이다.

표 4-1-15 축의 치수 허용차(㎛)

기초가 되는 치수허용차		위의 치수허용차					
축종류		e	ef	f	fg	g	h
IT등급별 / 치수구분[mm]		01~16					
초과	이하						
18	24	-40	-	-20	-	-7	0
24	20						
30	40	-50	-	-25	-	-9	0
40	50						
50	65	-60	-	-30	-	-10	0
65	80						

표 4-1-16 축 중간 끼워 맞춤 공차 계산

구분	H8 구멍	h8 축
기준 치수	40	40
위의 치수 허용차	0.039	0
아래의 치수 허용차	0	-0.039
최대 허용치수	40.039	40.000
최소 허용치수	40.000	39.961
최대 틈새 = 구멍의 최대 허용 치수(40.000)-축의 최소 허용 치수(39.961)=0.039 최대 죔새 = 축의 최대 허용 치수(40.039)-구멍의 최소 허용 치수(40.000)=0.039		

(7) 축의 끼워 맞춤 공차 기호 기입하기

생각하기 : 도면에서 끼워 맞춤 공차 기호는 어떻게 기입할 것인지?

∅40H8인 구멍에 ∅40 축을 중간 끼워 맞춤할 경우는 앞에서 정한 끼워 맞춤 공차 기호를 사용하면 된다. 즉, 구멍은 ∅40H8을 축은 ∅40h8을 각각 도면에 기입하면 된다. 반드시 끼워 맞춤이 이루어지는 부품 간에 서로 연동이 되어 표현해야 한다.

수행 : 끼워 맞춤 공차 기호 기입하기

① 도면 가운데 축 ∅40을 클릭한다.

② 그림 4-1-25와 같이 치수 속성 창의 공차/정밀에서 공차 유형은 "맞춤"으로 분류는 "끼워 맞춤"으로 설정한다.

③ 축 맞춤에 대해 h8을 설정하고 일렬배열로 한다.

④ 텍스트 글꼴 메뉴가 나타나며 여기서 공차의 글꼴 크기는 치수의 기타를 클릭하여 치수 글꼴 사용 체크를 없애고 글꼴을 체크한다.

⑤ 글꼴 배율을 치수 글꼴 크기에 비해 0.7배율이 되도록 한다.

⑥ 확인을 클릭한다(그림 4-1-26).

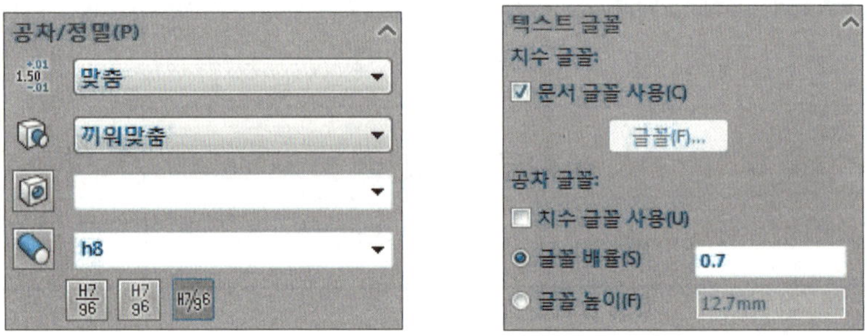

그림 4-1-25 끼워 맞춤 공차 속성 설정 결과

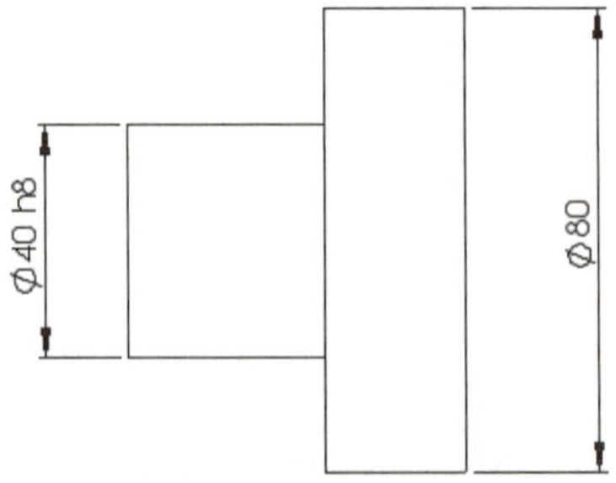

그림 4-1-26 끼워 맞춤 공차 기호 기입 결과

(8) 표제란 삽입 및 편집하기

수행 : 새로운 표제란 삽입하기

① 시트형식 탭을 클릭하고 일반테이블을 클릭한다.

② 테이블을 삽입할 수 있는 창이 나타나며 여기서 별표 모양을 클릭하면 미리 만들어 놓은 표제란 테이블 템플릿(A4_1)을 찾아서 가져올 수 있다.

③ 일반테이블 편집 완료 버튼을 누른다.

④ 테이블 템플릿을 오른쪽 모서리에 위치하도록 배치한다.

수행 : 표제란 편집하기

① 표제란의 이름의 빈 칸을 더블 클릭한다.

② 한글로 자기 이름을 작성한다.

③ 빈칸에 대해 그림 4-1-27과 같이 도면의 내용과 작성 장소를 모두 기입한다.

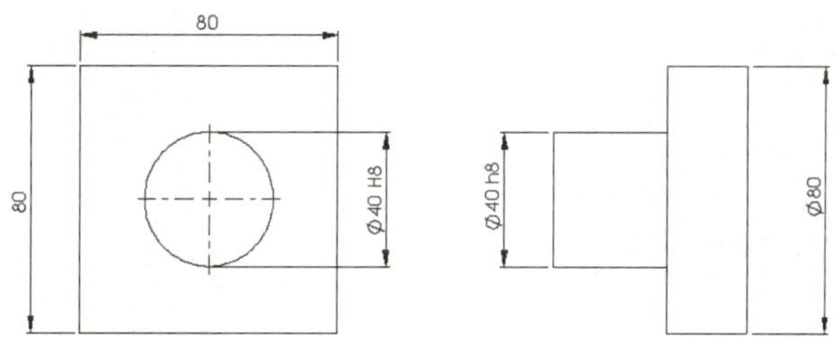

도번	투영법	부품명칭	작성		저장
A_01	3각법	중간 끼워 맞춤	이름	홍준희	2018-12-31
구멍기준 축 끼워맞춤			날자	2018-12-31	충남대학교

그림 4-1-27 도면의 작성 완료

(9) 저장하기

수행 : 최종 도면 저장하기

① 저장 도구(💾)에서 다른 이름으로 저장하기를 클릭한다.

② 저장할 디렉토리를 정하고 파일이름을 "중간 끼워맞춤 공차"로 한다.

1-2-3-4 축 기준 구멍의 헐거운 끼워 맞춤 공차

(1) 조건 설정

수행 : 조건 설정하기

① 그림 4-1-28 (a)와 같은 ∅40h6 축에 그림 4-1-28 (b)와 같은 ∅40인 구멍을 끼워 맞춤한다.

② 상용 끼워 맞춤의 헐거운 끼워 맞춤 공차로 가정한다.

③ 축의 치수 허용차는 KS 규격 표에 따른다.

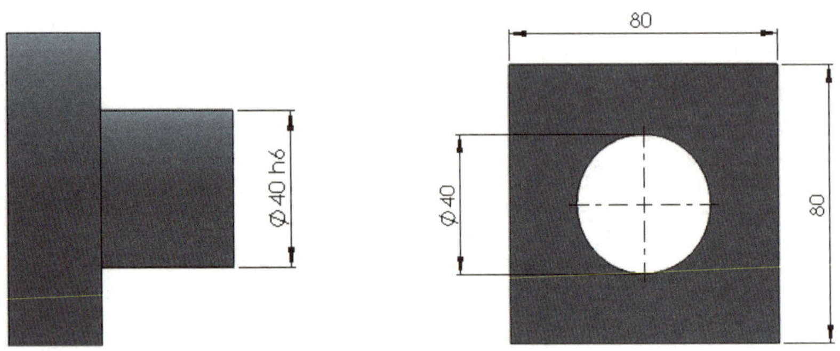

(a) 축 ∅40h6 형상 (b) 끼워 맞춤 할 구멍 형상

그림 4-1-28 축 기준 구멍의 헐거운 끼워 맞춤의 경우

(2) 도면 작성 준비하기

수행 : 도면 작성 화면 들어가기

① 풀다운 메뉴에서 새로 만들기 아이콘을 선택한다.

② 기본 모듈 가운데 도면을 선택한다.

③ 시트 형식/크기 설정 창에서 찾아보기를 클릭한다.

④ a4-landscape.slddrt를 설정하고 열기를 한다.

⑤ 확인을 클릭한다.

(3) 표제란 삭제하기

생각하기 : 표제란 삭제는 왜 하는가?

새로운 표제란을 넣기 위해서는 기본으로 주어지는 표제란은 삭제하여야 한다. 새로운 표제란은 도면 작성 마지막에 넣기로 한다.

수행 : 시트 편집하기

① 도면 Management 탭에서 시트형식을 선택한다.

② 시트형식 탭에서 시트 편집을 선택한다.

③ 표제란 부분을 마우스로 전체 드래그 하여 삭제 영역을 정하고 키보드의 삭제 버튼을 클릭한다.

④ 확인을 클릭한다.

(4) ∅40h6인 축의 치수공차 정하기

수행 : IT 6급에 대한 치수공차 정하기

① 부록 3의 IT 기본 공차표(KS 규격)를 열람한다.

② 치수 구분에서 기준 치수 40에 해당하는 부분인 30초과 50이하 줄을 주시한다.

③ 6급이므로 표 4-1-17과 같이 밑으로 30초과 50이하 줄과 교차하는 값 16을 선택한다.

④ IT 공차의 단위는 ㎛이므로 16 ㎛이며 이것이 치수 공차이다.

표 4-1-17 IT 기본 공차표(㎛)

치수구분[mm] 초과	이하	IT2 (2급)	IT3 (3급)	IT4 (4급)	IT5 (5급)	IT6 (6급)	IT7 (7급)
18	30	2.5	4	6	9	13	21
30	50	2.5	4	7	11	**16**	25
50	80	3	5	8	13	19	30

(5) ∅40h6인 축의 위/아래 치수 허용차 구하기

수행 : h6인 축의 치수 허용차 구하기

① 표 4-1-18의 축의 치수 허용차(KS 규격)에서 기준 치수가 40이므로 표의 맨 왼쪽 칸에서 "30을 초과 40이하"를 선택한다.

② 표의 맨 위쪽에서 두 번째 줄에서 h를 선택하여 해당하는 칸과 줄이 만나는 곳에 있는 숫자를 읽어보면 "0"이라는 숫자가 있다.

③ "h"의 바로 윗줄을 보면 "위의 치수 허용차"라고 되어 있다. 따라서 우리가 찾는 숫자 "0"은 위/아래 치수 허용차 중에서 위의 치수 허용차를 의미하며 아래 치수허용차는 (위의 치수허용차 ; 0)-(치수공차 ; 0.016)=(아래치수허용차 ; -0.016)이다. 따라서 이것을 숫자로 표시하면 $40^{\ 0}_{-0.016}$에 해당한다.

표 4-1-18 축의 치수 허용차(㎛)

기초가 되는 치수허용차		위의 치수허용차					
축종류		e	ef	f	fg	g	h
IT등급별 / 치수구분[mm]		01~16					
초과	이하						
18	24	-40	-	-20	-	-7	0
24	20						
30	40	-50	-	-25	-	-9	**0**
40	50						
50	65	-60	-	-30	-	-10	0
65	80						

(6) 구멍의 끼워 맞춤 공차 기호

수행 : 구멍의 끼워 맞춤 공차 기호 정하기

① h축의 경우 IT 등급을 6로 한다면 상용하는 축 기준 끼워 맞춤 부록 8에 의해 구멍의 헐거운 끼워 맞춤 공차역 클래스는 F6, G6, F7나 G7이 있으며 여기서 G7을 선택하는 것으로 한다.

② G7 구멍은 IT 공차 등급이 7이므로 표 4-1-14에서 치수공차가 25(㎛)이다.

③ 표 4-1-19에 따르면 구멍에 대한 아래의 치수 허용차가 +9이므로 위의 치수 허용차는 9+16=25가 되는 것이다. 즉, $40^{+0.025}_{+0.009}$이며 최대 허용치수는 40.025, 최소 허용치수는 40.009가 된다.

④ 표 4-1-20과 같이 기준치수가 40인 h축 기준 헐거운 구멍 끼워 맞춤의 경우 최대 틈새는 0.041이고 최소 틈새는 0.009이다.

표 4-1-19 구멍의 치수 허용차(㎛)

기초가 되는 치수허용차		아래의 치수허용차						
구멍종류		D	E	EF	F	FG	G	H
IT등급별 / 치수구분[mm]		01~16						
초과	이하							
10	14	+50	+32	-	+16	-	+6	0
14	18				+20			
18	24	+65	+40	-	+20	-	+7	0
24	20				+30			
30	40	+80	+50	-	+25	-	+9	0
40	50				+43			
50	65	+100	+60	-	+30	-	+10	0
65	80							

표 4-1-20 구멍 헐거운 끼워 맞춤 공차 계산

구분	h6 축	G7 구멍
기준 치수	40	40
위의 치수 허용차	0	0.025
아래의 치수 허용차	-0.016	0
최대 허용치수	40.000	40.025
최소 허용치수	39.984	40.009
최대 틈새 = 구멍의 최대 허용 치수(40.025)-축의 최소 허용 치수(39.984)=0.041 최소 틈새 = 구멍의 최소 허용 치수(40.009)-축의 최대 허용 치수(40.000)=0.009		

(7) 구멍의 끼워 맞춤 공차 기호 기입하기

수행 : 끼워 맞춤 공차 기호 기입하기

① 도면 가운데 구멍 ∅40을 클릭한다.

② 치수 속성 창의 공차/정밀에서 공차 유형은 "맞춤"으로 분류는 "끼워 맞춤"으로 설정한다.

③ 축 맞춤에 대해 G7을 설정하고 일렬배열로 한다.

④ 텍스트 글꼴 메뉴가 나타나며 여기서 공차의 글꼴 크기는 치수의 기타를 클릭하여 치수 글꼴 사용 체크를 없애고 글꼴을 체크한다.

⑤ 글꼴 배율을 치수 글꼴 크기에 비해 0.7배율이 되도록 한다.

⑥ 확인을 클릭한다(그림 4-1-29).

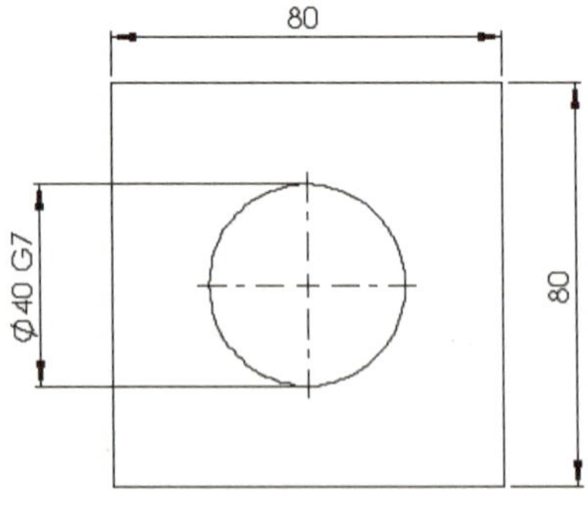

그림 4-1-29 끼워 맞춤 공차 기호 기입 결과

(8) 표제란 삽입 및 편집하기

수행 : 새로운 표제란 삽입하기

① 시트형식 탭을 클릭하고 일반테이블을 클릭한다.

② 테이블을 삽입할 수 있는 창이 나타나며 여기서 별표 모양을 클릭하면 미리 만들어 놓은 표제란 테이블 템플릿(A4_1)을 찾아서 가져올 수 있다.

③ 일반테이블 편집 완료 버튼을 누른다.

④ 테이블 템플릿을 오른쪽 모서리에 위치하도록 배치한다.

수행 : 표제란 편집하기

① 표제란의 이름의 빈 칸을 더블 클릭한다.

② 한글로 자기 이름을 작성한다.

③ 빈칸에 대해 그림 4-1-30과 같이 도면의 내용과 작성 장소를 모두 기입한다.

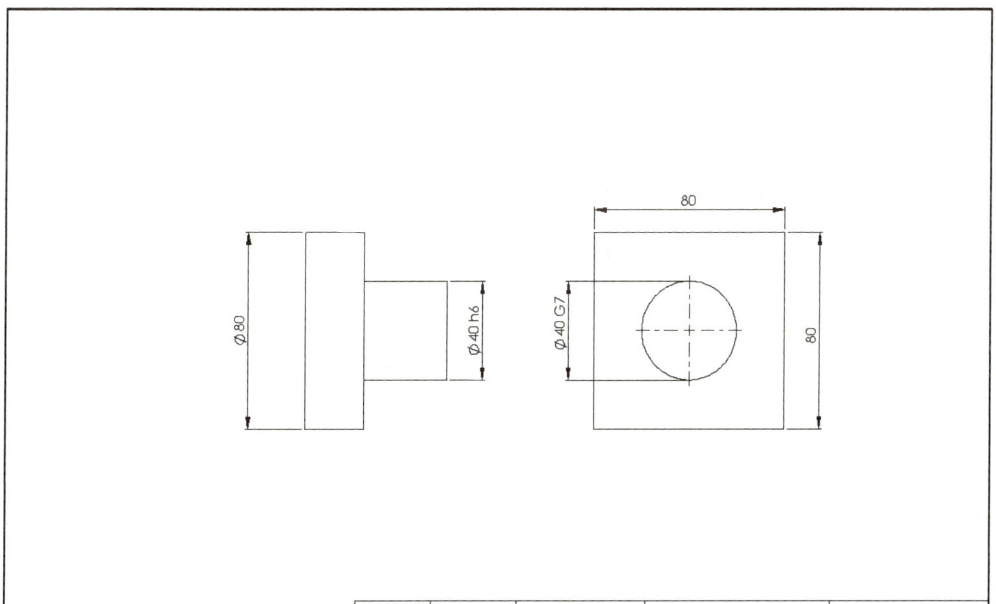

도번	투영법	부품명칭	작성		저장
B_01	3각법	헐거운 끼워 맞춤	이름	홍준희	2018-12-31
축기준 구멍 끼워맞춤			날자	2018-12-31	충남대학교

그림 4-1-30 도면의 작성 완료

(9) 저장하기

수행 : 최종 도면 저장하기

① 저장 도구(💾)에서 다른 이름으로 저장하기를 클릭한다.

② 저장할 디렉토리를 정하고 파일이름을 "축 기준 헐거운 끼워맞춤 공차"로 한다.

1-2-3-5 축 기준 축의 억지 끼워 맞춤 공차

(1) 조건 설정

수행 : 조건 설정하기

① 그림 4-1-28 (a)와 같은 ∅40h6 축에 그림 4-1-28 (b)와 같은 ∅40인 구멍을 끼워 맞춤한다.

② 상용 끼워 맞춤의 억지 끼워 맞춤 공차로 가정한다.

③ 축의 치수 허용차는 KS 규격 표에 따른다.

(2) 도면 작성 준비하기

수행 : 도면 작성 화면 들어가기

① 풀다운 메뉴에서 새로 만들기 아이콘을 선택한다.

② 기본 모듈 가운데 도면을 선택한다.

③ 시트 형식/크기 설정 창에서 찾아보기를 클릭한다.

④ a4-landscape.slddrt를 설정하고 열기를 한다.

⑤ 확인을 클릭한다.

(3) 표제란 삭제하기

생각하기 : 표제란 삭제는 왜 하는가?

새로운 표제란을 넣기 위해서는 기본으로 주어지는 표제란은 삭제하여야 한다. 새로운 표제란은 도면 작성 마지막에 넣기로 한다.

수행 : 시트 편집하기

① 도면 Management 탭에서 시트형식을 선택한다.

② 시트형식 탭에서 시트 편집을 선택한다.

③ 표제란 부분을 마우스로 전체 드래그 하여 삭제 영역을 정하고 키보드의 삭제 버튼을 클릭한다.

④ 확인을 클릭한다.

(4) 구멍의 끼워 맞춤 공차 기호 정하기

수행 : 축의 끼워 맞춤 공차 기호 정하기

① h축의 경우 IT 등급을 6로 한다면 부록 8에 의해 구멍의 억지 끼워 맞춤 공차역 클래스는 P6, N7, P7, R7, S7, T7, U7이나 X7을 선택하면 된다. 여기서는 P7을 선택하는 것으로 한다.

② P7 구멍은 IT 공차 등급이 7이므로 표 4-1-14에서 치수공차가 25(㎛)이다.

③ 표 4-1-21에 따르면 구멍에 대한 위의 치수 허용차는 -17[㎜]이며 아래 치수 허용차는 -42[㎜]이다. 따라서 이것을 숫자로 표시하면 $40^{-0.017}_{-0.042}$

④ 표 4-1-22와 같이 기준치수가 40h6인 축 기준 억지 구멍 끼워 낮춤의 경우 최대 틈새는 0.042이고 최소 틈새는 0.001이다.

표 4-1-21 상용 끼워 맞춤 구멍의 치수 허용차(㎛)

기초가 되는 치수허용차		위의 치수허용차					
구멍종류		N		P		R	S
초과	이하	N6	N7	P6	P7	R7	S7
18	24	-11 -24	-7 -28	-18 -31	-14 -35	-20 -41	-27 -48
24	20						
30	40	-12 -28	-8 -33	-21 -37	**-17** **-42**	-25 -50	-34 -59
40	50						
50	65	-14 -33	-9 -39	-26 -45	-21 -51	-30 -60	-42 -72
65	80					-32 -62	-48 -78

표 4-1-22 구멍 억지 끼워 맞춤 공차 계산

구분	h6 축	P7 구멍
기준 치수	40	40
위의 치수 허용차	0	-0.017
아래의 치수 허용차	-0.016	-0.042
최대 허용치수	40.000	39.983
최소 허용치수	39.984	39.958
최대 죔새 = 축의 최대 허용 치수(40.000)-구멍의 최소 허용 치수(39.958)=0.042 최소 죔새 = 축의 최소 허용 치수(39.984)-구멍의 최대 허용 치수(39.983)=0.001		

(5) 구멍의 끼워 맞춤 공차 기호 기입하기

수행 : 끼워 맞춤 공차 기호 기입하기

① 도면 가운데 구멍 Ø40을 클릭한다.

② 치수 속성 창의 공차/정밀에서 공차 유형은 "맞춤"으로 분류는 "끼워 맞춤"으로 설정한다.

③ 축 맞춤에 대해 P7을 설정하고 일렬배열로 한다.

④ 텍스트 글꼴 메뉴가 나타나며 여기서 공차의 글꼴 크기는 치수의 기타를 클릭하여 치수 글꼴 사용 체크를 없애고 글꼴을 체크한다.

⑤ 글꼴 배율을 치수 글꼴 크기에 비해 0.7배율이 되도록 한다.

⑥ 확인을 클릭한다(그림 4-1-31).

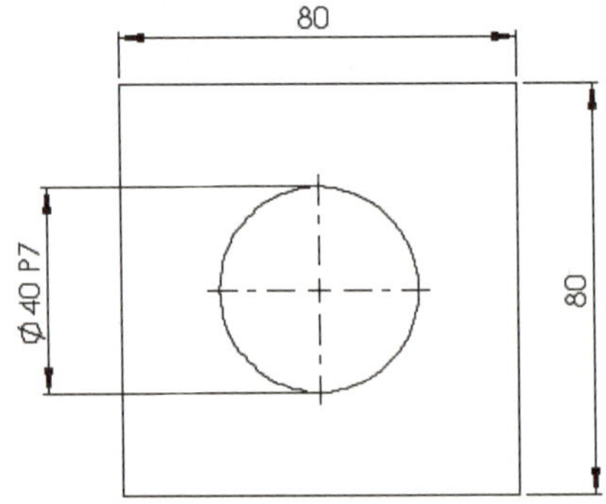

그림 4-1-31 끼워 맞춤 공차 기호 기입 결과

(6) 표제란 삽입 및 편집하기

수행 : 새로운 표제란 삽입하기

① 시트형식 탭을 클릭하고 일반테이블을 클릭한다.

② 테이블을 삽입할 수 있는 창이 나타나며 여기서 별표 모양을 클릭하면 미리 만들어 놓은 표제란 테이블 템플릿(A4_1)을 찾아서 가져올 수 있다.

③ 일반테이블 편집 완료 버튼을 누른다.

④ 테이블 템플릿을 오른쪽 모서리에 위치하도록 배치한다.

수행 : 표제란 편집하기

① 표제란의 이름의 빈 칸을 더블 클릭한다.

② 한글로 자기 이름을 작성한다.

③ 빈칸에 대해 그림 4-1-32와 같이 도면의 내용과 작성 장소를 모두 기입한다.

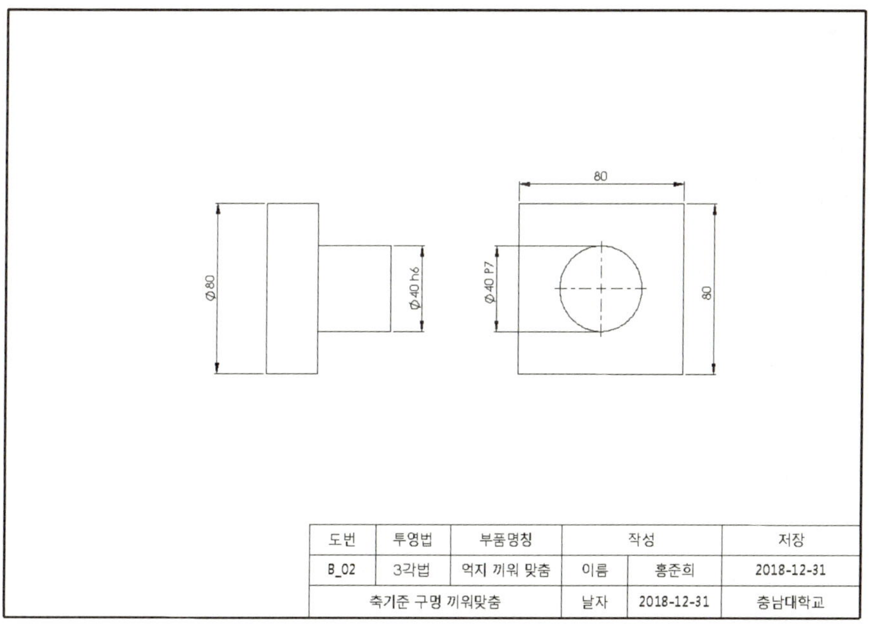

그림 4-1-32 도면의 작성 완료

(7) 저장하기

수행 : 최종 도면 저장하기

① 저장 도구(💾)에서 다른 이름으로 저장하기를 클릭한다.

② 저장할 디렉토리를 정하고 파일이름을 "축 기준 중간 끼워맞춤 공차"로 한다.

1-2-3-6 축 기준 구멍의 중간 끼워 맞춤 공차

(1) 조건 설정

수행 : 조건 설정하기

① 그림 4-1-28 (a)와 같은 ∅40h6 축에 그림 4-1-28 (b)와 같은 ∅40인 구멍을 끼워 맞춤한다.

② 상용 끼워 맞춤의 중간 끼워 맞춤 공차로 가정한다.

③ 축의 치수 허용차는 KS 규격 표에 따른다.

(2) 도면 작성 준비하기

수행 : 도면 작성 화면 들어가기

① 풀다운 메뉴에서 새로 만들기 아이콘을 선택한다.

② 기본 모듈 가운데 도면을 선택한다.

③ 시트 형식/크기 설정 창에서 찾아보기를 클릭한다.

④ a4-landscape.slddrt를 설정하고 열기를 한다.

⑤ 확인을 클릭한다.

(3) 표제란 삭제하기

생각하기 : 표제란 삭제는 왜 하는가?

새로운 표제란을 넣기 위해서는 기본으로 주어지는 표제란은 삭제하여야 한다. 새로운 표제란은 도면 작성 마지막에 넣기로 한다.

수행 : 시트 편집하기

① 도면 Management 탭에서 시트형식을 선택한다.

② 시트형식 탭에서 시트 편집을 선택한다.

③ 표제란 부분을 마우스로 전체 드래그 하여 삭제 영역을 정하고 키보드의 삭제 버튼을 클릭한다.

④ 확인을 클릭한다.

(4) 구멍의 끼워 맞춤 공차 기호

수행 : 구멍의 끼워 맞춤 공차 기호 정하기

① h축의 경우 IT 등급을 6로 한다면 상용하는 구멍 기준 끼워 맞춤 부록 8에 의해 구멍의 공차역 클래스는 H6, JS6, K6, M6, H7, JS7, K6이나 M7을 선택하면 된다. 여기서는 H6를 선택하는 것으로 한다.

② H6 구멍은 IT 공차 등급이 6이므로 표 4-1-14에서 치수공차가 16(㎛)이다.

③ 표 4-1-11에 따르면 구멍에 대한 아래 치수 허용차는 0이다. 따라서 위 치수 허용차는 0+16=16이 된다. 즉, $40^{+0.016}_{0}$이며 최대 허용치수는 40.016, 최소 허용치수는 40.000이 된다.

④ 표 4-1-23과 같이 기준치수가 40인 h 축 기준 중간 구멍 끼워 맞춤의 경우 최대 틈새는 0.032이고 최대 죔새는 0.000이다.

표 4-1-23 구멍 중간 끼워 맞춤 공차 계산

구분	H6 구멍	h6 축
기준 치수	40	40
위의 치수 허용차	0.016	0
아래의 치수 허용차	0	-0.016
최대 허용치수	40.016	40.000
최소 허용치수	40.000	39.984

최대 틈새 = 구멍의 최대 허용 치수(40.016)-축의 최소 허용 치수(39.984)=0.032
최대 죔새 = 축의 최대 허용 치수(40.000)-구멍의 최소 허용 치수(40.000)=0.000

(5) 구멍의 끼워 맞춤 공차 기호 기입하기

수행 : 끼워 맞춤 공차 기호 기입하기

① 도면 가운데 구멍 ∅40을 클릭한다.

② 치수 속성 창의 공차/정밀에서 공차 유형은 "맞춤"으로 분류는 "끼워 맞춤"으로 설정한다.

③ 축 맞춤에 대해 H6을 설정하고 일렬배열로 한다.

④ 텍스트 글꼴 메뉴가 나타나며 여기서 공차의 글꼴 크기는 치수의 기타를 클릭하여 치수 글꼴 사용 체크를 없애고 글꼴을 체크한다.

⑤ 글꼴 배율을 치수 글꼴 크기에 비해 0.7배율이 되도록 한다.

⑥ 확인을 클릭한다(그림 4-1-33).

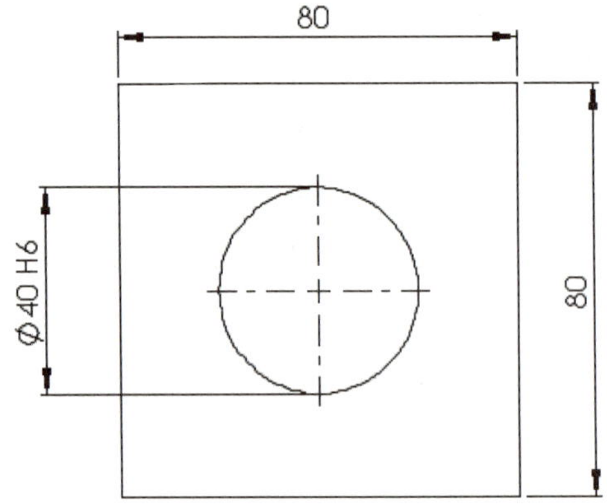

그림 4-1-33 끼워 맞춤 공차 기호 기입 결과

(6) 표제란 삽입 및 편집하기

수행 : 새로운 표제란 삽입하기

① 시트형식 탭을 클릭하고 일반테이블을 클릭한다.

② 테이블을 삽입할 수 있는 창이 나타나며 여기서 별표 모양을 클릭하면 미리 만들어 놓은 표제란 테이블 템플릿(A4_1)을 찾아서 가져올 수 있다.

③ 일반테이블 편집 완료 버튼을 누른다.

④ 테이블 템플릿을 오른쪽 모서리에 위치하도록 배치한다.

수행 : 표제란 편집하기

① 표제란의 이름의 빈 칸을 더블 클릭한다.

② 한글로 자기 이름을 작성한다.

③ 빈칸에 대해 그림 4-1-34와 같이 도면의 내용과 작성 장소를 모두 기입한다.

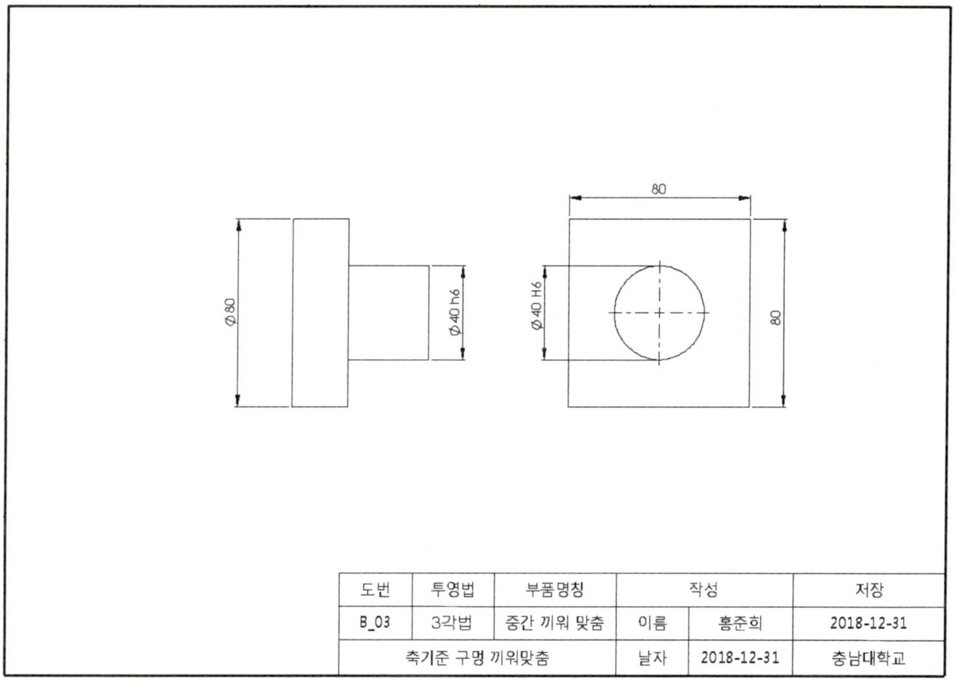

그림 4-1-34 도면의 작성 완료

(7) 저장하기

수행 : 최종 도면 저장하기

① 저장 도구(💾)에서 다른 이름으로 저장하기를 클릭한다.

② 저장할 디렉토리를 정하고 파일이름을 "축 기준 중간 끼워 맞춤 공차"로 한다.

1-3 학습 정리

1-3-1 보통 공차 종합정리

수행 : 보통 공차 도시법 확인하기

① 기준 치수에 일반 공차를 기입하지 않는다.

② 일반 공차는 적용하는 규격번호와 공차 등급을 표제란 안 또는 그 부근에 "일반 공차 기계가공 KS B 0412 보통급"이라 주서로 쓴다.

1-3-2 허용 한계치수 종합정리

수행 : 허용한계치수 도시법 확인하기

① 기준 치수 다음에 한계치수차를 기입한다. 이 경우에 위쪽에는 최대 허용차를 아래쪽에는 최소 허용차를 기입한다.

② 최대 허용차나 최소 허용차 중 어느 한쪽이라도 0이면 부호(+, -)를 붙이지 않는다.

1-3-3 끼워 맞춤 공차 종합정리

1-3-3-1 구멍 기준 축의 헐거운 끼워 맞춤 공차 종합정리

수행 : 헐거운 끼워 맞춤 공차 기호 확인하기

① 구멍 기준 헐거운 끼워 맞춤 공차가 구멍 및 축에 대해 정확히 설정되었는지 표 4-1-7을 다시 한 번 확인한다.

② 구멍과 축에 모두 끼워 맞춤 공차가 잘 기입되었는지 확인한다(그림 4-1-19).

1-3-3-2 구멍 기준 축의 억지 끼워 맞춤 공차 종합정리

수행 : 억지 끼워 맞춤 공차 기호 확인하기

① 구멍 기준 억지 끼워 맞춤 공차가 구멍 및 축에 대해 정확히 설정되었는지 표 4-1-5를 다시 한 번 확인한다.

② 구멍과 축에 모두 끼워 맞춤 공차가 잘 기입되었는지 확인한다(그림 4-1-23).

1-3-3-3 구멍 기준 축의 중간 끼워 맞춤 공차 종합정리

수행 : 중간 끼워 맞춤 공차 기호 확인하기

① 구멍 기준 중간 끼워 맞춤 공차가 구멍 및 축에 대해 정확히 설정되었는지 표 4-1-5를 다시 한 번 확인한다.

② 구멍과 축에 모두 끼워 맞춤 공차가 잘 기입되었는지 확인한다(그림 4-1-27).

1-3-3-4 축 기준 구멍의 헐거운 끼워 맞춤 공차 종합정리

수행 : 헐거운 끼워 맞춤 공차 기호 확인하기

① 축 기준 헐거운 끼워 맞춤 공차가 축 및 구멍에 대해 정확히 설정되었는지 표 4-1-5를 다시 한 번 확인한다.

② 축과 구멍에 모두 끼워 맞춤 공차가 잘 기입되었는지 확인한다(그림 4-1-30).

1-3-3-5 축 기준 구멍의 억지 끼워 맞춤 공차 종합정리

수행 : 억지 끼워 맞춤 공차 기호 확인하기

① 축 기준 억지 끼워 맞춤 공차가 축 및 구멍에 대해 정확히 설정되었는지 표 4-1-5를 다시 한 번 확인한다.

② 축과 구멍에 모두 끼워 맞춤 공차가 잘 기입되었는지 확인한다(그림 4-1-32).

1-3-3-6 축 기준 구멍의 중간 끼워 맞춤 공차 종합정리

수행 : 중간 끼워 맞춤 공차 기호 확인하기

1. 축 기준 중간 끼워 맞춤 공차가 축 및 구멍에 대해 정확히 설정되었는지 표 4-1-5를 다시 한 번 확인한다.
2. 축과 구멍에 모두 끼워 맞춤 공차가 잘 기입되었는지 확인한다(그림 4-1-34).

1-4 자율 평가

지시 사항 :

앞에서 학습활동을 다 마친 후 다음 질문에 답하시오. 이 자율평가의 목적은 앞에서 익힌 치수 공차 및 끼워 맞춤 공차에 대해 다 이해하고 주어진 문제에 대한 설명이 가능한지를 확인하기 위함이다. 자기 스스로 평가 문제에 답하고 답안을 비교 평가해 봄으로써 본인의 부족한 점에 대해 파악하는 태도를 기르고 부족하다면 다른 사람의 도움을 받거나 본인 스스로 앞의 내용을 더욱 자세히 학습하는 자기주도 학습에 목적이 있다.

1-4-1 자율평가 문제

1. 가로 및 세로의 치수가 각각 80 ㎜인고 두께가 10 ㎜인 직육면체의 구멍(∅40 ㎜)에 ∅40 ㎜인 축을 끼워 맞춤하는 경우를 생각한다. 이 때 구멍의 끼워 맞춤 공차치수가 $40H7$이고 축의 끼워 맞춤 공차치수가 $40f7$이라면 구멍과 축의 위/아래 치수허용차는 어떻게 나타내는지 설명하고 도면에 적용하여라.

2. 가로 및 세로의 치수가 각각 80 ㎜인고 두께가 10 ㎜인 직육면체의 구멍(∅40 ㎜)에 ∅40 ㎜인 축을 끼워 맞춤하는 경우를 생각한다. 이 때 구멍의 끼워 맞춤 공차치수가 $40K7$이고 축의 끼워 맞춤 공차치수가 $40m6$이라면 구멍과 축의 위/아래 치수허용차는 어떻게 나타내는지 설명하고 도면에 적용하여라.

3. 가로 및 세로의 치수가 각각 80 ㎜인고 두께가 10 ㎜인 직육면체의 구멍(∅40 ㎜)에 ∅40 ㎜인 축을 끼워 맞춤하는 경우를 생각한다. 이 때 구멍의 허용한계치수가 $40^{+0.025}_{0}$이고 축의 허용한계치수가 $40^{+0.059}_{+0.043}$이라면 어떤 끼워 맞춤 공차인지 설명하고 도면에 적용하여라.

4. 가로 및 세로의 치수가 각각 80 ㎜인고 두께가 10 ㎜인 직육면체의 구멍(∅40 ㎜)에 ∅40 ㎜인 축을 끼워 맞춤하는 경우를 생각한다. 이 때 구멍의 허용한계치수가 $40^{+0.039}_{0}$이고 축의 허용한계치수가 $40^{-0.025}_{-0.064}$이라면 어떤 끼워 맞춤 공차인지 설명하고 도면에 적용하여라.

5. ∅40H7/n6의 치수공차 기호가 무엇을 의미하며 어떤 끼워 맞춤인지 설명하고 조립도에 적용하여라.

1-4-2 자율평가 문제 답안

1. 치수공차 기호가 40H7이면 부록 6에서 구멍의 기준치수가 40 ㎜이고 위 치수 허용차가가 0.025이며 아래 치수허용차는 0 ㎜인 경우이다. 치수공차 기호가 40f7이면 부록 7에서 축의 기준치수가 40 ㎜이고 위 치수 허용차가가 -0.025이고 아래 치수 허용차는 -0.050 ㎜인 경우이다.

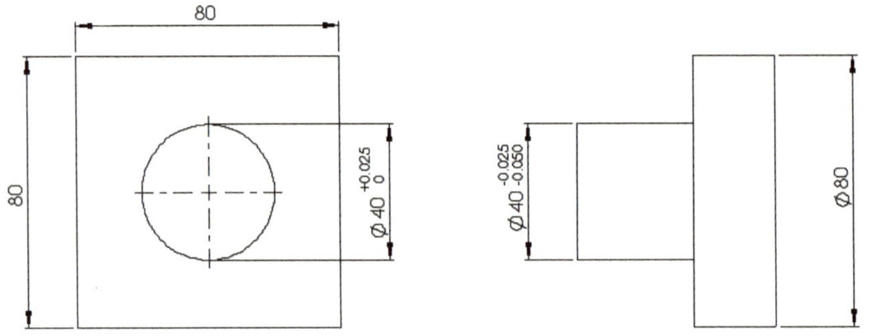

도면 적용

2. 치수공차 기호가 40K7이면 부록 6에서 구멍의 기준치수가 40 ㎜이고 위 치수 허용차가가 0.007이고 아래 치수허용차는 -0.018 ㎜인 경우이다. 치수공차 기호가 40m6이면 부록 7에서 축의 기준치수가 40 ㎜이고 위 치수 허용차가가 0.025이고 아래 치수 허용차는 0.009 ㎜인 경우이다.

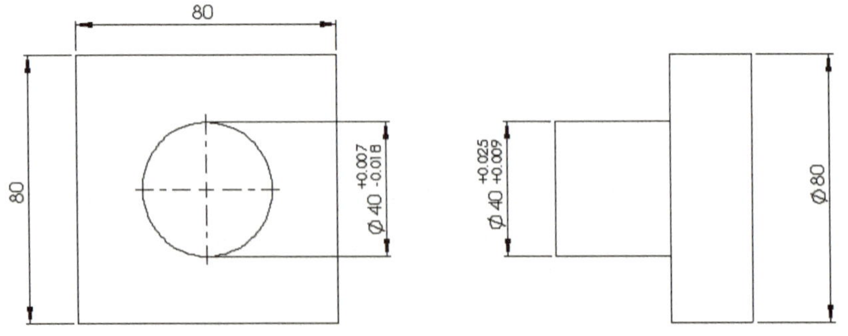

도면 적용

3. 부록 6에 의한 결과를 표로 나타내면 답안표 1과 같으며, 결과에서 알 수 있듯이 최대 틈새와 최소 틈새가 음이므로 제외하면 최대 죔새와 최소 죔새만이 관여하므로 이는 억지 끼워 맞춤에 해당한다.

답안표 1 최대 틈새와 최대 죔새 계산

구분	구멍	축
기준 치수	40	40
최대 허용 치수	40.025	40.059
최소 허용치수	40.000	40.043
치수공차 기호	∅40K7	∅40s6

최대 틈새 = 구멍의 최대 허용 치수(40.025)-축의 최소 허용 치수(40.043)=-0.018
최소 틈새 = 구멍의 최소 허용 치수(40.000)-축의 최대 허용 치수(40.059)=-0.059
최대 죔새 = 축의 최대 허용치수(40.059)-구멍의 최소 허용치수(40.000)=0.059
최소 죔새 = 축의 최소 허용치수(40.043)-구멍의 최대 허용치수(40.025)=0.018

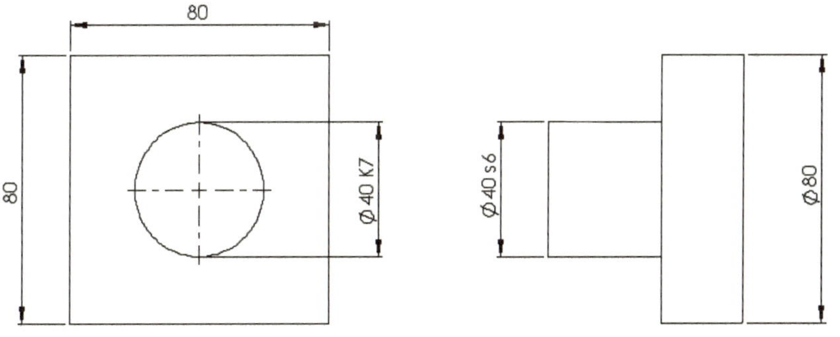

도면 적용

4. 부록 6에 의한 결과를 표로 나타내면 답안표 2와 같으며, 결과에서 알 수 있듯이 최대 죔새와 최소 죔새가 음이므로 제외하면 최대 틈새와 최소 틈새만이 관여하므로 이는 헐거운 끼워 맞춤에 해당한다.

답안표 2 최대 틈새와 최대 죔새 계산

구분	구멍	축
기준 치수	40	40
최대 허용 치수	40.039	39.975
최소 허용치수	40.000	39.936
치수공차 기호	∅40H8	∅40f8
최대 틈새 = 구멍의 최대 허용 치수(40.039)-축의 최소 허용 치수(39.936)=+0.103 최소 틈새 = 구멍의 최소 허용 치수(40.000)-축의 최대 허용 치수(39.975)=+0.025 최대 죔새 = 축의 최대 허용치수(39.975)-구멍의 최소 허용치수(40.000)=-0.025 최소 죔새 = 축의 최소 허용치수(39.936)-구멍의 최대 허용치수(40.039)=-0.103		

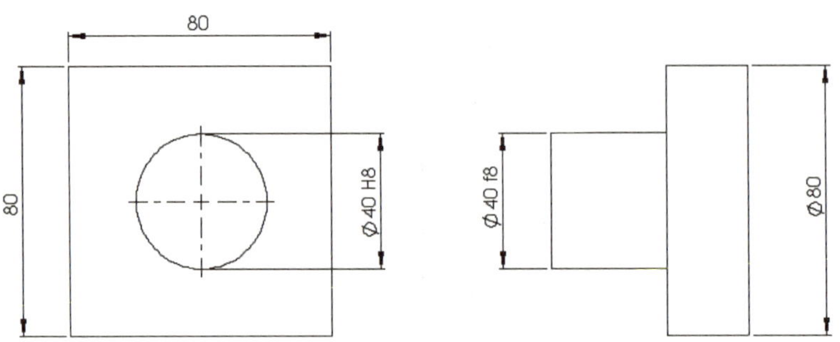

도면 적용

5. 구멍의 경우는 상용 끼워 맞춤 구멍치수 허용차(KS B 0401)에 의하면 H7은 위 치수 허용차가 0.025 ㎜이고 아래 치수허용차는 0 ㎜이다. 한편 축의 경우는 상용 끼워 맞춤 축치수 허용차(KS B 0401)에 의하면 n6는 위 치수 허용차가 0.033 ㎜이고 아래 치수 허용차는 0.017 ㎜이다. 이것을 표로 나타내면 답안표 3과 같으며, 결과에서 알 수 있듯이 최소 틈새와 최소 죔새가 음이므로 제외하면 최대 틈새와 최대 죔새만이 관여하므로 이는 중간 끼워 맞춤에 해당한다.

답안표 3 끼워 맞춤 공차 계산

구분	구멍	축
기준 치수	40	40
최대 허용 치수	40.025	40.033
최소 허용치수	40.000	40.017

최대 틈새 = 구멍의 최대 허용 치수(40.025)-축의 최소 허용 치수(40.017)=0.008
최소 틈새 = 구멍의 최소 허용 치수(40.000)-축의 최대 허용 치수(40.033)=-0.033
최대 죔새 = 축의 최대 허용 치수(40.033)-구멍의 최소 허용 치수(40.000)=0.033
최소 죔새 = 축의 최소 허용치수(40.017)-구멍의 최대 허용치수(40.025)=-0.008

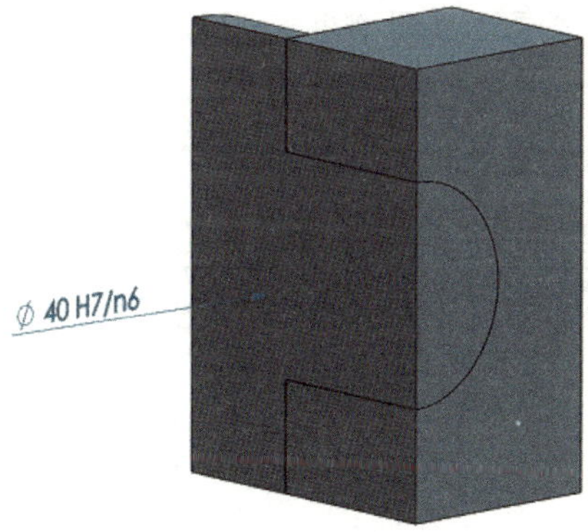

조립도 적용

자율평가 결과 점검표

학습자 성명 :	평가 날짜 :
평가 제목 : 치수 공차 및 끼워 맞춤 공차의 이해	

		성취 수준			
		이해하지 못했음	일부만 이해했음	완전히 이해했음	이해 반복수
1번	위/아래 치수 허용차 선정 및 설명				
	도면 치수공차 적용 및 작성 설명				
2번	위/아래 치수 허용차 선정 및 설명				
	도면 치수공차 적용 및 작성 설명				
3번	끼워 맞춤 공차 종류 선정 및 설명				
	도면 끼워 맞춤 공차 적용 및 설명				
4번	끼워 맞춤 공차 종류 선정 및 설명				
	도면 끼워 맞춤 공차 적용 및 설명				
5번	치수공차 기호 설명 및 끼워 맞춤 공차 종류 설명				
	조립도 적용 및 작성 설명				

[성취수준]

위의 모든 항목에 대해 "완전히 이해했음", 즉 이해도 100%로 답하여야 합니다. 만일 "이해하지 않았음" 또는 "일부만 이해했음"에 답을 했다면 앞에서 학습한 내용을 다시 한 번 확인 하시고 몇 번 만에 이해하였는지를 체크하십시오.

2 기하 공차 작성의 이해

2-1 학습 준비

2-1-1 학습 대상

2-1-1-1 모양 공차

기계를 구성하는 모든 개별 부품의 형체는 항상 치수 및 기하학적 형상을 가지고 있다. 도면에서 정밀도의 대상이 되는 점, 선, 축선 및 면을 갖는 형체로 구성되며 형체의 정밀도 가운데 공차에 관련이 되는 것은 크기, 형상, 자세 및 위치 4가지 요소이다. 이들 4요소를 정확하게 구제해 주기 위해서는 치수 공차와 기하 공차를 적절하게 규제하여 도면을 완성해야 한다.

그림 4-2-1은 규제 형체의 한 평면에 있는 모든 표면이 기하학적으로 정확한 평면으로부터 어느 정도 벗어나도 좋은지를 나타내는 평면도에 대한 대상이며 단독형체의 모양(형상)만을 규제하는 공차이다. 첫 번째는 그림 4-2-1 (a)와 같이 축 단면에 대한 평면도 규제와 두 번째는 그림 4-2-1 (b)와 같이 규제 형체의 표면이 조립이나 기능상에 있어 중요한 역할을 하여 정밀한 표면이 필요한 경우 데이텀 표면에 평면도를 규제하는 2가지를 대상으로 한다.

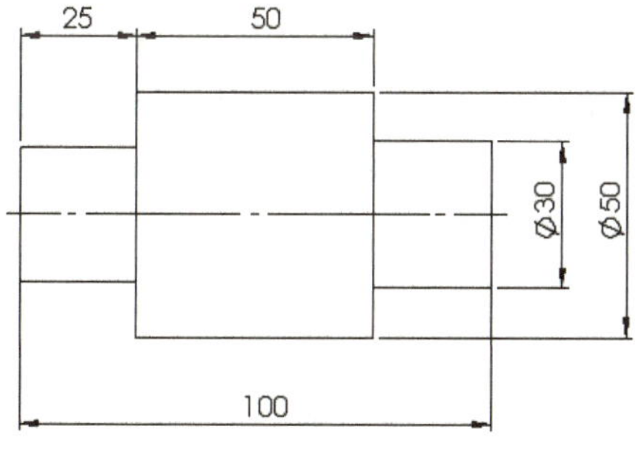

(a) 평면도 대상1

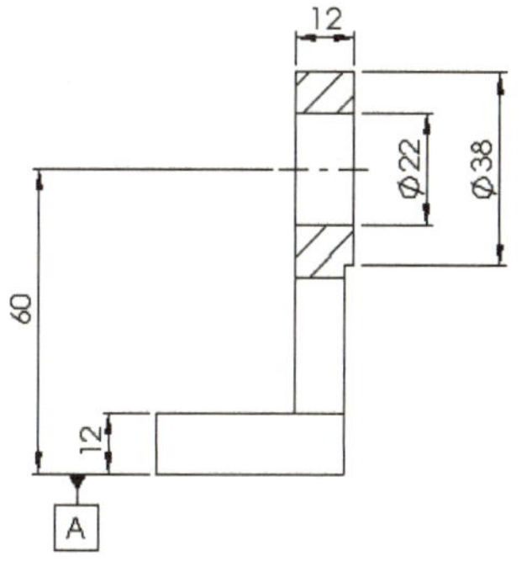

(b) 평면도 대상2

그림 4-2-1 평면도 대상 도면

그림 4-2-2는 규제하고자 하는 형체의 표면이나 축선이 기하학적으로 정확한 직선으로부터 어느 정도 벗어나도 좋은지를 나타내는 진직도에 대한 대상이며 평면이나 원통의 표면과 같은 단일 표면이나 축선에 적용한다.

그림 4-2-2 (a)는 한쪽 방향으로 진직도를 규제하는 경우이며, 그림 4-2-2 (b)는 하나의 평면에 두 방향의 진직도를 규제하는 경우이며, 그림 4-2-2 (c)는 규제하는 형체의 치수 공차 범위 내에서 진직도를 규제하는 경우를 대상으로 한다.

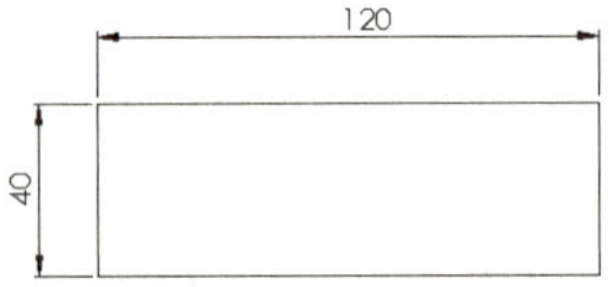

(a) 진직도 대상1

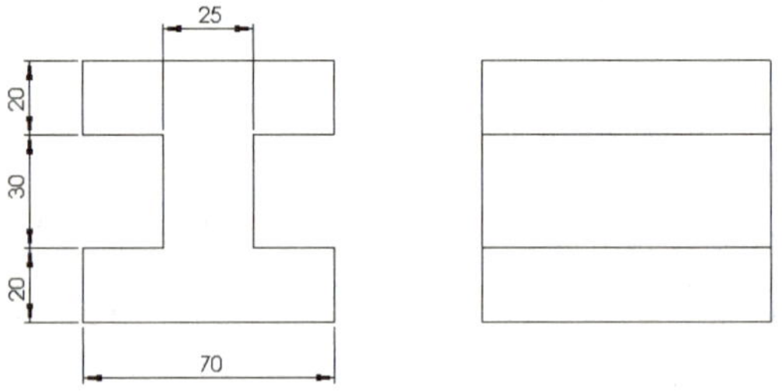

(b) 진직도 대상2

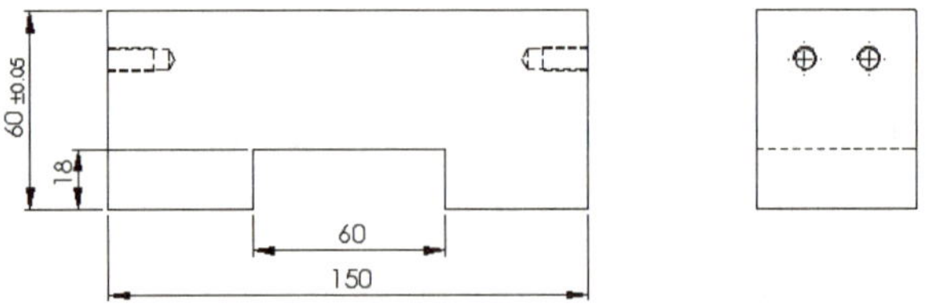

(c) 진직도 대상3

그림 4-2-2 진직도 대상 도면

그림 4-2-3은 규제하는 원형 형체가 기하학적으로 정확한 원으로부터 어느 정도 벗어나도 좋은지를 나타내는 진원도에 대한 대상이다. 여기서는 규제한 단면이 원형인 형체의 실제 치수에 따른 반지름 상의 진원도 공차를 대상으로 한다.

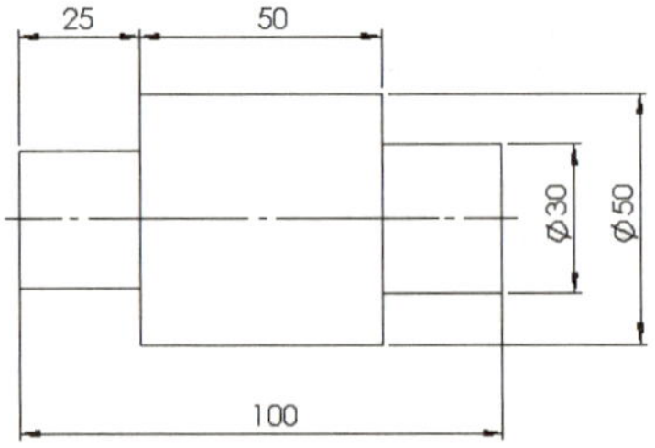

그림 4-2-3 진원도 대상 도면

그림 4-2-4는 원통 형상의 모든 표면이 완전히 평행한 원통으로부터 어느 정도 벗어나도 좋은지를 나타내는 원통도에 대한 대상이다. 여기서는 축 직선에 평행한 원통 형상 전체의 길이 방향에 대한 원통도를 대상으로 한다.

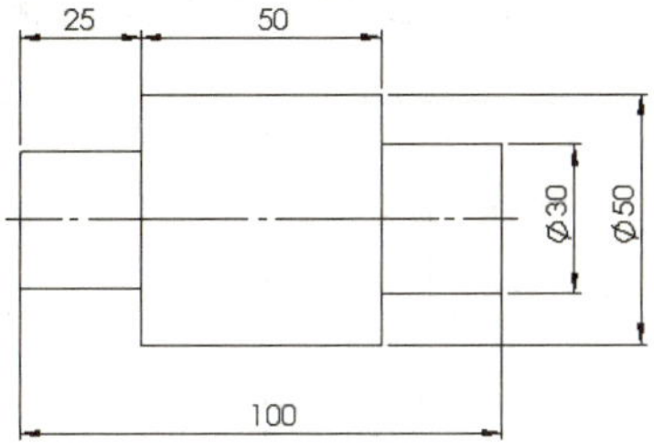

그림 4-2-4 원통도 대상 도면

그림 4-2-5는 물체의 불규칙한 외곽의 형상으로 기하학적으로 정확한 윤곽으로부터 어느 정도 벗어나도 좋은지를 나타내는 윤곽도에 대한 대상이다. 두 가지의 경우를 대상으로 하는데 첫째는 이론적으로 정확한 치수에 의한 기하학적 윤곽선에 대해 어느 정도 벗어나도 좋은지를 나타내는 경우와 둘째는 이론적으로 정확한 치수에 의한 기하학적 윤곽면에 대해 어느 정도 벗어나도 좋은지를 나타내는 경우를 대상으로 한다.

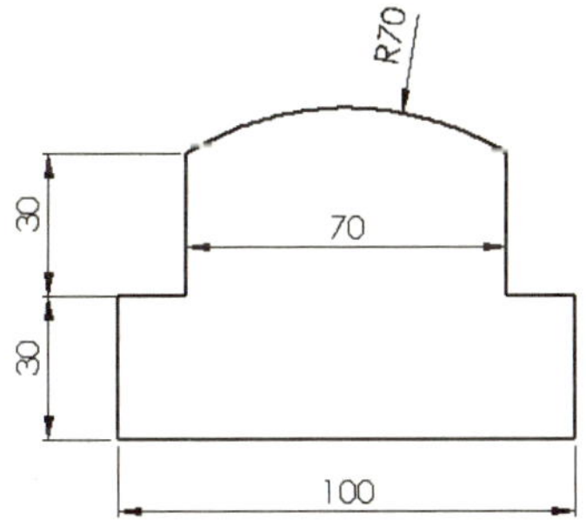

그림 4-2-5 윤곽도 대상 도면

2-1-1-2 자세 공차

자세 공차는 기준 데이텀 면을 이용해서 규제하려는 관련 형체의 자세 편차를 규제하는 기하 공차로서 평행도, 직각도 및 경사도의 3가지가 있다.

그림 4-2-6은 데이텀을 기준으로 규제된 형체의 표면, 선, 축선이 기하학적인 직선 또는 기하학적 평면으로부터 어느 정도 벗어나도 좋은지를 나타내는 평행도에 대한 대상이다.

그림 4-2-6 (a)는 하나의 데이텀 평면과 서로 나란한 다른 평면을 규제하는 평행도의 경우이며, 그림 4-2-6 (b)는 데이텀 평면과 서로 나란한 구멍의 중심(축 직선)을 규제하는 평행도의 경우이며, 그림 4-2-6 (c)는 두 개의 나란한 구멍 중심(축 직선)을 갖는 형체에 대해 규제 및 서로 직각인 두 방향(수평, 수직)에 대해 규제하는 평행도를 대상으로 한다.

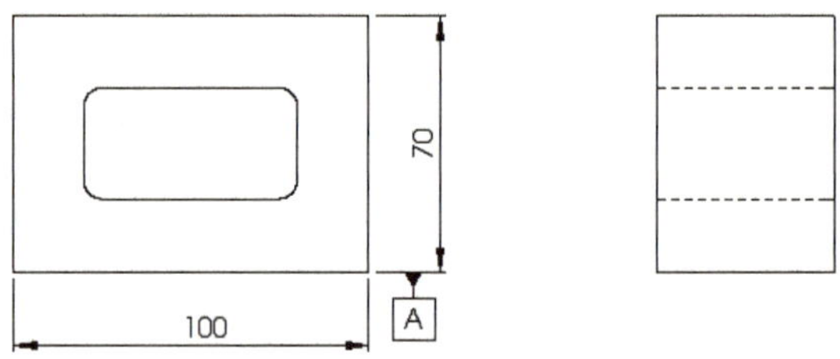

(a) 평행도 대상1

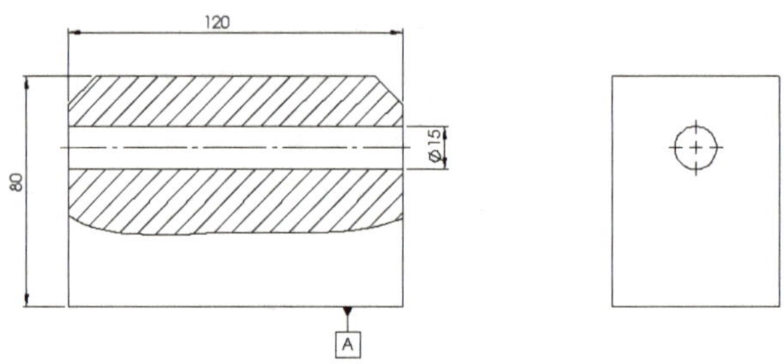

(b) 평행도 대상2

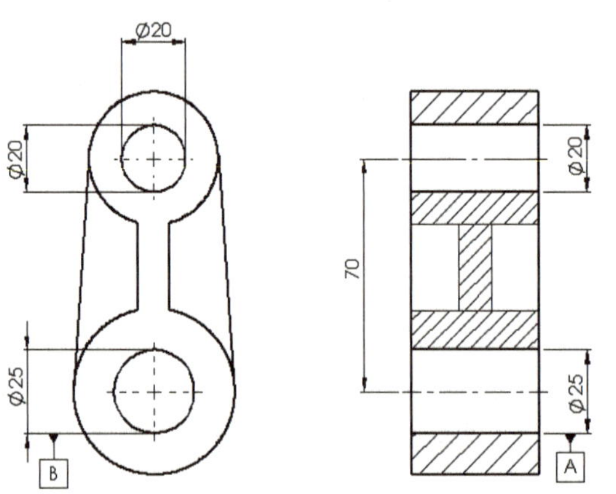

(c) 평행도 대상3

그림 4-2-6 평행도 대상 도면

그림 4-2-7은 기준으로 규제되는 형체의 기하학적 평면이나 축 직선 또는 중간 면이 완전한 직각으로부터 어느 정도 벗어나도 좋은지를 나타내는 직각도에 대한 대상이다. 그림 4-2-7 (a)는 데이텀 평면을 기준하여 한 방향으로 직각인 직선 형체의 규제에 대한 직각도, 그림 4-2-7 (b)는 데이텀 평면에 서로 직각인 두 방향의 직선 형체의 규제에 대한 직각도, 그림 4-2-7 (c)는 데이텀 평면에 방향을 정할 수 없는 원통이나 구멍 중심(축 직선)을 갖는 형체의 규제에 대한 직각도, 그림 4-2-7 (d)는 직선 형체의 데이텀에 직각인 직선 형체의 규제에 대한 직각도, 그림 4-2-7 (e)는 데이텀 평면에 직각인 평면 형체의 규제에 대한 직각도의 경우를 대상으로 한다.

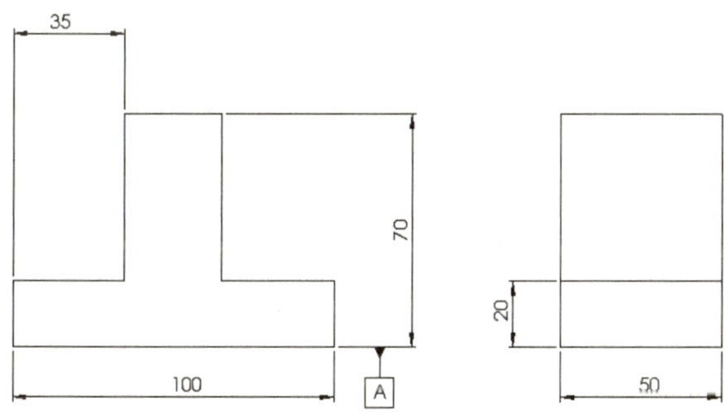

(a) 직각도 대상1

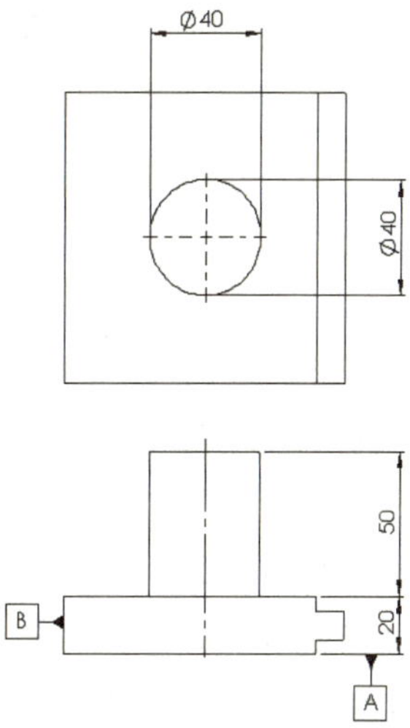

(b) 직각도 대상2

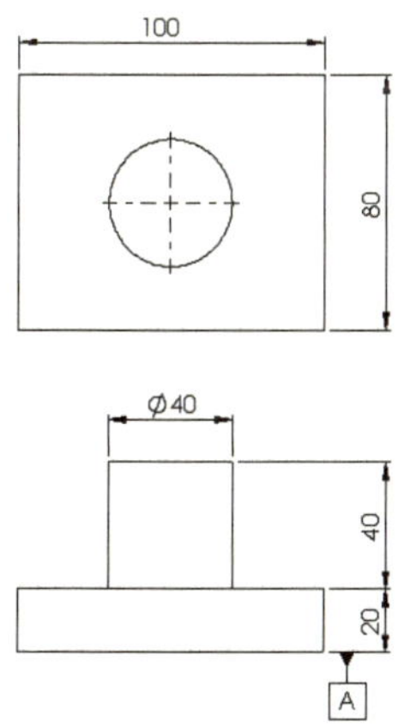

(c) 직각도 대상3

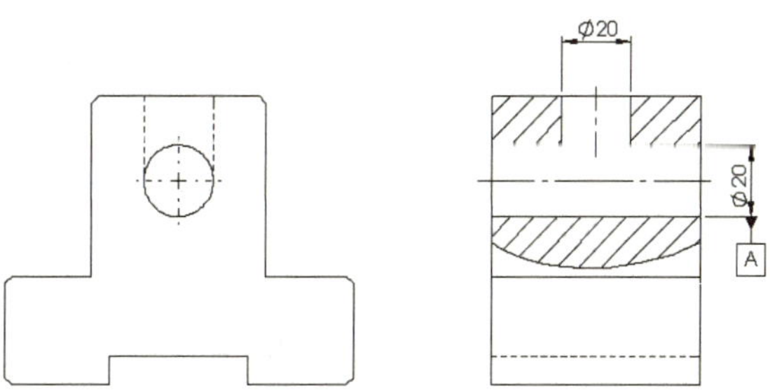

(d) 직각도 대상4

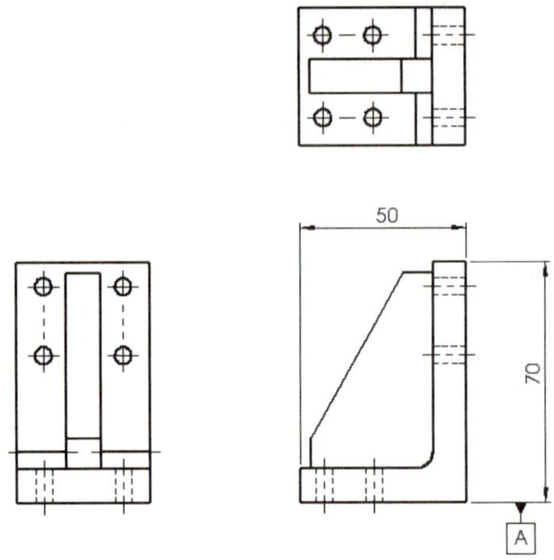

(e) 직각도 대상5

그림 4-2-7 직각도 대상 도면

그림 4-2-8은 규제하는 직선 형체나 평면 형체의 데이텀에 대해서 이론적으로 정확한 각도를 갖는 직선이나 평면으로부터 어느 정도 벗어나도 좋은지를 나타내는 경사도에 대한 대상이다. 그림 4-2-8 (a)는 기준 데이텀 직선에 대한 직선 형체의 규제에 대한 경사도, 그림 4-2-8 (b)는 기준 데이텀 평면에 대한 직선 형체의 규제에 대한 경사도, 그림 4-2-8 (c)는 기준 데이텀 직선에 대한 평면 형체의 규제에 대한 경사도, 그림 4-2-8 (d)는 기준 데이텀 평면에 대한 평면 형체의 규제에 대한 경사도를 대상으로 한다.

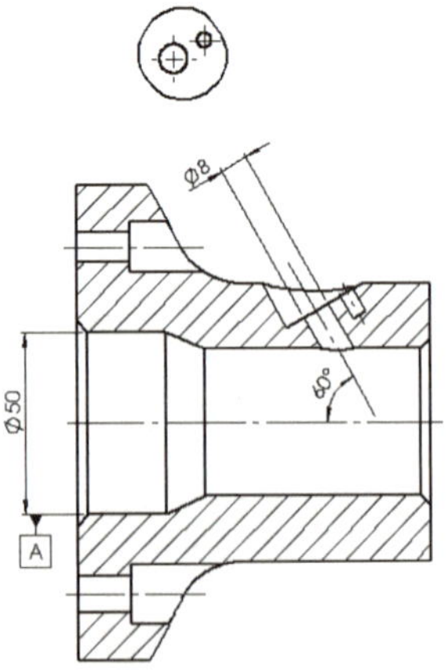

(a) 경사도 대상1

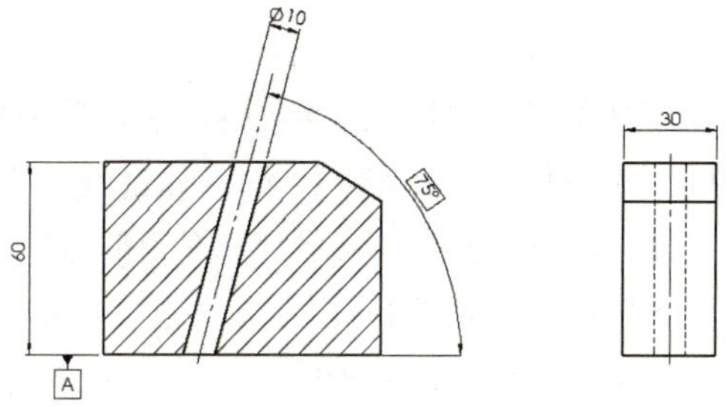

(b) 경사도 대상2

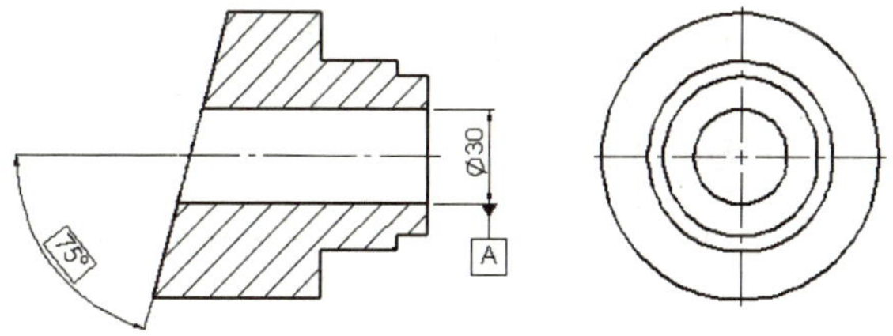

(c) 경사도 대상3

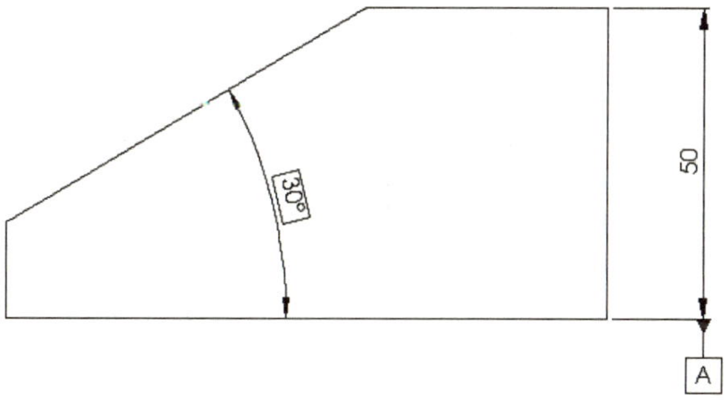

(d) 경사도 대상4

그림 4-2-8 경사도 대상 도면

2-1-1-3 흔들림 공차

그림 4-2-9 및 그림 4-2-10은 데이텀을 기준으로 규제 형체(원통, 원추, 호, 평면)를 1회전시킬 때 이론적으로 완전한 형상으로부터 어느 정도 벗어나도 좋은지를 나타내는 흔들림 공차 대상이다. 그림 4-2-9 (a)는 데이텀 축 직선에 대한 반지름 방향의 원주 흔들림, 그림 4-2-9 (b)는 축방향의 원주 흔들림, 그림 4-2-9 (c)는 경사진 표면의 원주 흔들림, 그림 4-2-9 (d)는 부분적인 반지름 방향의 원주 흔들림을 대상으로 한다.

그림 4-2-10 (a)는 반지름 방향의 온 흔들림, 그림 4-2-10 (b)는 축 직선 방향의 온 흔들림을 대상으로 한다.

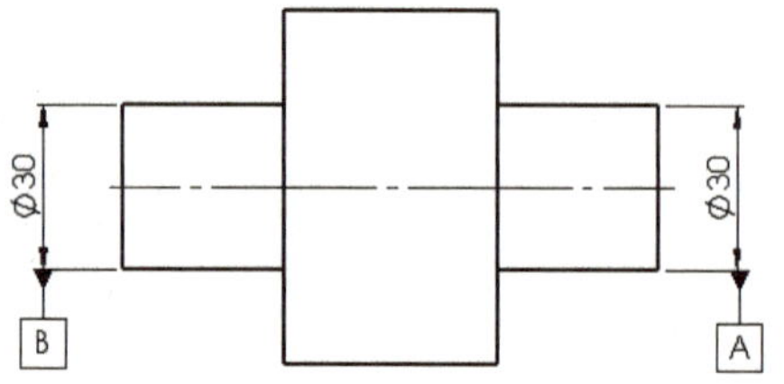

(a) 원주 흔들림 대상1

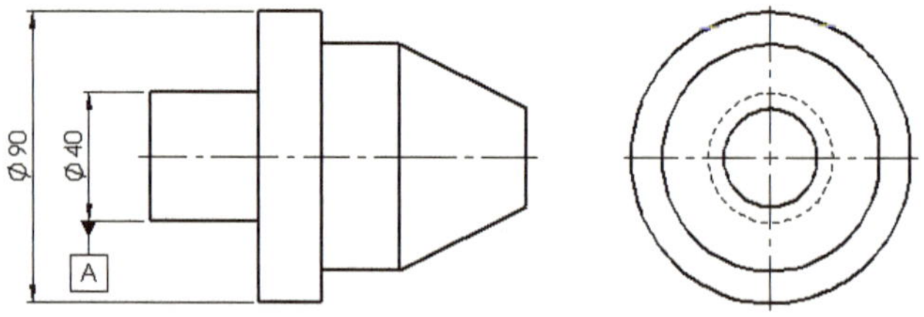

(b) 원주 흔들림 대상2

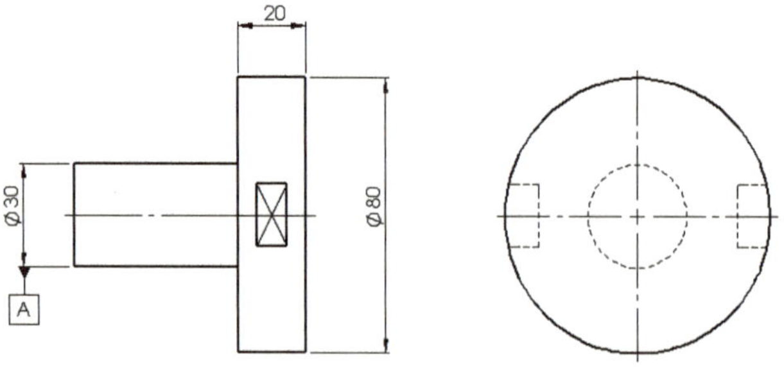

(c) 원주 흔들림 대상3

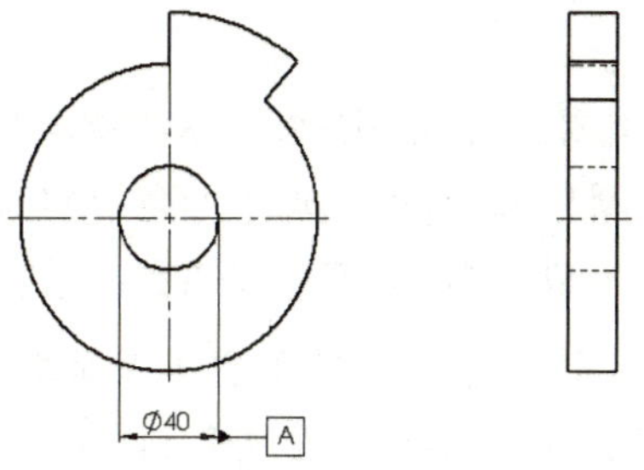

(d) 원주 흔들림 대상4

그림 4-2-9 원주 흔들림 공차 대상 도면

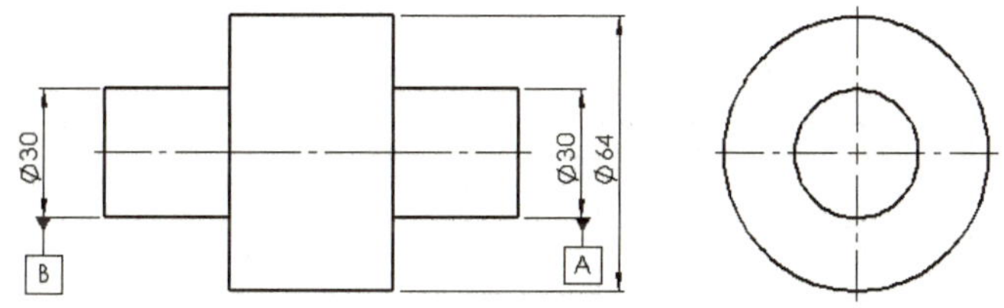

(a) 온 흔들림 대상1

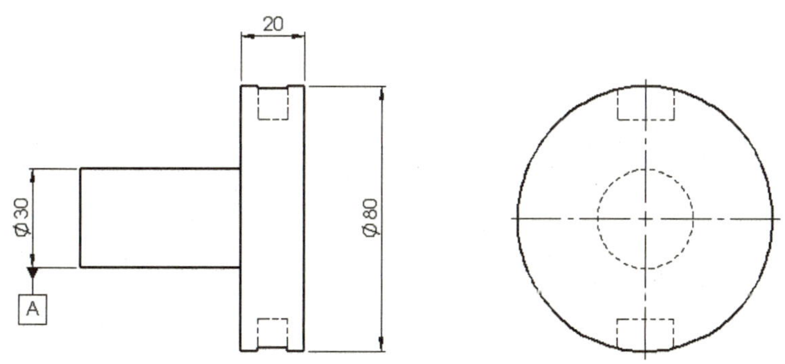

(b) 온 흔들림 대상2

그림 4-2-10 온 흔들림 공차 대상 도면

2-1-1-4 위치 공차

위치 공차에는 동심도, 대칭도 및 위치도의 3가지 종류가 있다. 이 가운데 위치도 공차는 적용시 효율적인 제품 생산 및 적용 효과가 높은 기하 공차로 제조 산업에서 널리 활용되고 있다. 위치 공차는 자세 공차 및 모양 공차를 포함한 복합 공차이다.

그림 4-2-11은 데이텀인 원의 중심에 대해 원형 형체의 중심 위치가 어느 정도 벗어나도 좋은지를 나타내는 동심도 대상이다. 그림 4-2-11 (a)는 하나의 데이텀 원의 중심에 대한 동심도, 그림 4-2-11 (b)는 두 개의 데이텀 원의 중심에 대한 동심도를 대상으로 한다.

그림 4-2-12는 기준인 선이나 면, 즉 데이텀 축 직선이나 데이텀 중심 평면에 대해 서로 대칭이어야 할 형체가 대칭 위치로부터 어느 정도 벗어나도 좋은지를 나타내는 대칭도 대상이다. 그림 4-2-12 (a)는 위치가 동일한 축선과 축선의 대칭도 규제, 그림 4-2-12 (b)는 중심면과 중심면의 대칭도 규제를 대상으로 한다.

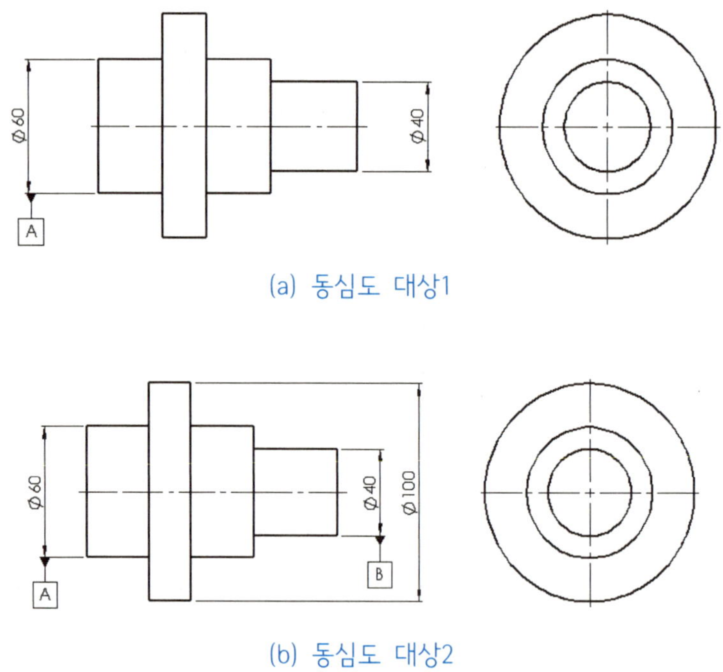

(a) 동심도 대상1

(b) 동심도 대상2

그림 4-2-11 동심도 대상 도면

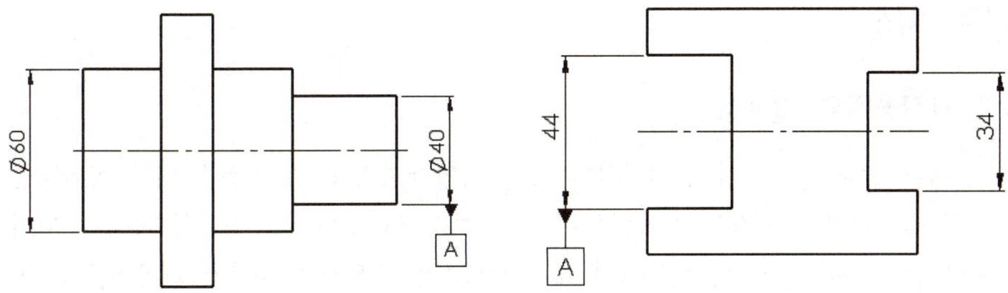

(a) 대칭도 대상1 (b) 대칭도 대상2

그림 4-2-12 대칭도 대상 도면

그림 4-2-13은 형체가 다른 형체나 데이텀 규정 위치로부터 점, 직선 형체 또는 평면 형체가 기하학적으로 정확한 위치로부터 어느 정도 벗어나도 좋은지를 나타내는 위치도 대상으로 여기서는 두 개의 핀과 두 개의 구멍이 결합될 때 규제되는 위치도를 대상으로 한다.

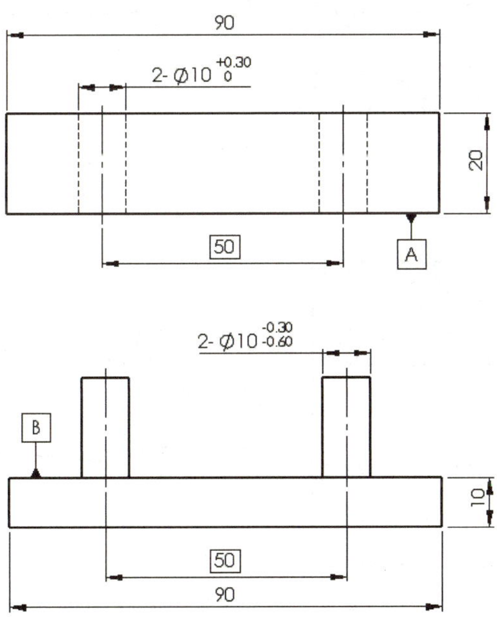

그림 4-2-13 위치도 대상 도면

2-1-2 관련 지식

2-1-2-1 기하공차의 필요성

도면에는 제품의 치수나 표면거칠기 등을 기입함으로써 그 제품에 대한 정밀도를 표시하고 있으나 부품의 제작이나 조립을 할 때, 보다 더 정확하고 정밀한 제품이 되기 위하여 모양이나 자세, 위치 및 흔들림에 대하여 일정한 정밀도의 허용차를 붙일 필요가 있다.

예를 들어 그림 4-2-14는 구멍과 축이 각자 가공된 후 끼워맞춤을 하기 위한 도면이다. 그런데 만일 그림 4-2-15와 같이 치수만 정해지고 축의 구부림에 대한 규제가 없다면 정상적인 끼워맞춤의 조립공정이 이루어진다는 보장이 없다.

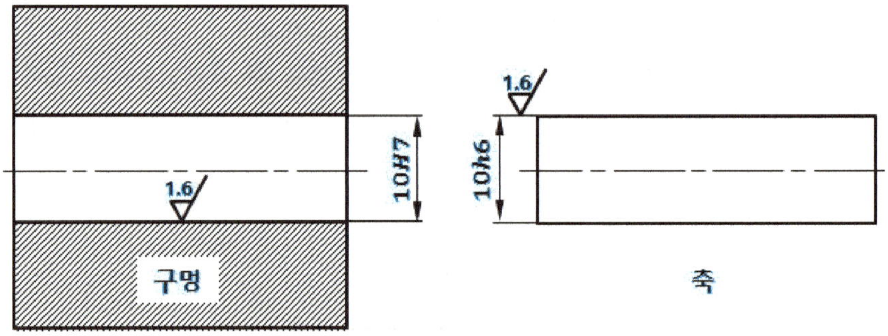

그림 4-2-14 구멍과 축의 도면 예

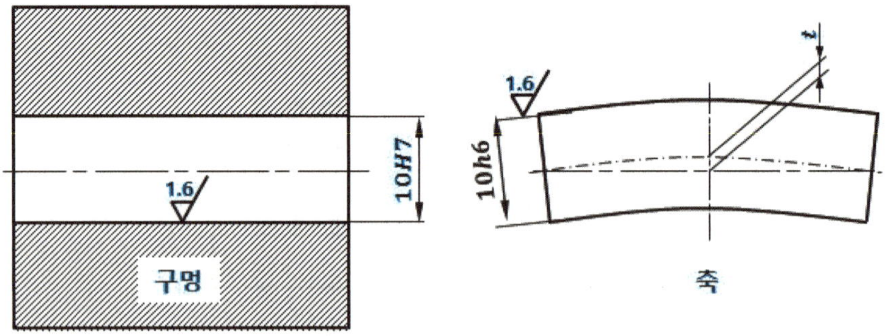

그림 4-2-15 축의 구부러짐 예

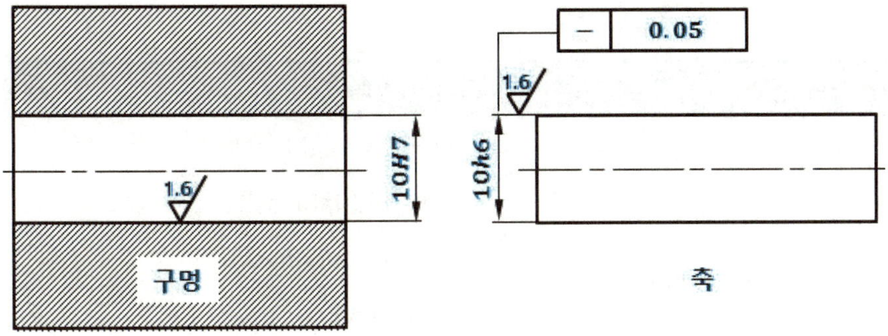

그림 4-2-16 기하공차가 반영된 도면 예

따라서 두 개의 부품이 정상적으로 끼워맞춤이 이루어지기 위해서는 치수 공차뿐만 아니라 기하학적 정의가 필요하며 이러한 기하학적 공차를 KS에서는 규정하고 있다. 즉, 도면에 표시하는 대상물의 모양, 자세, 위치 및 흔들림의 공차를 총칭하여 기하공차(geometrical tolerance)라 하며 기호에 의한 표시와 그들의 도시방법에 대하여 규정하고 있다. 다시 말하면 기하편차의 허용값을 기하공차라 하며, 공차역이란 기하학적으로 옳은 모양, 자세 또는 위치로부터 벗어나는 것이 허용되는 영역을 말한다.

그림 4-2-16은 축 가공에 기하공차를 반영하여 정상적인 축과 구멍의 끼워맞춤이 이루어지도록 작성한 도면이다.

이러한 기하공차는 다음과 같은 경우에 적용한다.

- 상호 결합되는 부품과 부품간의 기능 및 호환성이 중요한 경우
- 제품을 경제적이고 효율적으로 제조할 수 있도록 기능적인 검사 방법이 바람직한 경우
- 설계 및 제조와 검사의 일관된 해석을 위해 참조할 수 있는 기준이 필요한 경우
- 표준적인 해석 또는 공차가 미리 암시되어 있지 않은 경우

2-1-2-2 기하공차의 종류와 그 기호

기하공차의 종류와 기호는 표 4-2-1에 따른다. 또, 기하공차와 함께 사용하는 부가기호는 표 4-2-1에 따른다.

공차붙이 형체가 포함되어 있어야 할 공차역은 다음에 따른다.

표 4-2-1 기하 공차의 종류와 기호

작용하는 형태	공차의 종류		기호
단독 형체	모양 공차	진직도(straightness)	—
		평면도(flatness)	⏥
		진원도(roundness)	○
		원통도(cylindricity)	⌭
단독 형체 또는 관련 형체		선의 윤곽도(line profile)	⌒
		면의 윤곽도(surface profile)	⌓
관련 형체	자세 공차	평행도(parallelism)	//
		직각도(squareness)	⊥
		경사도(angularity)	∠
	위치 공차	위치도(position)	⌖
		동축도 또는 동심도(concentricity)	◎
		대칭도(symmetry)	⌯
	흔들림 공차	원주 흔들림	↗
		온 흔들림	⌰

2-1-2-3 데이텀과 기하공차의 상호 관계

데이텀(DATUM)이란 형체의 기준으로 가공상이나 측정상 및 결합상태의 기준으로 하기 위해서 또는 다른 형체의 형상 및 위치를 결정하기 위해서 이론적으로 정확하다고 가정하는 기하학적 기준인 점, 선, 평면, 원통 등을 말하며 규제 형체에 따라 데이텀이 없이 규제되는 경우도 있다. 다시 말해 가공이나 치수의 측정을 할 때 "이 면 또는 점, 선을 기준으로 가공 및 측정하라"는 기준의 표시인 것이다. 설계, 가공, 측정의 공통적인 정보가 들어 있는 것이 바로 도면이다. 이 3가지 요소에 대해 작업성 및 기증을 고려한 공통적인 기준으로 만족할 수 있는 부분을 데이텀으로 설정해 주는 것이 가장 바람직하다고 할 수 있다.

데이텀 선정의 기준 원칙은 다음과 같다.

- 치수를 측정할 때의 기준이 되는 부분
- 기계 가공이나 조립시 기준이 되는 부분
- 축을 지지하는 베어링이 조립되는 본체의 끼워 맞춤 구멍
- 기계요소들이 조립되는 본체(몸체, 하우징 등)의 넓은 가공 평면(조립되는 상태에 따라 기준이 되는 바닥면 또는 측면)
- 동력을 전달하는 회전체(기어, 풀리 등)에 축이 끼워지는 구멍 또는 키 홈 가공이 되어 있는 구멍
- 치공구에서 공작물이 위치결정 되는 로케이터(위치 결정구)의 끼워 맞춤 부분
- 드릴지그에서 지그 베이스의 밑면과 드릴 부시가 끼워지는 부분
- 베어링이나 키 홈 가공을 하여 회전체를 고정시키는 축의 축심이나 기능적인 역할을 하는 축의 외경 부분

2-1-2-4 최대 실체 상태(MMC; Maximum Material Condition)

(1) 최대실체 치수(MMS; Maximum Material Size)

형체의 최대실체 상태를 정하는 치수로, 즉 외측 형체(축)에서는 최대허용치수, 내측 형체(구멍)에서는 최소허용치수가 최대실체치수가 된다. 기하공차의 기초이면서 가장 중요한 원칙 중의 하나가 최대실체 조건으로서 이는 크기를 갖는 형체(축, 구멍, 핀, 홈, 돌출부)의 실체, 즉 최적이 최대가 되는 상태를 말한다. 축이나 돌출부의 경우에 가장 큰 체적을 가지는 치수는 상한 치수(최대실체 치수)이고 구멍이나 홈의 경우에는 그 하한치가 최대실체 치수이다.

약자는 MMS이며 기호는 Ⓜ으로 나타내는데 최대실체치수를 도면에 주서로 나타낼 때에는 약자로 MMS, 규제형체의 도면에 나타낼 때에는 기호 Ⓜ을 붙여 나타낸다.

(2) 최소실체 치수(LMS; Least Material Size)

형체의 실체가 최소가 되는 허용한계치수를 갖는 형체의 상태, 즉 크기에 대한 치수공차를 갖는 형체가 허용한계치수 범위 내에서 실체의 체적이나 질량이 최소일 때의 치수를 최소실체치수라 한다. 축이나 핀의 경우에 최소허용치수가 구멍이나 홈의 경우에는 최대허용치수가 최소실체치수가 된다.

약자는 LMS이며 기호는 Ⓛ으로 나타내는데 최소실체치수를 도면에 주서로 나타낼 때에는 약자로 LMS, 규제형체의 도면에 나타낼 때에는 기호 Ⓛ을 붙여 나타낸다.

(3) 최대실체 상태(MMC)의 적용

① 최대실체 상태는 두 개 또는 그 이상의 끼워 맞춤되는 형체를 조립할 때 각각의 치수공차와 형상공차 또는 위치공차와의 사이에 상호 의존성을 고려하여 치수의 여유분을 형상공차 또는 위치공차에 부가할 경우에 적용한다. 그러나 기어의 축 사이 거리와 같이 형체의 치수에도 불구하고 기능상 규제된 위치 공차 또는 형상공차를 지켜야 할 경우에는 최대실체상태를 적용해서는 안 된다.

② 축선 또는 중심면을 갖는 치수공차 관련 형체에 적용한다. 그러나 평면 또는 평면상의 선에는 적용할 수 없다.

③ 최대 실체상태의 적용시 도면에서 지시하는 기하공차 값은 규제하는 형체가 최대실체치수(MMS)일 때 적용하는 공차값이고 규제 형체치수가 최대실체치수를 벗어나는 경우에는 그 벗어난 크기만큼 추가로 공차가 허용된다.

(4) 최대실체 상태를 적용하지 않는 경우

공차를 증가시킴에 따라 기능이 변동할 수 있는 경우에는 최대실체상태를 적용하지 않으며 다음과 같은 경우에 해당된다.

① 기어의 중심 거리

② 링크기구

③ 나사구멍

④ 억지 끼워 맞춤 구멍

2-1-3 CAD 관련 사항 검토하기

기하 공차에 관련된 속성 창은 그림 4-2-17과 같으며 기입할 기하 공차 기호 종류가 여러 가지임을 알 수 있다.

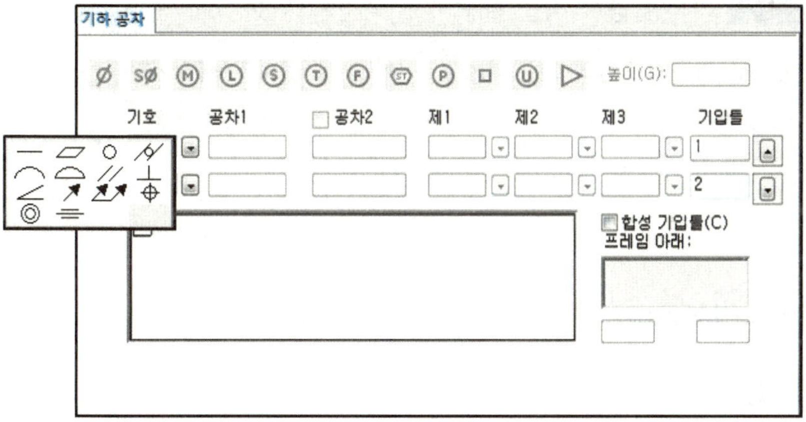

그림 4-2-17 기하 공차 속성 창과 기하 공차 종류 기호

2-2 학습 활동

2-2-1 모양공차

조건 설정 : 모양 공차 학습 활동 전에 조건은 무엇인가?

① 형상 모델링 및 도면의 기준 치수는 이미 되어 있다고 가정한다.

② 대상 표면이 조립이나 기능상 중요한 역할을 한다고 가정한다.

③ 대상 표면이 정밀한 표면이라고 가정한다.

2-2-1-1 평면도(flatness)

생각하기 : 평면도란 무엇일까?

평면도는 규제 형체의 한 평면상에 있는 모든 표면이 기하학적으로 정확한 평면으로부터 벗어난 크기로 정의 할 수 있다. 평면도 공차역은 치수공차 범위 내에서 두 평면 사이의 간격으로 나타내며 일반적으로 치수공차보다 작은 공차를 평면도로 표시한다. 데이텀을 필요로 하지 않는 기하공차이다.

(1) 축의 단면에 대한 평면도 규제

수행 : 도면에서 평면도 공차 설정하기

① 평면도 대상1 도면 파일을 오픈한다.

② 도면의 주석에서 기하공차를 클릭한다.

③ 기하공차 속성창이 나타나며 그림 4-2-18 (a)와 같이 평면도 속성을 설정한다.

④ 평면도를 그림 4-2-18 (b)와 같이 축의 단면인 50 치수보조선 옆에 위치시킨다.

⑤ 파일을 저장한다.

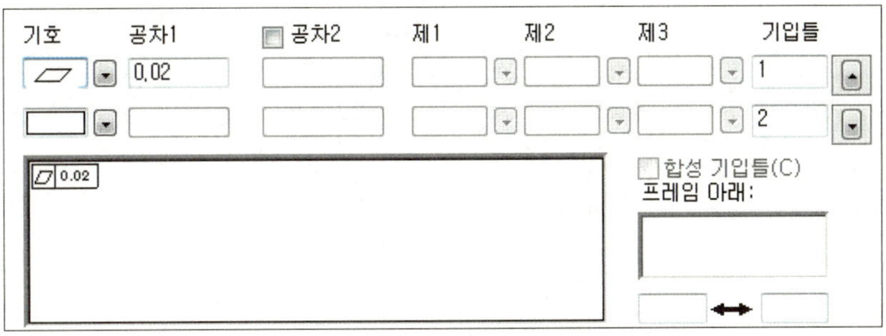

(a) 평면도 속성 설정

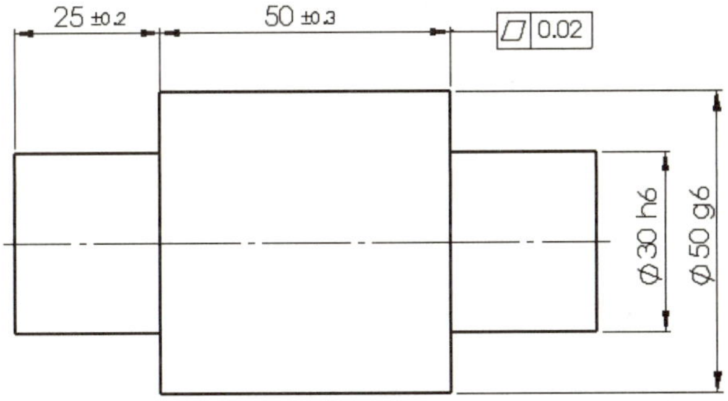

(b) 평면도 위치

그림 4-2-18 축에 대한 평면도 공차 작성 과정

(2) 데이텀 표면에 규제된 평면도

수행 : 도면에서 평면도 공차 설정하기

① 평면도 대상2 도면 파일을 오픈한다.

② 도면의 주석에서 기하공차를 클릭한다.

③ 기하공차 속성 창이 나타나며 그림 4-2-19 (a)와 같이 평면도 속성을 설정한다.

④ 평면도를 데이텀 면에 그림 4-2-19 (b)와 같이 위치시킨다.

⑤ 파일을 저장한다.

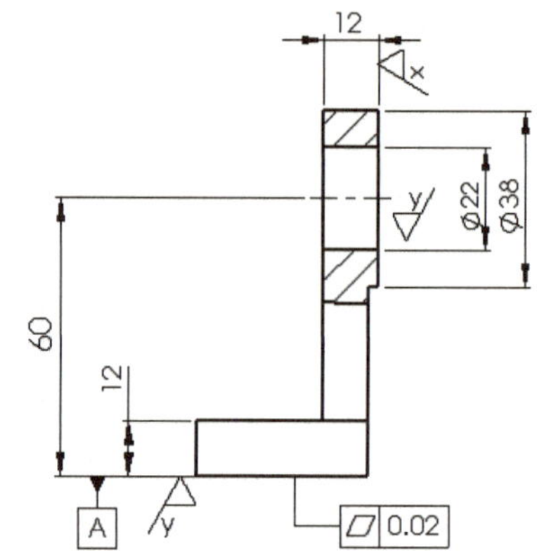

그림 4-2-19 데이텀 표면에 대한 평면도 공차 작성 결과

2-2-1-2 진직도

(1) 진직도로 규제한 평탄한 표면

수행 : 도면에서 평면도 공차 설정하기

① 진직도 대상1 도면 파일을 오픈한다.

② 도면의 주석에서 기하공차를 클릭한다.

③ 기하공차 속성창이 나타나며 그림 4-2-20 (a)와 같이 진직도 속성을 설정한다.

④ 진직도를 치수 120 해당 면 치수 보조선 위에 그림 4-2-20 (b)와 같이 위치시킨다.

⑤ 파일을 저장한다.

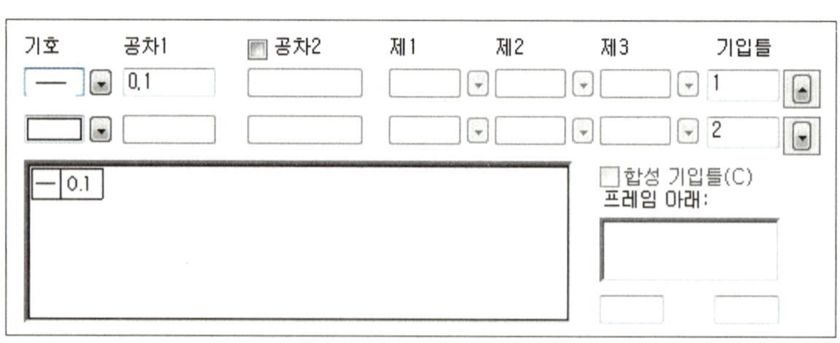

(a) 진직도 속성 설정

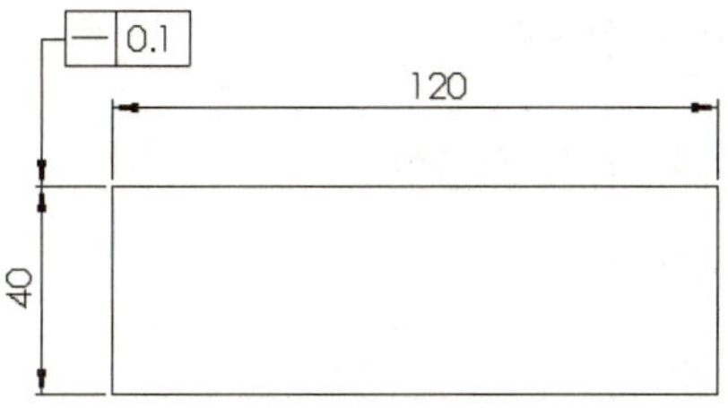

(b) 진직도 위치

그림 4-2-20 한쪽 방향으로 규제된 진직도 공차 작성 과정

(2) 서로 직각인 두 방향의 진직도

수행 : 도면에서 진직도 공차 설정하기

① 진직도 대상2 도면 파일을 오픈한다.

② 도면의 주석에서 기하공차를 클릭한다.

③ 기하공차 속성창이 나타나며 그림 4-2-21 (a)와 같이 진직도 속성을 설정한다.

④ 진직도를 치수 120 해당 면 치수 보조선 위에 그림 4-2-21 (b)와 같이 위치시킨다.

⑤ 파일을 저장한다.

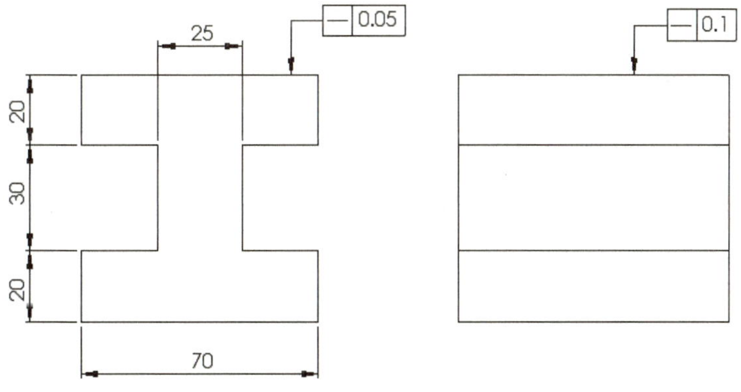

그림 4-2-21 서로 직각인 두 방향의 진직도 공차 작성 결과

(3) 치수 공차 범위 내에서의 진직도

수행 : 도면에서 진직도 공차 설정하기

① 진직도 대상3 도면 파일을 오픈한다.

② 도면의 주석에서 기하공차를 클릭한다.

③ 기하공차 속성창이 나타나며 진직도 속성에서 진직도 공차를 치수공차 0.1보다 작은 0.02로 설정한다.

④ 진직도를 윗면인 치수 60±0.05면에 그림 4-2-22와 같이 위치시킨다.

⑤ 파일을 저장한다.

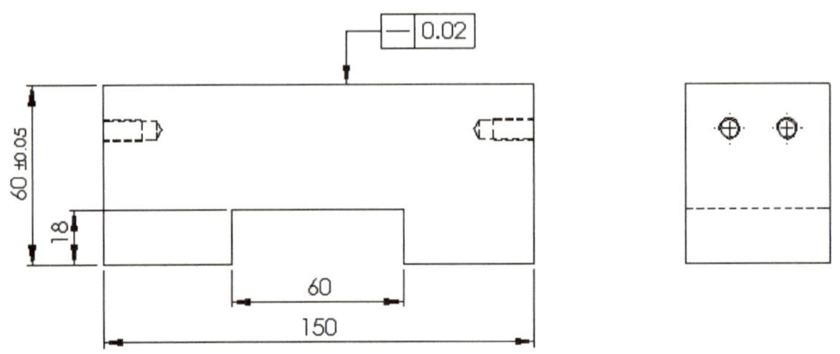

그림 4-2-22 치수공차 범위 내에서의 진직도 공차 작성 결과

(4) 최대실체 공차방식으로 규제된 진직도

생각하기 : 최대실체 공차로 규제된 진직도란 무엇일까?

기계 부품의 결합상태에 있어 구멍(홈)과 축(핀)과 같이 형체 상호간에 기능적인 관계를 갖고 조립되는 경우가 많다. 이런 기능적인 관계를 갖는 경우에 최대실체 공차방식에 의한 진직도 규제가 바람직하다.

수행 : 도면에서 진직도 공차 설정하기

① 진직도 대상4 도면 파일을 오픈한다.

② 도면의 주석에서 기하공차를 클릭한다.

③ 기하공차 속성창이 나타나며 진직도 속성을 그림 4-2-23 (a)와 같이 설정한다. 즉, 최대 실체치수(MMS)인 ∅30.04일 때 허용되는 진직도 공차는 ∅0.02이고, 실효치

수는 ∅30.06이다. 따라서 이 축이 최대로 변형되었을 때 여기에 결합되는 구멍의 최대실체치수는 ∅30.06(축의 최대실체치수 ∅30.04+진직도공차∅0.02)으로 구멍의 최소허용치수가 ∅30.06보다 작아서는 안 되게 설정해야 한다.

④ 진직도를 ∅30인 축의 치수보조선에 그림 4-2-23 (b)와 같이 위치시킨다.

⑤ 파일을 저장한다.

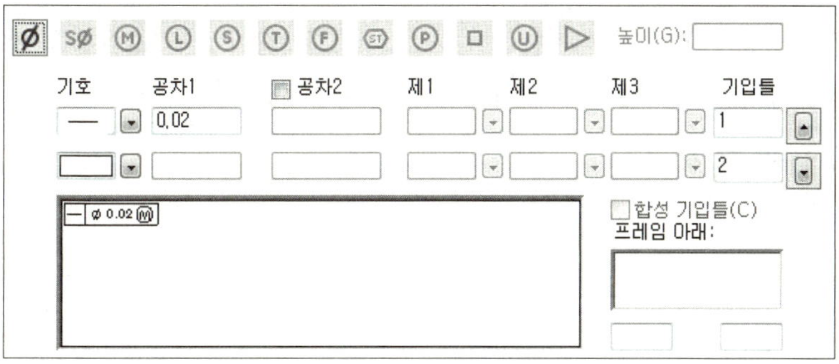

(a) 최대실체 공차로 규제된 진직도 속성 설정

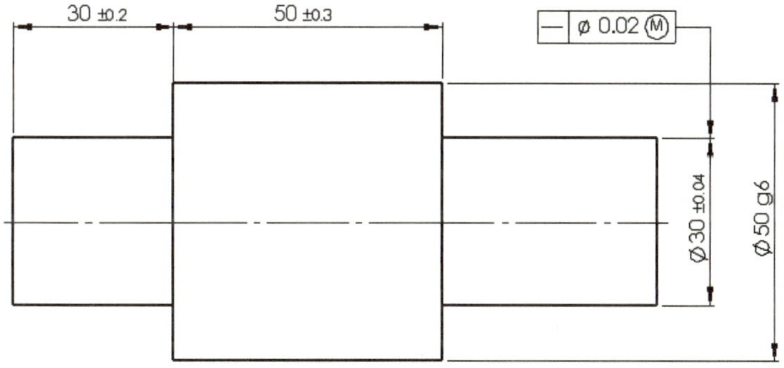

(b) 진직도 위치

그림 4-2-23 최대실체 공차방식으로 규제된 축의 진직도 공차

2-2-1-3 진원도

(1) 진원도로 규제한 단면

수행 : 도면에서 진원도 공차 설정하기

① 진원도 대상1 도면 파일을 오픈한다.

② 도면의 주석에서 기하공차를 클릭한다.

③ 기하공차 속성창이 나타나며 그림 4-2-24 (a)와 같이 진원도 속성을 설정한다.

④ 진원도를 ∅30인 축의 치수보조선에 그림 4-2-24 (b)와 같이 위치시킨다.

⑤ 파일을 저장한다.

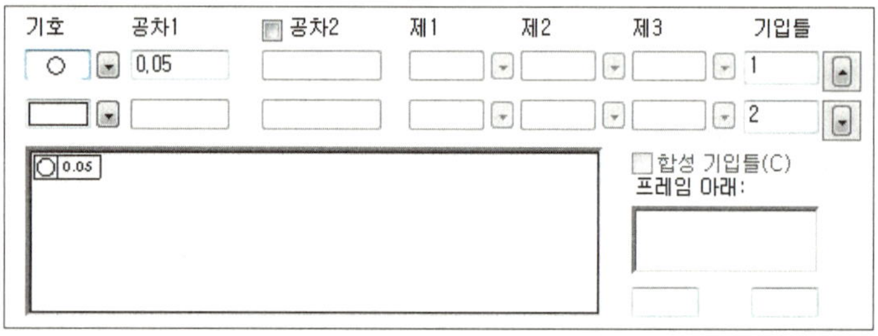

(a) 진원도 속성 설정

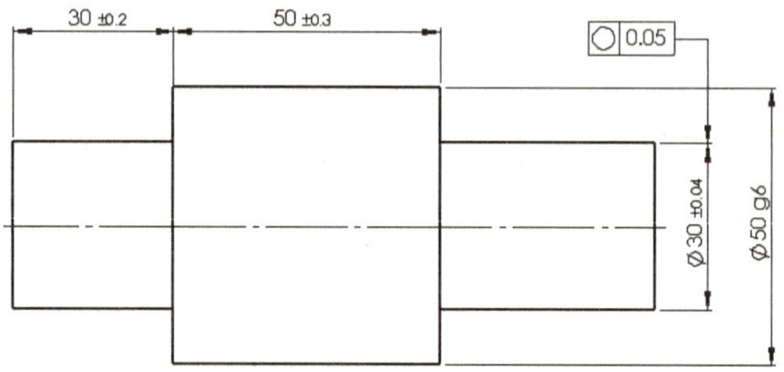

(b) 진원도 위치

그림 4-2-24 진원도 공차 작성 과정

2-2-1-4 원통도

생각하기 : 원통도란 무엇일까?

원통도(Cylindricity)는 원통형상의 모든 면이 기하학적으로 완전히 평행한 원통으로부터 얼마만큼 벗어나 있는가를 나타내는 크기이다. 원통도 공차역은 축 직선상의 평행한 원통 형상 전체의 표면의 길이 방향에 대해 적용된다.

(1) 원통도로 규제한 단면

수행 : 도면에서 원통도 공차 설정하기

① 원통도 대상1 도면 파일을 오픈한다.

② 도면의 주석에서 기하공차를 클릭한다.

③ 기하공차 속성창이 나타나며 그림 4-2-25 (a)와 같이 원통도 속성을 설정한다.

④ 원통도를 ⌀30인 축의 치수보조선에 그림 4-2-25 (b)와 같이 위치시킨다.

⑤ 파일을 저장한다.

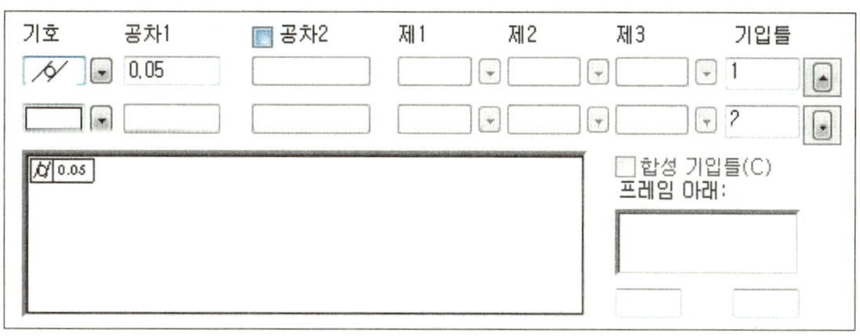

(a) 원통도 속성 설정

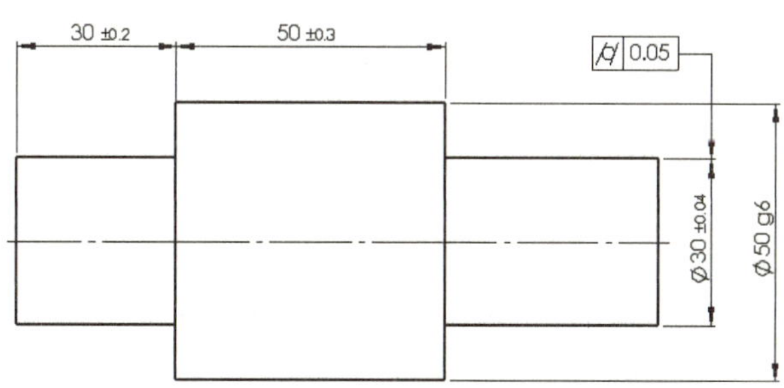

(b) 원통도 위치

그림 4-2-25 원통도 공차 작성 과정

2-2-1-5 윤곽도

생각하기 : 윤곽도란 무엇일까?

윤곽은 물체의 불규칙한 외곽의 형상으로 직선과 원호 및 곡선의 조합일 수도 있다. 윤곽도(profile tolerance) 공차는 실제 제품이 기준 윤곽으로부터 얼마만큼 벗어나 있는가를 나타내는 크기이다. 선의 윤곽도와 면의 윤곽도로 구분한다.

(1) 선의 윤곽도로 규제한 단면

수행 : 도면에서 윤곽도 공차 설정하기

① 윤곽도 대상1 도면 파일을 오픈한다.

② 도면의 주석에서 기하공차를 클릭한다.

③ 기하공차 속성창이 나타나며 그림 4-2-26 (a)와 같이 윤곽도 속성을 설정한다.

④ 윤곽도를 R70인 윤곽선 위에 그림 4-2-26 (b)와 같이 위치시킨다.

⑤ 파일을 저장한다.

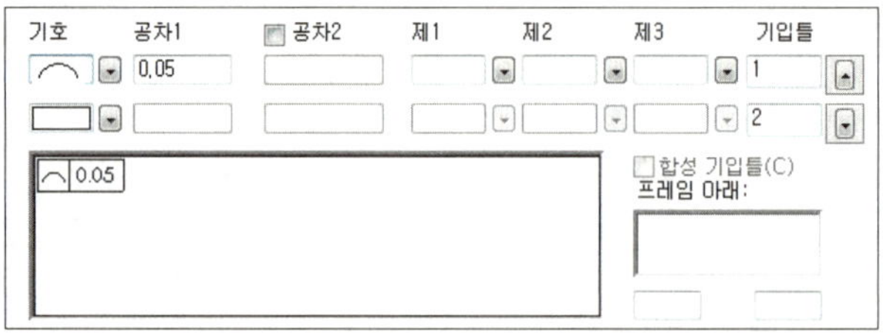

(a) 선의 윤곽도 속성 설정

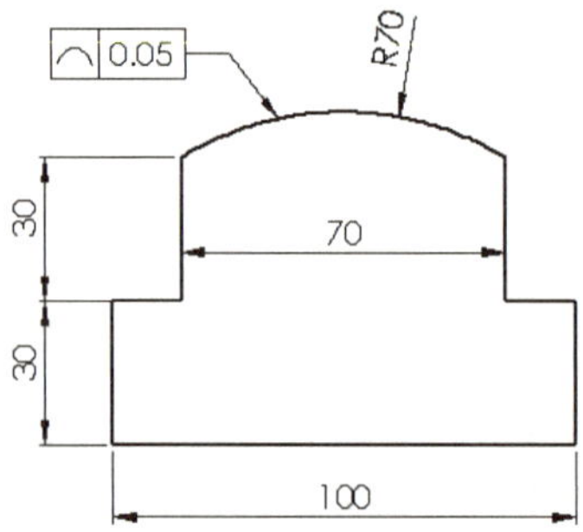

(b) 선의 윤곽도 위치

그림 4-2-26 선의 윤곽도 공차 작성 과정

(2) 면의 윤곽도로 규제한 단면

수행 : 도면에서 윤곽도 공차 설정하기

① 윤곽도 대상2 도면 파일을 오픈한다.

② 도면의 주석에서 기하공차를 클릭한다.

③ 기하공차 속성창이 나타나며 그림 4-2-27 (a)와 같이 윤곽도 속성을 설정한다.

④ 윤곽도를 R70인 윤곽면 위에 그림 4-2-27 (b)와 같이 위치시킨다.

⑤ 파일을 저장한다.

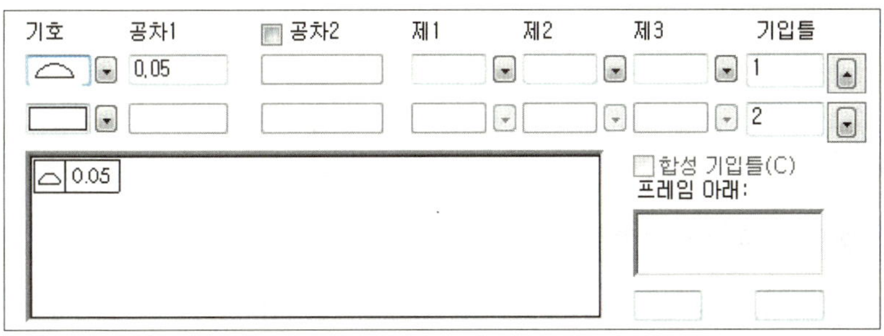

(a) 면의 윤곽도 속성 설정

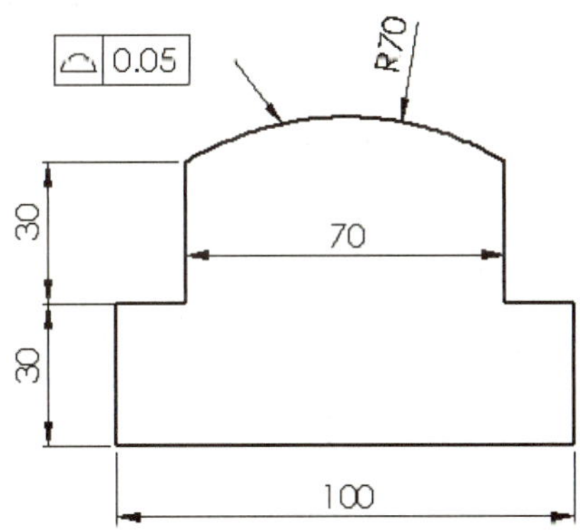

(b) 면의 윤곽도 위치

그림 4-2-27 면의 윤곽도 공차 작성 과정

2-2-2 자세공차

조건 설정 : 자세 공차 학습 활동 전에 조건은 무엇인가?

① 형상 모델링 및 도면의 기준 치수는 이미 되어 있다고 가정한다.

② 하나는 기준이 되는 하나의 데이텀 평면과 서로 나란한 다른 평면을 대상으로 한다.

③ 둘은 데이텀 평면과 서로 나란한 구멍 중심의 축 직선을 대상으로 한다.

④ 셋은 하나의 데이텀 구멍 중심의 축 직선과 나란한 구멍 중심을 갖는 형체를 대상으로 한다.

⑤ 넷은 서로 직각인 두 방향(수평, 수직)의 평행도 규제를 대상으로 한다.

2-2-2-1 평행도

생각하기 : 평행도란 무엇일까?

평행도(parallelism)는 데이텀을 기준으로 규제된 형체의 표면, 선, 축선이 기하학적으로 정확한 직선 또는 평면으로부터 벗어난 크기로서 축 직선이 규제 대상인 경우는 공차값 앞에 ∅를 붙이며 평면이 규제 대상인 경우는 공차값 앞에 ∅를 붙이지 않는다.

(1) 하나의 데이텀 평면과 서로 다른 평면의 평행도

수행 : 도면에서 평행도 공차 설정하기

① 평행도 대상1 도면 파일을 오픈한다.

② 도면의 주석에서 데이텀 피처를 클릭한다.

③ 형상의 밑면(치수 100)을 데이텀 A로 한다.

④ 주석에서 기하공차를 클릭한다.

⑤ 기하공차 속성창이 나타나며 그림 4-2-28 (a)와 같이 평행도 속성을 설정한다.

⑥ 평행도를 데이텀 면의 나란한 반대쪽 면에 그림 4-2-28 (b)와 같이 위치시킨다.

⑦ 파일을 저장한다.

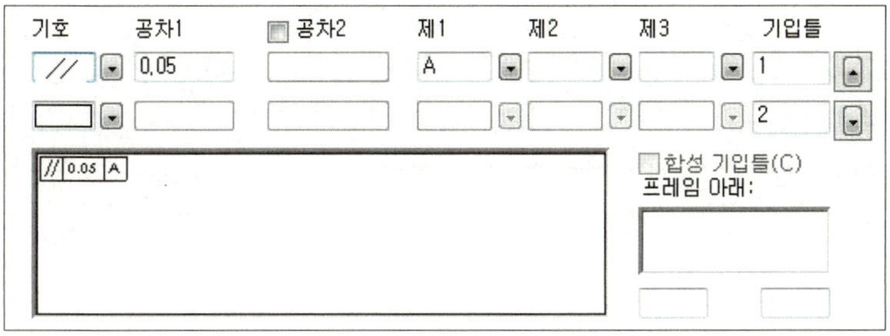

(a) 평행도 속성 설정

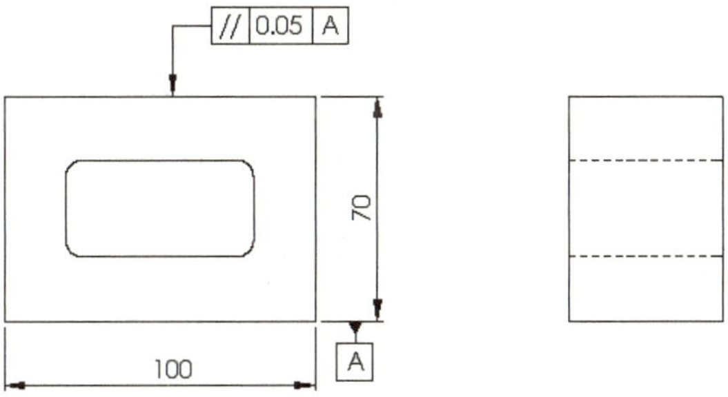

(b) 평행도 위치

그림 4-2-28 하나의 데이텀 평면과 서로 나란한 다른 평면에 대한 평행도 공차

(2) 하나의 데이텀 평면과 서로 나란한 구멍중심의 평행도

수행 : 도면에서 평행도 공차 설정하기

① 평행도 대상2 도면 파일을 오픈한다.

② 도면의 주석에서 데이텀 피처를 클릭한다.

③ 형상의 밑면(치수 120)을 데이텀 A로 한다.

④ 주석에서 기하공차를 클릭한다.

⑤ 기하공차 속성창이 나타나며 그림 4-2-29 (a)와 같이 평행도 속성을 설정한다.

⑥ 평행도를 데이텀 면의 나란한 구멍(∅15)의 치수 보조선에 그림 4-2-29 (b)와 같이 위치시킨다.

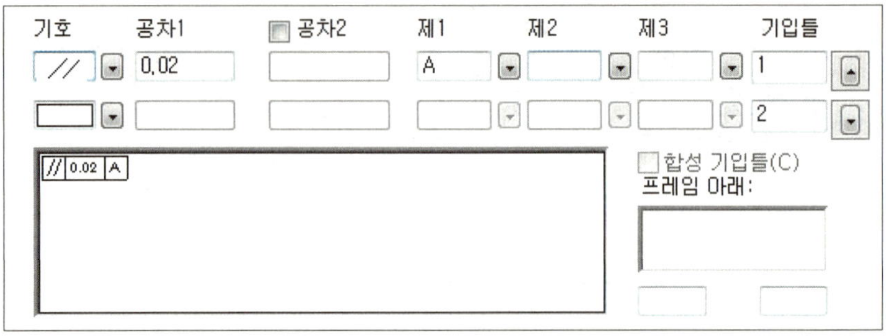

(a) 평행도 속성 설정

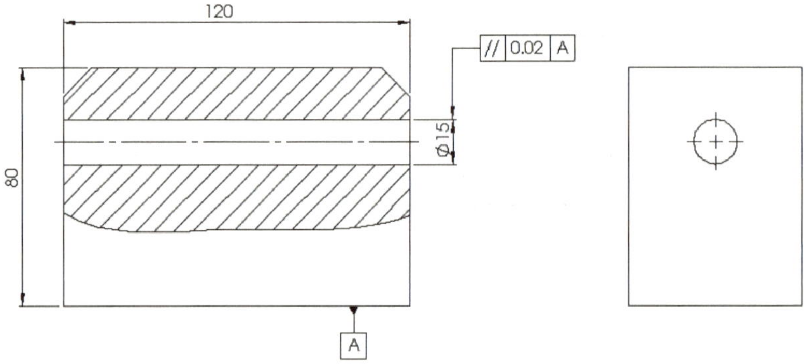

(b) 평행도 위치

그림 4-2-29 하나의 데이텀 평면과 서로 나란한 구멍중심의 평행도

(3) 두 개의 나란한 구멍 중심을 갖는 형체에 규제한 평행도

수행 : 도면에서 평행도 공차 설정하기

① 평행도 대상3 도면 파일을 오픈한다.

② 도면의 주석에서 데이텀 피처를 클릭한다.

③ 형상의 밑의 구멍(∅25) 면을 데이텀 A로 한다.

④ 주석에서 기하공차를 클릭한다.

⑤ 기하공차 속성창이 나타나며 그림 4-2-30 (a)와 같이 평행도 속성을 설정한다.

⑥ 평면도를 나란한 두 구멍의 단면인 50 치수보조선 옆에 그림 4-2-30 (b)와 같이 위치시킨다.

⑦ 파일을 저장한다.

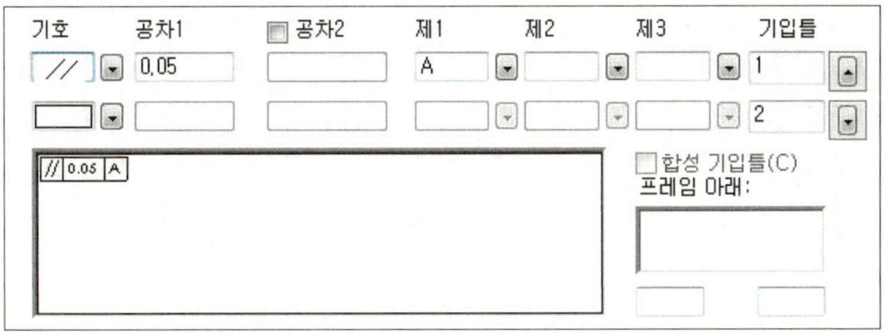

(a) 평행도 속성 설정

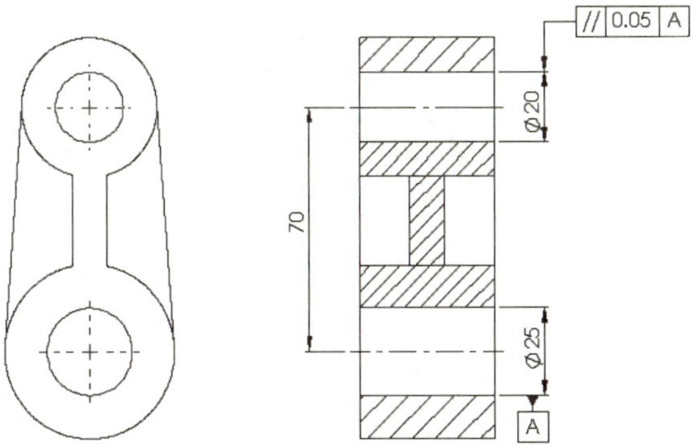

(b) 평행도 위치

그림 4-2-30 두 개의 나란한 구멍 중심을 갖는 형체에 규제한 평행도

(4) 서로 직각인 두 방향(수평, 수직)의 평행도

수행 : 도면에서 평행도 공차 설정하기

① 평행도 대상4 도면 파일을 오픈한다.

② 도면의 주석에서 데이텀 피처를 클릭한다.

③ 형상의 밑의 구멍(∅25) 면을 데이텀 B로 한다.

④ 주석에서 기하공차를 클릭한다.

⑤ 기하공차 속성창이 나타나며 그림 4-2-31 (a)와 같이 평행도 속성을 설정한다.

⑥ 평행도를 위의 구멍(∅20)의 수평과 수직 단면 치수보조선 옆에 그림 4-2-31 (b)와 같이 위치시킨다.

⑦ 파일을 저장한다.

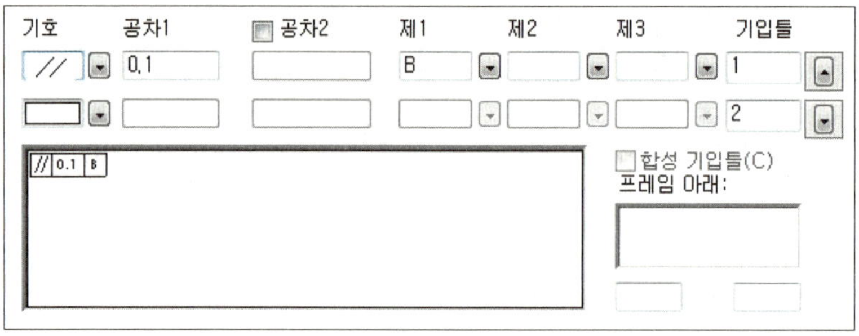

(a) 평행도 속성 설정

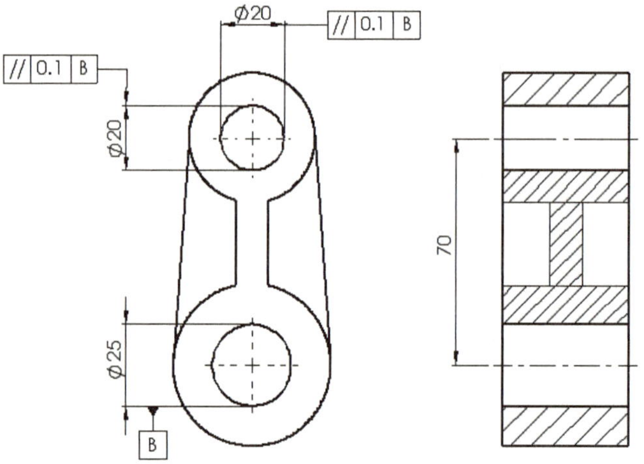

(b) 평행도 위치

그림 4-2-31 서로 직각인 두 방향(수평, 수직)의 평행도

2-2-2-2 직각도

생각하기 : 직각도란 무엇일까?

직각도(squareness)는 데이텀을 기준으로 규제된 형체의 기하학적으로 정확한 축 직선, 또는 중간면이나 평면으로부터 벗어난 크기이다. 반드시 데이텀을 기준으로 규제되어야 하며 자세공차로 단독형상으로 규제될 수 없다. 축 직선이 규제 대상인 경우는 공차값 앞에 ∅를 붙이며 평면이 규제 대상인 경우는 공차값 앞에 ∅를 붙이지 않는다.

(1) 데이텀 평면을 기준하여 한 방향으로 직각인 직선 형체 규제

수행 : 도면에서 직각도 공차 설정하기

① 직각도 대상1 도면 파일을 오픈한다.

② 도면의 주석에서 데이텀 피처를 클릭한다.

③ 형상의 밑면(치수 100)을 데이텀 A로 한다.

④ 주석에서 기하공차를 클릭한다.

⑤ 기하공차 속성창이 나타나며 그림 4-2-32 (a)와 같이 직각도 속성을 설정한다.

⑥ 직각도를 데이텀 면과 수직인 직선 형체인 왼쪽 평면에 그림 4-2-32 (b)와 같이 위치시킨다.

⑦ 파일을 저장한다.

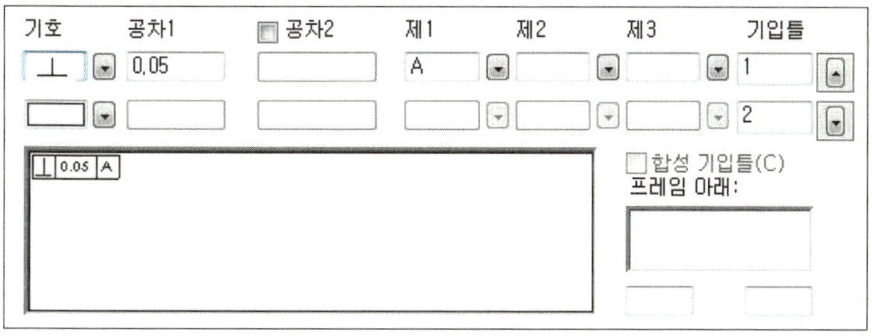

(a) 직각도 속성 설정

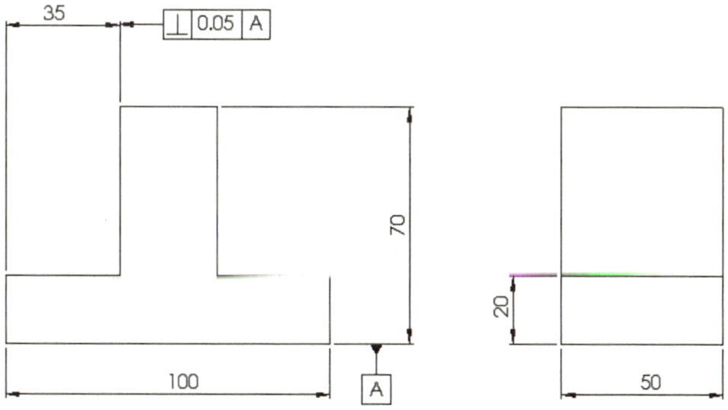

(b) 직각도 위치

그림 4-2-32 데이텀 평면을 기준하여 한 방향으로 직각인 직선 형체 규제 결과

(2) 데이텀 평면에 서로 직각인 두 방향의 직선 형체 규제

수행 : 도면에서 직각도 공차 설정하기

① 직각도 대상2 도면 파일을 오픈한다.

② 도면의 주석에서 데이텀 피처를 클릭한다.

③ 형상의 밑면 및 옆면을 데이텀 A 및 B로 한다.

④ 주석에서 기하공차를 클릭한다.

⑤ 기하공차 속성창이 나타나며 그림 4-2-33 (a)와 같은 직각도 속성에서 공차 값 0.05 및 0.1로 각각 설정한다.

⑥ 직각도를 데이텀 면에 직각인 축(∅40)의 양쪽 치수 보조선에 그림 4-2-33 (b)와 같이 위치시킨다.

⑦ 파일을 저장한다.

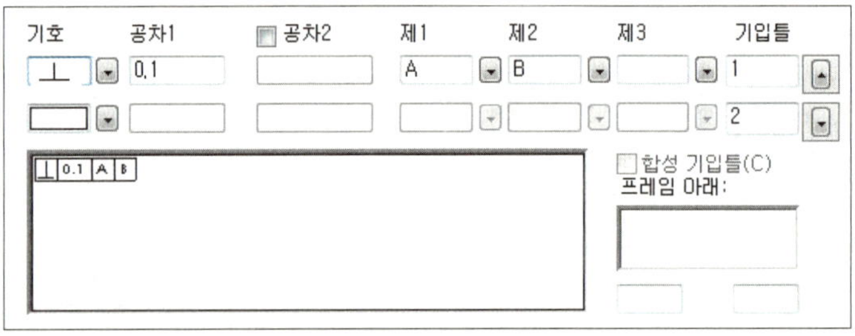

(a) 직각도 속성 설정

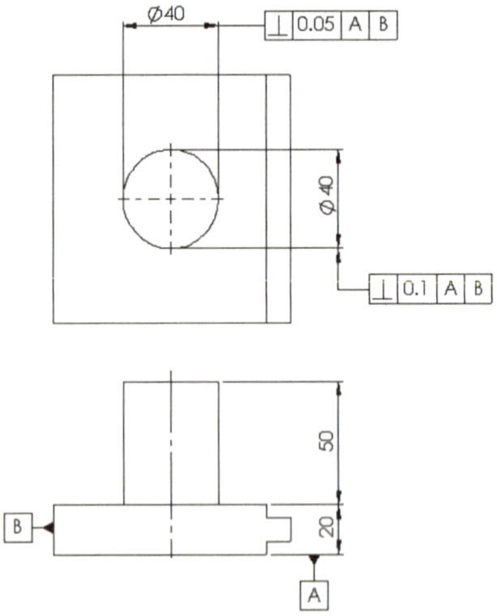

(b) 직각도 위치

그림 4-2-33 데이텀 평면에 서로 직각인 두 방향의 직선 형체 규제 결과

(3) 데이텀 평면에 방향 미정의 원통이나 구멍 중심을 갖는 형체의 규제

수행 : 도면에서 직각도 공차 설정하기

① 직각도 대상3 도면 파일을 오픈한다.

② 도면의 주석에서 데이텀 피처를 클릭한다.

③ 형상의 밑면(치수 100)을 데이텀 A로 한다.

④ 주석에서 기하공차를 클릭한다.

⑤ 기하공차 속성창이 나타나며 그림 4-2-34 (a)와 같이 직각도 속성을 설정하는데 공차 앞에 반드시 ∅를 삽입해야 한다.

⑥ 직각도의 공차역이 공차값을 직경으로 하는 돌출 축(∅40)의 중심에 존재하므로 지름 ∅40 치수선 옆에 그림 4-2-34 (b)와 같이 위치시킨다.

⑦ 파일을 저장한다.

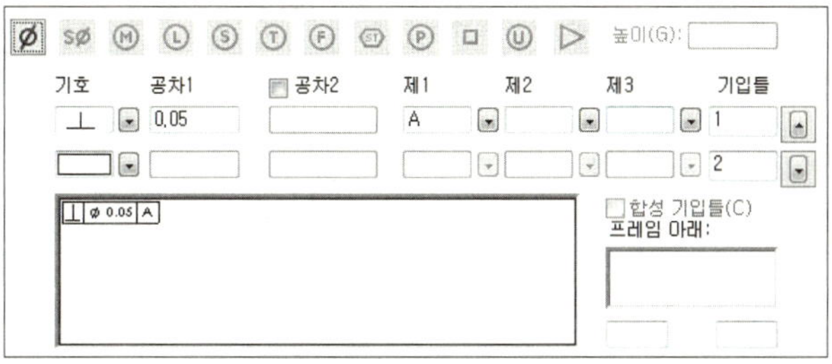

(a) 직각도 속성 설정

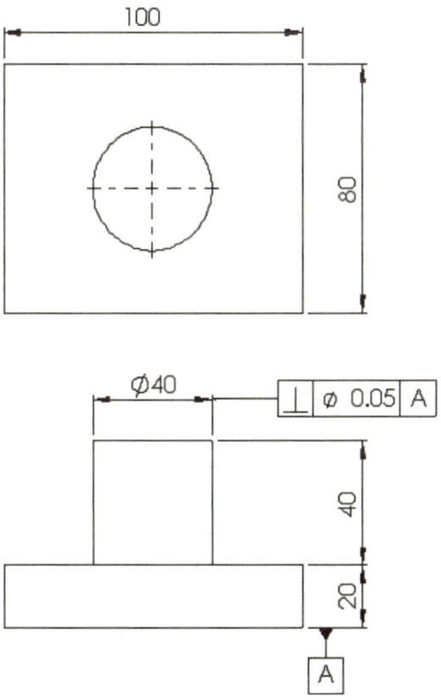

(b) 직각도 위치

그림 4-2-34 데이텀 평면에 방향 미정의 원통이나 구멍 중심을 갖는 형체의 규제 결과

(4) 직선 형체의 데이텀에 직각인 직선 형체나 평면 형체의 규제

수행 : 도면에서 직각도 공차 설정하기

① 직각도 대상4 도면 파일을 오픈한다.

② 도면의 주석에서 데이텀 피처를 클릭한다.

③ 형상의 밑면을 데이텀 A로 한다.

④ 주석에서 기하공차를 클릭한다.

⑤ 기하공차 속성창이 나타나며 그림 4-2-35 (a)와 같이 직각도 속성을 설정하는데 공차 앞에 반드시 ∅를 삽입해야 한다.

⑥ 직각도의 공차역이 공차값을 직경으로 하는 구멍(∅20)의 중심에 존재하므로 지름 ∅20 치수선 옆에 그림 4-2-35 (b)와 같이 위치시킨다.

⑦ 파일을 저장한다.

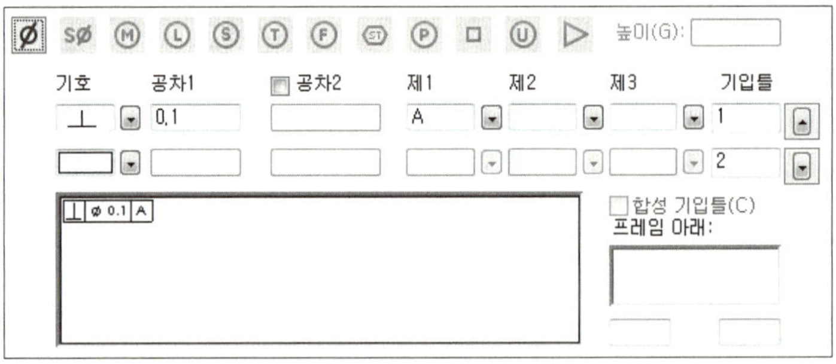

(a) 직각도 속성 설정

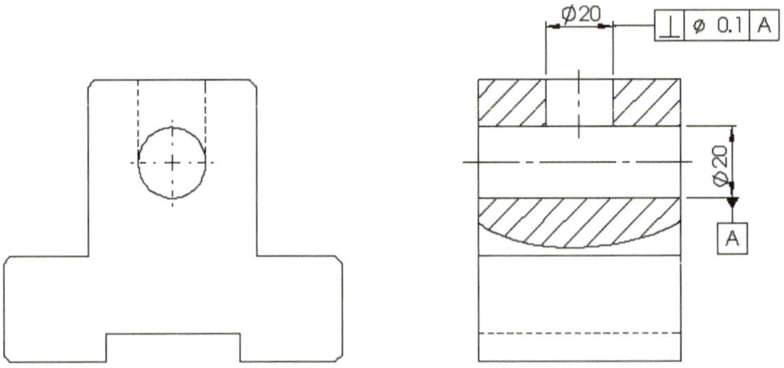

(b) 직각도 위치

그림 4-2-35 직선 형체의 데이텀에 직각인 직선 형체나 평면 형체의 규제 결과

(5) 데이텀 평면에 직각인 평면 형체의 규제

수행 : 도면에서 직각도 공차 설정하기

① 직각도 대상5 도면 파일을 오픈한다.

② 도면의 주석에서 데이텀 피처를 클릭한다.

③ 형상의 밑면을 데이텀 A로 한다.

④ 주석에서 기하공차를 클릭한다.

⑤ 기하공차 속성창이 나타나며 그림 4-2-36 (a)와 같이 직각도 속성을 설정 한다.

⑥ 직각도가 데이텀 평면에 수직한 기하학적 평면이어야 하므로 옆면 치수선 옆에 그림 4-2-36 (b)와 같이 위치시킨다.

⑦ 파일을 저장한다.

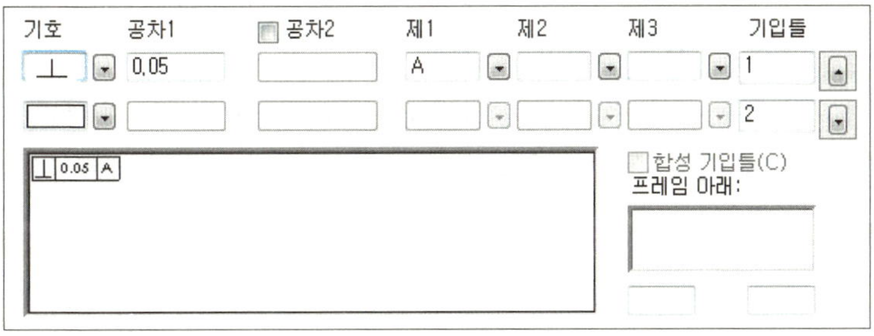

(a) 직각도 속성 설정

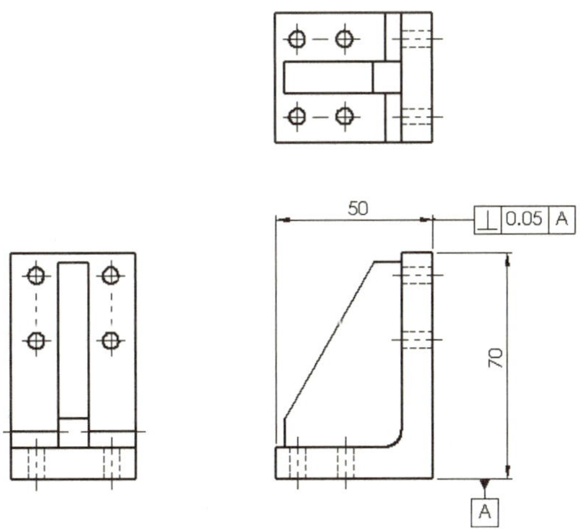

(b) 직각도 위치

그림 4-2-36 데이텀 평면에 직각인 평면 형체의 규제 결과

2-2-2-3 경사도

생각하기 : 경사도란 무엇일까?

경사도(angularity)는 데이텀을 기준으로 규제된 형체의 기하학적으로 정확한 각도를 갖는 직선이나 평면으로부터 벗어난 크기로서 90° 를 제외한 임의 각도를 말한다. 반드시 데이텀을 기준으로 규제되어야 하며 자세공차로 단독형상으로 규제될 수 없다.

(1) 기준 데이텀 직선에 대한 직선 형체 규제

수행 : 도면에서 경사도 공차 설정하기

① 경사도 대상1 도면 파일을 오픈한다.
② 도면의 주석에서 데이텀 피처를 클릭한다.
③ 형상의 가운데 원통 면의 치수 보조선을 데이텀 A로 한다.
④ 주석에서 기하공차를 클릭한다.
⑤ 기하공차 속성창이 나타나며 그림 4-2-37 (a)와 같이 경사도 속성을 설정한다.
⑥ 60° 의 각도를 갖는 구멍의 간격(∅8)에 그림 4-2-37 (b)와 같이 위치시킨다.
⑦ 파일을 저장한다.

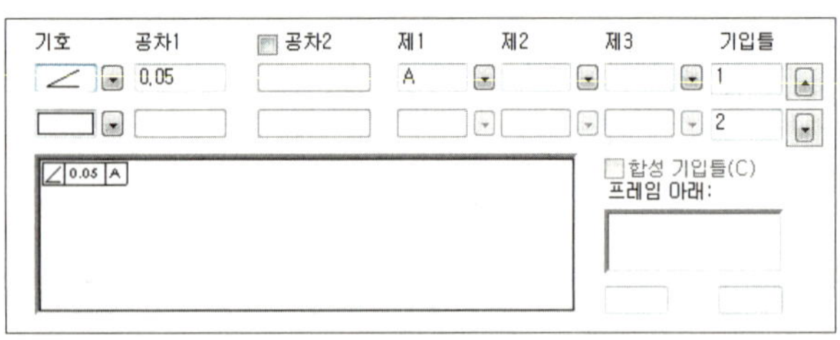

(a) 경사도 속성 설정

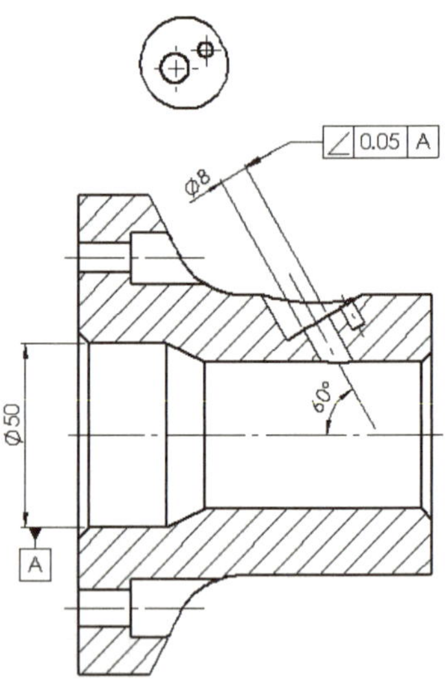

(b) 경사도 위치

그림 4-2-37 기준 데이텀 직선에 대한 직선 형체 규제 결과

(2) 기준 데이텀 평면에 대한 직선 형체 규제

수행 : 도면에서 직각도 공차 설정하기

① 경사도 대상2 도면 파일을 오픈한다.

② 도면의 주석에서 데이텀 피처를 클릭한다.

③ 형상의 바닥 평면을 데이텀 A로 한다.

④ 주석에서 기하공차를 클릭한다.

⑤ 기하공차 속성창이 나타나며 그림 4-2-38 (a)와 같이 경사도 속성을 설정한다.

⑥ 75° 의 각도를 갖는 구멍의 간격(∅10)에 그림 4-2-38 (b)와 같이 위치시킨다.

⑦ 파일을 저장한다.

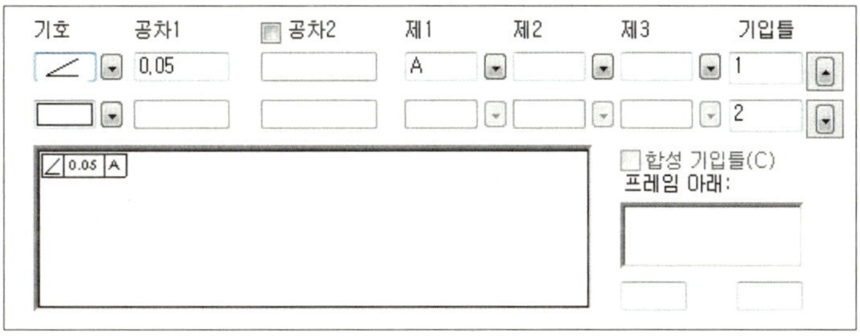

(a) 경사도 속성 설정

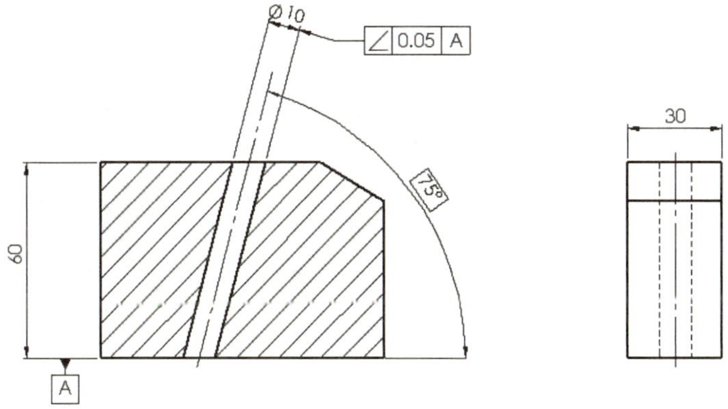

(b) 경사도 위치

그림 4-2-38 기준 데이텀 평면에 대한 직선 형체 규제 결과

(3) 기준 데이텀 직선에 대한 평면 형체 규제

수행 : 도면에서 경사도 공차 설정하기

① 경사도 대상3 도면 파일을 오픈한다.

② 도면의 주석에서 데이텀 피처를 클릭한다.

③ 형상의 가운데 원통 단면을 데이텀 A로 한다.

④ 주석에서 기하공차를 클릭한다.

⑤ 기하공차 속성창이 나타나며 그림 4-2-39 (a)와 같이 경사도 속성을 설정한다.

⑥ 75° 의 각도를 갖는 평면에 그림 4-2-39 (b)와 같이 위치시킨다.

⑦ 파일을 저장한다.

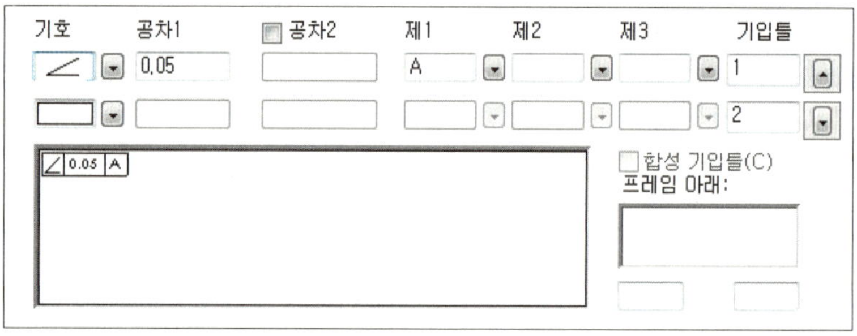

(a) 경사도 속성 설정

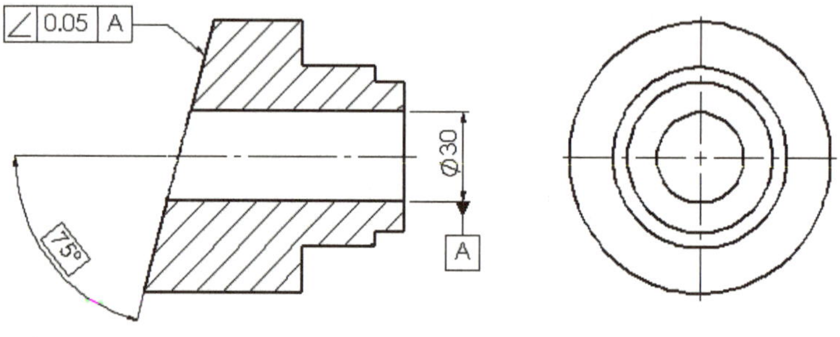

(b) 경사도 위치

그림 4-2-39 기준 데이텀 직선에 대한 평면 형체 규제 결과

(4) 기준 데이텀 평면에 대한 평면 형체 규제

수행 : 도면에서 경사도 공차 설정하기

① 경사도 대상4 도면 파일을 오픈한다.

② 도면의 주석에서 데이텀 피처를 클릭한다.

③ 형상의 가운데 원통 단면을 데이텀 A로 한다.

④ 주석에서 기하공차를 클릭한다.

⑤ 기하공차 속성창이 나타나며 그림 4-2-40 (a)와 같이 경사도 속성을 설정한다.

⑥ 75° 의 각도를 갖는 평면에 그림 4-2-40 (b)와 같이 위치시킨다.

⑦ 파일을 저장한다.

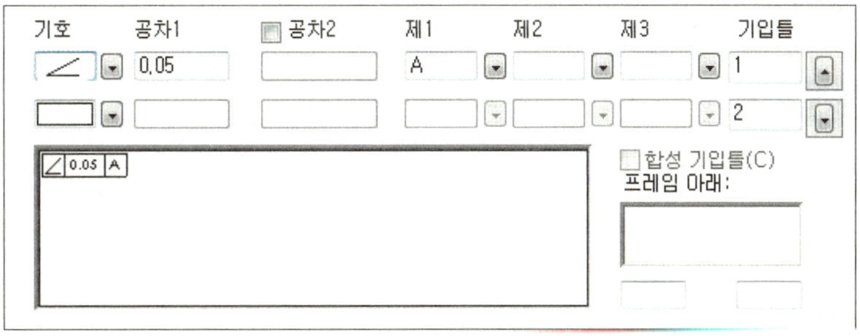

(a) 경사도 속성 설정

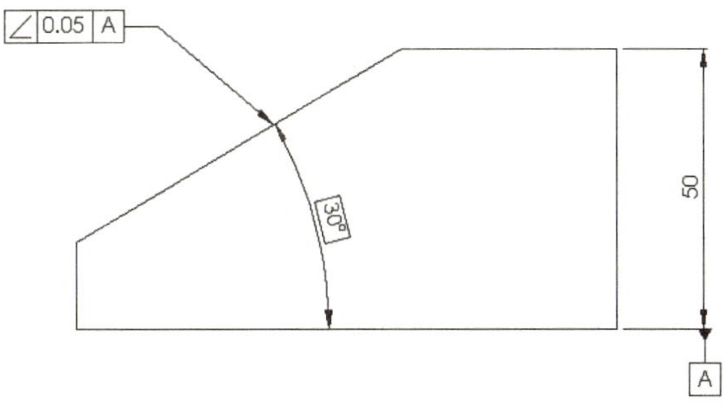

(b) 경사도 위치

그림 4-2-40 기준 데이텀 평면에 대한 평면 형체 규제 결과

2-2-3 흔들림 공차

생각하기 : 흔들림 공차란 무엇인가

흔들림(runout)은 데이텀을 기준으로 규제된 형체(원통, 원추, 호, 평면)를 1회전시킬 때 이론적으로 완전한 형상으로부터 벗어난 크기이다. 흔들림 공차는 원통이나 원추 및 곡면 윤곽이나 평면 등 데이텀을 기준으로 규제되며 데이텀을 기준으로 한 진원도, 진직도, 직각도, 원통도 및 평행도 등을 포함한 복합 공차로서 최대실체상태는 적용되지 않는다. 흔들림 공차는 원통 형상의 회전축, 롤러 등 주로 기계의 작동에 있어 회전과 관련된 기능을 요구하는 부품에 적용 효과가 높은 기하공차이다. 흔들림 공차는 원주 흔들림 공차와 온 흔들림 공차가 있다.

2-2-3-1 원주 흔들림 공차

생각하기 : **원주 흔들림 공차란 무엇인가**

원주 흔들림(circular runout)은 데이텀 축 직선에 수직한 임의의 측정 평면 위에서 데이텀 축 직선과 일치하는 중심을 갖고 반지름 방향으로 규제된 공차만큼 벗어난 두 개의 동심원 사이의 영역을 말한다. 이것은 규제하는 평면 전체 윤곽을 규제하는 것이 아니라 각 원주 요소의 원주 흔들림을 규제한 것으로 진원도와 동심도의 상태를 복합적으로 규제한 상태가 된다.

(1) 데이텀 축 직선에 대한 반지름 방향의 원주 흔들림 규제

수행 : 도면에서 원주 흔들림 공차 설정하기

① 원주 흔들림 대상1 도면 파일을 오픈한다.

② 도면의 주석에서 데이텀 피처를 클릭한다.

③ 형상의 양쪽 원통 면의 양쪽 치수 보조선을 데이텀 A 및 B로 한다.

④ 주석에서 기하공차를 클릭한다.

⑤ 기하공차 속성창이 나타나며 그림 4-2-41 (a)와 같이 원주 흔들림 속성을 설정한다.

⑥ 가운데 축의 윗 단면에 그림 4-2-41 (b)와 같이 위치시킨다.

⑦ 파일을 저장한다.

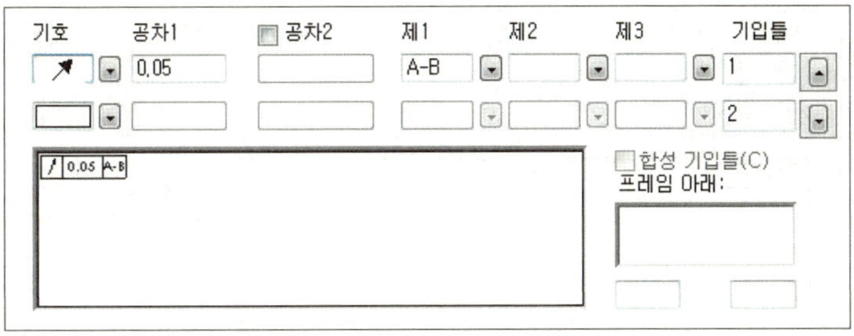

(a) 원주 흔들림 공차 속성 설정

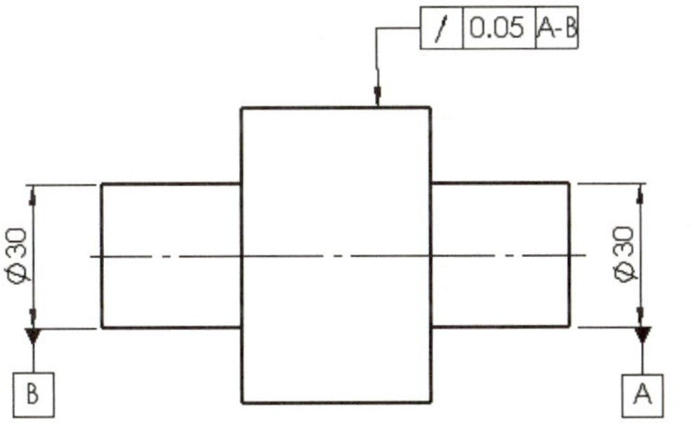

(b) 원주 흔들림 위치

그림 4-2-41 데이텀 축 직선에 대한 반지름 방향의 원주 흔들림 규제 결과

(2) 축 방향의 원주 흔들림 규제

수행 : 도면에서 원주 흔들림 공차 설정하기

① 원주 흔들림 대상2 도면 파일을 오픈한다.

② 도면의 주석에서 데이텀 피처를 클릭한다.

③ 형상의 가는 원통 면의 치수 보조선을 데이텀 A로 한다.

④ 주석에서 기하공차를 클릭한다.

⑤ 기하공차 속성창이 나타나며 그림 4-2-42 (a)와 같이 원주 흔들림 속성을 설정한다.

⑥ 가운데 축의 윗 단면 치수선에 그림 4-2-42 (b)와 같이 위치시킨다.

⑦ 파일을 저장한다.

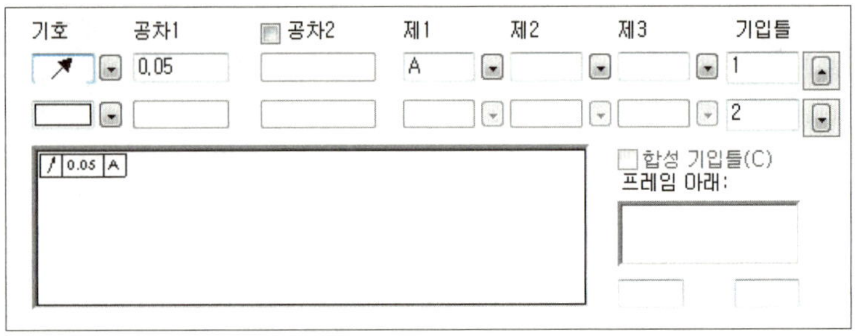

(a) 원주 흔들림 공차 속성 설정

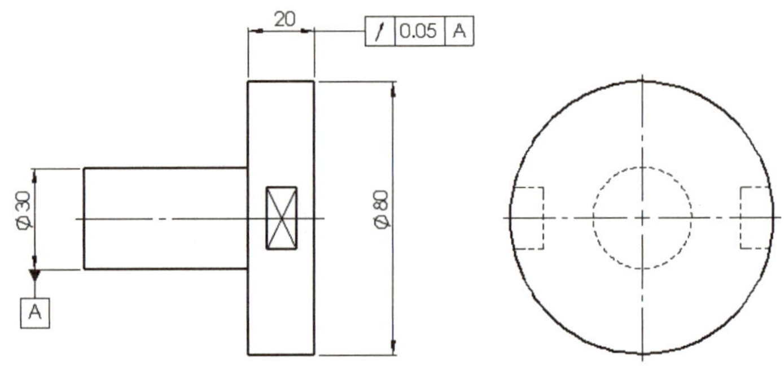

(b) 원주 흔들림 위치

그림 4-2-42 축 방향의 원주 흔들림 규제 결과

(3) 데이텀을 기준으로 경사진 표면의 원주 흔들림 규제

수행 : 도면에서 원주 흔들림 공차 설정하기

① 원주 흔들림 대상3 도면 파일을 오픈한다.

② 도면의 주석에서 데이텀 피처를 클릭한다.

③ 형상의 가는 원통 면의 치수 보조선을 데이텀 A로 한다.

④ 주석에서 기하공차를 클릭한다.

⑤ 기하공차 속성창이 나타나며 그림 4-2-43 (a)와 같이 원주 흔들림 속성을 설정한다.

⑥ 경사진 평면에 그림 4-2-43 (b)와 같이 위치시킨다.

⑦ 파일을 저장한다.

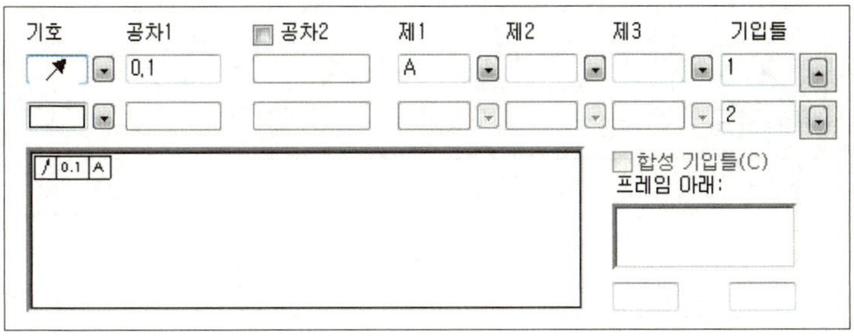

(a) 원주 흔들림 공차 속성 설정

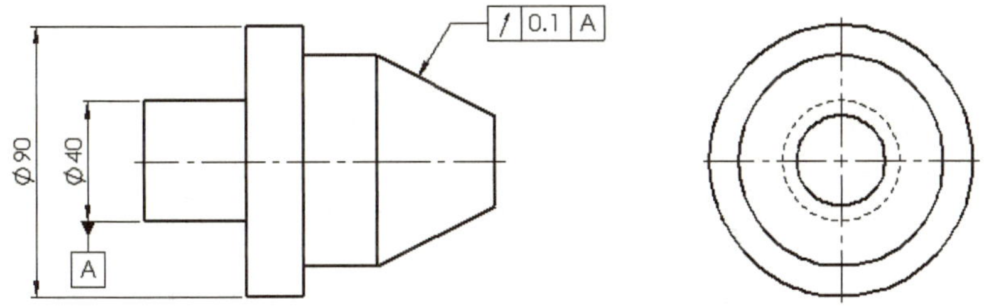

(b) 원주 흔들림 위치

그림 4-2-43 부분적인 반지름 방향의 원주 흔들림 규제 결과

(4) 부분적인 반지름 방향의 원주 흔들림 규제

수행 : 도면에서 원주 흔들림 공차 설정하기

① 원주 흔들림 대상4 도면 파일을 오픈한다.

② 도면의 주석에서 데이텀 피처를 클릭한다.

③ 형상의 가운데 원통 구멍의 치수 보조선을 데이텀 A로 한다.

④ 주석에서 기하공차를 클릭한다.

⑤ 기하공차 속성창이 나타나며 그림 4-2-44 (a)와 같이 원주 흔들림 속성을 설정한다.

⑥ 원주 방향에 일부 원통면에 그림 4-2-44 (b)와 같이 위치시킨다.

⑦ 파일을 저장한다.

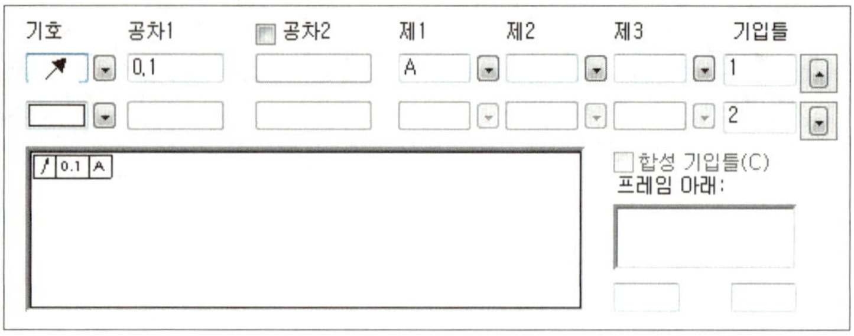

(a) 원주 흔들림 공차 속성 설정

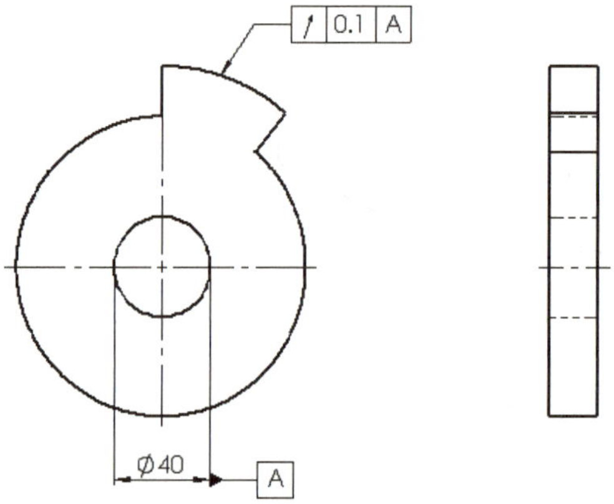

(b) 원주 흔들림 위치

그림 4-2-44 부분적인 반지름 방향의 원주 흔들림 규제 결과

2-2-3-2 온 흔들림 공차

생각하기 : 온 흔들림 공차란 무엇일까?

온 흔들림(total runout)은 반지름 방향과 축 방향의 2종류가 있으며 원통 표면을 갖거나 언형면을 갖는 대상물을 데이텀 축 직선을 기준으로 회전시켰을 때 그 표면이 지정된 방향, 즉 데이텀 축 직선에 수직인 방향(반지름 방향)과 평행한 방향으로 벗어나는 크기를 말한다.

(1) 반지름 방향의 온 흔들림 규제

수행 : 도면에서 온 흔들림 공차 설정하기

① 온 흔들림 대상1 도면 파일을 오픈한다.

② 도면의 주석에서 데이텀 피처를 클릭한다.

③ 형상의 양쪽 원통 면의 양쪽 치수 보조선을 데이텀 A 및 B로 한다.

④ 주석에서 기하공차를 클릭한다.

⑤ 기하공차 속성창이 나타나며 그림 4-2-45 (a)와 같이 온 흔들림 속성을 설정한다.

⑥ 가운데 축의 치수선에 그림 4-2-45 (b)와 같이 위치시킨다.

⑦ 파일을 저장한다.

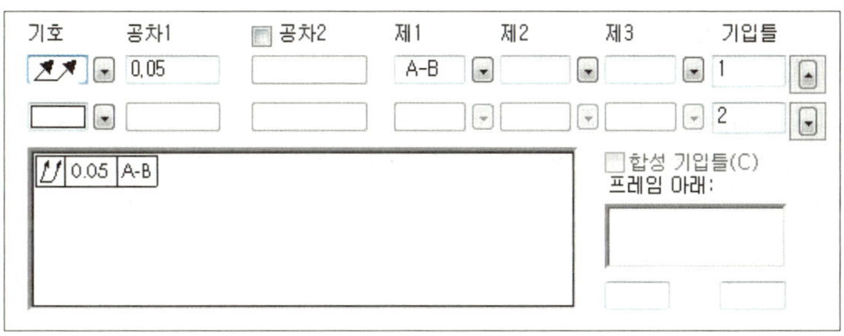

(a) 온 흔들림 공차 속성 설정

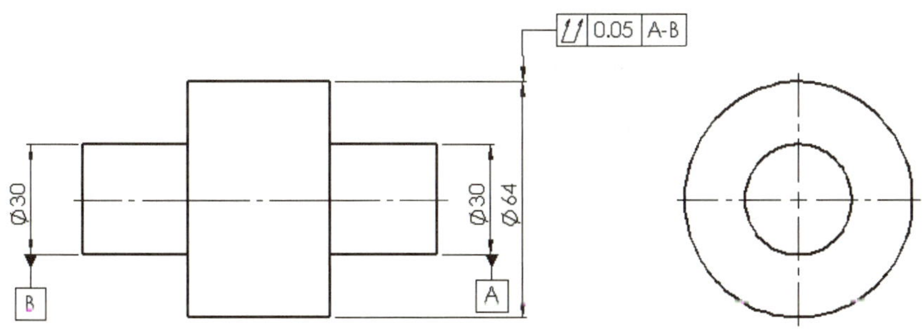

(b) 온 흔들림 위치

그림 4-2-45 반지름 방향의 온 흔들림 규제 결과

(2) 축 직선 방향의 온 흔들림 규제

수행 : 도면에서 온 흔들림 공차 설정하기

① 온 흔들림 대상2 도면 파일을 오픈한다.

② 도면의 주석에서 데이텀 피처를 클릭한다.

③ 형상의 작은 원통 면의 치수 보조선을 데이텀 A로 한다.

④ 주석에서 기하공차를 클릭한다.

⑤ 기하공차 속성창이 나타나며 그림 4-2-46 (a)와 같이 온 흔들림 속성을 설정한다.

⑥ 가운데 축의 치수선에 그림 4-2-46 (b)와 같이 위치시킨다.

⑦ 파일을 저장한다.

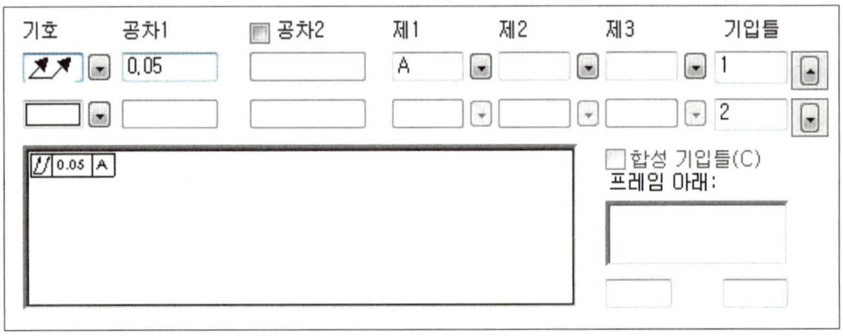

(a) 온 흔들림 공차 속성 설정

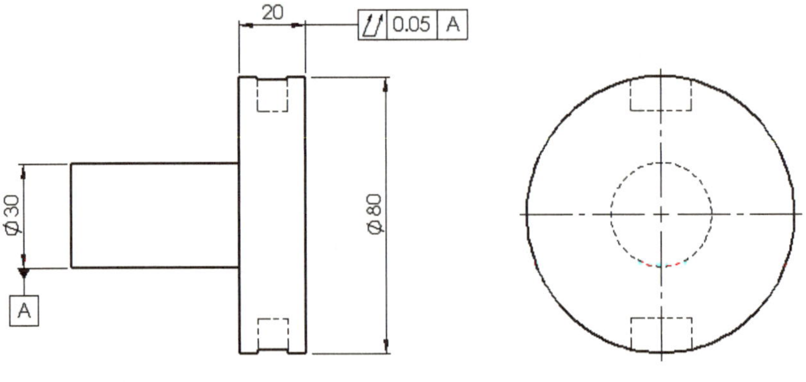

(b) 온 흔들림 위치

그림 4-2-46 축 직선 방향의 온 흔들림 규제 결과

2-2-4 위치 공차

생각하기 : 위치 공차란 무엇인가

위치 공차는 동심도, 대칭도, 위치도의 3 종류가 있는데 이 가운데 위치도 공차는 위치도 공차는 적용시 효율적인 제품의 생산 및 적용 효과가 높은 기하공차로서 제조 산업 현장에서 널리 활용되고 있다. 위치도 공차는 자세공차와 모양공차를 포함한 복합공차로서 위치공차로 규제하는 경우에는 자세공차나 형상공차를 별도로 규제하지 않아도 된다.

2-2-4-1 동심도

생각하기 : 동심도란 무엇인가

동심도(concentricity)는 동축도(coaxiality)라고도 부른다. 동심도는 데이텀이 원의 중심이 되고 규제 형체는 원형 형체의 중심이 되며 동축도는 데이텀이 축 직선이 되고 규제 형체는 축선이 된다. 동축도는 데이텀 축 직선과 동일 직선 위에 있어야 할 축선이 데이텀 축 직선으로부터 벗어난 크기이다. 동심도는 데이텀인 원의 중심에 대해 원형 형체의 중심 위치가 벗어난 크기를 말한다. 그러나 기계공학에서는 동심이나 동축이라는 용어를 보통 같이 취급한다. 공작물이나 제품의 구멍에 안내 역할을 하는 위치 결정핀, 회전하며 동력을 전달하는 전동축 등의 외경이나 베어링 및 부시 등 원통 형상의 기계요소가 끼워 맞춤되는 구멍에 흔히 적용된다.

(1) 하나의 축 직선에 의한 동심도 규제

수행 : 도면에서 동심도 설정하기

① 동심도 대상1 도면 파일을 오픈한다.

② 도면의 주석에서 데이텀 피처를 클릭한다.

③ 형상의 왼쪽 원통 면의 치수 보조선을 데이텀 A로 한다.

④ 주석에서 기하공차를 클릭한다.

⑤ 기하공차 속성창이 나타나며 그림 4-2-47 (a)와 같이 동심도 속성을 설정한다.

⑥ 오른쪽 축의 원통 단면 치수선에 그림 4-2-47 (b)와 같이 위치시킨다.

⑦ 파일을 저장한다.

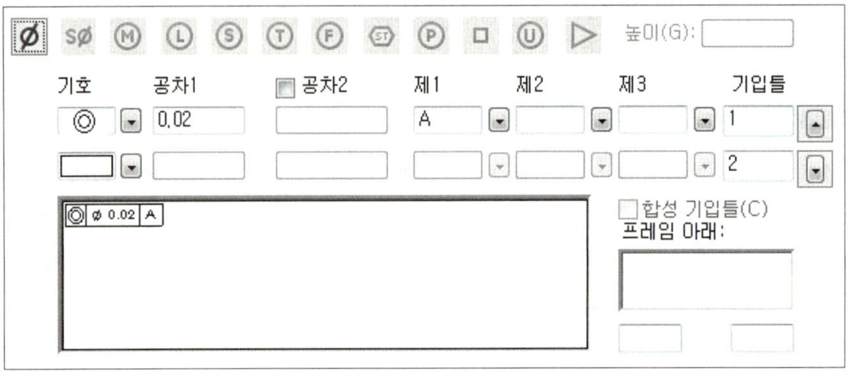

(a) 동심도 속성 설정

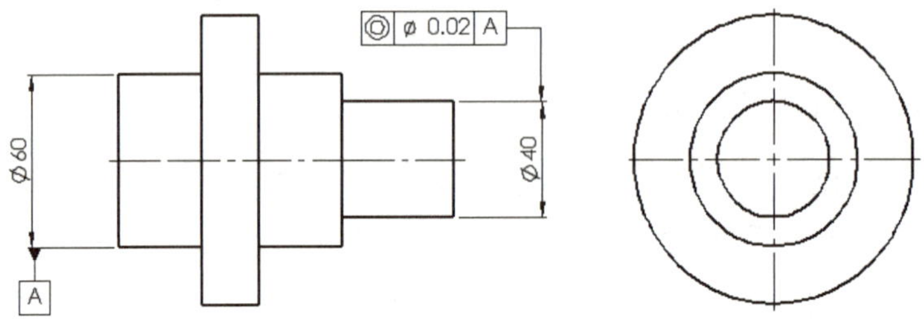

(b) 동심도 위치

그림 4-2-47 하나의 축 직선에 의한 동심도 규제 결과

(2) 공통 데이텀 축선에 의한 동심도 규제

① 동심도 대상2 도면 파일을 오픈한다.

② 도면의 주석에서 데이텀 피처를 클릭한다.

③ 형상의 왼쪽 원통 면과 오른쪽 원통면의 치수 보조선을 데이텀 A 및 B로 한다.

④ 주석에서 기하공차를 클릭한다.

⑤ 기하공차 속성창이 나타나며 그림 4-2-48 (a)와 같이 동심도 속성을 설정한다.

⑥ 가운데 축의 원통 단면 치수선에 그림 4-2-48 (b)와 같이 위치시킨다.

⑦ 파일을 저장한다.

(a) 동심도 속성 설정

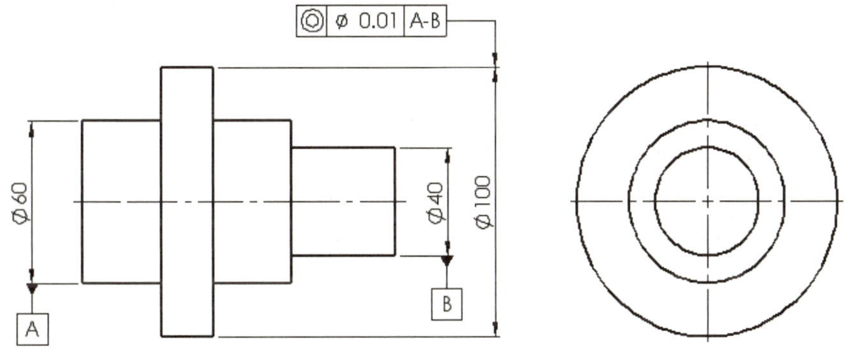

(b) 동심도 위치

그림 4-2-48 공통 데이텀 축선에 의한 동심도 규제 결과

2-2-4-2 대칭도

생각하기 : 대칭도란 무엇인가

대칭도(symmetry)는 기준인 선이나 면 , 즉 데이텀 축 직선이나 데이텀 중심 평면에 대해 서로 대칭이어야 할 형체가 대칭 위치로부터 벗어난 크기를 말한다.

(1) 위치가 동일한 축선과 축선에 의한 대칭도 규제

수행 : 도면에서 대칭도 설정하기

① 대칭도 대상1 도면 파일을 오픈한다.

② 도면의 주석에서 데이텀 피처를 클릭한다.

③ 형상의 오른쪽 원통 축의 축 직선을 데이텀 A로 한다.

④ 주석에서 기하공차를 클릭한다.

⑤ 기하공차 속성창이 나타나며 그림 4-2-49 (a)와 같이 대칭도 속성을 설정한다.

⑥ 오른쪽 원통 축의 치수선에 그림 4-2-49 (b)와 같이 위치시킨다.

⑦ 파일을 저장한다.

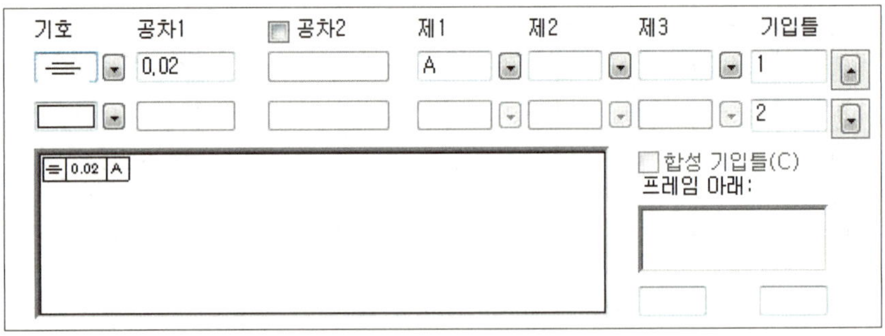

(a) 대칭도 속성 설정

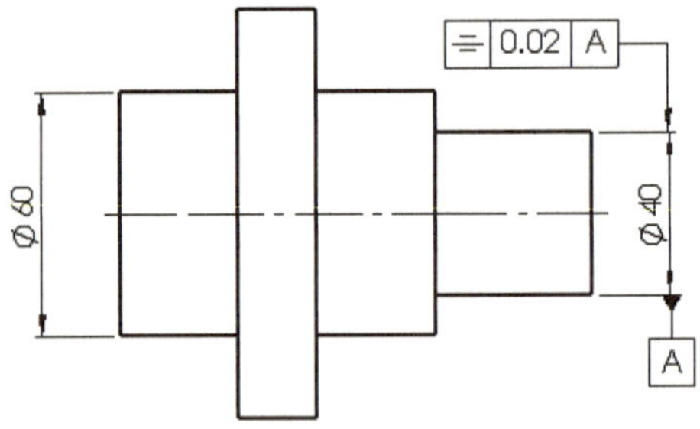

(b) 대칭도 위치

그림 4-2-49 위치가 동일한 축선과 축선에 의한 대칭도 규제 결과

(2) 위치가 동일한 중심면과 중심면에 의한 대칭도 규제

수행 : 도면에서 대칭도 설정하기

① 대칭도 대상2 도면 파일을 오픈한다.

② 도면의 주석에서 데이텀 피처를 클릭한다.

③ 형상의 왼쪽 중심면을 데이텀 A로 한다.

④ 주석에서 기하공차를 클릭한다.

⑤ 기하공차 속성창이 나타나며 그림 4-2-50 (a)와 같이 대칭도 속성을 설정한다.

⑥ 오른쪽 중심면의 치수선에 그림 4-2-50 (b)와 같이 위치시킨다.

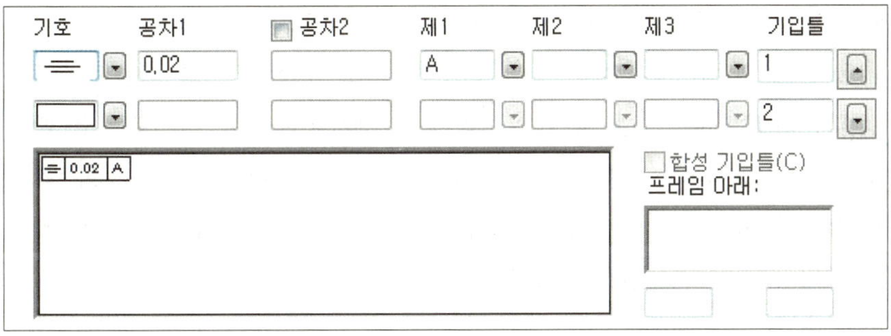

(a) 대칭도 속성 설정

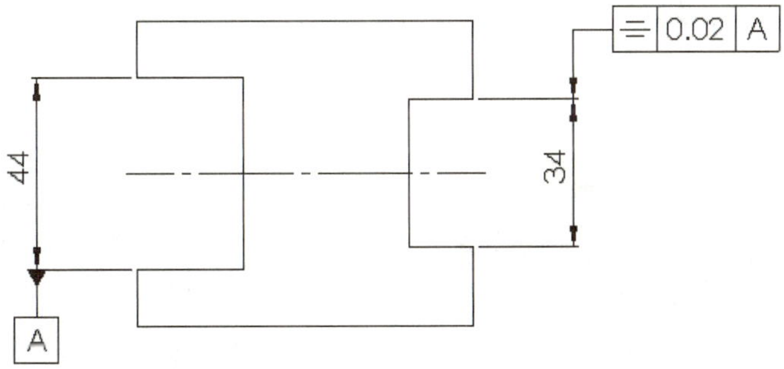

(b) 대칭도 위치

그림 4-2-50 공통 데이텀 축선에 의한 동심도 규제 결과

2-2-4-3 위치도

생각하기 : 위치도란 무엇인가

위치도(position)는 형체가 다른 형체나 데이텀의 규정 위치로부터 점, 선 형체 또는 평면 형체가 기하학적으로 정확한 위치로부터 벗어난 크기를 말한다. 위치도는 끼워 맞춤 결합되는 부품 상호간의 호환성 및 기능을 고려한 최대실체상태(MMC)에 의한 여러 가지 장점이 있어 제조 산업에서 널리 사용되고 있는 기하공차 가운데 하나이다.

생각하기 : 호환성이란 무엇인가

그림 4-2-52 (a)와 같은 평판에 2개의 관통 구멍이 있는 구멍판과 2개의 핀이 있는 핀판 형상이 있다고 가정한다. 과연 100개의 가공이 이루어졌을 때 무작위로 하나씩 선택하여 조립하면 모두 합격될 수 있을지에 대해 생각해 보자.

모두 합격하려면 우리는 우선 그림 4-2-52 (b)와 같이 구멍의 지름은 기준 치수보다 크게 허용차($\phi 10^{+0.3}_{\ 0}$)를 주고 핀의 지름은 기준 치수보다 작게 허용차($\phi 10^{-0.2}_{-0.5}$)를 주어야 할 것이다. 그러나 구멍 중심과 구멍 중심 사이의 거리(구멍 사이 거리)와 핀 중심과 핀 중심 사이의 거리(핀 사이 거리)는 동일하게 하여야 한다. 이렇게 함으로써 가공된 부품들이 모두 조립 가능할 것으로 생각하지만 위치도가 적절하게 선정되지 않으면 조립이 불가능할 수도 있다.

따라서 호환성이란 치수공차와 기하공차를 적절하게 선정하여 모든 부품이 조립 가능한 상태를 말한다. 즉, 호환성이 보장되어야 모든 부품이 잘 조립되어 합격될 것이다.

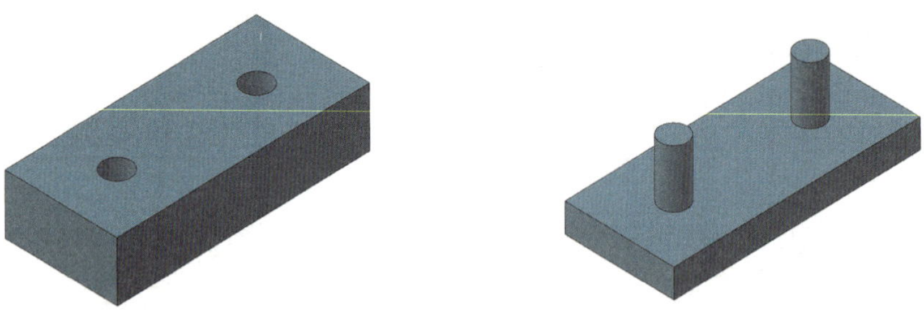

구멍판 핀판

(a) 조립 형상

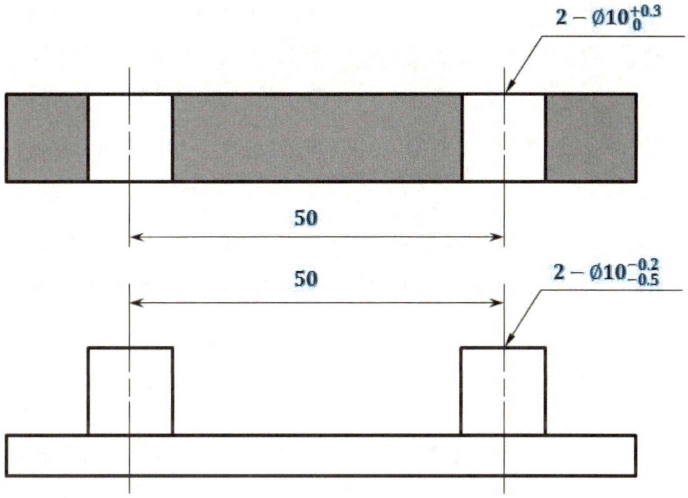

(b) 부품도

그림 4-2-52 구멍판과 핀판의 조립 형상과 부품도

(1) MMC에 의한 치수공차 선정

생각하기 : 최대 실체상태 조건

조립이 가장 안 되는 경우는 여러 개의 구멍판 가운데 구멍이 가장 작은 것이 선택되고, 여러 개의 핀판 가운데 핀이 가장 큰 것이 선택되었을 경우이다. 즉, 가장 작은 구멍과 가장 큰 핀이 선택되어 조립되는 경우가 가장 조립이 되지 않는 조건이다. 이 조건을 **최대 실체상태**(MMC, maximum material condition) **조건**이라 한다.

수행 : 조립이 제일 안 되는 조건 구하기

① 구멍 판 경우의 최대 실체상태는 가장 부피가 큰 경우로 구멍이 가장 작은 경우에 해당되며 반면에 핀 판 경우의 최대 실체상태는 가장 부피가 큰 경우로 구멍이 가장 작은 경우에 해당된다. 즉, 그림 4-2-53에서 최대실체상태의 구멍의 지름은 구멍이 가장 작은 경우이므로 10.0이다.

② 핀의 부피가 가장 큰 경우, 즉 최대의 실체상태는 핀이 가장 큰 경우이다. 즉, 그림 4-2-53에서 최대실체상태의 핀의 지름은 핀의 지름이 가장 클 때이므로 8.8이다.

③ 조립이 가장 되지 않는 경우는 그림 4-2-53과 같이 최대실체상태의 구멍 판의 구멍 사이가 제일 작고 반면에 최대실체상태의 핀 판의 핀 사이가 제일 클 경우(그림 4-2-53 (a) CASE Ⅰ)이다.

④ 반대로 구멍 사이 거리가 제일 크고 핀 사이가 제일 작은 경우(그림 4-2-53 (b) CASE Ⅱ)이다.

⑤ 이러한 최악의 조건에서 구멍판과 핀판의 조립에 문제가 없다면 어떠한 같은 크기의 조립도 모두 조립 가능할 것이다. 이러한 것을 우리는 **호환성**이 보장된다고 한다.

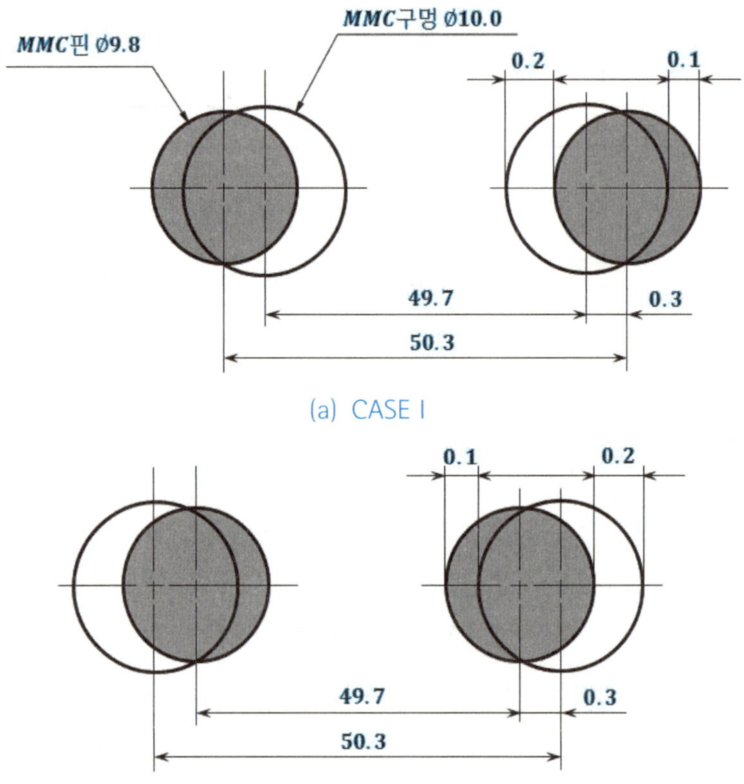

(a) CASE Ⅰ

(b) CASE Ⅱ

그림 4-2-53 조립이 제일 안 되는 조건에서 구멍과 핀의 상대 위치

⑥ 구멍 사이 거리와 핀 사이 거리는 별도로 치수공차를 부여하지 않으므로 50에 대하여 보통 허용공차 ±0.3㎜가 적용된다. 이를 바탕으로 CASE Ⅰ과 CASE Ⅱ 조건에서 조립을 하면 모든 핀이 구멍과 0.1㎜ 간섭이 생겨서 조립이 불가능함을 알 수 있다. 따라서 최대실체상태 조건만으로는 호환성이 보장되지 않는다고 판단할 수 있다.

(2) 호환성 판단하기

생각하기 : 호환성 판단은 어떻게 할 것인지?

최대실체상태 조건만을 적용하여 조립할 때는 조립 불가능이 된다는 것을 알았는데 그러면 다음은 어떻게 공차를 부여하여 호환성을 확보할 것인지에 대해 고찰해야 한다.

호환성을 확보하기 위해 우선 생각할 수 있는 것은 현재의 구멍과 핀의 치수공차 범위를 더 좁게 줄이고 구멍 사이의 거리와 핀 사이의 위치도 공차를 작게 하면 된다. 그런데 문제는 공차를 얼마만큼 줄인다든지 얼마만큼 작게 할 것인지 쉽게 판단하기 어렵다는 것이다. 이런 식으로 공차를 줄이면 가공비용이 상승하거나 제조 원가 등이 상승한다. 그렇다면 어떻게 하면 좋을까?

그림을 그리지 않고도 정확하게 호환성을 판단할 수 있는 방법으로 가상적으로 가장 작은 구멍의 지름 D_f와 가상적으로 가장 큰 구멍의 지름 d_f를 구해보는 방법이다.

수행 : 호환성 판단하기

① 그림 4-2-54 (a)와 같이 최대실체상태 구멍의 지름이 실제로 가장 작은 구멍의 지름이다. 그런데 구멍판에서 구멍 사이 거리의 위치도 공차가 Δ=0.3이므로 이것을 추가로 고려하면 가상적으로 가장 작은 구멍의 지름은 최대실체상태 구멍의 지름에서 구멍판의 위치도 공차를 뺀 값이 된다. 즉, D_f=10.0-0.3=9.7이다.

② 마찬가지로 그림 4-2-54 (b)에서 최대실체상태 핀의 지름이 실제로 가장 큰 핀의 지름이다. 그런데 핀판에서 핀 사이 거리의 위치도 공차가 δ=0.3이므로 이것을 추가로 고려하면 가상적으로 가장 큰 핀의 지름은 최대실체상태 핀의 지름에서 핀판의 위치도 공차 0.3을 더한 값이 된다. 즉, d_f=9.8+0.3=10.1이다.

③ 호환성이 보장되려면 항상 D_f가 d_f보다 커야 하는데 여기서는 D_f가 9.7이고 d_f가 10.1이므로 D_f가 d_f보다 작아 호환성이 보장되지 않는다는 것이다.

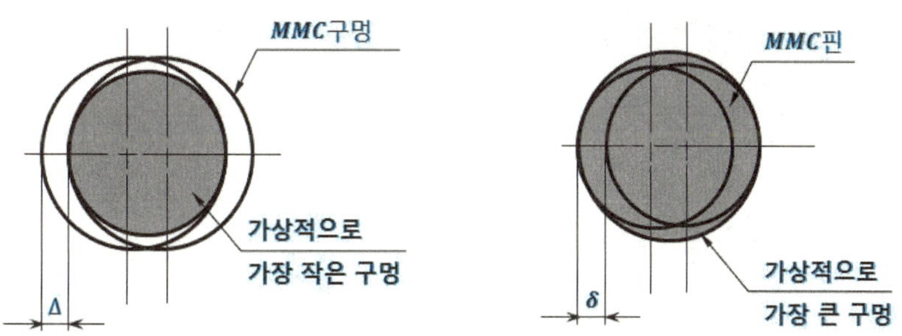

(a) 가상적으로 가장 작은 구멍 (b) 가상적으로 가장 큰 핀

그림 4-2-54 호환성을 고려하기 위한 가상적으로 가장 큰 구멍과 핀

(3) 호환성 고려 위치도 공차 선정하기

생각하기 : 호환성 고려 공차부여는 어떻게 할 것인지?

위치도 공차가 적절하게 선정되지 않으면 호환성을 보장할 수 없다는 것을 알았다. 그렇다면 위치도 공차를 선정하는데 쉽게 할 수 있는 가장 좋은 방법에 대해 알아보자.

위치도 공차를 선정하는데 사용하는 방법은 그림 4-2-55와 같은 **동적 공차 선도**(dynamic tolerances diagram)를 이용하는 것이다. 동적 공차 선도의 x축은 구멍과 핀의 지름의 범위를 나타내는 좌표로 잡고 y축은 위치도 공차를 나타내는 좌표로 잡는다. 그림 4-2-55에서 경사각이 45° 인 두 직선은 각각 점 a와 b를 지난다. 점 a는 x축 좌표가 최대실체상태 핀 지름이고 y축 좌표가 δ인 점을 가리키며 점 b는 x축 좌표가 최대실체상태 구멍 지름이고 y축 좌표가 Δ인 점을 가리킨다. 한편 경사각이 45° 인 두 직선이 x축과 만나는 점은 D_f와 d_f를 각각 나타낸다. 그림 4-2-55에서 D_f가 d_f와 최소한 같기 위해서는 45° 경사각의 두 직선이 x축 상에서 교차되면 가능하다. 그리고 구멍판의 가공보다는 핀판의 가공이 더 어렵다면 구멍판의 위치도 공차를 핀판의 위치도 공차보다 더 정밀하게 부여할 수 있다.

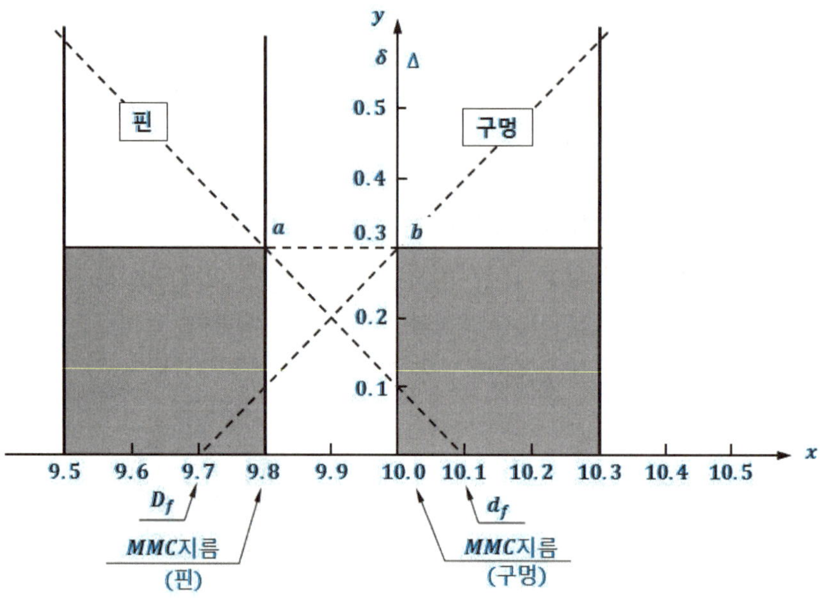

그림 4-2-55 동적 공차선도(구멍판과 핀판의 위치도 공차=0.3)

수행 : 호환성 확보하기

① 구멍 판의 위치도 공차를 핀 판의 위치도 공차의 1/2로 정하기로 한다.

② 한편 핀의 지름도 0.1 더 작게 만들기로 한다. 이 경우의 동적 공차 선도는 그림 4-2-56과 같이 된다.

③ 핀의 치수 공차는 기준치수 10에 대해 -0.6에서 -0.3의 치수 공차가 부여되었으며 구멍은 그대로 기준치수 10에 대해 0에서 +0.3이다. 이 때 핀의 최대실체상태 지름은 9.7이며 구멍의 최대실체상태 지름은 그대로 10.0이다.

④ 핀 판의 핀 사이 거리에 대한 위치도 공차 δ는 0.2이며 구멍 판의 구멍 사이 거리에 대한 위치도 공차 Δ는 0.1이다. 그리고 D_f는 구멍의 최대실체상태 지름 10.0에서 Δ=0.1을 빼면 9.9이며 d_f는 핀의 최대실체상태 지름 9.7에서 δ=0.2를 더하면 9.9로서 D_f와 d_f가 서로 같다.

⑤ 따라서 구멍판과 핀판의 호환성이 보장된다. 이렇게 선정된 공차를 표시한 도면은 그림 4-2-57과 같다. 이 도면은 호환성을 보장받게 된다.

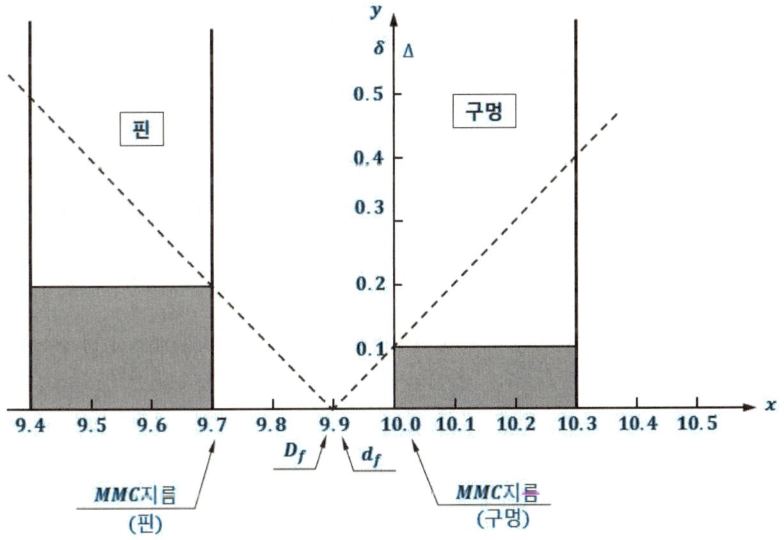

그림 4-2-56 동적 공차선도(호환성을 보장하는 공차의 선정)

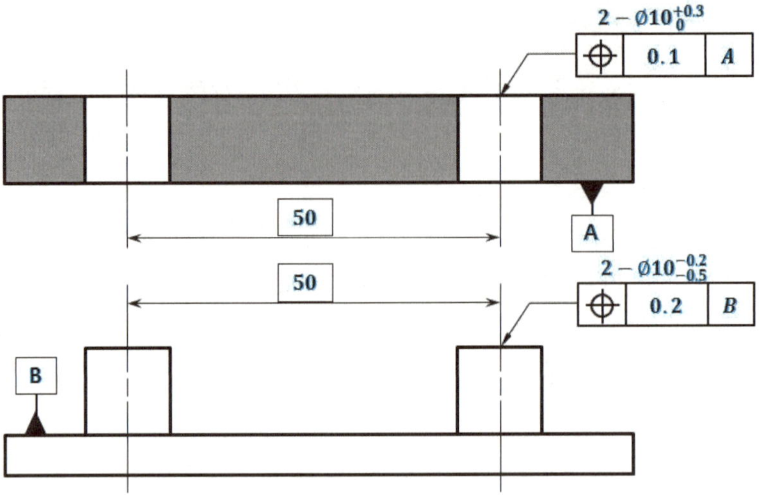

그림 4-2-57 호환성이 보장되는 구멍판과 핀판의 공차 부여

(4) 허용 가능 공차 범위 넓히기

생각하기 : 호환성이 보장되었다고 허용 가능 공차 범위인가?

그림 4-2-57에 의하면 구멍의 지름이 10.3이고 구멍 사이 거리의 위치도가 0.4인 구멍 판은 규정된 위치도 공차 0.1에서 벗어나므로 불량품으로 생각할 수 있다. 그런데 과연 정말로 불량인지 하는 문제를 생각할 필요가 있다. 즉, 구멍 판과 핀 판의 호환성이 보장되었지만 여기서 한 가지 더 생각해야 할 사항은 허용 가능한 공차의 범위에 대한 것이다.

수행 : 허용 가능 공차 범위 넓히기

① 구멍 판의 가상적으로 가장 작은 구멍의 지름 D_f는 현재의 구멍 지름에서 현재의 위치도 공차를 빼면 구할 수 있으므로 10.3에서 0.4를 빼면 9.9로서 전혀 호환성 문제에서 문제가 되지 않는 합격품이다.

② 또한 d_f는 핀의 가장 작은 지름 9.4에서 δ=0.5를 더하면 9.9로서 D_f와 d_f가 서로 같다.

③ 우리는 허용 가능한 공차의 범위를 그림 4-2-58의 동적 공차 선도에서와 같이 더욱 넓혀도 아무 상관없으므로 넓히도록 한다.

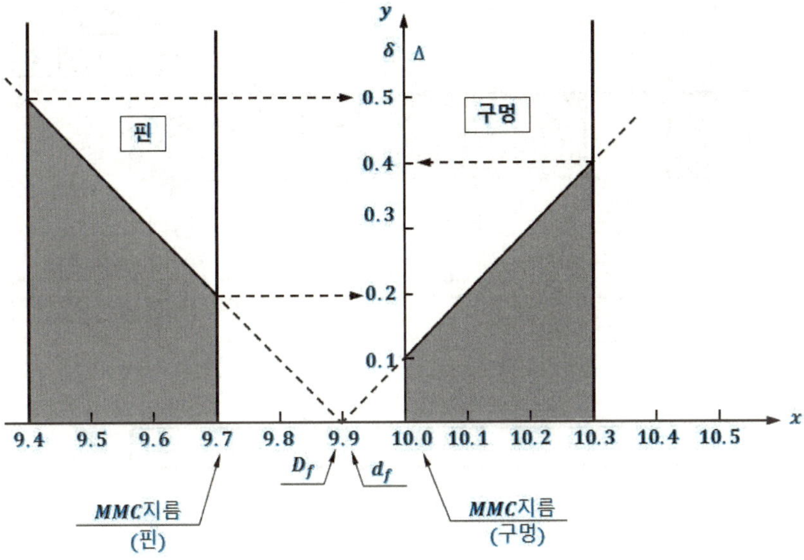

그림 4-2-58 동적 공차선도(호환성을 만족하는 공차의 범위)

(5) 최대실체상태 고려 위치도 표현하기

생각하기 : 최대실체상태 고려 위치도 표현이란 무엇인가?

그림 4-2-57에서 정한 구멍 판과 핀 판의 위치도 0.1과 0.2는 실제로 최대실체상태 지름의 구멍과 핀에 대해서 적용되는 위치도이지 허용되는 치수공차 내에서 구멍이 최대실체상태지름보다 약간 크거나 허용되는 치수공차 내에서 핀이 최대실체상태 지름보다 약간 작은 경우에는 위치도 공차를 그림 4-2-58의 동적 공차 선도에 따라서 조금 더 크게 허용해도 괜찮은 것이다. 따라서 더욱 합리적인 위치도 공차의 표시방법은 위치도를 나타내는 숫자 옆에 Ⓜ이라는 기호를 기입하여 기입된 위치도 공차는 최대실체상태 지름에 대하여 적용되는 위치도라는 것을 밝히는 방법이다.

수행 : 최대실체상태 고려 위치도 표현하기

① 그림 4-2-59와 같이 최대실체 상태에 의한 위치도 공차를 표현한다.

② 구멍의 지름이 10.3이고 구멍 사이의 거리 위치도가 0.4인 구멍판도 도면을 만족하는 합격품이 된다.

③ 핀의 지름이 9.4이고 핀 사이의 거리의 위치도가 0.5인 핀판도 도면을 만족하는 합격품이 된다.

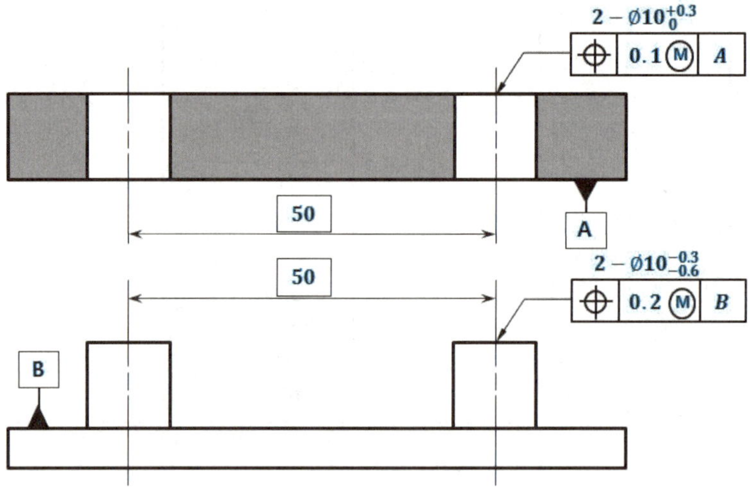

그림 4-2-59 MMC방식에 의한 구멍판과 핀판의 공차 부여

(6) 부품도에 위치도 기입하기

수행 : 도면에서 구멍판 위치도 설정하기

① 도면의 주석에서 데이텀 피처를 클릭한다.

② 형상의 밑면을 데이텀 A로 한다.

③ 주석에서 기하공차를 클릭한다.

④ 기하공차 속성창이 나타나며 그림 4-2-60 (a)와 같이 위치도 속성을 설정한다.

⑤ 구멍 중심선에 그림 4-2-60 (b)와 같이 위치시킨다.

수행 : 도면에서 핀판 위치도 설정하기

① 도면의 주석에서 데이텀 피처를 클릭한다.

② 형상의 윗면을 데이텀 B로 한다.

③ 주석에서 기하공차를 클릭한다.

④ 기하공차 속성창이 나타나며 위치도 속성을 설정한다.

⑤ 핀 중심선에 그림 4-2-60 (b)와 같이 위치시킨다.

⑥ 파일을 "위치도 공차"로 저장한다.

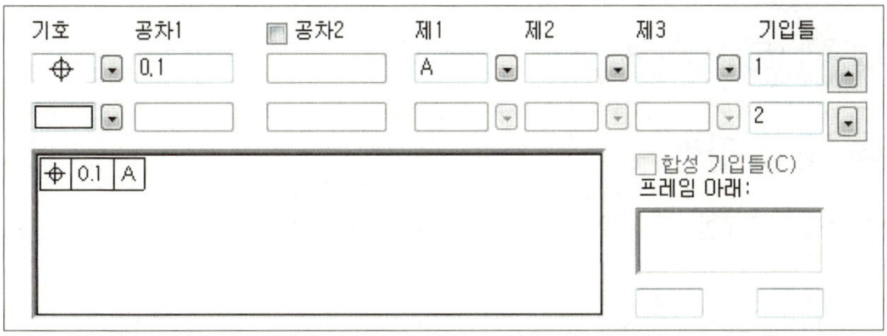

(a) 위치도 속성 설정

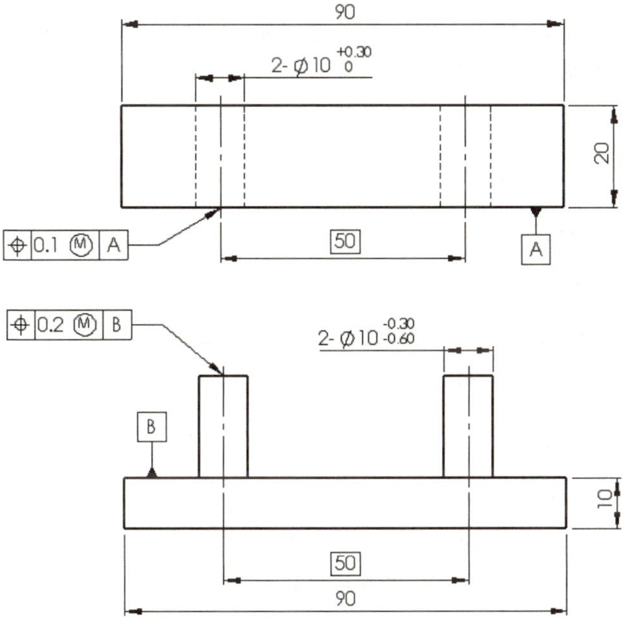

(b) 대칭도 위치

그림 4-2-60 최대실체상태에 의한 위치도 기입 결과

2-3 학습 정리

2-3-1 평면도 종합 정리

① 평면도로 규제할 수 있는 형체는 "평탄한 표면"이며 평탄한 평면에는 표면의 선도 포함된다.

② 단독형체를 규제하는 모양공차이므로 데이텀을 필요로 하지 않는다.

③ 평면도 공차는 규제하는 형체의 치수공차보다 작아야 한다.

④ 평면도 공차는 축선과 관련이 없는 평면을 규제하는 공차이므로 기하공차 앞에 ∅를 별도로 붙이지 않는다.

2-3-2 진직도 종합 정리

① 진직도로 규제할 수 있는 형체는 "직선 형체"이다.

② 진직도는 최대 실체 공차 방식을 적용할 수 있으며 단독형체를 규제하는 모양공차이므로 데이텀을 필요로 하지 않는다.

③ 진직도는 직선 형체의 "형상"에 대한 규제로 "자세"나 "위치"의 규제는 할 수 없다.

④ 진직도 공차는 규제하는 형체의 치수공차보다 작아야 한다.

⑤ 진직도는 한 쪽 방향, 서로 직각인 두 방향, 방향을 정하지 않은 경우 및 표면의 요소로써 직선 형체의 4가지 공차역이 있다.

2-3-3 진원도 종합 정리

① 진원도로 규제할 수 있는 대상은 "축선"이 아니다.

② 단면이 원형인 축이나 구멍과 같은 단독형체를 규제하는 모양공차이므로 데이텀을 필요로 하지 않으며 최대실체상태를 적용하지도 않는다.

③ 진원도 공차역은 반지름 상의 공차역으로 지름을 표시하는 ∅를 붙이지 않는다.

④ 원통형이나 원추형의 진원도는 축선에 대해 직각방향에 공차역이 존재하므로 공차 기입시 화살표는 축선에 대해 직각으로 표시한다.

2-3-4 원통도 정리하기

① 원통도로 규제할 수 있는 대상은 원통 형상의 축이나 테이퍼가 있는 형체이다.

② 단면이 원형인 축이나 구멍과 같은 단독형체를 규제하는 모양공차이므로 데이텀을 필요로 하지 않으며 최대실체상태를 적용하지도 않는다.

③ 원통도 공차는 "진직도", "진원도", "평행도"의 복합공차라고 할 수 있다.

④ 원통도 공차역은 규제 형체의 치수공차보다 항상 작아야 한다.

2-3-5 윤곽도 정리하기

① 윤곽도로 데이텀에 의해 규제할 수도 있고 단독형체로 규제할수도 있다.

② 윤곽도는 최대실체상태를 적용하지 않는다.

2-3-6 평행도 정리하기

① 평행도는 축 직선 형체와 평면 형체를 규제한다.

② 평행도는 최대실체상태를 적용할 수 있으며 데이텀을 필요로 한다.

③ 평행도는 진직도, 평면도 등의 모양 공차를 포함한다.

④ 규제 대상인 축 직선 형체가 데이텀 축 직선에 대해 규제하는 경우는 공차값 앞에 ∅가 붙으며 평면이 규제 대상인 경우는 공차값 앞에 ∅를 붙이지 않는다.

2-3-7 직각도 정리하기

① 직각도는 주로 평면 형체와 직선 형체를 규제한다.

② 직각도는 최대실체상태를 적용할 수 있으며 데이텀을 필요로 한다.

③ 직각도는 진직도, 평면도 등의 모양 공차를 포함한다.

④ 직각도는 진직도나 평면도 보다 엄격한 공차를 지시하며 직각도와 동일한 공차값 진직도나 평면도를 지시하는 것은 무의미한 규제이다.

2-3-8 경사도 정리하기

① 경사도는 주로 평면 형체와 직선 형체를 규제한다.

② 경사도는 최대실체상태를 적용할 수 있으며 데이텀을 필요로 한다.

③ 경사도는 진각도, 평행도 등의 자세공차와 함께 형체의 규제는 할 수 있지만 위치에 대한 규제는 할 수 없다.

2-3-9 흔들림 공차 정리하기

① 흔들림 공차는 모양공차, 자세공차, 위치공차와 다른 성질의 기하공차이다.

② 흔들림 공차는 진원도, 진직도, 직각도, 원통도 및 평행도 등의 오차를 포함하고 있는 복합공차이다.

③ 흔들림 공차는 최대실체상태를 적용할 수 없으며 데이텀은 반드시 필요하다.

④ 흔들림 공차의 기준 데이텀을 설정할 때는 나사, 스플라인, 기어 등의 외경은 기능상 중요한 형상이지만 기준 축으로 적용하는 것을 피한다.

2-3-10 동심도 정리하기

① 동심도 공차는 주로 원통 형상에 적용되지만 축심을 가지는 형상에도 적용된다.

② 동심도 공차는 자세 공차인 직각도나 평행도와 마찬가지로 관계 특성을 가지므로 데이텀은 반드시 필요하다.

③ 동심도 공차는 데이텀 축선을 기준으로 규제되는 형체의 공차역이 원통형이므로 규제되는 공차값 앞에 ∅를 붙이며 최대실체상태를 적용할 수 없다.

④ 동심도 공차는 동일한 축선을 기준(공통 데이텀 축 직선)으로 여러 개의 직경이 다른 원통 형체에 대한 규제를 할 수 있으며 데이텀 축 직선을 기준으로 회전하는 회전축의 편심량을 규제하는 경우에 주로 적용된다.

2-3-11 대칭도 정리하기

① 대칭도 공차는 주로 데이텀 평면으로 서로 대칭이 되어야 할 홈의 중간면에 적용된다.

② 대칭도 공차는 데이텀 축선 또는 중심 평면을 기준으로 규제되는 형체의 공차역이 대칭 위치로부터 벗어난 크기를 규제하므로 공차값 앞에 ∅를 붙이지 않는다.

③ 대칭도 공차는 데이텀이 필요하며 규제 형체에 적용된 치수공차 값의 1/2보다 대칭도 공차값이 작아야 한다.

2-3-12 위치도 정리하기

① 위치도 공차는 진직도, 직각도, 진원도, 동심도 및 평행도 등이 암시되어 구제할 수 있는 복합 공차이다.

② 위치도 공차는 부품의 기능상의 요구나 호환성이 요구되는 형체를 규제하는 기하공차로 최대실체상태를 적용하여 최대한으로 활용할 수 있다.

2-4 자율 평가

지시 사항 :

이 자율평가의 목적은 앞에서 익힌 치수 공차 및 끼워 맞춤 공차에 대해 다 이해하고 주어진 문제에 대한 설명이 가능한지를 확인하기 위함이다. 자기 스스로 평가 문제에 답하고 다음 쪽의 답안을 비교 평가해 봄으로써 본인의 부족한 점에 대해 파악하는 태도를 기르고 부족하다면 다른 사람의 도움을 받거나 본인 스스로 앞의 내용을 더욱 자세히 학습하는 자기주도 학습에 목적이 있다.

2-4-1 자율 평가 문제

1. 자율평가 그림 1과 같이 기하 공차가 주어졌다면 이것의 의미를 설명하라.

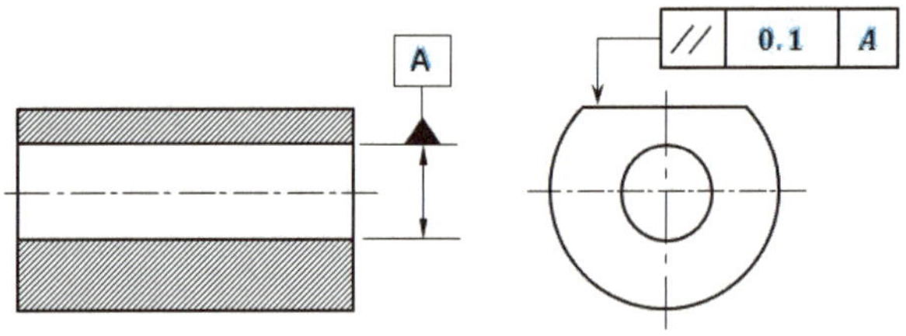

자율평가 그림 1. 치수가 지정된 형체의 데이텀 표시 예

2. 자율평가 그림 2와 같이 기하 공차가 주어졌다면 이것의 의미를 설명하라.

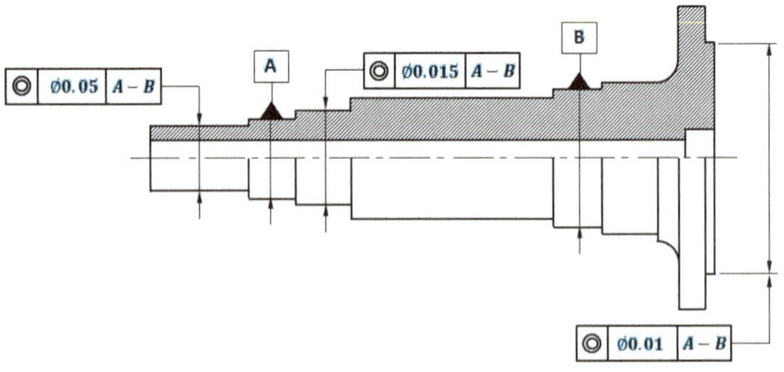

자율평가 그림 2. 공통 데이텀에 의한 기하공차 표시 예

3. 자율평가 그림 3과 같이 기하 공차가 주어졌다면 이것의 의미는 무엇인가?

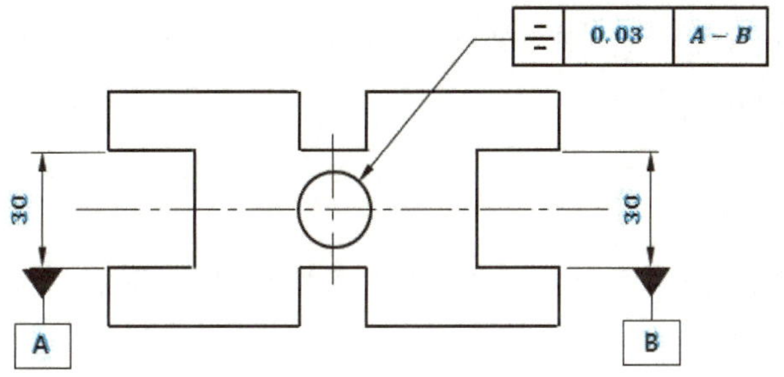

(a) 두개의 평면 중심선에 대한 기하 공차 예

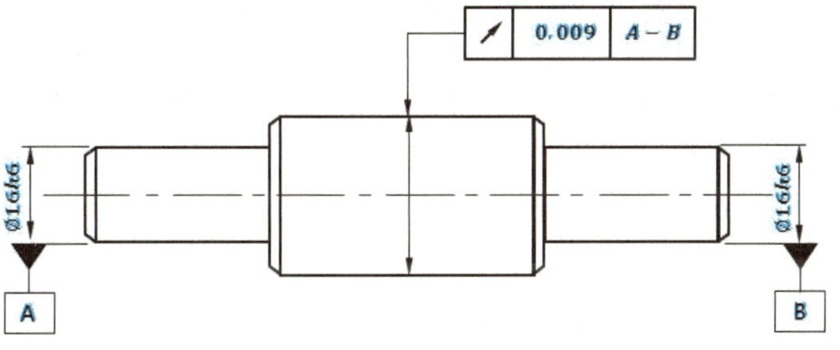

(b) 두개의 원기둥 중심선에 대한 기하 공차 예
자율평가 그림 3. 하나의 형체를 두 개의 데이텀으로 규제한 기하 공차 예

4. 서로 100 ㎜ 떨어진 2개의 구멍을 가진 구멍판이 있다. 구멍의 지름은 $25H9$이고 이 구멍판에 끼워 맞추어지는 핀판의 핀의 지름은 $25c9$이다. 호환성을 보장하는 구멍판과 핀판의 위치도 공차를 설정하고 도면으로 나타내어라. 단, 구멍판의 위치도 공차는 핀판의 위치도 공차의 1/2 부근에서 결정한다.

2-4-2 자율평가 문제 답안

1번 문제 답안

치수가 지정되어 있는 형체의 A데이텀 축 직선에 대해 평행도 공차가 0.1mm로 되도록 가공하라는 의미이다.

2번 문제 답안

A데이텀과 B데이텀이 중심선이 공통이고 이 중심선에 대해 각각의 동심도가 각각 0.05mm, 0.015mm, 0.01mm인 것을 의미한다.

3번 문제 답안

자율평가 그림 3 (a)는 하나의 형체이지만 두 개 데이텀 평면(A와 B)의 중심 직선을 데이텀으로 하여 대칭도 공차 0.03mm인 가공을 하도록 하라는 의미이다. 자율평가 그림 3 (b)는 하나의 형체이지만 두 개 데이텀 원기둥(A와 B)의 중심선을 데이텀으로 하여 원주 흔들림 공차 0.09mm인 가공을 하도록 하라는 의미이다.

4번 문제 답안

(1) 조립이 제일 안 되는 조건에서 구멍과 핀의 상태

먼저 주어진 끼워 맞춤 공차를 한계치수 허용차로 나타내면 다음과 같다.

$$\text{구멍 지름 } 25H9 = 25^{+0.052}_{\ \ 0}$$

$$\text{핀의 지름 } 25c9 = 25^{-0.110}_{-0.162}$$

이것을 최대실체형태 구멍 지름과 최대실체형태 핀 지름으로 나타내면 자율평가 표 1과 같다.

자율평가 표 1. 최대실체형태 구멍 지름과 최대실체형태 핀 지름

구분	구멍판의 구멍	핀판의 핀
기준 치수	25	25
최대 허용 치수	25.052	24.890
최소 허용 치수	25.000	24.838
최대 실체 형태 구멍 지름 = 25.000 최대 실체 형태 핀 지름= 24.890		

여기서 핀 사이 거리 및 구멍 사이 거리에 대한 공차가 없으므로 공차를 보통급으로 적용한다. 즉, 100㎜의 경우 보통급은 자율평가 표1의 절삭 가공을 하는 부품의 보통 허용 공차를 적용하면 ±0.3㎜이다.

(2) 호환성이 보장되기 위한 구멍과 핀의 공차

호환성이 보장되기 위한 구멍과 핀의 최대실체형태 지름은 다음과 같다.

$$D_f=25.000-0.3=24.700,\ d_f=24.890+0.3=25.190$$

한편 x축에서 일치하기 위한 호환성이 보장되기 위한 구멍과 핀의 최대실체형태 지름은

$$(D_f+d_f)/2=(24.700+24.190)/2=24.445\text{이다.}$$

이것을 도면으로 나타내면 답안 그림 1과 같다.

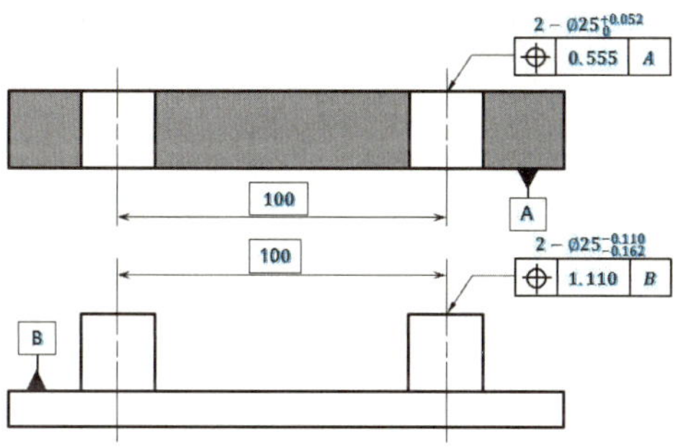

답안 그림 1 호환성이 보장되는 구멍판과 핀판의 공차 부여

(3) MMC방식에 의한 구멍판과 핀판의 공차

앞에서 구한 호환성이 보장되는 공차는 물론 치수가 같은 조건에서는 모두 보장되지만 공차 영역이 좁으므로 이 공차 영역을 더욱 넓혀 호환성을 보장받을 수 있는 공차의 설정에 대해 설명한다.

구멍의 경우가 가공하기 더 어려우므로 그대로 유지하고 핀의 최대실체형태 지름을 조정하는 것으로 한다. 즉, x축에서 일치하기 위한 호환성이 보장되기 위한 구멍과 핀의 최대실체형태 지름에 대해 구멍의 경우는 최대실체형태 지름이 25.000으로 변함이 없게 된다. 따라서 핀판의 최대실체형태 핀의 지름을 더 작게 히면 한디. 그런데 구멍핀의 위치도 공차는 핀판의 위시도 공차의 1/2 부근에서 결정한다고 하였으므로 먼저 변함이 없는 구멍의 경우 위치도 공차도 변함이 없다고 할 수 있다. 따라서 구멍 사이 거리에 대한 위치도 공차 Δ는 Δ =25.000-24.445=0.555가 된다. 한편 핀 사이의 거리에 대한 위치도 공차 δ는 Δ의 2배가 되도록 하면 δ=1.110가 된다. 즉, 핀의 최대실체상태 지름은 24.445-1.110=23.335가 된다.

이상을 종합하여 도면으로 표현하면 답안 그림 2와 같다.

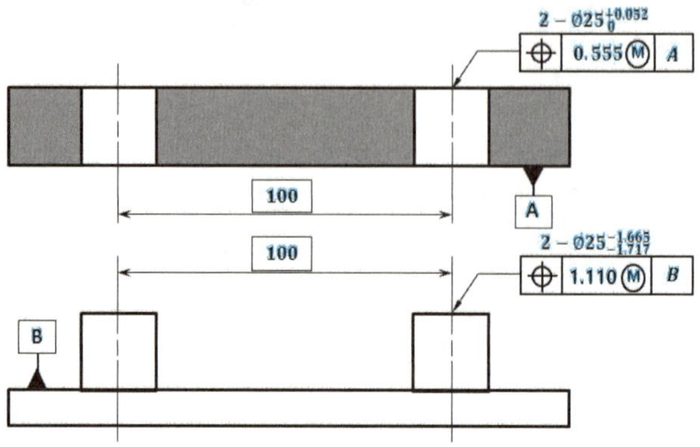

답안 그림 2 MMC방식에 의한 구멍판과 핀판의 공차 부여

자율평가 결과 점검표

학습자 성명 :	평가 날짜 :
평가 제목 : 기하 공차 작성의 이해	

		성취 수준			
		이해하지 못했음	일부만 이해했음	완전히 이해했음	이해 반복수
1번	평행도 의미 설명				
2번	동심도 의미 설명				
3번	대칭도 의미 설명				
	흔들림 공차 의미 설명				
4번	조립이 제일 안 되는 조건 설명				
	호환성이 보장되기 위한 조건 설명				
	MMC방식에 의한 구멍판과 핀판의 공차 설명				

[성취수준]
위의 모든 항목에 대해 "완전히 이해했음", 즉 이해도 100%로 답하여야 합니다. 만일 "이해하지 않았음" 또는 "일부만 이해했음"에 답을 했다면 앞에서 학습한 내용을 다시 한 번 확인 하시고 몇 번 만에 이해하였는지를 체크하십시오.

CHAPTER 5

이해편 5

기계 형상 설계의 이해

1. 크레인 풀리장치 부품의 형상모델링
2. 크레인 풀리장치 부품의 조립 및 분해 형상모델링
3. 크레인 풀리장치의 조립도 및 부품도 작성

학습 개요

하나의 기계 장치를 대상으로 부품의 형상모델링, 부품의 조립 및 부품도와 조립도 작성을 직접 진행해 봄으로써 기계 장치의 형상설계에 대해 이해할 수 있다. 또한 이러한 이해를 통해 형상설계 과정을 설명할 수 있으며 설계 변경에 대해서도 충분히 대처할 수 있게 한다.

학습 목표

본 학습을 마친 학습자는 기계관련 제품 설계에서

- 기계관련 제품의 기계부품 형상 모델링을 하고 방법 및 과정을 설명할 수 있다.
- 기계관련 제품의 기계부품 조립 및 분해 형상모델링을 하고 방법 및 과정을 설명할 수 있다.
- 조립 제품 및 조립 부품의 도면을 작성하고 방법 및 도면 작성 상 필요한 KS 규격 등을 설명할 수 있다.

학습 성과와 수행 준거

(1) KS 규격 정보를 도면 작성에 응용할 수 있는 능력

✓ KS 규격 정보를 부품의 도면 작성에 응용할 수 있다.

✓ KS 규격 부품 또는 국제 규격 부품을 조립 형상모델링에 적용할 수 있다.

(2) 기계 형상설계를 위해 CAD 도구를 활용할 수 있는 능력

✓ 부품의 조립 형상모델링을 위해 CAD 조립 도구를 활용할 수 있다.

✓ 부품의 조립 상태에 대한 간섭체크를 위해 CAD 간섭체크도구를 활용할 수 있다.

✓ 가상 조립 형상모델의 실제 형상의 실현을 위해 3D 프린팅 파일을 작성하여 3D 프린터를 활용할 수 있다.

(3) 다양한 기계 및 장치에 대해 형상설계 과정을 설명할 수 있는 능력

✓ 기계 또는 장치의 형상설계를 숙지하여 설계 변경에 맞춰 형상설계를 설명할 수 있다.

(4) 자기계발의 필요성을 인식하고 지속적이며 자기 주도적으로 학습할 수 있는 능력

✓ 자기 주도적으로 학습한 것을 바탕으로 자율 평가문제를 스스로 평가하고 판단하여 자신의 부족한 점을 파악하고 보충할 수 있다.

1 크레인 풀리장치 부품의 형상모델링

1-1 학습 준비

1-1-1 학습 대상

1-1-1-1 기계관련 제품 선정

기계관련 제품 가운데 크레인 풀리장치를 선정하여 각 부품의 부품 모델링을 하는 대상으로 한다. "크레인"이란 동력을 사용하여 중량물을 매달아 상하 및 좌우로 운반하는 것을 목적으로 하는 기계 또는 기계장치를 말한다.

1-1-1-2 장치의 구조 특징

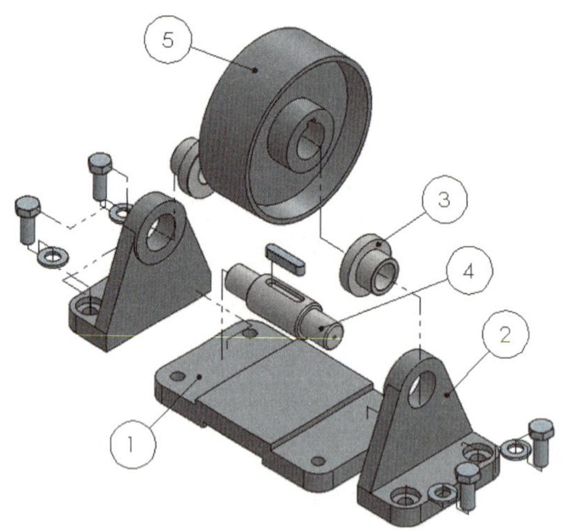

품번	품명	재질	수량
1	플레이트	GC200	1
2	브래킷	GC200	2
3	부시	PBC3B	2
4	회전축	SCM415	1
5	풀리	GC300	1

그림 5-1-1 크레인 풀리장치의 분해도

- 천정에 부착하여 사용하는 크레인을 천정용 크레인이라 하는데 이러한 목적으로 사용하는 크레인 풀리장치를 대상으로 한다.
- 풀리는 평벨트 풀리로 한다.
- 회전축은 미끄럼 베어링에 의한 회전을 한다고 가정한다.
- 최대의 중량에 견디는 구조이어야 하므로 재질이나 형상 크기에 따른 구조해석 등을 하여야 하지만 여기서는 그 해석을 하지 않고 재질에 따른 질량만을 고려하는 것으로 한다.
- 이 장치의 분해도는 그림 5-1-1과 같으며 그림에서와 같이 8개의 조립부품들을 조합(assembly)하여 완성된 것으로 가정한다.
- 다만 이 8개 조립부품들 가운데 체결부품은 설계라이브러리에 있는 KS규격품으로 대체하기로 한다.

1-1-1-3 주요 부품 사양

(1) ① 부품 – 플레이트(Plate)

- 플레이트는 천정에 부착되어 브래킷을 고정하는 역할을 한다.
- 재질은 회주철 주물로 GC200을 사용하기로 한다.
- 플레이트 부품의 치수는 그림 5-1-2와 같다.

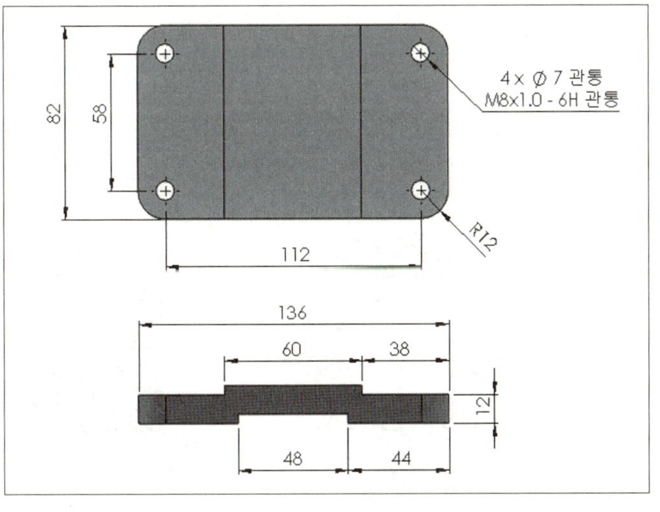

그림 5-1-2 플레이트의 치수

(2) ② 부품 – 브래킷(Bracket)

- 브래킷은 플레이트와 결합하여 회전축을 지지하는 역할을 한다.
- 재질은 회주철 주물로 GC200을 사용하기로 한다.
- 브래킷 부품의 치수는 그림 5-1-3과 같다.

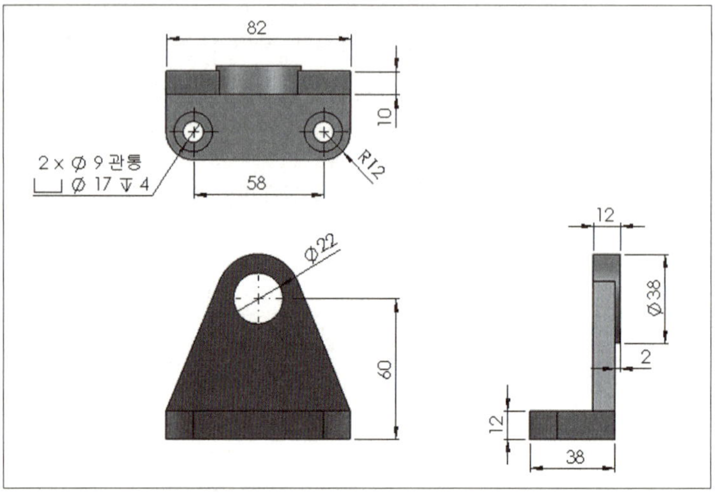

그림 5-1-3 브래킷의 치수

(3) ③ 부품 – 부시(Bush)

- 부시는 회전축이 회전구동을 할 수 있도록 미끄럼 베어링 역할을 한다.
- 재질은 인청동으로 PBC3B를 사용하기로 한다.
- 부시 부품의 치수는 그림 5-1-4와 같다.

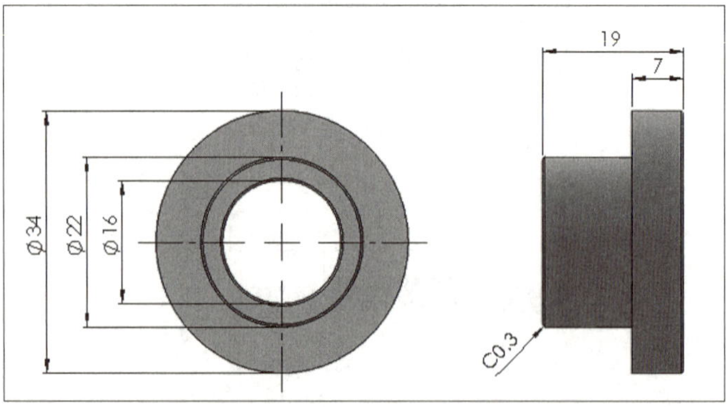

그림 5-1-4 부시의 치수

(4) ④ 부품 – 회전축(Shaft)

- 회전축은 풀리가 부착되고 모터로부터 회전력을 받아 회전구동을 전달하는 역할을 한다.
- 재질은 크롬몰리브덴강으로 SCM415를 사용하기로 한다.
- 회전축 부품의 치수는 그림 5-1-5와 같다.

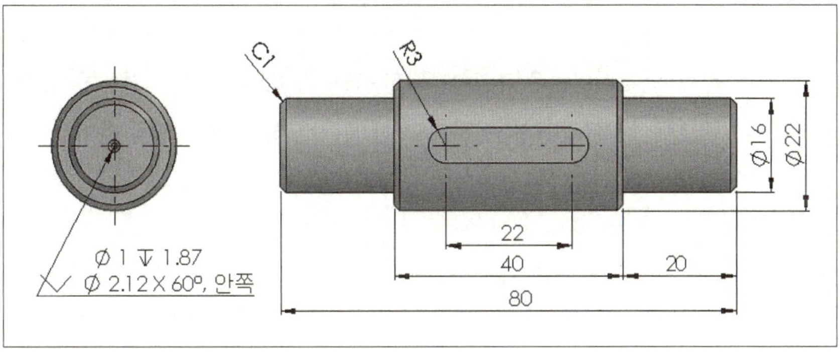

그림 5-1-5 회전축의 치수

(5) ⑤ 부품 – 풀리(Pulley)

- 풀리는 모터로부터의 회전구동을 벨트에 의해 전달 받는 역할을 한다.
- 재질은 회주철 주물로 GC300을 사용하기로 한다.
- 풀리 부품의 치수는 그림 5-1-6과 같다.

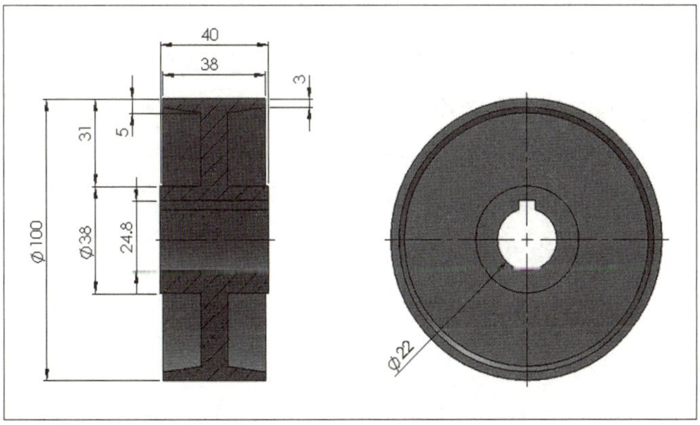

그림 5-1-6 풀리의 치수

1-1-2 관련 지식

1-1-2-1 재질

(1) 설계 시 재료의 선정 조건

일반적으로 설계자들의 재료 선정 방법은 다음과 같다.

- 설계자 또는 재료 엔지니어들은 경험에 의한 고유 방법에 따르는 경향이 강하다.
- 이미 사용된 재료에 대하여 완성 제품의 상태를 상세하게 조사하여 신뢰성을 유지하여야 하고 이는 이미 성공적으로 사용하고 있는 제품에 대하여 스크리닝 시험(Screening Test)를 실시한다.
- 개념 설계단계에서부터 재료의 제조 단가를 추정한다. 재료의 단가를 결정할 수 없을 경우에는 목표 원가를 설정한 후 이보다 고가의 재료는 선정에서 제외한다.
- 가치 분석을 통하여 제품의 성능 또는 신뢰성을 손상시키지 않으면서 제품을 가장 값싸게 생산할 수 있는 방법을 찾아내는 조직화된 방법을 선택하고 있지만 실질적으로 이 방법은 단순히 재료 선택이라는 면만을 갖고 있는 것이 아니라 문제 해결에도 종종 사용하는 방법이다.
- 항복비의 검토를 하여야 한다. 이는 항복점과 인장 강도를 말한다. 볼트의 강도 구분은 4, 6, 7, 8, 9, 10 등으로 표시되어 있다. 숫자의 4는 인장강도가 $40kgf/mm^2$이고 이 볼트의 항복점은 40×0.6 = $24kgf/mm^2$, 숫자 10이면 $100kgf/mm^2$ 인장 강도를 나타내며 항복점은 100×0.6 = $60kgf/mm^2$임을 나타낸다.
- 기계를 설계할 때 항복비가 1에 근접하면 인장강도까지의 여유가 적으므로 에너지 흡수 능력이 떨어진다. 신장이 우수하지만 강도가 약한 단점이 있다. 설계 과정에서 재료는 재료 선정에서부터 출발하여 재료의 특성 평가, 제조 공정, 마케팅에 이르기까지 다양한 분야와 관련되며 재료의 효율적인 사용이 결국 제품의 경제성과 직결된다는 점에서 매우 중요한 역할을 하게 된다.

(2) 재료 사양 결정

기계 설계는 고객이 요구하는 제품을 설계하여 요구하는 조건에 적합한지를 평가 받고 요구하는 성능이나 기능에 적합하도록 다양한 아이디어를 구사하여 구체적으로 제품화하는 활동을 말한다. 따라서 과거에는 생산성에 역점을 두고 설계를 수행하였지만 최근에는 소비자가 제품에 대하여 강하게 요구하는 기능과 가치의 다양화에 따라 설계하고 있다.

제품을 제조하기 위해 설계와 제도를 정확하게 이해하는 것은 그 제품의 수명과 기능을 유지하기 위해 그 제품을 제작하는 재료 또한 설계, 제도 못지않게 중요하다.

1-1-3 CAD 관련 사항 검토하기

SolidWorks에서는 재질을 선정하는데 KS규격에 맞는 재질이 모두 없어서 재질을 따로 만들어 쓸 수밖에 없다. 이에 대해서는 부록 10에 재질 편집 관련 라이브러리 파일을 만드는 과정을 수록하였으니 참고하고 사용자 정의 재질에 이 라이브러리 파일이라고 생각하면 된다. SolidWorks에서 재질 설정 과정을 그림 5-1-7에 나타내었다. 한편 그림 5-1-8은 부품의 재질에 따라 그 질량이 다른데 질량 등을 알 수 있는 물성치 설정 과정이다.

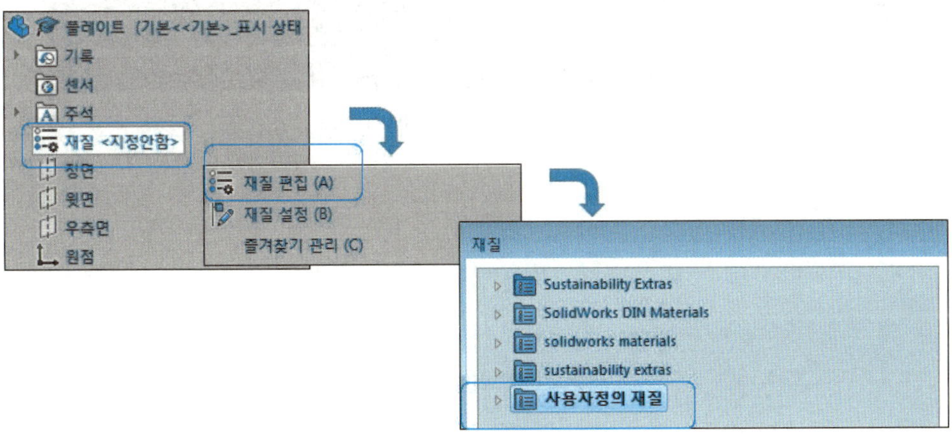

그림 5-1-7 재질 설정 과정

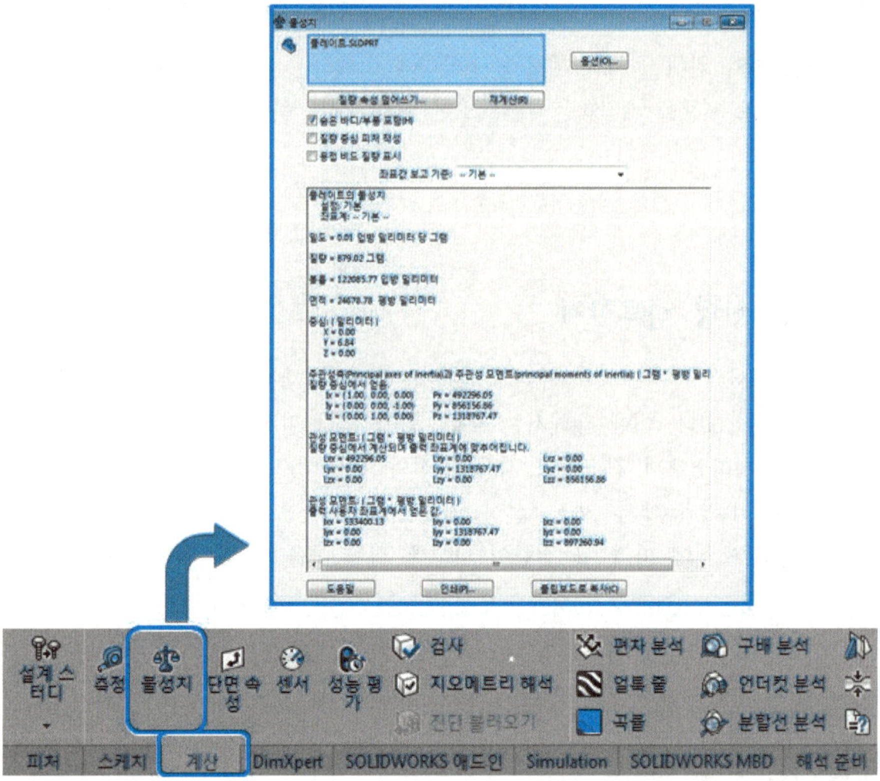

그림 5-1-8 물성치 계산 과정

1-2 학습 활동

1-2-1 크레인 풀리장치의 플레이트 형상 모델링

생각하기 : 단 모양의 플레이트는 어떤 형상모델링 방법이 효율적일까?

단 모양의 플레이트를 형상모델링 하는 방법에는 그림 5-1-9처럼 기초 형상을 플레이트의 단면을 위쪽에서 보고 스케치하여 형상모델링 하는 방법1이 있고 그림 5-1-10처럼 기초 형상을 플레이트의 단면을 옆면에서 보고 형상모델링 하는 방법2가 있다. 모두 3번의 과정을 거치지만 두 가지 방법 가운데 어느 방법을 선택할 것인지는 두 번째 방법이 더욱 효율적일 수 있다. 왜냐하면 플레이트에 조립 구멍이 브래킷과의 조립할 때 육각 볼트 또는 탭 볼트를 사용하는데 탭 구멍으로 해야 할 경우는 플레이트에 나사를 낸 탭 구멍으로 해야 조립이 가능하여 고정되기 때문이다. 이러한 이유에서 탭 구멍을 표현할 수 있는 구멍가공마법사가 사용되어야 할 경우가 있으므로 방법2가 더욱 효과적일 수 있다.

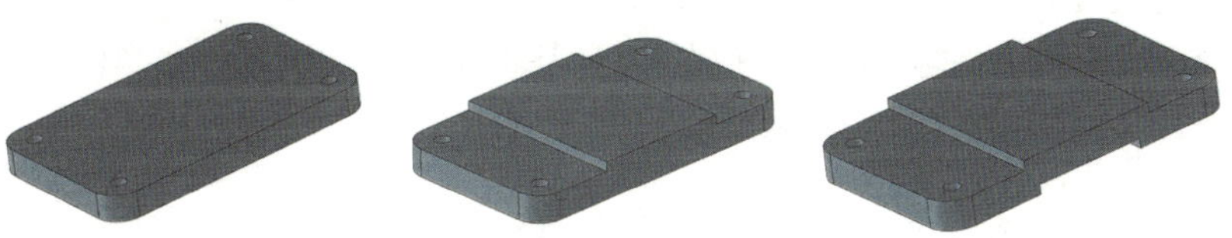

(a) 기초형상 (b) 돌출 형상 (c) 컷 돌출 형상

그림 5-1-9 플레이트의 생성 방법1

(a) 기초형상 (b) 둥글기 형상 (c) 구멍 형상

그림 5-1-10 플레이트의 생성 방법2

1-2-1-1 기초 형상모델링

(1) 작업준비하기

수행 : 플레이트의 도면 치수 해독하기

그림 5-1-2의 부품 치수에서 4×∅7관통M8×1.0-6H관통의 기호가 있는 것을 알 수 있을 것이다. 이것은 탭 구멍으로 구멍붙이 볼트의 호칭 치수와 관계있다. 즉, 구멍붙이 볼트의 호칭 치수를 M8로 정하였으며 탭 구멍의 여유값은 보통 1 mm로 주어야 한다는 의미이다. R12는 필렛(둥글기) 반지름을 12로 하여 모서리를 둥글기로 준다는 것이다. 이 둥글기의 중심과 탭 구멍의 중심이 일치해야 한다.

(2) 정면 스케치하기

생각하기 : 플레이트의 옆 단면은 어떻게 효율적으로 표현할지?

플레이트의 정면을 보면 가운데가 볼록 단모양의 좌우 대칭 구조를 하고 있다. 스케치에서 이것을 단면으로 표현하려면 원점을 지나는 중심선에 대해 좌우 대칭을 유지할 수 있는 구속조건이 필요하다. 대칭 구속이 되면 치수 변화가 있어도 자동으로 대칭을 유지하며 치수가 변경되므로 치수 변화에 신경 쓸 필요가 없다.

수행 : 선 도구에 의한 플레이트 단면 스케치

① 풀다운 메뉴에 있는 파일에 새문서나 도구바의 새문서 아이콘을 선택한다.

② 파트를 선택한다.

③ 정면을 스케치할 면으로 선택하고 스케치 아이콘을 클릭한다.

④ 선 도구에서 중심선을 선택한다.

⑤ 원점에서 수직으로 중심선을 스케치한다.

⑥ 다음은 직선을 선택한다.

⑦ 가운데가 볼록한 다면체를 대략 스케치한다.

⑧ 중심선을 중심으로 좌우 모서리가 대칭되도록 구속조건 부가를 한다.

⑨ 지능형 치수를 선택하여 치수를 그림 5-1-11 (a)와 같이 수정한다.

⑩ 완료를 클릭하여 스케치를 마친다.

수행 : 돌출 보스/베이스 도구에 의한 플레이트 돌출 형상

① 피처 탭에서 돌출 보스/베이스 도구를 클릭한다.

② 유형은 중간평면으로 한다.

③ 돌출 깊이는 82 mm로 입력한다.

④ 확인을 체크한다(그림 5-1-11 (b)).

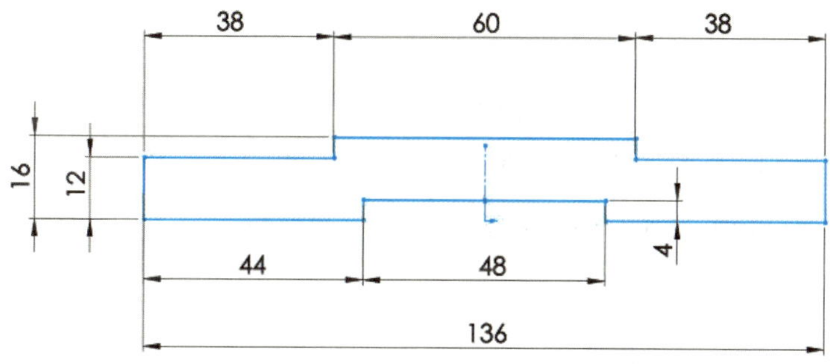

(a) 단면 스케치

(b) 양쪽 돌출 형상

그림 5-1-11 플레이트 기초 형상모델링

1-2-1-2 모서리의 둥글기 형상 모델링

생각하기 : 플레이트 모서리의 둥글기는 얼마나 하는 것이 좋은지?

플레이트 모서리의 둥글기는 구멍붙이 볼트머리의 지름 크기와 같게 하는 것이 좋다. 이것은 구조 역학적으로 가장 힘의 분산이 이루어지기 때문이다. 구멍붙이 볼트머리의 지름 크기는 M8의 경우 12 mm이므로 이와 같은 크기로 하면 좋다.

수행 : 필렛 도구에 의한 둥글기 형상

① 피처 탭에서 필렛 도구를 선택한다.

② 필렛의 반지름을 12 mm로 설정한다.

③ 그림 5-1-12 (a)와 같이 4개의 모서리를 클릭한다.

④ 완료를 클릭하여 필렛을 마친다(그림 5-1-12 (b)).

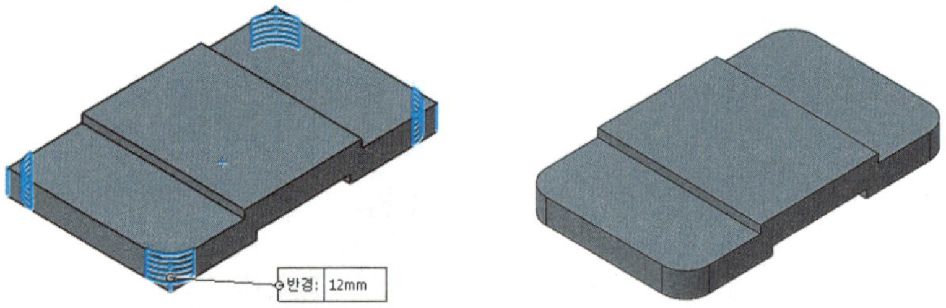

(a) 필렛 설정 모습 (b) 필렛 결과 모습

그림 5-1-12 둥글기 형상 모델링

1-2-1-3 나사 구멍 생성하기

생각하기 : 나사 구멍은 어떻게 생성하는지?

부품① 플레이트의 탭 구멍은 구멍붙이 볼트의 호칭 치수와 관계있다. 즉, 구멍붙이 볼트의 호칭 치수를 M8로 정하였으므로 이에 준하여 나사 구멍을 정해야 한다. 그런데 고정시켜야 하므로 나사를 낼 여유값이 필요하다. 여유값은 보통 1 mm를 준다. 이것을 종합하여 탭 구멍을 구멍가공 마법사를 이용하여 위에서 정한 속성 값을 주어 형상모델링 하면 된다.

수행 : 구멍가공마법사에 의한 탭 구멍 생성

① 피처 탭에서 구멍가공마법사를 선택한다.

② 구멍유형은 직선 탭, 표준규격은 KS 유형은 탭 구멍으로 한다.

③ 구멍 스팩은 M8×1.0으로 여유값을 1 mm 주는 것으로 한다.

④ 마침 조건은 관통으로 설정한다.

⑤ 위치로 가서 구멍이 위치할 면을 선택하고 클릭한다.

⑥ 커서를 필렛 부분에 가져가면 필렛의 중심이 나타나며 이 중심에 탭 구멍의 중심을 맞춘다. 즉, 그림 5-1-13 (a)와 같이 일치 스냅이 활성화 될 때에 마우스를 클릭한다. 나머지 3개의 탭 구멍도 마찬가지로 탬 구멍의 중심을 위치시킨다.

⑦ 완료를 클릭한다(그림 5-1-13 (b)).

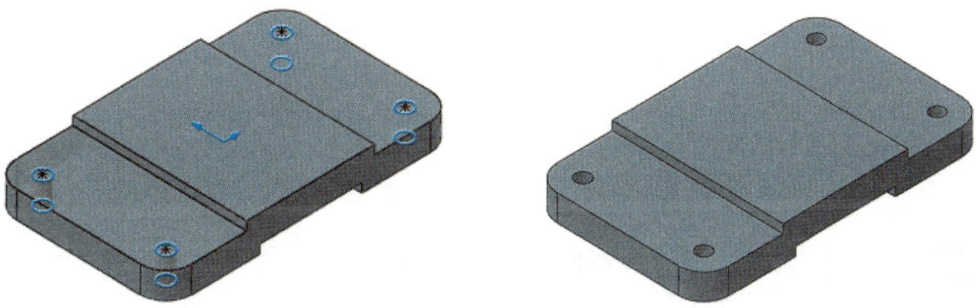

(a) 탭 구멍 위치 모습　　(b) 탭 구멍 설정 보습

그림 5-1-13 나사 구멍 형상 모델링

1-2-1-4 재질 선택하기

생각하기 : 플레이트의 재질인 회주철의 특성은 어떠한지?

플레이트의 재질은 주어진 사양에서 회주철 가운데 GC200을 사용하는 것으로 했는데 회주철은 보통 주철(cast iron)이라 하며 주철은 공업상 2.5~4.5 % C가 함유되어 있으며, 여기에 Si, Mn, P, S등의 불순물이 포함되어 있다. 주철은 KS규격에서 GC로 표기하며, JIS규격에서는 FC로 표기한다. GC200, GC300 등의 숫자로 나타낸다. 또한 질량은 약 7200 kg/㎥이다. 회주철의 경우 KS에서는 인장강도와 브리넬 경도를 규제할 뿐이고 나머지는 참조하는 수준이다.

수행 : 재질 편집에 의한 플레이트의 재질 선택

① 디자인 트리의 재질 항목에 커서를 갖고 간다.

② 마우스 오른쪽 버튼을 클릭하여 재질편집을 선택한다.

③ 회주철에서 "GC200"을 선택한다.

④ 적용을 클릭하고 닫기를 클릭하여 그림 5-1-14와 같이 완료한다.

그림 5-1-14 플레이트의 재질 선택 모습

1-2-1-5 질량 파악하기

생각하기 : 플레이트의 질량은 왜 파악하는지?

플레이트의 재질은 GC200을 선정하기로 앞에서 결정했다. 그런데 플레이트의 재질은 질량과 연결되고 이러한 질량은 장치나 기구 등을 제작할 때 제작비와 직결될 때가 많으므로 부품의 재질이나 치수의 최적화를 통해 질량을 최적화 할 필요가 있다. 따라서 재질의 변화에 따라 어느 정도 질량의 변화가 있는지 알아볼 필요가 있다.

수행 : GC200 부품의 물성치 확인

① 풀다운 메뉴의 도구에서 계산 탭을 클릭한다.

② 물성치( )를 클릭한다.

③ 그림 5-1-15 (a)처럼 결과에서 질량이 970.51그램으로 나타났다.

수행 : SUS304 부품의 물성치 확인

① 풀다운 메뉴의 도구에서 계산 탭을 클릭한다.

② 물성치( )를 클릭한다.

③ 그림 5-1-15 (b)처럼 결과에서 질량이 1061.54그램으로 나타났다.

수행 : SCM415 부품의 물성치 확인

① 풀다운 메뉴의 도구에서 계산 탭을 클릭한다.

② 물성치( )를 클릭한다.

③ 그림 5-1-15 (c)처럼 결과에서 질량이 1044.14그램으로 나타났다.

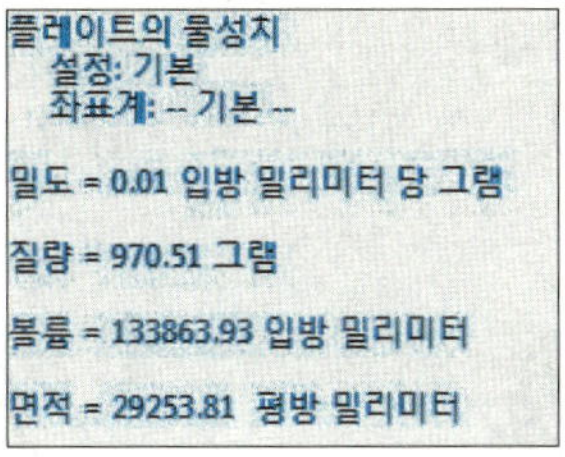

(a) GC200의 경우

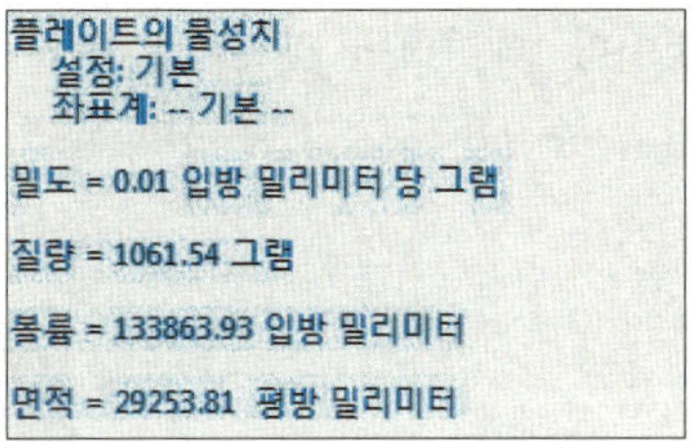

(b) SUS304의 경우

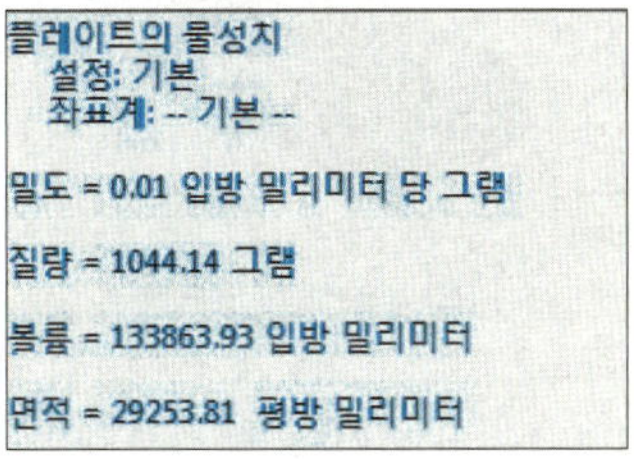

(c) SCM415의 경우

그림 5-1-15 플레이트의 물성치(질량)

1-2-1-6 최종 형상 저장하기

수행 : 다른 이름으로 저장하기

① 저장 도구( )에서 다른 이름으로 저장하기를 클릭한다.

② 저장할 디렉토리를 정하고 재질 GC200인 파일을 "플레이트"로 입력한다.

③ 저장 버튼을 클릭한다.

1-2-2 크레인 풀리장치의 브래킷의 형상모델링

생각하기 : 브래킷은 어떤 형상모델링 방법이 효율적일까?

그림 5-1-3의 우측면도를 보면 알 수 있듯이 형상이 직각 형태로 휘어 있다. 이런 경우 그림 5-1-16과 같이 바닥 고정부분(기초 형상)부터 할 것인지, 그림 5-1-17과 같이 브래킷의 축지지 부분(기초 형상)부터 할 것인지 망설이게 되는데 옆면부터 하는 것이 더욱 효율적일 것이다. 왜냐하면 옆면의 경우가 좌우대칭 형태이면서 원을 포함하고 있어서 원점에 대해 원의 중심을 두기가 편하며 밑면의 중심을 원점에 일치시키키기가 편리하기 때문이다.

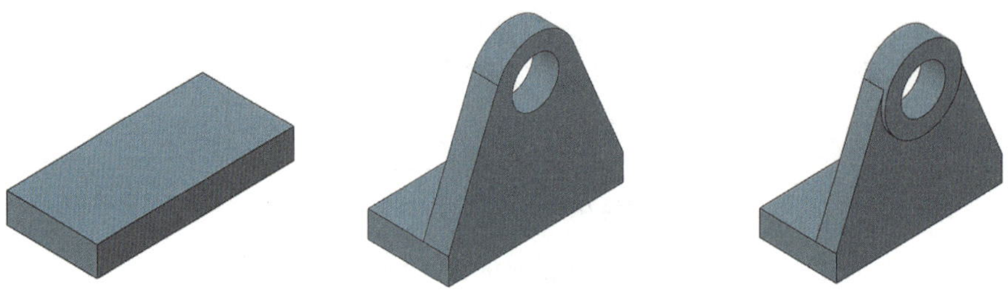

(a) 기초 형상 (b) 축지지 부분 (c) 부시 조립 턱

그림 5-1-16 브래킷의 형상모델링 방법1

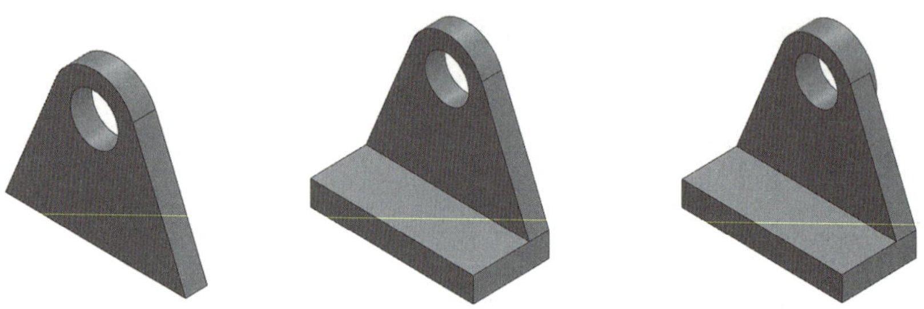

(a) 기초 형상 (b) 바닥 고정부분 (c) 부시 조립 턱

그림 5-1-17 브래킷의 형상모델링 방법2

1-2-2-1 기초형상 모델링

(1) 작업준비하기

수행 : 새문서 열기와 스케치할 면 선택

① 풀다운 메뉴에 있는 파일에 새문서나 도구바의 새문서 아이콘을 선택한다.

② 파트를 선택한다.

③ 정면을 스케치할 면으로 선택하고 스케치 아이콘을 클릭한다.

(2) 단면 스케치

수행 : 원 도구와 선 도구에 의한 축지지 옆 단면 스케치

① 원 도구를 선택한다.

② 축 지지부분에 해당하는 두 원이 원점을 수직으로 지나며 동심이 되게 스케치한다.

③ 지능형 치수를 선택하고 두 원의 지름을 38과 22가 되도록 정의한다.

④ 두 원의 중심점과 원점이 거리 48이 되도록 치수 정의한다.

⑤ 선 도구를 사용하여 축지지 부분의 밑변이 원점을 지나도록 직선을 스케치한다.

⑥ 원점에 대해 양 쪽 끝 점까지 41이 되도록 치수 수정을 한다.

⑦ 축지지 부분의 밑변의 양 쪽 끝 점에서 축지지 부분의 바깥 원에 접하는 점까지 접선 구속조건이 나올 때 까지 직선을 스케치한다.

⑧ 불필요한 부분을 요소 잘라내기 도구를 사용하여 그림 5-1-18 (a)와 같이 잘라낸다.

⑨ 스케치를 완료한다.

(3) 돌출 형상모델링

수행 : 돌출 보스/베이스 도구에 의한 축지지 부분 놀출 형상

① 피처 탭에서 돌출 보스/베이스 도구를 클릭한다.

② 돌출 방향(원점과 반대 방향)과 유형을 정의하고 깊이 10을 입력한다.

③ 확인을 클릭하여 그림 5-1-18 (b)와 같이 형상모델링을 완료한다.

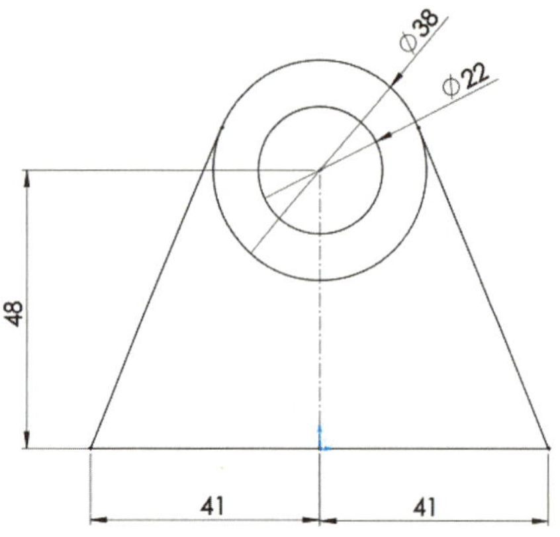

(a) 단면 스케치

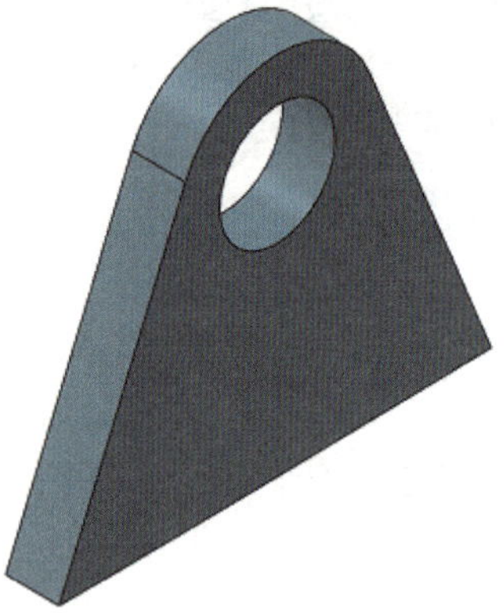

(b) 돌출 모습

그림 5-1-18 축 지지부분 형상모델링

1-2-2-2 플레이트와 고정하는 밑면 형상모델링

(1) 단면 스케치

수행 : 코너 직사각형 도구에 의한 축지지 밑면의 단면 스케치

① 원점 부분이 보이는 축지지 면을 스케치 면으로 한다.

② 축지지 부분 밑 부분과 고정베이스가 연결되며 모서리가 일치하게 코너 직사각형 스케치한다.

③ 직사각형의 높이를 12가 되게 그림 5-1-19 (a)와 같이 치수를 정의한다.

④ 스케치를 완료한다.

(2) 돌출 형상모델링

수행 : 돌출 보스/베이스 도구에 의한 축지지 밑면 돌출 형상

① 피처 탭에서 돌출 보스/베이스 도구를 클릭한다.

② 속성 정의에서 블라인드 유형으로 38 mm를 입력한다.

③ 확인을 클릭하여 그림 5-1-19 (b)와 같이 형상모델링을 완료한다.

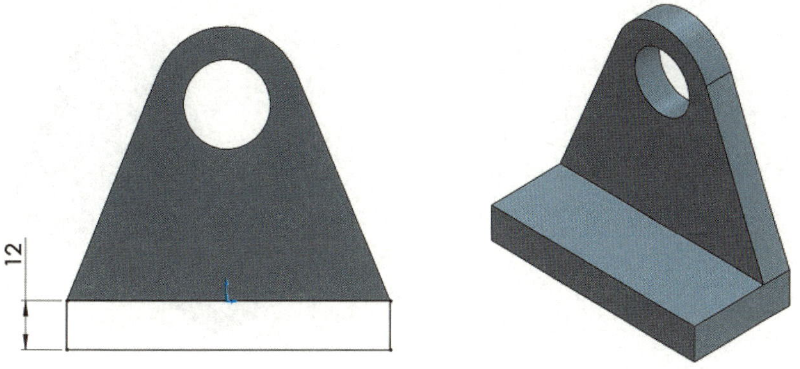

(a) 단면 스케치 (b) 돌출 형상

그림 5-1-19 축지지 밑면 형상모델링

1-2-2-3 부시 삽입 돌출 구멍 형상모델링

(1) 단면 스케치

수행 : 원 도구에 의한 원 단면 스케치

① 다시 한 번 원점이 보이는 축 지지면을 스케치 면으로 한다.

② 원 스케치 도구를 클릭한다.

③ 축 지지면의 바깥 원과 안 쪽 원에 대해 각각 Edge 부분에 커서를 갖다 데면 주황색의 점선이 나타나면 그 원의 중심이 나타나는데 이때 커서를 중심으로 이동하여 중심에서 원을 바깥 원과 안쪽 원에 각각 접하도록 원을 그림 5-1-20 (a)와 같이 스케치한다. 이것을 스케치 스냅을 이용한 스케치라 한다.

④ 스케치를 완료한다.

(2) 돌출 형상 모델링

수행 : 돌출 보스/베이스 도구에 의한 돌출 형상

① 피처 탭에서 돌출 보스/베이스 도구를 클릭한다.

② 속성 정의에서 블라인드 유형으로 2 mm를 입력한다.

③ 확인을 클릭하여 형상모델링을 완료한다(그림 5-1-20 (b)).

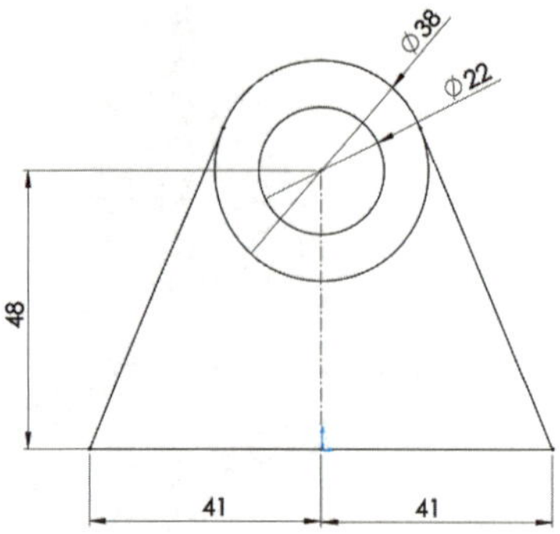

(a) 단면 스케치

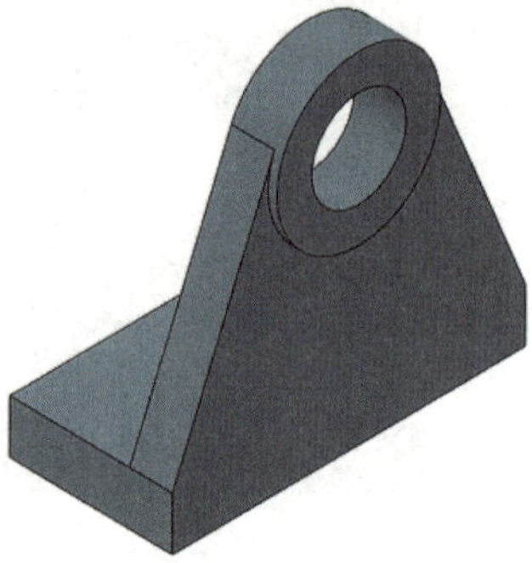

(b) 돌출 형상

그림 5-1-20 부시 삽입 돌출구멍 형상모델링

1-2-2-4 밑면 모서리의 둥글기 형상모델링

수행 : 필렛 도구에 의한 고정 밑면의 둥글기 형상

① 피처 도구의 필렛 도구를 클릭한다.

② 필렛 유형은 디폴트된 것대로 하며 필렛 반지름 12 mm를 입력한다.

③ 그림 5-1-21 (a)와 같이 두 모서리를 클릭한다.

④ 확인을 클릭하여 둥글기 형상모델링이 완료한다(그림 5-1-21 (b)).

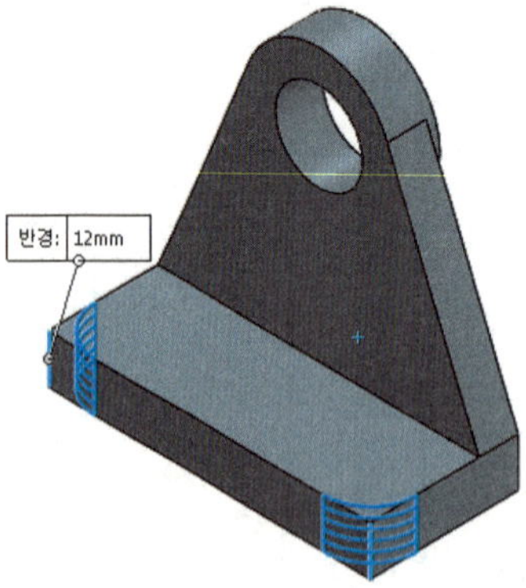

(a) 설정 모습

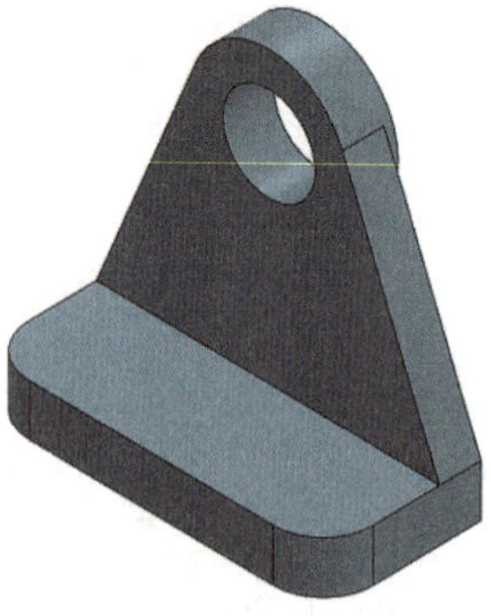

(b) 필렛 결과

그림 5-1-21 고정 밑면의 둥글기 형상모델링

1-2-2-5 육각볼트 나사 구멍 형상모델링

수행 : 구멍 가공 마법사 도구에 의한 볼트 나사구멍 생성

① 피처 도구의 구멍 가공 마법사 도구를 클릭한다.

② 구멍 스팩은 표준 규격을 KS, 유형을 구멍붙이 볼트 KS B 1003으로 하고 구멍 스팩 크기는 M8, 사용자 정의 크기 표시를 체크하고 카운터 보어 지름은 14 mm, 카운터 보어 깊이는 8 mm로 설정한다.

③ 카운터 보어 위치를 사용할 면을 선택한다.

④ 카운터 보어를 배치하기 위한 스케치 스냅을 사용한다. 즉, 고정베이스의 필렛 모서리에 커서를 갖다 데면 그림 5-1-22 (a)와 같이 3점이 나타나며 커서를 필렛 중심쪽으로 움직이면 필렛 중심이 나타나는데 이 점을 클릭한다. 대칭 부분도 마찬가지로 필렛의 중심을 카운터보어 중심 위치 배치로 정한다.

⑤ 구멍의 배치가 완료를 클릭하면 그림 5-1-22 (b)와 같이 카운터 보어 형상모델링이 완료된다.

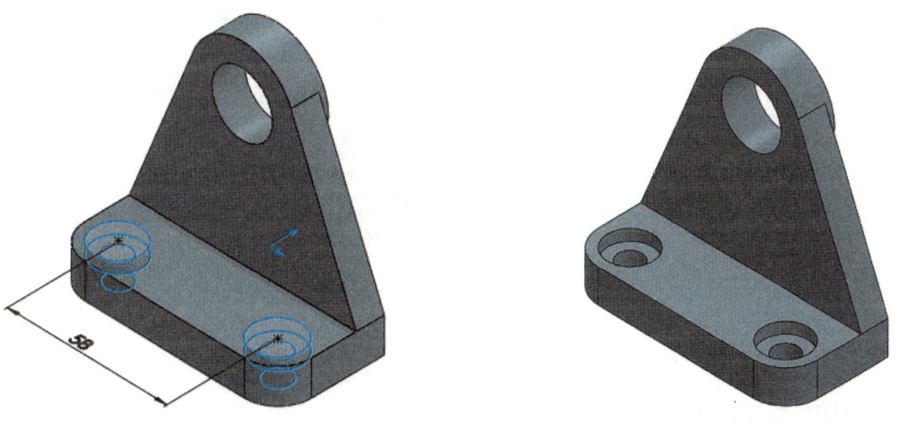

(a) 위치 배치 (b) 카운터 보어 모습

그림 5-1-22 육각볼트 나사구멍 형상모델링

1-2-2-6 재질 선택하기

검토하기 : 브래킷 재질인 회주철(GC200)의 인장강도는 얼마인지?

브래킷의 재질은 주어진 사양에서 회주철(GC200)을 사용하는 것으로 했는데 이것은 플레이트 재질과 같은 인장강도는 200 N/㎟이상이다.

수행 : 재질 편집에 의한 재질 설정하기

① 디자인 트리의 재질 항목에 커서를 갖고 간다.

② 마우스 오른쪽 버튼을 클릭하여 재질편집을 선택한다.

③ 회주철에서 "GC200"을 선택한다.

④ 적용을 클릭하고 닫기를 클릭하면 그림 5-1-23과 같이 재질 선택이 완료한다.

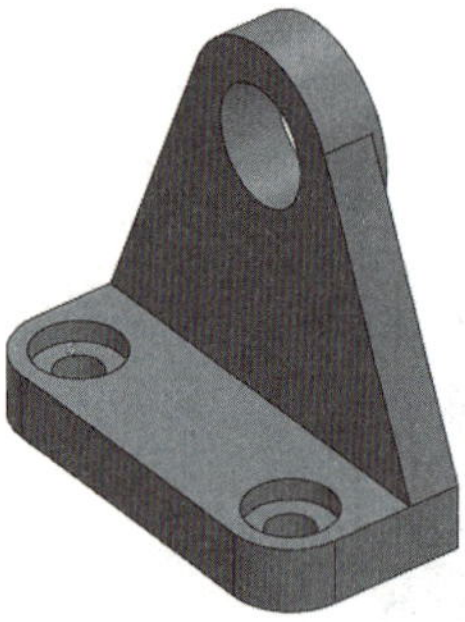

그림 5-1-23 브래킷의 재질 선택 모습

1-2-2-7 질량 파악하기

수행 : GC200 부품의 물성치 확인

① 풀다운 메뉴의 도구에서 계산 탭을 클릭한다.

② 물성치(⚖)를 클릭한다.

③ 그림 5-1-24 (a)처럼 결과에서 질량이 484.76그램으로 나타났다.

수행 : SUS304 부품의 물성치 확인

① 풀다운 메뉴의 도구에서 계산 탭을 클릭한다.

② 물성치( )를 클릭한다.

③ 그림 5-1-24 (b)처럼 결과에서 질량이 530.23그램으로 나타났다.

수행 : SCM415 부품의 물성치 확인

① 풀다운 메뉴의 도구에서 계산 탭을 클릭한다.

② 물성치( )를 클릭한다.

③ 그림 5-1-24 (c)처럼 결과에서 질량이 521.54그램으로 나타났다.

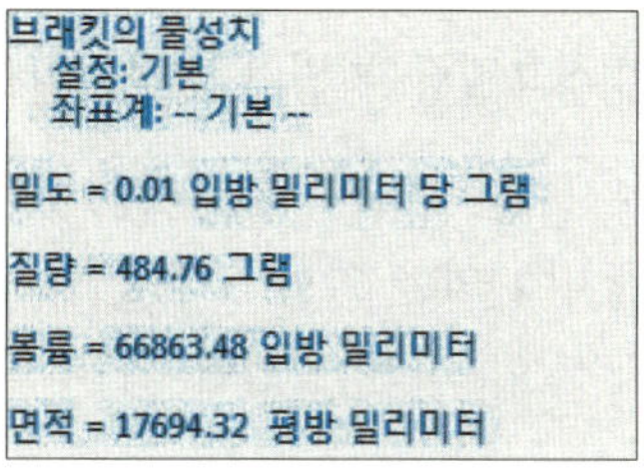

(a) GC200의 경우

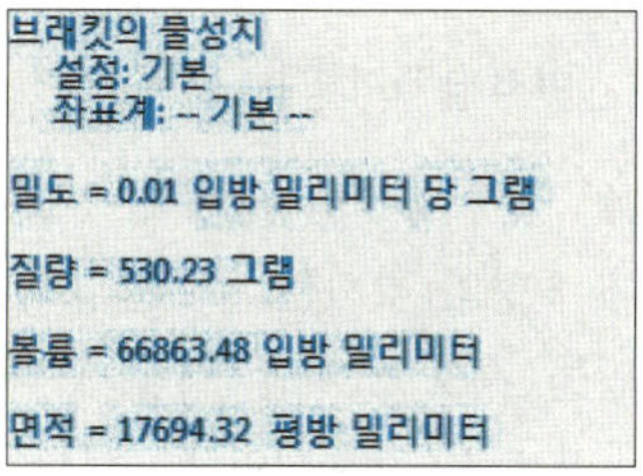

(b) SUS304의 경우

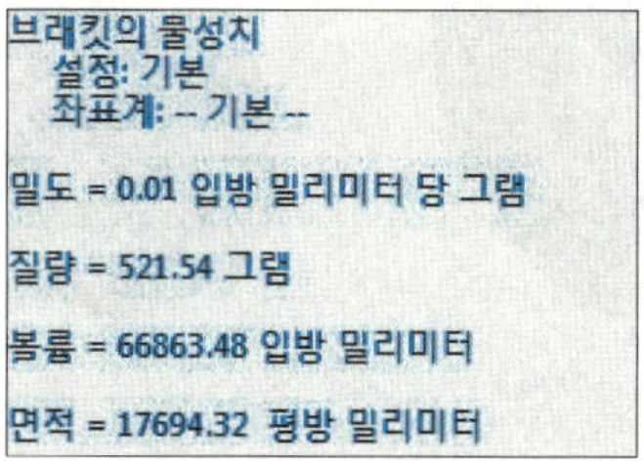

(c) SCM415의 경우

그림 5-1-24 브래킷의 물성치(질량)

1-2-2-8 최종 형상 저장하기

수행 : 다른 이름으로 저장하기

① 저장 도구( )에서 다른 이름으로 저장하기를 클릭한다.

② 저장할 디렉토리를 정하고 파일이름을 "브래킷"으로 한다.

③ 저장 버튼을 클릭한다.

1-2-3 크레인 풀리장치의 부시의 형상모델링

생각하기 : 미끄럼베어링용 부시는 어떤 형상모델링 방법이 효율적일까?

KS B ISO 4379에 규격이 정해져 있으며 부시에는 2가지 타입(C형, F형)이 있는데 여기서는 F형이다. F형의 부시는 두 번의 원 스케치에 의한 그림 5-1-25와 같이 돌출 형상으로 부시를 만들 수도 있지만 그림 5-1-26과 같이 회전 단면에 의한 회전체 형상으로 한 번에 나타내면 더욱 효율적이다.

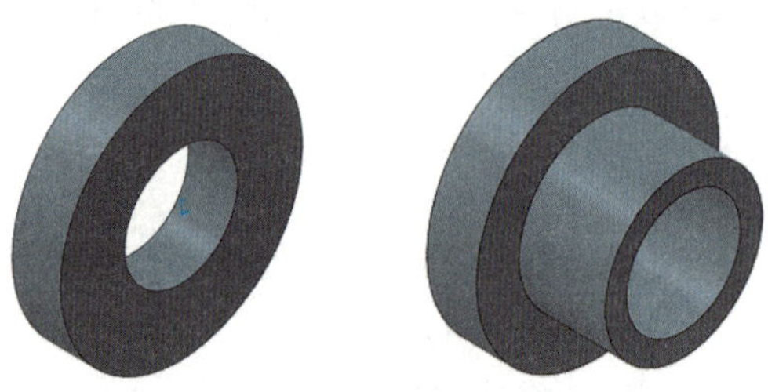

(a) 기초 형상　　(b) 보스-돌출 형상

그림 5-1-25 부시의 형상모델링 방법1

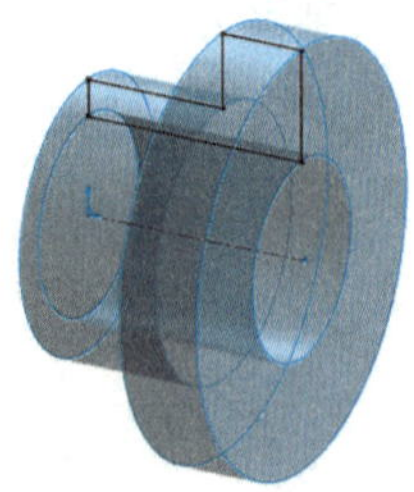

(a) 회전체 형상

그림 5-1-26 부시의 형상모델링 방법2

1-2-3-1 기초형상 모델링

(1) 작업준비하기

수행 : 새문서 열기와 스케치할 면 선택

① 풀다운 메뉴에 있는 파일에 새문서나 도구바의 새문서 아이콘을 선택한다.

② 파트를 선택한다.

③ 정면을 스케치할 면으로 선택하고 스케치 아이콘을 클릭한다.

(2) 회전 단면 스케치하기

수행 : 부시 회전단면 스케치

① 선 도구의 중심선을 선택하고 회전시킬 중심선(회전축)을 원점에서 수평으로 스케치한다.

② 선 도구의 선을 선택하고 회전시킬 부시의 회전 단면을 직선을 이용하여 스케치한다. 주의할 것은 중공 회전체이므로 회전축으로부터 일정 거리를 유지해야 한다는 점이다. 즉, 중공 부분의 지름이 16 mm이므로 반지름에 해당하는 8 mm를 회전축으로부터 떨어지게 해야 한다.

③ 그림 5-1-28 (a)와 같이 각 부분의 치수를 정의한다.

④ 스케치를 완료한다.

(3) 회전체 형상모델링하기

수행 : 부시의 회전체 형상모델링

① 피처 도구의 회전 보스/베이스 도구를 클릭한다.

② 기본적으로 회전은 360도 설정되어 있으므로 360도 회전의 경우는 그대로 하면 된다.

③ 확인을 클릭하면 그림 5-1-28 (b)와 같이 회전체 형상모델링이 완료된다.

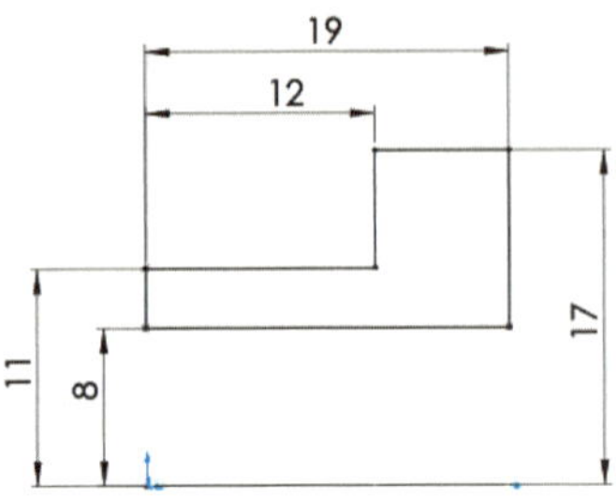

(a) 회전 단면 스케치

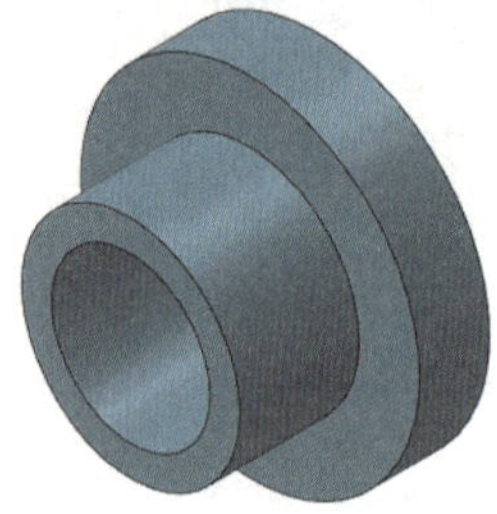

(b) 회전체 형상

그림 5-1-28 부시의 형상모델링

1-2-3-2 부시 모서리 모따기

수행 : 부시의 모서리 모따기

① 피처 도구에서 필렛 도구 가운데 모따기 도구를 클릭한다.

② 기본적으로 회전은 360도 설정되어 있으므로 360도 회전의 경우는 그대로 하면 된다.

③ 그림 5-1-29 (a)와 같이 4군데 모서리를 클릭한다.

④ 확인을 클릭한다(그림 5-1-29 (b)).

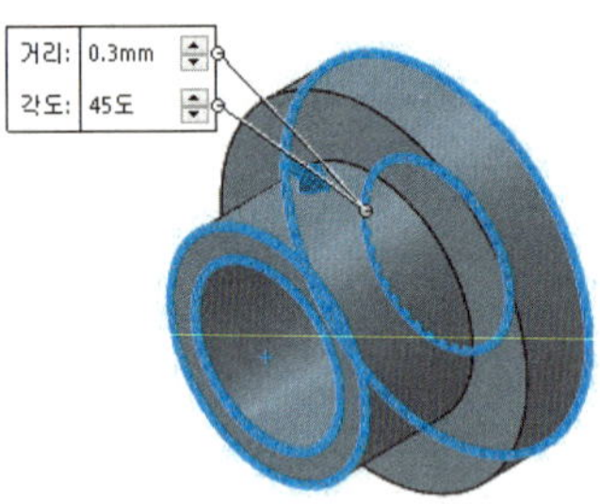

(a) 모따기 속성 설정

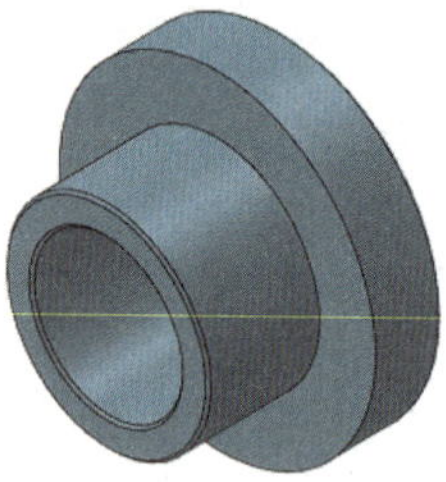

(b) 모따기 결과

그림 5-1-29 부시 모서리 모따기

1-2-3-3 부시 부품의 재질 선택

생각하기 : 부시의 재질인 인청동(PBC3)은 인장강도와 경도가 얼마인지?

부시는 동합금인 인청동으로 하는 경우가 많으며 그 이유는 Sn량이 많은 PBC3는 매우 단단한 내마모재(프레스 부품)의 합금이기 때문이다. 인청동(PBC3)의 인장강도(N/㎟)는 265이상이며 경도(HB)가 90이상이다.

수행 : 부시의 재질 설정하기

① 디자인 트리의 재질 항목에 커서를 갖고 간다.

② 마우스 오른쪽 버튼을 클릭하여 재질편집을 선택한다.

③ 인청동에서 "PBC3B"를 선택한다.

④ 적용을 클릭하고 닫기를 클릭하면 그림 5-1-30과 같이 재질 선택이 완료한다.

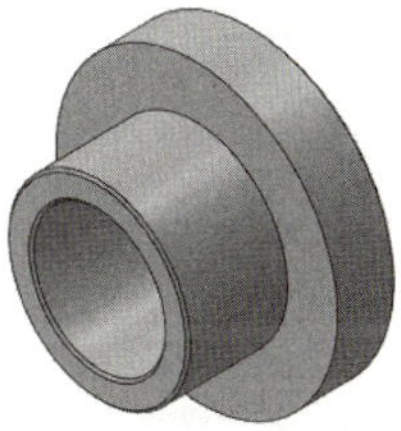

그림 5-1-30 부시의 재질 선택 모습

1-2-3-4 질량 파악하기

수행 : PBC3B 부품의 물성치 확인

① 풀다운 메뉴의 도구에서 계산 탭을 클릭한다.

② 물성치(⚖)를 클릭한다.

③ 그림 5-1-31 (a)처럼 결과에서 질량이 62.20그램으로 나타났다.

수행 : CAC406 부품의 물성치 확인

① 풀다운 메뉴의 도구에서 계산 탭을 클릭한다.

② 물성치(⚖)를 클릭한다.

③ 그림 5-1-31 (b)처럼 결과에서 질량이 62.34그램으로 나타났다.

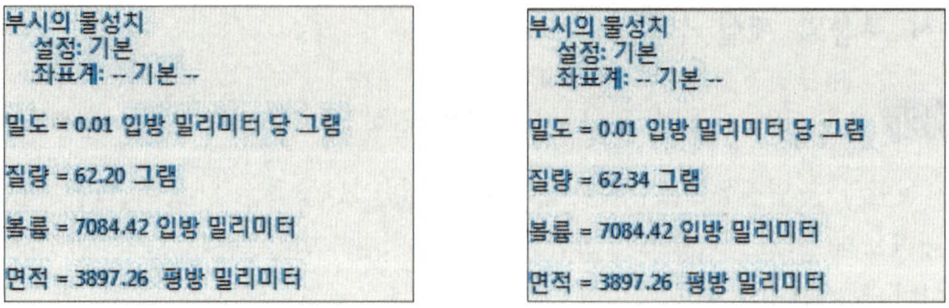

(a) PBC3B의 경우　　(b) CAC406의 경우

그림 5-1-31 부시의 물성치(질량)

1-2-3-5 최종 형상 저장하기

수행 : 다른 이름으로 저장하기

① 저장 도구( )에서 다른 이름으로 저장하기를 클릭한다.

② 저장할 디렉토리를 정하고 파일이름을 "부시"로 한다.

③ 저장 버튼을 클릭한다.

1-2-4 크레인 풀리 장치의 회전축의 형상모델링

생각하기 : 회전축은 어떤 형상모델링 방법이 효율적일까?

회전축은 2단으로 이루어진 축이므로 그림 5-1-32와 같이 가운데 풀리가 조립될 축 형상을 기초 형상으로 하여 양쪽으로 부시에 의해 미끄럼 운동을 할 축 형상을 모델링 하는 방법1이 있지만 그림 5-1-33과 같이 회전 단면을 바탕으로 회전체로 형상모델링 하는 방법2가 효율적이다.

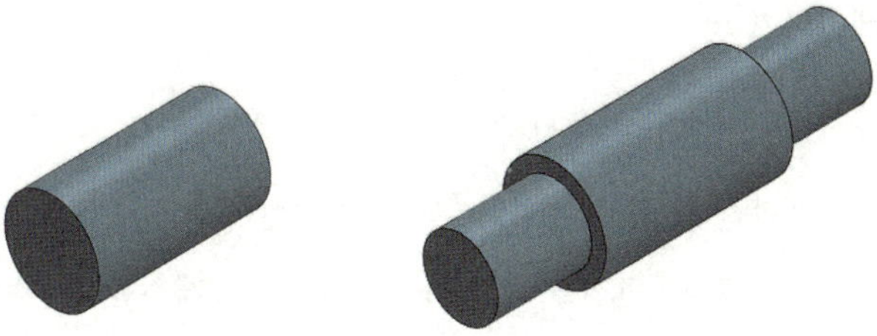

(a) 기초 형상 (b) 보스-돌출 형상

그림 5-1-32 회전축의 형상모델링 방법1

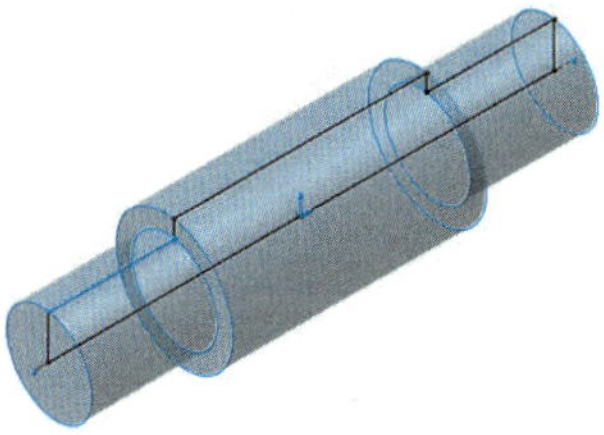

(a) 회전체 형상

그림 5-1-33 회전축의 형상모델링 방법2

1-2-4-1 기초형상 모델링

(1) 작업준비하기

수행 : 새문서 열기와 스케치할 면 선택

① 풀다운 메뉴에 있는 파일에 새문서나 도구바의 새문서 아이콘을 선택한다.

② 파트를 선택한다.

③ 정면을 스케치할 면으로 선택하고 스케치 아이콘을 클릭한다.

(2) 회전 단면 스케치하기

수행 : 회전축과 회전단면 스케치

① 회전시킬 중심선(회전축)을 원점으로부터 스케치한다.

② 회전시킬 회전축의 회전 단면을 직선을 이용하여 스케치한다. 주의할 것은 중실 회전체이므로 회전축과 회전 단면이 일정 거리가 없도록 해야 한다는 점이다.

③ 부시와 미끄럼 회전할 축의 위 단면선은 동일선상으로 구속조건 부가를 한다. 이유는 축의 지름을 변경할 때 축의 지름이 항상 동일하게 치수 변화시키기 위해서이다.

④ 그림 5-1-34 (a)와 같이 각 부분의 치수를 정의한다.

⑤ 스케치를 완료한다.

(3) 회전체 형상모델링

수행 : 회전 보스/베이스 도구 사용하기

① 피처 탭에서 회전 보스/베이스 도구를 클릭한다.

② 기본적 회전인 360도 설정한다.

③ 확인을 클릭하면 그림 5-1-34 (b)와 같이 회전체 형상모델링이 완료된다.

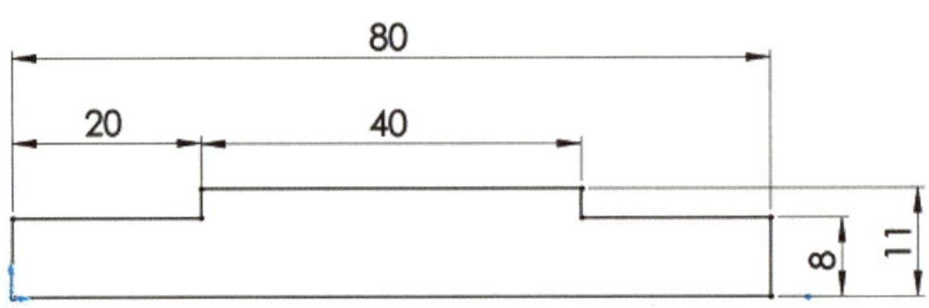

(a) 회전 단면 스케치

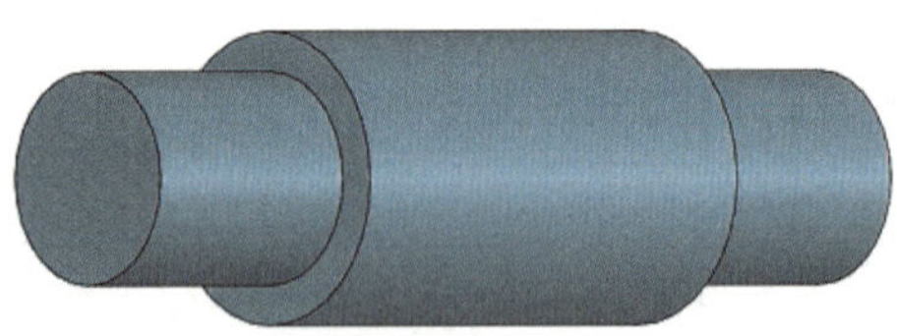

(b) 회전체 형상

그림 5-1-34 회전축의 기초형상 모델링

1-2-4-2 회전축 모서리 모따기

수행 : 회전축 모서리의 모따기 형상모델링

① 피처 탭에서 필렛의 모따기 도구를 클릭한다.

② 그림 5-1-35 (a)와 같이 모따기 할 두 모서리를 클릭한다.

③ 모따기 변수를 각도는 45도, 거리는 1 mm로 한다.

④ 확인을 클릭하면 그림 5-1-35 (b)와 같이 형상모델링이 완료된다.

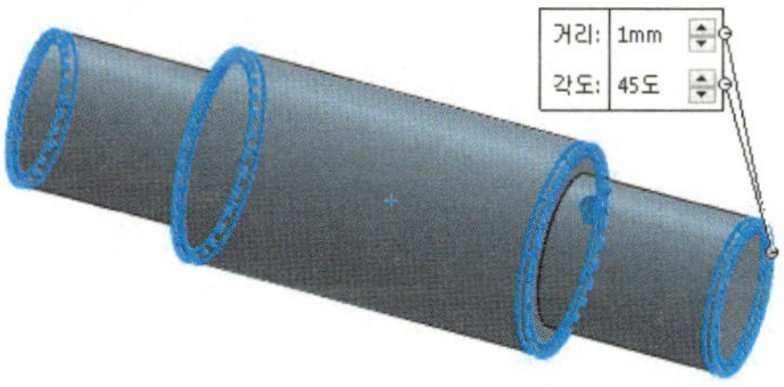

(a) 모따기 설정

(b) 모따기 결과

그림 5-1-35 회전축 모따기 형상모델링

1-2-4-3 평행키 홈 형상모델링

생각하기 : 평행키의 역할과 평행키 홈은 무엇인지?

회전축과 풀리가 일체가 되어야 회전축의 회전에 따라 풀리가 회전하여 동력을 전달할 수 있다. 그런데 회전축과 풀리는 서로 다른 부품이어서 조립을 해야 하는데 서로가 일체가 되기 위해서는 중간에 서로를 체결해 줄 수 있는 부품이 필요하며 이런 역할을 하는 것이 키이다. 키에는 평행키, 테이퍼키 등 몇 가지가 있지만 여기서는 평행키(기준 치수 6×6)를 사용하여 회전축과 풀리를 체결할 것이다. 따라서 회전축에는 평행키가 삽입될 홈 형상을 만들어야 하는데 이것을 평행키 홈이라 한다.

(1) 단면 스케치

수행 : 평행키 홈 단면 스케치

① 평행키 형상을 스케치할 면을 윗면으로 정한다.

② 스케치 탭에서 직선 도구의 중심선을 이용하여 원점과 일치하는 평행한 중심선을 스케치 한다.

③ 직선 홈을 선택하고 직선 홈을 스케치한다.

④ 그림 5-1-36 (a)와 같이 직선 홈의 중심에서 왼쪽 끝단까지의 거리를 40 mm로 하고, 직선 홈의 드릴가공 중심과 중심 사이의 거리는 28 mm로 한다.

⑤ 스케치를 완료한다.

(2) 컷 돌출 형상모델링

수행 : 돌출 컷 도구 사용하기

① 피처 탭에서 돌출 컷 도구를 선택한다.

② 설정 화면의 시작을 스케치 평면이 아니라 오프셋으로 설정하며, 오프셋 값은 8 mm로 한다. 이것은 윗면으로부터 8 mm 지점에서 평행키 홈이 가공되어야 함을 의미한다.

③ 방향1은 블라인드 형태에서 관통으로 하고 관통 방향을 축 밖으로 향하게 정한다.

④ 확인을 클릭하면 그림 5-1-36 (b)와 같이 형상모델링이 완료된다.

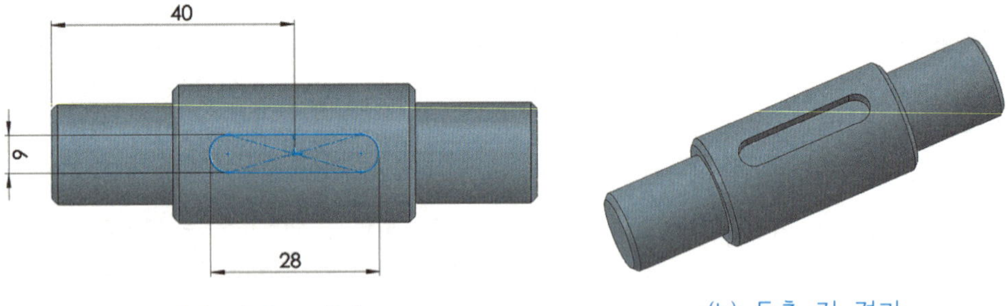

(a) 단면 스케치 (b) 돌출 컷 결과

그림 5-1-36 평행키 홈 형상모델링

1-2-4-4 센터 구멍 형상모델링

생각하기 : 센터 구멍의 역할과 센터 구멍은 어떻게 표현하는지?

선반 가공시 공작물의 끝을 센터로 지지하기 위한 구멍으로 센터 구멍은 센터링 머신을 사용하여 센터 드릴로 가공한다. SolidWorks에서는 구멍가공 마법사를 사용하여 구멍 유형으로 나타내는데 구멍 스팩은 KS B 0410에 규정되어 있으므로 그에 따라 센터 구멍 형상을 만들어야 한다.

수행 : 구멍 가공 마법사를 이용한 센터 구멍1

① 피처 탭에서 "구멍 가공 마법사"를 선택한다.

② 유형에서 구멍 유형을 "구멍"으로 하고 표준 규격을 "KS", 유형을 "드릴 크기"로 한다.

③ 구멍 스팩에서 크기는 ∅1로 한다.

④ 마침 조건은 "블라인드 형태", 블라인드 구멍 깊이는 1.87(KS B 0410에서 0.97 (l_1)+0.9(t)=1.87)로 한다.

⑤ 옵션에서 안쪽 카운터 싱크를 체크하고 가까운 쪽 카운터 싱크 지름을 2.12, 안쪽 카운터 싱크 각도를 60° 로 한다.

⑥ 위치에서 센터 구멍을 낼 면을 선정하고 중심에 위치하면 마우스 왼쪽 버튼을 누른다.

⑦ 확인을 클릭하면 형상모델링이 완료된다.

수행 : 구멍 가공 마법사를 이용한 센터 구멍2

① 피처 탭에서 "구멍 가공 마법사"를 선택한다.

② 유형에서 구멍 유형을 "구멍"으로 하고 표준 규격을 "KS", 유형을 "드릴 크기"로 한다.

③ 구먼 스팩에서 크기는 ∅1로 한다.

④ 마침 조건은 "블라인드 형태", 블라인드 구멍 깊이는 1.87(KS B 0410에서 0.97 (l_1)+0.9(t)=1.87)로 한다.

⑤ 옵션에서 안쪽 카운터 싱크를 체크하고 가까운 쪽 카운터 싱크 지름을 2.12, 안쪽 카운터 싱크 각도를 60° 로 한다.

⑥ 위치에서 센터 구멍을 낼 반대쪽 면을 선정하고 중심에 위치하면 마우스 왼쪽 버튼을 누른다.

⑦ 확인을 클릭하면 형상모델링이 완료된다(그림 5-1-37).

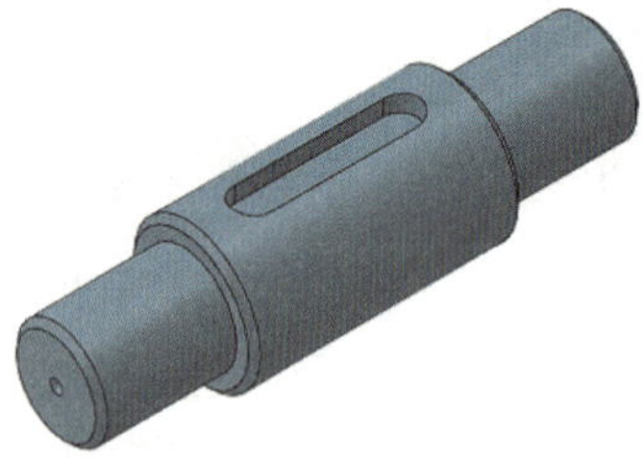

그림 5-1-37 센터 구멍

1-2-4-5 회전축 부품의 재질 선택

생각하기 : 회전축의 재질인 SCM415는 인장강도가 얼마인지?

회전축의 재질은 주어진 사양에서 SCM415를 사용하는 것으로 했는데 SCM415는 기계 부품의 재료로서 일반적으로 사용되고 있는 기계구조용 합금강이다. 기계구조용 합금강은 일반 탄소강보다 물성을 올리기 위해 크롬(Cr)과 몰리브덴(Mo)을 소량 첨가한 합금으로 뒤에 415 중에 15가 탄소함량(탄소 0.15%)이 들어간 것이다. 탄소함량이 적기 때문에 이런 강종은 침탄 처리해서 표면 강도는 높이고 탄소함량이 적은 중심부는 연성이 좋은 특징을 갖도록 해서 사용한다. SCM415의 인장강도가 834 N/㎟ 이상이다.

수행 : 회전축의 재질 설정하기

① 디자인 트리의 재질 항목에 커서를 갖고 간다.

② 마우스 오른쪽 버튼을 클릭하여 재질편집을 선택한다.

③ 크롬몰리브덴강에서 SCM415를 선택한다.

④ 적용을 클릭하고 닫기를 클릭하면 그림 5-1-38과 같이 재질이 선택 완료된다.

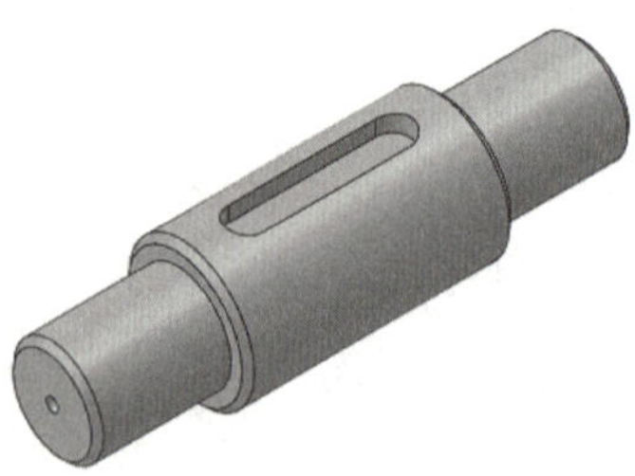

그림 5-1-38 회전축의 재질 선택 모습

1-2-4-6 질량 파악하기

수행 : SCM415 부품의 물성치 확인

① 풀다운 메뉴의 도구에서 계산 탭을 클릭한다.

② 물성치( )를 클릭한다.

③ 그림 5-1-39 (a)처럼 결과에서 질량이 176.81그램으로 나타났다.

수행 : SM45C 부품의 물성치 확인

① 풀다운 메뉴의 도구에서 계산 탭을 클릭한다.

② 물성치( )를 클릭한다.

③ 그림 5-1-39 (b)처럼 결과에서 질량이 176.81그램으로 나타났다.

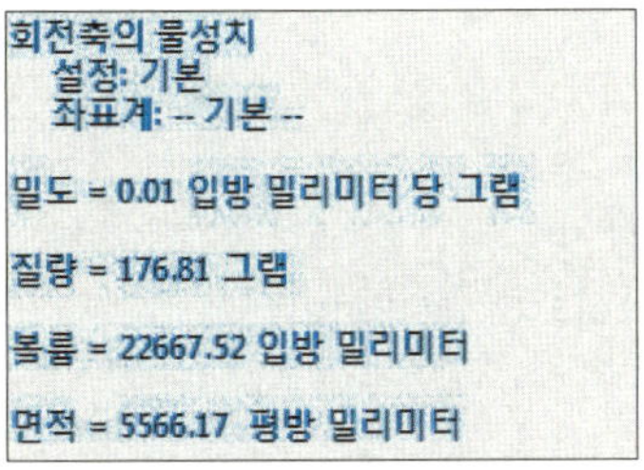

(a) SCM415의 경우

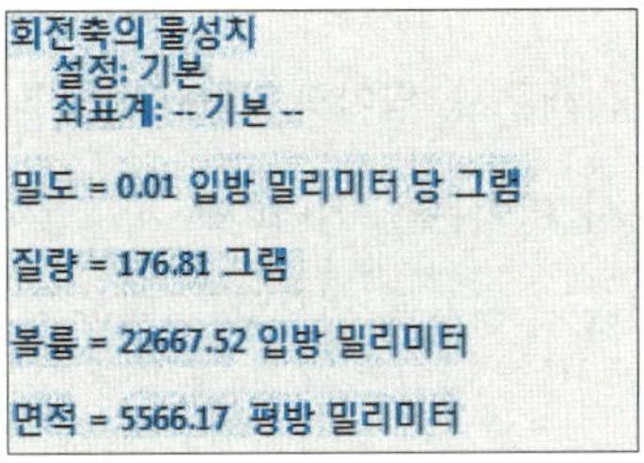

(b) SM45C의 경우

그림 5-1-39 부시의 물성치(질량)

1-2-4-7 최종 형상 저장하기

수행 : 다른 이름으로 저장하기

① 저장 도구( )에서 다른 이름으로 저장하기를 클릭한다.

② 저장할 디렉토리를 정하고 파일이름을 "회전축"으로 한다.

③ 저장 버튼을 클릭한다.

1-2-5 크레인 풀리 장치의 풀리의 형상모델링

생각하기 : 평벨트 풀리는 어떤 형상모델링 방법이 효율적일까?

벨트는 굽힘응력 및 인장응력이 지속적으로 가해지므로 이러한 응력에 견딜 수 있어야 하며 진동이나 충격을 흡수할 수 있도록 탄력이 좋아야 한다. 평벨트 풀리는 KS B1402 (현재는 폐지)에 규격화되어 있다. 벨트풀리는 바깥면의 형상에 따라 원통모양인 F형과 가운데가 높고 가장자리가 낮은 C형으로 분류된다. 여기서는 F형을 선택한다.

형상 모델링은 회전체로 하는 것이 가장 효율적으로 생각한다.

1-2-5-1 기초형상 모델링

(1) 작업 준비

수행 : 새문서 열기와 스케치할 면 선택

① 새문서 아이콘을 선택하고 파트를 선택한다.

② 정면을 스케치할 면으로 선택하고 스케치 아이콘을 클릭한다.

(2) 단면 스케치

수행 : 풀리 단면 2D 스케치

① 풀리가 회전체 형상이므로 회전할 회전축, 즉 선 도구의 중심선을 선택하고 중심선을 원점에 수평하게 스케치한다.

② 풀리 단면은 대칭 구조이므로 요소 대칭 복사할 중심선을 원점에 수직하게 스케치한다.

③ 선 도구의 선을 선택하고 풀리의 반쪽 단면을 그린다.

④ 요소대칭 도구를 선택하고 반쪽 단면에 대해 요소대칭 복사한다.

⑤ 그림 5-1-40 (a)와 같이 각 부의 치수를 정의한다.

⑥ 스케치를 완료한다.

(3) 회전체 형상모델링

수행 : 풀리 외형 형상 3D 모델링

① 피처 탭에서 회전 보스/베이스 도구를 클릭한다.

② 중심선이 2개이므로 회전시킬 중심선(원점에 수평인 중심선)을 지정한다. 그러면 기본적으로 360도 회전하는 회전체가 형성된다.

③ 확인을 클릭하면 그림 5-1-40 (b)와 같이 형상모델링이 완료된다.

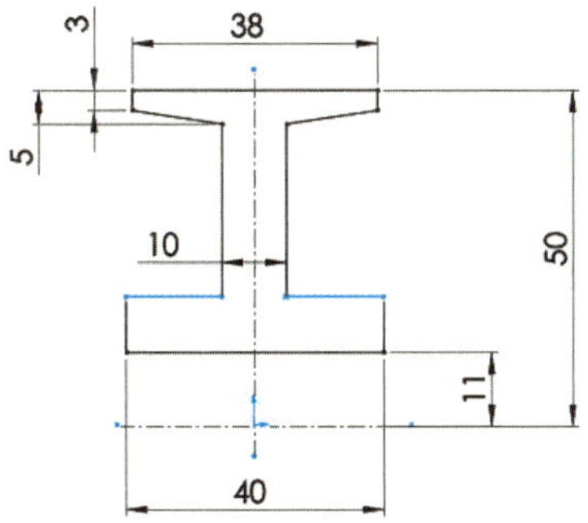

(a) 회전 단면

(b) 회전 돌출 결과

그림 5-1-40 풀리의 형상모델링

1-2-5-2 평행키 홈 형상모델링

생각하기 : 평행키 홈은 왜 만드는가?

풀리는 회전하는 부품이므로 축과 일체가 되어 회전 되어야 한다. 따라서 축과 일체가 되어 회전되도록 체결되어야 제 구실을 하므로 회전축과 체결할 수 있는 키 홈을 생성하고 키를 삽입하여 회전축과 풀리를 일체화 하여야 한다.

(1) 스케치하기

수행 : 축과 풀리의 체결용 키홈 스케치

① 우측면을 스케치할 작업면으로 선택한다.

② 스케치 탭을 클릭하여 스케치 작업 화면으로 들어가서 중심 사각형 도구를 선택한다.

③ 중심 사각형 모드에서 원점과 수직하며 축과 체결될 원으로 커서를 가져가면 원점과 일치하는 점이 나타나는데 이 점을 중심으로 사각형을 스케치한다.

④ 사각형의 치수를 그림 5-1-41 (a)와 같이 정의한다.

⑤ 스케치를 완료한다.

(2) 돌출 컷 형상모델링

수행 : 축과 풀리의 체결용 키홈 형상모델링

① 피처 탭에서 돌출 컷 도구를 클릭한다.

② 방향을 블라인드 형태에서 관통 양쪽으로 설정한다.

③ 획인을 클릭하면 그림 5-1-41 (b)와 같이 키홈 형상모델링이 완료된다.

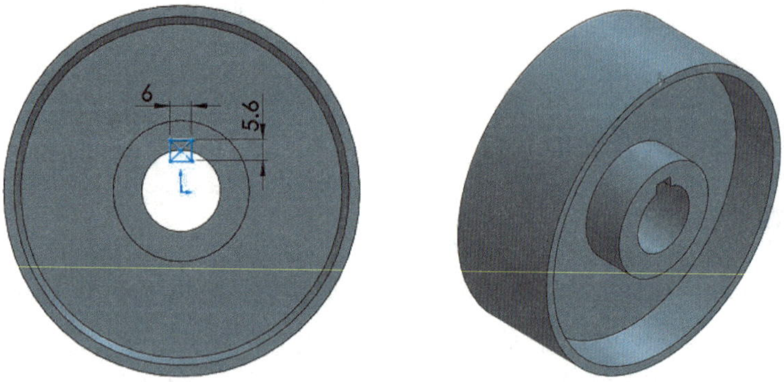

(a) 홈 스케치 (b) 돌출 컷 결과

그림 5-1-41 평행키 홈 형상모델링

1-2-5-3 재질 선택

수행 : 풀리의 재질 설정하기

① 디자인 트리의 재질 항목에 커서를 갖고 간다.

② 마우스 오른쪽 버튼을 클릭하여 재질편집을 선택한다.

③ 회주철에서 "GC300"을 선택한다.

④ 적용을 클릭하고 닫기를 클릭하면 그림 5-1-42와 같이 재질이 선택 완료된다.

그림 5-1-42 풀리의 재질 선택 후 모습

1-2-5-4 질량 파악하기

수행 : GC300 부품의 물성치 확인

① 풀다운 메뉴의 도구에서 계산 탭을 클릭한다.

② 물성치( )를 클릭한다.

③ 그림 5-1-43 (a)처럼 결과에서 질량이 945.41그램으로 나타났다.

수행 : GC200 부품의 물성치 확인

① 풀다운 메뉴의 도구에서 계산 탭을 클릭한다.

② 물성치( )를 클릭한다.

③ 그림 5-1-43 (b)처럼 결과에서 질량이 945.41그램으로 나타났다.

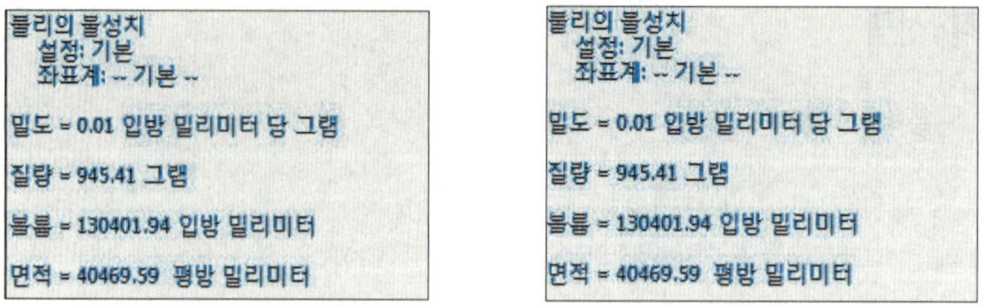

(a) GC300의 경우 (b) GC200의 경우

그림 5-1-43 풀리의 물성치(질량)

1-2-5-5 최종 형상 저장하기

수행 : 다른 이름으로 저장하기

① 저장 도구( )에서 다른 이름으로 저장하기를 클릭한다.

② 저장할 디렉토리를 정하고 파일이름을 “풀리”로 한다.

③ 저장 버튼을 클릭한다.

1-3 학습 정리

1-3-1 크레인 풀리 장치의 플레이트 형상모델링 종합정리

① 플레이트의 형상모델링과정 이력은 그림 5-1-44와 같이 스케치 포함하여 3단계이다. 즉, 스케치에 의한 보스-돌출, 필렛 및 구멍가공마법사에 의한 나사구멍내기의 3단계이다.

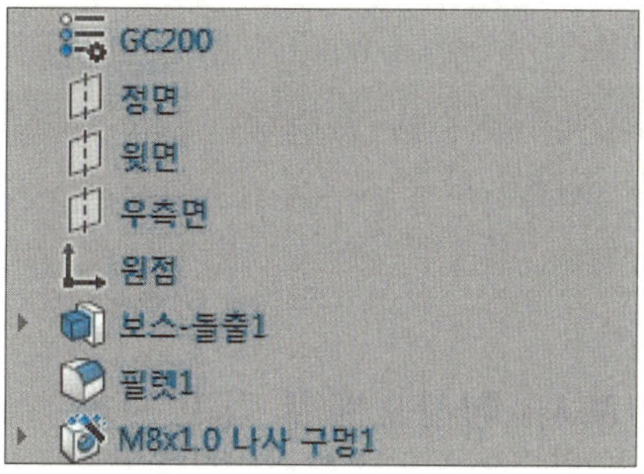

그림 5-1-44 플레이트 형상모델링 이력

② 부품의 재질이 달라짐에 따라 질량이 달라지므로 부품이 조립되어 장치나 기계 구성을 하였을 때 전체적으로 중량에 영향을 미치며 제작비와 직접 연결된다. 3가지 재질(GC200, SUS304, SCM415)에 대해 비교하였으며 GC200이 970.51그램으로 가장 질량이 작은 것으로 나타났다.

1-3-2 크레인 풀리장치의 브래킷 형상모델링 종합정리

① 브래킷의 형상모델링과정 이력은 그림 5-1-45와 같이 5단계이다. 즉, 스케치에 의한 보스-돌출1~3, 필렛 및 구멍가공마법사에 의한 카운터보어 구멍의 5단계이다.

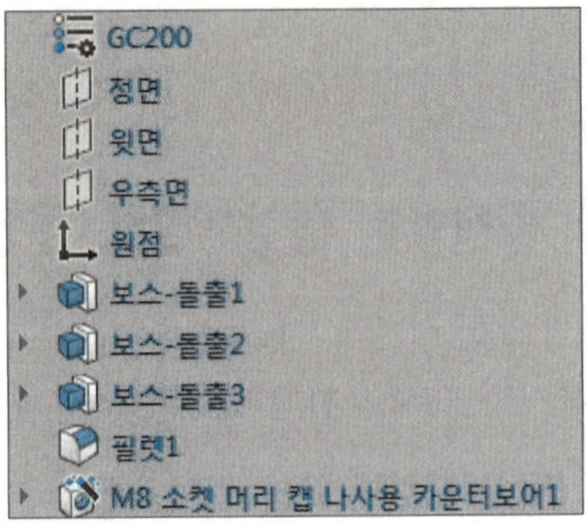

그림 5-1-45 브래킷 형상모델링 이력

② 부품에 대해 3가지 재질(GC200, SUS304, SCM415)을 비교하였으며 GC200이 484.76그램으로 가장 질량이 작은 것으로 나타났다.

1-3-3 크레인 풀리장치의 부시 형상모델링 종합정리

① 부시의 형상모델링과정 이력은 그림 5-1-46과 같이 2단계이다. 즉, 스케치에 의한 회전체 및 필렛의 모따기의 2단계이다.

그림 5-1-46 부시의 생성 이력

② 부품에 대해 2가지 재질(PBC3B, CAC406)을 비교하였으며 PBC3B이 62.23그램으로 CAC406보다 약간 작은 질량으로 나타났지만 큰 차이는 없는 것으로 어느 것을 사용해도 좋을 것으로 판단된다.

1-3-4 크레인 풀리장치의 회전축 형상모델링 종합정리

① 회전축의 형상모델링과정 이력은 그림 5-1-47과 같이 5단계이다. 즉, 스케치에 의한 회전체, 필렛의 모따기, 스케치에 의한 컷 돌출 및 구멍가공 마법사에 의한 2개의 센터 구멍의 5단계이다.

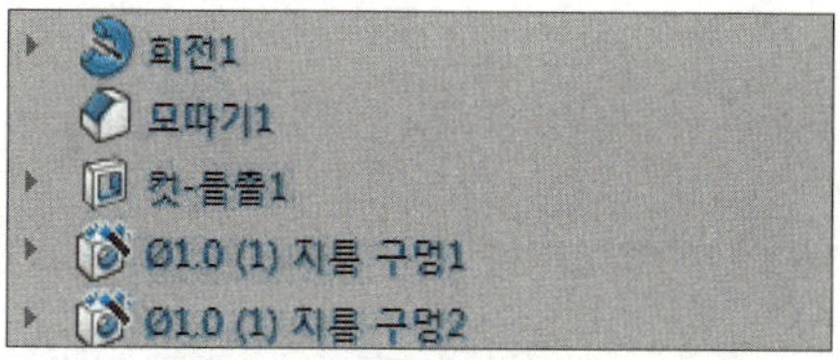

그림 5-1-47 회전축의 생성 이력

② 부품에 대해 2가지 재질(SCM415, SM45C)을 비교하였으며 SCM415와 SM45C의 질량이 같은 것으로 나타났으나 내마모성 등을 고려했을 때 SCM415을 사용하는 것이 좋을 것으로 판단된다.

1-3-5 크레인 풀리장치의 풀리 형상모델링 종합정리

① 풀리의 형상모델링과정 이력은 그림 5-1-48과 같이 2단계이다. 즉, 회전단면 스케치에 의한 회전체 및 스케치에 의한 평행키 홈의 컷 돌출 2단계이다.

그림 5-1-48 풀리의 생성 이력

② 부품에 대해 2가지 재질(GC300, GC200)을 비교하였으며 GC300과 GC200의 질량이 같은 것으로 나타났으나 인장강도가 GC300이 큰 것을 고려했을 때 GC300을 사용하는 것이 좋을 것으로 판단된다.

1-4 자율 평가

지시 사항 :

이 자율평가의 목적은 앞에서 익힌 크레인 풀리장치 부품의 역할에 따른 형상모델링 과정을 숙지하고 주어진 문제에 대한 설명이 가능한지를 확인하기 위함이다. 자기 스스로 평가 문제에 답하고 다음 쪽의 답안을 비교 평가해 봄으로써 본인의 부족한 점에 대해 파악하는 태도를 기르고 부족하다면 다른 사람의 도움을 받거나 본인 스스로 앞의 내용을 더욱 자세히 학습하는 자기주도 학습에 목적이 있다.

1-4-1 자율평가 문제

그림 5-1-1의 크레인 풀리장치에서 부품이 다음과 같이 주어진 설계 변경 사항에 따라 다음 작업을 90분 안에 실시하라.

1. 부품 설계 변경 사항

- 그림 5-1-1의 크레인 풀리장치의 부품을 다음의 설계 조건으로 변경하라.

부품 설계 변경 조건
• ⑤번 부품의 평 풀리를 A형 2중 V-벨트 풀리(호칭지름 ∅87㎜, 폭 35㎜)로 설계 변경하라. • 2중 V-벨트 풀리에 맞춰 회전축의 풀리 조립 부분 길이를 변경하라. • 2중 V-벨트 풀리와 부시 사이 조립 간격은 양쪽 모두 0.5㎜로 동등하게 회전축의 전체 길이를 변경하라. • 플레이트는 회전축의 설계 변경에 따라 설계 변경하라.

- 설계 변경 대상 부품이 변경될 경우 관련되는 다른 부품 역시 조건에 맞도록 설계 변경이 수반 되어야 한다.
- 설계 변경 요구조건과 관계되는 항목만 설계 변경을 실시하며 그 외 관련이 없는 부분은 설계 변경하지 않아야 한다.

2. 모델링도 작업

- 문제에 지시한 부품에 대해 설계 변경을 반영한 후에 3D 모델링도 작업을 실시한다.
- 3D 모델링도는 형상을 잘 나타내는 등각축을 잡아서 각 부품 당 1개의 View를 나타내어라.

1-4-2 자율평가 문제 답안

1. V-벨트 풀리 형상모델링

- 선 도구를 이용해 풀리 반쪽 단면 스케치하고 요소 대칭 복사함.
- 답안그림 1-1과 같이 치수 수정함.
- 회전체 형상모델링 함.
- 모따기 함.

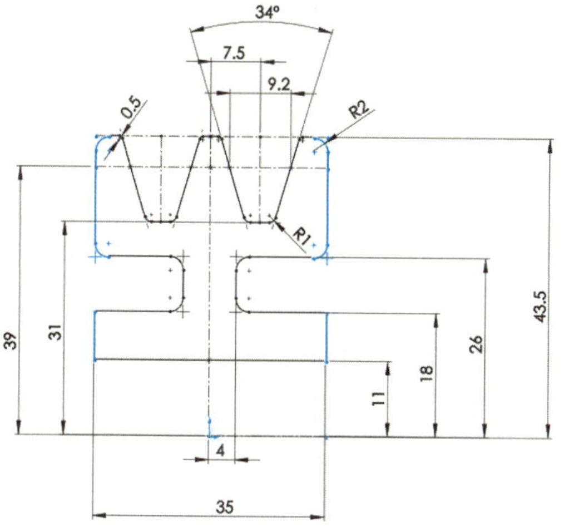

답안그림 1-1 풀리의 단면 스케치 및 치수 정의

- 답안 그림 1-2와 같이 키 홈을 위한 사각형을 스케치함.
- 관통으로 컷 돌출을 함.

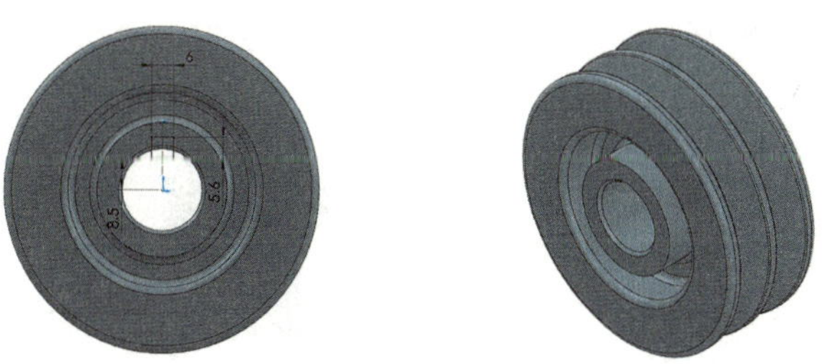

답안그림 1-3 부품의 완성 형상모델링 및 완성 형상 등각보기

2. 회전축 형상모델링

- 선 도구를 이용해 회전축 반쪽 단면 스케치함.
- 답안그림 2-1과 같이 치수 수정함.
- 회전체 형상모델링 함.
- 모따기 함.

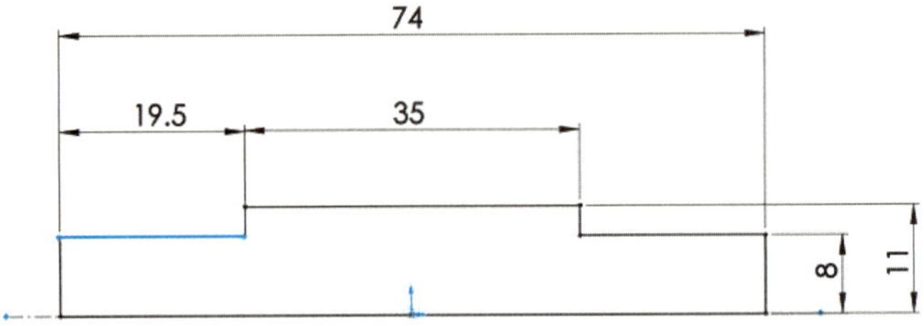

답안그림 2-1 회전체의 단면 스케치 및 치수 정의

- 키 홈의 중심점 직선 홈을 스케치함.
- 답안 그림 2-2와 같이 치수로 수정함.
- 오프셋 8 ㎜로 관통 컷 돌출을 함.

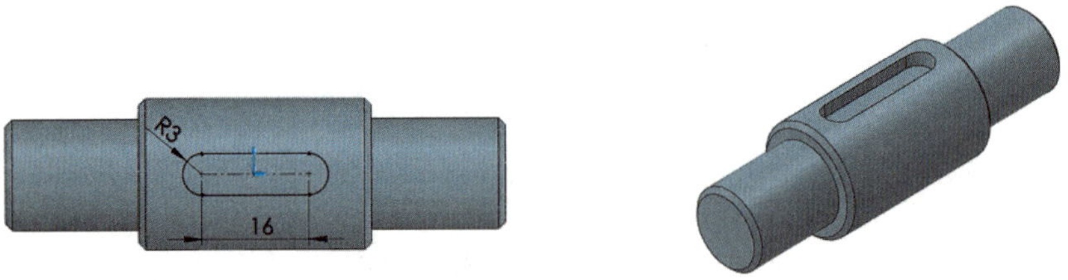

답안그림 2-2 키 홈 단면 스케치 및 돌출 컷

- 센터 구멍은 본문 내용과 같음.

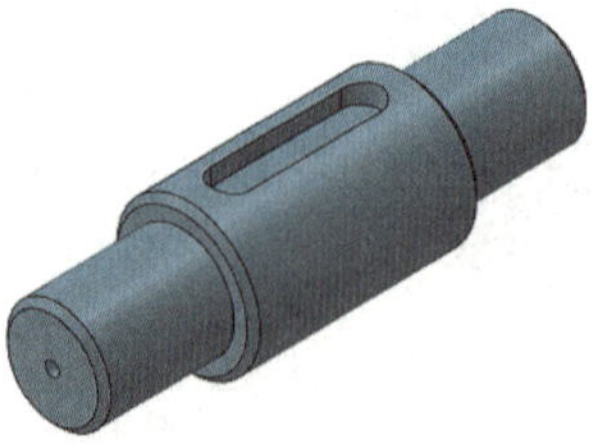

답안그림 2-3 부품의 완성 형상모델링(등각 보기)

3. 플레이트 형상모델링

- 선 도구를 이용해 답안그림 2-1과 같이 단면 스케치함.
- 돌출 형상모델링 함.
- 본문의 내용과 같은 필렛 함.

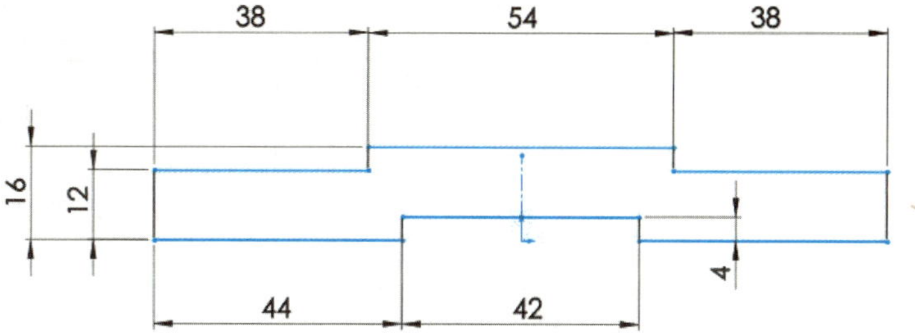

답안그림 2-1 플레이트의 단면 스케치 및 치수 정의

- 구멍가공 마법사에 의한 탭 구멍(M8×1.0).
- 답안 그림 2-2와 같이 관통 컷 돌출을 함.

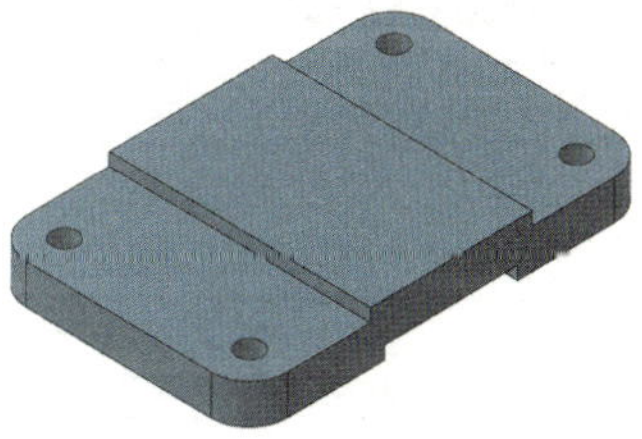

답안그림 2-2 등각 현상

자율평가 결과 점검표

학습자 성명 :	평가 날짜 :
평가 제목 : 크레인 풀리장치 부품의 형상모델링	

		성취 수준			
		하지 못했음	일부만 했음	완전히 하였음	완성 반복수
V-벨트 풀리 수정 형상모델링 작업	스케치 도구에 의한 스케치				
	피처 도구에 의한 형상				
	재질 선택				
	질량 파악				
회전축 수정 형상모델링 작업	스케치 도구에 의한 스케치				
	피처 도구에 의한 형상				
	재질 선택				
	질량 파악				
플레이트 수정 형상모델링 작업	스케치 도구에 의한 스케치				
	피처 도구에 의한 형상				
	재질 선택				
	질량 파악				

[성취수준]
위의 모든 항목에 대해 “완전히 하였음”, 즉 완성도 100%로 답하여야 합니다.
만일 “하지 않았음” 또는 “일부만 하였음”에 답을 했다면 앞에서 학습한 내용을 다시 한 번 확인 하시고 몇 번 만에 완성하였는지를 체크하십시오.

2 크레인 풀리장치 부품의 조립 및 분해 형상모델링

2-1 학습 준비

2-1-1 조립을 위한 작업 화면 검토하기

SolisWorks의 조립 초기 화면은 그림 5-2-1과 같다. 구성은 파트의 작업 화면과 거의 같으며 단지 도구상자와 피처 매니저 디자인 트리의 내용이 다를 뿐이다. 조립 작업 화면은 피처 매니저 디자인 트리에서는 조립할 부품을 불러올 창과 조립 탭에는 조립관련 도구들로 구성되어 있다.

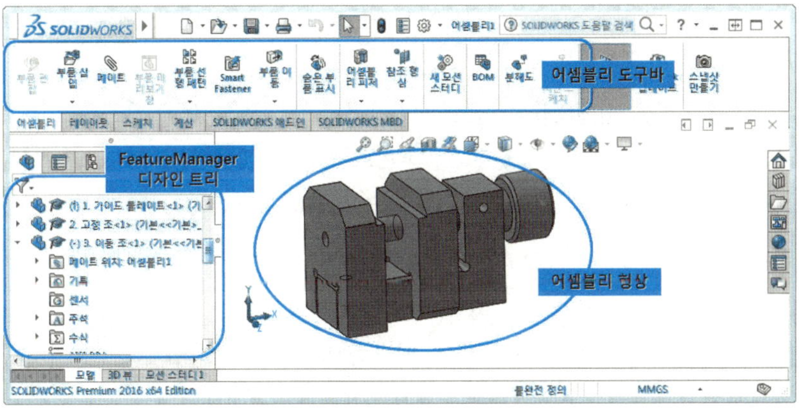

그림 5-2-1 조립 작업화면

(1) 어셈블리 도구바

생성된 하나 이상의 부품을 결합해 조립형상을 만들 수 있다. 이러한 조립에 사용되는 도구들을 모아 놓은 곳이다. 도구의 사용방법에 대해서는 어셈블리(조립)를 참조하기 바란다.

(2) 피처 매니저 디자인 트리

피처 매니저 디자인 트리는 부품의 조립 생성 순서에 따른 모델의 구조를 나타낸다. 즉, 이 피처 매니저 디자인 트리를 보면 그림 5-2-1과 같이 조립(어셈블리) 형상이 어떻게 생성되었는지 조립 형상의 생성 이력을 알 수 있다.

2-1-2 조립 관련 도구 검토하기

조립을 시작하기 위해 부품을 불러오면 그림 5-2-2와 같은 조립 관련 도구상자가 나타난다.

그림 5-2-2 조립관련 도구상자

왼쪽부터 부품 삽입, 메이트, 부품 선형 패턴, Smart Fasteners 삽입, 부품이동, 숨은 부품 표시, 어셈블리 피처, 참조 형상 등의 순이다. 이들은 다음과 같은 기능이 있다.

① 부품 선형 패턴( ) : 부품 선형 패턴, 원형 부품 패턴, 부품 대칭 복사 등의 기능이 있다.

② Smart Fasteners 삽입( ) : 볼트, 나사, 너트, 핀, 와셔 등을 추가하기 위해 사용하는 기능이다.

③ 메이트( ) : Part에서 작업한 부품들을 조립하는 기능이다.

④ 부품이동( ) : 부품을 조립할 때 조립 부분까지 이동시키거나 조립된 부품을 운동이 어떻게 되는지 알아볼 수 있는 기능이다.

⑤ 부품회전( ) : 선택한 임의의 부품만을 회전시키는 기능이다.

⑥ 분해 지시선 스케치( ) : 분해 지시선 스케치는 어셈블리의 분해도에 그려 넣을 수 있는 3D 스케치의 일종이다. 분해 지시선을 그려 어셈블리를 구성하는 부품들의 조립 경로를 나타내는 지시선을 나타낸다.

2-1-3 조립 라이브러리 검토하기

키, 너트, 볼트, 베어링 등은 KS 규격에 있는 체결 부품들이다. 이러한 체결 부품들은 SolidWorks에서는 라이브러리에 저장되어 있어 조립을 할 때 그림 5-2-3과 같이 진행하여 필요한 체결 부품을 가져다 조립하면 된다.

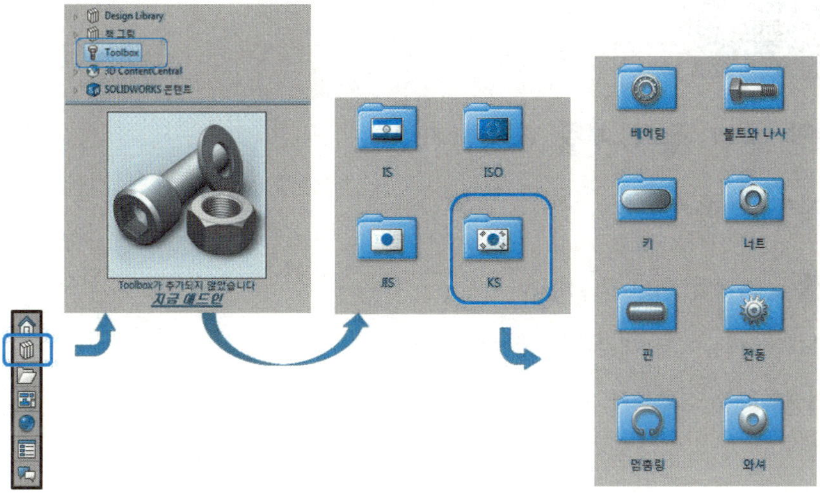

그림 5-2-3 라이브러리 진행 과정

2-2 학습 활동

2-2-1 크레인 풀리 장치 부품 조립하기

2-2-1-1 작업준비하기

수행 : 스케치 화면 들어가기

① 풀다운 메뉴에서 새로 만들기 아이콘을 선택한다.

② 어셈블리를 선택한다.

2-2-1-2 플레이트 부품 삽입하기

생각하기 : 처음의 부품 삽입은 무엇을 의미하는가?

어셈블리에서 처음에 삽입하는 부품은 자동적으로 고정되는 것을 의미한다. 그러나 보통은 고정할 부품의 기준면과 어셈블리 기준면이 일치하지 않는 경우가 있으므로 "자유롭게 움직이기"하여 자유롭게 움직이게 한 후에 부품의 기준면과 어셈블리 기준면이 일치하도록 일치 메이트 하고 다시 고정시키고 있다. 고정을 해지하는 방법은 마우스 오른쪽 버튼을 눌러 보조 메뉴 가운데 "자유롭게 움직이기"를 선택하면 고정을 풀 수 있으며 반대로 고정하는 방법은 마우스 오른쪽 버튼을 눌러 보조 메뉴 가운데 "고정"을 선택하면 고정할 수 있다.

수행 : 플레이트 부품 모델 불러오기

① 부품 삽입을 클릭한다.

② 어셈블리 창의 찾아보기를 클릭한다.

③ 플레이트 파일이 창에 있으면 더블 클릭하고 Drag & Drop으로 부품을 어셈블리 창에 갖다 놓는다. 없는 경우는 뷰 팔레트에서 부품을 찾아서 어셈블리 창에 갖다 놓는다.

④ 마우스의 오른쪽 버튼을 눌러 메뉴가운데 "자유롭게 움직이기"를 선택한다.

⑤ 플레이트의 정면과 어셈블리 정면이 일치하도록 메이트 한다.

⑥ 플레이트의 우측면과 어셈블리 우측면이 일치하도록 메이트 한다.

⑦ 플레이트의 윗면과 어셈블리 윗면이 일치하도록 메이트 한다.

⑧ 마우스의 오른쪽 버튼을 눌러 메뉴가운데 “고정”을 선택한다.

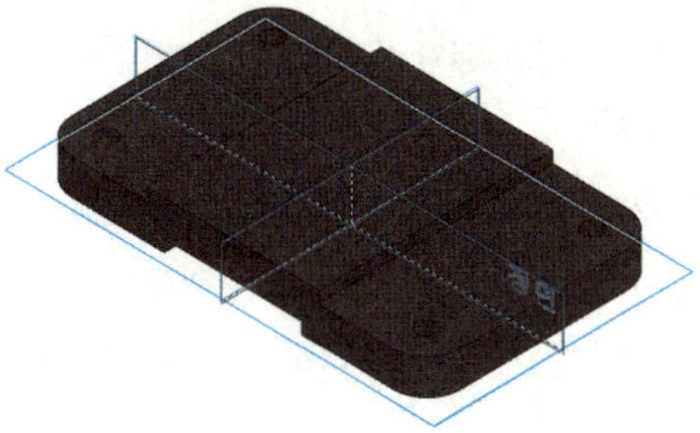

그림 5-2-4 플레이트 부품 원점 고정

2-2-1-3 플레이트와 브래킷 조립

생각하기 : 브래킷을 조립은 어떻게 해야 하는가?

크레인 풀리장치에서 브래킷은 슬라이딩 회전을 하기 위한 축 지지 부분이다. 따라서 이 브래킷은 플레이트에 고정되며 부시가 삽입된 상태에서 축이 삽입되어 회전 지지될 수 있도록 플레이트 양쪽에 삽입하게 된다. 물론 축이 지지되어야 하므로 브래킷의 양쪽 구멍 중심이 일치하도록 조립이 이루어져야 한다. 또한 플레이트와 고정이 되어야 하므로 볼트가 정확히 조립되도록 볼트 구멍이 브래킷의 구멍과 일치하도록 메이트 해야 한다.

수행 : 브래킷 부품 두 번 불러오기

① 부품 삽입을 클릭한다.

② 어셈블리 창의 찾아보기를 클릭한다.

③ 브래킷 파일이 창에 있으면 더블 클릭하고 Drag & Drop으로 부품을 어셈블리 창에 갖다 놓는다.

④ 또 한 번 더블 클릭하고 Drag & Drop으로 부품을 어셈블리 창에 갖다 놓는다(그림 5-2-5 (a)).

수행 : 부품간의 메이트 하기

① 어셈블리 도구상자에서 메이트 아이콘 ( )을 클릭한다.

② 두 개의 브래킷의 축 연결 부분이 동심 일치하도록 메이트 한다.

③ 한 쪽 브래킷의 나사 구멍과 플레이트의 탭 구멍이 동심하도록 메이트 한다. 단, 방향을 잘 고려해야 한다.

④ 다른 한 쪽 브래킷의 나사 구멍과 플레이트의 탭 구멍이 동심하도록 메이트 한다.

⑤ 한 쪽 브래킷의 옆면과 플레이트의 옆면이 평행하도록 메이트 한다.

⑥ 브래킷의 밑면과 플레이트의 접촉 윗면이 일치하도록 메이트 한다. 그림 5-2-5 (b)는 모두 메이트한 결과이다.

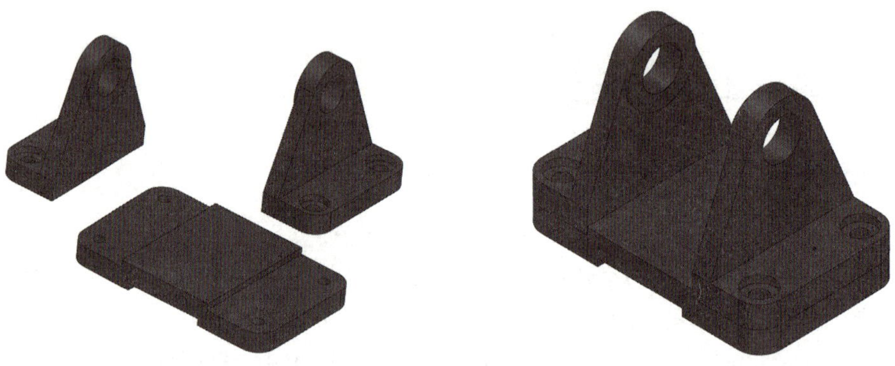

(a) 부품 불러온 상태 (b) 메이트 결과

그림 5-2-5 플레이트와 브래킷 조립

2-2-1-4 부시 조립

생각하기 : 부시의 조립은 어떻게 해야 하는가?

크레인 풀리장치는 축이 슬라이딩 회전을 하는 형태이므로 반드시 부시가 필요하다. 이 부시는 축이 부드럽게 슬라이딩 회전을 하도록 하는 부품으로 KS 규격에 규정되어 있다. 이 부시의 조립은 부시가 서로 반대방향으로 동심이 되어 있어야 하며 브래킷에 고정되어야 한다.

수행 : 부시 부품 두 번 불러오기

① 부품 삽입을 클릭한다.

② 어셈블리 창의 찾아보기를 클릭한다.

③ 부시 파일이 창에 있으면 더블 클릭하고 Drag & Drop으로 부품을 어셈블리 창에 갖다 놓는다.

④ 또 한 번 더블 클릭하고 Drag & Drop으로 그림 5-2-6 (a)와 같이 부시 부품을 어셈블리 창에 갖다 놓는다.

수행 : 부품간의 메이트 하기

① 어셈블리 도구상자에서 메이트 아이콘 ( )을 클릭한다.

② 두 개의 부시를 서로 축 연결 부분이 동심하도록 메이트 한다. 단 서로 반대방향이어야 한다.

③ 한 쪽 부시 바깥 부분과 브래킷의 구멍이 동심하도록 메이트 한다.

④ 한 쪽 부시의 옆면이 브래킷의 돌출 옆면과 일치하도록 메이트 한다.

⑤ 또 다른 한 쪽 부시 옆면과 브래킷의 돌출 옆면과 일치하도록 메이트 한다. 그림 5-2-6 (b)는 메이트 결과이다.

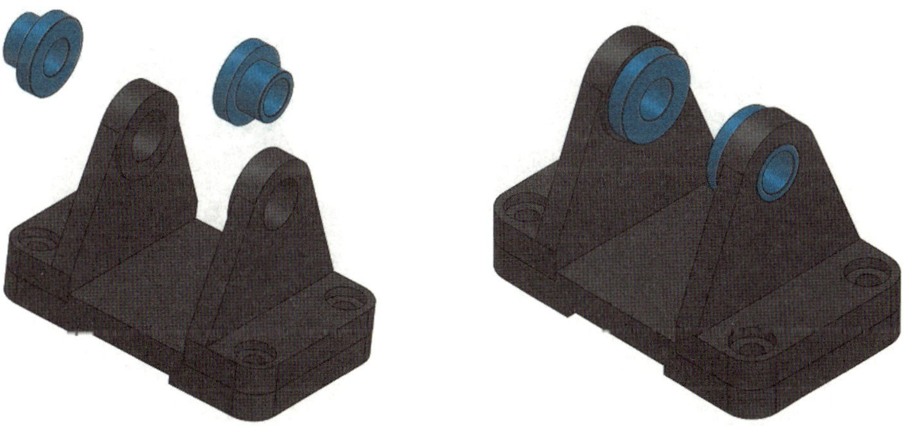

(a) 부품을 불러온 모습　　(b) 메이트 결과

그림 5-2-6 부시 부품 조립

2-2-1-5 회전축 조립

생각하기 : 회전축의 조립은 어떻게 할까?

회전축을 브래킷에 조립된 부시에 조립하기 위해서는 먼저 부시와 동심 설정을 하여 부시 중심과 회전축의 중심을 일치시킨다. 그러면 회전축이 부시의 동일 축선 상에서만 움직이게 되며 마지막으로 부시 밖을 벗어나지 않도록 브래킷 측면과 일치 시킨다.

수행 : 회전축 부품 모델 불러오기

① 부품 삽입을 클릭한다.

② 어셈블리 창의 찾아보기를 클릭한다.

③ 회전축 파일이 창에 있으면 더블 클릭하고 Drag & Drop으로 부품을 어셈블리 창에 갖다 놓는다. 그림 5-2-7 (a)는 불러 온 후 모습이다.

수행 : 부품간의 메이트 하기

① 어셈블리 도구상자에서 메이트 아이콘 ( )을 클릭한다.

② 회전축이 부시 구멍과 동심되도록 메이트 한다.

③ 그림 5-2-7 (b)와 같이 브래킷의 좌측면과 회전축의 좌측면이 일치하도록 메이트 한다.

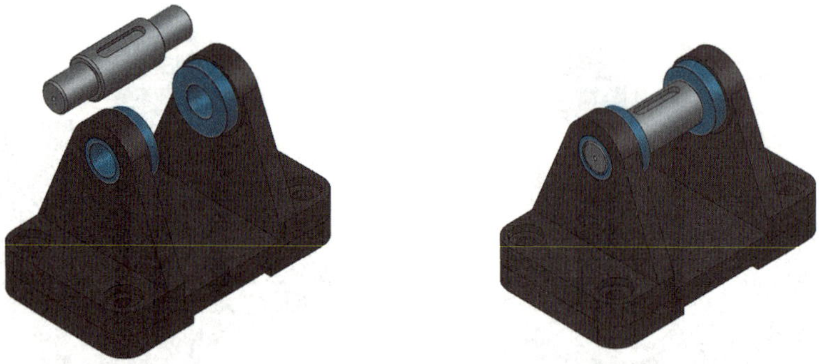

(a) 부품을 불러온 모습　　(b) 메이트 결과

그림 5-2-7 회전축 부품 조립

2-2-1-6 풀리 조립

생각하기 : 회전축과 풀리의 조립은 어떻게 할까?

회전축에 보면 평행키를 삽입하는 홈이 가공되어 있다. 평행키는 풀리를 회전축에 고정할 때 사용하는 부품으로 SolidWorks의 경우 설계 라이브러리에 저장되어 되어 있으므로 불러서 조립하면 된다. 다만 평행키의 호칭치수는 회전축의 키 홈 크기로 알 수 있으며 여기서는 6×6이고 길이는 14 mm이므로 이것으로 치수 수정하여 사용하면 된다.

수행 : 풀리 부품 모델 불러오기

① 부품 삽입을 클릭한다.

② 어셈블리 창의 찾아보기를 클릭한다.

③ 풀리 파일이 있으면 더블 클릭하고 Drag & Drop으로 그림 5-2-8 (a)와 같이 풀리 부품을 어셈블리 창에 갖다 놓는다.

수행 : 부품간의 메이트 하기

① 어셈블리 도구상자에서 메이트 아이콘 ( )을 클릭한다.

② 평행키의 윗면과 V벨트 풀리의 평행키 삽입 안쪽 윗면이 일치되도록 메이트 한다.

③ 평행키의 옆면과 V벨트 풀리의 평행키 삽입 안쪽 옆면이 일치되도록 메이트 한다.

④ 풀리의 우측면과 회전축의 왼쪽 옆면으로부터 거리 20.5 mm 떨어지도록 메이트 한다. 결과가 그림 5-2-8 (b)이다.

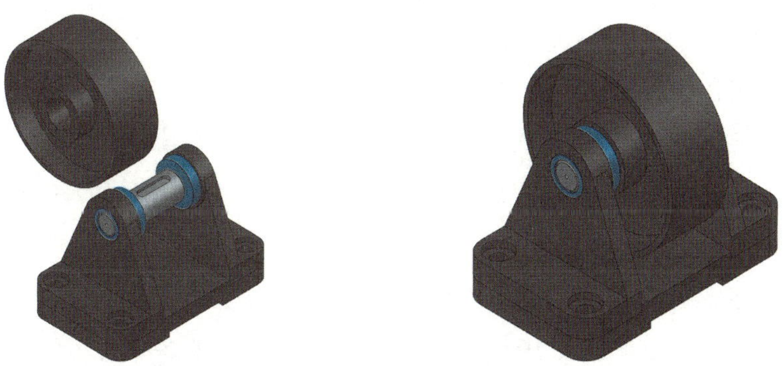

(a) 부품 불러온 모습 (b) 메이트 결과

그림 5-2-8 풀리 부품 조립

2-2-1-7 평행키 조립

생각하기 : 평행키의 조립은 어떻게 할까?

회전축에 평행키를 조립하기 위해서는 평행키를 설계 라이브러리에서 불러와야 한다. SolidWorks의 경우 설계 라이브러리 안의 Toolbox에는 KS 규격품(키, 나사, 기어 등)이 있는데 조립에 필요한 부품들을 불러와야만 장치를 위한 완전한 조립을 할 수 있다. 축의 평행키 홈의 둥근 옆면과 평행키 둥근 옆면을 일치시키고, 축의 평행키 홈의 평행 옆면과 평행키 평행 옆면을 일치시켜 동일 수직선상에서만 움직이게 하고 마지막으로 회전축 밖을 벗어나지 않도록 평행키의 밑면과 회전축 평행키 홈의 밑면과 일치시킨다.

수행 : 설계 라이브러리에서 평행키 가져오기

① 작업창의 오른쪽에 그림 5-2-39 (a)와 같이 설계 라이브러리( )를 클릭한다.

② Toolbox를 클릭한다. 만약 애드인 되지 않았다면 애드인 시켜야 한다.

③ 평행키가 KS에 있으므로 KS를 클릭한다.

④ 키에서 모든 키를 클릭한다.

⑤ 모든 키 가운데 평행키를 Drag & Drop으로 부품을 어셈블리 창에 갖다 놓는다.

⑥ 그림 5-2-39 (b)와 같이 평행키의 사양(호칭치수 6×6, 길이 28 mm)을 설정한다.

⑦ 확인을 클릭한다(그림 5-2-9 (c)).

수행 : 부품간의 메이트 하기

① 어셈블리 도구상자에서 메이트 아이콘 ( )을 클릭한다.

⑤ 풀리가 조립되어 있으면 평행키를 조립하기가 어려우므로 디자인 트리에서 풀리를 잠시 기능 억제( )를 클릭하여 안보이게 해 놓는다.

② 키의 둥근 옆면과 회전축의 평행키 홈 둥근 옆면이 동심되도록 메이트 한다.

③ 반대쪽 키의 둥근 옆면과 회전축의 반대쪽 키 홈 둥근 옆면이 동심되도록 메이트 한다.

④ 키의 밑면과 키 홈의 밑면과 일치하도록 메이트 한다. 결과가 그림 5-2-9 (d)이다.

⑤ 풀리를 기능 억제 해제( )를 클릭하여 다시 보이게 해 놓는다.

(a) 설계 라이브러리

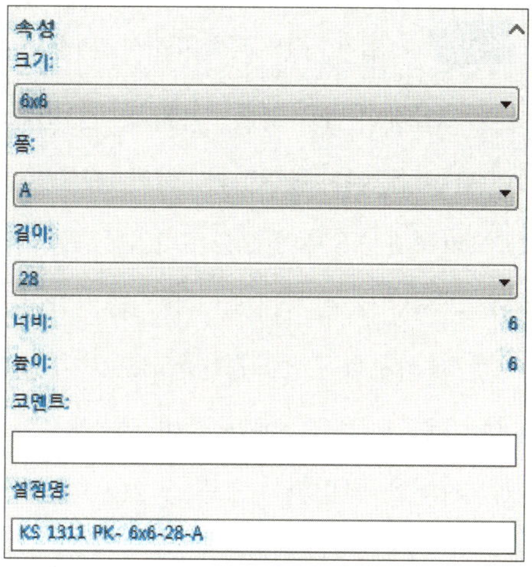

(b) 부품 속성

(c) 부품 불러온 모습

(d) 메이트 결과

그림 5-2-9 평행키 부품 조립

2-2-1-8 와셔 조립

생각하기 : 와셔의 역할과 조립은 어떻게 하는가?

와셔는 볼트머리 밑에 넣고 볼트를 조일 때 압력을 분산시켜 표면을 보호하는 역할을 한다. 와셔는 국제 규격뿐만 아니라 각 나라에서 표준으로 제공하는 표준 부품들이 있다. 또한 각 3D CAD 모델러에도 라이브러리로 부품들을 제공하고 있다. 따라서 규격 부품들은 라이브러리에서 가져와서 조립만 하면 된다. 그런데 와셔가 4개의 구멍에 사용되며 이것을 일일이 하나하나 조립하는 것은 번거로울 수 있다. 따라서 하나의 와셔를 불러오고 나머지 3개는 선형패턴에 의해 조립할 수 있다.

수행 : 설계 라이브러리에서 와셔 가져오기

① 작업창의 오른쪽에 설계 라이브러리( )를 클릭한다.

② Toolbox를 클릭한다. 만약 애드인 되지 않았다면 애드인 시켜야 한다.

③ 와셔가 KS에 있으므로 KS를 클릭한다.

④ 와셔에서 평 와셔를 더블 클릭한다.

⑤ 평 와셔를 Drag & Drop으로 부품을 어셈블리 창에 갖다 놓는다.

⑥ 그림 5-2-10 (a)와 같이 평 와셔의 사양(M8)을 설정한다.

⑦ 확인을 클릭한다(그림 5-2-10 (b)).

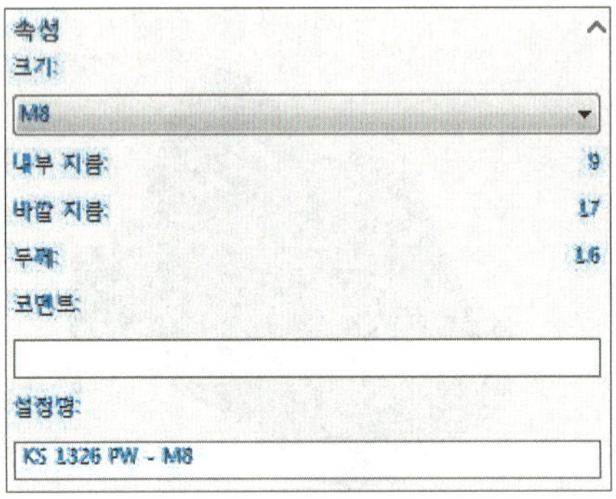

(a) 부품 속성

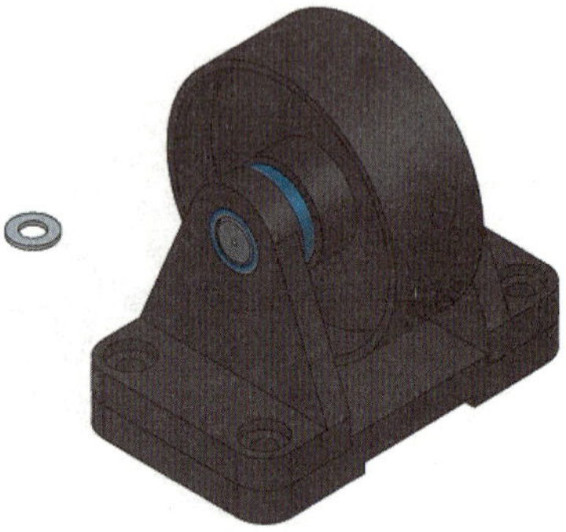

(b) 부품 불러온 모습

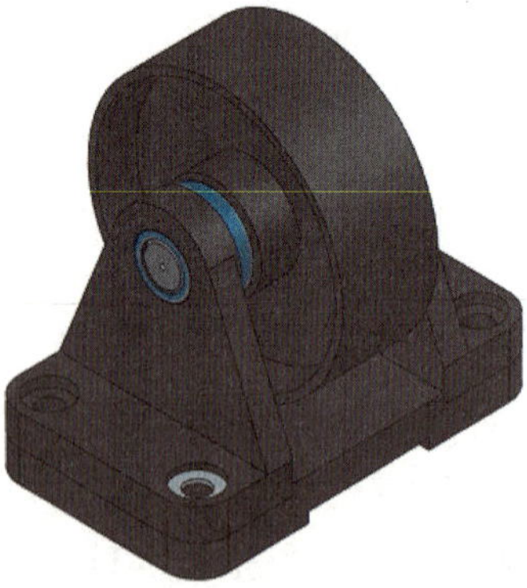

(c) 메이트 결과

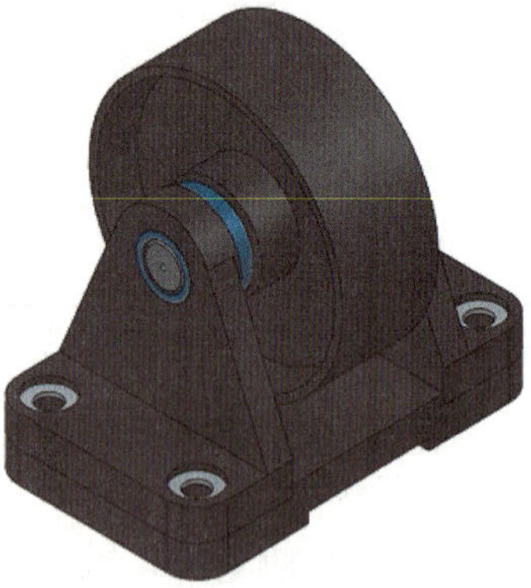

(d) 선형패턴 결과

그림 5-2-10 평 와셔 부품 조립

수행 : 부품간의 메이트 하기

① 어셈블리 도구상자에서 메이트 아이콘 ( )을 클릭한다.

② 와셔의 안쪽 면과 브래킷 나사 구멍과 동심되도록 메이트 한다. 방향이 반대일 경우는 방향을 바꿔주도록 한다.

③ 와셔의 밑면과 브래킷의 자리 파기 밑면과 일치하도록 메이트 한다(그림 5-2-10 (c)).

수행 : 부품 선형패턴 하기

① 부품 선형 패턴을 클릭한다.

② 방향1은 브래킷의 정면을 클릭한다.

③ 거리는 58 mm로 한다.

④ 패턴할 요소는 조립한 와셔를 선택한다.

⑤ 확인을 클릭한다.

⑥ 다시 부품 선형 패턴을 클릭한다.

⑦ 방향1은 브래킷의 왼쪽 옆면을 클릭한다.

⑧ 거리는 112 mm로 한다.

⑨ 패턴할 요소는 로컬 패턴1을 선택한다.

⑩ 확인을 클릭한다(그림 5-2-10 (d)).

2-2-1-9 볼트 조립

생각하기 : 볼트 조립은 어떻게 하는가?

볼트나 키 등은 체결부품이라 하여 국제 규격뿐만 아니라 각 나라에서 표준으로 제공하는 표준 부품들이 있다. 또한 각 3D CAD 모델러에도 라이브러리로 부품들을 제공하고 있다. 따라서 규격 부품들은 라이브러리에서 가져와서 조립만 하면 된다. 이것 역시 하나의 볼트를 불러오고 나머지 3개의 볼트는 선형 패턴을 이용하여 조립하면 된다.

수행 : 설계 라이브러리에서 볼트 가져오기

① 작업창의 오른쪽에 설계 라이브러리(아이콘)를 클릭한다.

② Toolbox를 클릭한다. 만약 애드인 되지 않았다면 애드인 시켜야 한다.

③ 볼트가 KS에 있으므로 KS를 클릭한다.

④ 볼트와 나사에서 육각 머리 볼트를 더블 클릭한다.

⑤ 육각 머리 볼트 육각 머리 볼트 A등급을 Drag & Drop으로 부품을 어셈블리 창에 갖다 놓는다.

⑥ 그림 5-2-11 (a)와 같이 구멍붙이 볼트의 사양(M8×20×20-N)을 설정한다.

⑦ 확인을 클릭한다(그림 5-2-11 (b)).

수행 : 부품간의 메이트 하기

① 어셈블리 도구상자에서 메이트 아이콘 (아이콘)을 클릭한다.

② 볼트의 나사부분과 브래킷 구멍과 동심되도록 메이트 한다. 방향이 반대일 경우는 방향을 바꿔주도록 한다.

③ 볼트의 밑면과 브래킷의 자리 파기 밑면과 일치하도록 메이트 한다(그림 5-2-11 (c)).

수행 : 부품 선형패턴 하기

① 부품 선형 패턴을 클릭한다.

② 방향1은 브래킷의 정면을 클릭한다.

③ 거리는 58 mm로 한다.

④ 패턴할 요소는 조립한 육각머리 볼트를 선택한다.

⑤ 확인을 클릭한다.

⑥ 다시 부품 선형 패턴을 클릭한다.

⑦ 방향1은 브래킷의 왼쪽 옆면을 클릭한다.

⑧ 거리는 112 mm로 한다.

⑨ 패턴할 요소는 로컬 패턴1을 선택한다.

⑩ 확인을 클릭한다(그림 5-2-11 (d)).

(a) 볼트 속성

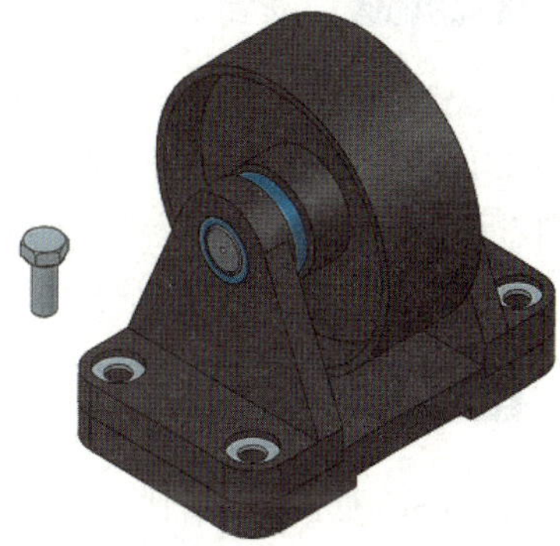

(b) 부품 불러온 모습

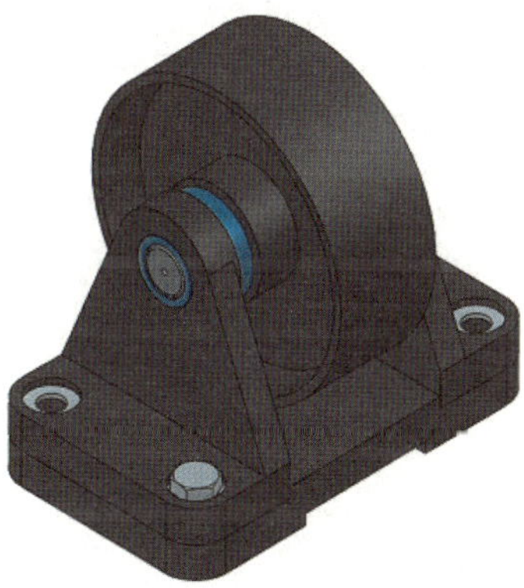

(c) 메이트 결과

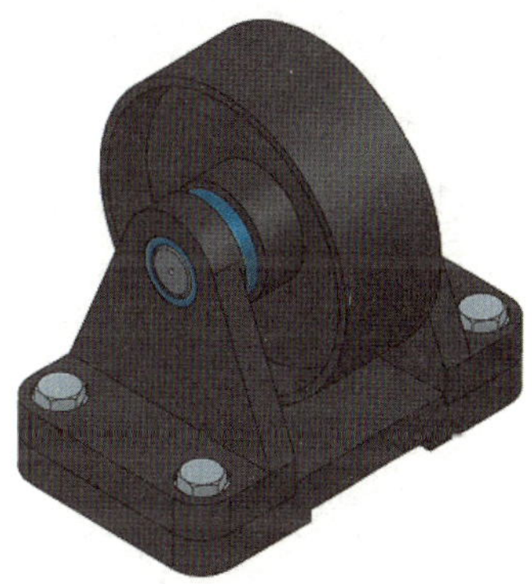

(d) 선형패턴 결과

그림 5-2-11 4개의 육각 머리 볼트 부품 조립

2-2-1-10 조립 형상 저장하기

수행 : 다른 이름으로 저장하기

① 저장 도구(💾)에서 다른 이름으로 저장하기를 클릭한다.

② 저장할 디렉토리를 정하고 파일이름을 “크레인 풀리장치”로 한다.

③ 저장 버튼을 클릭한다.

2-2-1-11 부품간의 간섭 체크하기

생각하기 : 부품간의 간섭체크는 왜 해야 하는가?

장치나 장비의 조립 시 현장에서 부품 치수오차로 인해 조립이 되지 않으면 재가공 재설계를 하여야 하므로 부품의 크기가 커지면 경제적 손실이 매우 크다. 이러한 것을 방지하기 위해 설계단계에서 부품간의 간섭을 체크하는 것이다. 즉, 장비나 장치의 부품 조립 시에 발생할 수 있는 문제를 예방함으로써 경제적 손실을 방지하는데 목적이 있다.

수행 : 부품간의 간섭 체크하기

① 계산 탭에서 간섭탐지 도구( )을 선택한다.

② 그림 5-2-12 (a)와 같이 속성 창이 나타나며 여기서 선택 부품이 "크레인 풀리장치"인지 확인한다.

③ 제외된 부품은 고정되는 부분으로 간섭과는 연관 없는 조립 나사와 풀리를 선택한다.

④ 선택부품 밑의 계산을 클릭한다.

⑤ 결과에 간섭 상태가 나타나는데 여기서는 그림 5-2-12 (b)와 같이 간섭 상태가 없는 것으로 나타난다.

⑥ 확인 버튼을 클릭한다.

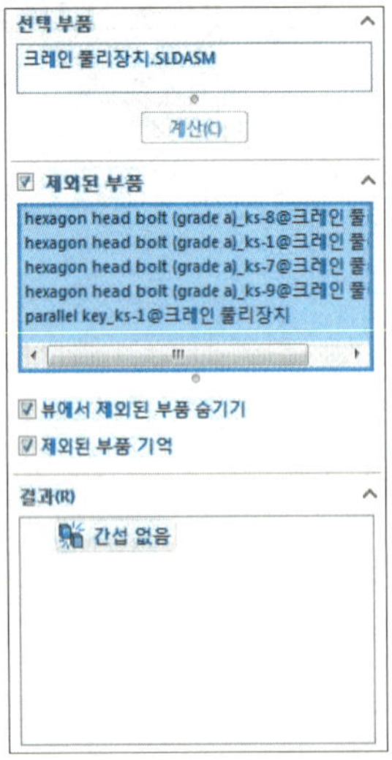

(a) 간섭 체크 속성 창

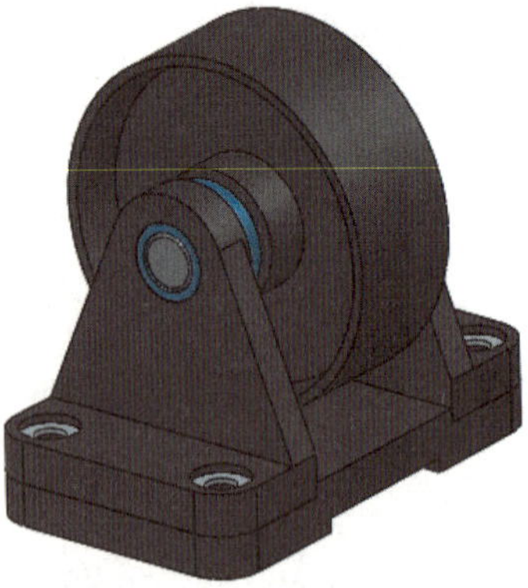

(b) 간섭 체크 결과

그림 5-2-12 간섭 체크

2-2-1-12 3D 프린팅을 위한 파일 변환

생각하기 : 3D프린팅은 왜 하는가?

구동장치의 경우 설계단계가 끝나면 시제품을 만들어서 작동 검사를 하는데 이 때 작동이 의도한 대로 되지 않으면 재설계를 하여야 한다. 이로 인해 시간적 낭비가 가장 크므로 이를 미연에 방지하는 것이 중요하다. 그 대안으로 3D 프린팅을 활용하며 구동장치의 3D 프린팅 결과물을 갖고 작동 여부를 체크하면 짧은 시간 안에 확인할 수 있다. 따라서 시간적 낭비를 상당히 줄일 수 있다는 장점이 있다.

수행 : 최종 3D 프린팅 형상 파일 저장하기

① 저장 도구( )에서 다른 이름으로 저장하기를 클릭한다.

② 저장할 디렉토리를 정하고 파일이름을 “크레인 풀리장치.stl”로 한다.

③ 저장 버튼을 클릭한다.

2-2-1-13 물성치

생각하기 : 물성치는 왜 구하는가?

SolidWorks의 스터디를 실행하기에 앞서 해당 해석 유형에 필요한 모든 필수 물성치를 정의해야만 한다. 예를 들어 정적 해석 및 좌굴 해석 등은 탄성계수가 필요하며 열 해석의 경우는 열전도율이 필요하다. 형상모델을 바탕으로 여러 해석이 이루어지므로 반드시 물성치를 아는 것은 중요하며, 모든 물성치는 재질 대화상자에서 정의한다.

수행 : 조립 모델의 물성치 확인

① 풀다운 메뉴의 도구에서 계산 탭을 클릭한다.

② 물성치를 클릭한다(그림 5-2-13).

```
크레인 풀리장치의 물성치
    설정: 기본
    좌표계: -- 기본 --

질량 = 3167.03 그램

볼륨 = 443060.43 입방 밀리미터

면적 = 124645.94 평방 밀리미터

중심: ( 밀리미터 )
    X = 0.00
    Y = 40.46
    Z = 0.00

주관성축(Principal axes of inertia)과 주관성 모멘트(principal moments of inertia): ( 그램 * 평방 밀리미터 )
질량 중심에서 얻음.
    Ix = (1.00, 0.00, 0.00)    Px = 4996625.01
    Iy = (0.00, 1.00, 0.00)    Py = 5047016.55
    Iz = (0.00, 0.00, 1.00)    Pz = 6824052.88

관성 모멘트: ( 그램 * 평방 밀리미터 )
질량 중심에서 계산되며 출력 좌표계에 맞추어집니다.
    Lxx = 4996625.01    Lxy = 0.00          Lxz = 0.00
    Lyx = 0.00          Lyy = 5047016.57    Lyz = -155.04
    Lzx = 0.00          Lzy = -155.04       Lzz = 6824052.86

관성 모멘트: ( 그램 * 평방 밀리미터 )
출력 사용자 좌표계에서 얻은 값.
    Ixx = 10181793.66   Ixy = 0.00          Ixz = 0.00
    Iyx = 0.00          Iyy = 5047016.57    Iyz = -302.27
    Izx = 0.00          Izy = -302.27       Izz = 12009221.51
```

그림 5-2-13 물성치 결과

2-2-2 크레인 풀리장치의 부품 분해하기

(1) 작업준비하기

수행 : 분해도 선택

① 어셈블리 탭에서 분해도( )를 선택한다.

(2) 볼트나사 분해하기

수행 : 4개의 볼트나사 y축 방향 분해

① 분해도 창에서 분해 하고자 하는 첫 번째 볼트 나사를 클릭한다.

② 그림 5-2-14 (a)와 같이 분해할 방향(분해 창의 y축 방향)을 선택한다. 방향이 반대이면 분해도 창의 화살표를 클릭하고 분해 거리는 40 mm로 한다.

③ "적용"을 누르고 적절한 거리인지 확인한다.

④ 거리가 확정되면 완료를 클릭한다.

⑤ 분해도 창에서 분해 하고자 하는 두 번째 볼트 나사를 클릭한다.

⑥ 분해할 방향(분해 창의 y축 방향)을 선택하고 분해 거리는 40 mm로 한다.

⑦ "적용"을 누르고 적절한 거리인지 확인한다.

⑧ 거리가 확정되면 완료를 클릭한다.

⑨ 분해도 창에서 분해 하고자 하는 세 번째 볼트 나사를 클릭한다.

⑩ 분해할 방향(분해 창의 y축 방향)을 선택하고 분해 거리는 40 mm로 한다.

⑪ "적용"을 누르고 적절한 거리인지 확인한다.

⑫ 거리가 확정되면 완료를 클릭한다.

⑬ 분해도 창에서 분해 하고자 하는 네 번째 볼트 나사를 클릭한다.

⑭ 분해할 방향(분해 창의 y축 방향)을 선택하고 분해 거리는 40 mm로 한다.

⑮ "적용"을 누르고 적절한 거리인지 확인한다.

⑯ 거리가 확정되면 완료를 클릭한다(그림 5-2-14 (b)).

수행 : 4개의 볼트나사 x축 방향 분해

① 분해도 창에서 분해 하고자 하는 첫 번째 볼트 나사를 클릭한다.

② 분해할 방향(분해 창의 x축 방향)을 선택한다. 방향이 반대이면 분해도 창의 화살표를 클릭하고 분해 거리는 120 mm로 한다.

③ "적용"을 누르고 적절한 거리인지 확인한다.

④ 거리가 확정되면 "완료"를 클릭한다.

⑤ 분해도 창에서 분해 하고자 하는 두 번째 볼트 나사를 클릭한다.

⑥ 분해할 방향(분해 창의 x축 방향)을 선택하고 분해 거리는 120 mm로 한다.

⑦ "적용"을 누르고 적절한 거리인지 확인한다.

⑧ 거리가 확정되면 "완료"를 클릭한다.

⑨ 분해도 창에서 분해 하고자 하는 세 번째 볼트 나사를 클릭한다.

⑩ 분해할 방향(분해 창의 x축 방향)을 선택한다. 방향이 반대면 를 클릭하고 분해 거리는 120 mm로 한다.

⑪ "적용"을 누르고 적절한 거리인지 확인한다.

⑫ 거리가 확정되면 "완료"를 클릭한다.

⑬ 분해도 창에서 분해 하고자 하는 네 번째 볼트 나사를 클릭한다.

⑭ 분해할 방향(분해 창의 x축 방향)을 선택한다. 방향이 반대면 ↗를 클릭하고 분해 거리는 120 mm로 한다.

⑮ "적용"을 누르고 적절한 거리인지 확인한다.

⑯ 거리가 확정되면 "완료"를 클릭한다(그림 5-2-15).

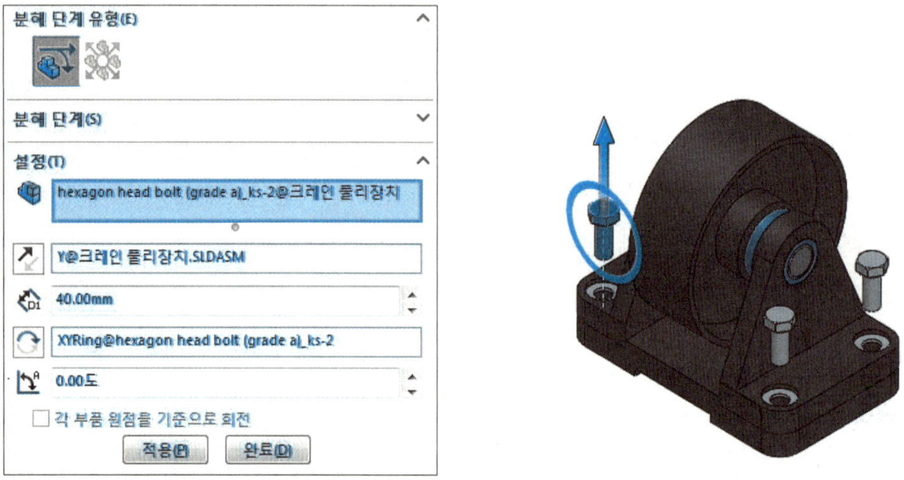

(a) 속성 창

(b) Y축 방향과 설정 모습

그림 5-2-14 Y축 방향 분해 모습

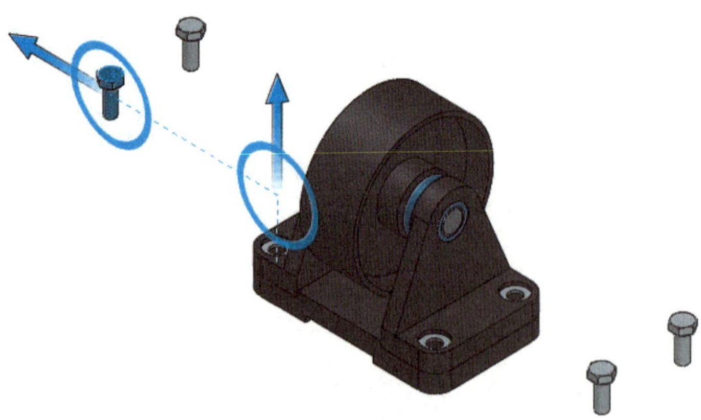

그림 5-2-15 X축 방향 분해 모습

(3) 와셔 분해하기

수행 : 4개의 와셔 y축 방향 분해

① 분해도 창에서 분해 하고자 하는 첫 번째 와셔를 클릭한다.

② 분해할 방향(분해 창의 y축 방향)을 선택한다. 방향이 반대이면 분해도 창의 화살표를 클릭하고 분해 거리는 20 mm로 한다.

③ "적용"을 누르고 적절한 거리인지 확인한다.

④ 거리가 확정되면 완료를 클릭한다.

⑤ 분해도 창에서 분해 하고자 하는 두 번째 와셔를 클릭한다.

⑥ 분해할 방향(분해 창의 y축 방향)을 선택하고 분해 거리는 20 mm로 한다.

⑦ "적용"을 누르고 적절한 거리인지 확인한다.

⑧ 거리가 확정되면 완료를 클릭한다.

⑨ 분해도 창에서 분해 하고자 하는 세 번째 와셔를 클릭한다.

⑩ 분해할 방향(분해 창의 y축 방향)을 선택하고 분해 거리는 20 mm로 한다.

⑪ "적용"을 누르고 적절한 거리인지 확인한다.

⑫ 거리가 확정되면 완료를 클릭한다.

⑬ 분해도 창에서 분해 하고자 하는 네 번째 와셔를 클릭한다.

⑭ 분해할 방향(분해 창의 y축 방향)을 선택하고 분해 거리는 20 mm로 한다.

⑮ "적용"을 누르고 적절한 거리인지 확인한다.

⑯ 거리가 확정되면 완료를 클릭한다(그림 5-2-16).

수행 : 4개의 와셔 x축 방향 분해

① 분해도 창에서 분해 하고자 하는 첫 번째 와셔를 클릭한다.

② 분해할 방향(분해 창의 x축 방향)을 선택한다. 방향이 반대이면 분해도 창의 화살표를 클릭하고 분해 거리는 100 mm로 한다.

③ "적용"을 누르고 적절한 거리인지 확인한다.

④ 거리가 확정되면 "완료"를 클릭한다.

⑤ 분해도 창에서 분해 하고자 하는 두 번째 와셔를 클릭한다.

⑥ 분해할 방향(분해 창의 x축 방향)을 선택하고 분해 거리는 100 mm로 한다.

⑦ "적용"을 누르고 적절한 거리인지 확인한다.

⑧ 거리가 확정되면 "완료"를 클릭한다.

⑨ 분해도 창에서 분해 하고자 하는 세 번째 와셔를 클릭한다.

⑩ 분해할 방향(분해 창의 x축 방향)을 선택한다. 방향이 반대면 ↗를 클릭하고 분해 거리는 100 mm로 한다.

⑪ "적용"을 누르고 적절한 거리인지 확인한다.

⑫ 거리가 확정되면 "완료"를 클릭한다.

⑬ 분해도 창에서 분해 하고자 하는 네 번째 와셔를 클릭한다.

⑭ 분해할 방향(분해 창의 x축 방향)을 선택한다. 방향이 반대면 ↗를 클릭하고 분해 거리는 100 mm로 한다.

⑮ "적용"을 누르고 적절한 거리인지 확인한다.

⑯ 거리가 확정되면 "완료"를 클릭한다(그림 5-2-17).

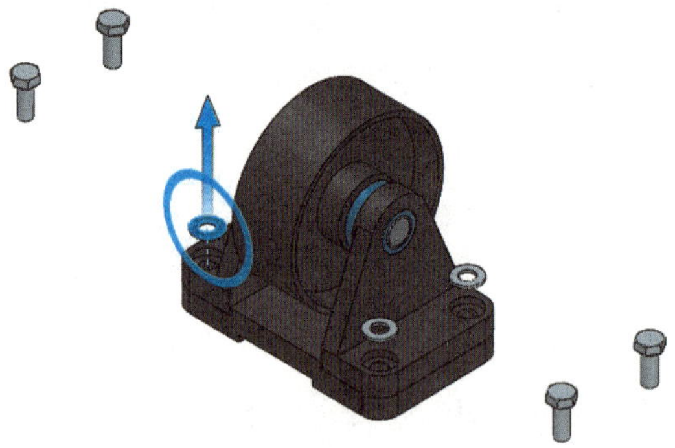

그림 5-2-16 Y축 방향 분해 모습

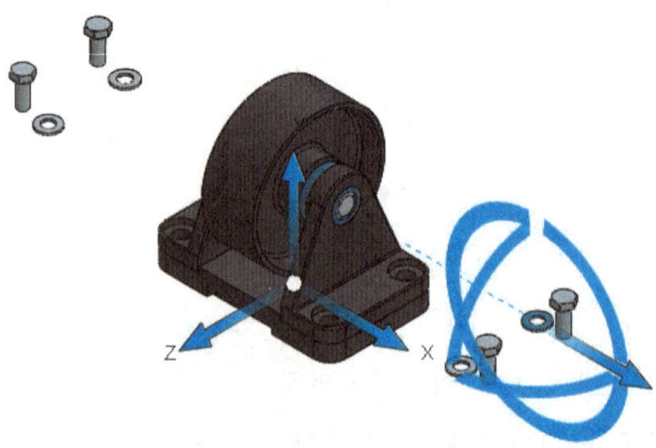

그림 5-2-17 X축 방향 분해 모습

(4) 브래킷 분해하기

수행 : 오른쪽 브래킷 x축 방향 분해

① 분해도 창에서 분해 하고자 하는 오른쪽 브래킷을 클릭한다.

② 분해할 방향(분해 창의 x축 방향)을 선택한다. 방향이 반대이면 분해도 창의 화살표를 클릭한다.

③ 분해 거리는 70 mm로 한다.

④ "적용"을 누르고 적절한 거리인지 확인한다.

⑤ "완료"를 누르면 70 mm x축 방향으로 브래킷의 분해가 확정된다.

수행 : 왼쪽 브래킷 x축 방향 분해

① 분해도 창에서 분해 하고자 하는 왼쪽 브래킷을 클릭한다.

② 분해할 방향(분해 창의 x축 방향)을 선택한다. 방향이 반대이면 분해도 창의 화살표를 클릭한다.

③ 분해 거리는 70 mm로 한다.

④ "적용"을 누르고 적절한 거리인지 확인한다.

⑤ "완료"를 누르면 70 mm x축 방향으로 브래킷의 분해가 확정된다(그림 5-2-18).

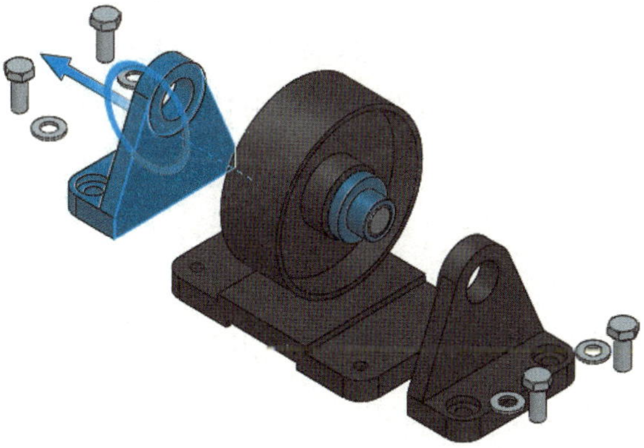

그림 5-2-18 브래킷 분해 결과

(5) 부시 분해하기

수행 : 오른쪽 부시 y축 방향 분해

① 분해도 창에서 분해 하고자 하는 오른쪽 부시를 클릭한다.

② 분해할 방향(분해 창의 y축 방향)을 선택한다. 방향이 반대이면 분해도 창의 화살표를 클릭한다.

③ 분해 거리는 60 mm로 한다.

④ "적용"을 누르고 적절한 거리인지 확인한다.

⑤ "완료"를 누르면 60 mm y축 방향으로 부시의 분해가 확정된다.

수행 : 왼쪽 부시 y축 방향 분해

① 분해도 창에서 분해 하고자 하는 왼쪽 부시을 클릭한다.

② 분해할 방향(분해 창의 y축 방향)을 선택한다. 방향이 반대이면 분해도 창의 화살표를 클릭한다.

③ 분해 거리는 60 mm로 한다.

④ "적용"을 누르고 적절한 거리인지 확인한다.

⑤ "완료"를 누르면 60 mm y축 방향으로 부시의 분해가 확정된다(그림 5-2-19).

수행 : 오른쪽 부시 x축 방향 분해

① 분해도 창에서 분해 하고자 하는 오른쪽 부시를 클릭한다.

② 분해할 방향(분해 창의 x축 방향)을 선택한다. 방향이 반대이면 분해도 창의 화살표를 클릭한다.

③ 분해 거리는 40 mm로 한다.

④ "적용"을 누르고 적절한 거리인지 확인한다.

⑤ "완료"를 누르면 40 mm x축 방향으로 부시의 분해가 확정된다.

수행 : 왼쪽 부시 x축 방향 분해

① 분해도 창에서 분해 하고자 하는 왼쪽 부시를 클릭한다.

② 분해할 방향(분해 창의 x축 방향)을 선택한다. 방향이 반대이면 분해도 창의 화살표를 클릭한다.

③ 분해 거리는 40 mm로 한다.

④ "적용"을 누르고 적절한 거리인지 확인한다.

⑤ "완료"를 누르면 40 mm x축 방향으로 부시의 분해가 확정된다(그림 5-2-20).

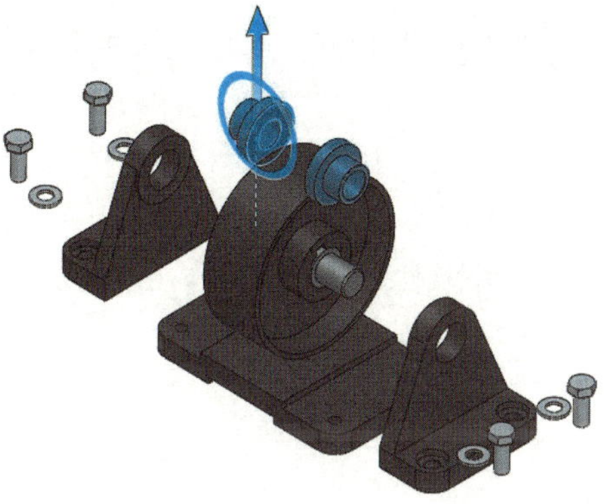

그림 5-2-19 Y축 방향 분해 모습

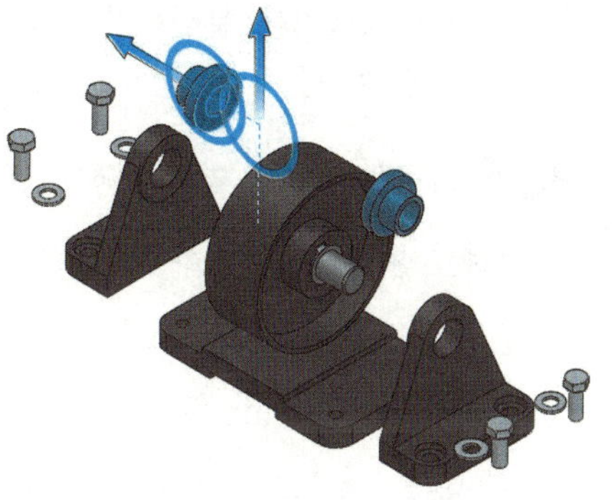

그림 5-2-20 X축 방향 분해 모습

(6) 풀리 분해하기

수행 : 풀리 y축 방향 분해

① 분해도 창에서 분해 하고자 하는 부분 조립된 회전 구동부를 클릭한다.

② 분해할 방향(분해 창의 y축 방향)을 선택한다.

③ 분해 거리는 120 mm로 한다.

④ "적용"을 누르고 적절한 거리인지 확인한다.

⑤ "완료"를 누르면 120 mm y축 방향으로 풀리의 분해가 확정된다(그림 5-2-21).

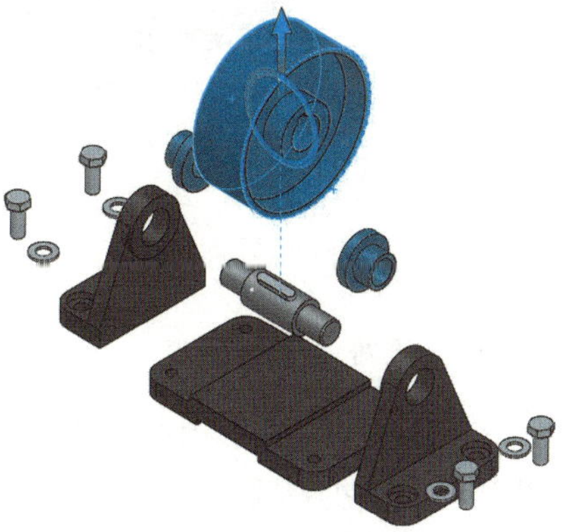

그림 5-2-21 Y축 방향 분해 모습

(7) 평행키 분해하기

생각하기 : 평행키는 어떻게 분해하는가?

회전축에서 평행키를 분리하려면 회전축의 평행키를 선택해야 한다. 그리고 분해 설정 조건을 주어야 한다.

수행 : 평행키 y축 방향 분해

① 분해도 창에서 분해 하고자 하는 평행키를 클릭한다.

② 분해할 방향(분해 창의 y축 방향)을 선택한다.

③ 분해 거리는 20 mm로 한다.

④ "적용"을 누르고 적절한 거리인지 확인한다.

⑤ "완료"를 누르면 20 mm y축 방향으로 평행키의 분해가 확정된다(그림 5-2-22).

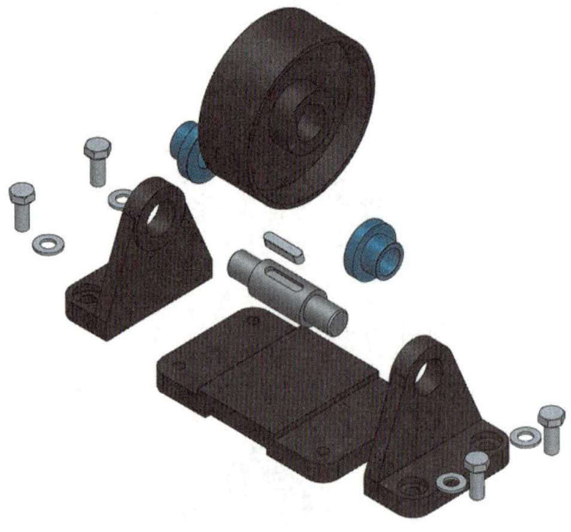

그림 5-2-22 Y축 방향 분해 모습

(8) 분해 지시선 스케치하기

생각하기 : 분해 지시선은 어떻게 생성하는가?

조립된 벨트풀리 구동 장치를 분해하였는데 각각의 부품들이 어떻게 분해되었는지 그 과정을 지시선으로 자동 생성하는 것이 분해 지시선의 기능이다. 이것은 분해할 때의 분리 대상(조립되었을 때 부품)을 선택하면 분해 과정이 지시선으로 자동 생성된다. 선택해야 한다. 그리고 분해 설정 조건을 주어야 한다.

수행 : 나사와 플레이트 분해 지시선 생성

① 분해도 창에서 분해 지시선 스케치를 클릭한다.

② 분해 대상인 첫 번째 볼트 나사와 플레이트를 선택한다.

③ 확인을 클릭한다.

④ 분해 대상인 두 번째 볼트 나사와 플레이트를 선택한다.

⑤ 확인을 클릭한다.

⑥ 분해 대상인 세 번째 볼트 나사와 플레이트를 선택한다.

⑦ 확인을 클릭한다.

⑧ 분해 대상인 네 번째 볼트 나사와 플레이트를 선택한다.

⑨ 확인을 클릭한다.

수행 : 와셔와 플레이트 분해 지시선 생성

① 분해도 창에서 분해 지시선 스케치를 클릭한다.

② 분해 대상인 첫 번째 와셔와 플레이트를 선택한다.

③ 확인을 클릭한다.

④ 분해 대상인 두 번째 와셔와 플레이트를 선택한다.

⑤ 확인을 클릭한다.

⑥ 분해 대상인 세 번째 와셔와 플레이트를 선택한다.

⑦ 확인을 클릭한다.

⑧ 분해 대상인 네 번째 와셔와 플레이트를 선택한다.

⑨ 확인을 클릭한다.

수행 : 브래킷과 플레이트 분해 지시선 생성

① 분해도 창에서 분해 지시선 스케치를 클릭한다.

② 분해 대상인 오른쪽 브래킷과 플레이트를 선택한다.

③ 확인을 클릭한다.

④ 분해 대상인 왼쪽 브래킷과 플레이트를 선택한다.

⑤ 확인을 클릭한다.

수행 : 부시와 브래킷 분해 지시선 생성

① 분해도 창에서 분해 지시선 스케치를 클릭한다.

② 분해 대상인 오른쪽 부시와 브래킷을 선택한다.

③ 확인을 클릭한다.

④ 분해 대상인 왼쪽 부시와 브래킷을 선택한다.

⑤ 확인을 클릭한다.

수행 : 벨트풀리와 플레이트 분해 지시선 생성

① 분해도 창에서 분해 지시선 스케치를 클릭한다.

② 분해 대상인 벨트풀리와 플레이트를 선택한다.

③ 확인을 클릭한다.

수행 : 풀리와 회전축 분해 지시선 생성

① 분해도 창에서 분해 지시선 스케치를 클릭한다.

② 분해 대상인 풀리와 회전축 선택한다.

③ 확인을 클릭한다.

수행 : 평행키와 회전축 분해 지시선 생성

① 분해도 창에서 분해 지시선 스케치를 클릭한다.

② 분해 대상인 평행키와 회전축 선택한다.

③ 확인을 클릭한다(그림 5-2-23).

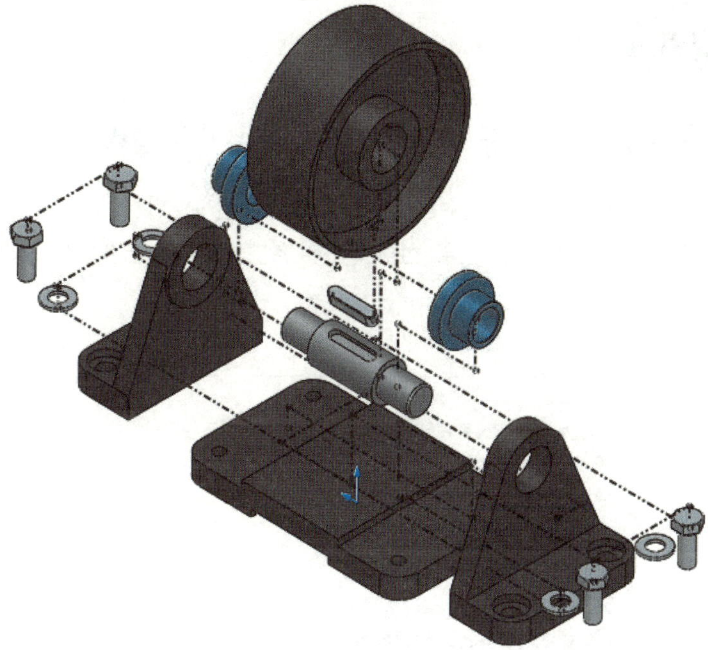

그림 5-2-23 분해 지시선의 완성 모습

(9) 조립 및 분해 형상 저장하기

수행 : 다른 이름으로 저장하기

① 저장 도구(💾)에서 다른 이름으로 저장하기를 클릭한다.

② 저장할 디렉토리를 정하고 파일이름을 "크레인 풀리장치"로 한다.

③ 저장 버튼을 클릭한다.

2-3 학습 정리

2-4-1 크레인 풀리장치의 부품 조립 형상모델링 종합정리

① 그림 5-2-24에서 보면 알 수 있듯이 메이트와 선형패턴에 의해 조립이 완성되었다. 메이트는 15단계이며 두 번의 선형패턴에 의해 크레인 풀리장치의 조립 형상모델링이 완성된다.

그림 5-2-24 크레인 풀리장치 조립 시 메이트 및 선형패턴 생성 이력

② 조립에도 패턴을 사용하여 간단히 조립형상을 만들 수 있음을 알았다.

③ 조립 후 부품간 간섭체크를 통해 경제적 손실을 방지할 수 있음을 알았다.

④ 조립 후 질량 체크를 통해 경량화가 설계의 최적화를 기할 수 있음을 알았다.

⑤ 평행키와 와셔 및 볼트는 설계 라이브러리에서 KS 규격에 맞춰 가져다 조립할 수 있다.

2-4-2 크레인 풀리장치의 부품 분해 형상모델링 종합정리

① 그림 5-2-25에서 보면 알 수 있듯이 분해 단계는 총 23단계이다.

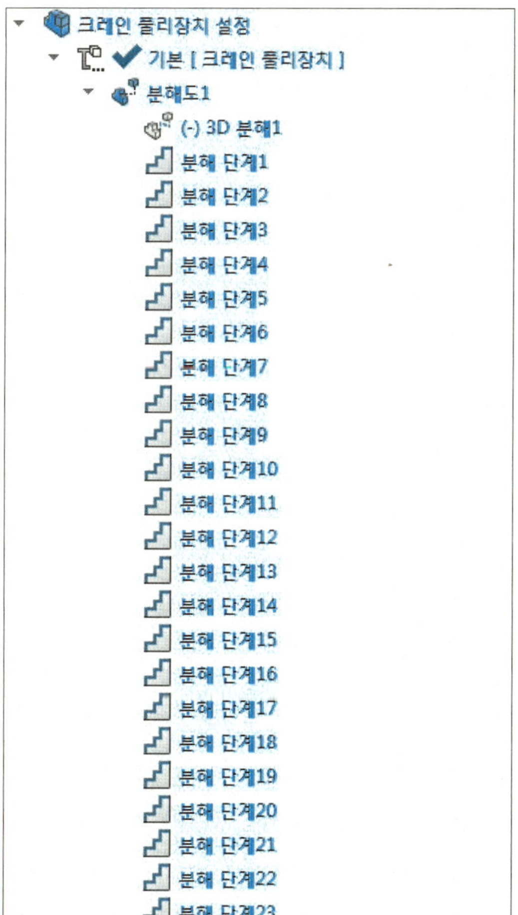

그림 5-2-25 크레인 풀리장치의 분해 생성 이력

② 조립 형상 모델링 한 것을 분해할 수 있다.

③ 조립 형상의 분해 순서에 맞춰 분해 지시선을 생성할 수 있다.

2-4 자율 평가

지시 사항 :

앞에서 학습활동을 다 마친 후 다음 질문에 답하시오. 이 자율평가의 목적은 앞에서 익힌 부품의 조립 및 분해 형상모델링 과정에 사용한 기능을 다 이해하고 주어진 문제에 대한 설명이 가능한지를 확인하기 위함이다. 자기 스스로 평가 문제에 답하고 답안을 비교 평가해 봄으로써 본인의 부족한 점에 대해 파악하는 태도를 기르고 부족하다면 다른 사람의 도움을 받거나 본인 스스로 앞의 내용을 더욱 자세히 학습하는 자기주도 학습에 목적이 있다.

2-4-1 자율평가 문제

그림 5-1-1의 크레인 풀리장치에서 부품이 다음과 같이 주어진 설계 변경 사항에 따라 다음 작업을 20분 안에 실시하라.

1. 부품 설계 변경 사항

- 그림 5-1-1의 크레인 풀리장치의 부품을 다음의 설계 조건으로 변경하라.

부품 설계 변경 조건
• ⑤번 부품의 평 풀리를 A형 2중 V-벨트 풀리(호칭지름 ∅87㎜, 폭 35㎜)로 설계 변경하라. • 2중 V-벨트 풀리에 맞춰 회전축의 풀리 조립 부분 길이를 변경하라. • 2중 V-벨트 풀리와 부시 사이 조립 간격은 양쪽 모두 0.5㎜로 동등하게 회전축의 전체 길이를 변경하라. • 플레이트는 회전축의 설계 변경에 따라 설계 변경하라.

- 설계 변경 대상 부품이 변경될 경우 관련되는 다른 부품 역시 조건에 맞도록 설계 변경이 수반 되어야 한다.
- 설계 변경 요구조건과 관계되는 항목만 설계 변경을 실시하며 그 외 관련이 없는 부분은 설계 변경하지 않아야 한다.

2. 조립 및 분해 모델링도 작업

- 앞의 설계 변경 사항에 따라 변경된 3D 모델링된 부품에 대해 조립 및 분해 형상모델링 작업을 실시한다.
- 3D 조립 모델링도는 형상을 잘 나타내는 등각축을 잡아서 View를 나타내어라.

2-4-2 자율평가 문제 답안

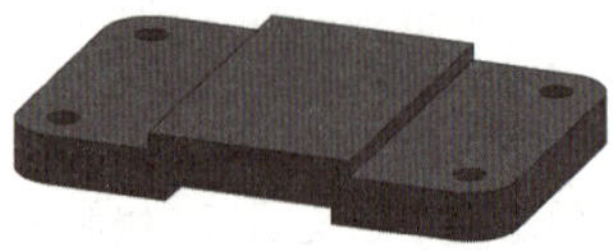

(1) 플레이트 고정(원점)

(2) 브래킷 조립

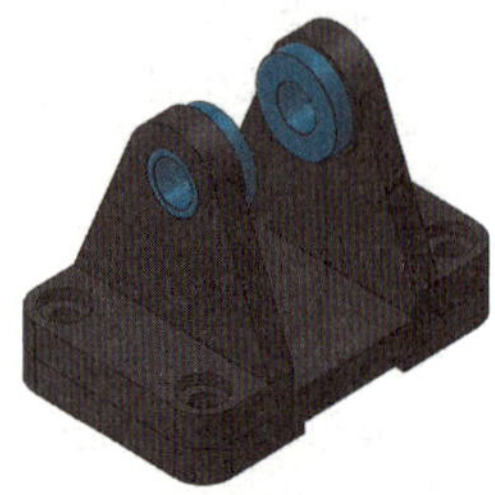

(3) 부시 조립

(4) 회전축 및 키 조립

(5) V-벨트 풀리 조립

(6) 와셔 조립

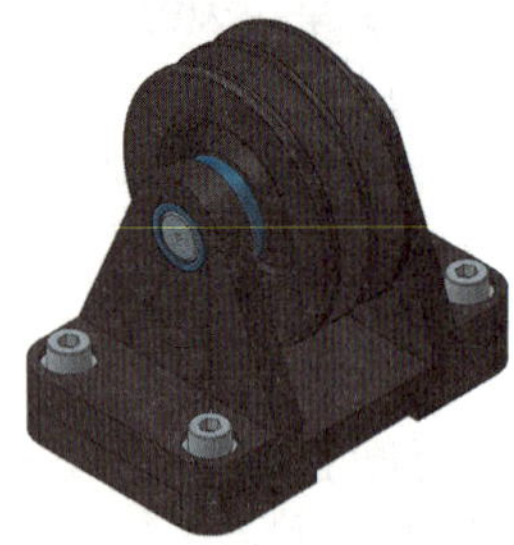

(7) 볼트 조립(등각 View)

부품의 조립 형상모델링

자율평가 결과 점검표

학습자 성명 :	평가 날짜 :
평가 제목 : 크레인 풀리장치의 부품 조립 및 분해 형상모델링	

	성취 수준			
	하지 못했음	일부만 했음	완전히 하였음	완성 반복수
플레이트 고정				
브래킷 조립				
부시 조립				
회전축 조립				
키 조립				
V-벨트 풀리 조립				
와셔 조립				
볼트 조립				
조립 형상의 등각 View 표현				
분해 형상 및 분해 지시선 표현				

[성취수준]
위의 모든 항목에 대해 “완전히 하였음”, 즉 완성도 100%로 답하여야 합니다.
만일 “하지 않았음” 또는 “일부만 하였음”에 답을 했다면 앞에서 학습한 내용을 다시 한 번 확인 하시고 몇 번 만에 완성하였는지를 체크하십시오.

3 크레인 풀리장치의 조립도 및 부품도 작성

3-1 학습 준비

3-1-1 관련 지식

3-1-1-1 표제란, 부품란 및 주서란의 KS 규격 내용 검토하기

(1) 표제란

표제란에는 그림 5-3-1과 같이 도면번호, 회사명, 명칭 등을 쓰는 란으로 형식은 회사 또는 학교마다 일정하지 않으며, 도면의 우측하단부에 존재한다. 표제란에는 도면번호, 명칭, 척도, 투상법, 소속명, 작성년월일, 설계자, 검토자 및 승인란, 관계번호 등의 정보가 있다. 별도의 가공도나 부품표 등 추가 첨부 사항이 있을 경우 관련도면 정보를 표시하기도 한다.

<table>
<tr><td>승인</td><td>승인자 이름
승인연월일</td><td colspan="3">명칭(도명) ASS'Y, 전동풀리 유닛</td><td>개수</td></tr>
<tr><td>검도</td><td>검토자1 이름
검도연월일</td><td colspan="3">분류 ASS'Y, 감속기 X</td><td></td></tr>
<tr><td rowspan="2">검도</td><td rowspan="2">검토자2 이름
검도연월일</td><td rowspan="3">기계명</td><td>감속기 X</td><td rowspan="2">재료</td><td rowspan="2">척도</td></tr>
<tr><td></td></tr>
<tr><td rowspan="2">설계</td><td rowspan="2">설계자 이름
설계연월일</td><td></td><td rowspan="2">도면번호</td><td rowspan="2">투영법 표기
예) 3각법</td></tr>
<tr><td colspan="2">관계도번</td></tr>
<tr><td>제도</td><td>제도자 이름
작성연월일</td><td colspan="4">소속명(회사명)</td></tr>
</table>

그림 5-3-1 표제란의 양식 및 작성 예(기업체)

(2) 부품란

부품란(BOM)에는 도면에 그려진 전 부품의 번호, 이름, 사양(Specification), 재질, 수량, 공정, 비고 등이 기입되어 있다. 부품란의 위치는 일반적으로 우측하단의 표제란 위에 연결하여 그리지만, 도면내의 공간이 부족할 경우 우측 상단의 윤곽선에 연결하여 그린다. 부품란은 회사의 특색에 따라 다르게 사용될 수 있으며 별도의 부품표를 사용하기도 한다. 그림 5-3-2는 부품란의 작성 예를 나타낸 것으로 앞으로 이와 같이 작성하면 된다.

품번	품명	재질	수량	비고
1	하우징	SC46	1	
2	서포트 커버	SC46	2	
3	웜 기어	BC2	1	
4	웜 샤프트	SCM415	1	

그림 5-3-2 부품란의 양식 및 작성

(3) 주서란

도면부는 실제 제품의 정보를 표현하지만, 기호나 숫자만으로 정확한 정보의 전달이 되지 않는 경우가 있다. 이때, 별도의 주서란을 만들어 도면부에서 전달되지 못한 부분의 내용을 입력하여 정확한 내용이 전달되도록 한다.

기타 일반적이고 공통되는 내용은 그림 5-3-3과 같이 주서로 나타낸다.

주서

1. 일반 공차 : 가) 절삭 가공부 KS B 0412 보통급
   나) 주조부 KS B 0411 보통급
2. 도시되고 지시 없는 모따기는 C1
   라운드 및 필렛 R3
3. 날카로운 모서리 제거 C0.2
4. 기계가공하지 않은 주조부 표면에 명회색 도장
5. 표면 거칠기

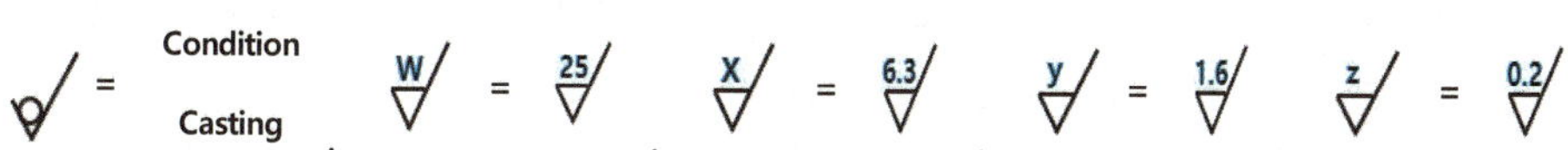

그림 5-3-3 주서의 일반적인 내용 예

3-1-1-2 표면 거칠기

기계부품에는 여러 가지 가공방법으로 제작이 이루어진다. 도면에서 각 부품에 대한 2차 가공 이후 방법에 대해서 표시가 되어 있고, 표시된 방법으로 가공이 되어야 한다. 부품이 가공되고 조립공정으로 연결된다면 각 부품은 조립과정에서 기능과 호환성에 문제가 발생하지 않도록 치수 공차와 기하공차에 못지않게 표면 거칠기도 기계제작 도면의 필수 요소이다.

(1) 표면 거칠기의 기입 이유

기계장치를 보면 여러 부품들이 있는데 이들 부품들은 원래의 소재를 절삭 가공하여 제작한다. 원래의 소재를 공작기계를 이용하여 표면부터 한 공정씩 소재의 일부를 제거하여 도면에 기입된 최종 치수대로 부품을 만들어 간다.

그런데 절삭가공을 통해 부품을 완성하고 보면 여러 가지 면들이 생기는데 원래의 소재면이 그대로 남아 있는 부분도 있고 정밀공차대로 가공이 되어 평탄한 면도 있다. 정밀가공된 부분은 원래 소재면과 비교하여 보면 표면이 평탄하고 고르다. 더욱 정밀한 가공을 할수록 더욱 거울 표면과 같이 매끈한 면이 된다. 즉, 표면 거칠기가 좋아진다. 따라서 기계 제작도면을 그릴 때 설계자로서 어떤 부위를 원래 소재대로 하고 어느 부위는 가공을 해야 하는지를 도면에 명시해야 한다. 또한 가공을 해야 하는 면에 대해서도 표면 거칠기의 정도를 지정해야 기능과 호환성에 지장이 없도록 해야 한다.

결론적으로 표면 거칠기를 명시함으로써 부품의 여러 형체들 가운데 가공을 해야 하는 부분과 하지 않아도 좋은 부분을 구분하여 가공해야 하는 부분에 대해 어느 정도 정밀하게 가공을 해야 하는지를 표시한다. 이는 가공비와 연결되므로 너무 지나치게 할 필요는 없다.

(2) 표면 거칠기의 정의

표면 거칠기는 대상물의 표면에서 임의대로 채취한 각 부분에서의 표면 거칠기를 나타내며 파라미터에 따라 숫자로 표시하는 것을 말한다. 표면 거칠기를 산출하는 방법에는 중심선 평균 거칠기(Ra), 최대 높이 거칠기(Rmax) 또는 10점 평균 거칠기(Rz)의 세 가지 방법이 있다. 표면 거칠기는 국제적으로 중심선 평균 거칠기에 의한 표시법의 사용빈도가 높으므로 중심선 평균 거칠기에 의한 표시법을 사용하도록 하라.

(3) 표면 거칠기의 지시 방법

표면 거칠기를 기계제작 도면에 기입할 경우 반드시 지시해야 하는 사항과 필요할 때만 지시하는 사항이 있다. 반드시 지시해야할 사항은 표면거칠기의 기입대상이 되는 면, 제거가공이 필요한지의 여부, 허용하는 표면 거칠기의 최대값 등이다. 그리고 필요에 따라 지시하는 사항은 면의 가공 방법, 표면 거칠기의 길이 방향, 표면 거칠기의 컷오프값, 다듬질 여유 등이 있다. 이와 같은 내용을 정리하면 다음과 같다.

① 면의 지시 기호나 면의 재질을 나타내는 데는 그의 대상면에 그림 5-3-4와 같으며 (a)는 제거가공의 여부를 묻지 않는 것, (b)는 제거 가공을 요하는 것, (c)는 제거가공을 금하는 것이다. 또한 그림 5-3-5에는 각 지시사항의 기입 위치를 나타내고 있다.

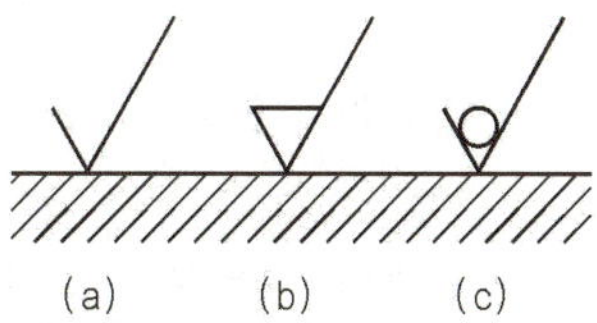

그림 5-3-4 가공 기호

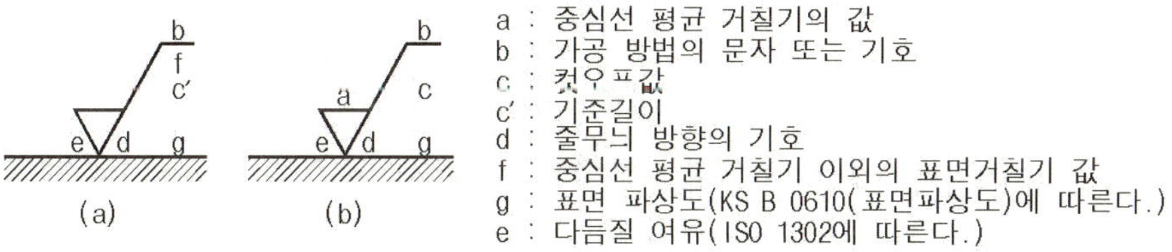

그림 5-3-5 각 지시사항의 기입 위치

② 표면 거칠기는 표 5-3-1의 표준 수열 가운데 지시하는 것으로 되어 있다. 그 중 중심선 평균 거칠기를 이용하는 것을 추천하고 있다. 이 때 6.3, 25, 100과 같이 수치만을 나타내며 6.3a, 25a와 같은 a는 생략할 수 있다.

③ 표면 거칠기의 지시방법으로서 종래의 삼각기호에 대한 거칠기의 표준 수치는 표 5-3-1의 각 란의 최대 수치이다.

표 5-3-1 가공법의 기호

다듬질 기호		정도	사용보기	분류	Rmax	Rz	Ra
√		일체의 가공이 없는 자연면	압력에 견디어야 하는 곳	자연면	특히 규정 없음		
	∼	고운 자연면은 그대로 두고 아주 거친 곳만 가공	스패너 자루, 휠의 바퀴	주조면, 단조면			
w√	▽	가공 흔적이 남을 정도의 막다듬질	피스톤의 내면, 축의 끝면	거친 다듬면	100s	100z	25a
x√	▽▽	가공 흔적이 거의 없는 중다듬질	기어와 크랭크의 측면	보통(중간) 다듬면	25s	25z	6.3a
y√	▽▽▽	가공 흔적이 전혀 없는 상다듬질	게이지의 측정면, 공작기계의 미끄럼면	고운 다듬면	6.3s	6.3z	1.6a
z√	▽▽▽▽	광택이 나는 고급 다듬질	래핑, 버핑에 의한 특수 용도의 고급 플랜지 면	정밀 다듬면	0.8s	0.8z	0.2a

3-2 학습 활동

3-2-1 크레인 풀리장치의 조립도 작성하기

(1) 작업준비하기

수행 : 도면 작성 화면 들어가기

① 풀다운 메뉴에서 새로 만들기 아이콘을 선택한다.

② 기본 모듈 가운데 도면을 선택한다.

③ 시트 형식/크기 설정 창에서 찾아보기를 클릭한다.

④ a4-landscape.slddrt를 설정하고 열기를 한다.

⑤ 확인을 클릭한다.

(2) 시트 편집하기

수행 : 표제란 없애기

① 도면 Management 탭에서 시트형식을 선택한다.

② 시트형식 탭에서 시트 편집을 선택한다.

③ 표제란 부분을 마우스로 전체 드래그 하여 삭제 영역을 정하고 키보드의 삭제 버튼을 클릭한다.

④ 확인을 클릭한다.

(3) 도면 뷰 레이아웃 하기

수행 : 도면 뷰 레이아웃 하기

① 도면 화면의 오른쪽에 그림 5-3-6과 같은 메뉴가 있다. 이 메뉴에서 뷰 팔레트를 선택하여 우측에 창을 띄운다.

② 이 창에서 윗 쪽의 "…"을 클릭하여 불러 오고자 하는 파일 이름을 선택한다. 그러면 그림 5-3-7과 같은 내용이 창에 뜨고 여기서 정면 뷰를 드래그 하여 끌어다 도면 시트 화면에 갖다 놓는다.

③ 이어서 그림 5-3-8과 같이 오른 쪽에 우측면도를, 위쪽에 평면도를 배치한다.

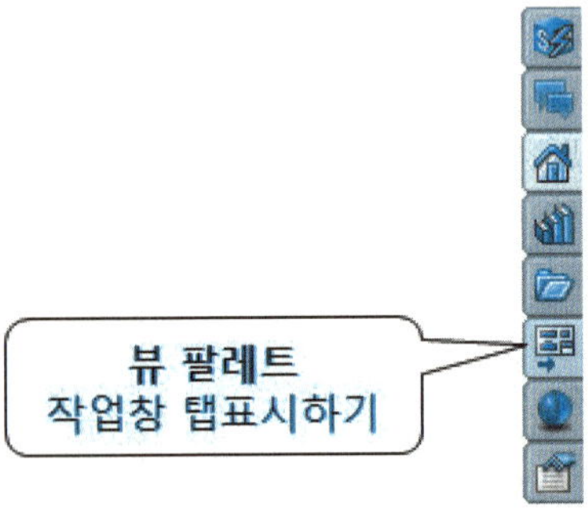

그림 5-3-6 뷰 팔레트 모습

그림 5-3-7 벨트풀리 구동장치의 뷰 모습

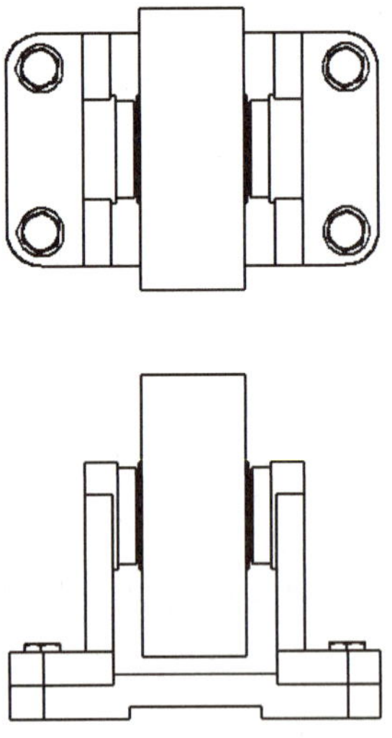

그림 5-3-8 정면도, 우측면도 및 평면도 배치 모습

(4) 대칭 부품의 부분도 표현하기

생각하기 : 완전 대칭 부품의 경우 도면에 모두 표현해야 하는지?

완전 대칭 부품은 도면에 전체를 나타낼 필요는 없고 반쪽만 나타내어도 된다. KS 규격에도 규정되어 있다. 즉, 상하 대칭의 경우는 위쪽 또는 아래쪽만 표현하고, 좌우 대칭의 경우는 좌측 또는 우측만 나타내어 도면의 공간을 절약할 수 있다.

수행 : 평면도의 부분도 나타내기

① 평면도에서 부분도로 나타낼 영역을 스케치에서 도형으로 나타내다. 즉, 여기서는 사각형을 선택한다.

② 사각형으로 부분도 나타낼 영역을 스케치하고 확인을 클릭한다.

③ 뷰 레이아웃에서 부분도 “”를 클릭한다(그림 5-3-9).

수행 : 우측면도의 부분도 나타내기

① 여기서도 사각형을 선택한다.

② 사각형으로 부분도 나타낼 영역을 스케치하고 확인을 클릭한다.

③ 뷰 레이아웃에서 부분도 “”를 클릭한다(그림 5-3-9).

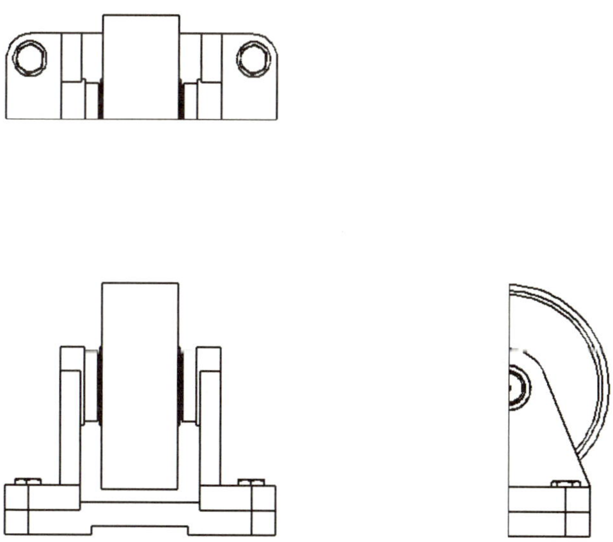

그림 5-3-9 부분도 표현 결과

(5) 대칭 부품의 절단선 표현하기

생각하기 : 절단선은 왜 표현해야 하는지?

완전 대칭 부품은 도면에 전체를 나타낼 필요는 없고 반쪽만 나타낸다고 하였는데 그러기 위해서는 반쪽이라는 표시를 해 주어야 한다. KS 규격에도 규정되어 있다. 즉, 중심선을 긋고 양쪽에 평행한 실선을 두 줄 긋는다.

수행 : 평면도의 부분도에 절단선 나타내기

① 평면도에서 부분도의 절단 부분에 중심선을 스케치한다.

② 양 끝에 그림 5-3-10과 같이 두 줄의 선을 스케치한다.

수행 : 우측면도의 부분도에 절단선 나타내기

① 우측면도에서 부분도의 절단 부분에 중심선을 스케치한다.

② 양 끝에 그림 5-3-10과 같이 두 줄의 선을 스케치한다.

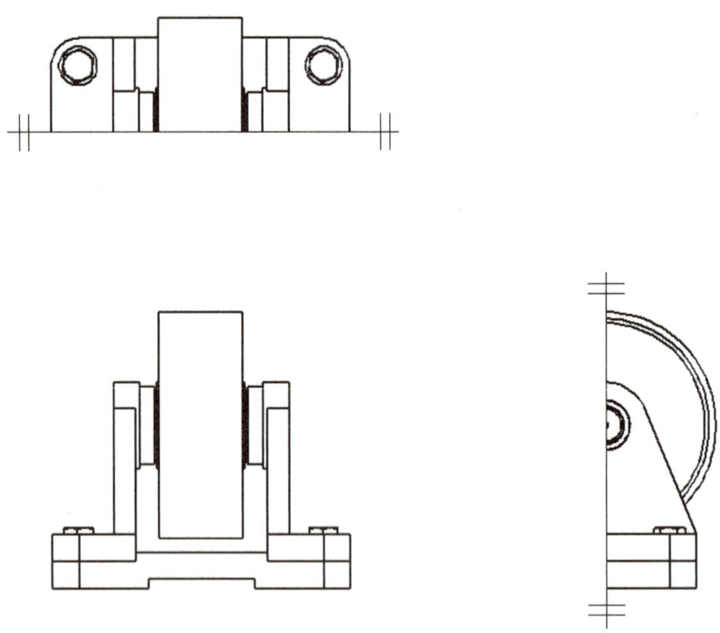

그림 5-3-10 부분도의 절단선 표현 과정

(6) 둥글기 부분 감추기

생각하기 : 도면에서 둥글기(필렛)와 모따기를 감추는 것은 왜 하는지?

3D CAD의 경우 형상모델링에서 도면으로 변환하면 그림 5-3-11 (a)와 같이 둥글기와 모따기 한 부분이 모두 나타나서 도면이 매우 복잡해지고 도면 해석을 하는데 매우 어려움이 있다. 그렇다고 둥글기와 모따기 부분이 표현되지 않는 것은 아니다. 따라서 3D CAD 도면에서는 둥글기 부분과 모따기 부분을 "숨기기"로 도면에 직접 나타내지 않는다.

수행 : 정면도의 둥글기 부분 감추기

① 정면도에서 감추고자 하는 선 부분에 커서를 갖다 놓는다(선이 노란색으로 변함).

② 마우스 오른쪽 버튼을 누르고 모서리 숨기기/표시( )를 클릭하면 그림 5-3-11 (b)와 같이 선이 감추어진다.

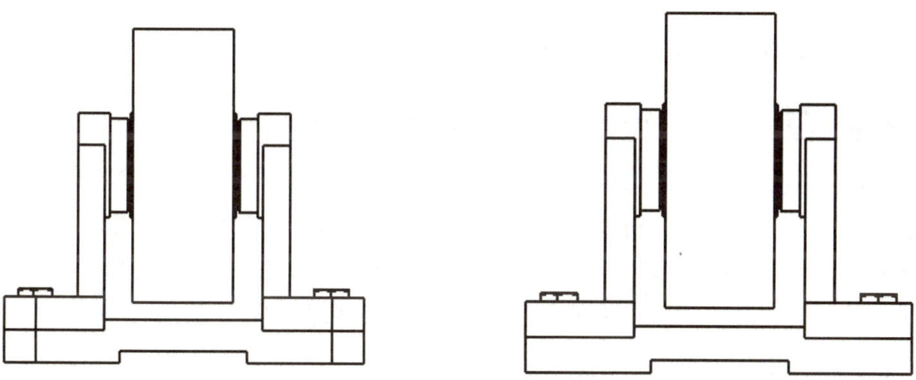

(a) 감추기 전 (b) 감추기 후

그림 5-3-11 정면도 감추기 전과 후의 다른 모습

수행 : 우측면도의 둥글기 부분 감추기

① 우측면도에서 감추고자 하는 선 부분에 커서를 갖다 놓는다(선이 노란색으로 변함).

② 마우스 오른쪽 버튼을 누르고 모서리 숨기기/표시( )를 클릭하면 그림 5-3-12 (b)와 같이 선이 감추어진다.

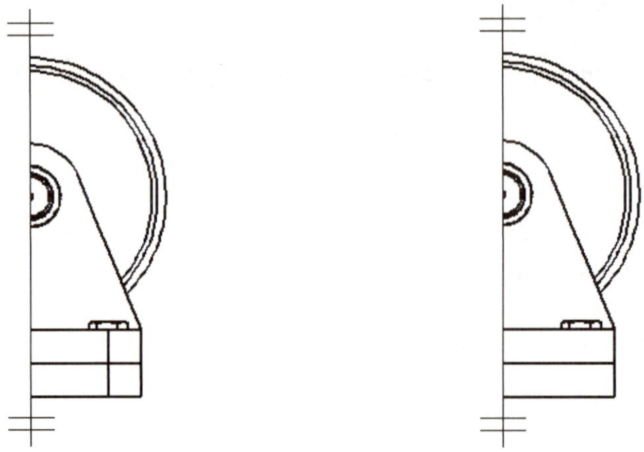

(a) 감추기 전 (b) 감추기 후

그림 5-3-12 우측면도 감추기 전과 후의 다른 모습

(7) 정면도의 부분 단면도 표현하기

생각하기 : 부분 단면도의 경우 어디를 절단할 것인지?

조립 정면도에는 축과 키가 조립된 모습을 볼 수 없다. 따라서 키와 축이 조립된 모습을 볼 수 있도록 절단을 하면 된다. 즉, 키와 축이 모두 절단 영역에 포함되도록 하기 위해서는 풀리가 플레이트의 정면(기준면)과 일치하도록 움직일 필요가 있다. 한편 부분 단면도는 보통 자유 곡선을 이용하여 절단하며 절단 깊이를 정확히 알고 있어야 한다.

수행 : 정면도에 대한 부분 단면도 나타내기

① 뷰 레이아웃에서 부분 단면도 " "를 클릭한다.

② 자유곡선 스케치 도구가 나타나며 그림 5-3-13 (a)와 같이 절단 영역을 스케치한다.

③ 절단 영역을 어떻게 표현할 것인지에 대한 설정 창이 그림 5-3-13 (c)와 같이 나타나며 여기서 자동해칭과 체결기 제외를 설정하고 확인을 클릭한다.

④ 그림 5-3-13 (b)와 같이 절단 깊이 설정 창이 나타나며 여기서 물체의 절반을 자를 경우 미리 절단 깊이를 알아놓고 그 깊이를 입력해야 하는데 여기서는 50 mm를 입력한다.

⑤ 확인을 클릭한다(그림 5-3-14).

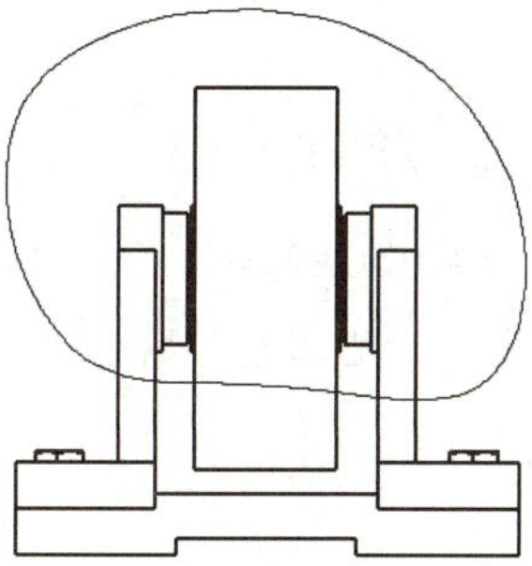

(a) 절단선 표시

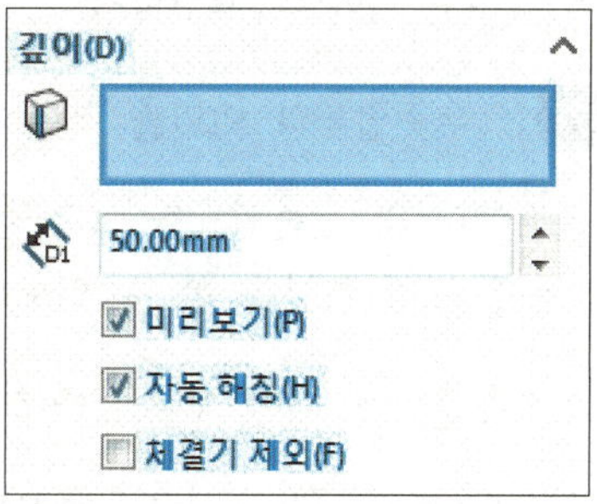

(b) 절단 깊이 설정

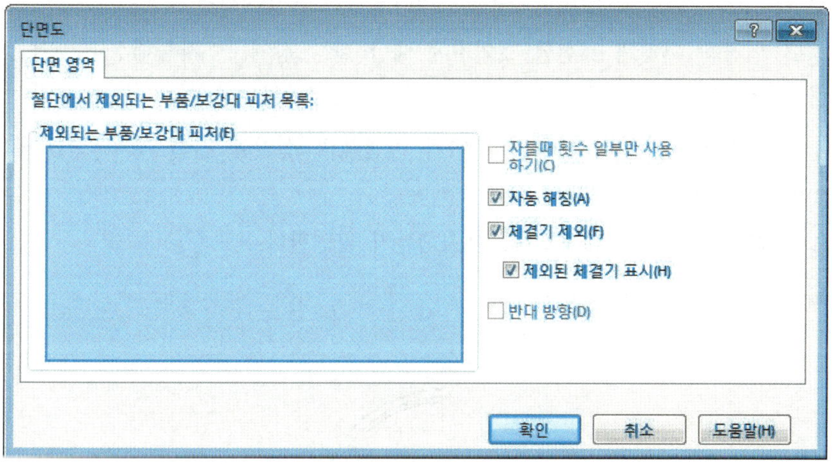

(c) 단면도 단면 영역 표현 설정

그림 5-3-13 단면 절단영역과 깊이 설정

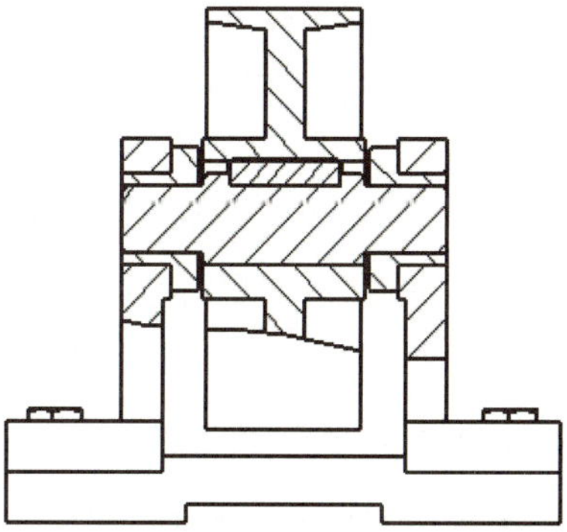

그림 5-3-14 정면도의 부분 단면도

(8) 우측면도의 부분 단면도 표현하기

생각하기 : 우측면도의 어디를 부분 단면도로 할 것인지?

그림 5-3-8 장치의 우측면도를 보면 볼트 체결 부분이 표현되어 있지 않고 숨겨져 있다. 따라서 볼트 체결 부분을 볼 수 있도록 부분적으로 단면도를 나타내어야 한다.

수행 : 우측면도에 대한 부분 단면도 나타내기

① 뷰 레이아웃에서 부분 단면도 " "를 클릭한다.

② 자유곡선 스케치 도구가 나타나며 절단 영역을 스케치한다.

③ 절단 영역을 어떻게 표현할 것인지에 대한 설정 창에서 "자동해칭"과 "체결기 제외"를 설정하고 확인을 클릭한다.

④ 절단 깊이 설정 창이 나타나며 여기서 물체의 절반을 자를 경우 절단 깊이를 13 mm로 입력한다.

⑤ "자동해칭"과 "체결기 제외"를 체크했는지 확인한다.

⑥ 확인을 클릭한다(그림 5-3-15).

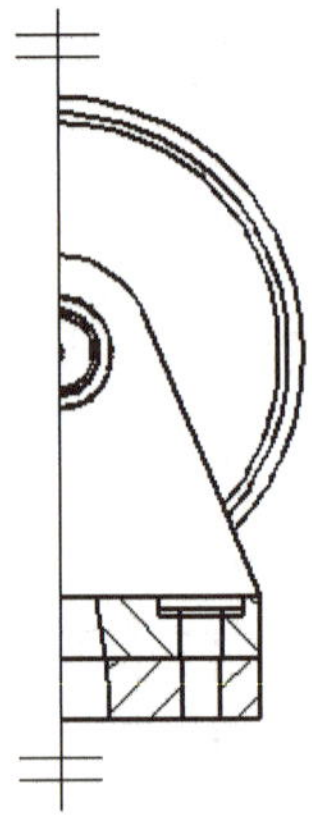

그림 5-3-15 우측면도의 부분 단면도

(9) 해칭 삭제 및 변경하기

생각하기 : 해칭 삭제 및 변경은 언제 하는가?

단면도를 나타내면 단면된 부분은 자동으로 해칭이 된다. 그런데 KS 규격에 따르면 조립도를 단면으로 표시하는 경우에 다음 부품은 원칙적으로 길이 방향으로 절단하지 않는다.

축, 핀, 볼트, 너트, 와셔, 작은 나사, 리벳, 키 ,테이퍼핀, 볼베어링의 볼, 리브, 웨브, 바퀴의 암, 기어 등이 그 예다(KS B 0001 9.2.8). 즉, 스크루, 볼트, 멈춤나사, 너트, 와셔, 키, 핀, 리벳 등의 체결용 부품들과 구름 베어링의 볼 및 롤러, 기어의 치면, 회전축 등은 단면도로 그리지 않는다. 이러한 요소부품들은 절단면 위에 있더라도 단면으로 그리면 쓸데없는 혼란을 주기 때문이다.

수행 : 정면도의 축 부분 해칭 삭제하기

① 정면도의 축의 해칭 부분에 커서를 갖고 가서 마우스 왼쪽 버튼을 누른다.

② 그림 5-3-16과 같은 해칭 창이 나타나며 여기서 "재질 해칭"의 체크를 없애고 속성에 "없음"을 체크한다.

③ 확인을 클릭한다.

수행 : 정면도의 키 부분 해칭 삭제하기

① 정면도의 키의 해칭 부분에 커서를 갖고 가서 마우스 왼쪽 버튼을 누른다.

② 그림 5-3-16과 같은 해칭 창이 나타나며 여기서 "재질 해칭"의 체크를 없앤다.

③ 속성에 "없음"을 체크한다.

④ 확인을 클릭한다.

그림 5-3-16 해칭 삭제 모습

그림 5-3-17 해칭 변경 모습

수행 : 정면도의 부시 부분 해칭 변경하기

① 정면도의 부시의 해칭 부분에 커서를 갖고 가서 마우스 왼쪽 버튼을 누른다.

② 그림 5-3-17과 같은 해칭 창이 나타나며 여기서 "재질 해칭"의 체크를 없앤다.

③ 속성에 "해칭 패턴 배율"을 조금 더 조밀하게 하기 위해 4로 하고, 해칭 패턴 각도는 방향을 반대로 하기 위해 90도로 한다.

④ 확인을 클릭한다(그림 5-3-18).

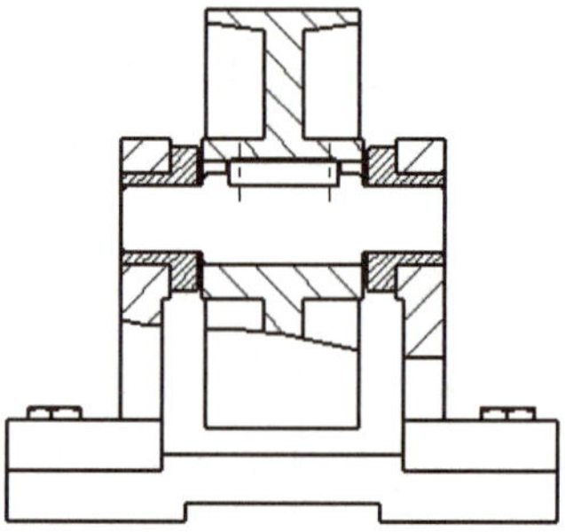

그림 5-3-18 해칭 삭제 및 변경 후 모습

(10) 중심선 나타내기

수행 : 중심선 나타내기

① 단면도에 중심선을 나타내려면 주석에서 중심선을 선택한다.

② 중심선 창에서 자동 삽입의 뷰 선택을 체크한다.

③ 정면도와 우측면도를 클릭한다(그림 5-3-19).

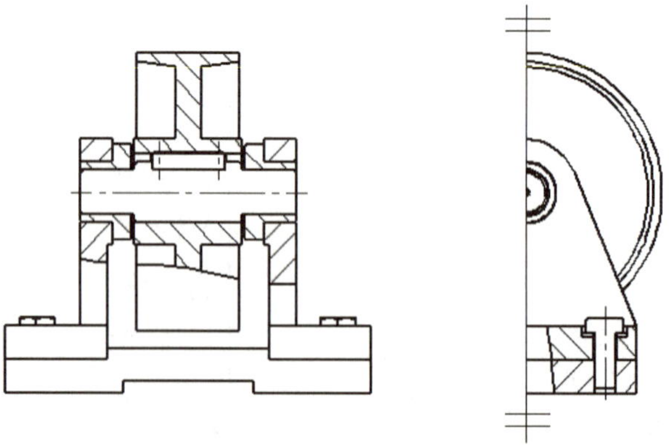

그림 5-3-19 중심선 나타낸 결과

(11) 조립도의 부품 번호 생성하기

생각하기 : 부품 번호는 왜 나타내야 하는가?

조립도의 부품 번호는 부품에 대한 정보, 즉 BOM(부품란)을 작성할 때와 부품에 대한 도면 작성을 위해 알리는데 필요한 정보이다.

수행 : 정면도의 부품 번호 생성하기

① 주석에서 부품 번호를 클릭한다.

② 정면도에서 플레이트 부분에 커서를 갖고 가서 마우스 왼쪽 버튼을 누른다.

③ 연속해서 브래킷, 회전축, 부시 및 벨트 풀리에 커서를 갖고 가서 마우스 왼쪽 버튼을 누른다.

④ 부품 번호를 고치고자 할 경우는 도면의 부품 번호를 클릭하고 부품 번호 창의 부품 번호 문자에서 "문자"를 클릭하고 원하는 부품 번호를 삽입한다.

⑤ 확인을 클릭한다(그림 5-3-20).

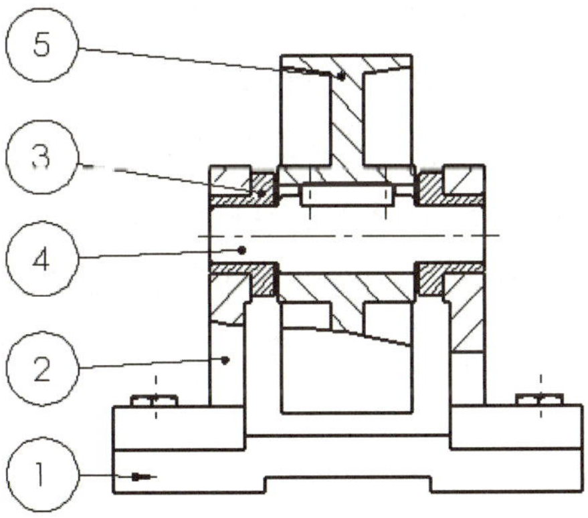

그림 5-3-20 부품 번호 생성 결과

(12) BOM 편집하기

수행 : 부품란 삽입하기

① 주석에서 테이블의 BOM을 클릭한다.

② BOM을 작성할 모델을 지정하라고 메시지가 뜨며 정면도를 클릭한다.

③ BOM메뉴가 나타나며 여기서 테이블 템플릿의 “”을 클릭하고 bom-material을 찾아 선택한다.

④ 확인을 클릭한다.

⑤ 도면에 적당한 위치에 BOM이 배치되도록 커서를 가져가서 왼쪽 버튼을 클릭한다.

⑥ 비고란이 필요 없다면 비고에 커서를 갖고 가서 삭제 버튼을 누른다.

⑦ 테이블에 커서를 갖고 가면 십자모양의 커서가 나타나고 이 때 커서를 움직여 도면 우측 상단에 그림 5-3-21과 같이 위치시킨다.

(13) 표제란 삽입하기

수행 : 새로운 표제란 삽입하기

① 시트편집 상태에서 일반테이블을 클릭한다.

② 테이블을 삽입할 수 있는 창이 나타나며 여기서 별표 모양을 클릭하면 미리 만들어 놓은 표제란 테이블 템플릿을 찾아서 가져올 수 있다.

③ 테이블 템플릿을 오른쪽 아래 모서리에 그림 5-3-22와 같이 위치하도록 배치한다.

④ 불필요한 비고란은 비고란(C)에 오른쪽 버튼을 눌러 보조 메뉴의 삭제에서 열을 클릭한다.

⑤ 체결 부품을 BOM에서 삭제하기 위해 7~9번에 오른쪽 버튼을 눌러 보조 메뉴의 삭제에서 행을 클릭한다.

⑥ 일반테이블 편집 완료 버튼을 누른다.

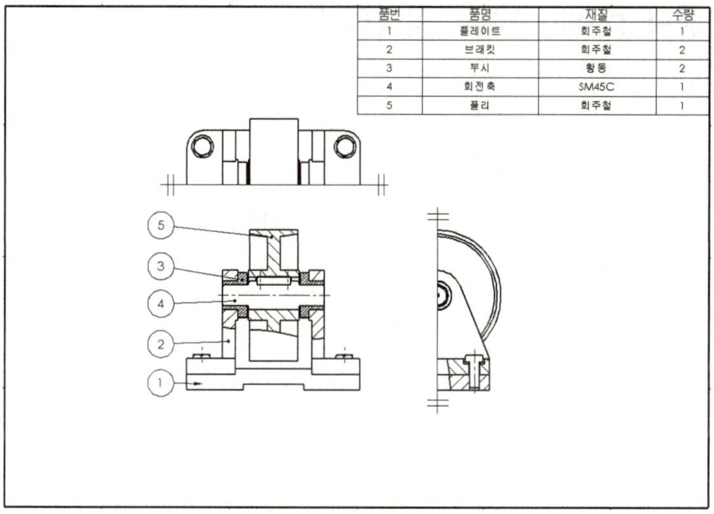

그림 5-3-21 BOM 작성 결과

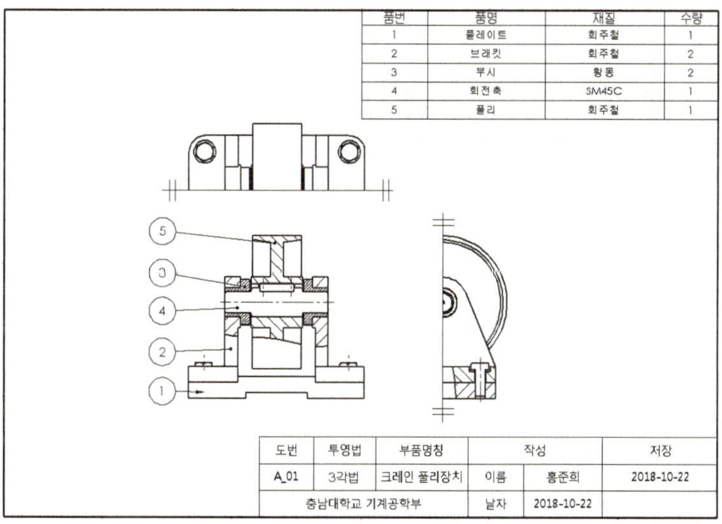

그림 5-3-22 표제란 삽입 결과

(14) 조립도 저장하기

수행 : 다른 이름으로 저장하기

① 저장 도구(💾)에서 다른 이름으로 저장하기를 클릭한다.

② 저장할 디렉토리를 정하고 파일이름을 "크레인 풀리장치"로 한다.

③ 저장 버튼을 클릭한다.

3-2-2 크레인 풀리장치의 분해도 작성하기

(1) 작업준비하기

수행 : 도면 작성 화면 들어가기

① 풀다운 메뉴에서 새로 만들기 아이콘을 선택한다.

② 기본 모듈 가운데 도면을 선택한다.

③ 시트 형식/크기 설정 창에서 찾아보기를 클릭한다.

④ a4-landscape.slddrt를 설정하고 열기를 한다.

⑤ 확인을 클릭한다.

(2) 시트 편집하기

수행 : 표제란 없애기

① 도면 Management 탭에서 시트형식을 선택한다.

② 시트형식 탭에서 시트 편집을 선택한다.

③ 표제란 부분을 마우스로 전체 드래그 하여 삭제 영역을 정하고 키보드의 삭제 버튼을 클릭한다.

④ 확인을 클릭한다.

(3) 도면 뷰 레이아웃 하기

수행 : 도면 뷰 레이아웃 하기

① 도면 화면의 오른쪽의 메뉴에서 뷰 팔레트를 선택하여 우측에 창을 띄운다.

② 이 창에서 윗 쪽의 "..."을 클릭하여 불러 오고자 하는 파일 이름을 선택한다. 그러면 그림 5-3-23과 같은 내용이 창에 뜨고 여기서 등각 분해도를 드래그 하여 끌어다 도면 시트 화면에 갖다 놓는다(그림 5-3-24).

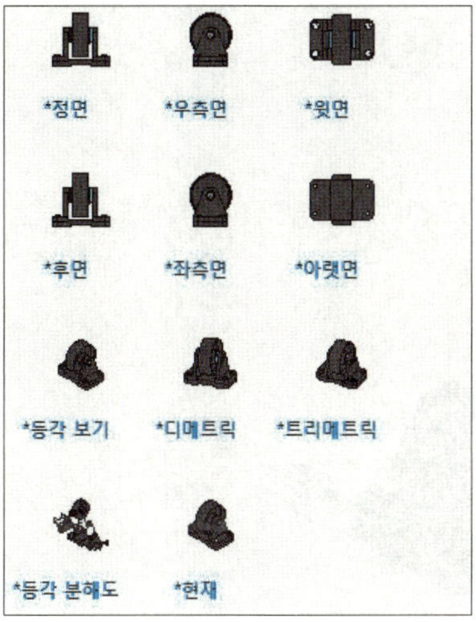

그림 5-3-23 뷰 모습

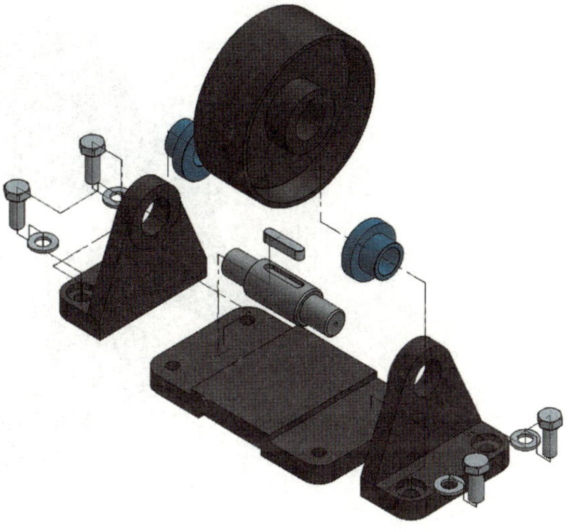

그림 5-3-24 등각 분해도 불러온 모습

(4) 분해도의 부품 번호 생성하기

생각하기 : 부품 번호는 왜 나타내야 하는가?

분해도의 부품 번호는 조립도와 마찬가지로 부품에 대한 정보, 즉 BOM(부품란)을 작성할 때와 부품에 대한 도면 작성을 위해 알리는데 필요한 정보이다.

수행 : 분해도의 부품 번호 생성하기

① 주석에서 부품 번호를 클릭한다.

② 분해도에서 플레이트 부분에 커서를 갖고 가서 마우스 왼쪽 버튼을 누른다.

③ 연속해서 브래킷, 회전축, 부시 및 벨트 풀리에 커서를 갖고 가서 마우스 왼쪽 버튼을 누른다.

④ 확인을 클릭한다(그림 5-3-25).

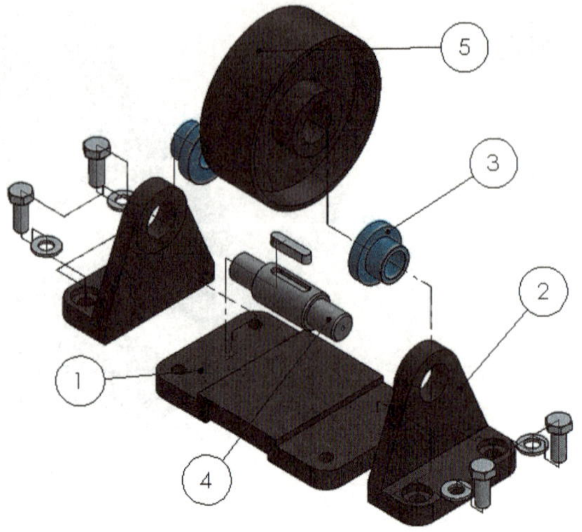

그림 5-3-25 부품 번호 생성 결과

(5) BOM 편집하기

수행 : 부품란 삽입하기

① 주석에서 테이블의 BOM을 클릭한다.

② BOM을 작성할 모델을 지정하라고 메시지가 뜨며 정면도를 클릭한다.

③ BOM메뉴가 나타나며 여기서 테이블 템플릿의 "[icon]"을 클릭하고 bom-material을 찾아 선택한다.

④ 확인을 클릭한다.

⑤ 도면에 적당한 위치에 BOM이 배치되도록 커서를 가져가서 왼쪽 버튼을 클릭한다.

⑥ 비고란이 필요 없다면 비고에 커서를 갖고 가서 삭제 버튼을 누른다.

⑦ 테이블에 커서를 갖고 가면 십자모양의 커서가 나타나고 이 때 커서를 움직여 도면 우측 상단에 위치시킨다.

(6) 표제란 삽입하기

수행 : 새로운 표제란 삽입하기

① 시트편집 상태에서 일반테이블을 클릭한다.

② 테이블을 삽입할 수 있는 창이 나타나며 여기서 별표 모양을 클릭하면 미리 만들어

놓은 표제란 테이블 템플릿을 찾아서 가져올 수 있다.

③ 테이블 템플릿을 오른쪽 아래 모서리에 위치하도록 배치한다.

④ 일반테이블 편집 완료 버튼을 누른다(그림 5-3-26).

품번	품명	재질	수량
1	플레이트	회주철	1
2	브래킷	회주철	2
3	부시	황동	2
4	회전축	SM45C	1
5	풀리	회주철	1

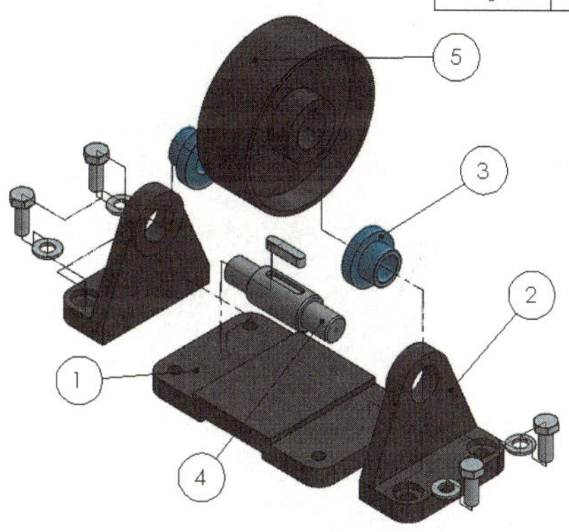

도번	투영법	부품명칭	작성		저장
A_01	3각법	크레인 풀리장치	이름	홍준희	2018-10-22
크레인 풀리장치			날짜	2018-10-22	

그림 5-3-26 BOM 및 표제란 삽입 모습

(7) 분해도 저장하기

수행 : 다른 이름으로 저장하기

① 저장 도구(💾)에서 다른 이름으로 저장하기를 클릭한다.

② 저장할 디렉토리를 정하고 파일이름을 "크레인 풀리장치_1"로 한다.

③ 저장 버튼을 클릭한다.

3-2-3 크레인 풀리장치의 부품도 작성하기

3-2-3-1 플레이트 부품도 작성하기

(1) 도면 작성 준비하기

수행 : 도면 작성 화면 들어가기

① 풀다운 메뉴에서 새로 만들기 아이콘을 선택한다.

② 기본 모듈 가운데 도면을 선택한다.

③ 시트 형식/크기 설정 창에서 찾아보기를 클릭한다.

④ a4-landscape.slddrt를 설정하고 열기를 한다.

⑤ 확인을 클릭한다.

(2) 시트 편집하기

수행 : 표제란 없애기

① 도면 Management 탭에서 시트형식을 선택한다.

② 시트형식 탭에서 시트 편집을 선택한다.

③ 파란색의 표제란 부분에 대해 마우스로 전체 드래그 하여 삭제 영역을 정하고 키보드의 삭제 버튼을 클릭한다.

④ 확인을 클릭한다.

수행 : 새로운 표제란 삽입하기

① 시트편집 상태에서 일반테이블을 클릭한다.

② 테이블을 삽입할 수 있는 창이 나타나며 여기서 별표 모양을 클릭하면 미리 만들어 놓은 표제란 테이블 템플릿을 찾아서 가져올 수 있다.

③ 테이블 템플릿을 오른쪽 아래 모서리에 위치하도록 배치한다.

④ 일반테이블 편집 완료 버튼을 누른다.

(3) 모델 뷰 표현하기

수행 : 2면도를 위한 모델 뷰 정하기

① 뷰 레이아웃에서 모델뷰( )를 클릭한다.

② 문서열기가 나타나며 "플레이트"를 더블 클릭한다.

③ 정면도를 적절히 배치하고 평면도를 윗쪽으로 커서를 움직여 나타낸다(그림 5-3-27 (a)).

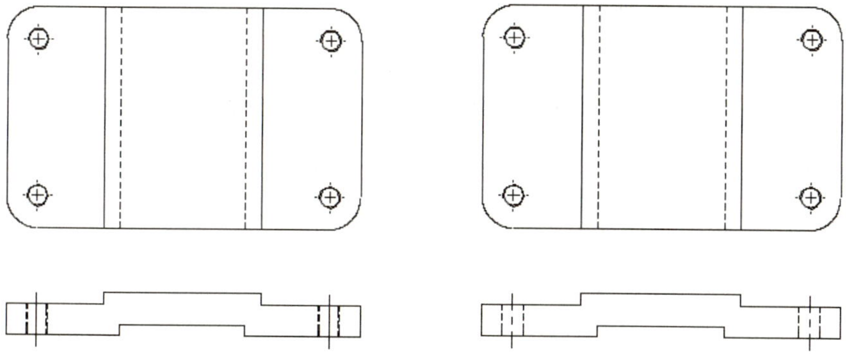

(a) 숨은선 포함 최초 모델 뷰 (b) 숨은선 포함 모델 뷰 정리

그림 5-3-27 정면도와 평면도

수행 : 모델 뷰 정리하기

① 모델 뷰에서 정면도의 필렛 부분을 숨기기 위한 선에 커서를 데고 오른 쪽 마우스를 클릭한다.

② 연속적으로 정면도의 필렛 선을 숨기기 위해 Ctrl(컨트롤 키)를 누른 상태에서 정면도의 필렛 선을 계속 클릭한 후에 서브 메뉴에서 숨기기/표시( )를 클릭한다(그림 5-3-27 (b)).

(4) 치수 기입하기

수행 : 모델 뷰의 치수 표시하기

① 도면 탭에서 주석을 클릭한다.

② 주석 메뉴 가운데 모델항목( )을 선택한다.

③ 확인을 클릭하면 도면의 모든 치수가 표시된다.

④ 그림 5-3-28과 같이 필요한 치수는 삽입하고 및 불필요한 치수는 삭제하여 보기 좋게 치수 정리를 한다.

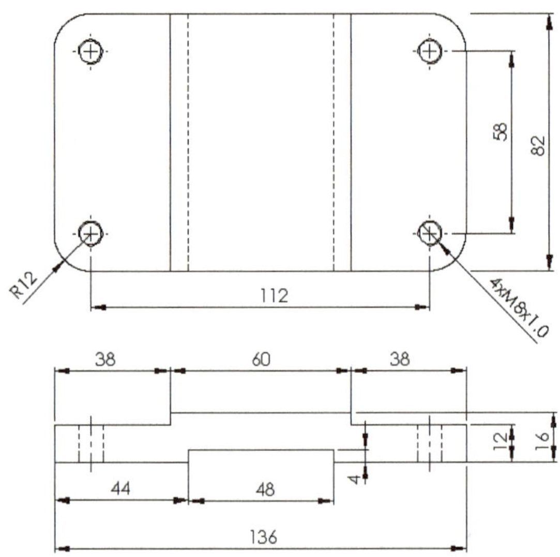

그림 5-3-28 치수 기입

(5) 치수 공차 기입하기

생각하기 : 치수 공차는 어떻게 선정하면 좋을까?

플레이트에 조립되는 두 브래킷의 간격을 생각하여 치수공차를 주는데 플레이트를 가공할 때 이 치수공차를 고려하여 가공여유를 준다고 보면 된다. 여기서는 아래 치수허용차를 주지 않고 위 치수공차만 주는 것으로 한다. 즉, 플레이트의 브래킷 간격을 $60^{+0.2}_{\ 0}$로 한다.

수행 : 브래킷 조립 간격 치수 및 공차 표시하기

① 주석 메뉴 가운데 “지능형 치수”를 선택한다.

② 브래킷 간격 60에 대해서 공차/정밀을 “좌우 상칭”으로 설정한다.

③ 그림 5-3-29와 같이 최대 편차를 +0.2, 최소 편차를 0으로 한다. 즉, 공차 $60^{+0.2}_{0}$을 기입한다.

④ 텍스트 글꼴 메뉴가 나타나며 여기서 공차의 글꼴 크기는 치수의 기타를 클릭하여 치수 글꼴 사용 체크를 없애고 글꼴을 체크한다.

⑤ 글꼴 배율을 그림 5-3-29와 같이 치수 글꼴 크기에 비해 0.7배율이 되도록 한다.

⑥ 확인을 클릭한다(그림 5-3-30).

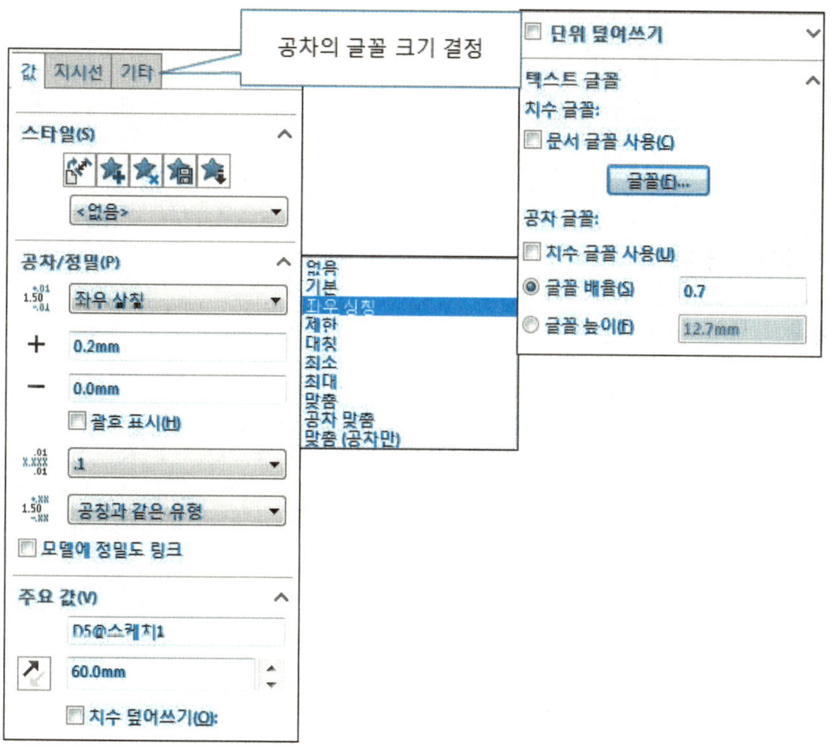

그림 5-3-29 치수 공차의 설정 과정

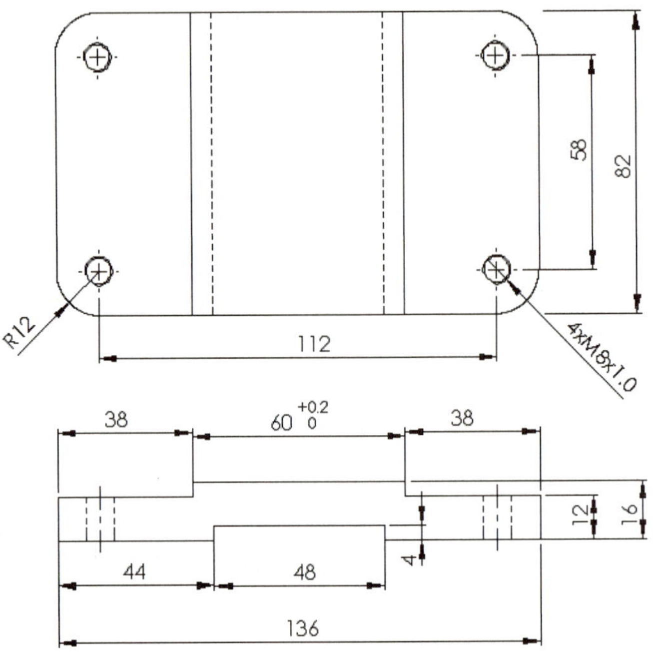

그림 5-3-30 치수 공차 및 글꼴 크기 설정 결과 모습

(6) 기하공차 기입하기

수행 : 평행도 표시하기

① 도면 탭의 주석에서 "기하 공차"를 클릭한다.

② 기하공차 속성창이 나타나며 여기서 "평행도"를 설정하고 평행도 값 0.011을 기입한다.

③ 확인을 클릭한다.

수행 : 데이텀 표시하기

① 도면 탭의 주석에서 "데이텀 피처"를 클릭한다.

② 해당 데이텀 면을 지정한다. 즉, 그림 5-3-31 (a)와 같이 위치도 해당 면을 데이텀 A와 B로 지정한다.

③ 확인을 클릭한다.

수행 : 위치도 표시하기

① 도면 탭의 주석에서 "기하 공차"를 클릭한다.

② 기하공차 속성창이 나타나며 그림 5-3-31 (b)와 같이 기호는 "위치도"를 설정하고 공차1은 ∅0.03 및 제1은 데이텀 면인 A면과 B면을 설정한다.

③ 확인을 클릭한다(그림 5-3-31 (c)).

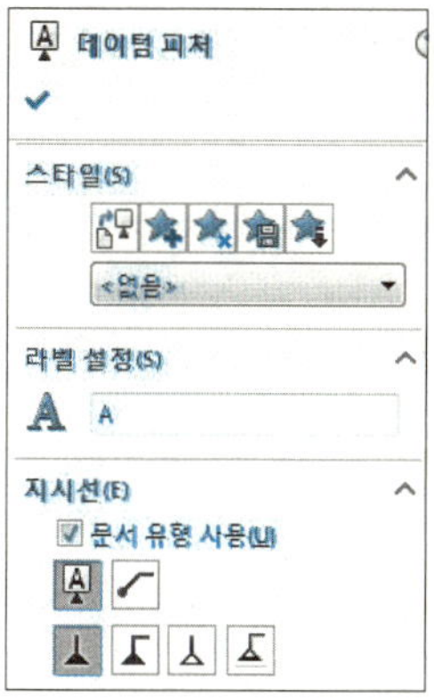

(a) 데이텀 속성 창

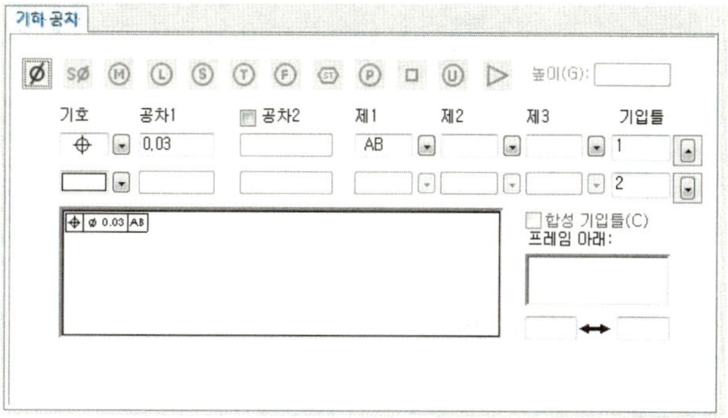

(b) 기하공차 속성 창

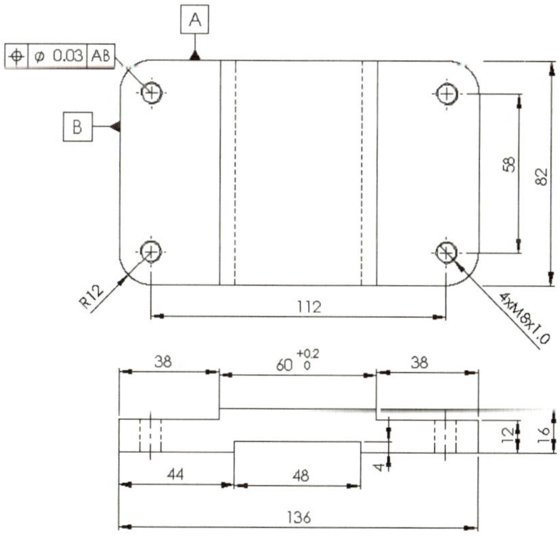

(c) 기하공차 모습

그림 5-3-31 데이텀 면 지정과 기하공차 설정 결과

(7) 표면 거칠기 기입하기

수행 : 표면 거칠기 표시하기

① 도면 탭의 주석에서 “표면 거칠기(√)”를 선택한다.

② 그림 5-3-32 (a)와 같이 속성 대화창이 나타난다. 여기서 기호의 종류를 선택하고 거칠기 정도를 나타내는 레이아웃을 정한다.

③ 표면 거칠기를 나타내고자 하는 면에 커서를 대고 왼쪽 버튼을 클릭한다. 만일 반대 방향으로 나타내고자 하면 각도에서 180을 기입하면 반대반향으로 된다.

④ 확인 버튼을 누른다(그림 5-3-32 (b)).

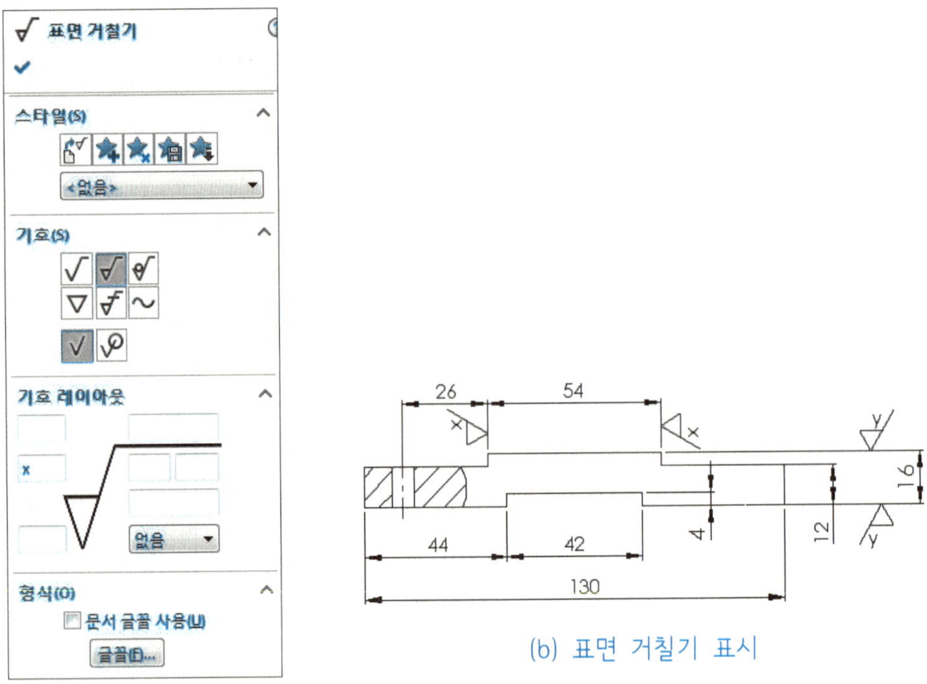

(a) 속성 창

(b) 표면 거칠기 표시

그림 5-3-32 표면 거칠기 설정

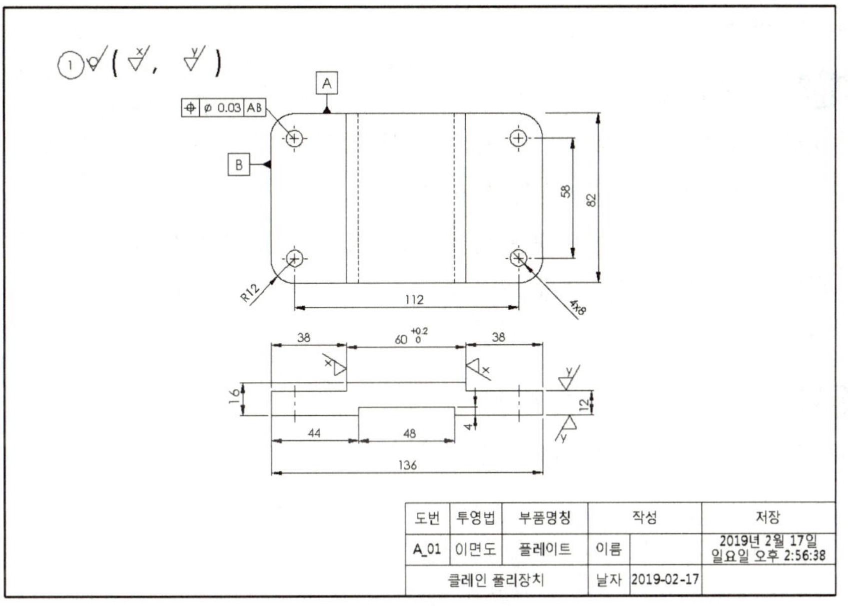

그림 5-3-33 도면 완료 모습

(8) 플레이트 부품도 저장하기

수행 : 다른 이름으로 저장하기

① 저장 도구(💾)에서 다른 이름으로 저장하기를 클릭한다.

② 저장할 디렉토리를 정하고 파일이름을 "플레이트"로 한다.

3-2-3-2 브래킷 부품도 작성하기

(1) 도면 작성 준비하기

수행 : 도면 작성 화면 들어가기

① 풀다운 메뉴에서 새로 만들기 아이콘을 선택한다.

② 기본 모듈 가운데 도면을 선택한다.

③ 시트 형식/크기 설정 창에서 찾아보기를 클릭한다.

④ a4-landscape.slddrt를 설정하고 열기를 한다.

⑤ 확인을 클릭한다.

(2) 시트 편집하기

수행 : 표제란 없애기

① 도면 Management 탭에서 시트형식을 선택한다.

② 시트형식 탭에서 시트 편집을 선택한다.

③ 파란색의 표제란 부분에 대해 마우스로 전체 드래그 하여 삭제 영역을 정하고 키보드의 삭제 버튼을 클릭한다.

④ 확인을 클릭한다.

수행 : 새로운 표제란 삽입하기

① 시트편집 상태에서 일반테이블을 클릭한다.

② 테이블을 삽입할 수 있는 창이 나타나며 여기서 별표 모양을 클릭하면 미리 만들어 놓은 표제란 테이블 템플릿을 찾아서 가져올 수 있다.

③ 테이블 템플릿을 오른쪽 모서리에 위치하도록 배치한다.

④ 일반테이블 편집 완료 버튼을 누른다.

(3) 표준 3도 표현하기

수행 : 투상도 작성하기

① 뷰 레이아웃에서 표준 3도( )를 클릭한다.

② 문서열기가 나타나며 브래킷을 더블 클릭한다(그림 5-3-34).

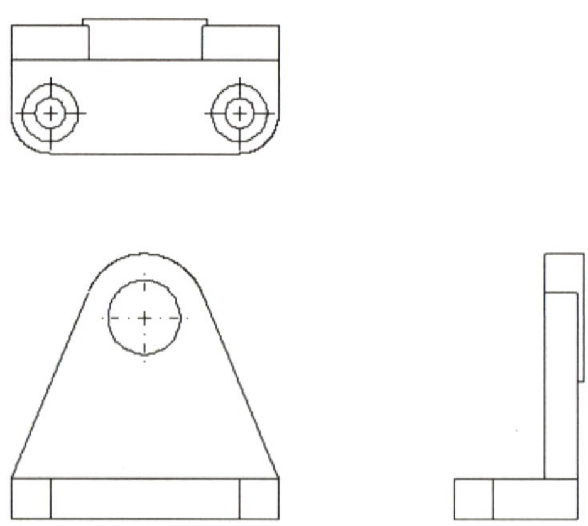

그림 5-3-34 표준 3도

(4) 불필요 부분 감추기

생각하기 : 모서리를 둥글게 라운드 처리한 도면은 감추는 것이 좋다

둥글게 라운드 처리가 되어 있는 부품을 도면에서는 보통 감추고 있다. 즉, 정면도의 라운드 부분이 선으로 표현되어 있으면 오해의 소지가 있으므로 감추어 표현하고 있다.

수행 : 정면도 및 우측면도의 라운드 부분 감추기

① 정면도의 라운드 부분에 커서를 대면 주홍색으로 변한다. 이 때 마우스 오른 쪽 버튼을 눌러 모서리 숨기기/표시(![icon])를 클릭한다(그림 5-3-35).

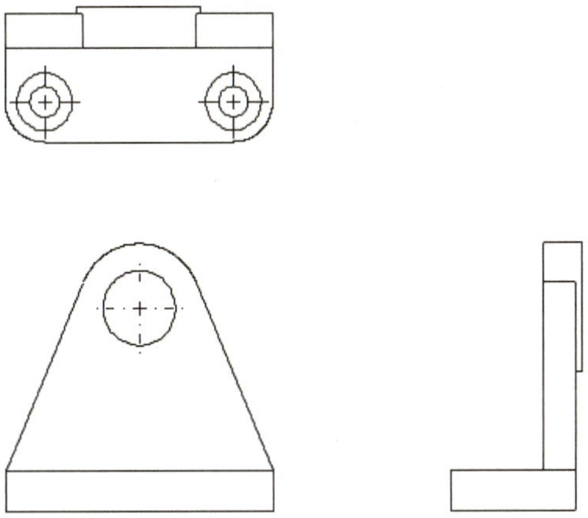

그림 5-3-35 라운드 부분 감춘 모습

(5) 부분 단면도 작성하기

생각하기 : 부분 단면도의 절단면 결정은 어떻게 하나?

축이 조립되는 구멍과 볼트가 조립되는 구멍을 보이도록 절단을 하면 된다. 즉, 자유곡선을 사용하여 두 곳이 잘 나타나도록 영역 설정을 하면 된다. 단지 부분 단면도는 자르는 깊이를 정확히 알고 있어야 정확히 내부 형태를 나타낼 수 있으니 자르기 전에 중간지점의 깊이가 어느 정도인지 확인이 필요하다.

수행 : 부분 단면도 작성하기

① 뷰 레이아웃에서 부분 단면도를 클릭한다.

② 연필 모양의 자유 곡선 탭이 나타나며 이것을 이용하여 절단 영역을 스케치한다.

③ 절단 깊이를 35 mm로 한다.

④ 완료를 클릭하면 그림 5-3-36과 같이 부분 단면도가 생성된다.

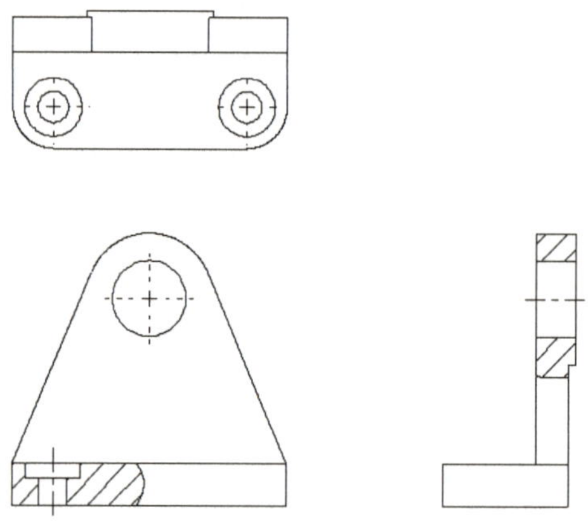

그림 5-3-36 부분도 표시

(6) 치수 기입하기

수행 : 치수 표시하기

① Feature Manager 디자인트리에서 도면뷰*에 커서를 데고 마우스 오른쪽 버튼을 클릭하여 피처 편집을 설정한다.

② 도면 탭에서 주석을 클릭한다.

③ 주석 메뉴 가운데 모델항목()을 선택한다.

④ 확인을 클릭하면 도면의 모든 치수가 표시된다.

⑤ 그림 5-3-37과 같이 치수를 보기 좋게 정리한다.

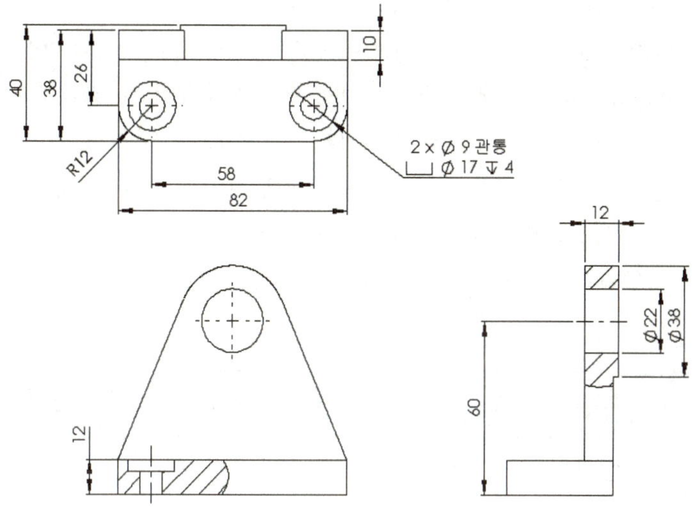

그림 5-3-37 치수 기입 완료 도면

(7) 치수 공차 기입하기

생각하기 : 부시의 억지 끼워 맞춤 공차는 어떻게 선정하면 좋을까?

브래킷에 조립되는 부시는 축의 미끄럼 운동을 해주는 역할을 하므로 브래킷에서 고정되어야 한다. 즉, 억지 끼워 맞춤으로 조립되어야 한다.

보통 억지 끼워 맞춤 상태 및 적용 예는 부록9의 억지끼워맞춤 가운데 일부인 표 5-3-2와 같으며 여기서 부품을 손상하지 않고 분해가 곤란한 상태인 H7/p6의 억지 끼워 맞춤을 선택하기로 한다. 여기서 H7/p6는 기호 치수 공차로 부시가 브래킷에 끼워 맞춤되는데 브래킷의 구멍의 기호 치수공차는 H7이고 부시 외경의 기호 치수공차는 p6라는 의미이다. 즉, 구멍의 경우는 IT7(부록 3의 KS IT 기본공차표에 의해 공차 0.021 ㎜)로 하고, 부시 외경은 공차를 IT6(부록 3의 KS IT 기본공차표에 의해 공차 0.013 ㎜)으로 한다는 의미이다.

표 5-3-2 억지 끼워 맞춤

끼워 맞춤	끼워 맞춤 상태 및 적용 예
H6/n6	조립 및 분해에 큰 힘이 필요한 끼워 맞춤/ 철과 철, 청동과 동의 표준 압입 고정부
H7/p6	부품을 손상시키지 않고 분해 곤란
H6/p6	대형 부품에서는 가열 끼워 맞춤, 냉각 끼워 맞춤, 강 압입
H7/r6	끼워 맞춤의 결합력으로 작은 힘 전달 가능/ 조인트와 샤프트

KS 규격표에 의하면 구멍의 치수허용차는 지름 18~24 범위에 H7은 아래의 치수허용차가 0 ㎛로 되어 있으므로 위 치수허용차는 IT7등급인 21 ㎛가 되어야 한다. 축(부시 외경)의 경우, KS 규격표에 의해 축의 치수허용차는 지름 18~24 범위에 p6은 아래의 치수허용차가 22 ㎛로 되어 있으므로 위 치수허용차는 IT6등급인 35 ㎛가 되어야 한다.

그러면 과연 억지 끼워 맞춤이 맞는지를 확인해 보도록 한다. 억지 끼워 맞춤은 틈새는 관여하지 않고 최대 죔새와 최소 죔새만이 관여하므로 표 5-3-3과 같이 억지 끼워 맞춤이라는 것을 확인할 수 있다.

표 5-3-3 최대 틈새와 최대 죔새 계산

구분	구멍	축(부시 외경)
기준 치수	22	22
최대 허용 치수	22.021	22.035
최소 허용치수	22.000	22.022

최대 죔새 = 축의 최대 허용치수(22.035)-구멍의 최소 허용치수(22.000)=0.035
최소 죔새 = 축의 최소 허용치수(22.022)-구멍의 최대 허용치수(22.021)=0.001

수행 : 부시의 끼워 맞춤에 대한 구멍의 기호 공차 표시하기

① 주석 메뉴 가운데 "지능형 치수"를 선택한다.

② 브래킷 구멍 지름 22에 대해서 공차/정밀을 "없음"으로 설정한다.

③ 치수 텍스트에서 〈MOD-DIAM〉〈DIM〉H7로 기입한다.

④ 확인을 클릭한다(그림 5-3-38).

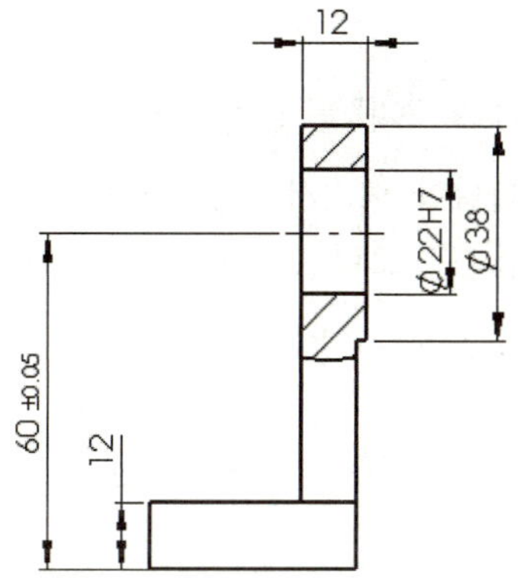

그림 5-3-38 치수 공차 및 글꼴 크기 설정 결과 모습

수행 : 구멍의 중심에 대한 치수 공차 표시하기

① 주석 메뉴 가운데 “지능형 치수”를 선택한다.

② 브래킷 구멍 중심선까지의 길이 60에 대해서 공차/정밀을 “대칭”으로 설정한다.

③ 공차 글꼴 크기는 치수의 “기타”를 클릭하여 치수 글꼴 사용 체크를 없앤다.

④ 글꼴 배율을 치수 글꼴 크기에 비해 0.7배율이 되도록 한다.

⑤ 확인을 클릭한다(그림 5-3-38).

(8) 기하공차 기입하기

수행 : 데이텀 표시하기

① 도면 탭의 주석에서 “데이텀 피처”를 클릭한다.

② 해당 데이텀 면을 지정한다. 즉, 그림 5-3-39 (a)와 같이 평행도 해당 면을 데이텀 A로 지정한다.

③ 확인을 클릭한다.

수행 : 평행도 표시하기

① 도면 탭의 주석에서 “기하 공차”를 클릭한다.

② 기하공차 속성창이 나타나며 여기서 “평행도”를 설정하고 평행도 값 0.011을 기입하며 마지막으로 데이텀면을 그림 5-3-39 (b)와 같이 지정한다.

③ 확인을 클릭한다(그림 5-3-39 (c)).

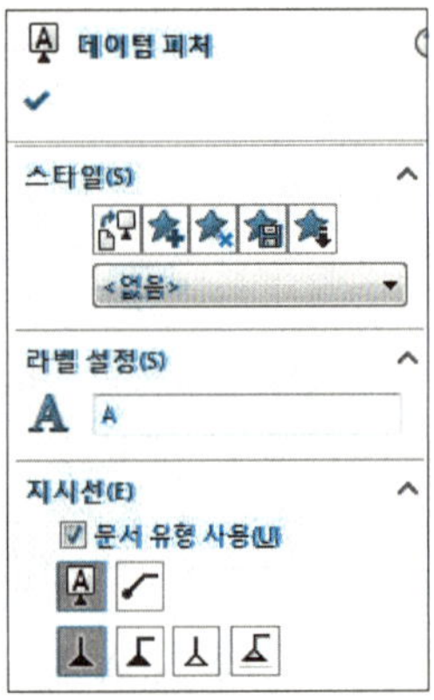

(a) 데이텀 속성 창

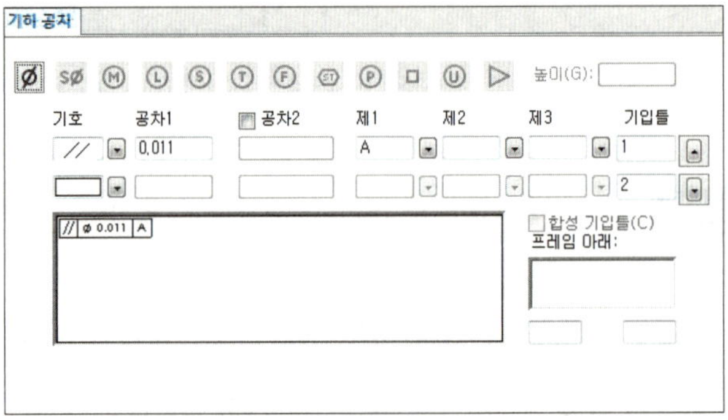

(b) 기하공차 창

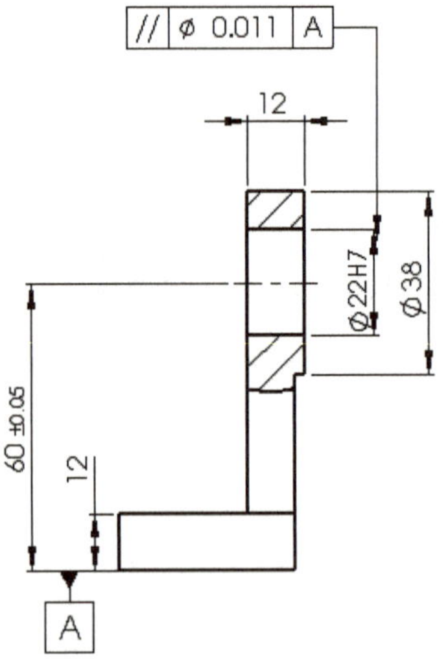

(c) 기하공차 표시 결과

그림 5-3-39 데이텀 면 지정과 기하공차 설정 과정

(9) 표면 거칠기 기입하기

수행 : 표면 거칠기 표시하기

① 도면 탭의 주석에서 "표면 거칠기(√)"를 선택한다.

② 속성 대화창이 나타난다. 여기서 기호의 종류를 선택하고 거칠기 정도를 나타내는 레이아웃을 정한다.

③ 표면 거칠기를 나타내고자 하는 면에 커서를 데고 왼쪽 버튼을 클릭한다. 만일 반대 방향으로 나타내고자 하면 각도에서 180을 기입하면 반대반향으로 된다.

④ 확인 버튼을 누른다(그림 5-3-40).

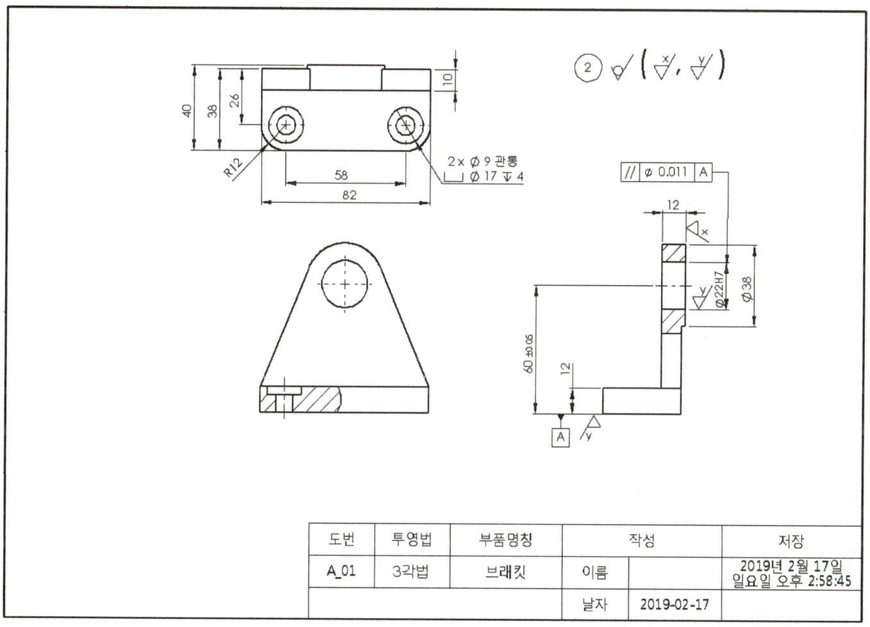

그림 5-3-40 도면 완료 모습

(10) 브래킷 부품도 저장하기

수행 : 다른 이름으로 저장하기

① 저장 도구(💾)에서 다른 이름으로 저장하기를 클릭한다.

② 저장할 디렉토리를 정하고 파일이름을 "브래킷"으로 한다.

③ 저장 버튼을 클릭한다.

3-2-3-3 풀리 부품도 작성하기

(1) 도면 작성 준비하기

수행 : 도면 작성 화면 들어가기

① 풀다운 메뉴에서 새로 만들기 아이콘을 선택한다.

② 기본 모듈 가운데 도면을 선택한다.

③ 시트 형식/크기 설정 창에서 찾아보기를 클릭한다.

④ a4-landscape.slddrt를 설정하고 열기를 한다.

⑤ 확인을 클릭한다.

(2) 표제란 삭제하기

수행 : 표제란 없애기

① 도면 Management 탭에서 시트형식을 선택한다.

② 시트형식 탭에서 시트 편집을 선택한다.

③ 파란색의 표제란 부분에 대해 마우스로 전체 드래그 하여 삭제 영역을 정하고 키보드의 삭제 버튼을 클릭한다.

④ 확인을 클릭한다.

(3) 부분 단면도 표현하기

수행 : 투상도 작성하기

① 뷰 레이아웃에서 모델뷰()를 클릭한다.

② 문서열기가 나타나며 "풀리"를 더블 클릭한다.

③ 정면도가 디폴트되어 있으므로 정면도를 적절히 배치하고 크기를 적절히 정한다.

④ 주석에서 중심선을 클릭한다.

⑤ 자동 삽입에 뷰 선택을 체크한다(그림 5-3-41 (a)).

수행 : 부분 단면도 작성하기

① 부분 단면도를 클릭한다.

② 문서열기가 나타나며 회전축을 더블 클릭한다.

③ 부분 단면도를 나타내기 위한 영역을 스플라인 곡선을 이용하여 스케치한다.

④ 부분 단면도 깊이를 50㎜로 한다.

⑤ 확인을 클릭한다(그림 5-3-41 (b)).

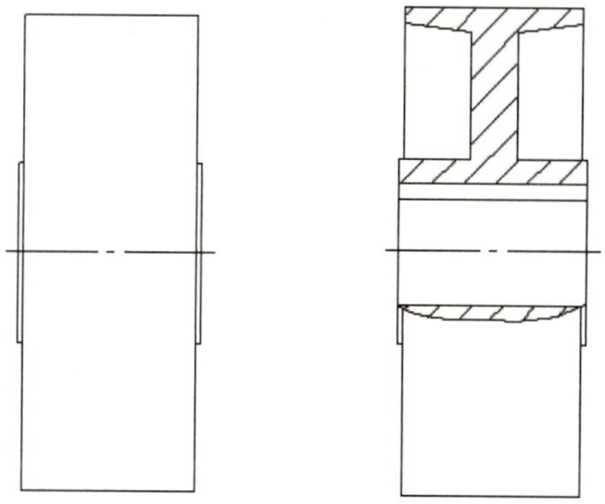

(a) 투영도 (b) 반단면도

그림 5 3 41 풀리 부분 단면도

(4) 치수 기입하기

수행 : 일반 치수 표시하기

① "모델항목"을 클릭한다.

② 확인을 클릭하여 도면의 모든 치수를 표시한다.

③ 그림 5-3-42와 같이 치수를 보기 좋게 정리한다.

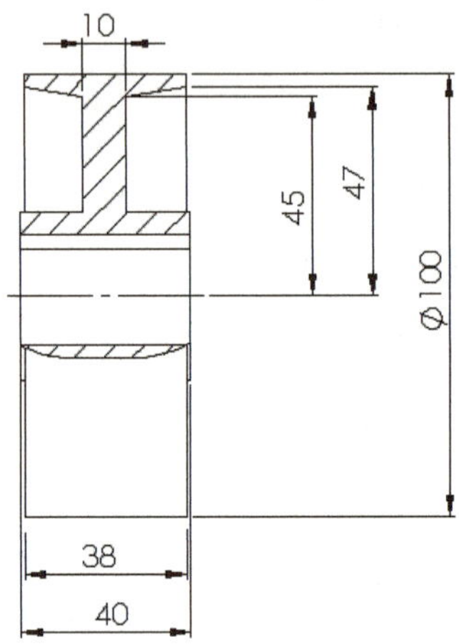

그림 5-3-42 치수 표시

수행 : 치수보조선/ 치수선 숨기기 및 치수 정리

① 축이 조립되는 부시의 안쪽 반지름 치수 보조선에 커서를 데면 노란색으로 활성화 하고 마우스 오른쪽 버튼을 누른다.

② 서브 메뉴가 나오고 메뉴 가운데 그림 5-3-43 (a)의 "치수보조선 숨기기"를 클릭한다.

③ 이번에는 그림 5-3-42의 반지름 치수선에 커서를 데면 노란색으로 활성화 하고 마우스 오른쪽 버튼을 누른다.

④ 서브 메뉴가 나오고 메뉴 가운데 그림 5-3-43 (b)의 "치수선 숨기기"를 클릭한다.

⑤ 치수를 지름 치수로 바꾸고 그 앞에 ∅를 삽입한다(그림 5-3-44).

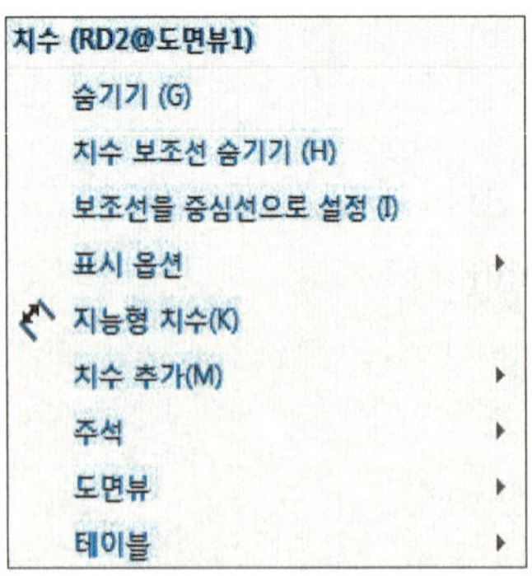

(a) 치수보조선 숨기기

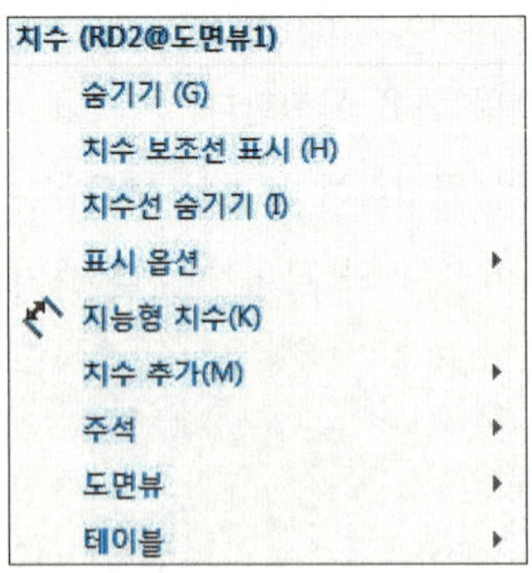

(b) 치수선 숨기기

그림 5-3-43 치수 보조선/치수선 숨기기

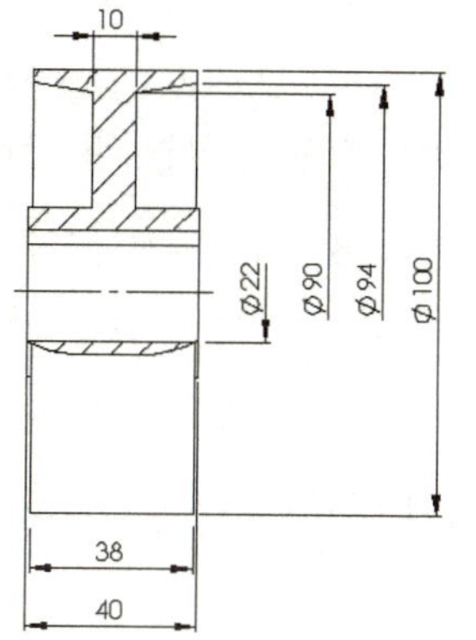

그림 5-3-44 치수 보조선/ 치수선 숨기기 및 치수 정리

(5) 키 홈 표시

수행 : 키 홈 스케치

① 스케치에서 원 도구를 사용하여 풀리 중심과 원의 중심이 일치하는 지름 33인 원을 스케치 한다.

② 중심 사각형 도구를 이용하여 6×5.6인 사각형을 원의 윗 부분 중심에 스케치한다(그림 5-3-45 (a)).

③ 요소 잘라내기 도구를 이용하여 키 홈과 관련된 부분을 제외하고 불필요한 선을 제거한다(그림 5-3-45 (b)).

④ 중심선 도구를 이용하여 원의 중심을 지나는 중심선을 긋는다.

⑤ 오른 쪽 반쪽만 남기고 요소 잘라내기 도구를 이용하여 왼쪽의 불필요한 선을 제거한다.

⑥ 대칭이므로 반쪽을 나타내는 두 줄을 중심선에 대해 그림 5-3-45 (c)와 같이 스케치한다.

⑦ 지능형 치수 및 보조선 제거 등을 이용하여 그림 5-3-45 (c)와 같이 치수를 나타낸다.

⑧ 확인을 클릭한다.

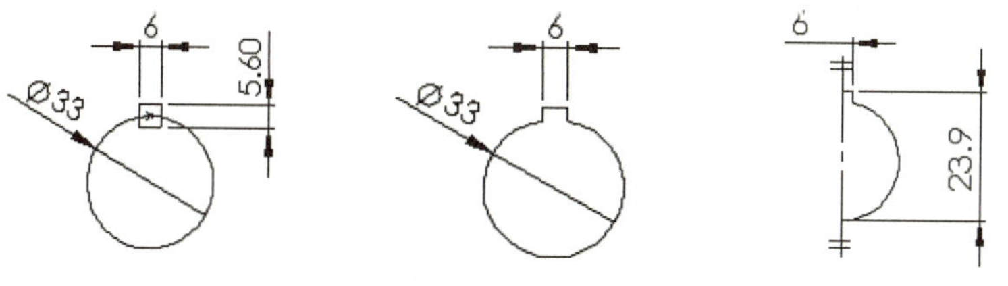

(a) 원 및 사각형 (b) 키 홈 표시 (c) 치수 표시

그림 5-3-45 키 홈의 스케치 및 치수 표시

(6) 치수 공차 기입하기

생각하기 : 풀리의 한계 허용 치수 공차는 얼마나 주면 좋을까?

지금은 폐지되었지만 옛날 KS B 1402에서는 호칭 지름 ∅100 ㎜에 대해 허용차 ±1.2 ㎜를 주는 것으로 되어 있다. 따라서 특별한 규정이 없는 한 옛날 것을 사용하는 것이 아직은 올바르다고 생각한다.

수행 : 풀리 외경 치수 공차 표시하기

① 도면 가운데 풀리 외경 "∅100"을 클릭한다.

② 공차/정밀을 "대칭"으로 설정한다.

③ 최대 편차를 1.2로 한다. 즉, 공차 $\phi 100 \pm 1.2$을 기입한다.

④ 텍스트 글꼴 메뉴가 나타나며 여기서 공차의 글꼴 크기는 치수의 기타를 클릭하여 치수 글꼴 사용 체크를 없애고 글꼴을 체크한다.

⑤ 글꼴 배율을 치수 글꼴 크기에 비해 0.7배율이 되도록 한다.

⑥ 확인을 클릭한다.

수행 : 키 홈 높이 치수 공차 표시하기

① 도면 가운데 키 홈 높이 "23.9"를 클릭한다.

② 공차/정밀을 "좌우대칭"으로 설정한다.

③ KS 규격에 따라 최대 편차를 0, 최소 편차를 0.1로 한다. 즉, 공차 $23.9^{+0.1}_{0}$을 기입한다.

④ 텍스트 글꼴 메뉴가 나타나며 여기서 공차의 글꼴 크기는 치수의 기타를 클릭하여 치수 글꼴 사용 체크를 없애고 글꼴을 체크한다.

⑤ 글꼴 배율을 치수 글꼴 크기에 비해 0.7배율이 되도록 한다.

⑥ 확인을 클릭한다(그림 5-3-46).

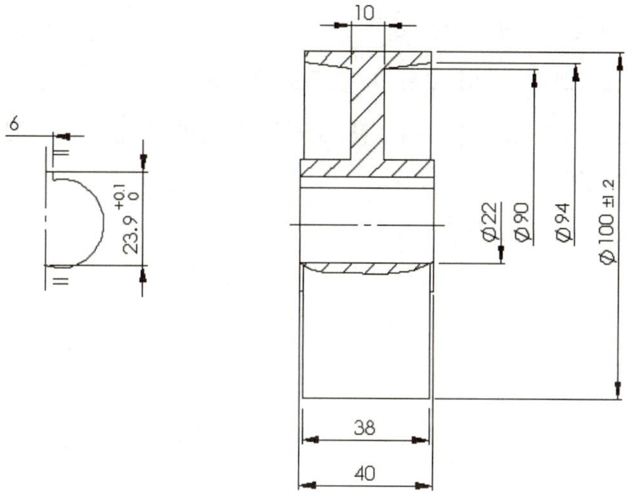

그림 5-3-46 치수 공차 및 글꼴 크기 설정 결과 모습

(7) 기호 공차 기입하기

생각하기 : 기호 공차는 어떻게 선정하면 좋을까?

키가 축과 풀리를 연결하여 회전 운동을 할 수 있도록 하므로 풀리의 키 홈에 대한 치수 공차를 결정해야 한다. KS 규격에 따르면 키의 너비 6은 보통형의 경우 JS9로 준다. 따라서 기호 공차는 6JS9로 표기한다.

한편 축이 삽입되는 구멍의 경우는 지름이 22이고 헐거운 끼워 맞춤이지만 거의 틈새가 없도록 공차를 ∅22H7($\phi22^{+0.02}_{0}$)로 한다.

수행 : 키 홈 너비 치수 공차 표시하기

① 도면에서 키 홈의 너비 "6"을 클릭한다.

② 너비 6에 대해 공차 *JS*9, 즉 6*JS*9를 기입한다.

③ 확인을 클릭한다.

수행 : 축 삽입 구멍의 치수 공차 표시하기

① 도면에서 풀리의 축 삽입 구멍 "∅22"를 클릭한다.

② 축(∅22g6)의 헐거운 끼워 맞춤을 고려하여 삽입 구멍 지름 22에 대해 공차 ∅22H7을 기입한다.

③ 확인을 클릭한다(그림 5-3-47).

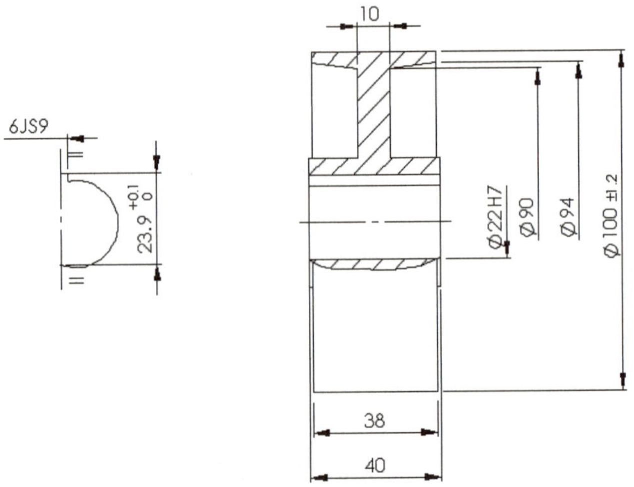

그림 5-3-47 기호 치수 공차 기입 완료 모습

(8) 표면 거칠기 기입하기

수행 : 표면 거칠기 표시하기

① 도면 탭의 주석에서 "표면 거칠기(√)"를 선택한다.

② 표면거칠기 속성 대화창에서 기호의 종류를 선택하고 거칠기 정도를 나타내는 레이아웃을 정한다.

③ 표면 거칠기를 나타내고자 하는 면에 커서를 데고 왼쪽 버튼을 클릭한다. 만일 반대 방향으로 나타내고자 하면 각도에서 180을 기입하면 반대반향으로 된다.

④ 확인 버튼을 누른다(그림 5-3-48).

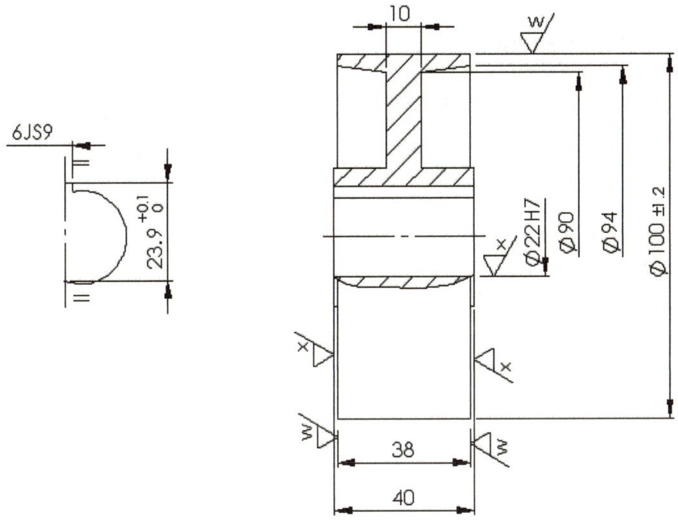

그림 5-3-48 표면 거칠기 기입 결과

(9) 표제란 삽입하기

수행 : 새로운 표제란 삽입하기

① 시트편집 상태에서 일반테이블을 클릭한다.

② 테이블을 삽입할 수 있는 창이 나타나며 여기서 별표 모양을 클릭하면 미리 만들어 놓은 표제란 테이블 템플릿을 찾아서 가져올 수 있다.

③ 테이블 템플릿을 오른쪽 모서리에 위치하도록 배치한다.

④ 일반테이블 편집 완료 버튼을 누른다(그림 5-3-49).

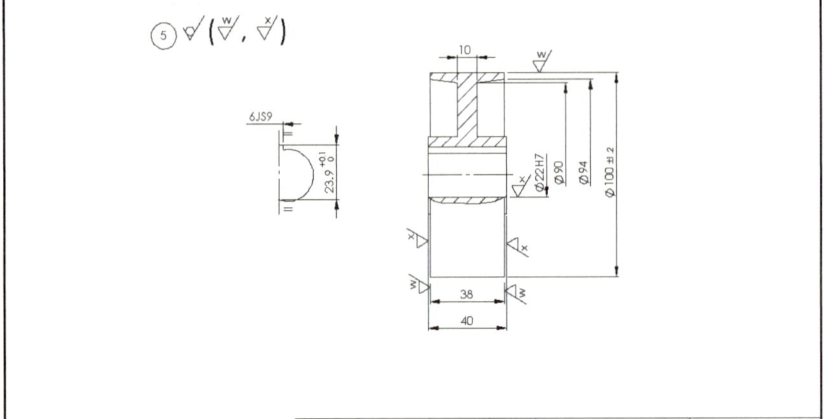

도번	투영법	부품명칭	작성		저장
A_03	3각법	풀리	이름	홍준희	2019-02-20
크레인 풀리 장치			날자	2019-02-20	충남대학교

그림 5-3-49 도면 작성 완료 모습

(10) 풀리 부품도 저장하기

수행 : 다른 이름으로 저장하기

① 저장 도구(💾)에서 다른 이름으로 저장하기를 클릭한다.

② 저장할 디렉토리를 정하고 파일이름을 "풀리"로 한다.

③ 저장 버튼을 클릭한다.

3-2-3-4 회전축 부품도 작성하기

(1) 도면 작성 준비하기

수행 : 도면 작성 화면 들어가기

① 풀다운 메뉴에서 새로 만들기 아이콘을 선택한다.

② 기본 모듈 가운데 도면을 선택한다.

③ 시트 형식/크기 설정 창에서 찾아보기를 클릭한다.

④ a4-landscape.slddrt를 설정하고 열기를 한다.

⑤ 확인을 클릭한다.

(2) 시트 편집하기

수행 : 표제란 없애기

① 도면 Management 탭에서 시트형식을 선택한다.

② 시트형식 탭에서 시트 편집을 선택한다.

③ 파란색의 표제란 부분에 대해 마우스로 전체 드래그 하여 삭제 영역을 정하고 키보드의 삭제 버튼을 클릭한다.

④ 확인을 클릭한다.

수행 : 새로운 표제란 삽입하기

① 시트편집 상태에서 일반테이블을 클릭한다.

② 테이블을 삽입할 수 있는 창이 나타나며 여기서 별표 모양을 클릭하면 미리 만들어 놓은 표제란 테이블 템플릿을 찾아서 가져올 수 있다.

③ 테이블 템플릿을 오른쪽 모서리에 위치하도록 배치한다.

④ 일반테이블 편집 완료 버튼을 누른다.

(3) 투상도 표현하기

수행 : 투상도 작성하기

① 뷰 레이아웃에서 모델뷰( )를 클릭한다.

② 문서열기가 나타나며 회전축을 더블 클릭한다.

③ 정면도가 디폴트되어 있으므로 정면도를 적절히 배치하고 우측면도를 배치한다.

④ 주석에서 중심선을 클릭한다.

⑤ 자동 삽입에 뷰 선택을 체크한다(그림 5-3-50).

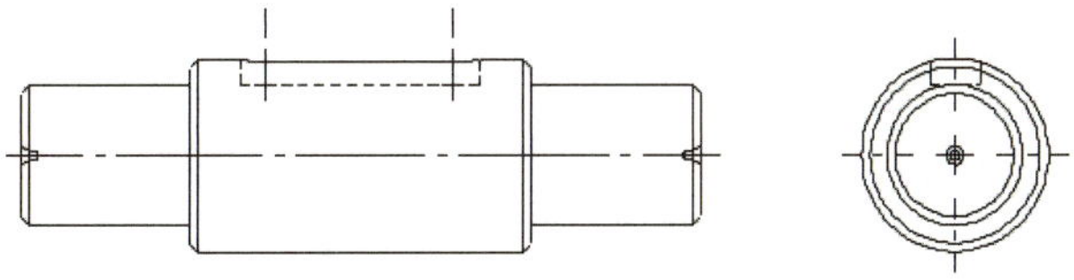

그림 5-3-50 회전축 뷰 배치와 중심선 표시

(2) 평행키 홈의 국부 투상도

수행 : 평행키 단면 스케치하기

① 스케치 탭을 클릭한다.

② 본체 부품의 키 홈 중심선을 수직으로 연장한다.

③ 직선 홈 도구를 선택하여 그림 5-3-51과 같이 키 홈의 단면을 스케치한다.

④ 지능형 치수 도구를 선택하고 그림 5-3-51과 같이 치수를 수정한다.

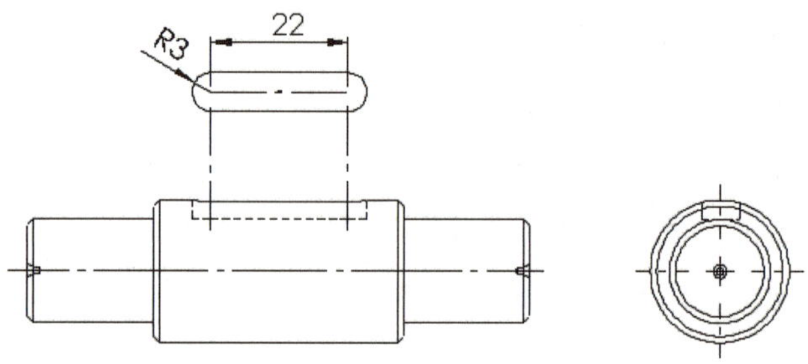

그림 5-3-51 평행키 홈의 도면

(3) 치수 기입하기

생각하기 : 센터 구멍의 치수는 어떻게 나타내는지?

축의 양끝 부에 지시하는 센터구멍을 표기할 때에는 그림 5-3-52 (a)를 참고로 하여 "KS B 0410, 60。 A형1, 양끝"의 형식으로 기입해야 한다. 그러나 가끔 "1"와 "양끝"이 중복된 사항이라고 생각하고 이들 두 가지 중 한 가지를 생략하는 경우가 있는데 그것은 잘못된 표기 방법이다. 센터구멍을 표기할 때에는 각도, 명칭, 호칭, 호칭지름(d) 등으로 표시하므로 상기의 뜻은 KS B 0410에 규정되어 있는 센터구멍의 종류에서 그림 5-3-52 (b)와 같이 60。 센터구멍 A형식 가운데 호칭지름이 1mm인 규정 치수대로 축의 양끝을 가공하라는 뜻으로 해석할 수 있다. 따라서 상기의 표기에서 1이란 센터구멍의 호칭지름 (그림 5-3-52 (a) 참조)을 뜻하고 있음을 유의해야 한다.

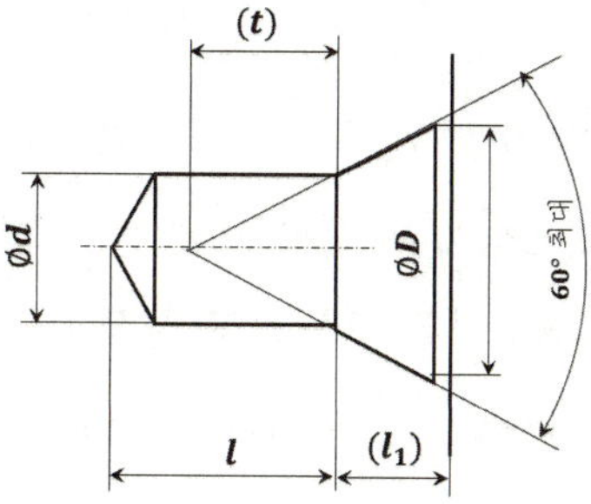

(a) 센터 구멍 표현

호칭 지름 d	D	l_1	t
1	2.12	0.97	0.9
2	4.25	1.95	1.8

(b) KS B 0410-센터 구멍(A형) 규격

그림 5-3-52 센터구멍의 표시법

수행 : 치수 표시하기

① Feature Manager 디자인트리에서 도면뷰*에 커서를 데고 마우스 오른쪽 버튼을 클릭하여 피처 편집을 설정한다.

② 도면 탭에서 주석을 클릭한다.

③ 주석 메뉴 가운데 모델항목( )을 선택한다.

④ 확인을 클릭하면 도면의 모든 치수가 표시된다.

⑤ 그림 5-3-53과 같이 치수를 보기 좋게 정리한다.

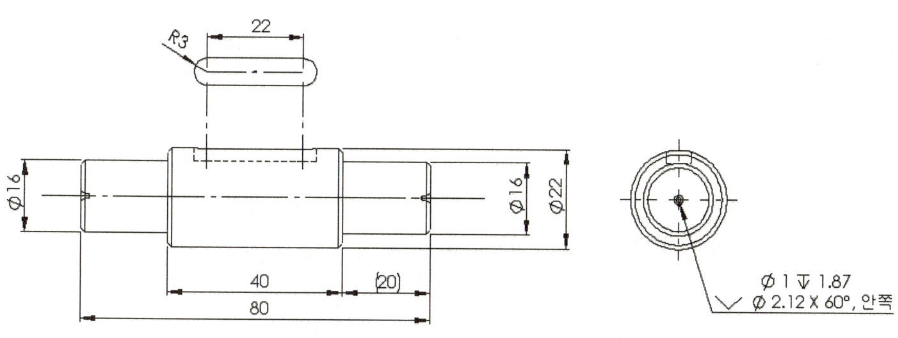

그림 5-3-53 치수 표시 및 정리하기

(4) 치수 공차 기입하기

수행 : 치수 공차 표시하기

① 회전축의 가운데 풀리 고정 부분 길이 40을 클릭한다.

② 치수 창에서 공차/정밀을 "좌우 상칭"으로 설정한다.

③ 최대 편차를 0, 최소 편차를 -0.2로 한다. 즉, 공차 $40_{-0.2}^{\ 0}$을 기입한다.

④ 텍스트 글꼴 메뉴가 나타나며 여기서 공차의 글꼴 크기는 치수의 기타를 클릭하여 치수 글꼴 사용 체크를 없애고 글꼴을 체크한다.

⑤ 글꼴 배율을 치수 글꼴 크기에 비해 0.7배율이 되도록 한다.

⑥ 확인을 클릭한다(그림 5-3-54).

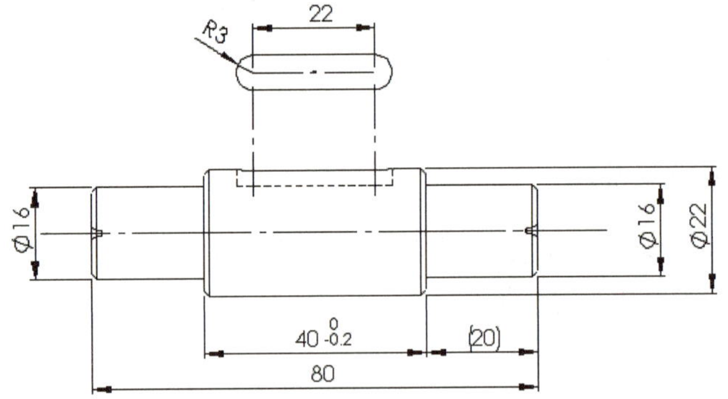

그림 5-3-54 치수 공차 및 글꼴 크기 설정 결과 모습

(5) 기호 치수 공차 기입하기

생각하기 : 회전축의 헐거운 끼워 맞춤 공차는 어떻게 선정하면 좋을까?

부시에 조립되는 회전축은 미끄럼 운동을 하므로 헐거운 끼워 맞춤으로 조립되어야 한다.

보통 헐거운 끼워 맞춤 상태 및 적용 예는 표 5-3-4(부록 9에서 발췌)와 같으며 여기서 고정밀도의 축과 부시의 끼워 맞춤인 H7/g6의 헐거운 끼워 맞춤을 선택하기로 한다. 여기서 H7/g6는 기호 치수 공차로 회전축이 부시에 끼워 맞춤되는데 부시의 구멍의 기호 치수공차는 H7이고 회전축 외경의 기호 치수공차는 g6라는 의미이다. 즉, 구멍의 경우는 IT7로 하고, 부시 외경은 공차를 IT6으로 한다는 의미다.

표 5-3-4 헐거운 끼워 맞춤

끼워 맞춤	끼워 맞춤 상태 및 적용 예
H6/g5	가벼운 하중을 받는 정밀기기의 연속적인 회전 운동 부분 정밀하게 미끄럼 운동을 하는 부분 아주 좁은 틈새가 있는 끼워 맞춤이나 위치결정 부분
H7/g6	고정밀도의 축과 부시의 끼워 맞춤 링크 장치의 핀과 레버

KS 규격표에 의하면 구멍의 치수허용차는 지름 14~18 범위에 H7은 아래의 치수허용차가 0 ㎛로 되어 있으므로 위 치수허용차는 IT7등급(치수공차 18 ㎛)인 18 ㎛가 되어야 한다. 축(부시 외경)의 경우, KS 규격표에 의해 축의 치수허용차는 지름 14~18 범위에 g6은 위 치수허용차가 -6 ㎛로 되어 있으므로 아래의 치수허용차는 IT6등급(치수공차 11 ㎛)인 -12 ㎛가 되어야 한다.

그러면 과연 헐거운 끼워 맞춤이 맞는지를 확인해 보도록 한다. 헐거운 끼워 맞춤은 죔새는 관여하지 않고 최대 틈새와 최소 틈새만이 관여하므로 표 5-3-5와 같이 헐거운 끼워 맞춤이라는 것을 확인할 수 있다.

표 5-3-5 최대 틈새와 최소 틈새 계산

구분	구멍(부시 내경)	축(회전축)
기준 치수	16	16
최대 허용 치수	16.018	15.994
최소 허용치수	16.000	15.988
최대 틈새 = 구멍의 최대 허용 치수(16.018)-축의 최소 허용 치수(15.988)=0.030 최소 틈새 = 구멍의 최소 허용 치수(16.000)-축의 최대 허용 치수(15.994)=0.006		

수행 : 회전축 외경 치수 및 공차 표시하기

① 도면의 회전축 부시 조립 부분 외경 ∅16을 클릭한다.

② 회전축의 지름 16에 대해 공차 $g6$, 즉 $\phi 16g6$을 기입한다.

③ 확인을 클릭한다.

수행 : 풀리 조립 외경 치수 및 공차 표시하기

① 도면의 회전축 풀리 조립 부분 외경 ∅22를 클릭한다.

② 풀리가 회전축에 끼워지는 회전축 외경 22에 대해 공차 ∅22p6을 기입한다.

③ 확인을 클릭한다(그림 5-3-55).

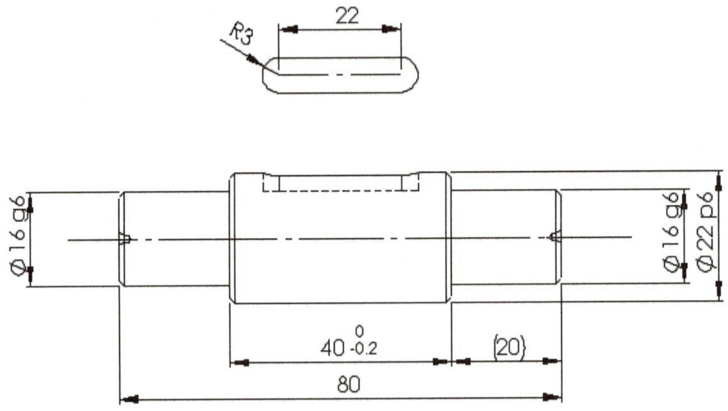

그림 5-3-55 기호 치수 공차 기입 완료 모습

(6) 데이텀 표시하기

수행 : 데이텀 표시하기

① 도면 탭의 주석에서 "데이텀 피처"를 클릭한다.

② 해당 데이텀 면을 지정한다. 즉, 런 아웃 해당 중심축을 데이텀 B, C로 지정한다.

③ 확인을 클릭한다.

(7) 기하 공차 기입하기

수행 : 원주 흔들림 표시하기

① 도면 탭의 주석에서 "기하 공차"를 클릭한다.

② 기하공차 속성창이 나타나며 여기서 "원주 흔들림"을 설정하고 원주 흔들림 값 0.009 및 데이텀 면을 설정한다.

③ 확인을 클릭한다.

수행 : 원통도 표시하기

① 도면 탭의 주석에서 "기하 공차"를 클릭한다.

② 기하공차 속성창이 나타나며 여기서 "원통도"를 설정하고 원통도 값 0.009를 기입한다.

③ 확인을 클릭한다(그림 5-3-56).

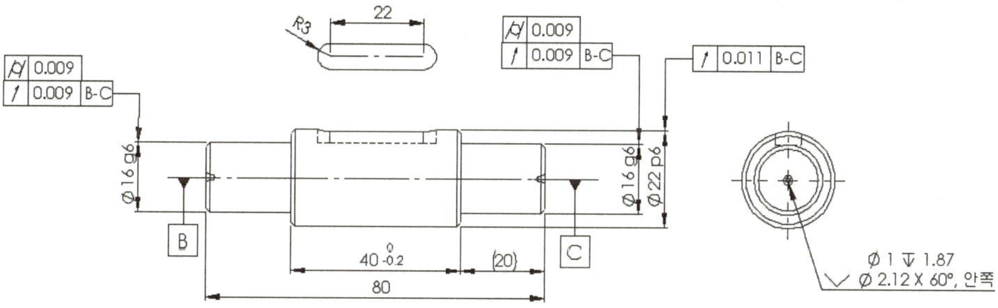

그림 5-3-56 데이터텀 면 지정과 기하공차 지정 결과

(8) 표면 거칠기 기입하기

수행 : 표면 거칠기 표시하기

① 도면 탭의 주석에서 "표면 거칠기(√)"를 선택한다.

② 표면거칠기 속성 대화창에서 기호의 종류를 선택하고 거칠기 정도를 나타내는 레이아웃을 정한다.

③ 표면 거칠기를 나타내고자 하는 면에 커서를 데고 왼쪽 버튼을 클릭한다. 만일 반대방향으로 나타내고자 하면 각도에서 180을 기입하면 반대반향으로 된다.

④ 확인 버튼을 누른다(그림 5-3-57).

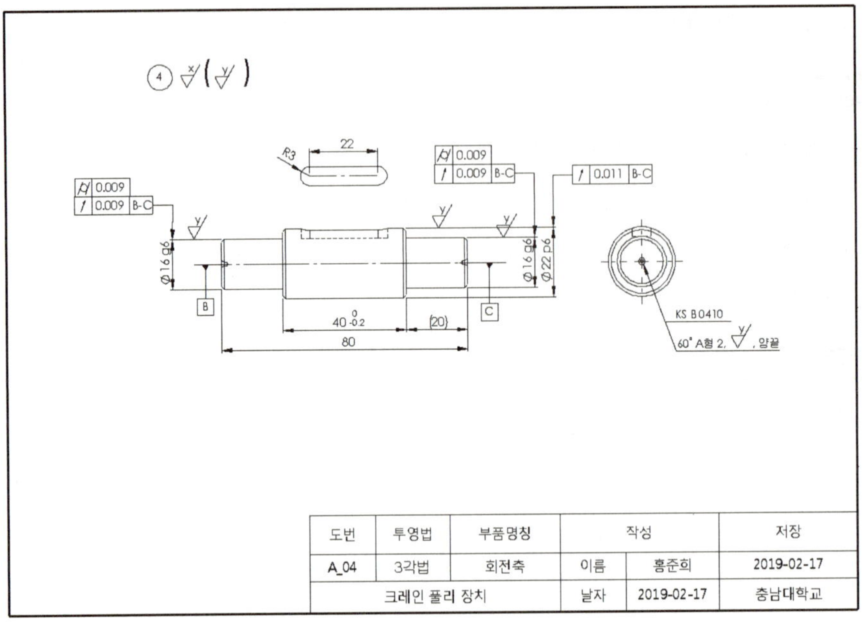

그림 5-3-57 도면의 치수, 치수공차 및 기하공차 완료 모습

(9) 회전축 부품도 저장하기

수행 : 다른 이름으로 저장하기

① 저장 도구( )에서 다른 이름으로 저장하기를 클릭한다.

② 저장할 디렉토리를 정하고 파일이름을 "회전축"으로 한다.

③ 저장 버튼을 클릭한다.

3-2-3-5 부시 부품도 작성하기

생각하기 : 부시와 축의 헐거운 끼워 맞춤 공차는 어떻게 선정하면 좋을까?

회전축 끼워 맞춤에 따른 부시의 내경(구멍) 기호치수공차는 표 5-3-4에 의해 $\phi16H7$으로 하면 되고, 부시 외경 기호치수공차는 표 5-3-2에 의해 $\phi22p6$으로 하면 된다.

(1) 도면 작성화면 설정하기

수행 : 도면 작성 화면 들어가기

① 풀다운 메뉴에서 새로 만들기 아이콘을 선택한다.

② 기본 모듈 가운데 도면을 선택한다.

③ 시트 형식/크기 설정 창에서 찾아보기를 클릭한다.

④ a4-landscape.slddrt를 설정하고 열기를 한다.

⑤ 확인을 클릭한다.

(2) 시트 편집하기

수행 : 표제란 없애기

① 도면 Management 탭에서 시트형식을 선택한다.

② 시트형식 탭에서 시트 편집을 선택한다.

③ 표제란 부분을 마우스로 전체 드래그 하여 삭제 영역을 정하고 키보드의 삭제 버튼을 클릭한다.

④ 확인을 클릭한다.

수행 : 새로운 표제란 삽입하기

① 시트편집 상태에서 일반테이블을 클릭한다.

② 테이블을 삽입할 수 있는 창이 나타나며 여기서 별표 모양을 클릭하면 미리 만들어 놓은 표제란 테이블 템플릿을 찾아서 가져올 수 있다.

③ 테이블 템플릿을 오른쪽 모서리에 위치하도록 배치한다.

④ 일반테이블 편집 완료 버튼을 누른다.

(3) 모델 뷰 표현하기

생각하기 : 부시 부품의 도면은 어떻게 나타내어야 할까?

부시 부품은 완전히 회전체 형상이므로 도면으로 나타낼 때 보다 확실히 내부 형태를 알기 위해 반단면도로 반쪽의 내부 형태를 볼 수 있도록 하는 것이 좋다. 따라서 모델 뷰는 실선이 많이 존재하고 절단면으로 했을 때 내부 형태를 잘 나타낼 수 있는 면을 모델 뷰로 나타내면 된다.

수행 : 모델 뷰 정하기

① 뷰 레이아웃에서 모델 뷰를 클릭한다.

② 문서 열기에서 "부시" 부품을 더블 클릭을 하여 파일 열기를 한다.

③ 모델 뷰를 저면도로 하고 도면 창에 적절히 배치한다.

(4) 반 단면도 작성하기

수행 : 반 단면도 작성하기

① 뷰 레이아웃에서 단면도를 클릭한다.

② 절단선의 종류에서 반단면도를 클릭한다.

③ 절단선을 구성하기 위해 원의 구멍 중심을 클릭한다.

④ 단면이 나타나며 이 반 단면도를 그림 5-3-58과 같이 저면도의 오른쪽에 배치한다.

⑤ 완료를 클릭한다.

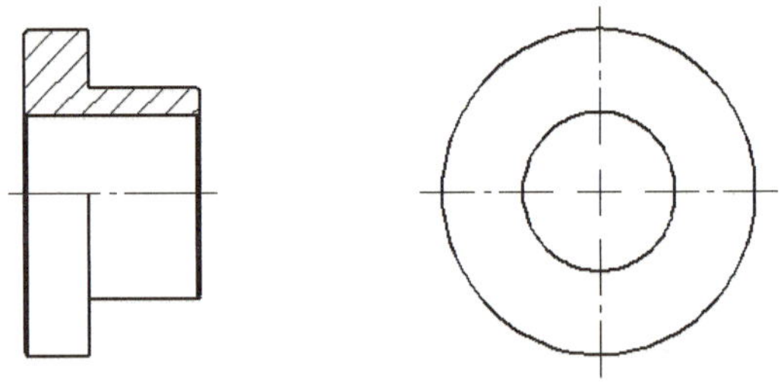

그림 5-3-58 반 단면도 생성 모습

(5) 치수 기입 및 치수선 정리하기

생각하기 : 반단면도에서 반지름 표시를 지름 표시로 어떻게 바꾸는지?

그림 5-3-58의 반단면도를 자동 치수 표기하면 회전체이므로 그림 5-3-59와 같이 반지름 표시가 되는데 보통은 지름으로 표시하며, 따라서 지름으로 표시하기 위해서는 보이는 부분은 지능형 치수를 이용하여 표시하면 되지만 치수 앞에 ∅가 없으므로 치수를 클릭하여 치수 창이 나타나면 ∅를 치수 앞에 붙여 주면 된다. 그러나 부시를 반단면도로 나타냈기 때문에 반쪽은 내부이고 반쪽은 외부이므로 반쪽의 내부 치수를 지름으로 표시하기 위해서는 우선 반쪽의 치수 보조선과 치수선이 보이지 않게 해야 한다. 그리고 지름의 치수와 그 앞에 ∅를 붙여 나타내어야 한다. 이런 경우 서브 메뉴 가운데 "치수 보조선 숨기기"와 "치수선 숨기기"가 있는데 이것을 이용하여 나타내어야 한다.

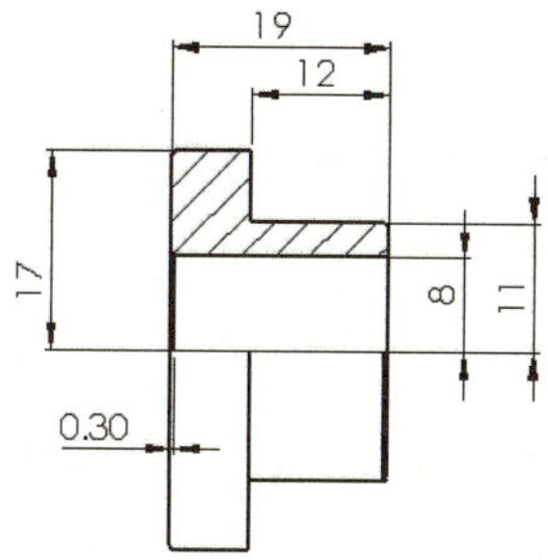

그림 5-3-59 반단면도에서 반지름 표시 모습

수행 : 부품의 전체 치수 표시하기

① 도면 탭에서 주석을 클릭한다.

② 주석 메뉴 가운데 모델항목( )을 선택한다.

③ 확인을 클릭하면 도면의 일반적인 모든 치수가 표시된다.

④ 부시 머릿 부분과 브래킷 조립 부분은 지능형 치수를 이용하여 보기 좋게 치수 정리를 한다.

수행 : 치수보조선 및 치수선 숨기기

① 축이 조립되는 부시의 안쪽 반지름 치수 보조선에 커서를 대면 노란색으로 활성화 하고 마우스 오른쪽 버튼을 누른다.

② 서브 메뉴가 나오고 메뉴 가운데 "치수보조선 숨기기"를 클릭한다.

③ 이번에는 반지름 치수선에 커서를 대면 노란색으로 활성화 하고 마우스 오른쪽 버튼을 누른다.

④ 서브 메뉴가 나오고 메뉴 가운데 그"치수선 숨기기"를 클릭한다.

⑤ 치수를 지름 치수로 바꾸고 그 앞에 ∅를 삽입한다(그림 5-3-60).

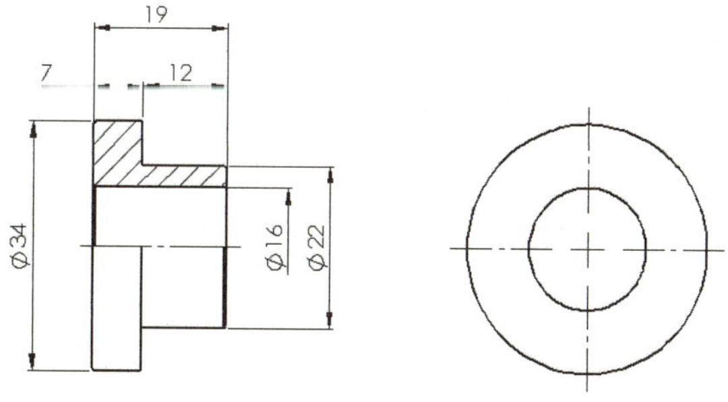

그림 5-3-60 치수 보조선 및 치수선 숨기기

(6) 치수 공차 기입하기

수행 : 부시 칼라 폭의 치수 공차 표시하기

① 도면에서 부시 칼랄 폭 "7"을 클릭한다.

② 공차/정밀을 "좌우 상칭"으로 설정한다.

③ 최대 편차를 0, 최소 편차를 -0.1로 한다. 즉, 공차 $7_{-0.1}^{\ 0}$을 기입한다.

④ 텍스트 글꼴 메뉴가 나타나며 여기서 공차의 글꼴 크기는 치수의 기타를 클릭하여 치수 글꼴 사용 체크를 없애고 글꼴을 체크한다.

⑤ 글꼴 배율을 치수 글꼴 크기에 비해 0.7배율이 되도록 한다.

⑥ 확인을 클릭한다(그림 5-3-61).

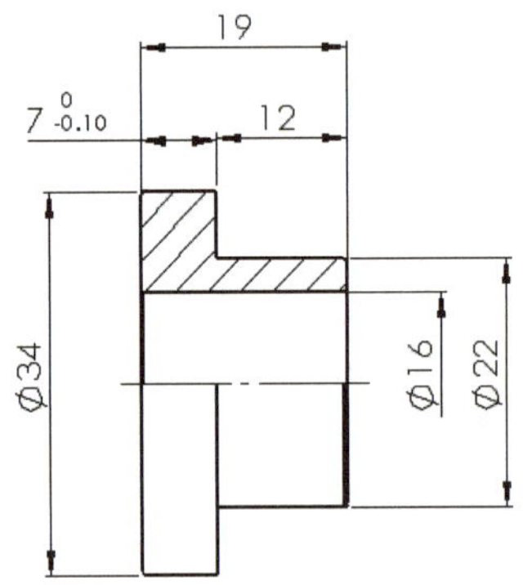

그림 5-3-61 치수 공차 및 글꼴 크기 설정 결과 모습

(7) 기호 치수 공차 기입하기

생각하기 : 기호 치수 공차는 어떻게 선정하면 좋을까?

부시에 끼워져서 축이 미끄럼 운동을 할 수 있도록 하는 부시의 내부 구멍에 대한 치수 공차를 결정해야 한다. 부시의 내경은 ∅16 mm이며 IT 공차 7등급으로 하면 KS 규격의 IT 공차표에 따라 치수 공차가 11㎛임을 알 수 있다. 이 치수 공차 11㎛는 기준 치수 16을 기준으로 위와 아래로 변화를 허용하는 범위이다. 문제는 기준 치수 16에 대해 공차 11 ㎛를 갖는 치수 공차의 조합은 그림 5-3-62와 같이 무수히 많이 존재한다는 것이다.

$\phi 16 \pm 0.0055$	$\phi 16_{-0.011}^{\ 0}$	$\phi 16_{\ 0}^{+0.011}$	$\phi 16_{+0.006}^{+0.017}$
(a)	(b)	(c)	(d)

그림 5-3-62 공차 16 ㎛를 갖는 위/아래 치수 허용차의 조합

이와 같이 무수히 많은 조합 가운데 위/아래 치수 허용차를 어떻게 정할 것인가는 부품의 조립 상태에 따라 결정하여야 하는데 여기서는 헐거운 끼워 맞춤이 되어야 하며 축이 조립되는 부시 안쪽 구멍의 아래치수 허용차가 0인 그림 5-3-62 (c)를 선택하는 것으로 한다. 즉, ∅16H7로 한다.

수행 : 부시 내경 치수 및 공차 표시하기

① 도면에서 "∅16"을 클릭한다.

② 부시에 베어링이 끼워지는 구멍 지름 16에 대해 공차 $H7$, 즉 $\phi 16H7$을 기입한다.

③ 확인을 클릭한다.

수행 : 부시 외경 치수 및 공차 표시하기

① 도면에서 "∅22"를 클릭한다.

② 부시가 브래킷 구멍에 끼워지는 부시 외경 22에 대해 공차 ∅22p6를 기입한다.

③ 확인을 클릭한다(그림 5-3-63).

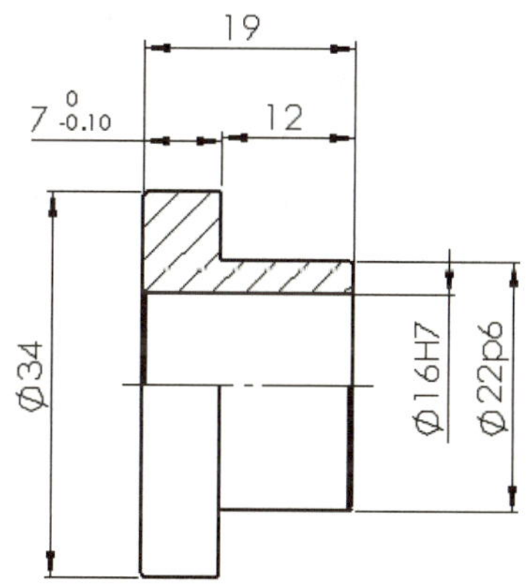

그림 5-3-63 기호 치수 공차 기입 완료 모습

(8) 데이텀 표시하기

수행 : 데이텀 표시하기

① 도면 탭의 주석에서 "데이텀 피처"를 클릭한다.

② 해당 데이텀 면을 지정한다. 즉, 원통도 해당 면을 데이텀 E로 지정한다.

③ 확인을 클릭한다.

(9) 기하 공차 기입하기

수행 : 진원도 표시하기

① 도면 탭의 주석에서 "기하 공차"를 클릭한다.

② 기하공차 속성창이 나타나며 여기서 "원통도"를 설정하고 원통도 값 0.009를 기입한다.

③ 확인을 클릭한다.

수행 : 원주 흔들림 표시하기

① 도면 탭의 주석에서 "기하 공차"를 클릭한다.

② 기하공차 속성창이 나타나며 여기서 "원주 흔들림"을 설정하고 원주 흔들림 값 0.011 및 데이텀 면을 설정한다.

③ 확인을 클릭한다(그림 5-3-64).

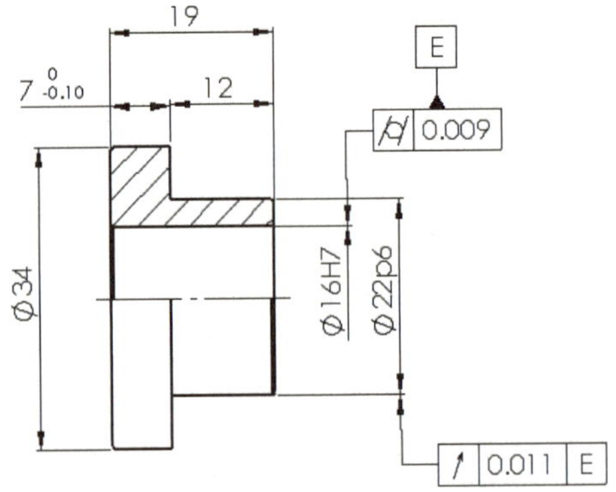

그림 5-3-64 데이텀 면 지정과 기하공차 지정 결과

(10) 표면 거칠기 기입하기

수행 : 표면 거칠기 표시하기

① 도면 탭의 주석에서 "표면 거칠기(√)"를 선택한다.

② 표면거칠기 속성 대화창에서 기호의 종류를 선택하고 거칠기 정도를 나타내는 레이아웃을 정한다.

③ 표면 거칠기를 나타내고자 하는 면에 커서를 데고 왼쪽 버튼을 클릭한다. 만일 반대 방향으로 나타내고자 하면 각도에서 180을 기입하면 반대반향으로 된다.

④ 확인 버튼을 누른다(그림 5-3-65).

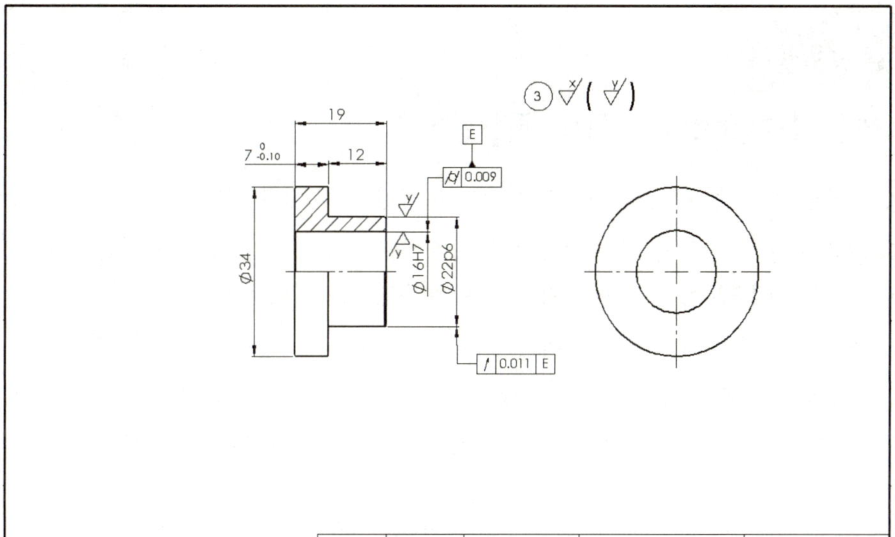

도번	투영법	부품명칭	작성		저장
A_05	3각법	부시	이름	홍준희	2019-02-17
크레인 풀리 장치			날자	2019-02-17	충남대학교

그림 5-3-65 도면의 치수, 치수공차 및 기하공차 완료 모습

(11) 부시 부품도 저장하기

수행 : 다른 이름으로 저장하기

① 저장 도구(💾)에서 다른 이름으로 저장하기를 클릭한다.

② 저장할 디렉토리를 정하고 파일이름을 “부시”로 한다.

③ 저장 버튼을 클릭한다.

3-3 학습 정리

3-3-1 크레인 풀리장치의 조립도 종합정리

① 크레인 풀리 장치의 조립도 작성 결과는 그림 5-3-66과 같다.

② 크레인 풀리 장치의 조립도는 뷰 팔레트에서 크레인 풀리 장치 파일을 찾아 정면뷰를 보통 정면도로 선택하고 평면도 및 우측면도를 나타낸다.

③ 조립도의 평면도와 우측면도는 반쪽만 나타내며 대칭 절단선을 표시한다.

④ 조립도 작성은 표준 3도로 나타내기 때문에 겉모습만 나타나고 조립한 내면의 모습은 볼 수 없으므로 회전축과 키 및 풀리가 조립된 내부 모습 및 볼트 조립 모습을 부분 단면도로 나타내어야 한다.

⑤ 조립도에서 회전축, 키 및 볼트 조립 부분의 부분단면도는 회전축, 키 및 볼트 부분에 대해 해칭을 삭제한다.

⑥ 조립도에서 새로운 표제란은 시트편집 상태에서 일반테이블을 클릭하고 새로운 테이블 템플릿을 찾아 오른쪽 모서리 아래에 위치하도록 배치한다.

⑦ 조립도에서 각 부품에 대해 번호를 기입하고 각 부품에 대한 BOM을 작성하여 도면의 오른쪽 모서리 위쪽에 배치한다.

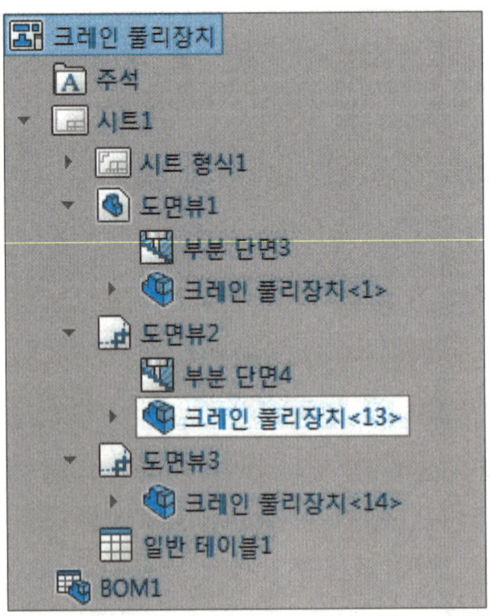

그림 5-3-66 크레인 풀리 장치의 조립도 작성 디자인 트리

3-3-2 크레인 풀리장치의 분해도 종합정리

① 크레인 풀리 장치의 분해도 작성 결과는 그림 5-3-67과 같다.

② 크레인 풀리 장치의 분해도는 뷰 팔레트에서 크레인 풀리 장치 파일을 찾아 등각 분해도뷰를 선택하고 도면에 배치한다.

③ 분해도에서 새로운 표제란은 시트편집 상태에서 일반테이블을 클릭하고 새로운 테이블 템플릿을 찾아 오른쪽 모서리 아래에 위치하도록 배치한다.

④ 분해도에서 각 부품에 대해 번호를 기입하고 각 부품에 대한 BOM을 작성하여 도면의 오른쪽 모서리 위쪽에 배치한다.

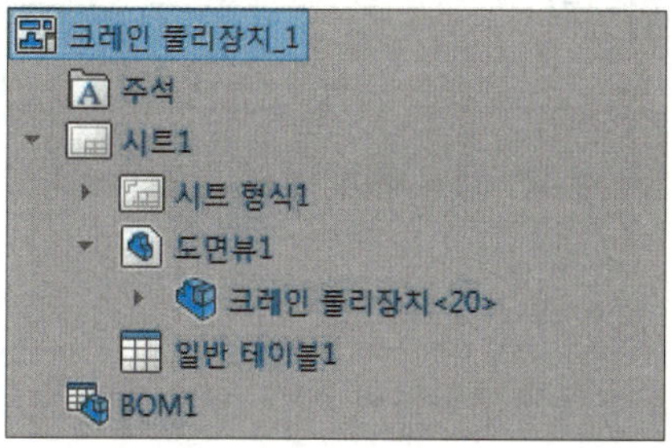

그림 5-3-67 크레인 풀리 장치의 분해도 작성 디자인 트리

3-3-3 크레인 풀리장치의 부품도 종합정리

3-3-3-1 플레이트 부품도 종합정리

① 크레인 풀리 장치의 플레이트 부품도 작성 결과는 그림 5-3-68과 같다.

② 크레인 풀리 장치의 플레이트 부품도는 2면도(정면도, 평면도)로 충분하다.

③ 플레이트 부품도에서 둥글기 부분은 도면에서 혼돈을 줄 수 있으므로 감추는 것이 일반적이다.

④ 플레이트 부품도에서 치수는 KS규격에 맞춰 기입한다.

⑤ 플레이트 부품도에서 치수 공차 및 위치도 공차는 KS규격에 맞춰 기입한다.

⑥ 플레이트 부품도에서 표면 거칠기는 주석의 표면 거칠기 도구를 사용하여 KS규격에 맞춰 기입한다.

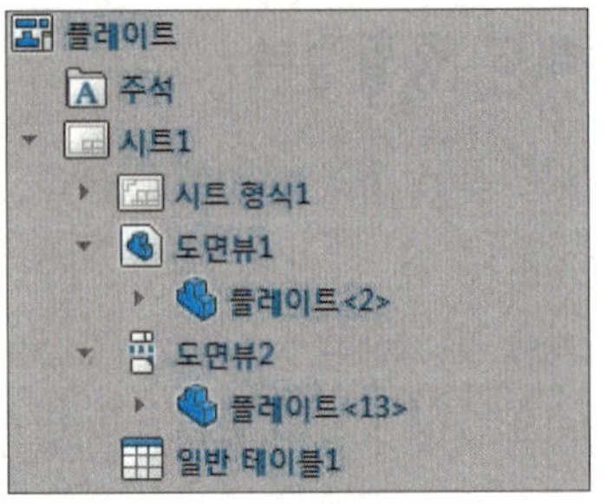

그림 5-3-68 플레이트의 도면 작성 디자인 트리

3-3-3-2 브래킷 부품도 종합정리

① 크레인 풀리 장치의 브래킷 부품도 작성 결과는 그림 5-3-69와 같다.

② 브래킷 부품도는 표준 3도로 나타내며 부품도에서 혼돈을 줄 수 있는 둥글기 선들은 감추기를 한다.

③ 브래킷 부품도에서 표준 3도는 겉모습만 볼 수 있으므로 축 삽입 부분과 볼트 삽이 부분에 대해 치수 및 공차를 표시하기 위해 부분 단면도로 나타낸다.

④ 브래킷 부품도에서 치수는 KS규격에 맞춰 기입한다.

⑤ 브래킷 부품도에서 치수 공차 및 평행도 공차는 KS규격에 맞춰 기입한다.

⑥ 브래킷 부품도에서 표면 거칠기는 주석의 표면 거칠기 도구를 사용하여 KS규격에 맞춰 기입한다.

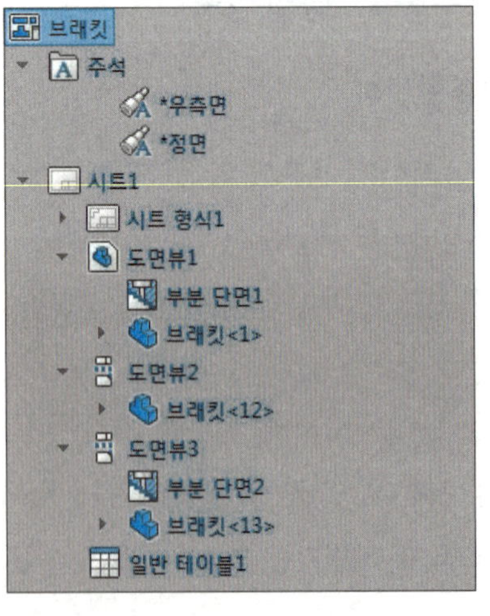

그림 5-3-69 브래킷의 도면 작성 디자인 트리

3-3-3-3 풀리 부품도 종합정리

① 크레인 풀리 장치의 풀리 부품도 작성 결과는 그림 5-3-70과 같다.

② 풀리 부품도는 보통 1면도로 나타내며 키 홈의 경우는 스케치에 의해 우측 또는 좌측에 키 홈을 반쪽 부분만 스케치 한다.

③ 풀리 부품도에서 1면도는 겉모습만 볼 수 있으므로 축 삽입 부분과 키 삽입 부분에 대해 치수 및 공차를 표시하기 위해 부분 단면도로 나타낸다.

④ 풀리 부품도에서 치수는 KS규격에 맞춰 기입한다.

⑤ 풀리 부품도에서 치수 공차 및 끼워 맞춤 공차는 KS규격에 맞춰 기입한다.

⑥ 풀리 부품도 작성에서 표면 거칠기는 주석의 표면 거칠기 도구를 사용하여 KS규격에 맞춰 기입한다.

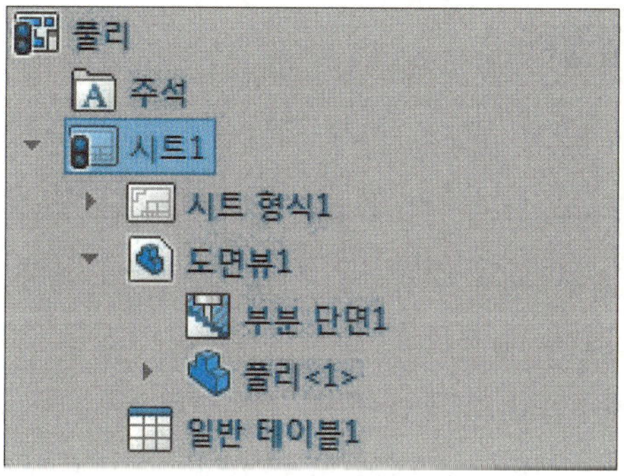

그림 5-3-70 풀리의 도면 작성 디자인 트리

3-3-3-4 회전축 부품도 종합정리

① 크레인 풀리 장치의 회전축 부품도 작성 결과는 그림 5-3-71과 같다.

② 회전축 부품도는 1면도 또는 2면도로 나타내며 부품도에서 키 삽입 부분은 키의 종류를 알 수 있게 키 단면은 스케치로 국부적으로 나타내는 국부 투상도로 한다.

③ 회전축 부품도에서 치수는 KS규격에 맞춰 기입한다.

④ 회전축 부품도에서 치수 공차 및 끼워 맞춤 공차는 KS규격에 맞춰 기입한다.

⑤ 회전축 부품도에서 원주 흔들림 공차와 원통도 공차는 KS규격에 맞춰 기입한다.

⑥ 회전축 부품도에서 표면 거칠기는 주석의 표면 거칠기 도구를 사용하여 KS규격에 맞춰 기입한다.

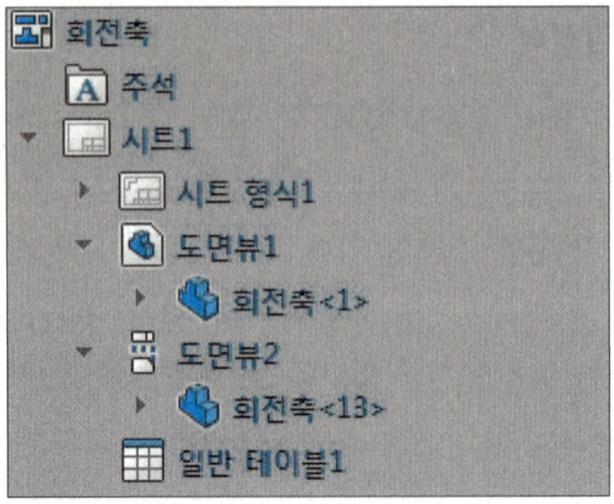

그림 5-3-71 회전축의 도면 작성 디자인 트리

3-3-3-5 부시 부품도 종합정리

① 크레인 풀리 장치의 부시 부품도 작성 결과는 그림 5-3-72와 같다.

② 부시 부품도는 2면도로 나타내며 정면도에 대해 반단면도로 나타낸다.

③ 부시 부품도에서 반단면도의 절단선은 나타내는 것이 보통이지만 너무나 반단면도인 것이 확실하면 절단선을 감추기도 한다.

④ 부시 부품도에서 치수는 KS규격에 맞춰 기입한다.

⑤ 부시 부품도에서 치수 공차 및 끼워 맞춤 공차는 KS규격에 맞춰 기입한다.

⑥ 부시 부품도에서 원주 흔들림 공차와 원통도 공차는 KS규격에 맞춰 기입한다.

⑦ 부시 부품도에서 표면 거칠기는 주석의 표면 거칠기 도구를 사용하여 KS규격에 맞춰 기입한다.

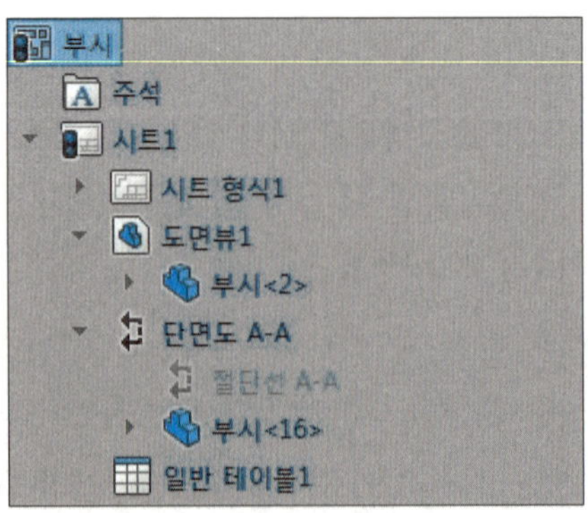

그림 5-3-72 부시의 도면 작성 디자인 트리

3-4 자율 평가

지시 사항 :

앞에서 학습 활동을 다 마친 후 다음 질문에 답하시오. 이 자율평가의 목적은 앞에서 익힌 부품도 작성과정을 다 이해하고 주어진 문제에 대한 설명이 가능한지를 확인하기 위함이다. 자기 스스로 평가 문제에 답하고 답안을 비교 평가해 봄으로써 본인의 부족한 점에 대해 파악하는 태도를 기르고 부족하다면 다른 사람의 도움을 받거나 본인 스스로 앞의 내용을 더욱 자세히 학습하는 자기주도 학습에 목적이 있다.

3-4-1 자율평가 문제

그림 5-1-1의 크레인 풀리 장치에서 부품이 다음과 같이 주어진 설계 변경 사항에 따라 다음 작업을 90분 안에 실시하라.

1. 부품 설계 변경 사항

- 그림 5-1-1의 크레인 풀리 장치의 부품을 다음의 설계 조건으로 변경하라.

부품 설계 변경 조건
• ⑤번 부품의 평 풀리를 A형 2중 V-벨트 풀리(호칭지름 ∅87㎜, 폭 35㎜)로 설계 변경하라. • 2중 V-벨트 풀리에 맞춰 회전축의 풀리 조립 부분 길이를 변경하라. • 2중 V-벨트 풀리와 부시 사이 조립 간격은 양쪽 모두 0.5㎜로 동등하게 회전축의 전체 길이를 변경하라. • 플레이트는 회전축의 설계 변경에 따라 설계 변경하라.

- 설계 변경 대상 부품이 변경될 경우 관련되는 다른 부품 역시 조건에 맞도록 설계 변경이 수반 되어야 한다.
- 설계 변경 요구조건과 관계되는 항목만 설계 변경을 실시하며 그 외 관련이 없는 부분은 설계 변경하지 않아야 한다.

2. 도면 작성 작업

- A4 시트로 한다.
- 투상도, 치수, 치수공차, 끼워맞춤 공차 및 기하 공차 등은 한국산업표준(KS)에 따라 도면을 작성한다.
- 치수는 부품 설계 변경 조건에 맞춰 기입하며 척도는 적합하게 선정한다.
- 표제란의 도번은 “자5_1”, 제목은 “크레인 풀리 장치”로 한다.

3-4-2 자율평가 문제 답안

3-4-2-1 2중 V벨트 풀리

1. 도면 작성 과정

- A4 시트를 설정하고 표제란을 삭제한다.
- 정면뷰를 정면도로 배치하고 전단면도를 우측에 배치한다.
- 절단선을 숨기고 부분도로 왼쪽 반쪽만 나타낸다.
- 대칭선을 스케치하고 치수를 삽입한다.
- 치수공차와 끼워 맞춤공차 및 표면 거칠기 기호를 삽입한다.
- 표제란을 삽입하고 필요한 도번, 작성자 및 제목을 작성한다.

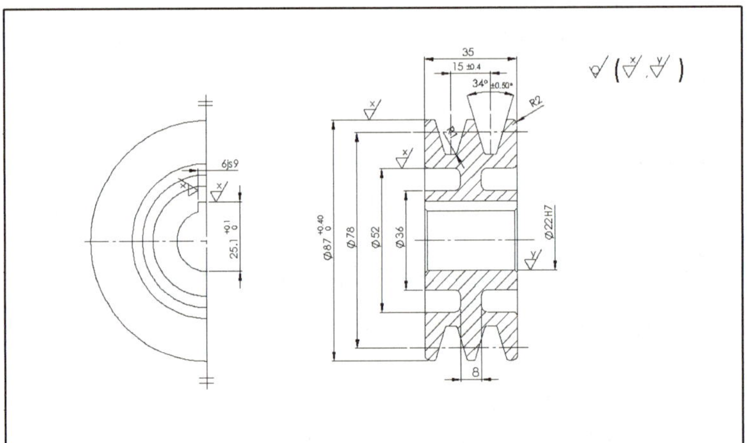

도번	투영법	부품명칭	작성		저장
자5_1	3각법	2중 V벨트풀리	이름	***	2019-01-29
크레인 풀리장치			날자	2019-01-29	***

2. 디자인 트리

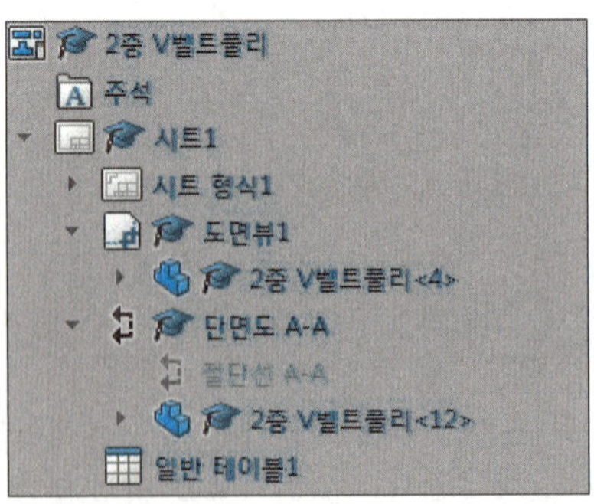

3-4-2-2 회전축

1. 도면 작성 과정

- A4 시트를 설정하고 표제란을 삭제한다.
- 정면뷰를 정면도로 배치하고 우측면도를 표시한다.
- 중심선 표시하고 키 부분의 중심선은 연장하여 키 스케치의 중심으로 한다.
- 키를 국부 투상도로 나타내며 부품의 치수를 삽입한다.
- 치수 공차와 끼워 맞춤공차를 삽입한다.
- 기하공차와 표면 거칠기 기호를 삽입한다.
- 표제란을 삽입하고 필요한 도번, 작성자 및 제목을 작성한다.

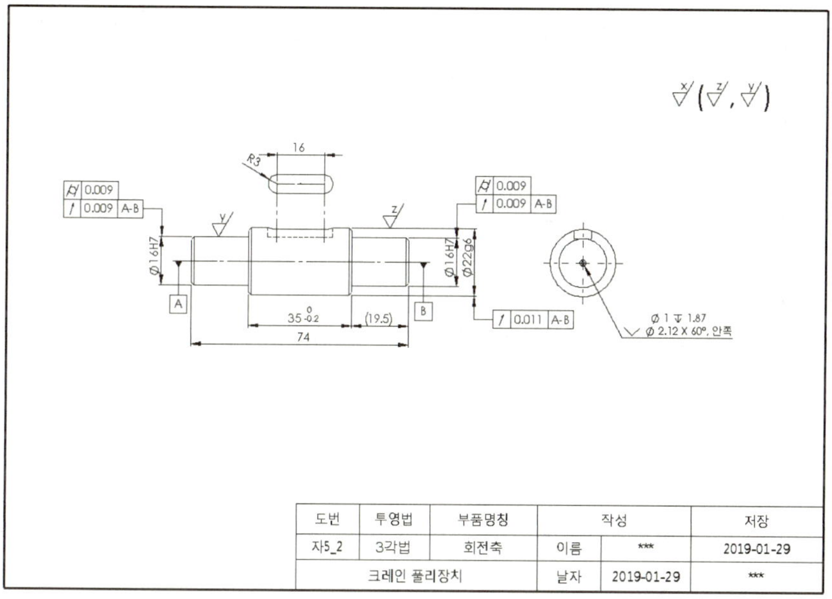

2. 디자인 트리

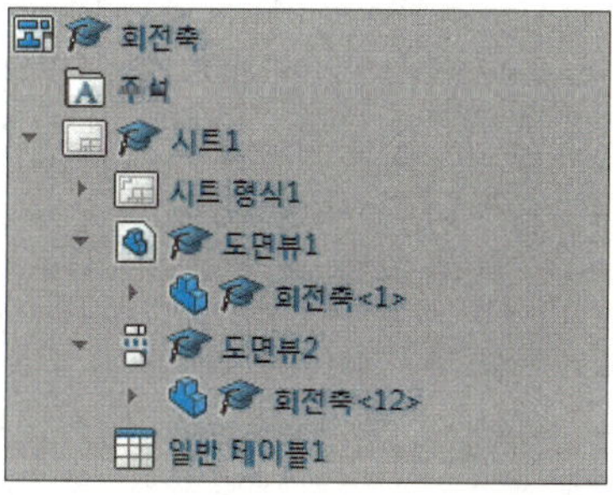

3-4-2-3 플레이트

1. 도면 작성 과정

- A4 시트를 설정하고 표제란을 삭제한다.
- 정면뷰를 정면도로 배치하고 위쪽에 평면도를 배치한다.
- 볼트 부분의 부분단면도를 표현하고 중심선 및 치수를 삽입한다.
- 기하공차 및 표면 거칠기 기호를 삽입한다.
- 표제란을 삽입하고 필요한 도번, 작성자 및 제목을 작성한다.

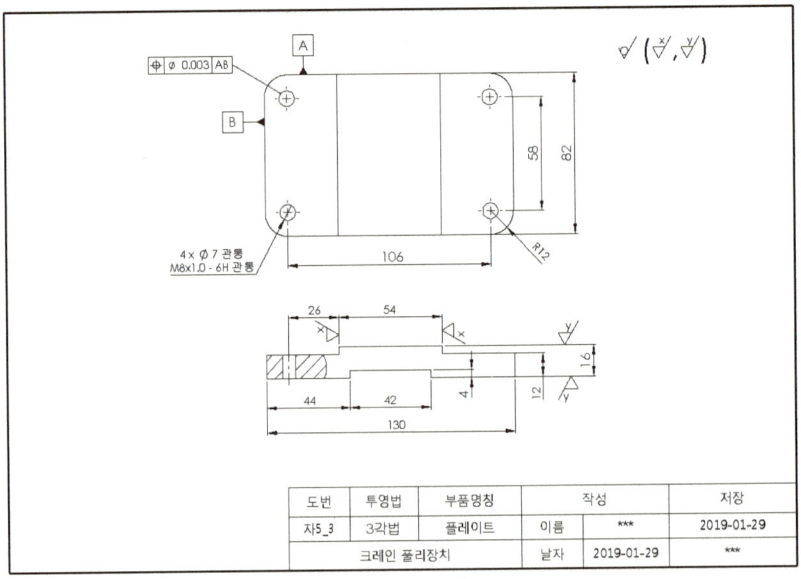

2. 디자인 트리

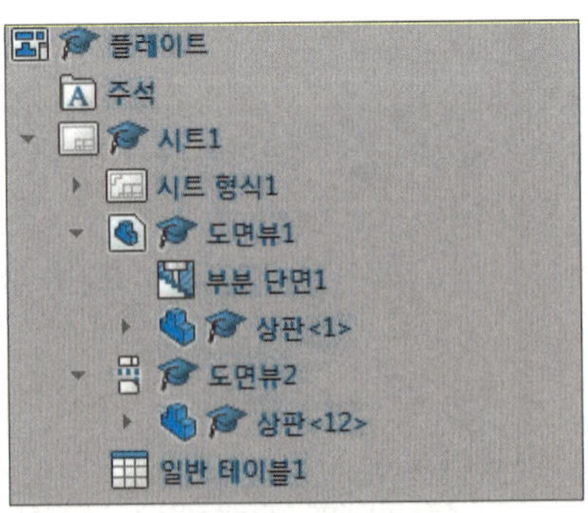

자율평가 결과 점검표

학습자 성명 :	평가 날짜 :
평가 제목 : 크레인 풀리 장치의 조립도 및 부품도 작성	

		성취 수준			
		하지 못했음	일부만 했음	완전히 하였음	완성 반복수
풀리 도면 작성 작업	KS 규격에 따른 부품도 표현과 치수 표현				
	KS 규격에 따른 공차 표현과 표면 거칠기 표현				
	주석 및 표제란 삽입과 내용 편집				
회전축 도면 작성 작업	KS 규격에 따른 부품도 표현과 치수 표현				
	KS 규격에 따른 공차 표현과 표면 거칠기 표현				
	주석 및 표제란 삽입과 내용 편집				
플레이트 도면 작성 작업	KS 규격에 따른 부품도 표현과 치수 표현				
	KS 규격에 따른 공차 표현과 표면 거칠기 표현				
	주석 및 표제란 삽입과 내용 편집				

[성취수준]
위의 모든 항목에 대해 “완전히 하였음”, 즉 완성도 100%로 답하여야 합니다.
만일 “하지 않았음” 또는 “일부만 하였음”에 답을 했다면 앞에서 학습한 내용을 다시 한 번 확인 하시고 몇 번 만에 완성하였는지를 체크하십시오.

이해편

부 록

1. 직무분석 결과(기계관련 제품 설계/해석 부분 발췌)

2. 공학교육인증의 학습 성과(Program Outcomes; PO)

3. 표제란 작성하기

4. KS 기계제도 규격

5. IT 기본 공차표

6. 구멍의 치수허용차

7. 축의 치수허용차

8. 상용하는 끼워 맞춤

9. 많이 사용되는 끼워 맞춤 상태 및 적용 예

10. 재질 편집

부록 1. 직무분석 결과(기계관련 제품 설계/해석 부분 발췌)

임무명	작업명	중요도	난이도	빈도
B 기계관련 제품 설계/해석	B-1 기계관련 제품 설계요구사양서 분석하기	A	A	B
	B-2 기계관련 제품 설계시 상용코드 적용하기	A	B	A
	B-3 기계관련 제품 설계 계획서 작성하기	B	B	C
	B-4 기계관련 제품 개념 설계하기	A	A	B
	B-5 기계관련 제품 기계요소 설계하기	B	A	A
	B-6 기계관련 제품 재료/부품 선정하기	B	B	A
	B-7 기계관련 제품 3D 모델링하기	B	B	A
	B-8 기계관련 제품/부품 동작 해석하기	B	A	B
	B-9 기계관련 제품 강도 해석하기	A	A	B
	B-10 기계관련 제품 열/유동 해석하기	A	A	C
	B-11 기계관련 제품 진동/소음 해석하기	A	A	C
	B-12 기계관련 제품 동특성 해석하기	B	A	C
	B-13 기계관련 제품 성형 해석하기	A	A	C
	B-14 기계관련 제품 제어시스템 설계하기	A	A	B
	B-15 기계관련 제품 제어프로그램 만들기	A	A	B
	B-16 기계관련 제품 공차 설계하기	A	A	A
	B-17 기계관련 제품 설계도면 작성하기	A	C	A
	B-18 기계관련 제품 BOM 작성하기	C	C	B
	B-19 연구관련 제품 시제품 만들기	B	B	C
	B-20 기계관련 제품 디자인 개선하기	B	B	C
	B-21 기계관련 제품 고객요구에 따라 개선하기	B	B	C
	B-22 기계관련 제품 소비단계 품질문제 개선하기	B	B	C

기계관련 제품 설계/해석					
	B-1 기계관련제품 설계요구사양서 분석하기 AAB	B-2 기계관련제품 설계시 상용코드 적용하기 ABA	B-3 기계관련제품 설계 계획서 작성하기 BBC	B-4 기계관련제품 개념 설계하기 AAB	B-5 기계관련제품 기계요소 설계하기 BAA
	B-6 기계관련제품 재료/부품 선정하기 BBA	B-7 기계관련제품 3D 모델링하기 BBA	B-8 기계관련제품/부품 동작 해석하기 BAB	B-9 기계관련제품 강도 해석하기 AAB	B-10 기계관련제품 열/유동 해석하기 AAC
	B-11 기계관련제품 진동/소음 해석하기 AAC	B-12 기계관련제품 동특성 해석하기 BAC	B-13 기계관련제품 성형 해석하기 AAC	B-14 기계관련제품 제어시스템 설계하기 AAB	B-15 기계관련제품 제어프로그램 만들기 AAB
	B-16 기계관련제품 공차 설계하기 AAA	B-17 기계관련제품 설계도면 작성하기 ACA	B-18 기계관련제품 BOM 작성하기 CCB	B-19 연구관련제품 시제품 만들기 BBC	B-20 기계관련제품 디자인 개선하기 BBC
	B-21 기계관련제품 고객요구에 따라 개선하기 BBC	B-22 기계관련제품 소비단계 품질문제 개선하기 BBC			

주1) 어두운 바탕의 작업들은 취업초기에 갖추어야할 능력(entry level tasks)들이고, 나머지는 직업 전생애 동안 학교에서 갖추어 나갈 능력들임.

주2) 우하단 세 개씩의 영문표기는 각 작업의 중요도, 난이도, 빈도를 정도에 따라 A(높음), B(보통), C(낮음)로 구분했음. 주3) G부터 P까지의 작업명은 현재의 진술문 끝에 "~를 가르치기"로 표현하여 교사의 작업임을 나타내야하지만 편의상 줄여서 진술함

부록 2. 공학교육인증의 학습 성과(Program Outcomes; PO)

PO1 ;	수학, 기초과학, 공학의 지식과 정보기술을 공학문제 해결에 응용할 수 있는 능력
PO2 ;	데이터를 분석하고 주어진 사실이나 가설을 실험을 통하여 확인할 수 있는 능력
PO3 ;	공학문제를 정의하고 공식화할 수 있는 능력
PO4 ;	공학문제를 해결하기 위해 최신 정보, 연구 결과, 적절한 도구를 활용할 수 있는 능력
PO5 ;	현실적 제한조건을 고려하여 시스템, 요소, 공정 등을 설계할 수 있는 능력
PO6 ;	공학문제를 해결하는 프로젝트 팀의 구성원으로서 팀 성과에 기여할 수 있는 능력
PO7 ;	다양한 환경에서 효과적으로 의사소통할 수 있는 능력
PO8 ;	공학적 해결방안이 보건, 안전, 경제, 환경, 지속가능성 등에 미치는 영향을 이해할 수 있는 능력
PO9 ;	공학인으로서의 직업윤리와 사회적 책임을 이해할 수 있는 능력
PO10 ;	기술 환경 변화에 따른 자기계발의 필요성을 인식하고 지속적이고 자기 주도적으로 학습할 수 있는 능력

부록 3. 표제란 작성하기

(1) 작업준비하기

수행 : a4-landscape.slddrt 시트 열기

(2) 도면의 제공 표제란 삭제

수행 : 도면의 제공 표제란 삭제하기

부록그림 3-1 시트형식 편집 설정 화면

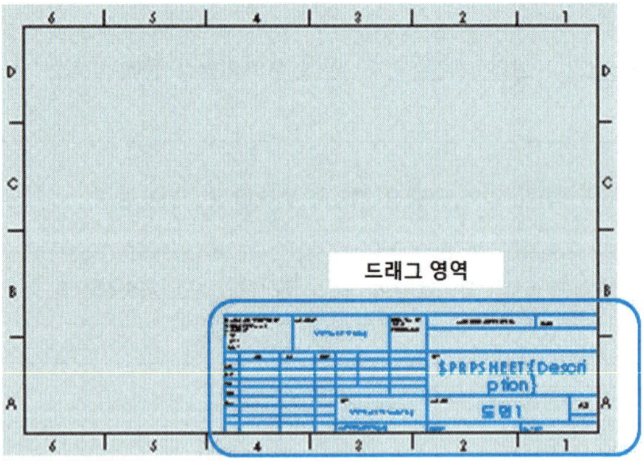

부록그림 3-2 삭제 표제란 부분의 영역 설정 모습

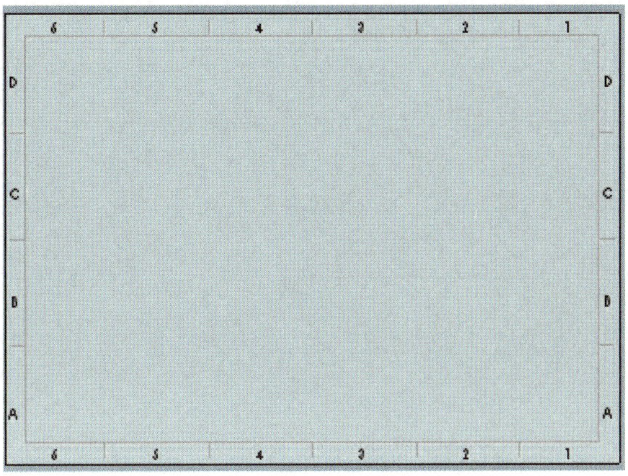

부록그림 3-3 삭제된 표제란 모습

(3) 표제란용 테이블 크기 정하기

수행 : 새로운 표제란용 테이블 크기(열은 7, 행은 3) 정하기

부록그림 3-4 시트 형식 편집 메뉴 화면

부록그림 3-5 일반테이블 도구

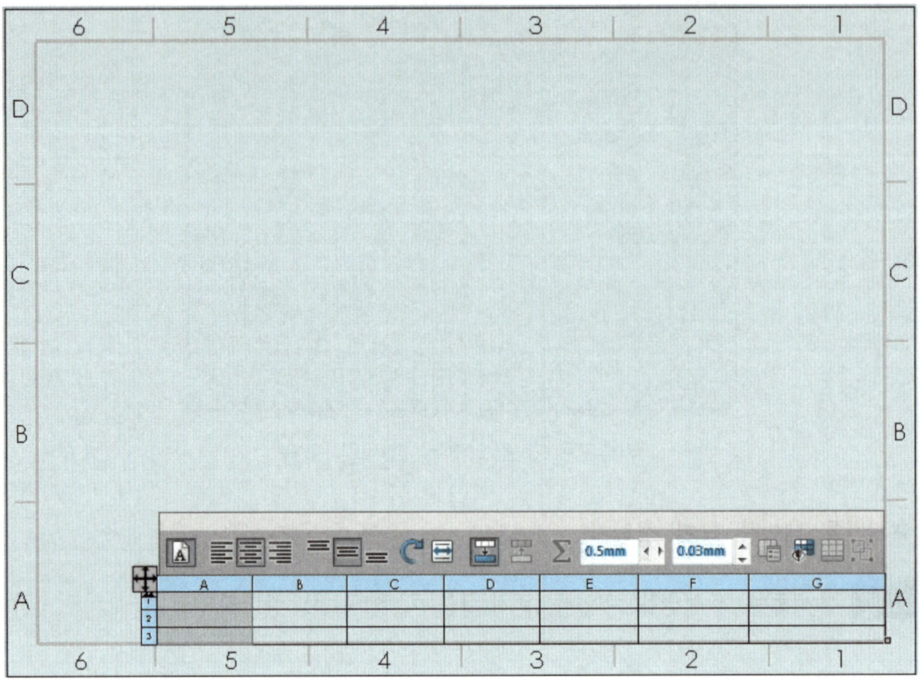

부록그림 3-6 도면 오른쪽 모퉁이에 위치시킨 테이블 모양

(4) 표제란 형태 정리하기

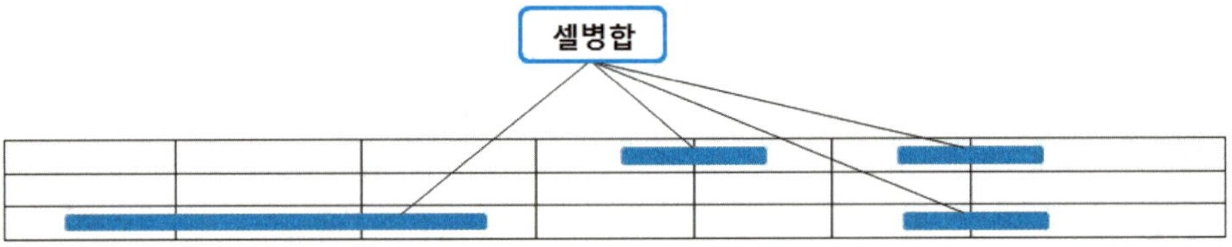

부록그림 3-7 테이블의 셀 병합 영역

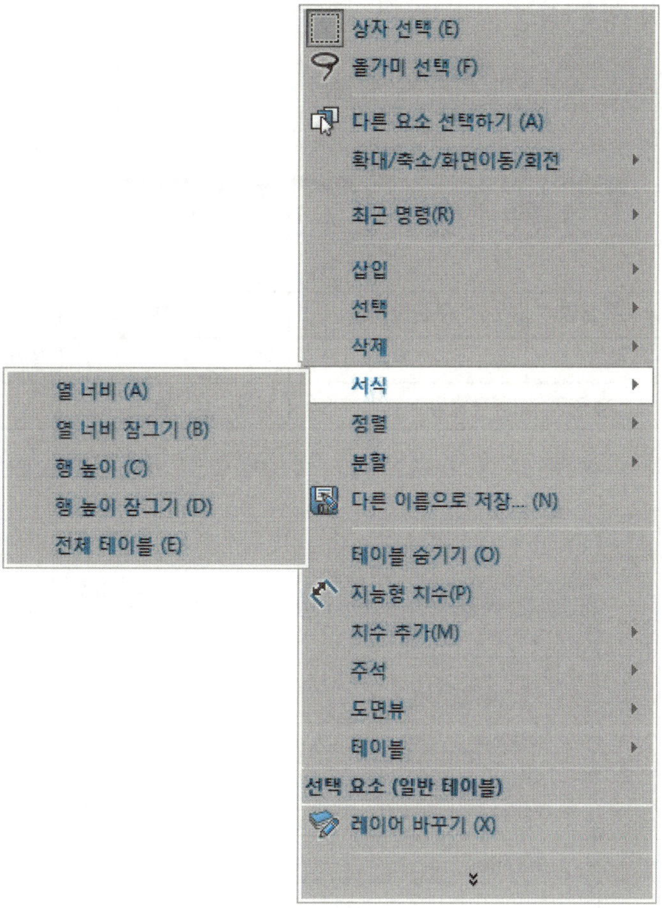

부록그림 3-8 테이블 행 및 열 크기 조정 서브 메뉴

수행 : 표제란 테이블 행과 높이(10) 정리하기

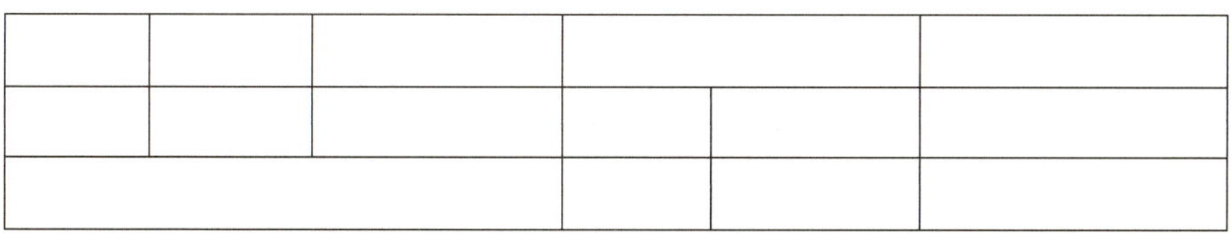

부록그림 3-9 수정된 테이블 형식과 행의 높이

(5) 표제란 입력 항목 작성

수행 : 새로운 표제란의 입력내용 작성하기

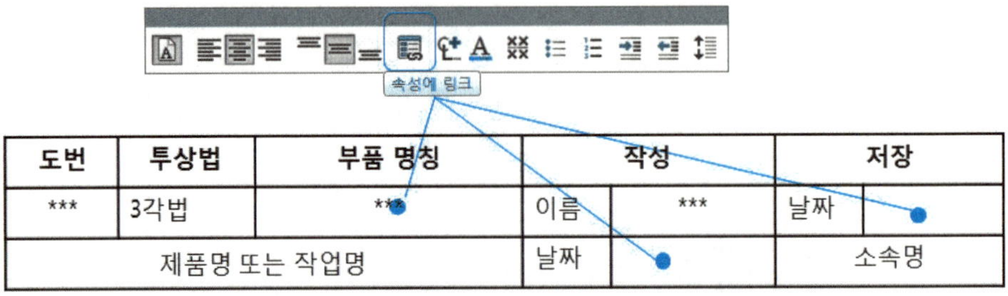

부록그림 3-10 표제란의 "속성에 링크" 메뉴 설정모습

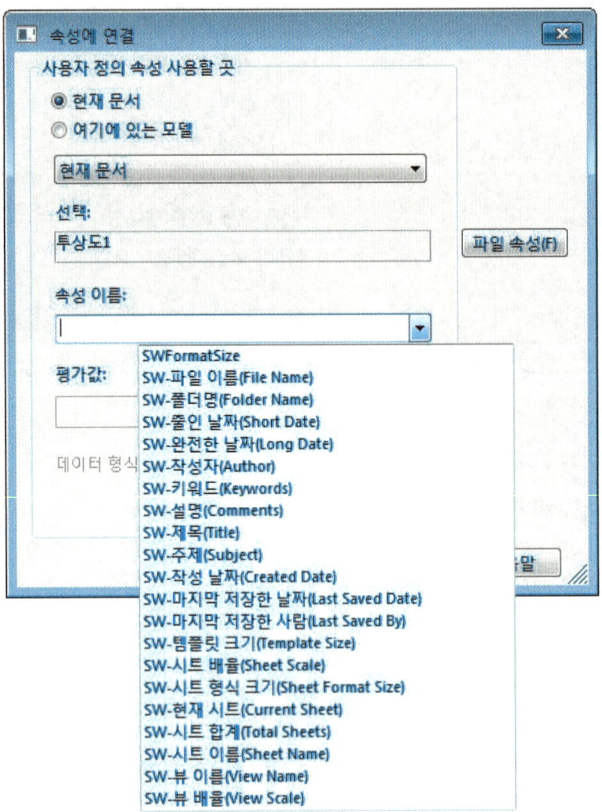

부록그림 3-11 "속성에 링크하기"의 속성 이름 예

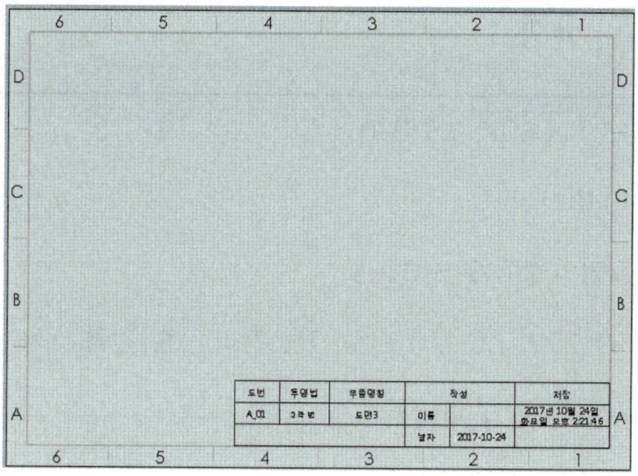

부록그림 3-12 완성된 표제란 모습

(6) 저장하기

수행 : A4_1 파일 이름으로 저장하기

① 완성된 테이블에 커서를 되고 오른쪽 버튼을 누른다.

② 서브 메뉴에서 다른 이름 저장하기를 선택한다.

③ "A4_1"이라고 파일 이름을 붙인다.

④ 저장 버튼을 클릭한다.

부록 4. KS 기계제도 규격

- 표면 거칠기(KS B 0507, KS B 0161)
- IT공차(KS B 0401)
- 모떼기 및 둥글기의 값(KS B 0403)
- T홈(KS B ISO 299, KS B 1038), T홈 간격, T홈 간격 허용차
- 미터 가는 나사(KS B 0204)
- 관용 테이퍼 나사(KS B 0221)
- 생크(KS B 3245)
- 깊은 홈 볼 베어링(KS B 2023)
- 자동 조심 볼 베어링(KS B 2025)
- 테이퍼 롤러 베어링(KS B 2027)
- 평면 자리형 드러스트 볼 베어링(KS B 2022)
- 베어링 구석 홈 부 둥글기(KS B 2051)
- O링(원통면)(KS B 2799)
- O링(평면)(KS B 2799)
- 오일 실 부착 관계 (축 및 하우징 구멍의 모떼기와 둥글기)(KS B 2804)
- V 벨트 풀리(KS B 1400)
- 지그용 부시 및 그 부속 부품 (고정 부시)(KS B 1030)
- 부시와 멈춤쇠 또는 멈춤 나사의 중심 거리 및 부착나사의 가공 치수(KS B 1030)
- 양끝 센터(예)(KS B 0410)

(이어서)

- 끼워 맞춤 공차(KS B 0401)
- 중심 거리의 허용차(KS B 0420)
- 널링(KS B 0901)
- 미터 보통 나사(KS B 0201)
- 관용 평행 나사(KS B 0221)
- 멈춤링 – C형 멈춤링(KS B 1336), E형 멈춤 링(KS B 1337), C형 동심 멈춤 링(KS B 1338)
- 키(KS B 1311)
- 앵귤러 볼 베어링(KS B 2024)
- 원통 롤러 베어링(KS B 2026)
- 니들 롤러 베어링(KS B 2029)
- 평면 자리형 드러스트 볼 베어링(복식)(KS B 2022)
- 베어링의 끼워 맞춤(KS B 2051)
- O링 부착 부의 예리한 모서리를 제거하는 설계 방법(KS B 2799)
- 오일 실(KS B 2804)
- 롤러체인, 스프로킷(KS B 1408)
- 지그용 부시(KS B 1030)
- 지그용 부시 및 그 부속 부품 (고정 라이너)(KS B 1030)
- 분할 핀(KS B ISO 1234)
- 양끝 센터(예)(KS A ISO 6411)

부록 5. IT 기본 공차표

500 mm 이하의 IT 기본 공차표는 아래와 같다.

치수 구분 [mm] 초과	이하	IT01 (01급)	IT0 (0급)	IT1 (1급)	IT2 (2급)	IT3 (3급)	IT4 (4급)	IT5 (5급)	IT6 (6급)	IT7 (7급)
–	3	0.3	0.5	0.8	1.2	2.0	3.0	4.0	6.0	10
3	6	0.4	0.6	1.0	1.5	2.5	4.0	5.0	8.0	12
6	10	0.4	0.6	1.0	1.5	2.5	4.0	6.0	9.0	15
10	18	0.5	0.8	1.2	2.0	3.0	5.0	8.0	11	18
18	30	0.6	1.0	1.5	2.5	4.0	6.0	9.0	13	21
30	50	0.6	1.0	1.5	2.5	4.0	7.0	11	16	25
50	80	0.8	1.2	2.0	3.0	5.0	8.0	13	19	30
80	120	1.0	1.5	2.5	4.0	6.0	10	15	22	35
120	180	1.2	2.0	3.5	5.0	8.0	12	18	25	40
180	250	2.0	3.0	4.5	7.0	10	14	20	29	46
250	315	2.5	4.0	6.0	8.0	12	16	23	32	52
315	400	3.0	5.0	7.0	9.0	13	18	25	36	57
400	500	4.0	6.0	8.0	10	15	20	27	40	63

(이어서)

치수 구분 [mm] ＼ 등급		IT8 (8급)	IT9 (9급)	IT10 (10급)	IT11 (11급)	IT12 (12급)	IT13 (13급)	IT14 (14급)	IT15 (15급)	IT16 (16급)
초과	이하									
–	3	14	25	40	60	100	140	250	400	600
3	6	18	30	48	75	120	180	300	480	750
6	10	22	36	58	90	150	220	36	580	900
10	18	27	43	70	110	180	270	430	700	1100
18	30	33	52	84	130	210	330	520	840	1300
30	50	39	62	100	160	250	390	620	1000	1600
50	80	46	74	120	190	300	460	740	1200	1900
80	120	54	87	140	220	350	540	870	1400	2200
120	180	63	100	160	250	400	630	1000	1600	2500
180	250	72	115	185	290	460	720	1150	1850	2900
250	315	81	130	210	320	520	810	1300	2100	3200
315	400	89	140	230	360	570	890	1400	2300	3600
400	500	97	155	250	400	630	970	1550	2500	400

부록 6. 구멍의 치수허용차

기준 치수 500 mm 이하에서 구멍의 치수허용차를 발췌한 표는 아래와 같다.

(단위 : mm)

기초가 되는 치수허용차		아래의 치수허용차											-
구멍종류		A	B	C	CD	D	E	EF	F	FG	G	H	JS
IT등급별 / 치수구분 [mm]		01~16											
초과	이하												
-	3	+270	+140	+60	+34	+20	+14	+10	+6	+4	+2	0	(1) 기초가 되는 치수허용차는 없다.
3	6			+70	+46	+30	+20	+14	+10	+6	+4		
6	10	+280	+150	+80	+56	+40	+25	+18	+13	+8	+5	0	
10	14	+290		+95	-	+50	+32	-	+16	-	+6	0	
14	18								+20				
18	24	+300	+160	+110	-	+65	+40	-	+20	-	+7	0	
24	30								+30				
30	40	+310	+170	+120	-	+80	+50	-	+25	-	+9	0	
40	50	+320	+180	+130					+43				
50	65	+340	+190	+140	-	+100	+60	-	+30	-	+10	0	
65	80	+360	+200	+150									
80	100	+380	+220	+170	-	+120	+72	-	+36	-	+12	0	
100	120	+410	+240	+180									
120	140	+460	+260	+200	-	+145	+85	-	+43	-	+14	0	
140	160	+520	+280	+210									
160	180	+580	+310	+230									
180	200	+660	+340	+240	-	+170	+100	-	+50	-	+15	0	
200	225	+740	+380	+260									
225	250	+820	+420	+280									
250	280	+920	+480	+300	-	+190	+110	-	+56	-	+17	0	
280	315	+1050	+540	+330									
315	355	+1200	+600	+360	-	+120	+125	-	+62	-	+18	0	
355	400	+1350	+680	+400									
400	450	+1500	+760	+440	-	+230	+135	-	+68	-	+20	0	
450	500	+1650	+840	+480									

주 : (1) 치수허용차는 ±(IT/2)로 한다.

(2) 예외로는 M6에 대해서는 위의 치수허용차는 -9가 된다(-20+9=-11은 아니다).

(3) IT3~IT8의 K, M, N의 경우 구멍허용차 산출에 ⊿값을 사용한다. IT01~IT2의 K, M, N의 경우 ⊿=0이다.

(이어서)

(단위 : mm)

기초가 되는 치수허용차		위의 치수허용차									$\Delta = IT_n - IT_{n-1}$(3)				
구멍종류		J			K		M		N						
IT등급별 / 치수구분 [mm]		6	7	8	3~8	9~16	3~8	9~16	3~8	9~16	3	4	5	6	7
초과	이하														
-	3	+2	+4	+6	0	0	-2	-2	-4	-4	0				
3	6	+5	+6	+10	-1+⊿	-	-4+⊿	-4	-8+⊿	0	1	1.5	1	3	6
6	10	+5	+8	+12			-6+⊿	-6	-10+⊿	0	1	1.5	2	3	7
10	14	+6	+10	+15			-7+⊿	-7	-12+⊿	0	1	2	3	3	9
14	18														
18	24	+8	+12	+20	-2+⊿	-	-8+⊿	-8	-15+⊿	0	1.5	2	3	4	12
24	30														
30	40	+1	+14	+24			-9+⊿	-9	-17+⊿	0	1.5	3	4	5	14
40	50														
50	65	+13	+18	+28			-11+⊿	-11	-20+⊿	0	2	3	5	6	16
65	80														
80	100	+16	+22	+34	-3+⊿	-	-13+⊿	-13	-23+⊿	0	2	4	5	7	19
100	120														
120	140	+18	+26	+41			-15+⊿	-15	-27+⊿	0	3	4	6	7	23
140	160														
160	180														
180	200	+22	+30	+47	-4+⊿	-	-17+⊿	-17	-31+⊿	0	3	4	6	9	26
200	225														
225	250														
250	280	+25	+36	+55			-20+⊿	-20	-34+⊿	0	4	4	7	9	29
200	315														
315	355	+29	+39	+60		-	-21+⊿	-21	-37+⊿	0	4	5	7	11	32
355	400														
400	450	+33	+43	+66	-5+⊿	-	-23+⊿	-23	-40+⊿	0	5	5	7	13	34
450	500														

주 : (1) 치수허용차는 ±(IT/2)로 한다.

(2) 예외로는 M6에 대해서는 위의 치수허용차는 -9가 된다(-20+9=-11은 아니다).

(3) IT3~IT8의 K, M, N의 경우 구멍허용차 산출에 ⊿값을 사용한다. IT01~IT2의 K, M, N의 경우 ⊿=0이다.

부록 7. 축의 치수허용차

기준 치수 500 mm 이하에서 축의 치수허용차를 발췌한 표와 같다.

(단위 : ㎛)

기초가 되는 치수허용차		위의 치수허용차											-
축 종류		*a*	*b*	*c*	*cd*	*d*	*e*	*ef*	*f*	*fg*	*g*	*h*	*js*
IT등급별 / 치수구분[mm]		01~16											(1) 기초가 되는 치수허용차는 없다.
초과	이하												
-	3	-270	-140	-60	-34	-20	-14	-10	-6	-4	-2	0	
3	6			-70	-46	-30	-20	-14	-10	-6	-4		
6	10	-280	-150	-80	-56	-40	-25	-18	-13	-8	-5	0	
10	14	-290		-95	-	-50	-32	-	-16	-	-6	0	
14	18								-20				
18	24	-300	-160	-110	-	-65	-40	-	-20	-	-7	0	
24	30								-30				
30	40	-310	-170	-120	-	-80	-50	-	-25	-	-9	0	
40	50	-320	-180	-130					-43				
50	65	-340	-190	-140	-	-100	-60	-	-30	-	-10	0	
65	80	-360	-200	-150									
80	100	-380	-220	-170	-	-120	-72	-	-36	-	-12	0	
100	120	-410	-240	-180									
120	140	-460	-260	-200	-	-145	-85	-	-43	-	-14	0	
140	160	-520	-280	-210									
160	180	-580	-310	-230									
180	200	-660	-340	-240	-	-170	-100	-	-50	-	-15	0	
200	225	-740	-380	-260									
225	250	-820	-420	-280									
250	280	-920	-480	-300	-	-190	-110	-	-56	-	-17	0	
280	315	-1050	-540	-330									
315	355	-1200	-600	-360	-	-120	-125	-	-62	-	-18	0	
355	400	-1350	-680	-400									
400	450	-1500	-760	-440	-	-230	-135	-	-68	-	-20	0	
450	500	-1650	-840	-480									

(이어서)

(단위 : ㎛)

기초가 되는 치수허용차		아래의 치수허용차															
축종류		*j*			*k*			*m*	*n*	*p*	*r*	*s*	*t*	*u*	*v*	*x*	*y*
치수구분[mm] \ IT등급별		5·6	7	8	01~3	4~7	8~16	01~16									
초과	이하																
-	3	-2	-4	-6	0	0	0	+2	+4	+6	+10	+14	-	+18	-	+20	-
3	6			-	0	+1	0	+4	+8	+12	+15	+19	-	+23	-	+28	-
6	10	-2	-5	-				+6	+10	+15	+19	-	+23	-	+28	-	+34
10	14	-3	-6	-				+7	+12	+18	+23	+28	-	+33	-	+40	-
14	18														+39	+45	-
18	24	-4	-8	-	0	+2	0	+8	+15	+22	+28	+35	-	+41	+47	+54	+63
24	20												+41	+48	+55	+64	+75
30	40	-5	-10	-	0		0	+9	+17	+26	+34	+43	+48	+60	+68	+80	+94
40	50												+54	+70	+81	+97	+114
50	65	-7	-12	-	0		0	+11	+20	+32	+41	+53	+66	+87	+102	+122	+144
65	80										+43	+59	+75	+102	+120	+145	+174
80	100	-9	-15	-	0	+3	0	+13	+20	+32	+51	+71	+91	+124	+146	+178	+214
100	120										+54	+79	+104	+144	+172	+210	+254
120	140	-11	-18	-	0		0	+15	+27	+43	+63	+92	+122	+170	+202	+248	+300
140	160										+65	+100	+134	+190	+228	+280	+340
160	180										+68	+108	+146	+210	+252	+310	+380
180	200	-13	-21	-	0	+4	0	+17	+31	+50	+77	+122	+166	+236	+284	+350	+425
200	225										+80	+130	+180	+258	+310	+385	+470
225	250										+84	+140	+196	+284	+340	+425	+520
250	280	-16	-26	-	0		0	+20	+34	+56	+94	+158	+218	+315	+385	+475	+580
280	315										+98	+170	+240	+350	+425	+525	+650
315	355	-18	-28	-	0		0	+21	+37	+62	+108	+190	+268	+390	+475	+590	+740
355	400										+114	+208	+297	+435	+530	+660	+820
400	450	-20	-32	-	0	+5	0	+23	+40	+68	+126	+232	+330	+490	+595	+740	+920
450	500										+132	+252	+360	+540	+660	+820	+1000

부록 8. 상용하는 끼워 맞춤

상용하는 끼워 맞춤은 H 구멍을 기준으로 하고 이에 적당한 축을 선택하여 필요한 죔새 또는 틈새를 주는 끼워 맞춤(구멍 기준 끼워 맞춤) 또는 h 축을 기준 축으로 하여 이것에 적당한 구멍을 선택하여 필요한 죔새 또는 틈새를 주는 끼워 맞춤(축 기준 끼워 맞춤)의 어느 것으로 한다.

상용하는 구멍 기준 끼워 맞춤

기준 구멍	축의 공차역 클래스																
	헐거운 끼워 맞춤							중간 끼워 맞춤			억지 끼워 맞춤						
H6						g5	h5	js5	k5	m5							
					f6	g6	h6	js6	k6	m6	n6	p6					
H7					f6	g6	h6	js6	k6	m6	n6	p6	r6	s6	t6	u6	x6
				e7	f7			js7									
H8					f7												
				e8	f8												
			d9	e9													
H9			d8	e8													
		c9	d9	e9													
H10	b9	c9	d9														

상용하는 축 기준 끼워 맞춤

기준축	구멍의 공차역 클래스																
	헐거운 끼워 맞춤							중간 끼워 맞춤			억지 끼워 맞춤						
h5							H6	JS6	K6	M6	N6	P6					
h6					F6	G6	H6	JS6	K6	M6	N6	P6					
					F7	G7	H7	JS7	K7	M7	N7	P7	R7	S7	T7	U7	X7
h7				E7	F7		H7										
					F8		H8										
h8			D8	E8	F8		H8										
			D9	E9			H9										
h9			D8	E8			H8										
		C9	D9	E9			H9										
	B10	C10	D10														

부록 9. 많이 사용되는 끼워 맞춤 상태 및 적용 예

끼워맞춤상태	끼워맞춤 구멍 기준	끼워맞춤 상태 및 적용 예
억지끼워맞춤	H6/n6	조립 및 분해에 큰 힘이 필요한 끼워맞춤/ 철과 철, 청동과 동의 표준 압입 고정부
	H7/p6	부품을 손상시키지 않고 분해 곤란
	H6/p6	대형 부품에서는 가열끼워맞춤, 냉각끼워맞춤, 강압입
	H7/r6	끼워맞춤의 결합력으로 작은 힘 전달 가능/ 조인트와 샤프트
	H7/s6	가열끼워맞춤, 냉각끼워맞춤, 강압입/ 분해하는 일이 없는 영구적인 조립
	H7/t6	경합금의 압입
	H7/u6	부품을 손상시키지 않고 분해 곤란
	H7/x6	끼워맞춤의 결합력으로 상당한 힘 전달 가능/ 베어링 부시의 끼워맞춤
중간끼워맞춤	H6/h5	윤활제를 사용하여 손으로 움직일 수 있을 정도의 끼워맞춤
	H7/h6	정밀하게 미끄럼 운동하는 부분
	H8/h7	림과 보스의 끼워맞춤
	H8/h8	부품을 손상시키지 않고 분해 및 조립 가능
	H9/h9	끼워맞춤의 결합력으로 전달 불가
	H6/js5	조립 및 분해시 헤머나 핸드 프레스등을 사용
		부품을 손상시키지 않고 분해 및 조립 가능
	H7/k6	기어펌프의 축과 케이싱의 고정
	H6/k5	작은 틈새도 허용하지 않는 고정밀도 위치결정
		조립 및 분해시 헤미니 헨드 프레스등을 사용
		부품을 손상시키지 않고 분해 및 조립 가능
	H6/k6	끼워맞춤의 결합력으로 전달 불가
	H7/m6	리머 볼트/ 유압기기의 피스톤과 축의 고정
	H6/m5	조립 및 분해시 상당한 힘이 필요한 끼워맞춤
	H6/m6	부품을 손상시키지 않고 분해 및 조립 가능
	H7/n6	끼워맞춤의 결합력으로 작은 힘 전달 가능
헐거운 끼워맞춤	H9/c9	아주 헐거운 끼워맞춤 고온시에도 적당한 틈새가 필요한 부분 헐거운 고정핀의 끼워맞춤/ 피스톤 링과 링 홈
	H8/d9	큰 틈새가 있어도 좋고 틈새가 필요한 부분 기능상 큰 틈새가 필요한 부분, 가볍게 돌려 맞춤
	H9/d9	크랭크웨이브와 핀의 베어링(측면)/ 섬유기계 스핀들
	H7/e7	조금 큰 틈새가 있어도 좋거나 틈새가 필요한 부분
	H8/e8	일반 회전 또는 미끄럼운동 하는 부분 배기밸브 박스의 피팅
	H9/e9	크랭크축용 주 베어링
	H6/f6	적당한 틈새가 있어 운동이 가능한 헐거운 끼워맞춤

	H7/f7 H8/f7 H8/f8	윤활유를 사용하여 손으로 조립 자유롭게 구동하는 부분이 아닌, 자유롭게 이동하고 회전하며 정확한 위치결정을 요하는 부분을 위한 끼워맞춤 일반적인 축과 부시 링크 장치 레버와 부시
	H6/g5 H7/g6	가벼운 하중을 받는 정밀기기의 연속적인 회전 운동 부분 정밀하게 미끄럼 운동을 하는 부분 아주 좁은 틈새가 있는 끼워맞춤이나 위치결정 부분 고정밀도의 축과 부시의 끼워맞춤 링크 장치의 핀과 레버

부록 10. 재질 편집

(1) 재질편집에서 사용자정의 재질 만들기 – 새 재질 만들기

① 재질편집 환경으로 들어가기

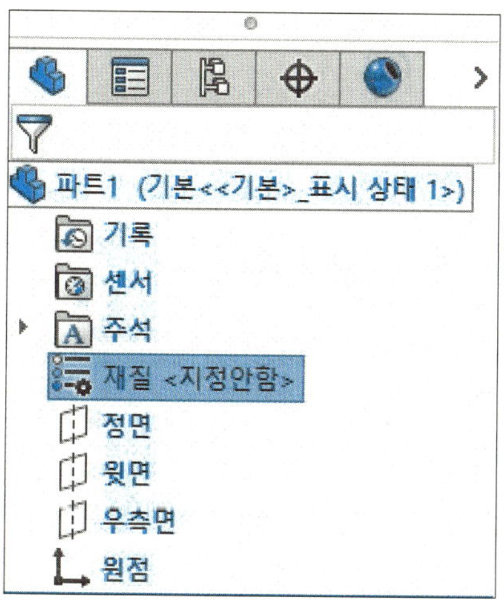

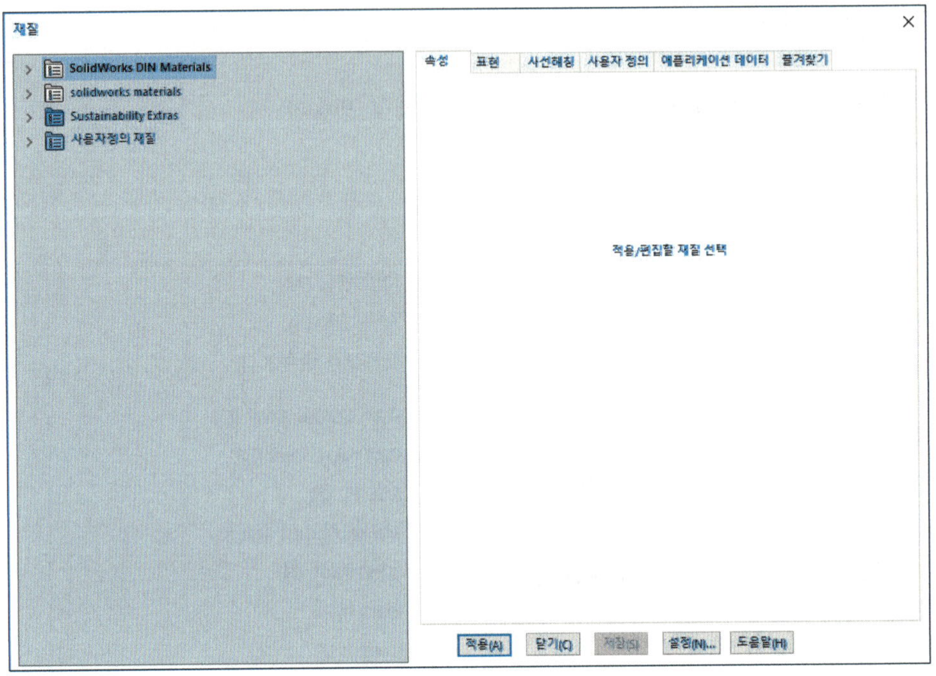

② 사용자 정의 재질에서 새 카테고리 만들기

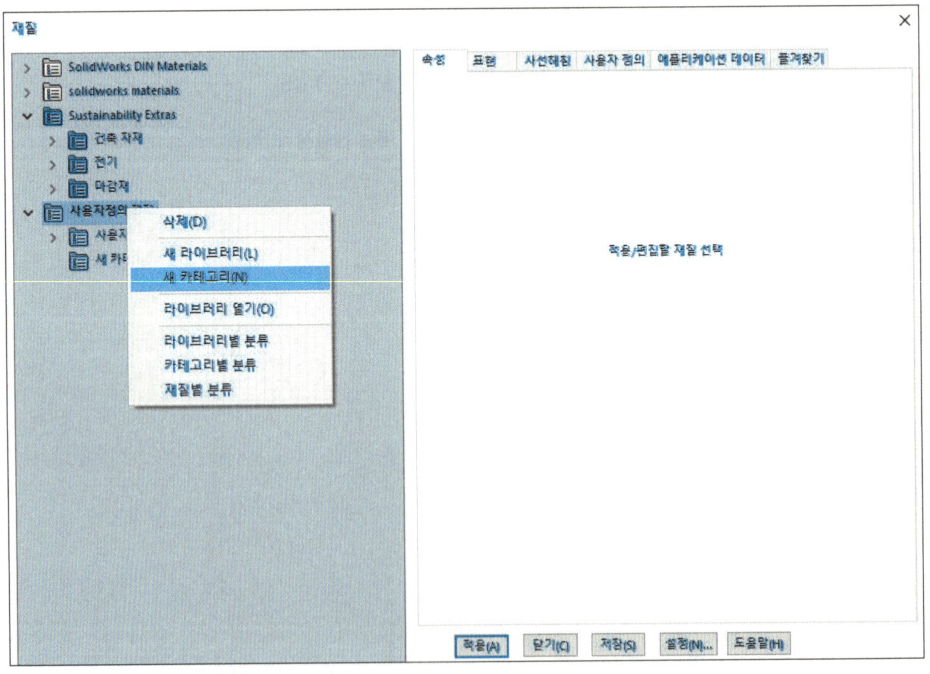

③ 새 카테고리에서 새 재질 만들기

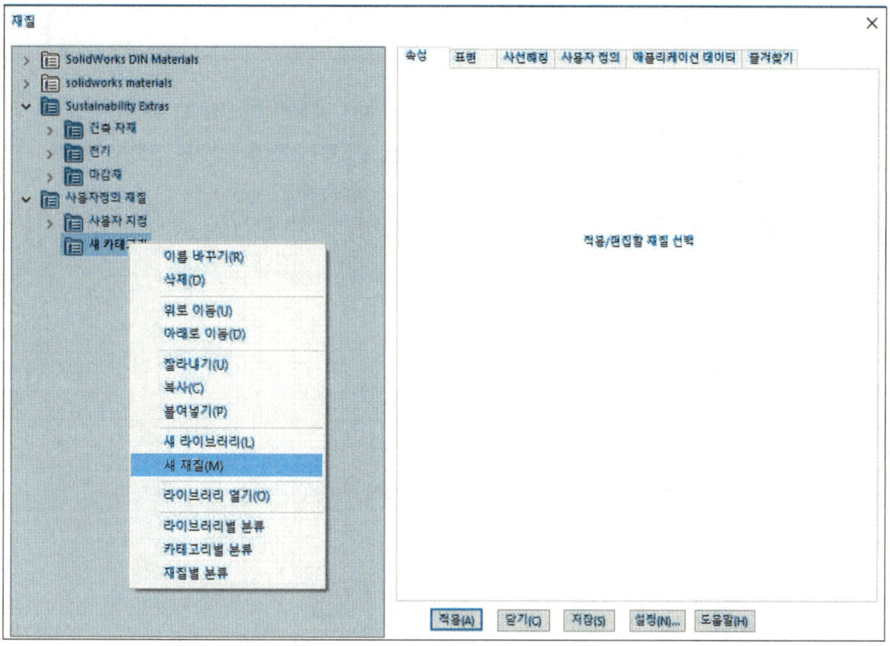

④ 기본 재질 생성 및 물성치 편집하기 및 저장

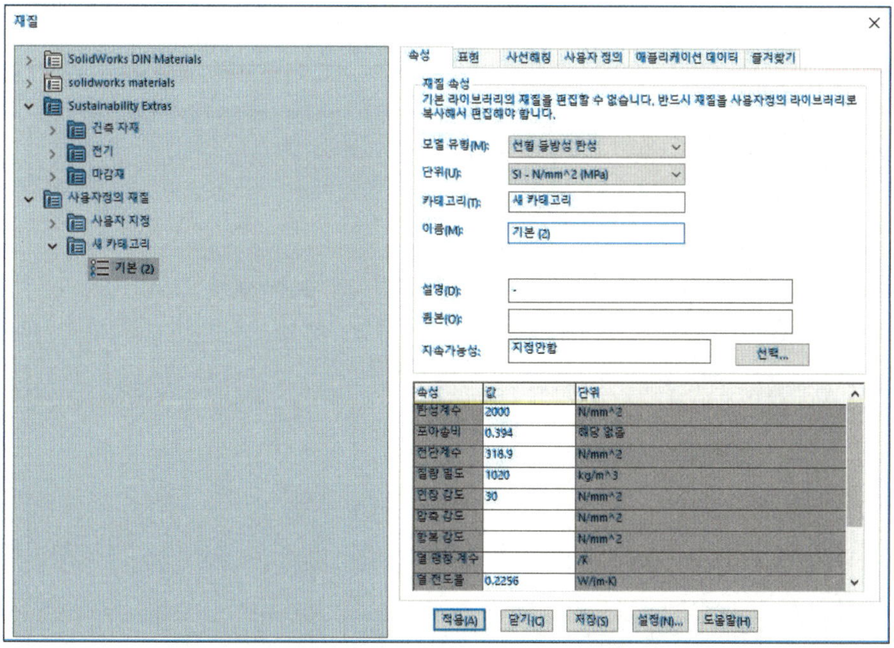

(2) 재질편집에서 사용자정의 재질 만들기 - 기존 재질 편집하기

① 기존 재질 복사하기

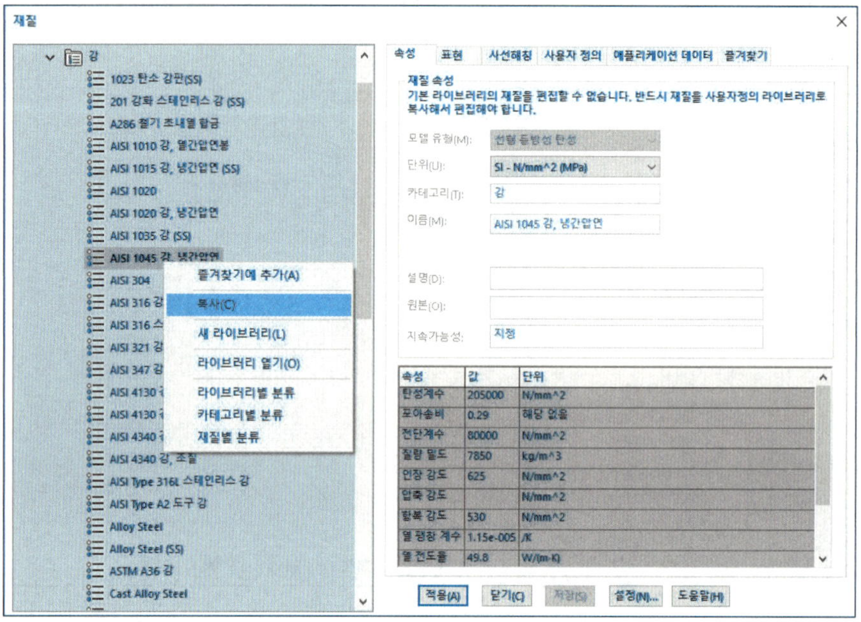

② 사용자정의 재질 - 새 카테고리에서 붙여넣기 및 편집하기

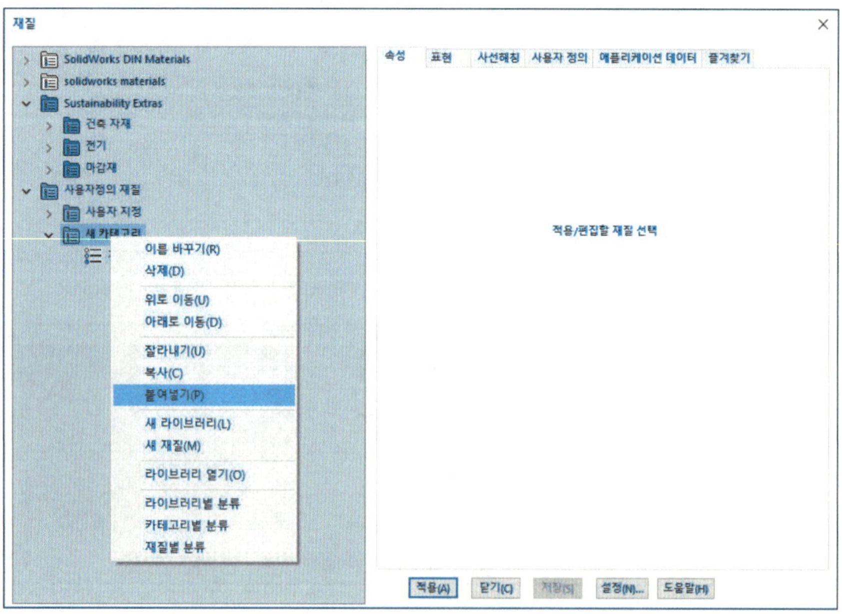

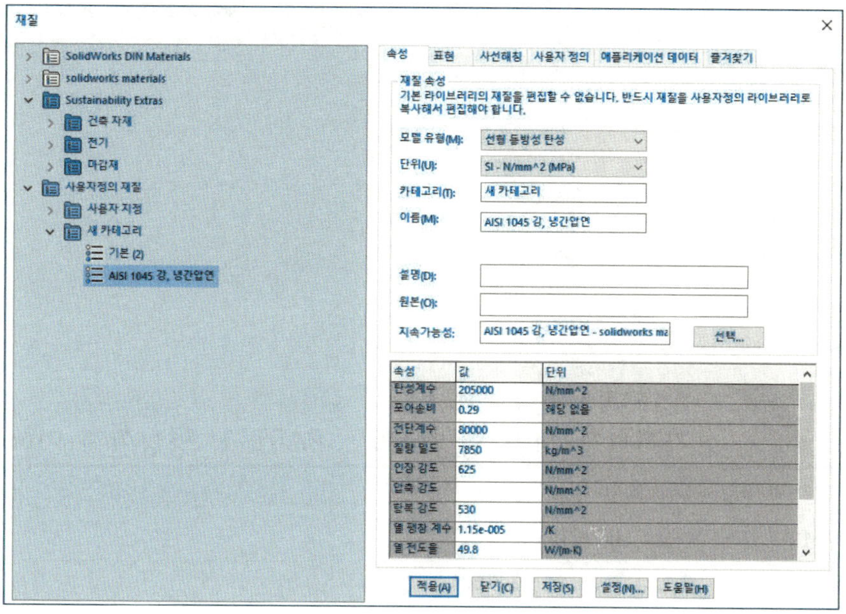
재질
SolidWorks DIN Materials
solidworks materials
Sustainability Extras
건축 자재
전기
마감재
사용자정의 재질
사용자 지정
새 카테고리
기본 (2)
AISI 1045 강, 냉간압연
속성
표현
사선해칭
사용자 정의
애플리케이션 데이터
즐겨찾기
재질 속성
기본 라이브러리의 재질을 편집할 수 없습니다. 반드시 재질을 사용자정의 라이브러리로 복사해서 편집해야 합니다.
모델 유형(M): 선형 등방성 탄성
단위(U): SI - N/mm^2 (MPa)
카테고리(T): 새 카테고리
이름(M): AISI 1045 강, 냉간압연
설명(D):
원본(O):
지속가능성: AISI 1045 강, 냉간압연 - solidworks ma
선택...
속성 | 값 | 단위
탄성계수 | 205000 | N/mm^2
포아송비 | 0.29 | 해당 없음
전단계수 | 80000 | N/mm^2
질량 밀도 | 7850 | kg/m^3
인장 강도 | 625 | N/mm^2
압축 강도 | | N/mm^2
항복 강도 | 530 | N/mm^2
열 팽창 계수 | 1.15e-005 | /K
열 전도율 | 49.8 | W/(m·K)
적용(A)
닫기(C)
저장(S)
설정(N)...
도움말(H)

자기주도학습으로 완성하는

기계관련 제품 형상설계 - PART 1. 형상설계 이해편

2019년 3월 5일 초판 인쇄

2019년 3월 10일 인쇄 발행

저 자	홍준희
발 행 인	송기수
발 행 처	도서출판 GS인터비전
편 집 처	도서출판 GS인터비전
편 집 인	공예서, 최연주
표 지 디 자 인	디자인붐
인 쇄 처	더블비
등 록 번 호	제 25100-2016-000050호
I S B N	979-11-5576-265-3(94550)(세트) 979-11-5576-266-0(94550)

주 소	서울 은평구 증산로 15길 69 2층
전 화	02-976-7898, 02-3272-7898.
팩 스	02-6468-7898
홈 페 이 지	gsintervision.co.kr
E - M a i l	gsinter7@gmail.com

정 가 35,000원